Ce titre est destiné au *deuxième volume*, contenant les livraisons 103 à 168
(PHYSIQUE).

FARADAY
VAUQUELIN
L'ABBÉ NOLLET

SCIENCES MISES A LA PORTÉE DE TOUS

PHYSIQUE ET CHIMIE

POPULAIRES

PAR

ALEXIS CLERC

**

PHYSIQUE

CE VOLUME CONTIENT

DOUZE GRANDES GRAVURES HORS TEXTE

ET DEUX CENT QUATRE-VINGT-QUATRE INTERCALÉES DANS LE TEXTE

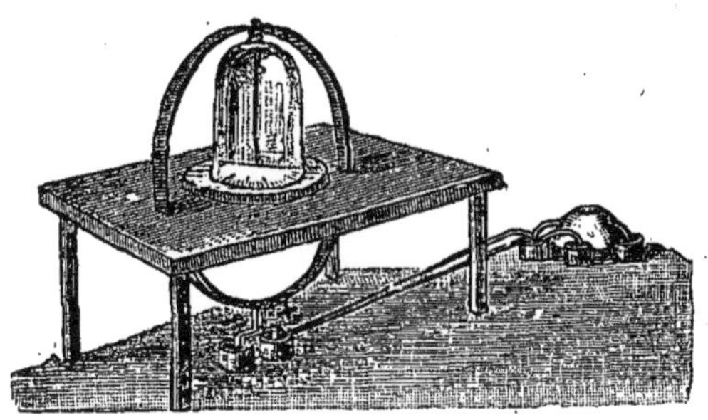

PARIS

JULES ROUFF ET Cⁱᵉ, ÉDITEURS

14, CLOITRE SAINT-HONORÉ, 14

—

PHYSIQUE ET CHIMIE

POPULAIRES

ÉDITION ILLUSTRÉE

LIVRE V

ÉLECTRICITÉ STATIQUE

CHAPITRE PREMIER

PRINCIPES FONDAMENTAUX — ÉLECTRICITÉ DÉVELOPPÉE PAR LE FROTTEMENT

INTRODUCTION. — En sortant de l'*Exposition d'Électricité*, qui se tint en 1881 à Paris, Victor Hugo, répondant à un ami qui lui demandait de formuler son impression, dit, avec ce ton de simplicité émue, qui est comme la musique de son âme :

« Je pense que l'homme est en marche vers un avenir extraordinaire. L'électricité, qui a produit, par la création du télégraphe, une sorte d'élargissement de la patrie, lui donnera l'étendue du globe. Nous aurons la patrie partout.

» L'audition, la vision des milieux animés pourront être, d'un geste, transportées au loin : de là, suppression complète de tous les exils, et, par suite, solution de la question sociale.

» C'est une erreur de dire que les malheureux n'ont rien en naissant. Tout homme naît propriétaire. Il suffit qu'il consente à se déplacer pour aller prendre possession de son bien... La moitié du globe habitable est inhabitée. Pourquoi laisser toutes ces terres en friche ? Pourquoi négliger des trésors qui s'offrent à ceux qui viendront les chercher ? Les féeries de l'avenir, en transportant sur tous les points du globe la vie même de la patrie, diminueront les répugnances des prolétaires pour une émigration qui n'est que fictive, car l'existence terrestre a, pour champ d'activité, toute la terre et non pas seulement tel ou tel coin du globe.

» Ce n'est pas tout encore. Le jour est proche où la surface du globe sera aménagée pour emmagasiner la chaleur solaire ; or, qu'est-ce que la chaleur ? C'est la lumière, c'est le mouvement. Transformée en électricité, cette chaleur sera distribuée partout, éclairant la nuit les voies publiques, faisant tourner les machines, traînant les locomotives. A-t-on calculé ce que l'on pouvait tirer de la puissance du soleil ?...

» J'ai dit cela il y a quarante ans, et je le redis aujourd'hui. L'avenir sera splendide, équitable, libérateur. Il sera beau et bon. Vous verrez ces merveilles, vous qui êtes jeunes. Moi, je ne les verrai pas, mais je sais qu'elles seront. »

Ce sont ces merveilles de la science électrique que nous allons décrire dans cette partie de l'ouvrage, en indiquant les principes sur lesquels s'appuie chacune des inventions miraculeuses qui éclosent chaque jour, depuis quelques années ; en développant les théories qui les expliquent, et qui, seules, peuvent indiquer la route à de nouveaux progrès.

Comme l'a dit fort justement M. Becquerel, chaque branche de la physique a eu ses phases de gloire, ses temps de repos et ses recrudescences, qui tour à tour en ont reculé les limites. Depuis près d'un siècle, l'électricité est en voie de progrès et nul ne peut savoir où s'arrêteront ses découvertes. C'est aujourd'hui un monde nouveau ouvert à l'activité de l'intelligence humaine. Mais une science n'est formée qu'autant qu'elle possède des principes simples et des lois qui permettent d'y rattacher des faits nouveaux. L'électricité, sous ce rapport, n'a point encore atteint son apogée ; quelques-unes des parties dont elle se compose sont soumises à des lois plus ou moins simples, qui permettent d'en déduire les principales conséquences, lesquelles sont confirmées par l'expérience. Mais il en est autrement d'autres parties : on peut citer notamment l'électro-chimie, qui rattache la chimie à la physique par de nouveaux liens ; elle embrasse une foule de phénomènes complexes dont on ne peut donner toujours une explication complètement satisfaisante. Les phénomènes calorifiques de l'électricité, en ce qui concerne particulièrement leur production, l'électro-magnétisme, sont également dans ce cas.

Nous nous garderons donc de présenter au lecteur les espoirs plus ou moins fondés des théoriciens contemporains : il nous suffira de constater ce qui est parfaitement acquis à la science, en indiquant surtout les principales des plus récentes applications de l'électricité et du magnétisme.

ÉLECTRICITÉS STATIQUE ET DYNAMIQUE. — L'étude de l'*électricité* se partage en deux grandes divisions : l'une qui comprend les phénomènes de l'*électricité statique,* c'est-à-dire en repos, à l'état de *tension* à la surface des corps, et dont le frottement est une des principales causes de développement; l'autre embrasse les phénomènes de l'*électricité dynamique*, c'est-à-dire en mouvement, qui résulte surtout d'actions chimiques. L'électricité statique se manifeste en produisant des attractions et des étincelles; l'électricité dynamique, appelée aussi *électricité voltaïque*, parcourt les corps sous forme de *courant*, avec une rapidité inouïe, et se distingue particulièrement de l'électricité statique par les phénomènes chimiques qui l'accompagnent et par ses relations avec le *magnétisme*.

Nous parlerons dans cette première partie de l'*électricité statique*, en la considérant comme spécialement produite par le frottement, et nous dirons qu'un corps est *électrisé* lorsqu'il peut attirer des corps légers et produire des effets lumineux.

DÉVELOPPEMENT DE L'ÉLECTRICITÉ PAR LE FROTTEMENT. — Nous avons rapporté (tome Ier, page 18) que les anciens avaient remarqué la propriété qu'avait le *succin* d'attirer les objets légers, lorsqu'il avait été frotté; mais qu'ils n'avaient point fait de recherches pour s'assurer si d'autres matières ne jouissaient pas de la même propriété, qu'ils n'expliquaient d'ailleurs aucunement. Ce fut au XVIe siècle seulement que Gilbert (1) appela l'attention des savants sur cette force attractive développée par le frottement, non seulement dans le succin, mais dans un grand nombre de corps, et publia une liste des substances qui ont la même propriété que le succin. Parmi ces substances, on voit figurer d'une part le verre, les pierres précieuses artificielles, etc.; de l'autre les résines, la gomme laque, la colophane, le mastic, le soufre, etc. C'est à ces deux groupes de substances que l'on emprunta, par la suite, la division de l'électricité en *vitrée* et en *résineuse*. Gilbert donnait en même temps une liste des substances qui n'acquièrent dans aucun cas la propriété d'attirer les objets légers : les perles, l'albâtre, le porphyre, la silice, l'ivoire, les os, les bois durs, les métaux, etc. De là une nouvelle division des substances *idioélectriques* et des substances *anélectriques*, division abandonnée depuis, car Gilbert se trompait sur ce point ; en effet l'*électricité* est répandue dans tous les corps, quels qu'ils soient, et dans les plus petites parties de chacun.

A première vue, il est vrai, le frottement ne développe pas d'électricité dans un grand nombre de substances, particulièrement dans les métaux. Que l'on frotte une barre de fer avec un morceau de flanelle,

---

(1) GILBERT (Guillaume), savant anglais (1540-1603), médecin de la reine Élisabeth et de Jacques Ier. Son grand ouvrage, premier pas de la science de l'électricité, intitulé : *De l'aimant et des corps aimantés, etc.*, fut publié en 1600. Il écrivit encore d'autres ouvrages qui ont été réunis sous le titre de : *Philosophie nouvelle touchant le monde sublunaire* ; il y explique tout par le magnétisme.

par exemple, cette barre de fer n'attirera pas les corps légers. Nous verrons ci-après que certaines conditions sont nécessaires pour que l'électricité se manifeste dans ces substances.

Un corps solide peut être électrisé par son frottement avec un gaz ou un liquide : dans le vide du tube barométrique le frottement du mercure électrise le verre, qui apparaît lumineux dans l'obscurité.

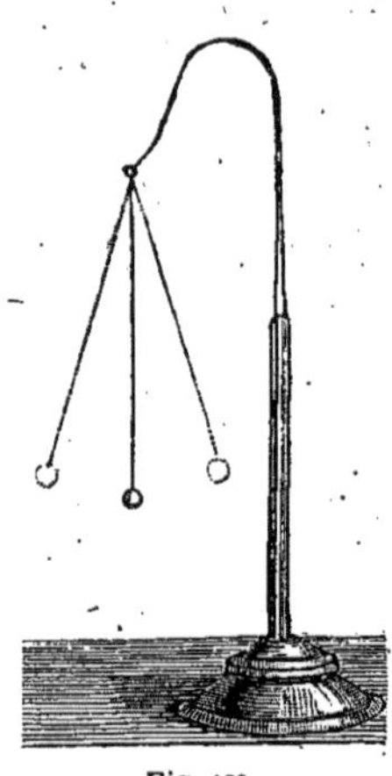

Fig. 1ʳᵉ.

PENDULE ÉLECTRIQUE.

Wilson observa qu'en dirigeant un courant d'air sur une tourmaline (1), ou sur un morceau de résine ou de verre, ces substances sont électrisées ; mais Faraday a reconnu depuis que cet effet se produit seulement si l'air est humide ou tient en suspension de la poussière.

On reconnaît qu'un corps est électrisé au moyen d'appareils appelés *électroscopes* (page 21), dont le plus simple est le *pendule électrique* (*fig.* 1ʳᵉ). Ce petit appareil consiste en un support à pied de verre auquel est attaché un fil de soie portant à son extrémité une petite balle en moelle de sureau. Lorsqu'on approche le corps électrisé, la petite boule s'écarte aussitôt de sa position d'équilibre; d'abord attirée, elle est immédiatement repoussée ensuite. Si alors on enlève à la petite boule l'électricité qu'elle a prise, en la touchant avec les doigts, elle redevient susceptible d'être attirée de nouveau.

CORPS BONS OU MAUVAIS CONDUCTEURS. ÉLECTRICITÉ POSITIVE, ÉLECTRICITÉ NÉGATIVE. — Si l'on présente au pendule électrique un bâton de cire d'Espagne frotté par un de ses bouts, on remarque qu'il attire les balles de sureau seulement par ce bout frotté, et que l'autre n'exerce aucune influence attractive ou répulsive. Il en est de même avec du verre, du soufre, de la craie, du papier sec, etc. On a déduit de ce fait que dans ces corps la propriété électrique ne se propage pas d'un point à l'autre, ce que l'on exprime en disant que ces corps ne *conduisent* pas l'électricité, qu'ils sont *mauvais conducteurs* ou *isolants*. Dans d'autres corps, au con-

(1) On comprend sous le nom de *tourmaline* diverses substances qui sont toutes des boro-silicates alumineux de bases différentes, ayant la propriété de cristalliser en prismes à douze pans, terminés par des sommets à trois faces principales, l'un des sommets ayant toujours plus de faces que l'autre. La couleur de ces pierres est noire, verte, jaune, rouge, bleue ou violette; il y en a même d'incolores. Les variétés translucides vertes servent aux instruments d'optique; les variétés bleues et vertes, quand elles sont transparentes et sans défaut, sont estimées en bijouterie. On s'en sert pour les expériences de physique (électricité et lumière) ; on en trouve dans les roches primitives, dans les montagnes du Tyrol, de la Suisse, de l'Espagne, etc.

traire, l'électricité développée en un point quelconque se propage immédiatement et se manifeste sur tous les points de leur surface : ceux-ci sont appelés *bons conducteurs*. Il est difficile d'exprimer par des nombres les rapports de conductibilité des différents corps ; mais on peut assigner à peu près l'ordre dans lequel ils doivent être placés, d'après leur pouvoir conducteur ou d'après leur faculté isolante :

CORPS CONDUCTEURS

Tous les métaux.	Fluides animaux.	Chanvre.
Charbon calciné.	Eau de mer.	Animaux vivants.
Plombagine.	Eau de source.	Flamme.
Acides concentrés.	Eau de pluie.	Fumée.
Acides étendus.	Neige.	Vapeur.
Solutions salines.	Végétaux vivants.	Terres humides.
Minerais métalliques.	Lin.	Pierres humides.

CORPS ISOLANTS

Gomme laque.	Gemmes.	Porcelaine.
Ambre.	Soie.	Marbre.
Résines.	Cheveux.	Camphre.
Soufre.	Laines.	Caoutchouc.
Cire.	Plumes.	Gutta-percha.
Jais.	Papier sec.	Craie.
Verre.	Parchemin.	Chaux.
Mica.	Cuir.	Phosphore.
Diamant.	Bois chauffé.	Huiles.

Étienne Gray (1) observa le premier que les corps électrisés reviennent instantanément à l'état neutre aussitôt qu'ils touchent la terre ou qu'ils sont mis en communication avec elle, soit par une tige métallique, soit par des supports de bois, de pierre, ou par des substances humides quelconques ; mais que, au contraire, ces mêmes corps, posés sur du verre, de la soie, de la résine, du soufre, conservent longtemps leur électricité ; qu'il y avait donc des corps *bons conducteurs*, donnant un libre écoulement au fluide électrique vers la terre, qu'on appelle alors *réservoir commun ;* d'autres, au contraire, *mauvais conducteurs*, qui s'opposent à son passage.

(1) GRAY (Étienne), savant physicien anglais (1662-1736). Il s'occupa tout particulièrement d'électricité, et ses travaux fournirent la route à l'invention de la bouteille de Leyde. Il projetait une espèce de *planétaire* lumineux et électrique. Ses travaux ont été publiés dans les *Philosophical Transactions*.

Les *Philosophical Transactions* sont un recueil mensuel publié par la Société royale de Londres depuis 1665, et composé de mémoires et d'observations sur les sciences naturelles et les mathématiques. Ce recueil est analogue à nos *Annales de l'Académie des sciences*.

Ce physicien essayait vainement, depuis quelque temps, de communiquer aux métaux la vertu attractive par la chaleur, par le martelage et le frottement, quand il se rappela, en mars 1729, une idée qui lui était venue, il y avait quelques années, à savoir : que le tube de verre qui, à l'approche d'un corps rendait des étincelles, devait transmettre de l'électricité à ce même corps (1). Ce fut le point de départ de la découverte de la *conductibilité électrique*. Ses expériences avaient pour but de s'assurer si, en fermant les deux extrémités du tube de verre avec des bouchons de liège, on modifiait les résultats obtenus. Il ne remarqua aucun changement sensible. Mais en approchant un duvet du bout supérieur du tube, il le vit brusquement s'attacher au bouchon, puis en être repoussé, comme si l'action avait été produite par le tube même. Il répéta cette expérience à diverses reprises avec le même succès, et il en conclut que l'électricité du tube avait été communiquée au bouchon. Or, en juin 1729, Gray reçut la visite de Wheeler, savant physicien de ses amis, et le mit au courant de ses recherches. Ces deux physiciens firent alors des expériences en commun pour savoir si *l'électricité pouvait se propager à de grandes distances*. A cet effet, ils imaginèrent, en juillet 1729, de soutenir horizontalement un cordonnet de chanvre avec un fil de soie, dans la pensée que ce fil, ne laissant échapper, à raison de son petit diamètre, que très peu d'électricité, la plus grande quantité de cet agent serait transmise par le cordonnet de chanvre. Ce cordonnet, qui avait 80 pieds de longueur, passait sur le fil de soie de manière que l'une de ses parties, longue seulement de quelques pieds, descendait verticalement, en portant une boule d'ivoire attachée à son extrémité ; l'autre partie s'étendait le long d'une grande galerie, dans une direction horizontale, jusqu'au tube de verre, auquel on l'avait attachée. L'un des physiciens frottait le tube, pendant que l'autre constatait qu'un duvet, placé sous la boule, était alternativement attiré et repoussé par elle. Le fil de soie s'étant rompu, Gray, qui n'en avait pas d'autre sous la main, y substitua un fil métallique, et dès ce moment tout effet disparut. Les deux physiciens comprirent que l'obstacle qu'avait opposé le fil de soie à la perte de l'électricité dépendait, non pas de la finesse du fil, mais de la nature de la matière. De là il n'y avait qu'un pas à faire pour diviser les corps en *conducteurs* et *non conducteurs* de l'électricité. Mais cette division préoccupait l'esprit de ces physiciens beaucoup moins que la démonstration que l'électricité peut se répandre sur des surfaces aussi étendues que variées de formes, et se propager à de grandes distances.

(1) Hoefler, *Histoire de la Physique.*

Ce fut Désaguliers qui, s'étant livré à des expériences sur l'électricité presque en même temps que Gray, fit ressortir l'étrangeté de ces phénomènes.

Dans un mémoire publié en juillet 1739 dans les *Philosophical Transactions*, il classa les corps en *électriques* ou *mauvais conducteurs*, et en *non électriques* ou *bons conducteurs*.

Dès que les expériences de Gray furent connues en France,

Dufay (1), de même que Désaguliers (2), se mit à les répéter avec soin. Il remarqua, comme Gray, qu'on peut tirer des étincelles de tous les corps, qu'ils peuvent tous attirer des corps légers, que tous, en un mot, sont susceptibles d'être électrisés, si l'on interposait entre eux et la terre, réservoir commun, certaines substances mauvaises conductrices qui les isolassent, et ainsi empêchassent l'écoulement de l'électricité. Il montra aussi qu'on peut tirer des étincelles électriques d'un corps vivant. A cet effet, il se suspendit lui-même librement à l'aide de cordons de soie ; et, pendant qu'il restait ainsi suspendu, les personnes qui s'approchaient de lui tiraient de son visage, de ses mains, de ses pieds, de ses vêtements, enfin de toutes les parties de son corps, des étincelles, accompagnées d'une sensation de piqûre et d'un bruit de pétillement. Il ajouta que la sensation de piqûre que ces personnes disaient épouver, il l'éprouvait lui-même, et que le bruit de pétillement se manifestait, dans l'obscurité, sous forme d'étincelles. « Je n'oublierai jamais, dit l'abbé Nollet, dans ses *Leçons de physique,* la surprise de M. Dufay, que je partageai moi-même, quand je vis pour la première fois sortir du corps humain une étincelle électrique. » L'enthousiasme fut chez tous extrême : les poètes chantèrent le prodige nouveau ; Delille s'écria :

> D'un air mêlé d'audace et de témérité,
> Souvent sur l'isoloir une jeune beauté
> Se place en rougissant, curieuse et tremblante :
> A peine elle a touché la baguette puissante,
> Autour d'elle le feu jaillit à longs éclairs ;
> La flamme en jets brillants s'élance dans les airs,
> Se joue innocemment autour de sa parure,
> Glisse autour de son cou, baise sa chevelure ;
> La belle voit sans peur ces flammes sans courroux,
> Et dans le cercle entier répand un feu plus doux.

Nous venons de dire que, pour s'assurer si un corps était électrisé, on l'approchait du *pendule électrique,* et que le corps électrisé attirait

---

(1) DUFAY (Charles-François DE SISTERNAY), savant français (1698-1739), accompagna le cardinal de Rohan dans son ambassade à Rome, et devint antiquaire en admirant les débris de cette capitale. Reçu membre de l'Académie des sciences, il présenta des mémoires sur toutes les sciences dont s'occupait ce corps savant, géométrie, astronomie, physique, etc. Il fut le premier directeur du Jardin des Plantes et fit de cet établissement, jusqu'alors négligé, le plus beau jardin de l'Europe. Il obtint que Buffon lui succédât dans l'intendance générale.

(2) DÉSAGULIERS (Jean-Théophile), né à La Rochelle (1683-1744), fils d'un ministre protestant que la révocation de l'édit de Nantes força de passer en Angleterre. Il étudia à Oxford sous le célèbre mathématicien écossais Keilly, et fût reçu pasteur en 1717. Il fit à Londres, puis en Hollande, de 1710 à 1740, des conférences pour populariser les découvertes de Newton, et devint membre de la Société royale. Il a publié ses leçons sous le titre de : *Cours de physique expérimentale.*

d'abord à lui la petite balle de sureau, puis, après le contact, la repoussait. Que l'on fasse cette expérience avec un tube de verre ou avec un bâton de cire, frottés l'un et l'autre avec un morceau de drap, le même effet se produit pour l'une et pour l'autre de ces deux substances. Mais si on approche le bâton de cire de la balle de sureau électrisée par le verre, puis repoussée par lui, celle-ci est vivement attirée. Réciproquement, si on présente le tube de verre à la balle de sureau électrisée par le bâton de cire, puis repoussée par lui, il y aura encore attraction. Il y a donc deux sortes d'électricité : l'une qui se développe par le frottement du verre, que l'on appelle *électricité vitrée* ou *positive* et que l'on représente par le signe +, et l'autre qui se développe par le frottement d'une résine, que l'on appelle *électricité résineuse* ou *négative* et que l'on indique par le signe —.

C'est à Dufay que l'on doit l'établissement de ces deux électricités, vaguement indiquées par Gilbert. Il y fut conduit, en 1734, par une expérience, souvent répétée depuis dans les cabinets de physique, expérience faite à l'aide d'un électroscope plus sensible que le *pendule électrique* et qui porte le nom d'*électroscope à feuilles d'or*.

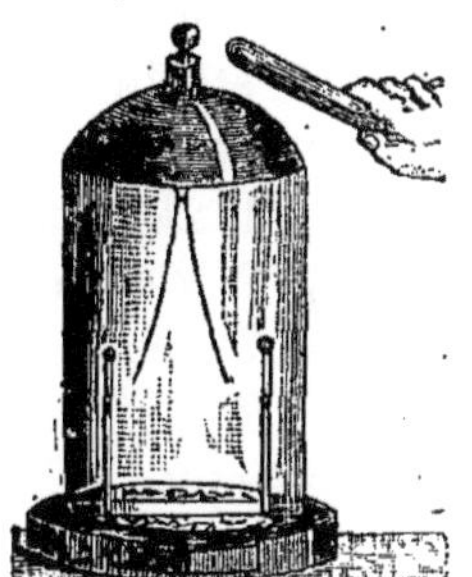

Fig. 2.

ÉLECTROSCOPE
A FEUILLES D'OR.

Cet instrument se compose (*fig.* 2) d'une cloche de verre reposant sur un plateau de cuivre, percée à son sommet d'une ouverture que ferme un tampon de matière mauvaise conductrice et recouvert d'un vernis isolant, ainsi que toute la partie supérieure de la cloche. A travers ce tampon passe une tige de cuivre terminée extérieurement par une petite boule de même métal, et supportant à l'intérieur de la cloche deux petites feuilles d'or battu extrêmement légères. Si l'on approche de la boule de cuivre le corps que l'on soupçonne chargé d'électricité, une décomposition par influence se produit (page 30) ; l'électricité de nom contraire à celui du corps en expérience est attirée dans le bouton, le fluide du même nom est repoussé dans les feuilles d'or ; celles-ci, chargées d'une même électricité, se repoussent et divergent. On constate ainsi que le corps est électrisé. Pour reconnaître la nature du fluide qu'il contient, on touche le bouton avec le doigt pendant que l'appareil est soumis à l'influence du corps sur lequel on opère ; les feuilles d'or retombent aussitôt et l'appareil ne contient plus que l'électricité accumulée dans le bouton et qui est de nature contraire à celle du corps. On enlève alors le doigt, puis le corps électrisé. L'électricité cesse d'être attirée dans le bouton, elle se répand sur la tige et sur les feuilles d'or, celles-ci divergent. On approche alors une substance d'électricité connue, un bâton de résine par exemple, chargé par frottement d'*électricité négative*. Si l'on voit les feuilles d'or diverger davantage, c'est que le corps en expérience était chargé d'*électricité positive*, car l'électricité de l'appareil, étant de plus en plus refoulée dans les feuilles d'or, est négative. Si les feuilles d'or retombent, c'est que l'électricité de l'appareil est positive, qu'elle quitte les feuilles d'or, parce qu'elle est attirée dans le bouton; l'électricité du corps considéré était donc *négative*.

Nous avons décrit cette expérience telle qu'elle s'exécute aujourd'hui; mais c'est seulement par des tâtonnements multipliés que Dufay put établir d'abord qu'il y avait deux électricités différentes, puis ce principe fondamental :

1° *Deux corps chargés de la même électricité se repoussent ;*

2° *Deux corps chargés d'électricités contraires s'attirent.*

Ces deux principes se formulent plus simplement, en disant : *Les électricités de même nom se repoussent, les électricités de nom contraire s'attirent.*

THÉORIES. — Pour expliquer les phénomènes électriques, on a émis de nombreuses théories. Suivant Gilbert, l'électricité consiste dans les effluves qui prennent naissance dans certains corps et qui auraient pour effet l'attraction d'autres corps. Cette action serait comparable à celle de deux gouttes d'eau qui, en se rapprochant, finissent par se confondre. Si les métaux ne sont pas électrisables, disait-il, cela tient à ce que les effluves qu'ils émettent sont d'une nature trop grossière, terrestre. R. Boyle, qui introduisit dans la science le mot nouveau *électricité*, jusqu'alors fort peu employé, partait de l'hypothèse que l'électricité est un effluve de nature visqueuse, et il trouva que le résidu de la distillation de l'essence de térébenthine et de beaucoup d'autres huiles essentielles est aussi électrique que le succin, et plus encore que le verre. Il remarqua aussi qu'une substance électrisée attire indifféremment tous les corps, qu'ils soient électriques ou non.

Les théories de Descartes et de Gassendi sur l'électricité n'ont aucune valeur scientifique; elles sont purement imaginaires. Jusqu'à Dufay, nul fait nouveau n'amena de nouvelles théories, et, quand ce physicien eut établi la loi d'attraction et de répulsion des électricités, il supposait que, par le frottement ou la communication, il se forme un tourbillon autour du corps électrisé; qu'un corps à l'état naturel, placé dans le tourbillon, est attiré jusqu'au contact par le corps électrisé, et qu'alors il s'électrise de la même manière; que deux corps électrisés de la même manière sont environnés de tourbillons qui se repoussent, tandis que les tourbillons des deux électricités différentes s'attirent. Enfin, par ces deux électricités et par les tourbillons qu'elles devaient former autour des corps, Dufay cherchait à expliquer les mouvements d'attraction, de répulsion et les étincelles électriques, seuls phénomènes connus de son temps. Watson, ayant remarqué que la personne qui produisait l'électricité par le frottement du verre était capable d'émettre des étincelles, aussi bien que la personne qui touchait au fil conducteur isolé, disait que « l'électricité de l'une des personnes était moins dense qu'à l'état naturel, tandis que l'électricité de l'autre était plus dense, de telle sorte que l'électricité entre ces deux personnes devait être beaucoup plus différente qu'entre l'une d'elles et une personne sur le sol. » Ce fut ainsi qu'il trouva ce que Franklin observait à la même époque en Amérique, et qu'on a désigné par plus (+) ou moins (—) d'électricité.

Gallabert, physicien de Genève (1712-1768), attribua l'un des premiers l'électricité à un fluide particulier, à une espèce d'éther, ayant quelque analogie avec le feu. D'après sa théorie, « la densité du fluide électrique n'est pas la même dans tous les corps : plus rare dans les corps denses, il est plus dense dans les corps rares ; les corps frottés ont un mouvement *moléculaire* qui attire et chasse le fluide électrique. Ce fluide, apportant de la résistance à la condensation, devient plus dense, et, pour ainsi dire, plus élastique, à mesure qu'il s'éloigne, par ondulation, du corps frotté, et il se forme, autour de ce corps, une *atmosphère électrique* plus ou moins étendue, dont les couches les plus denses sont vers la circonférence, et diminuent graduellement de densité jusqu'au corps électrisé. Par suite des mouvements moléculaires, l'atmosphère électrique éprouve des condensations et des raréfactions à l'aide desquelles les corps placés dans la sphère d'activité sont attirés et repoussés. »

Cette théorie du physicien genevois fut adoptée par un grand nombre de savants. Ce qu'il y a de remarquable, c'est qu'elle tend à assimiler l'électricité au mouvement, en la rapportant aux mouvements moléculaires de la matière. Comme nous l'avons dit (tome Ier, page 390), c'est là l'hypothèse moderne générale.

Pour expliquer les phénomènes électriques, Franklin suppose pour cause de l'électricité un fluide unique, impondérable, animé de répulsion pour ses propres molécules et d'attraction pour les molécules de la matière, en admettant que tous les corps renferment à l'état latent une quantité déterminée de ce fluide : quand cette quantité augmente, les molécules de ce corps sont électrisées *positivement* et possèdent les propriétés de l'électricité vitrée ; quand cette quantité diminue, elles sont

électrisées *négativement* et possèdent les propriétés de l'électricité résineuse. Alors de même qu'en algèbre $+ a - a = 0$, de même, en donnant
à un corps qui possède une certaine quantité d'électricité positive une
quantité d'électricité négative, on obtient un état *neutre*.

Symmer (1) oppose à cette théorie celle des deux fluides électriques
qui présentent chacun [le caractère de répulsion pour ses propres molécules et d'attraction pour celles de l'autre. Selon ce physicien, ces deux
fluides existent dans tous les corps à l'état de combinaison en formant ce
qu'il appelle le *fluide neutre* ou *naturel*. Diverses causes, et particulièrement le frottement et les actions chimiques, peuvent les séparer, et alors
apparaissent les phénomènes électriques; mais ils tendent à se réunir de
nouveau pour constituer de nouveau le fluide neutre.

En résumé, dit M. Hoeffer, toutes les théories se ramènent à ces deux
dernières hypothèses : 1° celle d'un fluide unique qui se trouverait naturellement répandu dans tous les corps ; 2° celle de deux fluides, dont
l'excès de l'un ou de l'autre donnerait l'électricité positive et l'électricité
négative.

Ces deux hypothèses ont été également défendues et attaquées. « Pourquoi, disent les partisans de la première, introduire deux matières incon-
nues, si une seule suffit pour expliquer tous les phénomènes ? Il ne faut
pas, selon l'usage des anciens, multiplier les êtres sans nécessité. Dans la
décharge d'une bouteille de Leyde à travers deux pointes placées l'une
au-dessus de l'autre des deux côtés d'une carte (page 58), on voit toujours
l'électricité positive se mouvoir le long de la carte pour la percer vis-à-vis
de la pointe électrisée négativement. S'il y avait deux électricités, elles
devraient se mouvoir chacune de son côté pour se réunir. Si l'on électrise
un corps avec une électricité, et qu'on neutralise son action avec l'autre
électricité, qu'on lui ajoute de nouvelle électricité de la première espèce,
puis de l'électricité opposée, et cela indéfiniment, lorsque les quantités
des deux électricités ont atteint des proportions telles qu'elles se neutralisent mutuellement, on n'aperçoit aucun changement dans les propriétés
du corps, quelle que soit la quantité des deux électricités qu'on lui a
ajoutée. Cependant tous les faits connus jusqu'à présent prouvent que le
changement dans les proportions de l'un des composants d'un corps altère
au moins quelques-unes de ses propriétés. »

A cela, les partisans de la seconde hypothèse répondent « que les
phénomènes s'expliquent mieux avec deux électricités qu'avec une seule;

____

(1) SYMMER (Robert), savant anglais (1691-1763), membre de la Société royale de Londres,
s'occupa tout particulièrement d'électricité.

qu'en diminuant la densité de l'air par la décharge d'une bouteille de Leyde entre deux pointes le long d'une carte, on voit le point percé s'éloigner de la pointe négative et se rapprocher de la pointe positive, à mesure que la densité de l'air diminue ; qu'en perçant un carton par la décharge d'une bouteille de Leyde, il y a des bavures, des espèces de bourrelets, formés sur les deux faces, comme s'il eût existé deux courants différents. »

Enfin Grove (1) et Faraday considèrent les phénomènes électriques comme une sorte de polarisation moléculaire de la matière ordinaire qui se dirige, par attraction ou par répulsion, dans une direction déterminée. « Il est très probable, dit M. de La Rive (2), dans son *Traité d'électricité,* qu'au lieu d'être un ou deux fluides spéciaux, l'électricité n'est qu'une modification dans l'état des corps, laquelle probablement dépend de l'action mutuelle exercée entre elles par les molécules pondérables de la matière dans ce fluide subtil qui les enveloppe de toutes parts, que l'on désigne sous le nom d'*éther,* et dont les mouvements produisent la lumière et la chaleur. »

Plus loin, ce physicien ajoute : « Tous les phénomènes relatifs à l'électricité positive ou négative s'expliquent par l'action probable et la réaction d'une force capable de se manifester à divers degrés dans différentes substances : cela semble plus vrai que par l'hypothèse des fluides impondérables. Les deux forces opposées de l'électricité ressemblent à l'action et à la réaction qui sont toujours jointes. »

Une des curiosités de l'Exposition d'électricité de 1881 était, dans la section norvégienne, un appareil imaginé par M. Bjerkness, dans le but de rendre compte des phénomènes électriques suivant cette hypothèse.

(1) GROVE (William-Robert), célèbre physicien anglais (1811-1878). D'abord avocat, il abandonna bientôt le barreau pour l'étude des sciences, où il se fit un grand nom. Nommé en 1852 conseiller de la reine, comblé de toutes les distinctions honorifiques, créé chevalier, vice-président de la Société royale de Londres, il s'est toujours occupé de sciences et particulièrement de l'électricité. C'est là où il expose, avec une grande lucidité, que toutes les forces de la nature sont tellement liées entre elles que l'une ne peut se produire qu'aux dépens des autres ; qu'il y a des relations nécessaires définies, équivalentes ; qu'elles dépendent des mouvements moléculaires de la matière même et non de fluides particuliers hypothétiques. C'est là la doctrine des savants modernes non intéressés à des préjugés. Son grand ouvrage : *Corrélation des forces physiques,* publié à Londres en 1843, et traduit en français trois ans plus tard, en 1846, par M. l'abbé Moigno, est le résumé de ses leçons à l'Institution royale de Londres.

(2) LA RIVE (Auguste DE); physicien distingué de Genève, fils et petit-fils de savants physiciens, membre correspondant de l'Institut de France et de la Société royale de Londres. Au moyen d'une multitude d'expériences, conduites avec une admirable sagacité, il concourut plus qu'aucun autre à faire triompher la théorie électro-chimique. Son fils, M. Lucien de La Rive, est lui-même un physicien de mérite.

Il plonge dans une cuve remplie d'eau deux cylindres dont les bouts sont en caoutchouc, et qu'il fait vibrer à l'aide d'une soufflerie d'air à mouvement alternatif. Ces cylindres se comportent de la même manière que deux corps électrisés. Si les phases des vibrations sont les mêmes, ils se repoussent ; si elles sont opposées, ils s'attirent. Rien n'est plus curieux que ces phénomènes qui ressemblent à ceux qu'exécutent des enfants quand ils promènent un cygne de métal aimanté dans une cuvette pleine d'eau.

L'hypothèse de Symmer étant cependant la plus commode pour expliquer les phénomènes électriques, elle est généralement admise, en France surtout, dans les écoles. Comme il ne s'agit que d'hypothèses, nous continuerons à exposer les phénomènes, en admettant deux fluides dont la combinaison forme l'*état neutre* des corps ; mais sans dissimuler que nous parlons seulement par hypothèse, pour la commodité et la clarté du discours et que la théorie de Grove et de Faraday est aujourd'hui considérée comme la plus probable.

Fig. 3. — PRODUCTION SIMULTANÉE DES DEUX ÉLECTRICITÉS.

LOIS DE L'ÉLECTRICITÉ PAR FROTTEMENT. — L'hypothèse des deux fluides reçoit une certaine confirmation apparente des lois qui président aux phénomènes résultant de deux corps frottés l'un par l'autre. D'abord l'une des deux électricités n'est jamais produite sans que l'autre le soit également. Si deux substances sont frottées l'une contre l'autre, et que la substance frottée prenne l'*électricité positive*, la substance frottante prend l'*électricité négative*, l'une attire le pendule, l'autre le repousse. Une expérience assez curieuse le démontre. Deux personnes étant placées sur des tabourets à pieds de verre (*fig.* 3), l'une des deux frappe l'autre avec une peau de chat : les deux personnes sont électrisées ; celle qui tient la peau de chat est électrisée négativement, et l'autre positivement ; de chacune d'elles on peut, en approchant le doigt, tirer des étincelles. Les deux électricités développées dans deux corps frottés y sont en égale quantité, car si on présente en même temps et à la même distance du pendule les deux corps, celui-ci reste immobile, parce que les deux électricités se neutralisent.

L'électricité que prend une substance n'est pas toujours la même. Le verre poli et le verre dépoli, frottés avec de la laine, prennent les deux électricités contraires. Le verre poli, suivant qu'il est frotté avec de la

flanelle ou avec une peau de chat, prend l'une ou l'autre électricité. En général, le poli augmente la tendance d'un corps à prendre l'électricité vitrée, et l'élévation de la température augmente la tendance à prendre l'électricité résineuse. Dans la liste suivante, les corps sont rangés dans

un ordre tel qu'ils s'électrisent positivement avec ceux qui les précèdent,
et négativement avec ceux qui les suivent.

Peau de chat.	Plumes.	Soie.
Verre poli.	Bois.	Gomme laque.
Laines.	Papier.	Verre dépoli.

DIVERSES SOURCES D'ÉLECTRICITÉ. — Outre le frottement, les causes
qui peuvent développer l'électricité dans les corps sont : la pression, l'exfoliation, les actions chimiques et la chaleur.

Ce fut Æpinus (1) qui, le premier, découvrit le développement de
l'électricité par la pression, ce que, plus tard, Libes (2) démontra expérimentalement en comprimant un disque de métal contre un disque de bois
recouvert de taffetas gommé : le premier s'électrisait positivement, le
second négativement. Postérieurement, Haüy fit voir qu'un morceau de
spath d'Islande, ainsi que d'autres minéraux, pressé entre les doigts,
s'électrisait positivement et conservait cet état électrique pendant plusieurs jours. Becquerel (3) trouva que cette propriété appartenait à tous
les corps, et que les uns s'électrisaient positivement, les autres négativement. Le liège l'est positivement si on le presse contre de la gomme élastique qui l'est négativement. Enfin l'effet est nul quand les deux corps
comprimés sont *bons conducteurs* de l'électricité.

Becquerel a observé que l'*exfoliation*, c'est-à-dire la division naturelle des minéraux cristallisés, peut devenir une source d'électricité. Tout
le monde, d'ailleurs, a pu remarquer qu'un morceau de sucre cassé dans
l'obscurité dégageait des étincelles lumineuses.

(1) Æpinus (Ulrich-Théodore), savant allemand, dont le véritable nom était Hoch, qu'il tra-
duisit en grec (1724-1802). D'une famille de docteurs, il fut d'abord médecin, membre de l'Académie
de Berlin, etc. Ses travaux en physique, principalement en électricité, où il applique le calcul, et qu'il
a résumés dans sa *Théorie de l'électricité et du magnétisme*, le firent appeler à Saint-Pétersbourg, où
il devint précepteur du grand-duc Paul, plus tard empereur, inspecteur général des écoles normales
dont il dota la Russie, etc.

(2) Libes (Antoine), physicien français (1760-1832), professeur aux Ecoles centrales et au lycée
Charlemagne. Il a publié de nombreux ouvrages de physique qui sont devenus classiques. On lui doit
la découverte de l'*électricité par contact*, qui paraît avoir donné lieu à la découverte de la pile sèche.

(3) Becquerel (Antoine-César), savant physicien français (1788-1878), d'abord officier du génie,
fit en cette qualité la campagne d'Espagne de 1814, et y fut remarqué. Il quitta le service en 1815,
étant commandant et chevalier de la Légion d'honneur, pour se livrer à la culture des sciences. Ses
premiers travaux se rapportèrent à la géologie et à la minéralogie. Il s'occupa ensuite de physique
et particulièrement des phénomènes électriques. On lui doit la connaissance des courants électriques
produits dans la pile de Volta. Ses recherches amenèrent la création de la théorie chimique de la
pile. Il a créé l'*électro-chimie*, dont l'industrie a tiré un parti précieux, et entre autres la formation
artificielle d'un grand nombre d'espèces minérales. L'étude des phénomènes thermo-électriques l'a
conduit à la construction du *thermomètre électrique* ; il a aussi inventé la balance *électro-magnétique* et le *galvanomètre différentiel*. Ce vaillant expérimentateur s'est occupé avec succès de météorologie, et l'assainissement de la Sologne a été l'objet de ses préoccupations. Depuis 1829, il était
membre de l'Institut et professeur de physique appliquée au Muséum d'histoire naturelle de Paris.

LOIS DES ATTRACTIONS ET DES RÉPULSIONS ÉLECTRIQUES. — Les actions que les corps électrisés exercent les uns sur les autres sont soumises aux deux lois suivantes :

1° *Les attractions et les répulsions électriques sont en raison inverse du carré des distances ;* 2° *Les attractions et les répulsions électriques sont en raison directe des quantités d'électricité dont les corps sont chargés.*

Ce sont là, au fond, comme on voit, les mêmes lois que celles de la gravitation universelle (*Pesanteur,* tome Iᵉʳ, page 84). On en doit la découverte aux travaux de Wilke, Æpinus, Franklin, Beccaria, de Luc, Poisson, etc. La démonstration expérimentale en est due à Coulomb (1), à l'aide de l'appareil connu sous le nom de *balance de torsion* ou *balance de Coulomb.*

Cet appareil (*fig.* 4) se compose d'une cage cylindrique en verre ABCD, fermée à sa partie supérieure par un disque AB également en verre. Ce disque est percé à son centre d'une ouverture sur laquelle est monté un tube de verre T, lequel n'est point fixé invariablement au disque AB, mais peut tourner librement dans l'ouverture, comme une vis dans son écrou. A son sommet, ce tube est muni d'une garniture de cuivre formée de deux pièces : l'une *b*, fixée au tube ; l'autre *k*, s'engageant dans la première au moyen d'une douille, de manière que le bouton *t* puisse la tourner

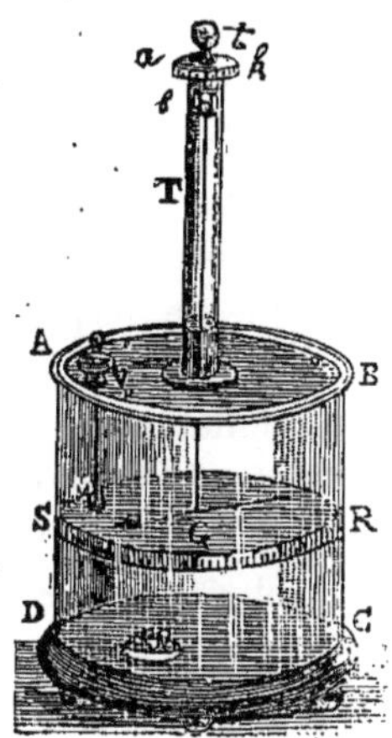

Fig. 4. — BALANCE DE COULOMB.

à volonté. La pièce *k* porte un cadran divisé en 360 degrés et tournant avec elle ; à la pièce *b* est adapté un indicateur *a*, qui, par un trait de repère, marque de combien de degrés on fait mouvoir le cadran. Au-dessous de celui-ci est fixé un fil d'argent très fin G auquel est suspendue une aiguille de gomme laque, terminée par un disque de clinquant ou de papier doré. Enfin, dans le couvercle AB, près du bord, est une seconde ouverture, sur laquelle s'applique un petit plateau de bois V,

---

(1) COULOMB (Charles-Augustin), d'une famille de magistrats de Montpellier (1736-1808), fut d'abord officier du génie, et fut envoyé en cette qualité en Amérique pour diriger la construction du Fort-de-France, à la Martinique. De retour en France, il s'adonna aux sciences mathématiques et physiques, et, tout en restant officier, il se fit connaître et obtint, en 1779, le prix décerné par l'Académie pour ses *Recherches sur la meilleure manière d'aimanter les aiguilles de boussole,* puis il entra peu de temps après à l'Académie, à la suite de son grand travail sur les *machines simples.* Louis XVI le nomma alors intendant général des eaux et fontaines de France, sinécure qui lui permit de poursuivre ses travaux. Il n'émigra pas à la Révolution, et fut appelé à l'Institut dès la réorganisation de ce corps. Il fut ensuite nommé inspecteur général des études, et mourut à Paris. Le congrès des électriciens vient de donner son nom à une des unités de mesures électriques (1881).

auquel est fixée une tige de verre terminée par une boule de laiton **M**. Une bande de papier SR, collée sur le pourtour de la cage, porte une graduation en 360 degrés, dont le zéro correspond au centre de la boule **M**.

Pour démontrer avec cet appareil la première des deux lois ci-dessus, on a d'abord soin de dessécher l'air contenu dans la cage en y plaçant, pendant plusieurs jours, une capsule remplie de chaux vive. Cela fait, on fait mouvoir le cadran *h* de manière que son zéro corresponde au point de repère de l'indicateur *a*; puis on fait tourner lentement le tube T et la garniture *b* jusqu'à ce que le fil d'argent HG étant sans torsion et l'aiguille de gomme laque au repos, celle-ci corresponde au zéro de la graduation SR. Retirant alors la boule M, on l'électrise en lui faisant toucher un corps électrisé quelconque, puis on la replace rapidement dans l'appareil. Le disque de clinquant de l'aiguille, s'électrisant aussitôt par son contact avec la boule, est repoussé par elle et s'arrête, après quelques oscillations, à une certaine distance, soit 40 degrés. Il y a alors équilibre entre la force répulsive de l'électricité et la force de torsion du fil métallique HG qui soutient le disque. Or, cette force de torsion est proportionnelle à l'angle de torsion : la répulsion électrique sera donc représentée, à la distance actuelle, par 40 degrés de torsion. Que l'on tourne alors le cadran *h* de manière à tordre le fil jusqu'à ce que le disque de clinquant soit ramené devant la division 20 de la circonférence SR ; à cette distance, qui est la moitié de la précédente, la répulsion électrique est toujours égale à la force de torsion du fil. Or cette force de torsion se compose actuellement de l'angle de torsion 20, plus du nombre de degrés dont il a fallu tourner le cadran *h.* On trouve que ce nombre est de 140 degrés ; ce qui donne une torsion totale de 160 degrés, pour mesure de la répulsion électrique à la distance actuelle. À la distance précédente, double de celle-ci, la force de répulsion électrique n'était que de 40 degrés, c'est-à-dire quatre fois moindre. On verrait de la même manière qu'à une distance triple la force de répulsion est neuf fois plus petite. Donc les *répulsions électriques sont en raison inverse du carré de la distance.* On constate de la même manière que les attractions électriques sont soumises aux mêmes lois.

Pour démontrer la seconde loi, on électrise la boule de laiton M, puis on note la répulsion du disque de clinquant de l'aiguille de gomme laque. Ensuite on retire cette boule, on la touche avec une autre boule de cuivre non électrisée, de même diamètre et isolée. La boule M perd alors la moitié de son électricité. Or, en la replaçant dans l'appareil, on voit que sa force de répulsion n'est plus que la moitié de ce qu'elle était d'abord. Si l'on continue l'expérience, on verra que sa force n'est plus que le quart, le huitième, et ainsi de suite de sa force primitive ; ce qui démontre la loi.

ÉLECTROSCOPES ET ÉLECTROMÈTRES. — Il est indispensable que nous décrivions ici des appareils imaginés pour constater ou pour mesurer l'intensité électrique des corps. Quelques-uns d'entre eux, cependant, ont été construits en se basant sur des principes que nous verrons ci-après. Le *pendule électrique* et l'*électromètre à feuilles d'or*, dont nous avons déjà parlé, ne peuvent être employés dans tous les cas ; il est utile que nous connaissions les principaux de ces appareils.

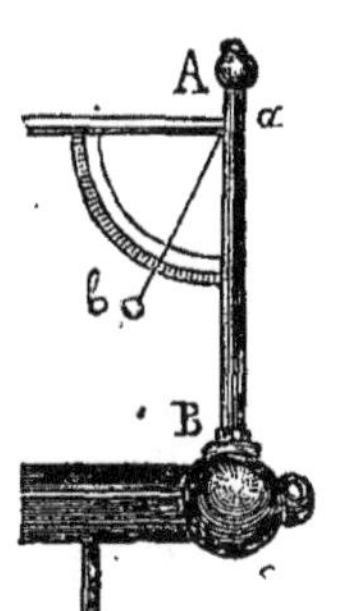

Fig. 5.

ÉLECTROSCOPE DE HENLEY.

D'après M. Hoeffer, Gray eut le premier l'idée de mesurer l'intensité électrique par l'écartement d'un fil suspendu à un corps conducteur. C'est le moyen dont se servait Dufay, vers 1733. Nollet faisait usage de deux fils, et il mesurait l'angle de leur écartement sur la projection de leur ombre. Waitz y ajouta des petits poids aux extrémités des tiges ; Canton y fixa des petites boules de liège ; Henley imagina l'*électromètre à cadran*. Cet appareil, très usité, se compose (*fig.* 5) d'une tige cylindrique AB d'une matière conductrice, en ivoire, en ébène ou en cuivre, longue de $0^m,20$ environ, et terminée par une boule A ; immédiatement au-dessous est fixé un quart de cercle en ivoire, dont le centre porte un axe autour duquel se meut librement une aiguille légère ab de $0^m,12$ de longueur, et portant à son extrémité une petite balle de sureau b. Cette aiguille peut parcourir avec facilité le quart de circonférence divisée et donne les angles d'écartement. Dans les conditions ordinaires, l'aiguille est dans la direction verticale ; mais, dès que l'appareil est électrisé, la balle s'écarte de la tige, et l'index s'en éloigne plus ou moins en raison

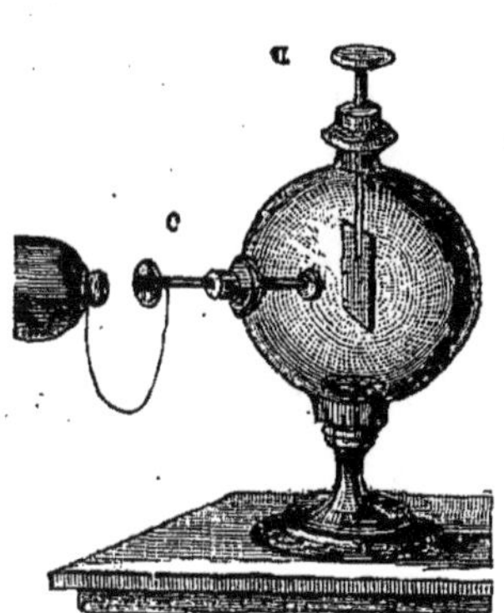

Fig. 6. — ÉLECTROSCOPE

A UNE SEULE FEUILLE D'OR.

de la tension électrique. Ce petit instrument se visse sur l'un des conducteurs d'une machine électrique ou d'une batterie.

Le docteur Hare, de Philadelphie, a le premier décrit un *électroscope à une seule feuille d'or*. Voici, selon M. Snow Harris, une bonne manière de le construire. Une feuille d'or d'environ $0^m,075$ de longueur et $0^m,006$ de largeur est suspendue à une petite tige de laiton (*fig.* 6), à l'intérieur d'un cylindre ou d'une sphère en verre. A la hauteur de l'autre extrémité de la feuille d'or, une tige de laiton traverse la paroi de la sphère et porte un disque de papier ou de bois doré b de $0^m,025$ environ de diamètre. Ces deux tiges de laiton sont terminées extérieurement par deux petites plaques de laiton ou de bois doré a, c, d'environ $0^m,025$ de diamètre. En a, la tige métallique glisse dans des morceaux de liège placés à l'intérieur d'un tube de verre supporté par une pièce de bois, ou bien un morceau de liège peut être fixé au col du ballon de verre.

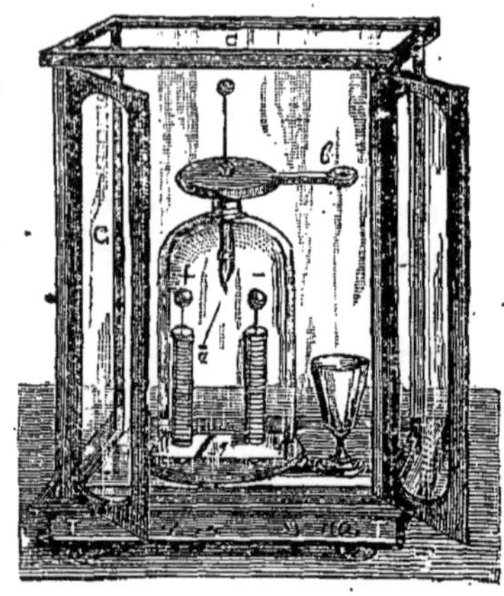

Fig. 7.

ÉLECTROSCOPE DE BOHNENBERGER.

La seconde tige bc glisse dans un bouchon semblable, fixé à l'ouverture du col latéral, ou dans une pièce de bois, mastiquée dans l'ouverture pratiquée sur la sphère. Le tout est supporté par un poids convenable. Si l'on veut, à l'aide de cet électroscope, qui est fort sensible, reconnaître la présence de l'électricité, on attache un fil de métal en c de manière à permettre une action par influence ; alors on touche le disque a avec le corps électrisé. Quand la distance de la feuille d'or et du disque b est très petite, la plus petite attraction devient sensible. Si l'on veut déterminer l'espèce d'électricité, on fait glisser la tige bc jusqu'à ce que le disque b touche la feuille d'or ; on électrise alors la feuille et le disque b, positivement ou négativement, avec un cylindre de verre ou de cire convenablement frotté. La feuille d'or sera alors repoussée et se tiendra éloignée du disque. Si l'on présente dans ces circonstances le corps électrisé à un des boutons a ou c, la distance de la feuille au disque b augmentera ou diminuera, suivant que l'électricité du corps examiné est d'espèce identique ou opposée à celle dont on a d'abord chargé la feuille.

Bohnenberger, en se servant de *piles sèches*, que nous décrirons plus loin, et que nous devons seulement considérer ici comme des colonnes ou des tiges toujours chargées d'une faible quantité d'électricité, a construit un *électroscope* d'une très grande sensibilité. Il se compose (*fig.* 7) d'une cloche en verre à l'extrémité supérieure de laquelle est une douille pouvant supporter un *condensateur* (page 52). Cette douille ne doit pas reposer immédiatement sur la cloche, mais être fixée à une tige de cuivre, passant dans un tube de verre recouvert de plusieurs couches de vernis à la gomme laque ; c'est ce tube de verre qui est fixé solidement à la cloche. A la base de la tige de cuivre se trouve une feuille d'or *a* qui, dans les conditions ordinaires, reste verticale. La cloche repose sur un support métallique plan, placé sur trois pieds en bois. Deux piles sèches sont placées dans une position verticale, les extrémités chargées d'électricité en regard. Ces deux piles peuvent s'approcher ou s'éloigner de *a*, à l'aide de deux écrous fixés sur le plateau. Aussitôt que la tige, et par conséquent la feuille d'or *a*, a reçu une très faible quantité d'électricité, elle est attirée par le pôle de la pile sèche qui possède l'électricité con-

traire, et repoussée par l'autre ; ces deux actions s'ajoutent, et cette feuille est alors d'autant plus attirée que la somme d'action est plus considérable. Cet appareil est muni de divers accessoires : une tige *b* peut recevoir les différents corps, capsules, etc. Enfin le tout est

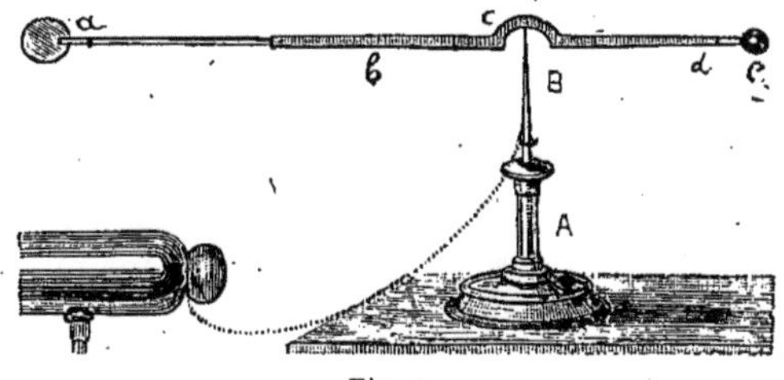

Fig. 8.

ÉLECTROSCOPE A AIGUILLE ÉQUILIBRÉE.

placé dans une cage vitrée CT, desséchée à la chaux, afin d'opérer toujours dans un air sec.

On peut commodément construire un *électroscope*, de la manière suivante, imaginée par M. Snow Harris. A un petit fil de laiton recourbé *bcd* (*fig.* 8), on fixe deux pailles *ab* et *de*, de manière à former des bras d'inégale longueur. Le long bras *bc* porte un léger disque *a* de papier doré d'environ $0^m,012$ de diamètre ; le petit bras *cd* porte un contrepoids *e*, qui peut être un grain de plomb ou une boule de cire à cacheter. Le tout repose délicatement par son centre *c* sur une tige de laiton B, supportée par un tube de verre A. Le contrepoids peut s'ajuster facilement en faisant glisser les pailles *b* et *d* sur le fil de laiton recourbé, de manière à allonger ou à raccourcir les bras opposés. Quand on emploie l'aiguille à déceler simplement la présence de l'électricité, on attache un fil métallique à la tige de laiton B pour la mettre en communication avec le sol, et on présente au disque *a* la substance électrisée. Si on veut déterminer l'espèce d'électricité, on enlève le fil métallique, et on électrise le disque *a*, soit positivement, soit négativement. En présentant alors le corps électrisé au disque *a*, il sera attiré ou repoussé soit positivement, soit négativement, suivant que son électricité sera d'espèce identique ou opposée à celle dont le disque est chargé.

M. Snow Harris construit encore, de la manière suivante, un *électroscope simple* très délicat. Il fixe une longue paille *ab* (*fig.* 9) à la base d'une grosse aiguille très aiguë ; l'aiguille et la paille sont ensuite passées au travers d'une petite boule de liège, et le système est équilibré sur la pointe d'aiguille a à l'aide de deux fortes épingles, piquées obliquement dans le liège et recouvertes d'un peu de cire pour assurer la stabilité du système. On place le tout sur un petit fil de laiton a, supporté par un tube de verre ce de manière à mettre le tout, au moyen d'un petit bras cd, en communication avec le sol, comme il convient, quand on veut mettre en évidence une attraction ou une répulsion sur une petite boule b fixée à l'extrémité de la paille.

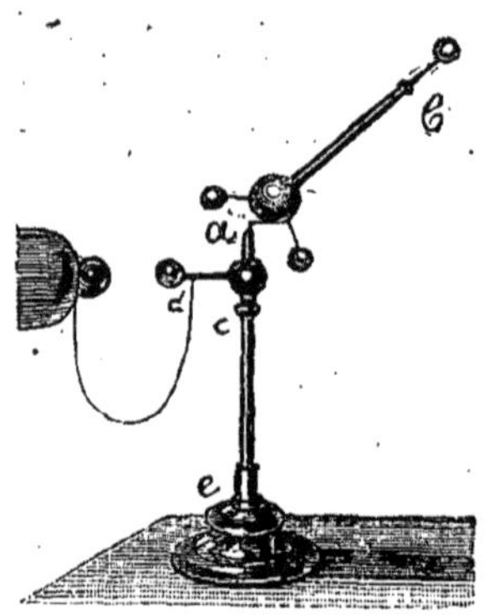

Fig. 9.

ÉLECTROSCOPE DE HARRIS.

La *balance de Coulomb* est un électromètre d'une grande précision, et dont on peut varier la sensibilité suivant la force de torsion du fil employé, mais pourvu qu'on ne dépasse pas la limite d'élasticité de ce fil. M. Snow Harris, pour remédier à l'inconvénient de l'emploi, dans la balance de torsion, d'un fil de métal dont l'élasticité n'est jamais parfaite, a construit un appareil nommé *balance bifilaire*, à cause de deux fils de suspension dont on fait usage au lieu d'un seul. La forme extérieure de l'appareil est à peu près la même que celle de la balance de Coulomb ; mais la force de réaction de l'instrument ne provient plus d'aucun principe d'élasticité, mais bien de l'action de la pesanteur. Lorsqu'une aiguille horizontale mn (*fig.* 10) est suspendue à deux fils de soie non tordus ab, $a'b'$, placés parallèlement l'un à l'autre à égale distance des centres c, c', et fixés aux deux points a, a, elle est dans sa position d'équilibre quand elle est horizontale dans le plan vertical passant par les deux fils. A l'aide de cette disposition,

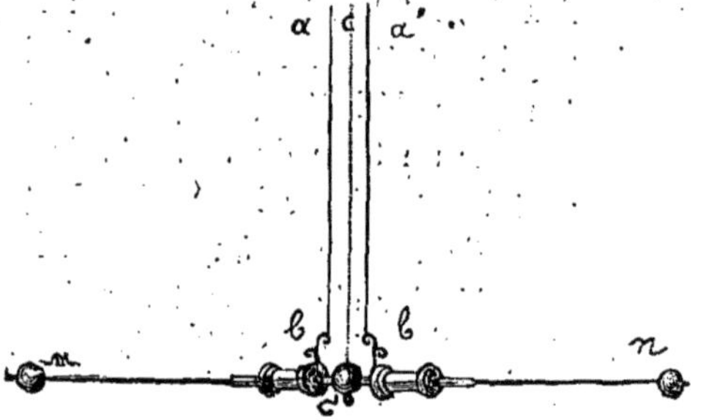

Fig. 10. — BALANCE BIFILAIRE.

en tournant l'aiguille autour de l'axe imaginaire cc', les lignes de suspension se dévient de la verticale, et la distance cc' est moindre. On a donc une force de réaction provenant du poids de l'aiguille, laquelle est transmise, pour ainsi dire, aux points de suspension, puisque le centre de gravité de la masse s'élève, et tend sans cesse à revenir dans sa position première, et se trouve dans une position semblable à celle d'un corps qui tombe suivant un très petit arc circulaire. D'après cela, si l'on fait osciller l'aiguille, et qu'on observe les effets produits, on peut déterminer, au

Machine électrique d'Hauksbee, perfectionnée par Bose (page 38).

moyen des formules relatives aux corps oscillants, la nature de la force qui produit les oscillations.

L'*électromètre de Lane* permet de communiquer une charge déterminée à un corps conducteur. Il consiste (*fig.* 11) en une bouteille de

Leyde A (page 50), isolée sur un plateau MM et dont la garniture intérieure communique avec la boule B. Une autre boule C, de même dimension, et placée à l'extrémité d'une tige de cuivre qui se trouve supportée
par une tige ED, communique avec la garniture extérieure ; la boule C

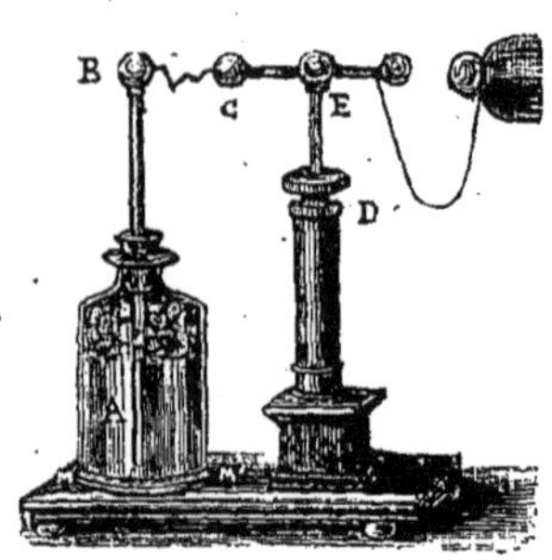

Fig. 11.

ÉLECTOMÈTRE DE LANE.

peut être mise en contact ou placée à une
distance déterminée de la boule B. On met B
en contact avec une machine électrique
et CE avec l'appareil auquel on veut donner
une charge électrique déterminée. Quand l'électricité a chargé A, une étincelle éclate entre B
et C, et comme cet effet est produit chaque
fois que la bouteille est chargée au même
degré, la charge que l'on communique est
proportionnelle au nombre d'étincelles qui
éclatent entre B et C.

Il existe un grand nombre d'autres *élec-
tromètres;* nous parlerons ci-après de quelques-uns destinés spécialement à mesurer l'électricité atmosphérique.

DISTRIBUTION DE L'ÉLECTRICITÉ. — L'électricité d'un corps qui en
est chargé ne réside pas également dans
toutes les parties de ce corps ; mais principalement à sa surface. Cela résulte de
nombreuses expériences dont les premières sont dues à Coulomb. Il se servait
d'une sphère de cuivre, isolée sur un pied
de verre et ayant une ouverture à sa partie supérieure (*fig.* 12). Après l'avoir électrisée, il la touchait avec une baguette
de gomme laque à l'extrémité de laquelle
est fixé un petit disque de papier doré,
et qui porte le nom de *plan d'épreuve.*
Quand il touchait différentes parties de
la surface extérieure de la sphère, le
plan d'épreuve était chargé d'une quantité d'électricité à peu près égale, comme

Fig. 12. — EXPÉRIENCES
DE COULOMB ET DE FARADAY.

il s'en assurait au moyen de la balance; quand, au contraire, il touchait
l'intérieur de la sphère, le plan d'épreuve n'était point électrisé.

Faraday se servait d'un cylindre en treillis métallique (*fig.* 12) reposant sur un disque de métal isolé. Le disque étant électrisé, il recueil-

lait de l'électricité sur la surface extérieure et jamais sur la surface intérieure.

Biot indiqua cette expérience, souvent répétée dans les cours (*fig.* 13). Sur une sphère métallique isolée par un pied de verre, on applique deux hémisphères de cuivre du même diamètre qu'elle, ayant des manches de verre. Quand la sphère est électrisée, si on les retire vivement, on observe que la sphère n'est plus électrisée, toute son électricité est passée dans les disques.

On démontre encore que l'électricité se dirige à la surface des corps au moyen de l'appareil suivant dû à Faraday (*fig.* 14). Il consiste en un cylindre C de cuivre isolé, sur lequel s'enroule une feuille métallique M très flexible, qui se développe à volonté lorsqu'on tourne le cylindre au moyen de la manivelle A, puis en

Fig. 13. — Expérience de Biot.

une sphère de métal S qui communique avec le cylindre C et qui supporte un petit électroscope d'Henley. Si l'on électrise le cylindre, on voit que la boule de sureau remonte sur le cadran en vertu de la répulsion électrique ; mais, à mesure que l'on déroule la feuille métallique en faisant tourner le cylindre, l'écartement diminue, et il augmente quand de nouveau on enroule la feuille. Donc la quantité d'électricité d'un corps ne variant pas, la répulsion qu'il exerce est d'autant plus petite que la surface est plus petite, ce qui démontre que le fluide électrique se tient à la surface du corps.

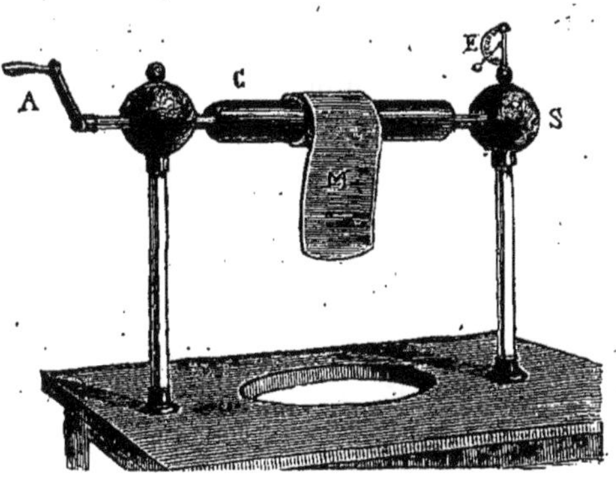

Fig. 14. — Expérience de Faraday.

Il faut considérer comme une conséquence de la force répulsive que chacune des deux électricités exerce sur elle-même ce fait de l'accumulation de l'électricité à la surface des corps. En effet, en soumettant au calcul l'hypothèse des deux fluides, et en admettant qu'ils s'attirent mutuellement ou se repoussent en raison du carré des distances, le mathéma-

ticien Poisson arrive aux résultats donnés par les expériences de Coulomb. Il en conclut que l'électricité n'est retenue à la surface des corps
que par la pression de l'air environnant et par le peu de conductibilité de
ce gaz lorsqu'il est sec. Cette couche très mince d'électricité est donc dans
un état de *tension* permanente, dû à la force de répulsion réciproque de
ses molécules, et luttant contre la résistance de l'air.

**INFLUENCE DE LA FORME DES CORPS SUR L'ACCUMULATION DE
L'ÉLECTRICITÉ. — POUVOIR DES POINTES.** — Il est intéressant de pou-
voir se rendre compte de l'influence de la forme du corps sur la répartition de la *charge électrique* à la surface. A l'aide de sa balance, Coulomb est arrivé à quelques résultats bons à connaître (*fig.* 15). Sur une sphère S, la charge électrique est la même sur tous les points de la surface ; sur un ellipsoïde allongé E, la charge est maxima à l'extrémité du grand axe et minima à l'extrémité du petit ; de plus, le rapport entre ces deux charges est d'au-

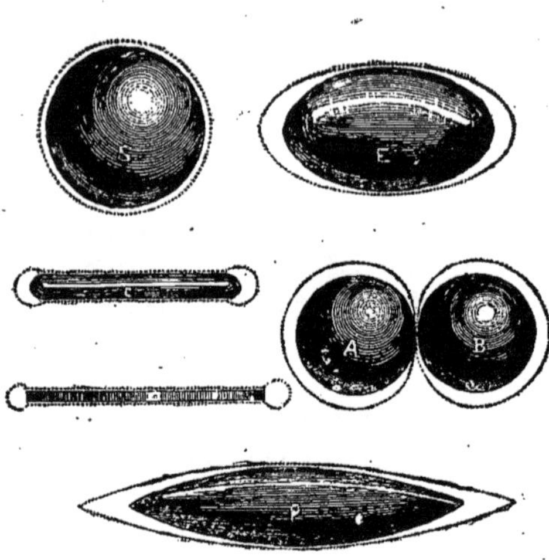

Fig. 15. — Disposition de l'électricité a la surface des corps.

tant plus grand que l'ellipsoïde est plus allongé ; sur un disque plat D,
la charge, presque nulle au centre et jusque près des bords, s'accroît
très vite sur les bords eux-mêmes; sur un cylindre C terminé par deux
hémisphères, la charge est minima et très faible au milieu, maxima
à l'extrémité, et tend là à devenir d'autant plus grande que le rayon du
cylindre est plus petit par rapport à sa longueur; dans les sphères en
contact, si elles sont égales A et B, la charge, nulle au point de contact, et
très faible jusqu'à 30° de ce point, croît très rapidement de 30° à 60°, moins
rapidement de 60° à 90°, et d'une manière insensible de 90° à 180°. Quand
les sphères sont inégales, la charge, en un point quelconque de la petite
sphère, est plus forte que dans le point semblable de la grande ; lorsqu'une des sphères devient de plus en plus petite, le rapport des charges
aux extrémités de la ligne des centres tend à devenir égal à 2; pour un
ellipsoïde très allongé P, la charge est à l'extrémité de la pointe.

Une pointe peut être considérée comme l'extrémité d'un cylindre dont le rayon est très petit, ou comme l'extrémité d'une série de sphères dont les rayons vont en diminuant; dans les deux cas, la charge doit y être considérable; l'électricité y prend une tension infiniment grande. Or, la résistance de l'air étant limitée, il est facile de voir que l'électricité, quelque faible qu'elle soit, aura toujours à la pointe une tension supérieure à cette résistance, et s'écoulera, par conséquent, dans l'atmosphère où elle se dispersera entièrement. C'est ce fait que l'on désigne sous le nom de *pouvoir des pointes*. Franklin l'a découvert; l'expérience le démontre. Une pointe métallique, adaptée au conducteur d'une machine électrique, l'empêche de se charger, parce que l'électricité s'écoule par son extrémité à mesure qu'elle se produit. C'est pourquoi tous les appareils électriques sont terminés par des boules ou des parties arrondies.

DÉPERDITION DE L'ÉLECTRICITÉ. — Les corps électrisés, même étant isolés, perdent toujours plus ou moins promptement leur électricité; cette déperdition est due à la conductibilité de l'air et des vapeurs qui enveloppent les corps, et ensuite aux supports isolants eux-mêmes.

Les causes de cette déperdition sont assez complexes, dit M. Privat-Deschanel dans son *Cours de physique;* il y a d'abord la propagation par les supports, qui ne sont jamais isolants et qui peuvent d'ailleurs se recouvrir d'une couche d'humidité plus ou moins grande provenant de l'air. L'écoulement peut aussi se faire dans l'air considéré comme corps isolant; en outre, les molécules d'air, qui viennent successivement au contact du corps électrisé, partagent son électricité et sont repoussées par lui en emportant une portion de la charge. En fait, c'est surtout à l'humidité de l'air qu'il faut attribuer la déperdition; lorsque cette humidité est un peu considérable, les expériences d'électricité deviennent littéralement impossibles. Au contraire, dans une cloche renfermant de l'air complètement desséché, un corps peut rester électrisé pendant un temps très considérable. Il résulte des recherches de Coulomb sur ce point que le pouvoir isolant des corps mauvais conducteurs augmente beaucoup quand la section de ces corps diminue, de telle sorte qu'on peut arriver à les choisir assez minces pour que l'isolement soit complet, ou que, du moins, il ne se produise pas par le support une perte plus grande que par l'air. Quant à la déperdition par l'air, elle dépend de causes trop nombreuses pour qu'il soit possible, dans l'état actuel de la science du moins, de formuler une loi précise à ce sujet. Coulomb, en observant, dans des circonstances spéciales, le décroissement de la force répulsive des deux boules de sa balance, avait remarqué que *la valeur de ce décroissement était à chaque instant proportionnelle à la force répulsive elle-même.* Cette loi ne se vérifie pas d'une manière générale, et surtout quand les boules sont un peu voisines l'une de l'autre. La force élastique de l'air ambiant joue un rôle important dans la déperdition. Suivant qu'elle augmente ou qu'elle diminue, la charge que peut conserver un corps conducteur augmente ou diminue elle-même d'une manière proportionnelle; ainsi, dans le vide, aucune charge n'est possible et toute trace d'électricité disparaît. D'autre part, cette charge, compatible avec l'état de densité de l'air ambiant, se dissipe d'autant plus vite que la force élastique est plus forte.

Coulomb avait expérimenté dans l'air humide; or, dans les gaz parfaitement desséchés, Matteucci a montré que la déperdition de l'électricité ne suit pas la loi de Coulomb, et que, dans certaines limites de tension, elle est indépendante de la charge et proportionnelle au temps, c'est-à-dire que, en des temps égaux, les déperditions successives sont égales. Suivant ce même physicien, à égalité de température et de pression, la déperdition est égale dans l'air, dans l'hydrogène et dans l'acide carbonique, quand ces gaz sont parfaitement desséchés; avec des corps fortement électrisés, la déperdition est plus grande quand ils sont électrisés *négativement* que lorsqu'ils le sont *positivement;* enfin, la déperdition, dans ces gaz, est indépendante de la nature du corps, c'est-à-dire qu'elle est la même que le corps soit bon ou mauvais conducteur.

CHAPITRE II

ACTION DES CORPS ÉLECTRISÉS
SUR LES CORPS A L'ÉTAT NEUTRE
MACHINES ÉLECTRIQUES

ÉLECTRISATION PAR INFLUENCE OU PAR INDUCTION. — Lorsqu'un corps électrisé est placé à quelque distance d'un autre corps à *l'état neutre,* c'est-à-dire à l'état naturel, il décompose le fluide neutre de ce corps, attire vers lui l'électricité contraire à celle dont il est chargé, et repousse à l'extrémité opposée l'électricité du même nom. Cette action, qui est une conséquence de la loi des attractions et des répulsions (page 12), et qui s'exerce non seulement à toutes les distances, mais encore au travers de tous les corps isolants, comme l'air, le verre, les résines, etc., est connue sous le nom d'*électrisation par influence* ou *par induction*.

Pour démontrer expérimentalement cette influence, on se sert d'un cylindre de laiton, isolé sur un pied de verre (*fig.* 16) et muni de petits pendules de moelle de sureau, suspendus à des fils de chanvre qui sont conducteurs. Or, lorsqu'on approche ce cylindre d'une machine élec-

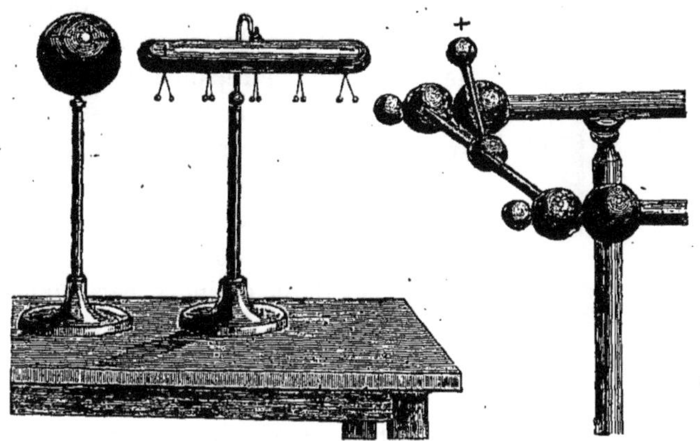

Fig. 16. — ÉLECTRISATION PAR INFLUENCE.

trique, qui est chargée de fluide positif ou d'une sphère électrisée positivement, on voit les petits pendules voisins se repousser et diverger entre eux, mais inégalement; c'est aux extrémités que se produit la plus grande divergence. Vers la partie médiane, les pendules restent en contact sans se repousser; d'où l'on conclut que c'est aux extrémités que se porte l'électricité et que le milieu du cylindre est à l'*état neutre*. De plus, si des pendules voisins de la machine électrique on approche un bâton de résine frotté, on voit qu'ils sont repoussés, ce qui prouve qu'ils sont chargés de la même électricité que la résine, c'est-à-dire d'électricité négative. Si l'on approche ensuite un tube de verre frotté de l'autre extrémité du cylindre, les pendules sont aussi repoussés, parce qu'ils sont chargés d'électricité positive. Enfin, les électricités contraires accumulées aux extrémités opposées du cylindre sont en quantité égale, car si on éloigne le cylindre de la machine, les pendules cessent de diverger, ce qui indique que les deux fluides, d'abord séparés, se recombinent actuellement pour former du fluide neutre.

Cependant, on constate que la ligne neutre ne partage pas le cylindre en deux parties égales; cette inégalité est d'autant plus notable que le cylindre est plus long. Or, les quantités des deux fluides étant les mêmes, il est clair que, près de la machine, l'électricité est plus condensée, et que le fluide du même nom que celui de la machine, étant répandu sur un plus grand espace, n'aura en chaque point qu'une épaisseur très faible et d'autant plus faible que le cylindre sera plus grand. Si maintenant on met le cylindre en communication avec le sol, la machine agira alors par influence sur lui et sur le globe terrestre lui-même, l'électricité de nom contraire viendra s'accumuler dans la partie voisine de la machine; mais l'électricité de même nom, se répandant sur le globe terrestre, ne possédera plus aucune épaisseur sensible; il n'y aura plus, sur le corps soumis à l'influence, qu'un seul fluide dont on puisse constater la présence; l'électricité négative subsistera seule. Il importe de remarquer que ce résultat est le même, quel que soit le point du cylindre par lequel on établit la communication avec le sol; c'est toujours le fluide repoussé qui disparaît, le corps ne possède plus que l'espèce d'électricité contraire à celle du corps influent. Toutefois, il peut se présenter, suivant le mode de communication avec le *réservoir commun*, quelques petites variations dans le détail de la distribution de l'électricité; mais ces variations ne changent pas le sens du phénomène.

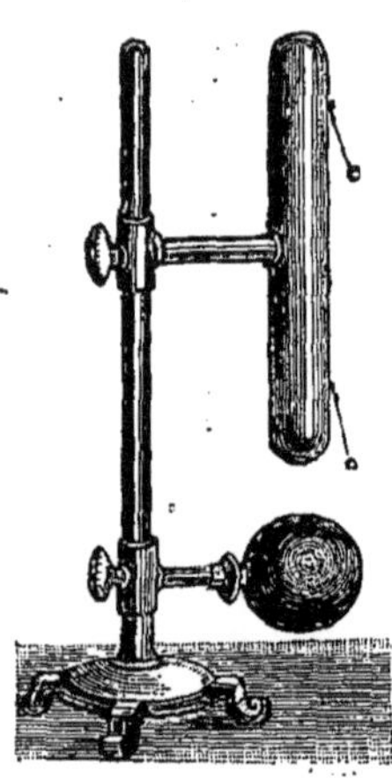

Fig. 17.

APPAREIL DE REISS.

APPAREIL DE REISS. — L'expérience précédente, faite à l'aide d'un cylindre et due à Æpinus, fut pendant longtemps le seul appareil pour démontrer l'électrisation par influence. Les physiciens allemands objectèrent qu'il ne démontrait pas que l'extrémité la plus voisine du foyer d'électricité n'avait pas perdu quelqu'une de ses propriétés, lorsque le corps était en communication avec le sol. M. Reiss, professeur de Berlin, détruisit cette objection en donnant à l'expérience une disposition différente. Il plaçait le corps influencé, un cylindre (*fig.* 17), au-dessus du corps électrisé produisant l'influence : ce cylindre porte un pendule à chacune de ses extrémités; ces pendules divergent de leur position d'équilibre par la répulsion du fluide sur lui-même. Le corps qui détermine l'influence ne peut, en effet, par sa présence, faire diverger les pendules; il tendrait, au contraire, à les maintenir verticaux. L'électricité du corps influencé n'a donc pas perdu la propriété de repousser l'électricité du même nom.

THÉORIE DE FARADAY RELATIVE A L'ÉLECTRISATION PAR INFLUENCE.
— Faraday a donné de l'*électricité par influence* une théorie qu'il importe
de connaître. « Cette théorie, dit M. de La Rive, mérite l'attention de tous

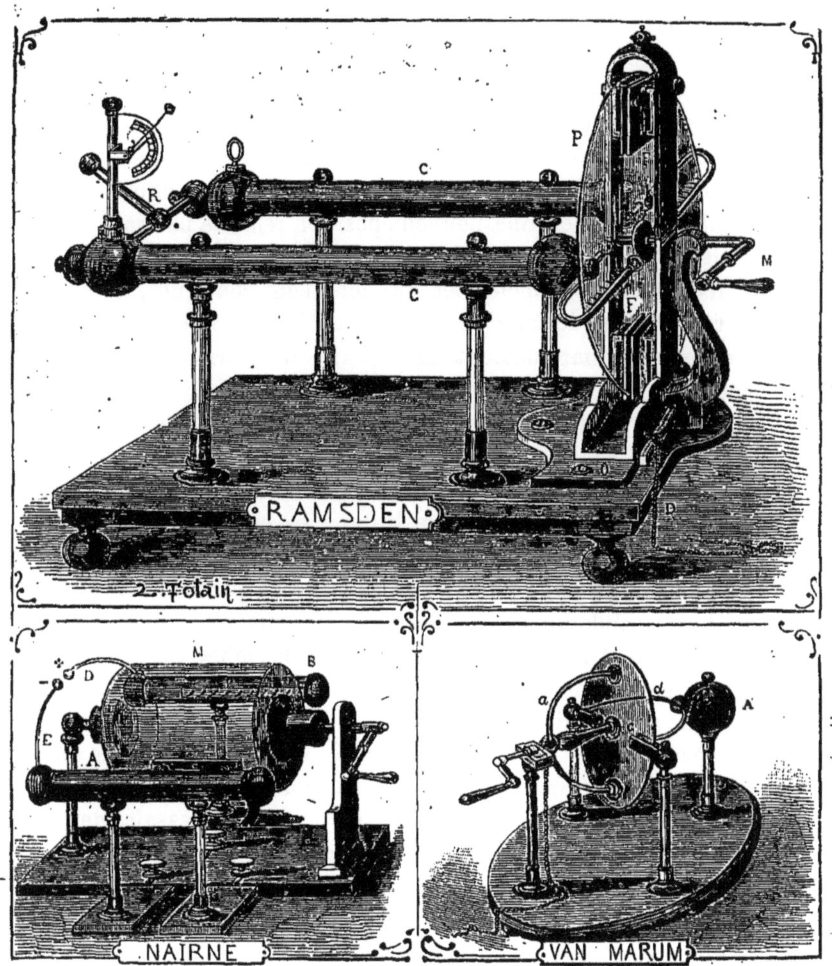

Machines électriques (pages 39 et suivantes).

les physiciens, parce qu'elle repose sur un principe juste, c'est-à-dire
que les actions électriques ne se manifestent jamais sinon par l'intermédiaire de molécules matérielles, ce qui tend à prouver une connexion
évidente entre les forces électriques et celles de la nature. »

Reconnaissant deux espèces de forces électriques, Faraday suppose que l'induction électrique dépend d'une forme particulière d'action physique qui se propage entre des *molécules de force* contiguës (1). Les électricités opposées sont séparées dans ces molécules intermédiaires, et elles se disposent alors en séries présentant une succession de pôles négatifs et positifs; c'est ce qu'on appelle la *polarisation des molécules,* et, de cette façon, la force se transporte à distance. L'effet immédiat produit par un corps électrisé consiste donc à mettre les particules qui se touchent dans un état forcé particulier, résultant d'une nouvelle distribution des forces électriques qu'il contient, et par suite duquel ces forces se placent dans une certaine nouvelle position relative par rapport au corps électrisé. Ces particules voisines, ainsi modifiées électriquement, agissent maintenant sur les molécules qui leur sont contiguës, et celles-ci sur d'autres, et ainsi de suite, jusqu'à ce que les forces de l'ensemble soient arrangées systématiquement en formant une série de points positifs et négatifs, ou, en d'autres termes, soient *polarisées;* propageant ainsi la force primitive à une distance où elle se manifeste comme une force de même nature, égale, mais de sens opposé. Dans les corps métalliques et les autres corps bons conducteurs, la polarisation des molécules intermédiaires ne subsiste pas même un instant, parce que les molécules se communiquent de l'une à l'autre les forces opposées, ce qui détruit l'état particulier. C'est en réalité une décharge de particule à particule, qui constitue la conduction. C'est pourquoi les métaux et les autres conducteurs présentent la polarisation dans leur ensemble. Ce résultat est tout à fait indépendant de la masse du corps et n'exige pas une épaisseur sensible pour se produire. La feuille d'or la plus mince devient positive sur l'une de ses faces et négative sur l'autre, et cela sans que les deux forces électriques se mélangent le moins du monde. D'après cela, c'est à la surface des corps conducteurs qu'on devra nécessairement trouver l'électricité, puisque c'est là que commence le milieu environnant et résistant capable de subir l'influence d'où dépend la charge. Si le conducteur est creux ou contient de l'air, il n'y aura pas induction, à cause des actions opposées que la surface intérieure du corps électrisé exerce dans toutes les directions. Dans le cas où l'un des corps électriques forme des milieux *diélectriques*, comme, par exemple, de l'air ou du verre placé entre deux plans conducteurs, l'épaisseur de la couche a une très grande influence. Dans de tels milieux, les forces ne peuvent se dé-

____

(1) W. Snow Harris, *Leçons d'électricité* (traduction de M E. Garnault). — Becquerel, *Traité d'électricité.*

charger, pour ainsi dire, l'une avec l'autre, comme dans le cas précédent, et le résultat est une *polarisation* permanente dans toute la série, constituant ce que l'on appelle une *isolation*, et par laquelle on obtient une sorte de propagation de la force dans toute la série des molécules, jusqu'à ce que les forces atteignent quelque surface conductrice et se manifestent là à une certaine distance du point où elles ont pris naissance. Par l'expression *parties contiguës*, on doit comprendre parties qui se suivent ou parties voisines, sans se préoccuper de la question d'éloignement ou de rapprochement infiniment grand entre ces parties ; par *polarité*, on comprend une disposition de forces capable de faire acquérir aux particules des forces opposées dans leurs différentes parties.

Pour analyser, d'après Faraday, les effets électriques produits au travers des différentes substances, on opère ainsi. On place dans un vase sphérique en métal B (*fig.* 18) une boule métallique A isolée à l'aide d'une grosse tige en gomme laque CD ; une sphère en cuivre C communique au moyen d'une petite tige métallique fixée au centre de la tige en gomme laque CD à la boule A, de sorte

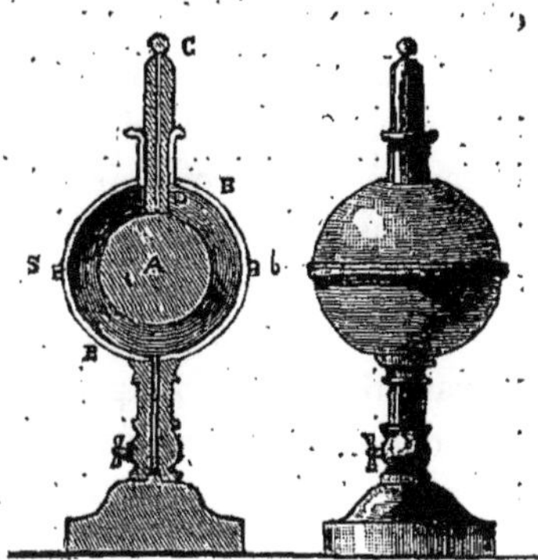

Fig. 18. — THÉORIE DE FARADAY.

qu'en électrisant C, A se trouve chargé de la même espèce d'électricité, laquelle ne peut se transmettre à la sphère extérieure B que par influence au travers du milieu qui les sépare et qui se trouve dans l'intérieur de B. L'appareil est tellement disposé que l'on peut employer comme milieu intermédiaire de la gomme laque, du verre, des gaz plus ou moins raréfiés, etc. ; à cet effet, le vase se sépare en deux hémisphères suivant le grand cercle *ab*, et est muni de robinets à la partie inférieure.

Afin de comparer les effets d'induction de différents milieux, on opère avec deux appareils exactement semblables, et on se place à proximité d'une *balance de Coulomb* pour apprécier l'intensité des différentes charges électriques. On met dans un des appareils de l'air, dans l'autre des hémisphères de gomme laque ou de verre. On donne une charge à la boule intérieure de l'appareil plein d'air, dont on mesure la tension à l'aide de la balance de torsion ; puis on fait communiquer les deux appareils par les boules C touchant aux conducteurs intérieurs. On mesure ensuite, après le contact, les charges des deux boules A, en les enlevant des vases et les portant dans la balance de torsion. Il est évident que l'électricité se répartit sur chacune d'elles et agit par influence sur le vase sphérique enveloppant, et qui communique au sol ; elles prennent alors d'autant plus d'électricité que le pouvoir d'induction de la substance isolante est plus grand.

En opérant ainsi, Faraday est arrivé aux conclusions indiquées ci-dessus et que nous résumons :

1° L'induction ou action par influence paraît être une action des particules contiguës des corps isolants, par l'intermédiaire de laquelle la puissance électrique est transmise à distance; on doit donc la considérer comme une polarité des particules du corps interposé.

2° Les meilleurs isolants solides : la laque, le verre, le soufre ont des propriétés conductrices faibles, il est vrai, mais sensibles et qui permettent à l'électricité de les pénétrer, tout en servant à transmettre les actions par influence; plus les corps sont isolants, moins la charge sensible pénètre dans l'intérieur.

3° Les gaz possèdent tous à peu près le même pouvoir inducteur. Les variations dans la pression ou la densité n'ont aucune influence pour modifier cette propriété générale. Ainsi, dans l'air raréfié, les actions par influence se transmettent comme dans l'air ordinaire.

4° Les pouvoirs inducteurs des corps peuvent être représentés par les nombres suivants :

Air et gaz à diverses pressions	1,00		Cire jaune	1,86
Flint-glass	1,76		Verre	1,90
Résine	1,77		Gomme laque	2,00
Poix	1,80		Soufre	2,24

Ainsi, au travers du soufre, l'action par influence produite par une même charge électrique est plus forte qu'au travers d'une même épaisseur d'air.

Les physiciens qui se sont occupés de cette question après Faraday, et parmi lesquels nous citerons MM. Snow Harris, Matteucci et Masson, ont trouvé des résultats peu différents. On doit seulement faire remarquer que si, dans les gaz raréfiés, le pouvoir inducteur est le même que dans les gaz à la pression ordinaire, dans le vide, l'induction devrait également avoir lieu. Or, il est généralement admis que, dans le vide absolu, l'électricité ne pourrait se transmettre, parce qu'il n'y aurait plus de particules matérielles pour permettre à la polarité de s'établir.

MACHINES ÉLECTRIQUES. — Ce fut Otto de Guéricke, qui, afin de s'éclairer sur la nature de l'électricité, construisit un appareil qui fut la première *machine électrique*. Cet appareil était simplement un globe de soufre (*fig.* 19) qu'il avait obtenu en faisant fondre du soufre dans un globe de verre, qu'il brisait après le refroidissement de la masse; traversé par un axe ou tige de fer, ce globe de soufre était porté sur une planche de bois, tourné avec une manivelle, et frotté avec la main qu'il touchait pour être électrisé.

Avec cet appareil élémentaire, Guéricke découvrit que les corps légers, après avoir été d'abord attirés par la matière électrisée, sont ensuite repoussés et qu'ils ne sont attirés qu'après avoir subi l'approche ou le contact d'un autre corps. Il remarqua que ces corps légers, lorsqu'ils étaient attirés ou repoussés, avaient, « comme la lune à l'égard de la terre, constamment la même face tournée vers le globe, » et que des fils suspendus librement à une petite distance du globe électrisé étaient repoussés dès qu'il en approchait le doigt. Il en tira cette conclusion que les corps re

Fig. 19. — MACHINE D'OTTO DE GUÉRICKE.

çoivent une électricité contraire à celle du milieu où ils sont plongés. Il fut aussi le premier à constater le bruit et la lumière que produit l'électricité obtenue par le frottement. Le bruit était bien faible; quant à la lumière, il la comparait, chose remarquable, à la lueur que le sucre répand quand on le casse la nuit. Par suite de la friction, le soufre s'électrisait *négativement*, et l'électricité positive s'écoulait dans le sol par la main de l'observateur. Les effets produits par cette machine étaient certes peu intenses; les étincelles n'apparaissaient que dans l'obscurité. Peu de temps après, Haucksbee remplaça le globe de soufre par un globe de verre, que l'on frottait encore avec la main : l'électricité obtenue ainsi était *positive*, et les effets lumineux présentaient une plus grande intensité. Vers 1746, Winckler, professeur à Leipzig, et Sigaud de Lafond (1),

(1) Sigaud de Lafond (J. René), physicien et chirurgien français (1739-1819). Il est surtout célèbre comme chirurgien, et fit d'importantes découvertes dans l'art des accouchements. Cependant il s'occupa beaucoup de physique, principalement d'électricité, et il a laissé quelques ouvrages classiques de physique.

imaginèrent des coussins de crin recouverts de soie pour produire le frottement, au lieu de la main de l'expérimentateur. A la même époque, Bose (1), professeur de physique dans le duché de Wurtemberg, perfectionna la machine d'Hauksbee en adaptant à la machine, pour conducteur, un tube de fer-blanc, suspendu au plafond par des fils de soie et mis en communication avec le globe par une chaîne. L'abbé Nollet et la plupart des physiciens du xviii° siècle préféraient de beaucoup cette machine, ainsi modifiée, à celles qui portaient des coussinets, et continuèrent à frotter avec la main le globe de verre (*fig.* à la page 25).

Les perfectionnements successifs de la machine électrique firent surgir des faits nouveaux dont l'étrangeté attira l'attention universelle. On consacra, en Allemagne et en Hollande, rapporte M. Hoeffer (2), des sommes considérables à ce genre d'expériences, et on en parlait dans les feuilles publiques. Au commencement de l'année 1744, Ludolph (3) parvint, le premier, à enflammer l'éther sulfurique avec un tube de verre électrisé. Il fit cette expérience durant la première réunion générale de l'Académie de Berlin. En mai de la même année, Winckler enflamma de l'alcool par une étincelle électrique tirée d'un de ses doigts, et Bose enflamma, par le même moyen, de la poudre à canon. Ce dernier se donna aussi beaucoup de peine pour s'assurer si l'électricité augmente le poids des corps, et il put se convaincre qu'il n'y a aucune augmentation de poids. Le P. Gordon et Winckler changèrent l'électricité en mouvement : le premier, en faisant tourner par ce moyen ce qu'il appelle *l'étoile électrique* (cercle de fer-blanc à trois rayons) ; le second, une roue. Watson fit, en 1745, partir des mousquets par des étincelles électriques, et il constata, le premier, que l'électricité se propage toujours en ligne droite et qu'elle ne réfracte pas,

(1) Bose (Georges-Mathias), physicien allemand (1710-1761), professeur de physique à Wittemberg. Il a publié, en latin et en allemand, un grand nombre d'ouvrages traitant de médecine, d'astronomie, de physique et tout spécialement d'électricité. Nous nous contenterons de citer : *Oratio de attractione ex electricitate* (1738, in-4°); *Tentamina electrica* (1744); *Description poétique de l'électricité, depuis sa découverte* (Wittemberg, 1744, in-4°) ; *Recherches sur la cause et la véritable théorie de l'électricité* (1745, in-4°.

(2) Nous avons si souvent déjà cité le nom de M. Hoeffer que nous croyons devoir consacrer une notice à ce modeste savant :

M. Hoeffer (Ferdinand), né à Dœchitz (Thuringe) en 1818, fut Français de bonne heure, et resta tel même pendant nos désastres. Reçu docteur en 1840, il fut secrétaire du professeur Cousin pendant quelques années; puis, après avoir publié quelques ouvrages de médecine pure, il se consacra aux travaux d'érudition, publia la *Biographie générale* chez MM. Didot, œuvre remarquable, puis rédigea, dans la collection des volumes historiques exécutée sous la direction de M. V. Duruy, l'*Histoire de la physique et de la chimie*, de la *botanique*, de l'*astronomie*, etc. M. Hoeffer est mort à Brunoy en 1878.

(3) Ludolph (Jérôme), petit-fils du célèbre mathématicien Jean-Job Ludolph (1708-1764), d'abord clerc de procureur, étudia dans ses loisirs, et devint professeur de chimie à l'université d'Erfurt et, plus tard, médecin de l'électeur de Bavière.

comme la lumière, en traversant le verre. L'abbé Nollet électrisa pendant plusieurs jours une certaine quantité de terreau où l'on avait semé des graines, et il remarqua que ces graines germaient plus vite qu'à l'ordinaire.

Vers 1766 furent construites les premières machines électriques à *disques de verre*, qu'on faisait tourner à l'aide d'une manivelle. Priestley, dans sa première édition de son *Histoire de l'électricité*, nomme Ramsden comme leur inventeur, tandis que, dans la seconde édition du même ouvrage, il en attribue l'invention à Ingenhousz. Mais Sigaud de Lafond dit, dans son *Précis historique des phénomènes électriques*, que, dès 1756, il s'était servi avec avantage de disques de cristal, qu'il faisait tourner autour d'un axe. Ingenhousz rapporte aussi qu'il avait, en 1764, fait usage des machines électriques à disques de verre, qu'il en avait communiqué un modèle à Franklin et que ce fut d'après ce modèle que Ramsden et d'autres artistes fabriquèrent des machines électriques.

Quel qu'en soit l'inventeur, la machine dont on se sert assez généralement aujourd'hui est la machine électrique qui parut vers 1766, sous le nom de Ramsden, et qui, depuis cette époque, n'a reçu que quelques modifications insignifiantes.

MACHINE DE RAMSDEN. — Voici la description de cette machine (*fig.* à la page 33). Entre deux montants de bois est un plateau circulaire P, en verre, fixé par son centre à un axe que fait tourner une manivelle M. Ce plateau est ajusté, dans le sens de son diamètre vertical, entre quatre coussins F de cuir ou de soie rembourrés de crin, et passe, dans le sens de son diamètre horizontal, entre deux cylindres de laiton recourbés en forme de fer à cheval et nommés *peignes* ou *mâchoires*, parce qu'ils sont armés de pointes disposées des deux côtés en face du plateau. Ces peignes sont fixés dans les *conducteurs*, cylindres plus gros C, isolés sur quatre pieds de verre et qui communiquent entre eux par un cylindre de moindre dimension R. Enfin des bandes d'étain O, incrustées des deux côtés des montants qui soutiennent les coussins, font communiquer ceux-ci avec une chaîne de métal D et avec le sol.

Ceci établi, on comprend bien facilement la théorie de la machine, qui repose sur l'électrisation par le frottement et par influence. Le plateau de verre, dans son mouvement de rotation, s'électrise positivement, tandis que les coussins s'électrisent négativement. Mais ceux-ci étant en communication avec le sol, perdent à chaque instant leur électricité. Il ne reste donc que l'électricité positive développée à la surface du plateau de verre. Cette électricité décompose alors par influence le fluide neutre des conducteurs, attire l'électricité négative qui, s'échappant par les pointes, vient la neutraliser à la surface du plateau à mesure qu'elle se produit et laisse sur les conducteurs l'électricité positive. La machine étant ainsi *chargée*, si l'on en approche la main, il s'en échappe une vive étincelle qui peut se renouveler, si l'on tourne encore le disque; en effet, elle est le résultat de la combinaison du fluide négatif de la main et du fluide positif de la machine, laquelle, à chaque étincelle, tend à reprendre l'état neutre lorsque l'influence du plateau l'électrise de nouveau.

La qualité d'une machine dépend principalement de la nature du verre du plateau. Le plateau ne doit guère avoir plus de $0^m,80$ de diamètre, et il ne doit pas être hygrométrique, ce qui fait préférer les verres de fabrication ancienne. Il faut aussi, avant de s'en servir, sécher avec soin toutes les parties de l'appareil et maintenir dans la pièce où l'on se trouve pendant les expériences une température modérée, ni trop chaude ni trop froide. Les coussins méritent une attention toute particulière, tant pour leur fabrication que pour leur état de conservation. Généralement ils sont en cuir fin, remplis de crin, et recouverts *d'or mussif*, matière pulvérulente qui est du deuto-sulfure d'étain et qui augmente beaucoup le développement de l'électricité; mais ce corps a l'inconvénient d'être rarement pur; il est presque toujours mélangé de substances hygrométriques qui paralysent son effet. Cependant M. Becquerel n'hésite pas à affirmer que l'état moléculaire des corps frottés influe énormément sur la production de l'électricité, et il a prouvé que les substances en poudre et douces au toucher, comme l'or mussif, le talc, la plombagine, la farine, la fleur de soufre, etc., développent beaucoup d'électricité. C'est pourquoi, depuis quelques années, on fabrique les coussins d'une planchette de noyer très sec sur l'une des faces de laquelle on colle une feuille de papier doré; on pose dessus une feuille d'étain repliée cinq fois sur elle-même et entre les plis de laquelle se trouvent quatre morceaux de flanelle destinés au rembourrage; on recouvre le tout avec de la moleskine, que l'on cloue sur les bords de la planchette; on enduit cette étoffe d'un amalgame d'étain, de bismuth et de zinc, et l'on coud par-dessus une bande de taffetas que l'on enduit de même. Steiner, qui a inauguré ce genre de coussinets d'après Van Marum, donne les proportions dans lesquelles le bismuth, l'étain et le zinc doivent être mélangés; il a même remarqué que la couleur de la moleskine influe sur le développement de l'électricité : la couleur jaune est celle qui convient le mieux, puis le vert, le bleu clair, le rouge et le blanc, ensuite le gris, le violet foncé et enfin le noir, qui n'est pas favorable.

La décomposition par influence, exercée par le plateau de la machine sur les conducteurs, a évidemment une limite : c'est ce qu'on nomme la *tension maxima* de la machine. En effet, l'action décomposante du plateau de verre s'exerce principalement sur les parties les plus rapprochées du conducteur et donne lieu à du fluide positif qui se répand sur la surface.

L'abbé Nollet donna une commotion électrique aux religieux d'un couvent de chartreux (p. 51).

Mais celui-ci agit alors en sens inverse du plateau, de sorte qu'il arrivera nécessairement un instant où l'équilibre s'établira entre ces forces contraires. La charge électrique aura alors atteint sa limite. Cette limite d'ailleurs sera très variable suivant l'état de l'air.

On reconnaît que la machine fonctionne bien, la manière dont elle se charge et conserve son électricité, au moyen de l'*électromètre de Hanley*, que l'on visse sur un des conducteurs.

MACHINE DE NAIRNE. — La machine de Ramsden ne donne que de l'électricité positive; la machine de Nairne, médecin anglais, donne en même temps les deux électricités. Elle se compose (*fig.* à la page 33, tome II) de deux conducteurs A et B ne communiquant pas entre eux. L'un, A, porte les coussins C, tandis que l'autre, B, est armé de pointes P.

Entre ces deux conducteurs est un grand cylindre en verre M tournant autour de son axe au moyen d'une manivelle et qui, d'un côté, frotte contre les coussins, et de l'autre passe devant les pointes. Le conducteur qui porte les coussins s'électrise négativement, tandis que l'autre s'électrise positivement. Chaque conducteur porte une tige terminée par une boule, E et D ; les deux fluides se trouvent en présence sur ces boules et se combinent par une série d'étincelles. Si l'on ne veut avoir qu'une électricité, on fait communiquer avec le sol le conducteur correspondant à l'autre électricité. Cette machine est aujourd'hui peu employée.

MACHINE DE VAN MARUM. — Van Marum, physicien hollandais, construisit aussi une machine qui donne à volonté l'une ou l'autre électricité. Cette machine (*fig.* à la page 33, tome II) se compose d'un plateau de verre P, tournant entre des coussins *c*, fixés sur des sphères de cuivre isolées par des pieds de verre. Devant le plateau est un arc de cuivre *a*, à deux branches, soutenu par un pied et auquel on peut faire prendre la position verticale ou la position horizontale. Enfin, de l'autre côté du plateau est une grosse sphère de cuivre A isolée sur un pied de verre et ayant un arc *d*, semblable à l'arc *a* et pouvant également être placé verticalement ou horizontalement.

Quand l'arc *d* de la sphère A est horizontal, ses extrémités touchent les coussins, tandis que celles de l'arc *a* vertical sont proches du plateau, mais sans le toucher. Les coussins s'électrisent négativement, cèdent leur électricité à l'arc *d*, puis à la sphère qui s'électrise négativement, tandis que l'électricité positive du plateau agit par influence sur l'arc *a* et neutralise son électricité négative. Le contraire a lieu quand l'arc *a*, étant horizontal, touche les coussins, l'arc *d* étant vertical.

MACHINE D'ARMSTRONG. — Ayant observé, vers 1840, que lorsque la vapeur d'eau, sous une forte pression, se dégage par de petits orifices,

elle se charge d'électricité positive tandis que la chaudière s'électrise négativement, Armstrong (1) construisit, d'après ce fait, une machine à laquelle on a donné le nom de *machine hydro-électrique*. Cette machine (*fig.* 20) consiste en une chaudière à vapeur isolée sur quatre pieds en verre. Au-dessus de la chaudière est un robinet destiné à donner issue à la vapeur et muni de plusieurs becs A, qui ont une disposition particulière. Chacun d'eux présente à son entrée une lame métallique sur laquelle la vapeur se brise avant de pénétrer dans le bec lui-même. Le bec est en *bois de perdrix*, et c'est le frottement contre ce bois qui produit l'électricité. Pour qu'il y ait frottement du liquide contre le bois, il faut que la vapeur contienne des gouttelettes liquides; on entoure à cet effet les tubes d'échappement d'une boîte B réfrigérante, qui condense partiellement la vapeur. Cette boîte B contient de l'eau à basse température; le niveau de cette eau n'atteint pas tout à fait les tubes; seulement des

Fig. 20. — MACHINE D'ARMSTRONG.

mèches de coton, posées sur ces derniers, plongent dans le liquide par leurs extrémités, et, restant imbibées par capillarité (*Pesanteur*, page 231, tome Ier), produisent un refroidissement convenable de la vapeur. Un petit manomètre M marque la tension de la vapeur ; un tube de cristal O permet de connaître le niveau de l'eau dans la chaudière; S est une soupape de sûreté. Près de la chaudière est un conducteur isolé et armé de pointes P sur lesquelles on dirige la vapeur qui s'échappe par les orifices quand on tourne la clef C. Ce conducteur porte une boule B qui reçoit l'électricité de la vapeur, et sur laquelle on tire les étincelles. Cette machine est très puissante : avec une chaudière ayant seulement 0ᵐ,08· de longueur et 0ᵐ,04 de diamètre, on obtient plus d'électricité qu'avec trois machines de Ramsden ayant des plateaux de 1 mètre. A la Faculté des sciences de Paris, il y en a une qui

---

(1) ARMSTRONG (William-George), inventeur anglais (1810-1871), d'abord avocat, abandonna le barreau pour fonder un atelier de construction de machines et de canons. Le système de canons dont il est l'inventeur fut appliqué à toute l'armée anglaise en 1858 et devint célèbre. En récompense de ce service, Armstrong fut nommé chevalier du Bain et reçut une pension nationale. Outre ses canons et sa machine électrique, il inventa diverses machines à pression hydraulique.

donne des étincelles de plusieurs centimètres de largeur et de plusieurs décimètres de longueur.

MACHINE DE HOLTZ. — Toutes les machines que nous venons de décrire développent l'électricité par le frottement ; depuis quelques années,

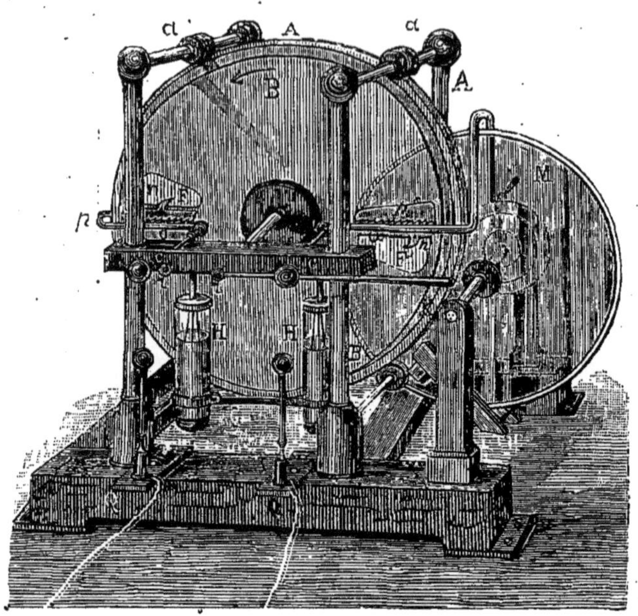

Fig. 21. — MACHINE DE HOLTZ.

on en construit d'un genre tout différent, dans lesquelles un corps, électrisé une fois pour toutes, agit par influence sur un système mobile et donne lieu à une production continue d'électricité.

A la fin du siècle dernier, il en avait été construit en Angleterre, paraît-il, sur les mêmes principes ; mais ce n'est qu'en 1865 que MM. Holtz, constructeur, de Berlin, et Tœpler, de Riga, présentèrent au public savant, chacun de son côté, un appareil de ce genre.

La machine de M. Tœpler, très compliquée d'ailleurs, est à peu près inconnue en France ; celle de M. Holtz est, au contraire, très répandue et son introduction dans les cabinets de physique constitue un service sérieux rendu aux sciences.

Nous décrirons la *machine de Holtz* telle que l'a modifiée, dans quelques détails, un habile constructeur de Paris, M. Andriveau, surtout afin qu'elle pût servir à l'usage médical, comme nous le dirons ci-après.

Cette machine se compose (*fig.* 21) de deux plateaux de verre circulaires, distants entre eux de 3 millimètres et de diamètres différents. Le plus grand, A, est maintenu fixé par quatre morceaux de bois a, soutenus par des tiges et des pieds de verre. Devant ce plateau A est un second plateau BB, plus petit, qui tourne avec un axe horizontal de verre, lequel, par une ouverture centrale, communique avec le plateau fixe. Il porte, sur un même diamètre, deux grandes ouvertures ou fenêtres représentées en FF'.

Le long du bord inférieur de la fenêtre F et sur la face intérieure du plateau est fixée une feuille de carton p, et sur la face extérieure une languette n de carton mince, réunie au carton p par une feuille de papier qui passe par l'extrémité du bord de la fenêtre. L'ouverture F' est disposée de la même manière, et l'on appelle les feuilles de carton p et p' les *armatures* de la machine. Les deux plateaux de verre, les armatures et les languettes de carton sont recouverts d'une sorte de vernis de gomme laque. Devant le plateau B et à la hauteur des armatures sont placés deux *peignes* de cuivre OO', soutenus par deux conducteurs de même métal CC', lesquels se terminent à leurs extrémités antérieures par deux boules assez grosses que traversent deux tiges de cuivre terminées également par des boules rr', assujetties à l'extrémité de manches de bois KK', et pouvant, non seulement tourner à frottement doux dans ces grosses boules, mais encore être placées, en même temps qu'elles, plus ou moins horizontalement.

La rotation du plateau B s'obtient au moyen de la manivelle M et d'une série de poulies et de courroies qui lui transmettent le mouvement, à raison de douze à quinze tours par seconde ; la rotation étant dans le sens marqué sur la figure par une flèche, c'est-à-dire du côté des pointes des languettes nn'.

Pour faire fonctionner cette machine, il ne suffit pas de tourner le plateau B ; il est nécessaire d'électriser d'abord les armatures pp', l'une positivement, l'autre négativement ; pour cela, on en touche une, soit p, avec une plaque de caoutchouc durci, électrisée négativement par le frottement avec une peau de chat; ou simplement avec la main. On a mis en contact les petites boules rr' ; et ce n'est qu'après quelques tours du plateau qu'on les sépare. L'armature p' se trouve chargée d'électricité négative ; elle réagit par influence sur le conducteur placé en face d'elles, refoule le fluide négatif sur la boule r', tandis que le fluide positif s'écoule par le peigne O' sur le disque tournant. La boule r doit donc se charger de fluide positif. Mais, en arrivant devant la fenêtre F, l'électricité positive du plateau décompose par influence le fluide neutre de l'armature, attire à elle le fluide négatif qui s'écoule par la pointe, et l'armature reste chargée de fluide positif. Le plateau, ramené à l'état neutre sur l'une de ses faces par le fluide négatif que lui fournit le peigne O, contient sur l'autre face du fluide négatif qui, en passant devant n, réagira sur cette armature comme sur n', mais en lui fournissant l'électricité négative. De cette façon, la machine restitue aux armatures l'électricité que le contact de l'air leur fait perdre et en augmente même la dose.

La machine électrique de Holtz est, à égalité des plateaux, beaucoup plus puissante que toute autre. Sa puissance s'augmente encore si l'on suspend aux conducteurs CC' les deux *condensateurs* H, H' (page 52), qui consistent en deux tubes de gros verre, dont les parois intérieures et extérieures sont recouvertes d'une feuille d'étain jusqu'au cinquième environ de la hauteur. Chacun d'eux a son bouchon traversé par une tige de cuivre en forme de crochet, qui communique par une extrémité avec la feuille d'étain intérieure, et par l'autre avec l'un des conducteurs. Extérieurement, les deux feuilles d'étain sont en communication par le conducteur G.

En réalité, ces deux tubes ne sont autre chose que des *bouteilles de Leyde* (page 50) qui se chargent, l'une H, d'électricité positive à l'intérieur et négative à l'extérieur, et l'autre, H', d'électricité négative à l'intérieur et positive à l'extérieur. Chargés par l'intermédiaire de la machine et successivement déchargés par les sphères rr', ils produisent des étincelles qui peuvent atteindre $0^m,20$ de longueur.

Pour utiliser le courant, on dispose, en avant du bâti qui supporte la machine, deux colonnes de cuivre QQ', desquelles partent deux fils de même métal, et l'on fait tourner les manches KK' de façon que les sphères rr' soient en contact avec les boules qui surmontent ces colonnes QQ'; on obtient alors, par les fils, un courant, comme avec une pile voltaïque, dont nous parlerons plus loin.

Ces machines ne sont pas encombrantes; d'un prix relativement modique, elles nécessitent beaucoup moins de force pour être mises en mouvement que celles à frottement, et produisent beaucoup d'électricité.

En France, la machine primitive de Holtz a été perfectionnée par de nombreux physiciens, entre autres par Pisch et par Bertsch; il s'agissait de la rendre plus sensible, plus simple, moins coûteuse. Le modèle que nous avons donné est un des plus récents et des plus estimés pour les cabinets de physique.

Il existe un grand nombre d'autres machines électriques, différant entre elles par des détails de construction, mais basées sur les mêmes principes.

Ainsi le journal *l'Électricité* rapporte que l'on a construit récemment en Allemagne une grande *machine électrique*, qui se compose de vingt disques parallèles, de 1^m,30 de rayon, entre lesquels se trouve un système d'inducteurs parfaitement isolés et intercalés dans les intervalles. Ces inducteurs sont chargés alternativement d'électricité positive et d'électricité négative. Au-dessus des inducteurs se trouve un système de vingt peignes isolés l'un de l'autre, mais disposés de telle manière que tous les peignes pairs sont mis en communication, ainsi que tous les peignes impairs. Les derniers disques de chaque extrémité sont construits comme s'ils formaient une machine de Holtz indépendante, et des dispositions, dans le détail desquelles nous trouvons inutile d'entrer ici, permettent à la machine de s'exciter d'elle-même. En faisant faire à la machine vingt tours à la seconde, on obtient un courant dix fois plus fort, paraît-il, qu'avec une machine de Holtz

Fig. 22. — ELECTROPHORE.

ordinaire. En deux secondes, la machine pourrait charger trois batteries de dix-huit grosses bouteilles de Leyde, donnant chacune un courant de décharge assez énergique pour porter au rouge un fil fin de platine. Bien entendu, l'on prend la précaution de chauffer cette machine pour la mettre à l'abri de l'humidité de l'air, et l'on pratique dans l'enveloppe des trous par lesquels sortent les fils conducteurs. L'ozone (1) qu'elle produit est absorbé par de l'huile de lin ou de l'essence de térébenthine.

ÉLECTROPHORE. — On a souvent besoin, dans les laboratoires, d'une étincelle électrique ; en chimie, par exemple, pour faire détoner dans l'eudiomètre un mélange de deux gaz. On obtient facilement cette étincelle au moyen d'un appareil plus simple que la machine électrique, et

(1) Voir notre CHIMIE, *Oxygène*, et, ci-après : *Électricité atmosphérique*. Contentons-nous de dire ici que l'*ozone* est l'oxygène modifié ou, suivant d'autres, décomposé par l'électricité. Les expériences de Priestley, de Cavendish et surtout celles de Van Marum, en démontrèrent l'existence. Puis vint Schœnbein, qui put se procurer une certaine quantité d'ozone et en étudier les réactions.

auquel on a donné le nom d'*électrophore* (du grec *electron*, électricité, et *phoros*, qui porte). Comme on le voit, cet instrument tire son nom de la propriété qu'il a de conserver longtemps l'électricité dont il est chargé.

Ce fut en cherchant à perfectionner la machine électrique que Volta et Wilcke, presque en même temps, furent conduits à imaginer cet instrument, qui se compose (*fig.* 22) d'un gâteau de résine et de cire coulé dans un moule en métal peu épais, mais offrant une surface aussi lisse que possible. On frappe la résine avec une peau de chat; elle s'électrise négativement. On pose alors dessus un disque de bois recouvert d'étain et muni d'un manche isolant en verre. Il n'y a pas communication d'électricité par contact, du moins d'une manière sensible, parce que la surface de la résine n'est jamais bien plane, et le contact du disque et du gâteau n'a lieu que par un très petit nombre de points. C'est une décomposition *par influence* qui se produit. L'électricité neutre du plateau est décomposée par l'électricité négative de la résine; le fluide positif est attiré à sa partie inférieure, et le fluide négatif est repoussé à sa partie supérieure. Que l'on touche alors le disque avant de le soulever et en le tenant par le manche isolant, le fluide négatif s'écoule dans le sol, et le fluide positif, devenu libre aussitôt que le disque est séparé du gâteau de résine, donne une vive étincelle à l'approche de tout corps bon conducteur qu'on lui présente. Comme la résine garde longtemps son électricité, surtout quand l'air est sec, si l'on replace le disque sur le gâteau, en le touchant de nouveau avec le doigt et en le soulevant ensuite, on obtiendra une nouvelle étincelle, et ainsi de suite pendant un temps très long.

CONDENSATION DE L'ÉLECTRICITÉ. — BOUTEILLE DE LEYDE. — CARREAU ÉLECTRIQUE. — En 1745, à Leyde, Musschenbroek et quelques amis, au nombre desquels était Cunœus, avaient observé, dit M. Hoeffer, que des corps qui, après leur électrisation, étaient exposés à l'air, surtout à l'air humide, laissaient promptement échapper leur électricité, de manière à n'en conserver qu'une faible partie. Cette observation leur suggéra la pensée que, si l'on emprisonnait les corps électrisés dans d'autres corps non conducteurs de l'électricité, on pourrait arriver à augmenter leur puissance. Ils renfermèrent donc de l'eau dans des bouteilles de verre et les firent servir à leurs expériences. Mais, les résultats ne correspondant pas à leur conception, ils allaient y renoncer, lorsque Cunœus éprouva tout à coup une commotion épouvantable pendant qu'il essayait de détacher, avec une main, le fil de fer au moyen duquel la bouteille d'eau, qu'il tenait de l'autre main, communiquait avec le tube

électrisé. Musschenbroek, ayant répété l'expérience, en fut plus impressionné encore ; il lui fallut deux jours pour se remettre de son effroi, et il
écrivait à Réaumur que, pour la couronne de France, il ne voudrait pas

L'étincelle électrique (pages 60 et 61).

s'exposer à une nouvelle décharge semblable. Ce fut là l'*expérience de
Leyde*.

Quelques mois auparavant, Kleist, chanoine du chapitre de Camin, en
Poméranie, avait obtenu, paraît-il, des effets analogues avec une fiole conte-

nant un clou et un fil de laiton électrisés ; mais ce fait était presque inconnu. La nouvelle de l'expérience de Leyde se répandit avec rapidité dans toute l'Europe. Allamand et Winckler la répétèrent d'abord, puis une foule de physiciens et de curieux. Chacun racontait complaisamment les chocs et les douleurs plus ou moins violentes ressenties dans les membres et la poitrine. Ce qui intéressait le plus particulièrement les expérimentateurs, c'était, indépendamment des sensations éprouvées, la violence et le bruit du choc, comparés à l'explosion d'une arme à feu, la grosseur des étincelles et la longueur des distances parcourues par l'électricité. Dans le but d'augmenter ses effets, on rivalisa de zèle pour modifier l'instrument et l'amener peu à peu au degré de perfection où il se trouve aujourd'hui. Bevis appliqua à l'extérieur du flacon une feuille d'étain enveloppant la bouteille jusqu'à une certaine hauteur, afin de remplacer la main, de sorte que l'on pût placer la bouteille sur un support de bois ; et, pensant que l'eau, comme la main, jouait seulement le rôle de conducteur, il lui substitua de la grenaille de plomb. Watson prouva que le choc est plus violent quand le verre est plus mince et que la force de la décharge augmente proportionnellement avec l'étendue de la surface du verre, son intensité étant indépendante de la force de la machine électrique qui la provoque. L'abbé Nollet montra que la forme de l'appareil n'entre pour rien dans le résultat ; que l'expérience échoue quand l'air est humide ; il remplaça l'eau ou la grenaille de plomb par des feuilles d'or ou de cuivre battu, en ayant soin de les laisser tomber simplement les unes sur les autres, sans les tasser, afin qu'elles présentent une plus grande surface, et il donna à la *bouteille de Leyde* la forme qu'elle a aujourd'hui, c'est-à-dire celle d'un bocal en verre mince, (*fig.* 23) sur la paroi extérieure duquel est collée une feuille d'étain qui recouvre aussi le fond, mais laisse le verre à nu jusqu'à une assez grande distance du goulot. Dans ce goulot est un bouchon de liège, traversé par une tige de cuivre recourbée à l'extérieur en forme de crochet, et terminée par une petite boule qu'on nomme le *bouton ;* à l'intérieur, cette tige se prolonge au travers des feuilles d'or qui remplissent la bouteille. On donne au bouton et aux feuilles d'or le nom d'*armature intérieure,* et à la feuille d'étain celui d'*armature extérieure.*

Fig. 23.

BOUTEILLE DE LEYDE.

Les expériences de l'abbé Nollet eurent un grand retentissement. En 1752, il exécuta, à Versailles, une expérience devant une commission de l'Académie des sciences, le roi, la reine et toute la cour. Il donna une commotion électrique à toute une compagnie de gardes-françaises, composée de deux cent quarante hommes qui se tenaient par la main, formant ce que l'on appela dès lors la *chaîne électrique*. La commotion se fit sentir à tous les soldats. Quelques jours après, l'abbé Nollet soumit à la même épreuve tous les religieux d'un couvent de chartreux (*fig.* à la page 41).

Pour ces expériences, il avait réuni plusieurs grandes bouteilles de Leyde dans une caisse de bois, formant ainsi ce que l'on nomme une *batterie électrique*. Dans cet appareil, toutes les armatures intérieures des bocaux, appelés *jarres*, communiquent entre elles par des tiges métalliques qui vont se réunir à un bouton central commun (*fig.* 24); quant aux armatures extérieures, elles sont en communication entre elles par une feuille d'étain qui revêt le fond de la caisse, et sur laquelle elles s'appuient. Une batterie se charge, comme la bouteille de Leyde ordinaire, en faisant communiquer l'armature intérieure avec la machine électrique au moyen d'une tige métallique, et l'armature extérieure avec le sol par une chaîne. Les parois des jarres sont recouvertes d'étain en dedans comme en dehors, et les feuilles d'étain intérieures communiquent, par une pe-

Fig. 24. — BATTERIE ÉLECTRIQUE.

tite chaîne métallique, au bouton de chaque jarre. Plus celles-ci sont nombreuses, et plus leurs armatures présentent de surface, plus on peut y accumuler d'électricité; mais aussi plus il faut de temps pour charger la batterie. Celle-ci une fois chargée, on enlève le conducteur qui établit la communication avec la machine, en ayant soin, pour cela, de faire usage d'un crochet à manche de verre, afin d'éviter une commotion qui pourrait occasionner des accidents graves.

En 1747, peu de temps après l'expérience de Leyde, Bevis trouva qu'un « plateau de verre recouvert d'une mince lame métallique (feuille d'étain) d'un pied carré produisait les mêmes effets qu'une bouteille de Leyde d'une demi-pinte remplie d'eau. » Il en conclut « que la force électrique dépend de la grandeur de la surface recouverte et armée, et non de la masse de la matière qui recouvre le carreau. » Cette expérience, connue sous le nom d'expérience du *carreau magique*, est devenue vulgaire, et les électriciens des places publiques l'exécutent souvent, au moyen d'une plaque de verre dont chaque face est recouverte d'une feuille d'étain (*fig.* 25). On place sur la plaque une pièce de monnaie, et, après avoir électrisé l'appareil, on invite un des assistants à prendre la pièce. Dès que la personne en approche la main, elle reçoit aussitôt une forte commotion qui lui fait fléchir le bras et la met en fuite.

Fig. 25. — CARREAU MAGIQUE.

CONDENSATEUR D'ÆPINUS. — Tous les physiciens de l'Europe, après avoir répété les expériences de la *bouteille de Leyde* et du *carreau magique*, cherchèrent à en trouver la théorie. Æpinus et Franklin surtout s'en occupèrent particulièrement, donnant le nom général de *condensateurs* à tous les appareils qui, comme la *bouteille de Leyde* et le *carreau magique*, accumulent par électrisation par influence, sur des surfaces relativement petites, des quantités considérables d'électricité.

Le *condensateur d'Æpinus* est formé de deux plateaux circulaires de cuivre A et B, et d'une lame de verre C qui les sépare (*fig.* 26). Chacun de ces plateaux, muni d'un pendule électrique *a* et *b*, et isolé sur un pied de verre, peut courir dans une rainure pratiquée dans la table de bois qui soutient l'appareil, tandis que la lame de verre C reste fixe.

Pour charger ce condensateur, c'est-à-dire pour accumuler les deux électricités sur les plateaux A et B, on les place l'un et l'autre en contact

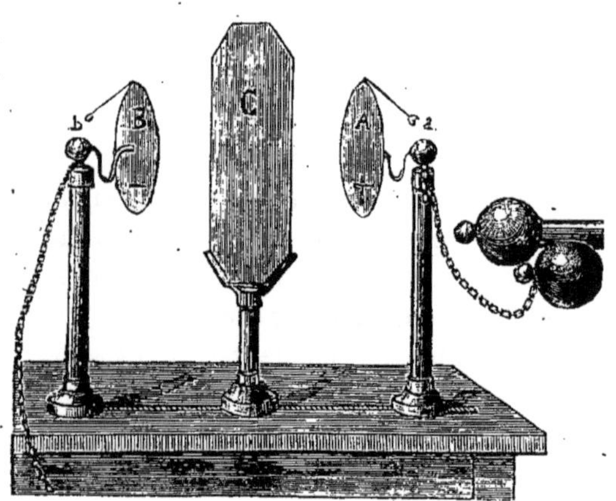

Fig. 26. — CONDENSATEUR D'ÆPINUS.

avec la lame de verre; l'on fait ensuite communiquer par une chaîne métallique l'un d'eux A avec une machine électrique, et l'autre B avec le sol. Le disque A s'électrise positivement, comme la machine, et s'il restait seul, il prendrait, à égalité de surface, la même quantité de fluide, sauf l'influence de la forme ; mais la présence du disque B change complètement le phénomène, de sorte qu'il est la cause de l'accumulation des deux électricités. En effet, le fluide positif du disque A agit par influence sur le disque B à travers le plateau de verre C, attire le fluide négatif et repousse dans le sol le fluide positif ; à son tour, le fluide négatif du disque B réagit sur le fluide positif de A et le neutralise, mais seulement en partie, à cause de l'espace qui les sépare. D'après cela, la tension électrique dans le disque A n'équilibre pas celle de la machine ; d'où il résulte que celle-ci donne au plateau une nouvelle quantité de fluide positif, lequel agit comme précédemment sur le disque B ; et ainsi de suite, de sorte qu'entre les deux disques s'accumulent, se *condensent*, des quantités considérables d'électricités contraires jusqu'à une certaine limite dont nous parlerons tout à l'heure. Le plateau *condensateur* C une fois chargé, si l'on interrompt les communications des disques avec le sol et avec la machine, on observe que le pendule *a* diverge seul, tandis que le pendule *b* reste vertical : la divergence du premier s'explique par l'excès de l'électricité du plateau A, et, pour rendre compte que le pendule *b* reste vertical, on admet généralement que l'électricité négative du plateau B est toute neutralisée à distance par l'électricité positive du plateau A, ce que l'on exprime en disant que, dans le plateau C, l'électricité est *dissimulée* ou à l'*état latent*, sans que l'on doive entendre, par cette expression, que cette électricité ait en rien perdu de ses propriétés ordinaires, mais seulement que les effets de chaque espèce de fluide sont contre-balancés à distance par ceux du fluide contraire. Cependant, on commence à abandonner ces dénominations d'*électricité dissimulée, électricité latente*, parce qu'en effet cette dissimulation est plus apparente que réelle, comme le prouve une seconde théorie des condensateurs que voici.

Convenons d'appeler faces *antérieures* des plateaux celles qui regardent la lame de verre C, et *postérieures* celles qui lui sont opposées ; puis supposons le plateau B assez distant de A pour ne recevoir de lui aucune influence. Si alors on fait communiquer le plateau A avec la machine électrique, il acquiert une force très grande qui se distribue également sur les deux faces, et le pendule *a* diverge beaucoup. En supprimant la communication, il ne varie en rien ; or, en approchant peu à peu le plateau B, que nous supposons pour un instant isolé du sol, son fluide neutre est décomposé par l'influence de A, son électricité négative ira à la face antérieure et la positive à la face postérieure, et l'on voit en effet diverger le pendule *b*. Il s'ensuit qu'à son tour l'électricité négative du plateau B, agissant par attraction sur l'électricité positive du plateau A, le fluide de celui-ci cesse de se distribuer également sur les deux faces et s'accumule presque tout sur la face qui regarde l'autre plateau, et, effectivement, le pendule *a* commence à retomber. Si alors on met le plateau B en communication avec le sol, toute son électricité positive s'écoule, il ne conserve que le fluide négatif; mais en même temps il se produit en lui une nouvelle décomposition du fluide neutre, qui donne à sa face antérieure une plus grande quantité de fluide négatif, et par conséquent le fluide positif tend à passer de la face postérieure du plateau A dans la face antérieure, comme l'indique le pendule *a*, qui retombe davantage. La face postérieure du plateau A étant ainsi presque revenue à l'état neutre, on conçoit que si on place de nouveau celui-ci en communication avec la machine électrique, il acquerra une autre charge d'électricité positive, laquelle se partagera en deux parties : l'une qui se condensera sur la face antérieure du plateau, et l'autre qui ira sur la face postérieure et fera augmenter la divergence du pendule *b*. En augmentant progressivement le fluide qui s'accumule sur les deux faces, le pendule arrivera enfin à indiquer la même divergence que lorsque, au commencement de l'expérience, le plateau A était chargé sans être soumis à l'influence de B. En établissant alors l'équilibre entre la tension de l'électricité sur la face postérieure du plateau et la machine électrique, on obtiendra la limite de la charge.

Dans cette façon de considérer la théorie des *condensateurs,* on voit que, sans recourir à l'hypothèse de l'*électricité dissimulée,* on explique mieux la condensation électrique par l'accumulation du fluide sur la face postérieure du plateau *collecteur,* accumulation qui permet à une nouvelle charge de se porter sur la face antérieure.

La *bouteille de Leyde* est donc un véritable condensateur, dont la lame isolante est la paroi même de la bouteille, et dont les deux plateaux métalliques sont, l'un la feuille d'étain extérieure, et l'autre les feuilles d'or qui remplissent la bouteille. Il en est de même du *carreau magique.*

Pour charger la bouteille de Leyde, on la tient par la main, et, en approchant le *bouton* d'une machine électrique en activité, l'armature intérieure reçoit de l'électricité positive, tandis que l'armature extérieure reçoit à travers le verre une grande quantité de fluide négatif. On peut encore charger plusieurs bouteilles de Leyde à la fois en les suspendant les unes au-dessous des autres au conducteur de la machine électrique, de manière que l'armature extérieure de la première communique avec l'intérieur de la seconde, et ainsi de suite jusqu'à la dernière, dont l'armature extérieure doit communiquer avec le sol. Cette méthode s'appelle *charge par cascade.*

La bouteille une fois chargée, on peut impunément tenir d'une main l'armature extérieure ; mais si l'on touche en même temps le bouton de l'autre main, on recevra une forte commotion par suite de la décharge de la bouteille.

LIMITE DE CHARGE DES CONDENSATEURS. — La quantité d'électricité qui peut s'accumuler sur chacune des faces d'un condensateur est, dans des circonstances analogues, proportionnelle à la tension de la source électrique et à la surface des plateaux ; de plus, elle décroît quand augmente l'épaisseur de la lame isolante. Dans tous les cas, deux causes limitent la quantité d'électricité qui peut s'accumuler sur les deux faces des condensateurs : la première, c'est que, l'électricité libre augmentant graduellement sur le plateau collecteur ; la tension sur celui-ci arriverait nécessairement à égaler celle de la machine, et à un moment celle-ci ne pourrait en céder au condensateur ; la seconde est la résistance limitée que présente à la recombinaison des deux électricités la lame isolante placée entre les deux plateaux ; lorsque, en effet, la tension des deux fluides pour se recombiner est plus forte que leur résistance, cette recombinaison a lieu.

DÉCHARGE DES CONDENSATEURS. — Lorsque le condensateur est chargé, c'est-à-dire lorsque sur les deux faces sont accumulées les électricités contraires, les communications s'interrompent avec la machine électrique et avec le sol en retirant les chaînes métalliques. Pour le disque le plus voisin de la machine (*fig.* 26), une seule partie de l'électricité du plateau A est alors neutralisée, tandis que celle du plateau B l'est complètement. En effet, le pendule *a* diverge seul, et *b* reste vertical ; mais si l'on éloigne les plateaux, les deux pendules divergent aussitôt parce que les électricités ne se neutralisent pas. En plaçant alors les plateaux en contact avec la lame isolante C, on peut *décharger* le condensateur, c'est-à-dire le ramener à l'état neutre par deux moyens, par *décharge lente* ou par *décharge instantanée*.

Pour décharger le condensateur *lentement*, on approche le doigt du plateau A, on obtient une petite étincelle, le pendule *a* retombe aussitôt et à l'instant même le pendule *b* s'écarte du plateau B. Une certaine quantité d'électricité négative devient donc libre à son tour sur le plateau B, tandis que le fluide positif qui reste sur le plateau A est complètement neutralisé. Si maintenant on touche le plateau B, on obtient une seconde étincelle, le pendule *b* retombe, et le pendule *a* se relève de nouveau, ce qui accuse un nouvel excès d'électricité positive devenue libre sur ce plateau A. En continuant à toucher alternativement les deux lames, les mêmes effets se reproduiront. On enlèvera ainsi, à chaque contact, une partie du fluide dont chaque lame est chargée, ce qui donnera une longue série d'étincelles électriques dont l'intensité ira s'affaiblissant jusqu'à ce que l'appareil soit complètement déchargé.

Si l'on veut décharger *instantanément* le condensateur, on fait communiquer les deux plateaux au moyen d'un *excitateur*. On appelle ainsi un appareil (*fig.* 27) formé de deux arcs de laiton, terminés par des petites boules du même métal, réunis par une charnière. Deux manches de verre servent souvent à tenir l'instrument et à préserver l'expérimentateur

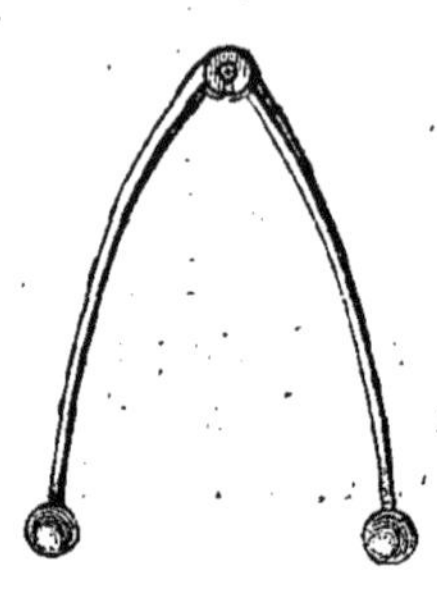

Fig. 27.

EXCITATEUR.

de toute commotion, si le condensateur était fortement chargé. Pour se servir de l'excitateur, on applique une des boules sur un des plateaux du condensateur, puis l'autre boule sur l'autre plateau; une vive étincelle jaillit alors provenant de la recombinaison des deux électricités accumulées sur les deux faces du condensateur.

Une première étincelle ne suffit pas toujours pour décharger le condensateur; on peut obtenir encore une petite étincelle en les réunissant de nouveau, et cela même un certain nombre de fois; c'est ce que l'on appelle les *décharges secondaires*. Cela s'explique facilement. En effet; il résulte de la théorie que la quantité d'électricité du plateau collecteur surpasse celle du plateau condensateur. Il reste donc, après la première décharge, une certaine quantité d'électricité sur le premier plateau. Celle-ci détermine la production d'électricité contraire sur le second plateau, mais toujours en quantité moindre qu'elle-même. Les étincelles diminuent cependant rapidement d'intensité, et, au bout de peu de temps, elles cessent d'être perceptibles.

De plus, les électricités de nom contraire, s'attirant à travers une lame isolante, se portent, au moins pour la plus grande partie, sur les deux faces de cette lame, et même pénètrent à une certaine profondeur dans l'intérieur. Or, au moment de la décharge, le défaut de conductibilité de la lame oppose au mouvement des fluides une certaine résistance qui empêche leur neutralisation complète. Il se produit ainsi une nouvelle disposition de l'électricité qui donne lieu aux diverses décharges successives. Pour démontrer expérimentalement que, dans tous les condensateurs, les deux électricités ne résident pas uniquement dans les armatures, mais surtout dans la plaque de verre qui les sépare, on se sert d'une bouteille, imaginée par Franklin, dont les différentes parties peuvent se séparer (*fig.* 28). Cet appareil se compose d'un grand vase conique en verre, d'une armature extérieure de fer-blanc et d'une autre intérieure de même matière supportant le crochet : le tout réuni forme une *bouteille de Leyde*.

Expériences de l'abbé Nollet
(d'après la gravure de son livre intitulé : *Essai sur l'Électricité*) [page 61].

On la charge comme d'ordinaire, on l'isole sur un gâteau de résine ; on retire ensuite avec la main l'armature intérieure, puis le vase de verre, et on les place l'une à côté de l'autre, le vase de verre étant à une extrémité. Il est évident que les deux armatures reviennent alors à l'état neutre. Si alors on les replace dans l'ordre sur le gâteau de résine, d'abord l'armature extérieure, puis le vase de verre dedans, puis l'armature intérieure à sa place, la bouteille de Leyde est reconstituée, et donne une étincelle comme si les armatures n'avaient point été déchargées.

Il y a *décharge conductive*, c'est-à-dire par conductibilité électrique, lorsque l'électricité traverse des corps conducteurs.

La décharge est dite *disruptive* lorsqu'elle se produit à travers un corps isolant qui se trouve rompu par la décharge. C'est une *décharge disruptive* qui se produit quand l'étincelle jaillit dans l'air et déplace violemment les molécules. Voici quelques expériences de décharge éruptive qui se font souvent dans les cabinets de physique.

Fig. 28.
BOUTEILLE A ARMATURES MOBILES.

PERCE-VERRE. PERCE-CARTE. — On dispose (*fig.* 29) sur un tube une lame de verre, qui se trouve ainsi placée en contact avec une pointe de fer située dans l'axe du tube; on met un peu d'huile là où la pointe touche le verre, afin de s'opposer à la diffusion de l'électricité : si alors on fait passer une étincelle d'une bouteille de Leyde, dont la charge soit suffisante, ou d'une batterie, le verre se trouve percé d'un trou rond.

L'expérience du *perce-carte* mérite d'être citée ; elle met en évidence un fait très important (page 15). On dispose entre deux pointes faisant partie de deux garnitures métalliques, séparées l'une de l'autre par une colonne de verre (*fig.* 30), une carte ordinaire. Les pointes sont en contact avec la carte de chaque côté de celle-ci, mais de façon que les deux pointes soient à 2 ou 3 centimètres de distance. On fait éclater l'étincelle d'une bouteille de Leyde entre elles, et la carte se trouve percée en un

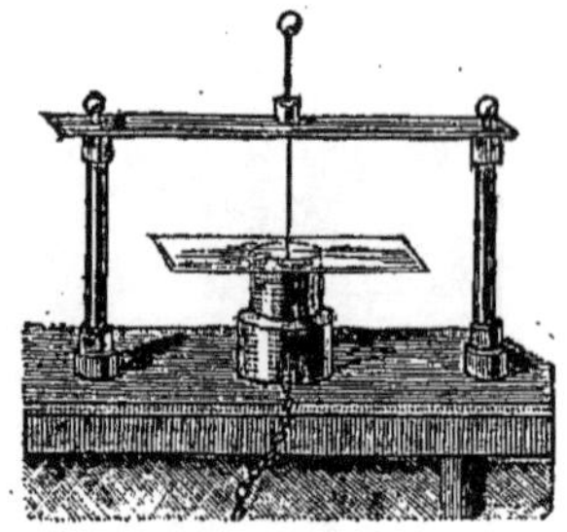

Fig. 29. — PERCE-VERRE.

point situé en face de la pointe négative. Il résulte de là que l'électricité positive a plus de facilité pour franchir les obstacles qui se trouvent sur son passage que l'électricité négative; elle traverse effectivement l'air pour venir rejoindre la négative en face de la pointe par où débouche celle-ci. Mais l'action n'a pas lieu seulement comme si le flux électrique se transmettait de la pointe + à la pointe —, car l'ouverture de la carte a des bavures de chaque côté, ce qui montre qu'au milieu du papier constituant la carte il y a eu décomposition des électricités par influence, et ensuite déchirure dans tous les sens. Si l'on place l'appareil du *perce-carte* sous la cloche d'une machine pneumatique, on trouve que, dans l'air raréfié, l'ouverture n'est plus placée en face de la pointe négative, qu'elle se déplace et tend à se mettre au milieu de la distance qui sépare les deux pointes. C'est donc sous l'action d'une pression extérieure que l'ouverture tend à se produire en face de la pointe négative.

VITESSE DE PROPAGATION DE L'ÉLECTRICITÉ. — Dès les premières expériences faites avec la bouteille de Leyde, on chercha à s'assurer si la vitesse de transmission de l'électricité à une certaine distance pouvait être appréciée. En France, Lemonnier (1) et l'abbé Nollet ; en Angleterre, Watson (2), firent de nombreuses expériences montrant que cette vitesse de transmission était trop grande pour permettre une mesure directe. Ce n'est qu'en 1834 que M. Wheastone trouva un moyen de mesurer la durée de l'étincelle ; dès lors, on put se former une idée de l'énorme vitesse de propagation de l'électricité.

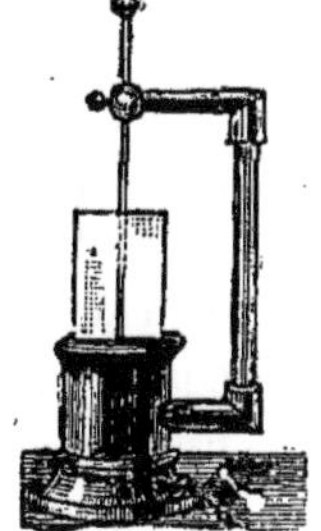

Fig. 30.

PERCE-CARTE.

L'appareil à l'aide duquel M. Wheastone a tenté de déterminer cette vitesse consiste en un miroir tournant autour d'un axe vertical avec une très grande rapidité (800 tours par minute) ; on place en avant de ce miroir deux boules situées sur une même ligne verticale, et destinées à faire éclater entre elles une étincelle. Si l'on examine l'image de l'étincelle par réflexion dans le miroir quand celui-ci est fixe, on voit une ligne lumineuse verticale, parce que le passage rapide d'un point lumineux paraît une ligne continue, par suite de la persistance des impressions lumineuses sur la rétine. Mais si l'électricité met un certain temps à passer d'une boule à l'autre, et que le mouvement de rotation du miroir soit extrêmement rapide, alors l'étincelle devrait paraître une ligne inclinée dans le sens du mouvement de rotation. Pour réaliser cette expérience, on place verticalement au-dessus l'un de l'autre plusieurs systèmes de boules semblables aux pré-

----

(1) LEMONNIER (Pierre-Charles), fils du professeur de philosophie, membre de l'Académie des sciences, Pierre LEMONNIER, fut lui-même professeur de physique au Collège de France, membre de l'Académie des sciences. Il a laissé quelques ouvrages d'astronomie. Il eut pour élève Lalande, avec lequel il eut plus tard de vives discussions (1715-1799).

(2) WATSON (William), physicien anglais (1715-1787). D'abord tailleur, puis apothicaire, il se livra avec passion à la botanique, et fut admis en 1741 à la Société royale. Il se livra alors à ses travaux sur l'électricité et particulièrement sur l'électricité atmosphérique. Après s'être fait recevoir médecin, il fut attaché à l'hospice des Enfants trouvés en 1762. La noblesse à vie lui fut accordée en 1786.

cédentes et dans les mêmes positions vis-à-vis du miroir, puis on interpose le circuit métallique que parcourt l'électricité entre deux systèmes de boules. Alors l'électricité éprouvant un retard dans son passage à travers le fil, les images des étincelles sur le miroir tournant, au lieu d'être sur la même ligne verticale, paraissent placées sur une ligne brisée. M. Wheastone put déduire de ses expériences que la décharge emploierait $\dfrac{1}{1\,152\,000}$ de seconde pour parcourir un fil de cuivre de 400 mètres de longueur; donc, dans une seconde, l'électricité parcourrait $1\,152\,000 \times 400^{m} = 460\,800$ kilomètres, vitesse bien supérieure à celle de la lumière, qui parcourt seulement $19\,250$ kilomètres par seconde.

ÉTINCELLE. — Le premier phénomène que l'on observe, lorsqu'on fait des expériences avec une machine électrique, est la vive étincelle qui se produit lorsqu'on approche la main des conducteurs, et nous avons parlé de l'enthousiasme de ceux qui découvrirent que l'on pouvait en tirer du corps humain. Ces étincelles proviennent de la combinaison des deux fluides contraires, par suite d'une électrisation par influence. En effet, le fluide positif de la machine, agissant à distance sur le fluide neutre de la main pour le décomposer, repousse dans le sol le fluide positif et attire le fluide négatif. Or, lorsque l'attraction mutuelle des électricités contraires de la machine et de la main l'emporte sur la résistance de l'air, les deux fluides font explosion pour se réunir, avec un bruit sec et une vive lumière qui constituent l'étincelle électrique. Cette étincelle est de forme variable; quand elle se produit à peu de distance, elle forme une ligne droite; à 5 ou 6 centimètres de distance, elle présente la forme d'une courbe sinueuse, accompagnée de ramifications très fines (*fig.* à la page 49); enfin, si la décharge est très forte, l'étincelle est en zigzag. Les étincelles des nuées orageuses affectent toujours ces deux dernières formes.

On s'est beaucoup occupé autrefois des moyens d'accroître la longueur de l'étincelle; on y parvient en faisant communiquer les conducteurs principaux de la machine avec des conducteurs d'une section plus petite et d'une assez grande longueur, appelés *conducteurs secondaires*. Volta obtint ainsi des étincelles de $0^{m},60$.

La couleur de l'étincelle électrique dépend de la nature des conducteurs métalliques entre lesquels elle jaillit, et du milieu gazeux dans lequel elle se produit. Lorsque l'étincelle est forte, la première influence tend à prédominer; c'est le contraire quand l'étincelle est faible. La modification qu'apporte la substance est due, sans doute, à une portion de cette substance qui se vaporise : l'étincelle est jaune, si c'est du charbon;

verte, si c'est du cuivre; carmin, si c'est du bois ou de l'ivoire. Quant au milieu ambiant, on a constaté que l'étincelle est blanche dans l'air ou dans l'oxygène, avec une nuance de bleu; rouge dans l'hydrogène, bleue dans l'azote, ou rouge, et accompagnée d'un bruit particulier; verte dans l'acide carbonique et dans la vapeur de mercure.

Les propriétés physiologiques de l'étincelle sont d'une nature toute spéciale et difficile à définir. Si l'on tire avec le doigt une étincelle d'une machine électrique, on éprouve une sorte de choc douloureux dans les articulations des bras qui les fait fléchir immédiatement : ce choc est plus ou moins violent, selon la puissance de la machine. Avec une machine de Ramsden dont le plateau aurait 1ᵐ,50 ou 2 mètres de diamètre et un système convenable de conducteurs secondaires, les étincelles pourraient être redoutables. Si une personne se place sur le tabouret isolant, c'est-à-dire à pieds en verre, et qu'elle pose sa main sur le conducteur d'une machine (*fig.* à la page 49), elle éprouve, sur le visage, une sensation de frottement léger, comparé par l'abbé Nollet à celui que produirait une toile d'araignée (*fig.* à la page 57). Elle devient une dépendance ou un prolonge-

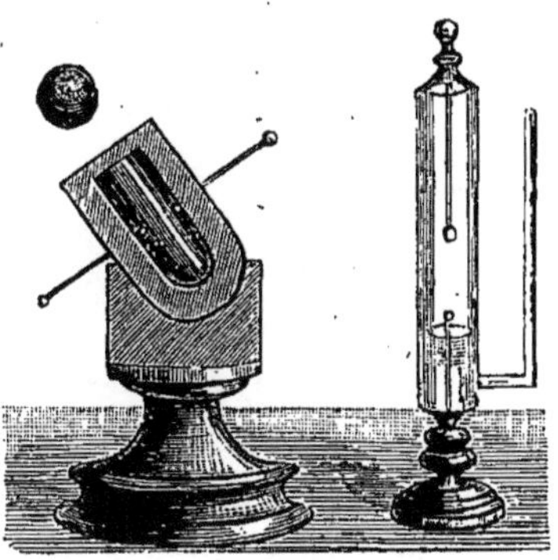

PROPRIÉTÉS MÉCANIQUES
DE L'ÉTINCELLE.

ment du conducteur lui-même; elle s'électrise; ses cheveux se hérissent et deviennent lumineux dans l'obscurité. Si l'on approche d'elle un corps conducteur, les cheveux retombent à chaque étincelle produite pour se relever immédiatement après.

On démontre que l'étincelle électrique produit un ébranlement mécanique très intense dans le milieu où il se produit au moyen du *mortier électrique* et du *thermomètre de Kinnersley* (*fig.* 31). L'expérience du *mortier électrique* se comprend à l'inspection de la figure. La boule placée sur les conducteurs est projetée dès que l'on tire une étincelle d'une machine. Quant au *thermomètre*, il se compose de deux tubes de verre d'inégal diamètre ; le plus large est complètement fermé ; quant à l'autre, il communique d'un côté avec le gros tube, de l'autre avec l'air. La partie supérieure du large tube est traversée par une tige métallique terminée en boule, qui peut se placer à une distance variable d'une autre boule communiquant avec la garniture inférieure de l'appareil. On verse de l'alcool dans ce tube jusqu'à la hauteur de la boule inférieure. Que l'on fasse alors passer une étincelle à l'intérieur, le liquide du petit tube sera projeté avec une grande violence, à plusieurs mètres en l'air, si l'étincelle est assez forte.

Il se dégage évidemment en même temps de la chaleur. Kinnersley attribuait même seulement à elle le mouvement du liquide ; c'est pourquoi il avait appelé son appareil *thermomètre*, et on lui a laissé ce nom.

Les effets calorifiques sont très variés et on les observe toutes les fois que l'électricité est transmise au travers des corps. En faisant éclater l'étincelle au travers de l'alcool ou de l'éther, on enflamme ces liquides ; on les place pour cela dans un petit vase en verre ayant au fond un bouton métallique communiquant au manche, également en métal,

Fig. 32. — INFLAMMATION D'UN CORPS COMBUSTIBLE.

en relation avec un conducteur de machine électrique (*fig.* 32). L'appareil est disposé de manière que l'électricité éclate entre le fond du vase et une boule placée au-dessus du liquide ; de cette façon, l'étincelle est forcée de traverser l'alcool ou l'éther et produit son inflammation. Elle agit particulièrement sur le mélange d'air et de vapeur qui se trouve au-dessus de la surface du liquide. Si l'on entoure la boule d'un excitateur à manche avec du coton saupoudré de résine pilée, et qu'en déchargeant une jarre ou une bouteille de Leyde on fasse éclater l'étincelle au milieu de ce mélange, la résine est enflammée. On peut enflammer aussi d'autres corps combustibles, tels que la poudre à canon; c'est même à l'aide de cette propriété que l'on peut enflammer à distance les poudres des mines ; mais l'on se sert plus généralement de procédés et d'appareils que nous décrirons plus loin.

Lorsque l'étincelle électrique traverse des fils fins de métal, souvent le fil s'échauffe sur une certaine longueur jusqu'à l'incandescence, la fusion ou la volatilisation, suivant l'intensité de la décharge électrique. Pour montrer ce phénomène, on dispose entre les branches d'un *excitateur* un fil très fin d'or ou de fer et on fait passer au travers une décharge à l'aide d'une batterie suffisamment puissante. Les fils de soie dorée présentent un phénomène curieux, qui montre avec quelle rapidité les molécules de matière conductrice sont saisies par l'électricité : l'or qui les recouvre est volatilisé sans que la chaleur soit capable de brûler la soie.

On se sert également des effets de fusion produits avec les lames minces d'or et de platine pour produire une très jolie expérience, connue sous le nom de *portrait électrique*. Pour cela, sur un carton mince on dé-

coupe à jour le portrait qu'on veut reproduire, puis on colle une feuille
d'étain sur le reste du carton. On applique ensuite sur la découpure une
mince feuille d'or, en ayant soin qu'elle touche les deux feuilles d'étain.
On place dessus un second carton, et dessous un ruban de soie blanche
ou du papier, etc. On porte le tout sous une presse de bois (*fig.* 33) qu'on

serre fortement, en laissant déborder les feuilles d'étain. En faisant alors passer la décharge d'une batterie entre les lames d'étain, celles-ci, plus épaisses, ne sont pas fondues; mais la feuille d'or se volatilise et va produire, à travers les découpures, des taches violettes qui reproduisent le dessin.

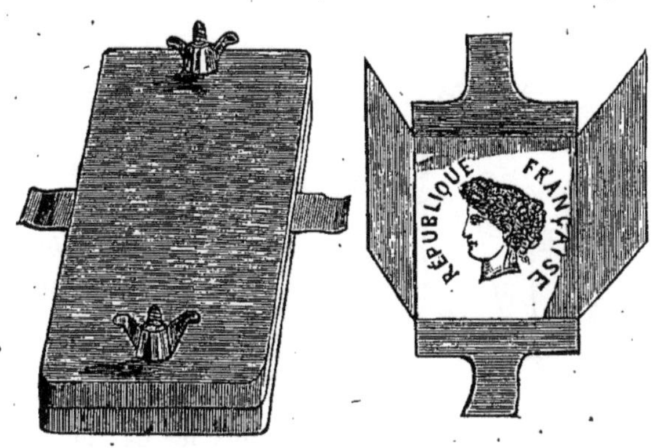

Fig. 33. — PORTRAIT ÉLECTRIQUE.

Les propriétés chimiques de l'étincelle électrique sont excesivement
importantes. Elle détermine la combinaison de certains corps et produit
également la décomposition de corps composés. Une expérience, imaginée
par Volta, le démontre. Cet appareil, appelé *canon de Volta*, se compose (*fig.* 34) d'un vase de métal, bien bouché, isolé sur un pied de cuivre, et contenant un mélange détonant de deux parties d'hydrogène et d'une partie d'oxygène. Dans la *lumière* de ce canon est un tube de verre, et dans ce tube une tige de cuivre terminée, au bout extérieur, par une petite boule

Fig. 34. — PISTOLET DE VOLTA.

du même métal, et de l'autre approchant très près de la paroi intérieure du canon, mais sans la toucher. Si l'on fait jaillir une étincelle
sur la petite boule, cette étincelle passe dans l'intérieur du canon, et
détermine la combinaison des deux gaz avec une violente explosion qui
lance au loin le bouchon.

**CLAVECIN ET CARILLON ÉLECTRIQUES. — DANSE DES PANTINS ÉLEC-
TRIQUES.** — En 1761, le Père de La Borde inventa un petit instrument
composé de deux rangées de timbres métalliques, formant ensemble
un clavier de deux octaves et qu'il appela *clavecin électrique*. Chaque
timbre, pris dans une rangée, répond à un timbre dans l'autre rangée,
avec lequel il est à l'unisson. Afin que le son des deux timbres soit
le même, l'une des deux rangées est suscep-
tible d'être électrisée par de petits conducteurs, en touchant, sur le clavier, la touche
correspondante ; aussitôt le timbre électrisé
attire son petit battoir et le repousse contre
le timbre du même ton non électrisé, de manière qu'en posant convenablement les doigts
sur les touches, on produit les sons que l'on
désire.

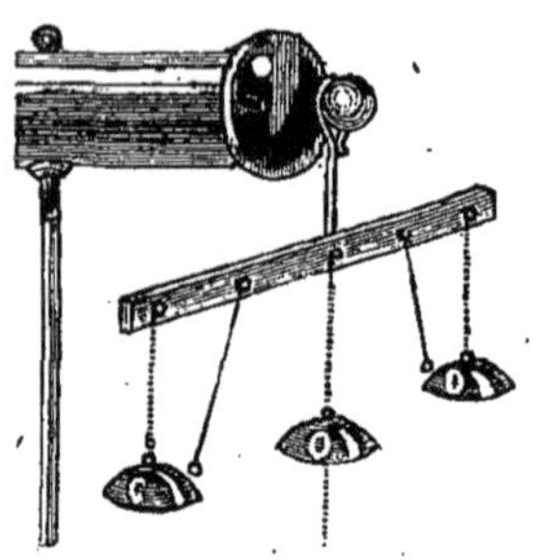

Fig. 35.

CARILLON ÉLECTRIQUE.

Le *carillon électrique*, que l'on voit dans
tous les cabinets de physique, repose sur un
mécanisme analogue, mais moins compliqué.
C'est une tige métallique AB (*fig.* 35), fixée au conducteur d'une
machine électrique. Aux extrémités de cette tige sont attachés, par
des chaînes métalliques, deux timbres C et D ; un troisième timbre O,
communiquant avec le sol par une petite
chaîne métallique, est suspendu par un fil de
soie. Entre les timbres sont également suspendues, par des fils de soie, des petites balles
métalliques. Lorsque la machine est mise en
activité, les deux timbres C et D s'électrisent,
tandis que le timbre O, qui est isolé, reste à
l'état neutre. Les deux balles, aussitôt attirées
par les timbres C et D, viennent les frapper
et s'électrisent comme eux. Elles sont alors
repoussées et vont frapper le timbre O, au contact duquel elles retombent à l'état neutre.

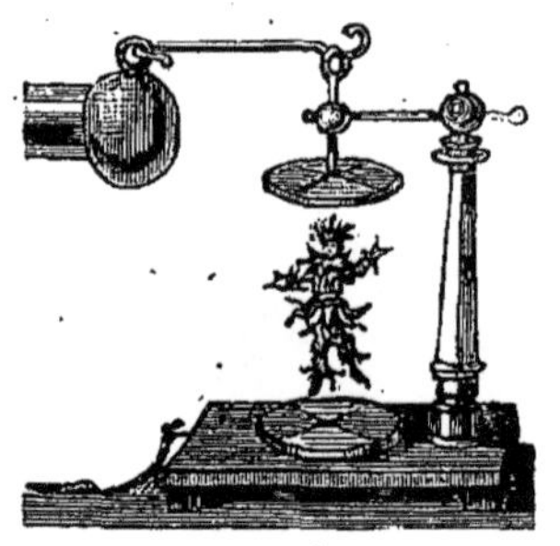

Fig. 36.

DANSE DES PANTINS.

Elles sont alors de nouveau attirées, puis repoussées par les timbres C
et D, exécutant ainsi une série d'oscillations.

La *danse des pantins* est encore une application des attractions et
des répulsions des corps électrisés. Cette expérience (*fig.* 36) consiste à
placer un petit pantin en moelle de sureau entre deux disques métalliques,
communiquant, l'un avec la machine électrique, et l'autre, par une
chaîne, avec le sol. Le petit bonhomme, attiré et repoussé vivement de

La béatification de Bose (page 69).

LIV. 111.

l'un à l'autre disque, semble exécuter des sauts avec une grande agilité.

Une expérience analogue, que Volta imagina dans un but plus sérieux, et dont nous parlerons plus loin, est celle de la *grêle électrique*. Une cloche de verre (*fig.* 37) est posée sur un plateau de cuivre, sur lequel on a placé une certaine quantité de petites balles de sureau. Une tige de cuivre, terminée à son extrémité inférieure par une boule de même métal, traverse, à frottement doux, une ouverture pratiquée dans le haut de la cloche; or, si l'on met cette tige en communication avec une machine électrique, la boule s'électrise, et les balles de sureau sont tour à tour attirées et repoussées par elle avec une rapidité extrême.

Fig. 37.
GRÊLE ÉLECTRIQUE.

TOURNIQUET, ARROSOIR, SOUFFLET ÉLECTRIQUES. — POISSON VOLANT. — On appelle *tourniquet électrique* un petit appareil formé de plusieurs tiges de fer recourbées dans le même sens (*fig.* 38) et rayonnant autour d'un axe commun. Si on le place sur la machine électrique, on obtient, après quelques tours du disque de verre, un mouvement rapide de rotation dans le sens opposé à celui des pointes des tiges. Ce mouvement n'est point, comme l'ont cru quelques physiciens, un effet de réaction analogue à celui du tourniquet hydraulique (*Pesanteur*, p. 178); il est dû à l'action répulsive des couches d'air environnant qui sont électrisées par l'électricité sortant des pointes. En approchant la main, on sent le courant d'air produit à chacune des pointes, et, dans l'obscurité, on voit l'aigrette qui les termine.

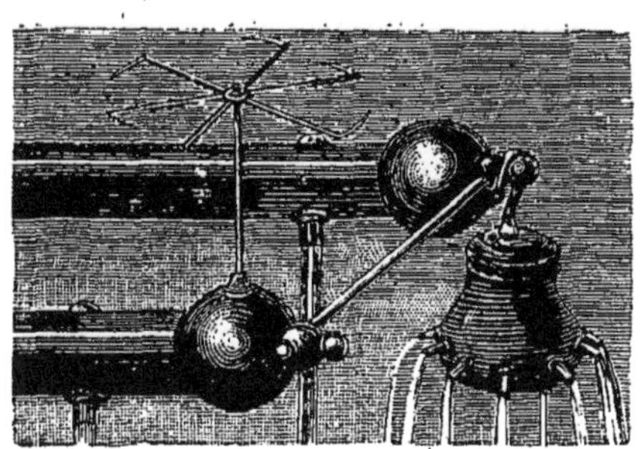

Fig. 38.
TOURNIQUET ET ARROSOIR ÉLECTRIQUES.

Ce même phénomène se constate en fixant une pointe recourbée sur le conducteur d'une machine électrique (*fig.* 39); l'électricité s'écoule par cette pointe et électrise l'air qu'elle rencontre. L'air, chargé de la même électricité que la pointe, est repoussé, et si l'on approche de celle-ci une bougie allumée, on la voit soufflée par un courant d'air, quelquefois assez vif pour l'éteindre.

Si l'on suspend à la machine un vase renfermant de l'eau et muni d'ajutages capillaires (*fig*. 38), le liquide, qui d'abord s'écoulait goutte à goutte, s'échappe en formant un filet lumineux continu dès qu'on a développé de l'électricité. En effet, les actions mutuelles qui s'exercent entre les molécules électrisées ne sauraient modifier l'effet propre de la pesanteur.

On désigne sous le nom d'expérience du *poisson volant* une expérience qui consiste à maintenir en équilibre un corps léger au milieu de l'atmosphère, par l'influence de l'attraction et de la répulsion combinées dans un corps électrisé. On se sert pour cela d'un petit morceau de papier d'argent plié en pointe (*fig*. 40); on le présente par la pointe à un conducteur d'une machine électrique en activité. Quand on le lâche, il reste suspendu devant le conducteur dans une immobilité presque complète. Si le conducteur est électrisé positivement, par exemple, il décompose le fluide neutre du *poisson*, attire à la pointe proche de lui l'électricité négative et repousse dans l'autre pointe l'électricité positive. Il résulte de là une attraction et une répulsion dont la différence peut devenir égale au poids du papier et le maintenir en équilibre.

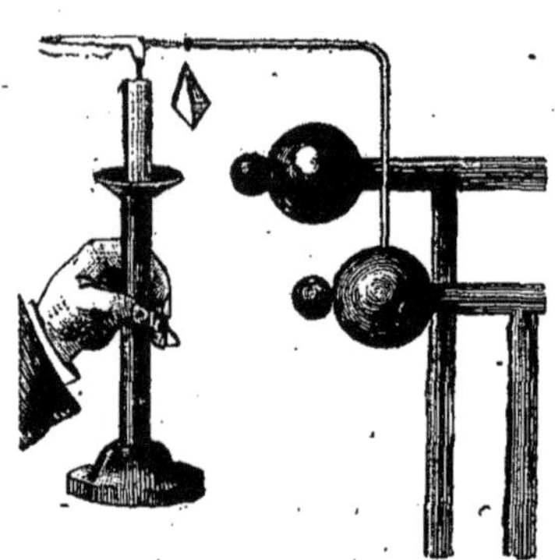

Fig. 39 et 40.

SOUFFLET ÉLECTRIQUE. — POISSON VOLANT.

AIGRETTE LUMINEUSE. — TUBE, GLOBE, CARREAU MAGIQUES. — LA BÉATIFICATION DE BOSE. — Van Marum a fait, un des premiers, remarquer que, surtout par des temps très secs, et quand une machine assez puissante fonctionne convenablement, on entendait un bruissement, qui est le signe d'une décharge continue dans l'air; si l'on opère dans l'obscurité, on voit, en effet, se former des lueurs, que l'on peut rendre très apparentes en approchant un corps conducteur à une certaine distance, assez grande pour ne pas provoquer une étincelle. Ces lueurs prennent la forme d'une *aigrette*, qui se compose d'un petit pied du sommet duquel divergent en éventail des traits déliés qui se ramifient à leur tour un plus ou moins grand nombre de fois.

Toutes ces expériences constituent un spectacle intéressant, qui excitait, sans jamais l'épuiser, la curiosité des physiciens du siècle dernier, et qui les poussait à imaginer de nouveaux procédés pour produire

de nouveaux effets. On doit ainsi à l'abbé Bertholon une série de
petits appareils connus sous le nom de *tube étincelant, globe magique,
carreau électrique*, etc. (*fig.* 41).

Le principe de tous ces appareils, sans but véritablement utile
d'ailleurs, est le même.

On colle sur une lame isolante des petits losanges en étain, dont les
extrémités successives, très rapprochées les unes des autres, laissent
néanmoins entre elles des espaces vides que l'on dispose de façon à for-

Fig. 41. — EXPÉRIENCES ÉLECTRIQUES.

mer un dessin, des lettres, des portraits, etc. Le premier losange de la
série est en relation avec une boule métallique qu'on peut faire communiquer avec une machine électrique, tandis que le dernier touche une
autre boule communiquant avec le sol.

Si l'on fait passer une décharge électrique à travers ces feuilles
métalliques, une étincelle apparaît à chaque solution de continuité, et,
comme le fluide électrique se propage avec la vitesse effroyable d'environ 460,000 kilomètres par seconde (page 60), ces étincelles, en
réalité successives, paraissent simultanées à l'œil, et il en résulte un
dessin lumineux.

M. Hoefer rapporte que, vers 1750, Bose annonça qu'en faisant arriver
de l'électricité sur une personne isolée sur un tabouret de résine, il avait
vu une flamme sortir de ce tabouret, serpenter autour des pieds de la

personne isolée et s'élever de là jusqu'à la tête qu'elle aurait environnée d'une auréole, semblable à la *gloire* des saints. Les physiciens essayèrent en vain de reproduire ce qu'ils appelaient la *béatification de Bose*. Watson, qui s'était donné le plus de peine pour répéter cette expérience, écrivit à Bose pour lui demander des détails. Bose lui répondit qu'il s'était servi de toute une armure garnie d'ornements d'acier, dont les uns étaient pointus, les autres aplatis, d'autres en forme de coins ou de pyramides, et que, quand l'électrisation était très forte, les bords du casque surmontant la cuirasse projetaient des rayons groupés comme ceux de l'auréole des saints (*fig.* à la page 65).

Il faut, certes, faire la part de l'exagération dans ces récits du XVIII° siècle ; mais il faut aussi en conclure l'enthousiasme qu'inspirèrent dès leur découverte les phénomènes électriques.

ÉTINCELLE DANS LES GAZ RARÉFIÉS. — Dans les gaz raréfiés, l'étincelle se modifie considérablement ; elle se produit sans bruit et est accompagnée d'une lueur qui varie avec la nature du gaz et avec son degré de raréfaction. Les expériences se font avec un appareil appelé *œuf électrique.* C'est un vase ovoïde en verre (*fig.* 42), muni de deux montures métalliques, portant chacune une tige de cuivre terminée par une petite boule.

Fig. 42.

ÉTINCELLE DANS LES GAZ RARÉFIÉS.

On fait plus ou moins le vide dans ce vase en le plaçant sur une machine pneumatique, puis on ferme le robinet qui garnit sa monture inférieure et l'on met les deux pôles d'une machine de Holtz en communication avec les garnitures de l'œuf. A une pression de 6 centimètres de mercure (*Pesanteur*, p. 292), il s'échappe de la boule positive une sorte de gerbe ramifiée, d'une couleur purpurine très vive, dont quelques rayons se terminent à une petite distance, tandis que d'autres, d'un violet assez vif, vont rejoindre la boule négative, qui est d'ailleurs entourée d'une lueur violette plus pâle. Si la pression diminue jusqu'à n'être plus égale qu'à quelques millimètres, les rayons s'élargissent, et finalement on n'observe plus qu'une sorte de vapeur violacée, de forme ovoïde, établissant la communication entre les deux boules, avec une teinte d'un violet sombre à la boule négative et rougeâtre à la boule positive. Si, au lieu de l'œuf électrique, on se sert du tube destiné à l'expérience de la chute des corps dans le vide (*Pesanteur*, p. 104), on constate une sorte de courant dans le sens de l'électricité positive. Dans le vide barométrique, la décharge électrique s'accompagne d'une lueur très perceptible, quoique assez faible. Cavendish l'a démontrée au moyen de deux baromètres (*fig.* 42) dont les chambres communiquent et qui reposent sur deux cuvettes. L'une des cuvettes est mise en relation avec la machine électrique, l'autre avec le sol. On voit alors une lueur se produire, d'autant plus marquée que la chaleur est plus grande, ce qui provient évidemment de la plus grande quantité de vapeur de mercure qui s'élève dans la chambre barométrique, car, dans le vide absolu, aucune lueur ne peut se produire.

POISSONS ÉLECTRIQUES. — Plusieurs poissons, parmi lesquels les plus curieux sont la *torpille* (*roja torpedo*), le *silure* (*silurus electricus*) et le *gymnote* (*gymnotus electricus*) jouissent de la singulière propriété de produire à volonté des décharges électriques plus ou moins violentes. Richer, dans son voyage à Cayenne en 1671, nota le premier l'observation d'un poisson qui, lorsqu'on le touche avec le doigt ou avec une canne, engourdit le bras et cause des vertiges. Ce poisson était à la vérité connu des anciens ; mais, bien entendu, ils étaient loin d'attribuer ce fait à l'électricité.

La *torpille* habite les côtes de la Vendée, de la Provence, et aussi de la mer Adriatique ; elle a la même forme que la *raie*. C'est chez elle que l'on découvrit tout d'abord cette propriété curieuse. Quand on l'irrite en la touchant, soit dans l'eau, soit dans l'air, elle lance ses décharges électriques répétées, qui peuvent être arrêtées par l'interposition de corps mauvais conducteurs. Dans l'eau, elle atteint, par des décharges, les petits poissons dont elle fait sa nourriture. Matteucci est parvenu à rendre visible l'étincelle produite par une décharge en plaçant des armatures métalliques sur le dos et le ventre de l'animal.

Le *silure* habite le Nil ; il est de forme allongée, de 3 ou 4 décimètres de longueur environ. Les Arabes le nomment *raasch*, c'est-à-dire *tonnerre*.

Le *gymnote* est le poisson électrique le plus curieux. Son corps est allongé comme celui de l'anguille ; aussi l'appelle-t-on quelquefois *anguille de Surinam* ; sa peau est lisse, gluante. Il atteint souvent une longueur de 2 mètres, et habite les petits ruisseaux et les mares de l'Amérique méridionale.

La faculté de produire l'électricité paraît résider dans un organe formé de petits tubes cloisonnés, remplis de mucosités et animés par plusieurs gros faisceaux nerveux. Les travaux de Williamson, d'Alex. Garden, de Hunter, de Schilling, de Humboldt ont bien fait connaître l'anatomie du gymnote. Walsh, en 1773, communiqua à la Société royale de Londres un Mémoire sur les propriétés électriques de la torpille, que personne n'avait encore signalées. Cavendish, entre autres, se mit à faire, pour son compte personnel, des expériences qui lui parurent concluantes, expliquant à l'aide des principes déjà reconnus cette propriété merveilleuse, sans avoir recours à de nouvelles hypothèses. Et, le 27 mai 1775, en présence de John Hunter, le grand anatomiste, qui avait été le premier à décrire la constitution de l'organe électrique de la torpille, de Priestley, de Nairne et d'autres savants, il montra une torpille artificielle en bois, couverte de cuir, qu'il avait fait construire. L'électricité était fournie aux organes de ce mannequin à l'aide d'une batterie de Leyde, et elle lui était communiquée par des fils de fer enveloppés de tubes de verre, procédé nouveau, et qui devait être si prodigieusement usité un siècle plus tard pour faire traverser les mers à une espèce d'électricité dont, malgré son génie, Cavendish ne pouvait même soupçonner l'existence. Il avait placé sa torpille artificielle dans une espèce de petit aquarium rempli d'eau de la Tamise, dans laquelle il avait fait dissoudre une quantité de sel suffisante pour que sa conductibilité électrique pût être considérée comme équivalente à la conductibilité de l'eau de mer. Il avait fait disposer un lit de sable humide, où l'on enfonçait légèrement la torpille artificielle, et des gants de peau humectés d'eau de mer, à l'aide desquels on sentait très bien la secousse. Cavendish cherchait ainsi à montrer à ses visiteurs de quelle nature serait l'impression du voyageur qui foulerait aux pieds une torpille embusquée, suivant son habitude, dans un bas-fond et recouverte de sable.

Jobert de Lamballe, qui a disséqué beaucoup de *molaptérures*, poissons de la tribu des *silures* et possédant la même puissance électrique, donnait, en 1858, à l'Académie des sciences, une description de l'appareil qui produisait ces effets, et qui consiste dans une membrane enveloppant tout le corps, et étendue sous la peau et sur l'aponévrose. (On appelle aponévrose une membrane ferme, blanche et luisante, qui couvre les muscles et forme corps avec eux.) La membrane électrique est donc placée tout autour de ce poisson, différant en cela de la torpille, dont l'appareil électrisant ne s'étend qu'aux deux côtés de la tête, et aussi du gymnote chez lequel cet appareil est limité aux côtés de la queue. La membrane électrique est de plus garnie des ramifications d'un gros nerf qu'on peut appeler le nerf excitateur, très long, qui tord la tête de l'animal au-dessous de la première nageoire de l'ouïe, et qui étend ses branches de chaque côté du corps, en les collant sur l'aponévrose, laquelle lui sert d'appui, comme une muraille aux ramifications d'un lierre, bien qu'il ne joue son rôle que dans la membrane électrique dont il fait partie. M. Geoffroy Saint-Hilaire a le premier décrit l'appareil électrique

Pêche aux gymnotes (page 74).

de ces poissons, tissu fibreux entre-croisé, renfermant une substance albumino-gélatineuse.

Le célèbre voyageur de Humboldt, au cours de son excursion à travers l'Amérique tropicale, voulut étudier l'appareil électrique du gymnote. Pour se procurer des sujets vivants sur lesquels il pût faire des expériences, il dut assister lui-même à une pêche aux gymnotes. Il nous en a laissé une relation saisissante à laquelle nous empruntons les détails qui suivent (*fig.* à la page 73) :

« Nous partîmes le 9 mars de grand matin pour le petit village de Rasro de Abazo. De là, les Indiens nous conduisirent à un ruisseau qui, dans les temps de sécheresse, forme un bassin d'eau bourbeuse entouré de beaux arbres, de clusias, d'amyris et de mimosas, à fleurs odoriférantes. La pêche des gymnotes avec des filets est très difficile, à cause de l'extrême agilité de ces poissons, qui s'enfoncent dans la vase comme des serpents. On ne voulut pas employer le *barbasco*, c'est-à-dire les racines du *piscidia erithyrna*, du *jacquinia armillais* et de quelques espèces de *phyllanthus* qui, jetées dans une mare, enivrent ou engourdissent les poissons. Ce moyen aurait affaibli les gymnotes. Les Indiens nous disaient qu'ils allaient pêcher avec des chevaux. Nous eûmes de la peine à nous faire une idée de cette pêche extraordinaire ; mais bientôt nous vîmes nos guides revenir de la savane, où ils avaient fait une battue de chevaux et de mulets non domptés. Ils en amenèrent une trentaine, qu'on força d'entrer dans la mare.

» Le bruit extraordinaire causé par le piétinement des chevaux fait sortir les poissons de la vase et les excite au combat. Ces anguilles jaunâtres et livides, semblables à de grands serpents aquatiques, nagent à la surface de l'eau et se pressent sous le ventre des chevaux et des mulets ; une lutte entre des animaux d'une organisation si différente offre le spectacle le plus pittoresque. Les Indiens, munis de harpons et de roseaux longs et minces, ceignent étroitement la mare ; quelques-uns d'entre eux montent sur les arbres, dont les branches s'étendent horizontalement au-dessus de la surface de l'eau. Par leurs cris sauvages et la longueur de leurs joncs, ils empêchent les chevaux de se sauver en atteignant la rive du bassin. Les anguilles, étourdies du bruit, se défendent par les décharges réitérées de leurs batteries électriques.

» Pendant longtemps, elles ont l'air de remporter la victoire. Plusieurs chevaux succombent à la violence des coups invisibles qu'ils reçoivent de toutes parts dans les organes les plus essentiels à la vie ; étourdis par la force et la violence des commotions, ils disparaissent sous l'eau ; d'autres, haletants, la crinière hérissée, les yeux hagards et exprimant l'angoisse, se relèvent et cherchent à fuir l'orage qui les surprend ; ils sont repoussés par les Indiens au milieu de l'eau. Cependant un certain nombre parvient à tromper l'active vigilance des pêcheurs ; on les voit gagner la rive, broncher à chaque pas, s'étendre sur le sable, excédés de fatigue et les membres engourdis par les commotions électriques des gymnotes. En moins de cinq minutes, deux chevaux étaient noyés. L'anguille, ayant cinq pieds de long et se pressant contre le ventre des chevaux, fait une décharge dans toute l'étendue de son organe électrique ; elle attaque à la fois le cœur, les viscères et le *plexus cœliacus* des nerfs abdominaux. Il est naturel que l'effet éprouvé par les chevaux soit plus puissant que celui que le même poisson produit sur l'homme, lorsqu'il ne lé touche que par une des extrémités. Les chevaux ne sont probablement pas tués, mais simplement étourdis; ils se noient, étant dans l'impossibilité de se relever par la lutte prolongée entre les autres chevaux et les gymnotes.

» Nous ne doutions pas que la pêche ne se terminât par la mort successive des animaux qu'on y emploie ; mais peu à peu l'impétuosité de ce combat diminue. Les gymnotes, fatigués, se dispersent; ils ont besoin d'un long repos et d'une nourriture abondante pour réparer ce qu'ils ont perdu de force galvanique.

» Les mulets et les chevaux parurent moins effrayés ; ils ne hérissaient plus la crinière ; leurs yeux exprimaient moins d'épouvante ; les gymnotes s'approchaient timidement des bords du marais, où on les prit au moyen de petits harpons attachés à de longues cordes. Lorsque les cordes sont bien sèches, les Indiens, en soulevant le poisson en l'air, ne ressentent pas de commotion. En peu de minutes, nous eûmes cinq grandes anguilles, dont la plupart n'étaient que légèrement blessées.

» La température des eaux dans lesquelles vivent habituellement les gymnotes est de 26 à 27 degrés. On assure que leur force électrique diminue dans les eaux plus froides ; et il est assez remarquable, en général, comme on l'a déjà observé, que les animaux doués d'organes électromoteurs dont les effets deviennent sensibles à l'homme, ne se rencontrent pas dans l'air, mais dans un fluide conducteur de l'électricité. Le gymnote est le plus grand des poissons électriques; j'en ai mesuré qui avaient cinq pieds trois pouces de long. Les Indiens assuraient qu'ils en avaient vu de plus grands encore. Nous avons trouvé qu'un poisson qui avait trois pieds dix pouces de long pesait douze livres. Le diamètre transversal du corps était, sans compter la nageoire anale, qui est prolongée en forme de carène, de plus de trois pouces. Les gymnotes du *Cano de Bera* sont d'un beau vert d'olive ; le dessous de la tête est jaune mêlé de rouge ; deux rangées de petites taches jaunes sont placées symétriquement le long du dos, depuis la tête jusqu'au bout de la queue ; chaque tache renferme une ouverture excrétoire ; aussi la peau de l'animal est constamment couverte d'une matière muqueuse qui, comme Volta l'a prouvé, conduit l'électricité de vingt à trente fois mieux que l'eau pure. Il est, en général, assez remarquable qu'aucun des poissons électriques découverts jusqu'ici dans les différentes parties du monde ne soit couvert d'écailles. »

Contrairement à ce que de Humboldt dit ci-dessus, il existe, paraît-il, certains insectes jouissant de la propriété, comme le gymnote, de donner des commotions et des secousses électriques à ceux qui les touchent. Kirby et Spence, entomologistes américains, décrivent dans leur ouvrage un de ces insectes, le *reduvius arratus*, connu dans les Antilles sous le nom de *Wheel Eug.*, doué de cette propriété. Récemment, il a été signalé deux cas de secousses électriques produites par des insectes : le premier, par un scarabée de la famille des *elateridæ*, dont l'effet se ressentait depuis la main jusqu'au coude quand on touchait l'animal; le second, par une grande chenille de l'Amérique du Sud dont la commotion, fort vive, s'étendit dans tout le bras du premier qui la trouva, et qui le paralysa, pendant un moment, au point de faire croire à un médecin, appelé en toute hâte, que la vie de l'expérimentateur était en danger.

CHAPITRE III

ÉLECTRICITÉ ATMOSPHÉRIQUE

IDENTITÉ DE L'ÉLECTRICITÉ ET DE LA FOUDRE. — Tout ce que les anciens savaient et pensaient de la foudre est résumé par Pline, dans ce passage de son *Histoire naturelle :*

« On ignore généralement que, par une observation attentive du ciel, les maîtres de la science ont établi que les trois planètes supérieures projettent des feux qui, tombant sur la terre, ont le nom de *foudres*. Ces feux proviennent surtout de la planète intermédiaire, peut-être parce que, recevant un excès d'humidité du cercle supérieur, et un excès de chaleur du cercle inférieur, elle se débarrasse de cette façon : c'est pour cela que l'on a dit que Jupiter lançait la foudre. Ainsi, de même qu'un bois enflammé projette un charbon avec bruit, de même l'astre projette un feu céleste qui apporte en même temps des présages, les opérations divines ne cessant même pas dans la partie rejetée. C'est surtout lorsque l'air est agité que survient ce phénomène, parce que les humidités retenues dans l'atmosphère provoquent l'émission d'un feu abondant, ou parce que la perturbation est due à une sorte d'enfantement de la planète.

» Je ne contesterai pas que les feux des étoiles peuvent tomber d'en haut sur les nuages, comme on le voit souvent par un temps serein. Il est certain que le choc de ces feux ébranle l'air : c'est ainsi que les traits sifflent dans leur trajet. Quand ils sont arrivés à la nue, il en résulte de la vapeur avec un bruit étrange, comme quand on plonge un fer rouge dans l'eau, et il se forme un tourbillon de fumée ; de là naissent les tempêtes. S'il y a, dans la nue, lutte de l'air ou de la vapeur, le tonnerre gronde ; si éruption ardente, la foudre éclate ; si effort prolongé dans un plus grand espace, l'éclair brille. Les éclairs fendent la nue, les foudres la déchirent. Le tonnerre est le retentissement des corps que frappent les feux ; aussi la flamme rayonne-t-elle dès que le nuage se fend. Le souffle émané de la terre peut aussi, repoussé en bas par les astres et arrêté dans les nuages, faire entendre le grondement du tonnerre tant que le son reste étouffé pendant la lutte, et les éclats de la foudre, au moment de l'éruption, comme pour une vessie distendue par l'air. Il se peut encore que ce souffle, quel qu'il soit, s'allume par le frottement dans une descente rapide. Il se peut enfin que le choc des nuages fasse jaillir des éclairs, comme le choc de deux pierres fait jaillir des étincelles. Mais tout cela est dû au hasard. De là des foudres aveugles et vaines toujours, n'étant le produit d'aucune des lois de la nature : elles frappent les monts, elles se précipitent dans les mers, et portent tant d'autres coups inutiles ; mais les foudres qui viennent de plus haut sont les interprètes du destin, elles ont des causes fixes, et elles sont envoyées par les astres qui les engendrent.

» En hiver et en été, la foudre est rare par des causes opposées. En hiver, l'air condensé est recouvert d'une enveloppe plus épaisse de nuages, et les exhalaisons terrestres, denses et congelées, éteignent tout ce qu'elles reçoivent de vapeur ignée. Au printemps et dans l'automne, la foudre est plus fréquente, les conditions de l'été et de l'hiver s'altérant dans ces deux saisons ; aussi est-elle commune en Italie ; car avec un air plus variable, un hiver plus doux et un été nuageux, on a, pour ainsi dire, perpétuellement le printemps ou l'automne.

» Dans la foudre, on distingue plusieurs espèces : celle qui est sèche ne consume pas, elle disperse ; celle qui est humide ne brûle pas, elle noircit ; il y en a une troisième espèce qu'on appelle claire ; elle est d'une nature tout à fait extraordinaire, vide les tonneaux sans les endommager, et sans laisser aucune trace de son passage, fond l'or, l'airain, l'argent contenu dans un sac, sans le brûler, et même sans en altérer les cachets de cire. Marcia, princesse des dames romaines, fut, étant enceinte, frappée par la foudre : elle eut son enfant tué dans son sein, et n'éprouva, quant à elle, aucun mal. Hérennius, décurion du municipe de Pompéi, fut atteint de la foudre dans un jour serein.

» Dans les livres des Étrusques, il est dit que neuf dieux lancent la foudre, dont il y a onze espèces ; le seul Jupiter en lançant trois. Les Romains n'ont conservé que deux espèces de foudres, attribuant celle de jour à Jupiter, celle de nuit à Summanus ; ces dernières plus rares, sans doute à cause de la fraîcheur du ciel. On pense que de la terre partent aussi des foudres qu'on appelle inférieures, foudres qui, arrivant en hiver, passent pour funestes et exécrables. Un fait incontestable, c'est que toutes les foudres qui tombent du ciel supérieur frappent en zigzag, tandis que toutes celles qu'on appelle terrestres frappent en droite ligne.

» Les Annales rapportent que, par certains rites et certaines invocations, on force ou l'on obtient la descente des foudres. C'est une vieille tradition de l'Étrurie, qu'on fit ainsi descendre la foudre sur un monstre appelé Volta, qui menaçait la ville de Volsinies, après avoir dévasté le territoire. Elle a été aussi évoquée par le roi étrusque Porsenna. Avant lui, cela avait été pratiqué souvent par Numa : ce fut en imitant cette pratique d'une manière peu conforme aux rites, que Tullus Hostilius fut frappé de la foudre. Pour cela nous avons des bois, des autels, des rites ; et parmi les Jupiter Stator, Tonnant, Fénétrien, nous avons reçu un Jupiter Élicius (*qui attire la foudre*). Sur ce point, l'opinion des hommes varie, suivant les dispositions de chacun. Il y a de l'audace à croire que l'on commande à la nature, comme il y a de la stupidité à contester les services qu'on peut tirer de la foudre, puisque la science est parvenue, dans l'interprétation de ce phénomène, au point d'en prédire l'arrivée à jour fixe, et d'annoncer si la foudre qui éclatera doit interrompre une destinée ou ouvrir la voie à de nouveaux destins voilés jusqu'alors ; cela est prouvé par des exemples innombrables, tant privés que publics (1). »

On le voit, les anciens cherchaient, en ce point encore, l'explication des phénomènes qui frappaient leurs yeux, non dans l'observation, mais dans des théories imaginaires. Il faut de plus remarquer ici que, dès l'antiquité la plus reculée, les hommes — certains hommes du moins, qui prétendaient avoir reçu des dieux la mission de gouverner à leur gré, les autres hommes, — ont cherché à s'emparer du feu du ciel pour en faire un projectile qu'ils pussent manier à leur guise ; mais les moyens qu'ils employaient n'étaient point de nature à résoudre ce grand problème. En effet, autant qu'on en peut juger par ce qui nous reste des livres des augures et des aruspices, les procédés suivis par ces soi-disant directeurs de la foudre se bornaient à des incantations ou à des pratiques magiques qui devaient laisser le fluide naturel parfaitement insensible.

Dans un livre récent, plein de science et d'intérêt, les *Miracles devant la science*, M. W. de Fonvielle a analysé un certain nombre de traditions bizarres ou de récits singuliers, relatifs au pouvoir de diriger la foudre, notamment sur les autels où l'on avait accumulé les offrandes. Lorsque le bûcher s'allumait tout seul, on considérait que la divinité acceptait l'offrande qui lui était faite. L'histoire religieuse de toutes les nations est remplie de circonstances analogues, que l'auteur explique par des *trucs* de deux espèces. Il est possible qu'un feu caché fût allumé en secret à l'aide d'une mèche ou d'une substance analogue à l'amadou, et qu'il fît explosion au moment choisi pour l'invocation. On peut également admettre qu'une substance chimique, plus ou moins semblable à celle qui garnit le bout de nos allumettes chimiques, ait été connue par ces charlatans sacrés et leur ait permis d'exécuter leurs prestiges.

Toutefois, la foudre n'était pas considérée par tous les peuples comme lancée par un dieu en fureur qui veut châtier l'espèce humaine. Nous voyons dans le *Baumkultus*, de Wilhem Manhardt, que les Scandinaves s'imaginaient qu'un génie bienfaisant parcourt les champs pendant qu'éclate le premier orage, et augmente la force germinatrice des semences. Cette opinion remarquable ne fait que confirmer, de la façon la plus heureuse, les enseignements de la science positive. En effet, la chimie nous apprend que dans les pluies d'orage se trouvent des nitrates que les plantes

____

(1) Pline, *Histoire naturelle*, traduction de Littré.

s'assimilent avec facilité. Il paraît constaté que toutes les légumineuses possèdent le pouvoir de fixer l'azote de l'air à un haut degré. Mais ne semble-t-il pas que, si elles ont cette faculté, c'est grâce à la foudre, de sorte que le sillon lumineux qui traverse l'atmosphère peut être considéré comme la source directe de la fertilisation des champs ?

C'est d'après cette manière sage de voir, qu'en Carinthie, on croyait que le bruit du tonnerre provient de ce que Dieu a renfermé des grains de blé dans un grand coffre de fer et les agite avec violence. Rosenplanter, dans son ouvrage sur la mythologie, rapporte un hymne finnois, qui est ainsi conçu : « Tonnerre ! nous te sacrifions un bœuf avec deux cornes, pour que tu fasses fructifier nos sueurs et nos semences, pour que notre paille devienne semblable au cuivre et notre grain semblable à Kor. » Suivant Wilhem Manhardt, les agriculteurs aimaient à porter, comme talisman, un morceau d'aérolithe que l'on considérait comme produit par la foudre, et, à défaut de ce fétiche, ils cherchaient à se procurer des morceaux d'un bois éclaté par la foudre. Ces pierres de foudre peuvent être des masses de sable fondu et vitrifié, comme on en trouve souvent sur les bords de la mer Baltique. Les Finnois les ramassent avec soin et les regardent comme un excellent préservatif des incendies et des coups de foudre.

Il n'en est pas de même dans la Bible, et le tonnerre y est toujours considéré comme une marque de la colère céleste. C'est ainsi que s'exprime Samuel, quand il dit aux Hébreux, dont il était mécontent : « C'est aujourd'hui le jour de votre moisson. Eh bien, je vais appeler le Seigneur, qui va vous envoyer sa pluie et ses foudres. » Chez les peuples du midi, où les orages ont une violence inconnue des peuples du nord, les propriétés bienfaisantes de la foudre se trouvaient constamment méconnues. La Bible cite de trop nombreux exemples pour qu'il ne soit pas superflu d'en rapporter de nouveaux.

On trouve, dans le *Rig-Véda* des Hindous, des hymnes au dieu du tonnerre, que l'on nomme, en sanscrit, le rugissant *Rudra,* et dont les dévots cherchent à désarmer la colère par des supplications fort abjectes. Ce Rudra est si puissant que les autres divinités du Panthéon hindou lui ont défendu d'ouvrir les yeux, ce qu'il ne pourrait faire sans réduire la terre en cendres. Il est obligé, pour y voir, à cligner de l'œil, et c'est lorsqu'il nous regarde ainsi que le ciel est sillonné d'éclairs. Les brahmines donc n'avaient pas non plus envisagé la foudre sous son côté bienfaisant et fécondateur. Ils n'ont pas compris que, sur son immense parcours, l'étincelle électrique brûle et enflamme une multitude de corps de toute nature. Le dieu de la foudre, comme celui du feu, a toujours droit au titre de purificateur. Celui-là le mérite bien mieux encore que celui-ci, puisque la chute de la foudre est toujours accompagnée d'averses plus ou moins abondantes, et qu'on peut ériger en principe qu'il n'y a point d'averse sérieuse à laquelle la foudre ne fasse inévitablement cortège.

Chez les chrétiens, comme chez les Hébreux, la foudre fut toujours considérée comme une manifestation de la colère de Dieu, et, la religion du moyen âge ne permettant pas que l'on pensât autrement que la Bible, on ne chercha jamais, pendant longtemps, à étudier la nature du phénomène, mais seulement à deviner quels malheurs annonçaient ses éclats. On rapporte que Cardan se trouvait à Milan, lorsque l'église Sainte-Marie-l'Assomption fut frappée par la foudre. Le coup fut si violent que le clocher fut renversé. Un de ses amis s'adressa à lui pour savoir quel était le sens augural de ce coup de foudre, et si cet accident indiquait qu'une catastrophe quelconque allait fondre sur la ville qui en avait été témoin.

— « En aucune façon, répondit l'astrologue, parce que notre ville n'est point à la tête de la chrétienté, et que l'église frappée n'en est point la cathédrale. »

Cependant, rentré chez lui, il se mit à étudier ce que disaient les anciens sur la foudre, et il rédigea un traité, intitulé : *De fulgure*, dans lequel on trouve une série de questions peu sérieuses, quoiqu'elles aient été traitées sérieusement par plusieurs physiciens célèbres. La foudre peut-elle sortir d'un ciel serein ? Y a-t-il des arbres, comme le figuier et le laurier, des quadrupèdes comme l'hyène, des oiseaux comme l'aigle, qui ne puissent être foudroyés ? des pierres précieuses qui empêchent ceux qui les portent d'être jamais atteints ? Cardan croyait aux pierres de foudre ; il décrit leur composition avec une précision minutieuse et il cité, à l'appui de cette partie de son travail, l'opinion d'Averroès (1) et d'Avicenne (2). Toutefois, il n'admet pas que la chute d'une pierre accompagne fatalement chaque manifestation fulgurale. Il était trop bon observateur pour se permettre une semblable exagération.

On trouve encore, dans le traité de Cardan, la clef de cette supersti-

(1) AVERROÈS, dont le vrai nom est *Ibn-Rochd*, savant arabe, de Cordoue (1130-1206), premier traducteur en arabe des œuvres d'Aristote, qu'il commenta longuement. Pendant presque tout le moyen âge, on ne connut Aristote en Europe que par des traductions latines faites sur la version d'Averroès, et ses commentaires avaient une autorité presque égale à celle du maître. Il était aussi médecin, et il jouit d'une grande faveur à la cour du Maroc. Il avait en religion des sentiments très hardis.

(2) AVICENNE, dont le vrai nom est *Abou-Ibn-Sina*, célèbre philosophe et médecin arabe (980-1037), né en Perse, jouit d'une telle réputation qu'il devint le vizir et le médecin de plusieurs princes d'Asie. Un des premiers à étudier et à faire connaître Aristote et Hippocrate, il fut longtemps le savant dont les œuvres servaient de base à l'enseignement en Europe et en Asie. Il mourut épuisé par le travail et la débauche.

tion des anciens Romains, qui refusaient de brûler le corps des victimes
de la foudre. Ils pensaient qu'on ne pouvait sans sacrilège toucher par un
feu mortel ceux qui avaient senti le feu divin de Jupiter. Les lieux frappés

Vulcain était chargé, avec les Cyclopes, de la fabrication de la foudre (page 82).

par la foudre devenaient sacrés, leurs propriétaires perdaient immédiatement tous leurs droits et ils devenaient des lieux publics, parce que
chacun devait être admis à y rendre hommage à la divinité qui s'y était
manifestée.

PHYS. ET CHIM. POPUL. LIV. 113.

Comme on le sait encore, les anciens supposaient que Vulcain était chargé, avec les Cyclopes, de la fabrication de la foudre ; mais on ignore généralement qu'il avait trois ouvriers principaux, dont chacun, suivant Cardan, était un spécialiste chargé de confectionner une foudre d'une espèce particulière : *Brontos*, le bruit du tonnerre ; *Astrapes*, la matière fulgurante, et *Pyramon*, les feux follets ou les foudres en boules, que l'on voit quelquefois monter de la terre vers le ciel, et que le plus souvent on voit descendre du ciel vers la terre.

Cependant Lucrèce, exprimant l'opinion des gens instruits de son temps, s'était écrié :

> De la terre et des cieux l'imposant phénomène
> Inspira la terreur à l'ignorance humaine ;
> Les peuples avilis sous un joug odieux
> En rois de l'univers ont érigé les dieux.
> Quelle que soit pourtant leur glorieuse essence,
> Étrangers à l'amour ainsi qu'à la vengeance,
> Repaissant de bonheur leur douce éternité,
> Que sont-ils donc, ces dieux, rois sans autorité ?...
> Cependant quel mortel, quand la tempête gronde,
> Ne croit qu'un ciel vengeur s'arme contre le monde ?
> De la noble raison, transfuge épouvanté,
> Malheureux, il oublie, en sa crédulité,
> Que la nature règne, éternelle, immuable,
> Et que tout est soumis à sa loi redoutable !
> Ainsi l'homme égaré, vaincu par la terreur,
> Va porter en tous lieux le mensonge et l'erreur.
> Ah ! périsse à jamais ce préjugé funeste !...

Et il explique les effets du tonnerre et le mouvement des nuages avec une grande sagacité ; il pressent une partie des propriétés de l'air ; il indique fort bien la raison qui fait que l'éclair précède le bruit du tonnerre ; il devine, en un mot, presque tout ce que les physiciens modernes ont constaté depuis la découverte de l'électricité. Aristote, d'ailleurs, avait déjà dit dans ses *Météorologiques*, que l'éclair et le tonnerre sont produits par des *esprits subtils* qui s'enflamment avec bruit, à peu près comme le bois qui, en brûlant, fait quelquefois entendre un pétillement ; que l'éclair est un *esprit incandescent*. C'est ainsi que Berthollet, l'un des fondateurs de la chimie moderne, croyait que l'éclair et le tonnerre étaient l'effet de la combustion du gaz hydrogène et oxygène dans les régions supérieures de l'atmosphère.

C'est à Franklin (1) et à de Romas que l'on doit la démonstration de *l'identité de l'électricité et de la foudre.*

Les recherches auxquelles se livraient, au XVIIIᵉ siècle, en Europe, les physiciens, pour découvrir de nouvelles propriétés de l'électricité, étaient poursuivies avec intérêt dans le nouveau monde par Franklin. Dans un voyage qu'il fit de Philadelphie à Boston, rapporte M. Hoefer, en 1746, l'année même où fut inventée la bouteille de Leyde, Franklin assista à des expériences électriques, imparfaitement exécutées par le docteur Spence, qui arrivait d'Écosse. Peu après son retour à Philadelphie, la bibliothèque qu'il avait fondée dans cette ville reçut de Londres un tube en verre, avec des instructions pour s'en servir. Franklin renouvela les expériences auxquelles il avait assisté ; il y en ajouta d'autres, et fabriqua lui-même avec plus de perfection les instruments qui lui étaient nécessaires. La *charge* se faisait alors avec un seul condensateur : Franklin imagina la charge par *cascades* (*Électricité,* p. 54), qui devait être la pre-

(1) **Franklin** (Benjamin), né à Boston le 17 janvier 1706. Fils d'un presbytérien que les persécutions du catholique Charles II avaient forcé d'émigrer en Amérique et qui s'était établi fabricant de chandelles et de savons, il ne montra aucun goût pour le métier de son père, et entra dans une imprimerie comme ouvrier typographe. Il se livra avec ardeur à l'étude en même temps qu'il exerçait sa profession. Ayant inventé un perfectionnement dans son art, il se rendit en Angleterre pour étudier à fond la typographie, et il entra dans la grande imprimerie de Palmer. Tout en composant une copie de la *Religion naturelle* de Wollaston, il la lisait et eut l'idée d'en publier une réfutation qui eut un grand succès. Il retourna en Amérique, à Philadelphie, y établit une imprimerie et fonda un des premiers journaux américains, la *Gazette de Philadelphie.* En même temps, il s'occupait activement des affaires de son pays, fondait une bibliothèque publique, un hôpital, une société académique, publiait un almanach, le *Bonhomme Richard,* plein d'excellents conseils pratiques et traitant toutes les questions qui pouvaient intéresser et instruire un jeune peuple. Il s'occupait également de sciences expérimentales, et il avait déjà inventé les poêles économiques, dont nous avons parlé (*Chaleur,* p. 459) et trouvé quelques lois physiques, lorsqu'il songea à prouver l'identité de l'étincelle électrique et de la foudre. Tous ces travaux ne l'empêchaient pas de se consacrer à des charges publiques. Membre de l'assemblée de Pensylvanie, il fut chargé en 1764 d'aller à Londres et de faire revenir le gouvernement anglais sur les mesures vexatoires qu'il prenait à l'égard des colonies. L'obstination folle de l'Angleterre ne lui permit pas de réussir : la guerre éclata entre l'Amérique et la métropole. Franklin reçut alors la mission de rechercher l'alliance française ; il y réussit avec un rare bonheur : l'enthousiasme qui l'accueillit est indescriptible. On sait les vers que Turgot lui adressa :

> *Eripuit cœlo fulmen, sceptrumque tyrannis*
> (Au ciel il prit la foudre, et le sceptre aux tyrans) ;

Voltaire, presque mourant, donnait sa bénédiction au petit-fils de Franklin, en s'écriant dans un élan d'enthousiame, qui semblait exprimer l'idéal de la nouvelle Amérique : « Dieu et la liberté! *God and liberty.* » Franklin, après huit ans de séjour en France, voulut retourner mourir dans son pays ; il fut reçu par les ovations de ses concitoyens reconnaissants et mourut le 7 avril 1790.

Ses découvertes concernant l'électricité se trouvent consignées dans *Experiments and observations of electricity, made at Philadelphia in America;* il les adressa sous forme de lettres à P. Collison, membre de la Société royale de Londres ; la première porte la date du 28 mars 1747 et la dernière celle du 18 avril 1754. Cet ouvrage a été traduit en français par Dalibard l'année même de son apparition.

mière batterie électrique, et il conclut de ses expériences sa théorie sur la nature du fluide électrique.

La couleur de l'étincelle électrique, son mouvement en ligne brisée lorsqu'elle s'élance vers un corps, le bruit de sa décharge, les effets singuliers de son action, etc., suggérèrent à Franklin la pensée hardie que l'étincelle électrique était de même nature que la matière dont l'accumulation dans les nuages produisait la capricieuse lumière de l'éclair, le formidable bruit du tonnerre, et qui brisait tout ce qu'elle rencontrait sur son passage lorsqu'elle descendait du ciel pour se remettre en équilibre sur la terre. Il en conclut l'*identité de l'électricité et de la foudre*, déjà entrevue, il faut le dire, par un grand nombre de physiciens, notamment par Désaguliers. Mais comment la démontrer?

« Le fluide électrique, disait-il, dans un Mémoire publié à Philadelphie le 7 novembre 1749, est attiré par les pointes; nous ignorons si la foudre est douée de la même propriété; mais, puisque l'électricité et la foudre s'accordent par tous les autres points, il est probable qu'ils s'accordent de même en celui-ci : *Il faut en faire l'expérience.* »

Le mémoire de Franklin parvint d'abord à Londres, où l'on n'en comprit point la portée; mais Buffon, l'ayant lu, le fit traduire en français, et, quelque temps après, le 10 mai 1752, l'expérience fut tentée, suivant les indications de Franklin, par Dalibard (1). Il avait fait construire à Marly-la-Ville, près de Paris, une cabane sur un monticule, au-dessus de laquelle il fixa, dans un gâteau de résine, une barre de fer de 13 à 14 mètres de hauteur, pointue par le haut (*fig.* 43). A deux heures vingt minutes, il s'éleva un orage.

« Le nommé Coiffier, ancien dragon (dit Dalibard dans son mémoire à l'Académie), que j'avais chargé de faire les observations en mon absence, ayant entendu un coup de tonnerre assez fort, vole aussitôt à la machine, prend la fiole avec le fil d'archal (bouteille de Leyde), présente le tenon du fil à la verge de fer, en voit sortir une étincelle brillante et entend le pétillement; il tire une seconde étincelle, plus forte que la première, et avec plus de bruit.

» Il appelle les voisins et envoie chercher M. le prieur. Celui-ci, nommé Raulet, accourt de toutes ses forces; les paroissiens, voyant la précipitation de leur curé, s'imaginent que le pauvre Coiffier a été tué du tonnerre; l'alarme se répand dans

(1) DALIBARD (Thomas-François), savant botaniste français (1712-1781), introduisit en France la méthode de Linné, et publia une *Flore des environs de Paris*. La traduction des lettres de Franklin relatives à l'électricité atmosphérique a été publiée en 1749.

le village; la grêle qui survient n'empêche point le troupeau de suivre son pasteur. Cet honnête ecclésiastique arrive près de la machine, et, voyant qu'il n'y avait point de danger, met lui-même la main à l'œuvre et tire de fortes étincelles. La nuée d'orage et de grêle ne fut pas plus d'un quart d'heure à passer au zénith de notre machine et l'on n'entendit que ce seul coup de tonnerre. Sitôt que le nuage fut passé, on ne tira plus d'étincelles de la verge de fer. »

Ce fut là un événement dans Paris. Tout le monde s'y entretenait du phénomène de Marly, qui eut son pendant sur la place de l'Estrapade, à Paris (expérience de Delor). « L'admiration, rapporte l'abbé Nollet, monta jusqu'à l'enthousiasme. La plupart de ceux qui apprirent la nouvelle crurent de bonne foi, et sur la parole de ceux qui le leur disaient, que les foudres du ciel seraient désormais en la puissance des hommes, et que, pour se garantir du tonnerre, il suffirait de dresser des pointes sur le sommet des édifices. Quelques personnes même assuraient d'un ton fort sérieux qu'un voyageur en rase campagne pouvait s'en défendre en mettant l'épée à la main contre la nuée; les gens d'église, qui n'en portent pas, commençaient à se plaindre de n'avoir pas cet avantage ; mais on leur montrait dans le livre de M. Franklin, qui était comme l'évangile du jour, qu'on pouvait suppléer au pouvoir des pointes en laissant bien mouiller ses habits, ce qui est extrêmement facile en temps d'orage. »

Fig. 43. — EXPÉRIENCE DE DALIBARD.

Franklin, de son côté, songeait à soutirer des nuages leur électricité à l'aide d'une pointe, comme il l'avait indiqué. Il attendait pour cela qu'un clocher en construction, à Philadelphie, fût terminé; mais, impatient d'attendre, et jugeant l'expérience impraticable ainsi, il pensa qu'un *cerf-volant*, muni d'une pointe, pourrait remplir son but. En juin 1752, un mois après l'expérience de Dalibard, et sans en avoir connaissance, il construisit donc un *cerf-volant*, formé par deux bâtons enveloppés d'un mouchoir de soie. Au point de jonction du chanvre, conducteur de l'électricité, et du cordon de soie, non conducteur, il mit une clef où l'électricité devait s'accumuler, et annoncer sa présence par des étincelles. L'appareil ainsi disposé, l'habile expérimentateur se rend dans une prairie un jour d'orage (*fig.* 44). Il dit à son fils de lancer le cerf-volant dans les airs, tandis que lui-même, placé à quelque distance, l'observe avec anxiété. Pendant quelque temps il n'aperçoit rien, et il craint de s'être trompé. Mais tout à coup, une petite pluie étant survenue, les fils de la corde se raidissent, et la clef se charge : c'est l'électricité qui descend. Il court au cerf-volant, présente un doigt à la clef, reçoit une étincelle et ressent une

Fig. 44. — EXPÉRIENCE DE FRANKLIN.

forte commotion, qui aurait pu le tuer, et qui le transporte de joie. Sa conjecture était changée en certitude, et l'identité de l'électricité et de la foudre était démontrée !

Presque en même temps, un physicien français, de Romas (1), exécutait des expériences analogues, conçues, cela ne fait plus aucun doute

---

(1) DE ROMAS, lieutenant-assesseur au tribunal de Nérac (1712-1776), était membre correspondant de l'Académie des sciences de Paris.

aujourd'hui, avant celles de Franklin et de Dalibard, et même communiquées à l'Académie de Bordeaux depuis longtemps.

Le 7 juin 1753, il lançait un cerf-volant, avec 780 pieds de ficelle, à une hauteur de 550 pieds, et il obtenait des étincelles assez fortes pour être entendues à deux cent cinquante pas. Il avait lié au bout inférieur de la corde un cordon de soie de 3 pieds 1/2 de longueur (*fig.* à la page 89). Ce cordon était attaché à un pendule dont le poids était formé par une grosse pierre suspendue au-dessous de l'auvent d'une maison située hors de la ville. Il y avait, de plus, près du cordon de soie, un tuyau de ferblanc de 1 pied 1/2 de longueur et de 1 pouce de diamètre, d'où l'on faisait partir des étincelles. M. de Romas, voyant que les secousses étaient douloureuses, employa un peu plus tard un excitateur, qui est peut-être un des premiers employés. Il se composait tout simplement d'un morceau de fer-blanc auquel était suspendue une chaîne. Toutes les personnes qui assistaient à l'expérience s'amusèrent à l'imiter, sans se douter qu'elles jouaient en réalité avec la foudre; mais de Romas ayant été pris par une décharge plus violente que les autres, les opérateurs devinrent plus circonspects. On voit encore, au Conservatoire des arts et métiers, le tabouret vernissé qui supportait le fil du cerf-volant. Il est comme grillé par l'électricité qui ruisselait alentour en cascades de feu. Ajoutons que de Romas ayant voulu recommencer ses expériences à Bordeaux, la populace, excitée par des moines et des dévots, le força de fuir sous une grêle de pierres, prétendant qu'il était sorcier et voulait attirer la foudre sur la ville.

Dans son Mémoire, inséré aux *Savants étrangers* pour 1753, de Romas donne des détails intéressants d'observations qui seraient très curieuses encore de nos jours. Le tuyau de fer-blanc étant distant de 3 pieds du sol, il vit quelques brins de paille, dont l'un avait plus de 1 pied de hauteur, exécuter la *danse des pantins* (page 64). Ce phénomène fut suivi d'une violente détonation, produite lorsque la paille vint toucher le bout de ferblanc. Voici, du reste, comment s'exprime de Romas :

« Le feu qui parut dans le moment de cette explosion avait la forme d'un fuseau de huit pouces de longueur et de quatre ou cinq lignes de diamètre. La paille qui avait occasionné cette explosion suivit la corde du cerf-volant jusqu'à 40 ou 50 toises. Plusieurs assistants la virent tantôt attirée, tantôt repoussée, avec cette circonstance remarquable que, chaque fois qu'elle était attirée par la corde, il paraissait des lames de feu, et que l'on entendait des craquements presque continuels. »

L'expérience fut terminée par un orage de grêle qui ne permit point au cerf-volant de se soutenir plus longtemps. Mais, quand on examina le sol, on aperçut au-dessous du tuyau de fer-blanc une petite fulgurite profonde d'un pouce et longue d'un demi-pouce. Alors on se rappela qu'on avait senti une odeur de soufre après les explosions et que toute la corde avait paru enveloppée d'une atmosphère de feu.

De Romas eut ensuite l'idée de faire construire un chariot électrique auquel on attachait son cerf-volant, de manière qu'on n'avait pas besoin de s'en approcher pour le manœuvrer.

En France, Mazéas, Delor, Lemonnier répétèrent l'expérience; Canton, Bevis, Wilson, en Angleterre; en Allemagne, Winckler, Wilke; en Italie, Beccaria.

En Russie, Richmann (1) tomba victime de son zèle, le 6 août 1753. A une verge de fer, élevée au-dessus de la maison, il avait attaché des fils métalliques, qui venaient se réunir dans un bocal de verre rempli de feuilles de laiton. C'était là que le fluide électrique, soutiré de l'air, devait se condenser. Pour mesurer l'intensité du fluide au moyen de l'électroscope de Saussure (*Électricité*, page 119), il approcha la tête de l'appareil, et, au même instant, il fut frappé au front par la foudre et tomba raide mort. On remarqua que son corps entra rapidement en putréfaction. Le mort de Richmann fut la démonstration la plus complète de l'identité de l'électricité avec la foudre.

THÉORIE DE L'ORAGE. — D'après ces diverses observations, on doit considérer les nuages orageux comme des corps conducteurs chargés d'électricité. La foudre n'est qu'une gigantesque étincelle électrique qui éclate entre un nuage et la terre; les éclairs sont eux-mêmes des étincelles absolument semblables à celles que nous produisons avec nos machines. Si l'étincelle jaillit entre deux nuages, ce qui arrive le plus souvent, elle ne nous fait aucun mal; mais, si elle parvient jusqu'à terre, elle foudroie le point touché.

Le recueil scientifique l'*Électricité* publiait dernièrement une théorie de la formation des orages qu'il nous semble bon de reproduire, parce qu'elle présente des vues ingénieuses et donne la plus récente hypothèse pour expliquer le phénomène.

«Il est facile de démontrer avec le *plan-épreuve* de Coulomb (*Électri-*

---

(1) RICHMANN (Georges-Guillaume), né à Pernow, en Livonie (1711-1753). Adjoint, en 1735, à l'Académie des sciences de Saint-Pétersbourg, il y professa les sciences naturelles et particulièrement la physique. Il s'occupa spécialement d'électricité et inventa un instrument auquel il donna le nom d'*indicateur électrique;* c'est en expérimentant cet appareil qu'il fut foudroyé. Il a publié de nombreux mémoires sur des questions de physique dans le *Recueil des mémoires de l'Académie de Saint-Pétersbourg.*

cité, p. 26) que la capacité électrique d'une sphère est proportionnelle à son rayon. En effet, si l'on répand la même quantité d'électricité sur des sphères dont les rayons sont respectivement 1, 2, 3, etc., on verra que

Expérience de Romas (page 87).

les tensions seront respectivement $1, \frac{1}{2}, \frac{1}{3}$, etc. Il en résulte que, si on prend pour unité de capacité celle d'une sphère de 1 centimètre, celle d'une sphère de 1 mètre sera de 100 et celle de la sphère terrestre de 630,000,000. Celle d'une sphère de 1 millimètre sera $\frac{1}{10}$ et celle d'une sphère de $\frac{1}{10}$ de millimètre de $\frac{1}{100}$.

» En partant de ces principes incontestables, voici ce qui se passe dans la production d'un orage :

» On sait, par les phénomènes optiques qui produisent le *spectre du Brocken*, dont nous parlerons ci-après, que les simples vapeurs ne sont pas formées par de simples gouttes de pluie, qui, quelque petit que soit leur diamètre, donneraient naissance à un arc-en-ciel ordinaire. Les parties constituantes de la nuée sont de petits ballons remplis d'air et dont l'enveloppe est formée par une mince pellicule d'eau (*Chaleur*, p. 630). Le noyau de ces molécules est très faible, il n'est point égal à $\frac{1}{10}$ de millimètre, et l'épaisseur de la couche liquide n'est pas la dixième partie du noyau. Supposons qu'elle soit précisément égale à $\frac{1}{100}$ de millimètre. Chacun de ces globules creux possède une capacité électrique égale à $\frac{1}{10}$, qui est la même que si elle était pleine d'eau. En effet, on sait que l'électricité se porte invariablement à la surface des corps.

» Lorsqu'un orage se produit, la nuée devient noire et opaque, ce qui s'explique, parce que les gouttes de vapeur se crèvent et deviennent des globules d'eau, dont le diamètre est parfois très considérable. Il y a donc plusieurs actes consécutifs dans la production de l'orage. Le premier consiste dans la formation de gouttelettes pleines d'eau, le second dans la coagulation de ces gouttelettes en gouttes d'un diamètre plus notable, et le troisième dans la chute de la pluie. Chacune des gouttelettes qui constituent le nuage possède une certaine quantité d'électricité. Mais, comme il faut en réunir trois ou quatre pour former une gouttelette d'un même volume, les trois ou quatre quantités d'électricité se trouvent transportées sur une sphère dont la capacité électrique n'a point augmenté. Il en résulte donc que la tension électrique est trois ou quatre fois plus considérable qu'avant la condensation.

» Mais ce premier travail de condensation n'est pas le seul auquel les gouttes de pluie orageuse soient soumises. En effet, plusieurs gouttelettes ainsi constituées se réunissent pour former une goutte plus grosse. Supposons que huit gouttes soient ainsi rassemblées; elles donneront lieu à une sphère double, et qui sera chargée de trente-deux fois la même quantité d'électricité qu'une gouttelette de vapeur. Comme la capacité électrique sera double, la tension finale sera seize fois plus grande que la tension primitive. On comprend donc qu'elle puisse atteindre une valeur notable. »

A cette citation de théorie nouvelle, nous devons ajouter le résumé des observations de M. Becquerel, observations qui forment la théorie généralement admise de la formation des orages, et qui, d'ailleurs, n'est point en contradiction avec ce que nous venons de rapporter.

Les nuages orageux, ceux qui produisent des éclairs et font entendre le tonnerre, sont, en général, denses, isolés et d'une grande étendue. Ils se forment ordinairement dans les saisons chaudes, par un temps humide ; en effet, l'air, parvenu au terme d'humidité extrême, abandonne, par un abaissement de température de quelques degrés, une quantité d'eau beaucoup plus grande que par un abaissement égal, à une température moindre. C'est par ce motif que la formation des nuages est plus fréquente en été qu'en hiver.

La formation des nuages peut être due à deux causes : 1° à un courant ascendant de vapeur qui vient se condenser dans une région plus froide ; 2° à la rencontre de deux courants d'air opposés. En général, la première cause donne lieu aux orages pendant l'été, et les orages que l'on observe l'hiver doivent être rapportés à la seconde ; dans tous les cas, une condensation subite de vapeur est la condition essentielle de la production d'un orage. Il ne faudrait pas conclure de là que toute condensation de vapeur, suivie de pluie abondante, soit la cause d'un orage. Cette condensation est bien accompagnée d'électricité, mais la tension n'est pas toujours assez puissante pour donner lieu à des éclairs et au tonnerre ; les nuages qui sont produits dans cette circonstance ne diffèrent donc des nuages orageux que par la quantité d'électricité qu'ils renferment.

Dans nos climats, l'été, les orages se forment habituellement lorsque la température est élevée, l'air calme et le ciel serein ; la terre humide étant fortement échauffée par les rayons solaires, il en résulte un courant ascendant rapide de vapeurs qui s'élèvent et viennent se condenser dans les parties élevées de l'atmosphère ; il peut se produire alors un nuage dense et volumineux qui est fortement électrisé. Lorsque les orages se forment ainsi, ils ont lieu le plus habituellement à l'instant de la plus forte chaleur du jour, et ensuite le ciel peut redevenir serein ; mais ce qu'il faut remarquer, c'est que, quelquefois dans la même localité, les conditions restant les mêmes, il se produit un orage plusieurs jours de suite, jusqu'à ce que les vents et les circonstances atmosphériques aient changé. Volta a, le premier, signalé cette périodicité, qui n'a lieu que pour les orages dus aux courants ascendants, et nullement pour les orages produits par la lutte de deux vents opposés.

Quand l'orage est sur le point d'éclater, les nuages qui le recèlent, suivant Beccaria, éprouvent une espèce de fermentation, dont les autres nuages sont privés. Ces nuages, ordinairement très denses, s'élèvent assez rapidement de quelques points de l'horizon; ils sont terminés par un grand nombre de contours curvilignes nettement déterminés; ils se gonflent, diminuent de nombre et augmentent de grandeur, tout en restant attachés invariablement à leur première base. Entre eux et l'horizon, on aperçoit un gros nuage très sombre, par l'intermédiaire duquel ils semblent communiquer avec la terre; on voit, en outre, se former d'autres nuages, sous l'apparence de longs rameaux, et qui, sans se détacher de lui, couvrent graduellement le ciel. Indépendamment de ces rameaux, de ces lambeaux de nuages, on aperçoit, çà et là, dans l'atmosphère des nuages légers, dont les mouvements sont brusques, incertains et irréguliers, et que Beccaria a appelés *ascitizi* ou nuages additionnels.

Tels sont les effets qui se passent sur la surface du nuage tournée vers la terre; mais, quand on est placé sur une montagne ou en ballon, et en position d'examiner la face supérieure, on voit que, même lorsqu'une couche de nuages semble unie et parfaitement de niveau sur la surface inférieure, la surface opposée présente de très hautes protubérances et de profondes cavités.

Lorsque les nuages orageux chargés d'électricité contraire se trouvent dans leur sphère d'activité réciproque, de longues étincelles commencent à éclater, même à de grandes distances. Si l'on joint aux attractions et répulsions des nuages l'action des vents contraires qui tendent à leur imprimer des mouvements de rotation et de translation en différents sens, on concevra facilement pourquoi les nuages affectent souvent des formes si bizarres et sont animés de mouvements désordonnés à l'instant où l'éclair brille.

Tels sont les signes avant-coureurs de l'orage, quand il est encore éloigné; mais, aussitôt que les nuages sont à une distance convenable de la terre, le bruit des décharges électriques se fait entendre, la foudre gronde et les retentissements se prolongent au loin.

Si les causes qui donnent lieu à la formation des orages sont purement locales, ceux-ci sont transportés par les vents, éclatent sur leur passage, et finissent par s'épuiser sans s'étendre de tous côtés. Mais si les causes embrassent une certaine étendue de pays, alors les nuages électriques, d'abord circonscrits, s'étendent en tous sens, et parviennent à couvrir de vastes surfaces. Dans certaines circonstances locales, il se manifeste des effets électriques analogues à ceux que produisent les orages ; aussi les phénomènes de la foudre s'observent également dans les nuées qui sortent du cratère des volcans.

LOIS DES ORAGES. — Sous ce titre, nous ne voulons pas désigner des lois précises et parfaitement établies ; mais simplement présenter quelques observations à peu près généralement admises comme étant confirmées par l'expérience.

1. Les orages viennent presque toujours du sud-ouest.

2. Dans les cas rares où ils paraissent venir du nord-est, on peut expliquer leur apparition, soit parce qu'ils se forment sur place, soit parce qu'ils sont dérivés d'autres orages passant au nord-est.

3. Leur propagation est assez lente pour qu'on puisse facilement prévenir de leur approche les lieux menacés.

4. Cette annonce est d'autant plus facile à faire que leurs trajectoires successives offrent une grande ressemblance, surtout si on compare les orages d'une année à ceux qui se sont déjà produits précédemment dans le même mois.

5. Cette prédiction peut être facilitée par l'observation des mouvements d'un électomètre (*Électricité*, page 22), placé sur le sommet d'un édifice élevé et isolé.

6. L'arrivée de l'orage est précédée d'une dépression barométrique ; mais elle coïncide avec le moment où le baromètre remonte.

7. Pour qu'un orage éclate, il faut que le thermomètre soit élevé et que le vent régnant souffle du sud-ouest ou des régions très voisines.

8. La fin de l'orage est indiquée par le retour du vent au nord-est, au moins temporairement. Tant que le vent n'a pas repris la position nord-est, l'orage n'est que suspendu et ne peut être considéré comme terminé.

9. La durée moyenne d'un orage est de 30 à 40 minutes. Comme les nuées orageuses ne font guère plus de 50 kilomètres, leur diamètre moyen peut être évalué à 25 kilomètres.

10. Le moment où la foudre gronde coïncide ordinairement avec l'arrivée de l'ondée de grande pluie.

11. Les phénomènes semblent indiquer qu'il y a dans les régions supérieures un courant nord-est qui précipite la vapeur d'eau, forme les nues noirâtres, et finit par triompher.

12. Il y a des échéances orageuses, c'est-à-dire des jours, où presque toutes les années des orages éclatent avec plus ou moins d'intensité. Une des principales, à Paris, est le 15 août, quelquefois le 14 ; d'autres fois, le 16. Il est rare que ces trois jours se passent sans incident.

13. Rarement les orages marchent autrement que par séries de deux ou de trois, quelquefois de quatre, se suivant à un ou deux jours d'intervalle ; mais, dans ce cas, il est rare qu'ils reparaissent à la même heure. Les intervalles sont généralement de 25 heures ou de 23 heures, ou des multiples de 25 heures ou de 23 heures, comme si le retour de la lune, soit au méridien, soit à l'horizon, exerçait de l'influence sur leur arrivée, sinon sur leur génération.

14. Les éclairs de chaleur ne sont pas tous le reflet d'orages lointains ; cependant il est rare qu'ils se produisent d'une façon sérieuse sans qu'il y ait un orage à l'horizon.

15. Les orages nocturnes ne sont pas plus terribles que les orages diurnes ; mais on entend mieux les coups de foudre, et on voit mieux les éclairs.

16. Il se déclare souvent, vers le coucher du soleil, des orages qui peuvent être locaux et qu'il faudrait observer d'une façon toute particulière.

ÉCLAIRS. — ÉCLAIRS SPHÉRIQUES. — L'éclair n'est pas autre chose, avons-nous dit, qu'une immense étincelle électrique. On les distingue en trois classes (*fig.* à la page 105). Ceux de la première classe, éclairs sinueux, sont formés d'un sillon de lumière, mince, serré, très arrêté sur les bords, se mouvant en zigzag ; ils ont, avec l'étincelle électrique, la ressemblance la plus complète. La forme en zigzag de ces éclairs s'explique par la propriété qu'a l'électricité de suivre toujours la ligne qui offre le moins de résistance à sa transmission ; dans les fortes décharges, l'air étant plus ou moins comprimé, l'électricité cherche la partie où l'air est le moins condensé, elle se dévie alors de la ligne droite. De plus, on a remarqué que l'éclair parcourt souvent des distances immenses ; cela pourrait venir, indépendamment de l'action par influence, de la présence de nuages isolés ou de globules vésiculaires servant d'intermédiaires pour opérer la décharge. Il se produit alors l'effet que l'on remarque avec le *carreau magique* ou le *tube étincelant* (*Électricité,* page 69).

Les éclairs de deuxième classe sont de beaucoup les plus fréquents ; ils produisent des lueurs sans contour arrêté, éclairant d'immenses surfaces. Ce sont probablement des masses d'éclairs de première classe qu'on ne voit qu'à travers un voile de nuages. Ils sont comparables à l'étincelle brillante, large et peu longue, qui résulte de la décharge d'une batterie électrique dans laquelle l'électricité est fortement condensée. Comme ceux de première classe, leur durée est, pour ainsi dire, inappréciable ; mais, tandis que les autres sont ordinairement blancs, les éclairs en masse sont souvent d'un rouge très intense, mêlé quelquefois de blanc ou de violet.

Les éclairs de la troisième classe, appelés *éclairs sphériques* ou *éclairs globulaires*, sont notablement différents des autres. Ce sont des sphères de feu qui descendent du ciel avec une certaine lenteur, qu'on peut apercevoir pendant huit ou dix secondes ; elles arrivent sur le sol, y rebondissent souvent, viennent quelquefois se fixer sur la pointe d'un paratonnerre et éclatent enfin avec un bruit formidable, en produisant tous les effets de la foudre.

Un correspondant du journal anglais la *Nature*, du 2 juin 1881, décrit ainsi un éclair globulaire qu'il a observé :

« J'étais debout à une fenêtre du second étage de l'hôtel de Bragauce, qui est près du fleuve, le domine complètement, et d'où on peut apercevoir une grande étendue du cours du Tage. Je vis un éclair, suivi immédiatement d'une détonation, et la queue de l'éclair donna naissance à deux balles de feu qui descendirent vers le fleuve, séparément, mais à une petite distance l'une de l'autre. Mais lorsque chacune d'elles arriva près de la surface de l'eau, et la toucha, on entendit se succéder rapidement deux explosions, qui auraient pu annoncer mon dernier jour. »

Le graveur Solokoff, qui assistait Richmann dans les expériences qui furent mortelles à celui-ci, raconta que plusieurs étincelles de forme ordinaire avaient été tirées du conducteur, et que celle qui atteignit le professeur se détacha spontanément et avait une forme sphérique. On est donc certain que ces éclairs se lient d'une manière continue aux autres ; mais, dans l'état actuel de la science, on ne peut donner encore une explication absolument satisfaisante de leur formation et de leur origine.

Cependant, depuis quelques années, dans une série de travaux communiqués à l'Académie des sciences, un physicien distingué, M. Gaston Planté a fait conaître de nombreux phénomènes produits par les courants électriques de haute tension, et a signalé les analogies qu'ils présentent avec plusieurs phénomènes atmosphériques et cosmiques inexpliqués jusqu'ici. Nous citerons, au fur et à mesure que nous parlerons de ces phénomènes, les expériences de M. Gaston Planté.

Voici d'abord ce qui regarde les *éclairs globulaires*.

Si, dans un *voltamètre*, appareil dont nous parlerons plus loin, une des *électrodes* est approchée du liquide, tandis que l'*électrode* négative y est plongée préalablement, au moment où a lieu la décharge des puissantes *batteries secondaires* qu'emploie M. Planté, le liquide forme une boule lumineuse. Il se produit à l'extrémité du pôle positif un globe lumineux, accompagné d'un bruissement particulier et animé d'un rapide mouvement giratoire. Le globule se dissipe sans bruit, ou avec production d'une bruyante étincelle à l'autre pôle, suivant que les électrodes plongent plus ou moins dans le liquide.

M. Planté rapproche ces phénomènes de ceux de la *foudre globulaire*, dans lesquels on retrouve également la forme sphérique, le bruissement, le mouvement giratoire, et, suivant les circonstances, la disparition des globes fulminants avec explosion ou sans bruit. Il pense qu'un effet analogue doit se produire dans les grands orages, quand l'électricité atmosphérique se trouve en quantité exceptionnelle, de manière à constituer par ses décharges continues une sorte de flux électrique, et de plus, quand l'atmosphère est traversée par une pluie abondante facilitant la formation de sphéroïdes de vapeur d'eau électrisés. Ces vues, ajoute M. de Parville, paraissent d'autant plus se rapprocher de la vérité que, par exemple, tout le long du Puy-de-Dôme, par pluie d'orage, on voit souvent courir autour de la montagne de semblables globes de feu. On dirait des balles élastiques bondissant de rochers en rochers. Ces conditions de production se sont trouvées réalisées pendant le violent orage qui a éclaté sur Paris le 24 juillet 1876. La foudre est tombée, sous forme globulaire, trois fois presque au même point, sur le théâtre Beaumarchais, dans la cour et dans le jardin de la maison du numéro 28 de la rue des Tournelles, connue dans le quartier sous le nom de l'hôtel de Ninon de Lenclos. Il est vraisemblable que le phénomène se produit plus souvent qu'on ne le pense, mais qu'il échappe à l'attention d'observateurs non prévenus. Tout porte donc à croire, avec M. Planté, que le tonnerre en boule ne serait que de la matière pondérable puissamment chargée d'électricité, une véritable bombe, générée d'abord par l'électricité atmosphérique et rendant brusquement le travail emmagasiné, quand elle rencontre des conditions favorables à la détente de la force électrique accumulée.

Un autre orage d'une grande intensité, survenu le 18 août de la même année, rapporte encore M. de Parville, a présenté également des effets de foudre globulaire, et a fourni à M. Planté l'occasion d'observer un genre d'éclair qu'il a désigné sous le nom d'*éclair en chapelet* (*fig.* à la page 105), et qui est de nature à jeter un nouveau jour sur les productions de cette forme particulière de la décharge électrique.

Entre les brillants éclairs qui ont accompagné cet orage, l'un d'eux, vu des hauteurs de Meudon, a paru s'élancer de la nue vers le sol, dans la direction de Vaugirard, en décrivant une courbe semblable à un S allongé, et il est resté visible pendant un instant appréciable, en formant un chapelet de grains brillants disséminés le long d'un filet lumineux très étroit. Cette formation de grains lumineux, alternant avec des traits de

Les *strufertarii* (page 100).

feu, doit être une conséquence de l'écoulement du flux électrique au travers d'un milieu pondérable. Ce genre d'éclair montre la transition de la forme ordinaire de la foudre en traits sinueux ou rectilignes à la forme globulaire ; car il est facile de concevoir que, si la condensation électrique sur quelques points du trajet de l'éclair est plus considérable, les grains puissent acquérir un certain volume et donner naissance à des globes restant quelque temps visibles. Ainsi, d'après M. G. Planté, les *globes fulminants* peuvent être considérés comme dérivant d'un *éclair en chapelet*, et si l'on ne voit pas, sur le point, même où ils apparaissent, le trait de foudre d'où ils sont détachés, c'est qu'on ne peut saisir de près tout l'ensemble du phénomène, comme lorsqu'on est placé à une grande distance. A l'appui de cette opinion, on peut ajouter que l'orage du 18 août 1876, pendant lequel ce genre d'éclairs a été observé, a donné lieu, en d'autres endroits, à la chute de globes fulminants.

L'avenir nous renseignera sur la valeur de cette théorie. Les recherches de M. Planté auront, en tout cas, considérablement éclairci un problème difficile.

BRUIT DU TONNERRE. — Le *tonnerre* est le bruit de la détonation violente qui succède à l'éclair pendant un orage. Quoique le bruit du tonnerre et la lumière de l'éclair soient deux faits simultanés, on observe un intervalle de quelques secondes entre les deux phénomènes, parce que le son ne parcourt que 333 mètres par seconde (*Acoustique*, page 754), tandis que la lumière arrive dans un espace de temps inappréciable de la nue à l'œil de l'observateur. En conséquence, lorsqu'on entend le bruit du tonnerre cinq ou dix secondes après avoir vu l'éclair, c'est que le nuage orageux est éloigné de cinq ou dix fois 333 mètres. Il existe un moyen pratique assez commode de calculer très approximativement la distance du nuage sans avoir recours à une montre à secondes. On sait que le pouls, à l'état de santé, bat 60 à 63 pulsations par minute; c'est-à-dire que chaque pulsation est séparée de la pulsation qui la suit par un intervalle d'une seconde environ. En comptant le nombre des pulsations qui ont lieu entre l'éclair et le coup de tonnerre, et en multipliant ce nombre par 333, on obtient en mètres la distance qui sépare l'observateur du nuage.

Le bruit du tonnerre résulte de la commotion que la décharge électrique a excitée dans le nuage et dans l'air, commotion que l'on comprend aisément après l'expérience du *thermomètre de Kinnersley* (*Électricité,* page 61). Quand l'on est dans les environs de l'endroit où brille l'éclair, le bruit du tonnerre est sec et de courte durée; un peu plus loin, on entend une série de bruits se succédant rapidement; plus loin encore, c'est un bruit faible d'abord, mais grandissant aussitôt et se prolongeant avec une intensité inégale. Un grand nombre d'hypothèses ont été faites pour rendre compte du roulement du tonnerre, mais aucune n'est absolument satisfaisante : les uns lui ont donné pour cause la réflexion du son sur la terre et sur les nuages; d'autres considèrent l'éclair, non comme une seule étincelle électrique, mais comme une série d'étincelles, dont chacune produit en éclatant une détonation particulière, et qui, naissant en des points diversement éloignés et dans des zones de densités inégales, non seulement apportent à l'oreille de l'observateur des détonations partielles, mais encore des sons d'une intensité différente. D'autres enfin expliquent ce phénomène par les zigzags mêmes de l'éclair, en admettant qu'il y a un maximum de compression de l'air à chaque angle saillant, ce qui cause l'intensité inégale du son.

EFFETS DE LA FOUDRE. — Les effets de la foudre sont indentiques avec ceux que nous produisons à l'aide des batteries électriques; ils n'en diffèrent que par leur intensité beaucoup plus grande. On peut donc constater des effets mécaniques, physiques, chimiques et physiologiques, de même nature que ceux produits dans les cabinets de physique. Nous allons décrire les principaux de ces effets.

Effets mécaniques, de transport, etc. — La foudre suit toujours dans sa marche les corps bons conducteurs, brise les corps mauvais conducteurs, pour reprendre sa route à travers les premiers; c'est ainsi qu'elle projette en l'air des pièces métalliques scellées dans les murs, et ces effets se manifestent surtout à l'entrée et à la sortie des métaux; elle transporte au loin ou projette des matières pondérables, dans un grand état de ténuité, composées de fer, de soufre, de charbon, etc. On a remarqué (1) que ces dépôts sont d'autant plus marqués que l'électricité éprouve plus de difficulté à traverser les corps, et qu'à mesure qu'elle dépose de la matière, elle en prend de nouvelle dans le corps qu'elle traverse. On a observé, sur des pierres détachées par l'effet de la foudre, une couche de sulfure de fer d'un demi-millimètre d'épaisseur et même des cristaux de ce composé, lesquels, d'après leur position, paraissent avoir été formés dans le trajet de la foudre à travers le métal. On a reconnu l'existence de l'oxyde de fer sur les arbres foudroyés, et du fer métallique sur diverses roches. Il semblerait résulter de là que le fer existe dans les nuages orageux, et qu'il est enlevé aux rochers situés à la surface de la terre, principalement aux cimes des montagnes.

Les effets mécaniques opérés par la foudre sur le bois sont remarquables; non seulement elle le brise, mais elle le divise en lattes excessivement minces; il ne serait pas superflu peut-être de déterminer les principaux modes de lésion que la foudre peut laisser sur les arbres, qui

____

(1) Becquerel, *Traité d'électricité.*

sont frappés bien plus souvent encore qu'on ne croit. Dans le voisinage des lignes télégraphiques, les sillons commencent à peu près au niveau des fils, tantôt un peu plus haut, tantôt un peu plus bas. Quand la décharge a été assez violente pour que les fils soient rompus, il est rare que cette cicatrice ne soit pas remarquée. Quelquefois les arbres sont décortiqués à partir du point où ils ont été touchés. Il peut arriver que la décortication soit partielle ou totale jusqu'aux racines. Cet effet n'a été observé que lorsque l'arbre est imprégné d'humidité; car c'est la vapeur produite qui fait craquer l'enveloppe. Quelquefois l'arbre est éclaté, c'est alors la moelle qui a fourni l'eau nécessaire à la vaporisation. Cette vaporisation peut se produire le long des racines; aussi, dans certains cas, le sol a-t-il été soulevé et bouleversé. Bien des fois, on trouve dans le sol la trace laissée par le passage de l'étincelle. Quelquefois aussi la foudre ne fait qu'enlever les mousses et les lichens qui couvrent le tronc, et plus particulièrement le côté situé du côté du nord. C'est encore l'humidité accumulée sous ces végétaux parasites qui, réduite en vapeurs, les lance au loin. La foudre creuse souvent des sillons qui peuvent pénétrer jusqu'au cœur du bois. Le fluide vient, dans ce cas, chercher la sève qui s'y trouve, et peut ne pas produire d'autres accidents. Dans certains cas, le sillon reste sur l'écorce et semble fait de haut en bas avec un rabot. Mais, la plupart du temps, les sillons superficiels sont en hélice. Ils forment une spirale qui parcourt toute la longueur de l'arbre, souvent sans le carboniser. Il arrive aussi que les spires, commencées sur un arbre, se continuent sur l'arbre voisin. On peut encore trouver des arbres *forés*, c'est-à-dire dont la partie centrale a disparu, et d'autres qui ont été *roulés*, c'est-à-dire changés en cylindres intérieurs l'un à l'autre, et pouvant se développer comme des tubes de télescope. Ces phénomènes tiennent encore à l'humidité qui se trouve accumulée dans la moelle ou dans l'espace intercalaire des couches successives du bois.

Lorsque la foudre frappait un arbre, du temps des Romains, on le considérait comme impur, jusqu'à ce qu'il fût exorcisé par des prêtres spéciaux nommés *strufertarii* (*fig*. à la page 97). Il est à regretter que cette pratique n'ait disparu que pour faire place à une indifférence trop complète; car, sans attacher aucune idée religieuse à cette pratique, il est évident que cette visite offrirait aujourd'hui un certain intérêt, et qu'avec les connaissances actuelles, des *strufertarii* laïques découvriraient infailliblement des faits physiques de la plus haute utilité.

Effets calorifiques. — La foudre casse, brise, enflamme et fond les corps qui sont mauvais conducteurs, combustibles, métalliques ou fusibles; citons, entre mille exemples, le coup de foudre des plus violents, qui a éclaté à Genève, le 5 mai 1880, pendant un des nombreux orages qui ont été particuliers à la région méditerranéenne, et dont M. Colladon a relevé les traces. Les fils conducteurs des horloges voisines de l'endroit atteint, ont été brûlés, et les horloges se sont arrêtées, de sorte que l'heure exacte du phénomène s'est trouvée enregistrée, pour ainsi dire, d'une façon automatique. Un observatoire a été visité par le météore. Le conducteur métallique de l'horloge de cet établissement et celui du paratonnerre étaient séparés par un matelas de papier qui a été perforé. De chaque côté on a vu des parcelles de limaille enlevées au conducteur et projetées sur ce papier. Les effets ordinaires ont été constatés. Souvent, le fil métallique n'éprouve pas une fusion complète, mais il subit des incurvations, des torsions, des zigzags, quelquefois même des raccourcissements. D'autres fois, les fils métalliques sont rompus mécaniquement par le choc des corps pesants projetés dans le voisinage. D'autres fois encore, la rupture est combinée avec une fusion. Le nombre des morceaux peut être très considérable; comme rien ne le limite, il y a des cas où le corps fulguré peut être réduit en poussière.

On sait encore que la foudre, en traversant les corps et comprimant l'air, dégage assez de chaleur pour enflammer rapidement les substances ténues, telles que la paille, le foin, le coton ou les liquides alcooliques. Le 11 juin 1880, en Amérique, au sud de Titusville, non loin de la petite rivière d'Oil-Creek, la foudre alluma un incendie dans une usine où se purifie l'huile de pétrole. La perte est évaluée à plus de 200,000 barils et à plus de 5 millions de francs. Un grand nombre de dangereuses blessures ont été reçues. Les journaux américains racontaient ainsi ce sinistre :

« Une terrible explosion s'est produite aussitôt : le toit du réservoir a été pulvérisé; le sol a été ébranlé comme par un tremblement de terre, et une colonne d'huile enflammée, lancée à des centaines de pieds de haut, est retombée comme un torrent le long de la colline, et a embrasé sur son passage plusieurs autres réservoirs. Les divers courants d'huile flambante se sont bientôt réunis, formant un véritable fleuve de feu qui a continué sa route vers Titusville. Quand il s'est précipité dans la rivière d'Oil-Creek, ses eaux sont devenues une masse de flammes sur un espace de plusieurs centaines de yards; le pont de fer a été détruit en un clin d'œil; la rivière a été desséchée en plusieurs endroits, et la chaleur a fait éclater jusqu'aux cailloux de son lit. »

Les bulles et couches vitreuses, observées sur les sommets des hautes montagnes, sont aussi rapportées à des effets électriques; car ces enduits sont semblables à ceux que l'on remarque sur les briques et autres substances fusibles non conductrices frappées par la foudre.

Lorsque la foudre tombe sur un point quelconque du sol, elle suit toujours les corps meilleurs conducteurs qui se présentent à elle pour se rendre dans l'intérieur. Cependant il y a de nombreux exemples démontrant que la foudre, qui frappe la terre n'est pas obligée d'y pénétrer, si elle n'y est point attirée par quelque secrète affinité, et qu'elle peut la parcourir en zigzag de manière à faire un trajet fort grand. Le journal anglais, le *Times*, rapporte, à propos des orages qui ont éclaté à Cork en février 1880, qu'un coup de foudre a frappé une ferme, tué quelques-uns des habitants et des animaux qui s'y trouvaient, et qu'à la suite de l'explosion on a trouvé un sillon en zigzag qui avait traversé un pré d'un hectare de superficie.

Si, pénétrant dans l'intérieur de la terre, la foudre est obligée de traverser des masses plus ou moins considérables de sable ou de matières capables d'être fondues à une température élevée, il se forme alors, dans la direction de la décharge, des tubes vitrifiés, appelés *tubes fulminaires*, *fulgurites* ou *astrapyalites*, d'une profondeur de 2 à 10 mètres. La substance du sol est entrée en fusion comme entre celle des poteries. Il s'en rencontre beaucoup en Silésie, dans le Cumberland, dans le désert du Sahara, etc. On les reproduit en petit en faisant passer la décharge d'une très forte batterie à travers du verre pilé en poudre.

Effets magnétiques. — Quand la foudre traverse des barres de fer, elle y produit des effets magnétiques semblables à ceux que l'on obtient avec l'électricité, et dont nous parlerons ci-après en traitant de l'*électromagnétisme*. Les orages altèrent l'aimantation des aiguilles des boussoles, dérangent la marche des chronomètres, etc., et quelquefois donnent la propriété magnétique à des clous, des chevilles et autres objets en fer.

Effets chimiques. — Dans les eaux pluviales qui se déversent en temps d'orage, on retrouve des combinaisons formées par l'oxygène avec l'azote, d'où a résulté de l'acide nitrique se combinant avec la chaux, l'ammoniaque, etc., qui se trouvent dans l'atmosphère. C'est de plus à l'action de l'électricité, même à faible tension, que l'on doit attribuer la production de l'*ozone* : lorsque la foudre éclate, l'odeur sulfureuse qui se manifeste est sans doute due à la production de l'ozone. C'est aussi, sous l'influence de la foudre, que le lait aigrit et que les viandes se corrompent.

Effets physiologiques. — Suivant l'intensité de la foudre, les hommes et les animaux sont tués ou seulement contusionnés ou paralysés. Ils peuvent souvent être préservés de ses atteintes par un vêtement de soie ou d'une étoffe non conductrice. La foudre détermine des lésions, particulièrement dans les organes du système vasculaire (*vaisseaux sanguins*), par suite desquelles il y a épanchement du sang et d'autres liquides qui occasionne instantanément la mort ; à raison de ces désordres, la putréfaction se manifeste très promptement dans les cadavres.

Nous emprunterons, en terminant, au recueil de M. Figuier le récit des curieux effets de la foudre, constatés pendant les orages de l'année 1880 :

« Pendant le violent orage qui éclata le 22 avril, la foudre frappa un bateau pêcheur qui se trouvait dans la Manche, au nord-est de Gravelines. Après avoir brisé le grand mât, le tonnerre pénétra jusque dans l'intérieur du bateau, où le fluide électrique suivit tout le fer qui se trouva sur son passage. Le patron, adossé contre le mât, aperçut une boule de feu qui vint aussitôt le renverser violemment sur le pont. Les hommes faisant partie de l'équipage se trouvèrent étourdis pour un instant ; plusieurs d'entre eux tombèrent évanouis. Pendant plusieurs heures, ils furent tous atteints d'une surdité telle qu'ils ne s'entendaient plus les uns les autres.

» Le mercredi 5 mai, un orage d'une grande intensité se produisit à Genève et à Fribourg. Les montagnes de la Gruyère furent rapidement couvertes de grêlons. La tempête, descendant sur Fribourg, la foudre tomba sur le temple protestant, sur la scierie de Pérolles, et sur un ouvrier dont la main droite fut paralysée. Tout le plateau était en quelque sorte incandescent. Dans les ateliers de la fonderie de Fribourg, le fer entassé dans les magasins dégageait continuellement des étincelles électriques, avec un bruit comparable à celui d'une capsule de fusil qui éclate. Près de Thoune, la foudre tomba sur un cultivateur et sa femme qui travaillaient en plein champ, avec leurs deux enfants. L'homme et la femme furent tués sur le coup, les enfants furent saufs.

» Le 17 juin, dans l'après-midi, un orage violent se développait sur les cimes qui séparent Montreux de Fribourg. A peu de distance de Clarens, plusieurs personnes travaillaient dans les vignes ; une petite fille ramassait des cerises au pied d'un magnifique cerisier ; sa mère l'ayant rappelée, elle se trouvait à trente pas de l'arbre, lorsque celui-ci est frappé par la foudre. L'enfant fut comme enveloppée de feu, mais n'éprouva aucun mal. Un homme revenait du travail, il devait passer sous le cerisier ; mais il s'arrête un instant pour allumer sa pipe, la foudre tombe à vingt pas, il entend une détonation, comme un coup de pistolet tiré derrière son dos, et reçoit sur la tête un choc pareil à celui d'une baguette de fer. Les personnes qui se trouvaient dans les vignes voisines sont restées longtemps immobiles de frayeur avant de prendre la fuite.

» En France, le 20 juillet, un orage terrible a ravagé de nombreuses communes dans les départements de Maine-et-Loire, d'Indre-et-Loire, de la Vienne, de la Loire-Inférieure. A Saint-Aubin-des-Châteaux (Loire-Inférieure), la foudre est tombée sur une étable et a communiqué le feu à la toiture. Deux hommes se trouvaient debout, causant ensemble dans l'embrasure de la porte : l'un est foudroyé et tombe mort, l'autre est renversé inanimé sur le sol. La foudre a produit sur celui-ci un effet étrange : à partir du milieu du sommet de la tête jusque dans le cou, elle a tracé une raie d'environ deux centimètres de largeur, parfaitement régulière, les cheveux sont complètement brûlés et laissent la peau à nu. Le fluide a suivi le dos, occasionné plusieurs brûlures à l'épaule et disparu sans causer le moindre dommage aux vêtements.

» La *Lancet,* de Londres, a rendu compte des effets produits quelques jours après par l'électricité sur le corps d'un homme frappé de la foudre. La victime, berger du comté de Leicester, gardait son troupeau dans les champs, lorsque l'orage éclata, et, comme bien des gens s'obstinent à le faire, il chercha un refuge sous un arbre. Peu de temps après, il sentit une commotion au-dessus de l'épaule gauche, et, perdant tout à coup l'usage de ses jambes, il tomba. Lorsqu'on le transporta à son domicile, il avait encore toute sa connaissance, mais il se plaignait de douleurs dans le dos et dans les jambes. L'examen auquel se livra le médecin appelé pour lui donner des soins lui fit découvrir un assez bizarre effet du coup de foudre. Depuis l'épaule gauche en bas, occupant tout le dos, apparaissait, admirablement reproduite en saillie sur la peau et dans une teinte écarlate brillante, une tige d'arbuste, avec de nombreuses branches délicatement tracées comme avec une pointe d'aiguille. Le tronc du végétal avait à peu près trois quarts de pouce ou neuf lignes de largeur, et l'aspect général était celui d'un pied de fougère à six ou huit branches. Le tout était fort bien reproduit et comme imprimé sur le dos du patient. Ses vêtements ne portaient à cet endroit aucune trace du passage du fluide. Cette impression n'eut pas de durée. Au bout de trois jours, elle commença à s'effacer, les branches extrêmes d'abord, et le reste ensuite. »

STATISTIQUE DES FOUDROYÉS. — D'après les relevés statistiques de M. le docteur Boudin, de 1835 à 1869, la foudre a fait environ 3,000 victimes, soit 90 par an ; et si l'on y ajoute les blessés, on arrive à 10,000 personnes, soit 300 par an. De 1854 à 1869, le nombre des tués raides s'élève à 1,630, dont 1,160 hommes et 470 femmes, ce qui donne 108 pour moyenne annuelle.

En supputant le nombre des foudroyés par mois, on trouve en moyenne, sur 108 personnes tuées : en janvier, 0 ; février, 0 ; mars, 5 ; avril, 6 ; mai, 9 ; juin, 24 ; juillet, 14 ; août, 21 ; septembre, 14 ; octobre, 15 ; novembre et décembre, 0. On voit que les quatre mois d'hiver ne présentent aucune victime.

D'après les renseignements recueillis, on compte, en général, sur 100 foudroyés, 71 hommes et seulement 29 femmes, ce qui s'explique par la raison que les femmes sont plus souvent à leur maison que dehors. Les animaux sont aussi beaucoup plus maltraités que l'espèce humaine, probablement parce qu'ils se trouvent réunis en plus grand nombre.

Les tristes exemples des personnes foudroyées qu'on déplore chaque année se rapportent d'ailleurs, pour la plupart, à des imprudents. Si la foudre doit tomber, ce sera de préférence sur un arbre qui forme un point

Diverses formes des éclairs.

Liv. 116.

élevé où l'électricité du sol doit s'accumuler pour se rapprocher le plus possible de celle du nuage qui l'attire, et pourtant c'est sous les arbres que volontiers les ignorants vont chercher des abris. Dans certains villages, on a encore l'habitude de sonner les cloches pendant l'orage, pensant, par la vertu de la cloche, éloigner la nue et éviter la grêle. Si ce n'était là qu'un préjugé, il n'y aurait pas grand inconvénient à laisser les gens de la campagne se donner cette petite satisfaction, de même que de brûler des petits cierges et d'arroser d'eau bénite la maison ; mais il y a danger pour les sonneurs, car les clochers, étant-élevés, sont plus exposés à être foudroyés que les autres édifices.

CHOC EN RETOUR. — L'homme et les animaux peuvent éprouver une commotion violente, et souvent mortelle, sans être frappés par la foudre, et à une distance même assez grande du lieu où l'éclair se produit. Cette commotion porte le nom de *choc en retour*. Pour la définir, il suffira d'expliquer la manière dont elle se manifeste généralement.

Supposons qu'un nuage orageux s'étende au-dessus d'un espace de terrain assez considérable, ayant, par exemple, 1 kilomètre en longueur : tout ce qui sera au-dessous de ce nuage, champs, maisons, arbres, êtres vivants, tout sera soumis à l'action du fluide électrique et se *chargera par influence* (page 30) de l'électricité contraire à celle du nuage. Les deux électricités contraires, qui se trouvent ainsi en présence, tendront dès lors à se réunir, à se combiner. Or, dans ce cas, il pourra se faire que cette réunion s'opère à l'une des extrémités du nuage, et, instantanément, tous les corps qui étaient électrisés, aussi loin que s'étendait l'influence du nuage orageux, rentrent dans leur état naturel, et si brusquement, que les êtres animés en ressentent une commotion qui, dans certains cas, peut avoir une grande violence et même déterminer la mort. L'énergie de la secousse est, en effet, en rapport avec la charge du nuage. Bien entendu, le choc en retour ne produit ni combustion, ni plaies, ni fractures, en un mot, aucune trace du fluide électrique, au lieu que le foudroiement direct présente ces caractères.

PARATONNERRES. — Depuis un temps immémorial, les Chinois, paraît-il, connaissent les paratonnerres. Les flèches aiguës qui couronnent toujours les tours nombreuses de ce pays, où chaque ville a la sienne, et les chaînes qui accompagnent la flèche et qui vont rejoindre les angles saillants de la tour, sont de vrais conducteurs du fluide électrique, dont l'expérience peut avoir fait reconnaître l'efficacité à ce peuple plus observateur que théoricien (*fig.* à la page 113). Il n'entre point de substances métalliques dans la construction des tours des Chinois, pas plus que dans leurs maisons et leurs palais. L'appareil des chaînes offre donc une sorte d'enveloppe conductrice qui préserve la tour de l'introduction de l'électricité. Ces tours d'ailleurs ne sont jamais, en effet, frappées de la foudre : la fameuse tour de porcelaine de Nankin a quinze siècles d'existence.

Personne n'ignore que c'est Franklin à qui l'on doit le *paratonnerre* tel que nous le connaissons. Ses expériences pour démontrer l'identité de la foudre et de l'électricité lui suggérèrent naturellement l'idée de placer sur le sommet des édifices des barres de fer pointues, afin de soutirer des nuages l'électricité qui pourrait foudroyer ces édifices et de la diriger vers le réservoir commun, le sol, au moyen de conducteurs métalliques. Il plaça le premier qu'il fit construire, en 1760, sur la maison d'un marchand de Philadelphie. A peine installé, ce paratonnerre fut frappé par la foudre, sans causer aucun dommage à la maison qu'il surmontait, ce qui démontrait son efficacité. Cependant l'invention ne fut d'abord accueillie qu'avec une grande réserve, même par les corps savants. En Angleterre, par haine contre Franklin, l'un des citoyens qui avaient le plus concouru à faire proclamer l'indépendance des États-Unis, on repoussa sa découverte. Il en fut de même dans toute l'Europe. L'opposition aux paratonnerres était formidable de la part de tous les dévots, qui appelaient cet appareil la *verge hérétique*, parce qu'elle s'opposait aux manifestations de la colère de Dieu.

Quoique le rituel catholique conserve encore, de nos jours, des prières pour protéger de la foudre, quelques rares curés ont fait placer des paratonnerres sur les églises.

C'est en 1778 seulement qu'un gouvernement reconnut pour la première fois, d'une façon officielle, l'efficacité du paratonnerre. Ce gouvernement éclairé, libéral, fut celui de la République de Venise. La ville qui adopta avec le plus de zèle les principes nouveaux du grand Franklin fut Hambourg, alors libre et cité impériale. Peut-être était-ce un acte d'opposition contre le roi de Prusse, le trop célèbre Frédéric II, ennemi déclaré des paratonnerres. Le plus actif et le plus heureux propagateur des paratonnerres fut l'abbé Toaldo, professeur de physique à l'Académie de Padoue, l'auteur véritable du décret de la République de Venise. Cet homme illustre comprenait que les paratonnerres pouvaient servir d'instrument à l'étude des phénomènes atmosphériques.

Poussé par les mêmes sentiments, B. de Saussure introduisit les paratonnerres à Genève.

Après le roi de Prusse, Frédéric II, l'adversaire le plus étrange de Franklin fut l'abbé Nollet ; et, comme il était considéré comme un oracle en matière d'électricité, il fit repousser l'adoption du paratonnerre jusqu'en 1782, ayant déclaré l'appareil dangereux pour la sûreté publique. Ce fut Guyton de Morveau qui fit élever, cette année-là, à Dijon, le premier paratonnerre de France.

Ce n'était point comme théologien que l'abbé Nollet s'opposait à l'introduction de la barre de fer ; c'était par amour-propre qu'il combattait l'invention d'un confrère ; il se donnait beaucoup de mouvement pour faire croire qu'il avait inventé tout ce dont on parlait. Cette rage d'avoir tout trouvé lui procura une déconvenue terriblement embarrassante.

L'abbé Nollet ne pouvait s'imaginer qu'un marchand de chiffons, garçon imprimeur, un peu apothicaire, vivant dans le pays des Algonquins, eût fait d'aussi brillantes découvertes. Aussi vint-il jusqu'à s'imaginer que Franklin n'existait pas, que c'était un personnage imaginaire inventé par ses ennemis pour le tourner en ridicule, et il publia une brochure où il les accusait d'imposture ; mais l'irascible et soupçonneux académicien ne tarda pas à se repentir d'une supposition aussi impertinente, car il s'attira une réponse foudroyante de l'Américain, qui justifia la théorie qu'il avait imaginée, en même temps qu'il démontrait victorieusement sa propre existence. Pendant quelque temps, l'abbé Nollet fut la risée de la cour et de la ville.

Un autre débat très vif accompagna la naissance des paratonnerres ; ce fut la forme à donner à ces appareils. Les tiges de fer pointues, préconisées par Franklin, avaient trouvé un adversaire décidé dans Wilson. Il reprochait à ces paratonnerres d'appeler le fluide électrique, au lieu de le détourner ; c'est pourquoi il leur donnait le nom d'instruments *offensifs*; tandis qu'ils devraient être des instruments *défensifs*. Un coup de foudre ayant fait sauter la grande poudrière de Brescia (Italie), et occasionné, dans cette cité populeuse, des désastres inouïs, un grand effroi s'empara de tous les gouvernements. L'administration de l'artillerie britannique s'adressa à Wilson, afin de déterminer la meilleure forme à donner au paratonnerre, pour que l'on mît hors de l'atteinte des catastrophes de cette nature toutes les places de guerre. Wilson proposait de remplacer les pointes des tiges par des boules et d'appliquer ces boules contre les murs depuis le faîte de l'édifice jusqu'au sol. Beccaria, Franklin persistaient à défendre les paratonnerres en pointe. Le comité chargé de décider la question se composait, outre ces deux adversaires, de Cavendish, de Wathson, du bibliothécaire de la Société royale, et de Delaval, chargé de prononcer une sorte d'arbitrage scientifique au nom de la science. Malgré l'influence de la cour, la majorité du comité donna raison à Franklin, et l'affaire paraissait terminée, lorsque, le 15 mai 1777,

le bureau de la poudrière de Purfleet (Angleterre) fut frappé d'un coup
de foudre qui fit quelques dégâts insignifiants. Cet édifice, situé sur une
hauteur, avait été muni d'un paratonnerre à longue tige pointue. La
guerre se ralluma. Wilson fit des expériences pour montrer l'exactitude
de sa théorie et parvint à décider le roi George III à faire remplacer
tous les paratonnerres à pointes du palais Saint-James par des paratonnerres à boules. Mais son triomphe fut de courte durée. Nairne, puis
Ingenhousz démontrèrent que l'accident de Purfleet était dû à l'insuffisance d'une tige pointue de 10 pieds de hauteur seulement, et qu'il fallait
multiplier les paratonnerres suivant l'étendue des édifices à garantir; et
une commission de la Société royale de Londres, se déclarant encore
en faveur des paratonnerres à tiges pointues, mit fin à cette querelle.

Il est certain toutefois que la question des paratonnerres est encore
aujourd'hui assez mal élucidée. Depuis le rapport de Franklin, en date du
24 avril 1784, on est resté à peu près dans les mêmes errements. Aussi
le public, les propriétaires surtout, se sont demandé bien souvent, en face
d'accidents imprévus, si les paratonnerres étaient réellement efficaces,
et même s'ils n'étaient pas dangereux. On peut répondre avec certitude
qu'en effet les paratonnerres sont dangereux quand ils ne sont pas efficaces. Bien établis, ils éconduisent la foudre; mal construits, ils l'amènent dans la maison. Il vaut évidemment mieux supprimer les paratonnerres partout où l'on ne s'assujettit pas à prendre les précautions
indispensables pour s'assurer de leur bon fonctionnement. L'appareil a,
en effet, pour fonction d'aller chercher la foudre et de s'en débarrasser
en la conduisant en dehors; s'il est mal établi, il va tout aussi exactement la chercher, mais il l'amène jusqu'à votre lit.

Cette dernière opinion cependant, partagée par un grand nombre
d'hommes instruits, a été combattue par Franklin, et plus tard par
M. Snow Harris. Le célèbre savant anglais a imaginé une expérience pour
démontrer que le paratonnerre n'attire pas la foudre, tout en préservant
du danger l'édifice sur lequel il est placé, mais au contraire la repousse.

Une plaque métallique, munie d'une pointe verticale, supporte une
bouteille de Leyde chargée. La tige centrale de la bouteille se termine
par une petite plate-forme sur laquelle repose, à l'aide d'une pointe, un
levier horizontal qui peut ainsi tourner en restant dans un plan horizontal, ou s'incliner sur sa pointe. L'un des bras du levier sert de point d'attache à trois fils métalliques qui soutiennent un châssis métallique
enveloppé de filaments de coton, et figurant un nuage électrisé positivement comme l'intérieur de la bouteille. Les filaments de coton se
dressent, et le nuage, attiré par la plate-forme négative, car elle est en

contact avec la garniture extérieure, s'abaisse en faisant incliner le levier. En donnant à celui-ci un mouvement de rotation autour de sa pointe, on amène le nuage à passer sur la pointe fixée à la plaque métallique, et qui représente le paratonnerre. On voit alors le nuage se relever, et le levier reprend la position horizontale qu'il avait avant l'électrisation de la bouteille. On voit donc que les nuages orageux, attirés par le sol, se relèvent quand ils passent au-dessus des édifices protégés.

En 1823, l'Académie des sciences chargea Gay-Lussac de faire un travail sur les paratonnerres, et, dès lors, les connaissances qui ont rapport à ce sujet sont devenues populaires ; mais, depuis ce temps-là, de grands changements sont survenus, d'une part dans la science de l'électricité, d'autre part dans l'art des constructions, et l'on pourrait croire que les enseignements donnés à cette époque sont aujourd'hui trop arriérés, qu'il faut les faire passer dans le domaine de l'histoire, et les recommencer sur de nouvelles bases. Mais les sciences ne procèdent pas ainsi : elles aiment le progrès ; chaque jour elles en donnent des preuves et cependant il est rare qu'elles aient à démolir ; les agents naturels restent fidèles à leurs lois : l'action de l'électricité reste aujourd'hui ce qu'elle fut toujours, mais nous la connaissons un peu mieux ; les faits observés de notre temps sont venus s'ajouter aux faits antérieurs, sans leur porter la moindre atteinte. En 1823, la découverte de l'électro-magnétisme n'avait pas trois ans de date ; on était loin de prévoir les grands résultats dont elle devait si rapidement enrichir la science ; cependant, malgré ses progrès considérables, inespérés, l'instruction sur les paratonnerres n'a peut-être guère besoin d'être réformée, du moins dans ses principes les plus essentiels. Pour ce qui tient à la nature des constructions, c'est un élément nouveau dont il faut tenir compte ; en effet, dans un grand nombre de cas, les métaux remplacent aujourd'hui la pierre et le bois ; nos édifices deviennent en quelque sorte des montagnes métalliques, sur lesquelles les nuages orageux ont infiniment plus de prise.

Ces constructions ont rendu la surveillance des paratonnerres indispensable. La dernière instruction de l'Académie des sciences signale avec raison la nécessité de relier le conducteur avec les pièces de la charpente ; mais elle n'est sans doute pas encore assez explicite, car les accidents sont encore bien nombreux. L'établissement d'un paratonnerre nécessite des précautions minutieuses dont on n'a certainement pas tenu assez compte jusqu'ici. L'électricité passe par le chemin le plus commode. Après un orage, si la pluie qui ruisselle rend une toiture, une gouttière, une masse de fer, un tuyau de vidange aussi conducteurs que la tige métallique du paratonnerre, qui peut être accidentellement mal reliée à la nappe d'eau souterraine, la foudre passera aussi bien par ce chemin d'aventure que par celui qui lui avait été préparé; d'où les accidents dont on pourrait citer plus d'un exemple. Le problème de la protection efficace de nos maisons est plus complexe qu'on ne le pense, et l'on ne saurait trop, dit M. de Parville, y prendre garde.

Armons nos cheminées d'une barre de fer, d'un tuyau même; relions le tuyau aux gouttières par des lames de zinc, et il n'en faudra pas davantage pour éconduire l'ennemi. En effet, même avec un paratonnerre, le danger réside dans ce fait, bien facile à saisir, que le conducteur est quelquefois insuffisant pour laisser échapper assez vite l'électricité; le débit de ce canal artificiel est trop faible, l'électricité déborde, pénètre dans la maison, saute sur les traverses métalliques qu'elle rencontre, de là sur les poutres, même sur les casseroles de la cuisine, etc., jusqu'à ce qu'elle ait pu s'échapper par ces voies multiples. Au contraire, en prenant la toiture elle-même pour conducteur principal, le péril s'atténue considérablement. L'électricité statique ne s'écoule que par la surface et point par toute la masse du conducteur, de sorte qu'un tuyau creux, mais de grand diamètre, est, en somme, préférable à une tige pleine ou à un câble de petit diamètre. La foudre trouve un large chemin libre en suivant le tuyau métallique de la cheminée; elle peut s'écouler par les nombreux sillons métalliques qui garnissent le toit; elle arrive à la gouttière et au ruisseau. La maison a été foudroyée, mais à la surface, et les habitants sont sauvés. Le contenu peut être quelque peu endommagé, mais le contenant est sauf.

M. Melsens, reprenant une idée exprimée par Gay-Lussac dans l'instruction académique de 1823, vient de modifier profondément le système de construction des paratonnerres. On s'attache ordinairement à donner aux conducteurs qui relient les tiges de paratonnerre au sol une section d'au moins 225 millimètres; la foudre fond sans peine, en effet, des centaines de mètres de fil de fer, et il n'y a pas d'exemple qu'elle ait échauffé même au rouge sombre une barre d'un pareil diamètre. On s'imagine ainsi ménager, dans tous les cas, un écoulement certain à l'électricité. Gay-Lussac avait cependant dit, et très explicitement :

« Par économie, on pourra se servir d'un simple fil métallique, » pourvu qu'arrivé à la surface du sol, on le réunisse à une barre de 10 à » 12 millimètres carrés, qui s'enfonce dans l'eau. Le fil, à la vérité, sera » sûrement dispersé par la foudre; mais il lui aura tracé sa direction » jusque dans le sol et l'aura empêché de se porter sur les corps » environnants. »

Partant de là, M. Melsens, pour l'établissement du nouveau paratonnerre de l'hôtel de ville de Bruxelles (*fig.* à la page 121), supprime l'ancien gros conducteur et le remplace par toute une série de fils qui enveloppent de toutes parts le bâtiment à protéger. L'édifice est enfermé

Depuis un temps immémorial, les Chinois connaissent les paratonnerres (page 107).

dans une sorte de filet métallique; aussi l'électricité a-t-elle toutes les facilités possibles pour s'écouler. En outre, au lieu d'une seule pointe, M. Melsens en distribue un peu partout sur l'édifice, de manière à constituer une immense aigrette. Il résulte de cette disposition que l'électricité, ayant au delà du nécessaire pour s'écouler, suit la voie qui lui a été créée sans dévier de sa direction et laisse intact l'intérieur de l'édifice. M. Melsens a eu soin également de multiplier les points de dérivation avec le sol. Ainsi, à l'hôtel de ville de Bruxelles, il fait communiquer son réseau protecteur avec un puits, avec le réservoir d'eau potable et avec des tuyaux de gaz. Les conducteurs aériens se réunissent dans une cavité avec les conducteurs souterrains ; ils sont soudés ensemble à l'aide d'un bain de zinc. Les fils souterrains présentent une section triple des conducteurs aériens. On peut, en fondant le zinc, vérifier séparément la conductibilité des deux groupes de conducteurs. Des expériences très précises ont montré à M. Melsens que tous les fils se partagent la décharge électrique, même lorsque, au lieu de faire jaillir l'étincelle sur les fils réunis, on foudroie un seul fil ; l'intensité de la décharge n'est pas plus grande pour ce fil que pour les autres ; l'électricité se distribue instantanément à tous les conducteurs. Il est donc à penser que le nouveau dispositif, s'il est rationnellement établi, protégera efficacement les édifices contre les fulgurations.

Fig. 45. — BALLON-TORPILLE.

Cependant une revue scientifique autorisée, l'*Électricité*, appelle ce paratonnerre « un monument des insanités que l'exagération des principes scientifiques peut conduire à commettre, » et se rit du saint Michel qui sert de girouette au monument.

L'invention des paratonnerres a remis en question le problème d'aller chercher la foudre dans les nuages pour modifier l'état électrique de l'atmosphère, et conséquemment soit empêcher la formation de la grêle, soit détourner un orage, soit provoquer artificiellement des averses.

Dans sa *Notice sur la foudre*, Arago décrit sommairement un procédé qui lui avait été suggéré par l'aéronaute Dupuis-Delcourt, et que M. W. de Fonvielle reprend, en le perfectionnant, dans son livre intéressant : *Éclairs et tonnerres*. Ce moyen consiste à établir des ballons captifs pourvus de pointes de fer, rattachées au sol par des fils de cuivre et mises en communication avec le réservoir commun. Évidemment l'établissement de bouées aériennes assez solides pour braver les plus terribles orages n'est point au-dessous des ressources de la science contemporaine.

D'un autre côté, un journal américain, le *Scientific American*, donnait dernièrement un dessin (*fig.* 45) représentant un inventeur qui envoie dans les nuages une torpille, emportée par un ballon, et à laquelle il met le feu au moyen d'une bobine de Ruhmkorff, dans le but de donner aux nuages une commotion si énergique qu'ils se résolvent en eau. Ce projet, proposé par le général Rugles, est basé sur une théorie juste, bien que son application paraisse difficile. Les explosions provoquées dans la région des nuages, dans un air raréfié, n'auraient pas la même énergie qu'à la surface du sol, et, en outre, comment maintenir un ballon captif à ces hauteurs par un grand vent? Cependant des expériences doivent être tentées.

INSTRUCTIONS SUR LA CONSTRUCTION DES PARATONNERRES. — Nous empruntons à ce même recueil, l'*Électricité*, quelques renseignements sur la construction des paratonnerres ; quoiqu'ils soient parfois un peu en désaccord avec les instructions officielles, ils sont tout au moins plus précis. A ce titre, il nous a paru utile de les consigner ici.

« Quoi que l'on puisse dire à cet égard, il faut faire varier le diamètre des parties métalliques qui constituent un paratonnerre suivant la longueur de la tige. Voici une progression que l'expérience indique comme satisfaisante :

Jusqu'à 30 mètres.	Poids du mètre courant, si la tige est en fer,	1,200 gr. ;	en cuivre,	250 gr.
De 30 à 40	—	—	—	1,520 —	—	280 —
— 40 à 50	—	—	—	1,580 —	—	350 —
— 50 à 60	—	—	—	2,280 —	—	420 —
— 60 à 70	—	—	—	2,660 —	—	490 —
— 70 à 80	—	—	—	3,040 —	—	560 —
— 90 et au delà.	—	—	—	3,420 —	—	630 —

» On peut considérer ces poids comme suffisants pour des longueurs quelconques dans lesquelles on ne peut indiquer de règle précise. Ces chiffres doivent être considérés comme indiquant des poids suffisants dans des circonstances ordinaires ; mais il serait imprudent de s'en contenter dans le cas où l'on aurait à protéger des poudrières, des dépôts de pétrole, etc. Dans ce cas, il est préférable d'employer toujours du cuivre de 600 grammes. Pour des constructions importantes, du cuivre de 500 grammes suffirait ; si les maisons sont petites, on pourra se contenter de cuivre de 250 grammes. Bien entendu, il y a dans toutes ces déterminations un arbitraire assez grand dont on ne pourra se tirer sans de nombreuses observations sur les coups de foudre observés dans les bâtiments pourvus de paratonnerres ; car, chaque fois qu'un phénomène de ce genre se produit, on peut admettre qu'un vice quelconque a empêché le paratonnerre de fonctionner.

» Il est bon de rattacher les tuyaux d'eau et de gaz aux conducteurs plongés dans le sol, mais cela ne doit pas dispenser d'avoir recours à des décharges spéciales. Cependant il ne faut jamais faire cette opération sans chercher à se rendre compte de la manière dont ces tuyaux sont entourés. Il faut faire attention qu'on ne mette pas les plaques dans des citernes fermées, et qu'on ait en bonne communication une nappe aquifère qui ne tarisse dans aucune saison. Mais, dans ce cas, on peut admettre que des plaques terminales en cuivre de 2 mètres carrés de surface sont complètement suffisantes pour les maisons les plus considérables. Pour les petites maisons, il n'est jamais prudent de descendre au-dessous d'un quart de mètre carré. Lorsqu'il s'agit de protéger des édifices d'un volume exceptionnel, une attention particulière doit être donnée aux communications souterraines, mais on ne peut rédiger de règles générales. Il faut surtout s'assurer que les tuyaux de gaz qu'on prend comme conducteurs sont métalliques dans toute leur étendue, et que les plaques qui les composent ne sont pas séparées par des couches de ciment.

» On ne peut donner de règles précises pour la construction de la pointe, qui doit être construite en métal difficilement oxydable. Une des meilleures est un cône ayant $0^m,02$ de hauteur et $0^m,01$ de diamètre. Il est absurde de penser que le platine soit le seul métal susceptible de convenir.

» Le diamètre du cercle de protection est deux fois plus grand que la hauteur de la pointe. Tout l'édifice doit être contenu dans l'intérieur d'un cône vertical dont le sommet soit celui de la pointe du paratonnerre et qui soit engendré par un triangle rectangle d'environ 63° ; mais il serait encore absurde de croire que le même angle convient à tous les édifices. Dans le cas des églises ou de ceux qui ne sont pas de forme compacte, il faut l'abaisser à 45°. Il faut aussi éviter avec autant de soin les points de rehaussement dans la construction de la tige souterraine que dans celle de la tige aérienne. On doit réunir soigneusement au système des paratonnerres toutes les masses métalliques qui ont un poids ou un volume considérable. Il est plus prudent de multiplier les tiges en diminuant leur élévation, que de chercher à en diminuer le nombre en les choisissant plus élevées. Mais il ne faut qu'aucune partie de l'édifice ne déborde sans que son sommet soit pourvu d'une pointe rattachée au système général de protection, même dans le cas où il ne s'agirait que d'un simple mât de pavillon.

» L'emploi des pointes isolantes est une absurdité ; il en est de même de ces pointes fantaisistes ayant la prétention d'aller chercher la foudre dans toutes les directions. Quand il est impossible d'aller rejoindre une masse aquifère, on termine les conducteurs par des plaques ayant une surface trois fois plus grande que celle qu'on leur donnerait si on pouvait les immerger dans l'eau. Dans ce cas, on les enveloppe dans un bon lit mélangé avec du soufre de coke qui augmente dans une proportion considérable les contacts avec la terre. Si l'on emploie du fer pour les contacts souterrains, il ne faut jamais oublier de le galvaniser. Les parties métalliques d'un volume faible, comme des crampons dans une muraille, n'ont pas besoin d'être rattachées au système général; mais, s'il y en a un grand nombre dans la même partie de l'édifice, il devient urgent de les traiter comme une masse considérable, et de les rejoindre spécialement avec des conducteurs.

» Il faut s'assurer périodiquement, avant la saison orageuse, que le système de paratonnerre est en bon état. Il ne faut jamais oublier que les effets de l'électricité des orages peuvent être de deux espèces, directs ou indirects, et que ces derniers peuvent avoir toute la force des premiers. Il ne faut donc pas laisser isolé du système de paratonnerre un fil tel que celui d'une sonnerie électrique, si sa direction est parallèle à celle de la partie voisine de la tige, et si la distance est assez faible pour qu'on suppose qu'il puisse y avoir danger. A moins de circonstances bien particulières, deux ou trois mètres d'écartement suffisent.

» Les orages venant généralement du sud-ouest, c'est de ce côté que les moyens de protection doivent être plus efficaces; c'est du côté opposé qu'il convient de placer les compteurs à gaz, etc. »

A ces recommandations générales, le recueil que nous citons joint des instructions relatives à la pose des paratonnerres, lorsqu'elle présente des obstacles spéciaux tenant à des dispositions exceptionnelles. Il nous semble inutile d'entrer dans ces détails.

Il existe, d'ailleurs, des instructions officielles relatives à la pose des paratonnerres, instructions formulées en 1867 et en 1868 par une commission spéciale, présidée par M. Pouillet, approuvées par le Conseil municipal et le Conseil général de la Seine, en 1876, et qui ont force de loi. Ces instructions établissent le contrôle annuel des paratonnerres, défendent d'isoler les tiges, suppriment l'usage des pointes multiples, prescrivent des précautions fort sages pour assurer la conductibilité métallique depuis la pointe jusqu'à la nappe aquifère, et disposent que toutes les masses métalliques un peu considérables entrant dans la construction des édifices, tuyaux de décharge des eaux pluviales, conduites d'eau et de gaz, pièces métalliques de la charpente doivent être rattachées au système des conducteurs.

ÉLECTRICITÉ ORDINAIRE DE L'ATMOSPHÈRE. — Ce ne sont pas seulement les nuages orageux qui sont chargés d'électricité, l'air en renferme toujours, et dans toutes les saisons. Ce fut Lemonnier, dans ses observations faites en 1752, à Saint-Germain-en-Laye, puis Mazéas, en 1753, à Maintenon, puis Kinnerley, Henley et Islington, en Angleterre, et surtout Beccaria, en Italie, qui le démontrèrent irréfutablement.

Dès 1753, Beccaria (1) avait établi sur le toit de l'église de Saint-Jean-de-Dieu, à Turin, une barre de fer, maintenue en l'air par des arcs-boutants formés de substances isolantes. A une petite distance de l'extrémité inférieure de la tige ainsi disposée commençait le conducteur, qui se terminait dans l'intérieur de la terre. A l'extrémité supérieure se trouvait une pointe que l'on pouvait manœuvrer avec des cordons de soie et qu'il était possible de tourner à volonté vers le ciel ou vers la terre. Lorsque le temps n'était pas orageux, on voyait souvent passer des étincelles quand on tournait la pointe vers le ciel; mais tout effet cessait de se produire lorsqu'on la plaçait de manière qu'elle fût dirigée vers la terre. En temps d'orage, on avait toujours des étincelles, quelle que fût la position de la pointe; mais lorsqu'on la dressait vers le ciel, elles étaient beaucoup plus vives que lorsqu'on l'abattait.

Un peu plus tard, Beccaria fit des observations analogues sur le palais Valentino, également situé à Turin, et il se mit à compter combien d'étincelles passaient dans un temps déterminé. En temps d'orage, le nombre des étincelles était si grand que l'on voyait une lueur unique et qu'on entendait une espèce de roulement continu.

Le paratonnerre interrompu de Beccaria a été récemment installé à l'observatoire de Greenwich.

Mais ce fut surtout B. de Saussure qui jeta, en quelque sorte, les bases de cette branche de la physique. Il imagina un électroscope analogue à ceux dont nous avons parlé (page 21), mais disposé d'une manière particulière. Il se compose (*fig.* 46) de deux fils fins de métal terminés chacun par une petite balle de sureau, et adaptés à une tige métallique fixée à la partie supérieure d'une cloche de verre. Les deux petits pendules se trouvent

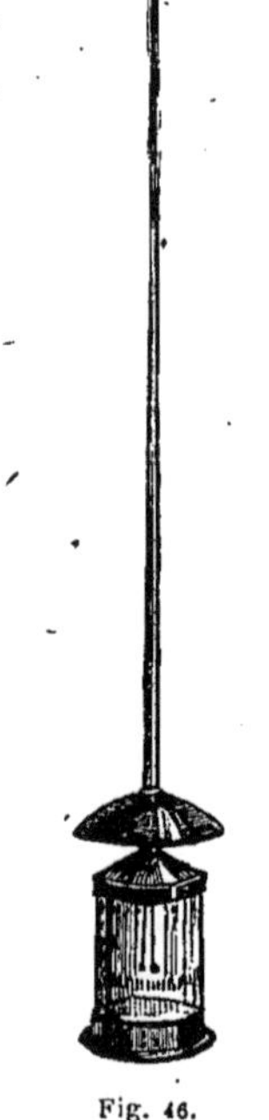

Fig. 46.

ÉLECTROSCOPE
DE SAUSSURE.

(1) BECCARIA (Jean-Baptiste), savant italien qu'il ne faut pas confondre avec le marquis de Beccaria, le célèbre philosophe économiste (1716-1781), était membre de la congrégation des Clercs réguliers consacrés à l'enseignement. Il fut successivement professeur du duc de Chablais et du prince Victor-Amédée de Carignan. Arago raconte qu'un jour, officiant à la messe, au lieu du *Dominus vobiscum* qu'il devait chanter, il se mit à crier, tant il était absorbé par ses pensées scientifiques : *L'esperienza è fatta* (l'expérience est finie), ce qui provoqua son interdiction. Le résultat de ses observations a été publié en 1753 sous le titre : *Dell' Electricismo naturale ed artifiziale* (Turin, in-4°).

ainsi placés dans l'intérieur de la cloche. La tige est elle-même surmontée d'un conducteur, terminé en pointe, composé de trois parties pouvant s'ajuster les unes dans les autres. Ce conducteur est destiné à recueillir de l'électricité au-dessus de la tête de l'observateur. Pour préserver l'électromètre de la pluie ou de la neige, on visse à la partie supérieure de la cloche un petit chapeau en laiton laminé fort mince, de forme conique et d'un décimètre de diamètre. Le conducteur s'ajuste également à vis sur ce chapiteau. Une échelle divisée est appliquée sur l'une des faces de la cage de verre, afin d'apprécier les angles d'écart des deux pendules. Une table donnant les écartements ou les déviations angulaires correspondant à des charges électriques déterminées fut dressée par le savant physicien, pour les instruments dont il se servit, au moyen d'observations comparatives.

Volta substitua aux fils métalliques deux petites pailles longues d'environ 0^m,05 et de 0^m,006 de large, suspendues à deux petits anneaux très mobiles adaptés à la tige de l'électromètre et qui sont contiguës à l'état de repos. Ces petites pailles, quand elles sont sèches, sont beaucoup plus légères que les fils de métal de Saussure, et offrent, en outre, à égalité de poids, beaucoup plus de surface, avantage précieux.

Fig. 47.

ÉLECTROMÈTRE DE PELTIER.

Peltier construisit aussi un électromètre très exact, et toujours comparable. Cet appareil se compose (*fig.* 47) d'une tige de cuivre AB, terminée à sa partie supérieure par une boule creuse du même métal C, de 0^m,1 de diamètre, et à sa partie inférieure par une boule beaucoup plus petite B, et fixée, par l'intermédiaire de cette dernière, à une tige de cuivre qui descend dans une cage de verre, dont elle est isolée au moyen d'un tampon de gomme laque; cette tige se bifurque en formant une espèce d'anneau DD, au centre duquel se trouve une pointe *m*, destinée à recevoir une aiguille très mobile *ab*. L'aiguille *ab* est maintenue constamment dans le *méridien magnétique*, à l'aide d'une aiguille aimantée beaucoup plus petite *cd*, faisant système avec elle et attachée au-dessus de la chape. Indépendamment de cette aiguille, une autre aiguille EF, également en cuivre, mais plus forte, est fixée solidement à la tige, qui descend dans un tube de verre, rempli de gomme laque et encastré dans une tablette de bois ; toute la partie métallique se trouve ainsi isolée, de sorte que la perte d'électricité doit être très faible. L'instrument est posé sur une tablette à trois pieds ou vis, à l'aide desquelles on la met horizontale. La boule B, en tournant autour du tube A B, fait descendre ou monter la partie G de la tige centrale. Quand on veut se servir de l'appareil, on élève cette partie G ; le système des deux aiguilles cd, ab, peut alors se mouvoir librement sur la pointe de la tige m. Quand l'instrument doit être placé au repos, ou abaisse G, et le mouvement des aiguilles se trouve entravé.

Lorsqu'on veut opérer, on oriente l'instrument de telle sorte que l'aiguille fixe EF soit mise dans le méridien magnétique ; l'aiguille mobile ab, qui se meut avec l'aiguille aimantée, vient se placer parallèlement à la première. La boule C se trouve-t-elle au-dessous d'un corps électrisé positivement ou négativement, il y a action par influence : dans le premier cas, l'éclectricité négative, provenant de la décomposition de l'électricité naturelle, est dissimulée à la partie supérieure de la boule, et l'électricité positive est refoulée dans la partie inférieure de l'instrument, et fait dévier l'aiguille mobile ab d'un certain nombre de degrés, mesurés au moyen de deux cercles divisés, dont l'un est collé sur la tablette, et l'autre sur le disque supérieur de la cage en verre. Cet appareil accuse, dans cette hypothèse, l'action d'influence exercée par le corps électrisé chargé positivement ; mais on peut charger négativement l'aiguille en touchant le bouton avec le doigt et retirant le corps électrisé. En opérant avec un corps électrisé négativement placé à distance, on charge par influence l'appareil d'électricité positive.

De nombreuses expériences, exécutées avec l'un ou l'autre de ces instruments, il résulte que l'air est généralement électrisé, plus ou moins, soit positivement, soit négativement. Cela peut arriver, même à un très haut degré, avec un ciel serein et clair. M. Figuier rapporte les faits suivants qui le constatent.

« Un lieutenant du génie, étant en marche de Blidah vers Alger, vit, pendant un coup de siroco, chaque bouffée de vent faire jaillir des étincelles de la frange de ses épaulettes. D'autre part, des officiers se promenant tête nue sur la terrasse du fort Bab-Azoum, à Alger, chacun, en regardant son voisin, remarqua avec étonnement de petites aigrettes lumineuses aux extrémités de ses cheveux qui étaient tout hérissés. Quand les officiers levaient les mains, des aigrettes se formaient au bout de leurs doigts. En rappelant ces faits, M. L. Amat dit que le corps humain, comme celui des animaux, n'a pas le même état électrique que l'atmosphère et que d'autres corps environnants. De plus, il faut distinguer, sous le rapport de la

Système de paratonnerres à l'Hôtel de ville de Bruxelles (page 114).

conductibilité électrique, entre les animaux et la matière organique, comme la soie, les cheveux, les poils, les ongles, la corne, etc. Ces substances, presque toujours sèches, donnent des signes d'électricité quand on les frotte, tandis que la matière vivante, le *protoplasma*, rendu demi-fluide par son eau d'imbibition, n'en peut fournir. Un chat rasé, dont on frotte la peau dénuée de poils, ne donne plus d'étincelles.

» M. L. Amat, qui habite dans la région située au delà du 35e degré de latitude, a constaté des faits analogues aux précédents, mais plus concluants encore en faveur de l'intensité d'action de l'électricité atmosphérique. Il lui est souvent arrivé, sans s'isoler du sol, de faire jaillir de larges étincelles en passant un peigne de poche à travers ses cheveux ou sa barbe, presque toujours secs. Les conditions les plus favorables à la production de ces effets étaient un temps sec et chaud, le retour d'une longue course dans les plaines arides ; le moment le plus propice était le soir de sept à neuf heures. Dès que les poils étaient un peu humides, ou le temps légèrement couvert, ils ne produisaient pas d'étincelles ni de crépitations.

» Les animaux, en particulier les chevaux, présentent, à un plus haut degré que l'homme, le pouvoir de manifester des phénomènes électriques. Les membres de la commission scientifique du Mexique ont fait la remarque que, sur les hauts plateaux de l'Amérique du centre, les poils, ainsi que les crins des chevaux, dégagent des étincelles sur le passage de la brosse ou de l'étrille. Dans le sud de l'Algérie, pendant les chaudes et sèches journées d'été, on voit, sur les chevaux arabes, de longs crins diverger du centre de la queue, à la manière des filaments d'un balai qui seraient déviés en éventail. Pour peu que l'on caresse de la main la queue d'un de ces chevaux, on entend une série de petites crépitations dues au pétillement des étincelles, imperceptibles pendant le jour, mais évidentes à la nuit close. L'électricité dégagée par la queue des chevaux est positive. Après une petite pluie-ou pour peu que le sol soit humide, la tension électrique n'est pas aussi considérable. Dans les écuries, elle est moins sensible qu'au grand air.

» Il résulte des observations de M. L. Amat que, dans les contrées tropicales, les phénomènes électriques de la couche d'air avoisinant le sol sont plus accentués que dans les régions tempérées. »

Un Anglais, M. Crosse, de Bromfield, a grandement contribué à faire connaître l'état électrique de l'atmosphère. Son appareil se compose de plus de 1,500 mètres de fil métallique isolé, mettant en communication des paratonnerres élevés sur des mâts de 30 mètres de hauteur. Il résulte de ses expériences que l'électricité atmosphérique a une variation journalière périodique, comme la mer, et qu'elle va en augmentant et en décroissant deux fois en vingt-quatre heures. Généralement l'électricité atmosphérique est positive, surtout quand le temps est beau ; mais, pendant le passage de certains nuages, l'appareil donne souvent des signes d'électricité négative. On possède d'ailleurs de nombreuses observations, qui, comme celles de M. Crosse, arrivent aux résultats suivants :

1. L'électricité atmosphérique est toujours positive ; elle augmente à partir du lever du soleil ; diminue vers midi ; augmente de nouveau vers

le coucher du soleil et décroît alors jusqu'à la nuit, pendant laquelle elle recommence à croître.

2. L'état électrique de l'appareil est influencé par le brouillard, la pluie, la grêle, le grésil et la neige. Il est négatif quand ces météores commencent, et passe fréquemment au positif, avec des changements continuels, toutes les trois ou quatre minutes.

3. Les nuages, quand ils approchent, influencent l'appareil de la même façon et produisent une rapide succession d'étincelles dans le conducteur isolé, de telle sorte qu'il passe dans la boule un courant d'électricité qu'il est prudent de faire écouler dans le sol. Des effets aussi puissants accompagnent fréquemment le passage d'un brouillard ou d'une forte averse.

INFLUENCE DE L'ÉLECTRICITÉ ATMOSPHÉRIQUE SUR LA VÉGÉTATION.— Au milieu du siècle dernier, quelques physiciens distingués entreprirent, dans des pays différents, des expériences relatives à l'accroissement des végétaux sous l'action de l'électricité. L'abbé Nollet, en France, Jallabert, à Genève, un peu plus tard, Duhamel du Monceau, s'appuyant sur les observations de Nollet et de Lemonnier, émirent l'opinion que l'électricité atmosphérique exerce une action favorable sur le développement des plantes.Nunoberg, de Stuttgard, expérimenta sur les oignons, et affirma que tous ceux qui avaient été électrisés se développaient plus rapidement que ceux venus dans des conditions ordinaires. En 1783, l'abbé Bertholon publia de nouvelles recherches sur l'action de l'électricité de l'atmosphère sur les plantes, et chercha les moyens pratiques de l'appliquer à l'agriculture; il inventa même un électro-végétomètre destiné à soutirer l'électricité de l'atmosphère et à la répandre sur les substances végétales. Ces travaux, malgré leur nombre, ne furent pas décisifs et ils tombèrent bientôt dans l'oubli. Les recherches à ce sujet ont été reprises, il y a quelques années, par M. Graudeau, qui fit des expériences comparatives à Nancy, sur des végétaux placés à l'air libre, et d'autres placés sous des cages métalliques destinées à les soustraire à l'action de l'électricité atmosphérique. Il avait pu tirer de ses expériences des conclusions qui semblaient définitives; mais répétées, à la même époque, par M. Naudin, à Antibes, c'est-à-dire dans un climat tout à fait différent, des expériences analogues ont donné des résultats absolument contradictoires.

Cependant on vient de faire récemment, près de Palerme, de nouvelles expériences relativement à la végétation de la vigne. Seize pieds ont été soumis à l'action d'un courant électrique à l'aide d'un fil de cuivre inséré par une pointe de platine dans l'extrémité de la branche à fruits, tandis qu'un autre fil reliait l'origine de la branche avec le sol. L'expérience a duré d'avril à septembre. L'accroissement de la végétation fut nettement mis en évidence : le bois des branches mises en expérience contenait moins de matières minérales et de potasse que celui des autres pieds, tandis que le contraire eut lieu pour les feuilles dans lesquelles la potasse était surtout sous forme de bitartrate ; le raisin recueilli sur ces branches fournissait plus de moût et contenait plus de glucose et moins d'acide.

M. Werner Siemens, le célèbre électricien, vient d'envisager l'action de l'électricité d'une autre manière, rapporte le journal l'*Électricité*, et il a exposé, le jeudi 5 mars 1880, à la Société royale d'horticulture de Londres, le résultat d'observations faites à un point de vue auquel personne n'avait encore songé, quoiqu'il fût fort important. En effet, il a eu l'idée d'examiner l'action que l'électricité peut exercer comme source de lumière, et il est arrivé à des résultats miraculeux. Le mode d'expérimentation est bien simple ; il consiste à soumettre des plantes à l'action d'un éclairage électrique remplaçant d'une façon absolue la lumière du soleil. L'expérience a constaté que la lumière électrique suffit amplement pour provoquer les actes de la végétation qui ont le plus besoin de la lumière du soleil, comme la production de matières colorant les plantes en vert, ou l'épanouissement des fleurs. Non seulement le célèbre électricien a pu présenter à ses auditeurs des plantes qui avaient végété loin de la lumière du soleil et qui présentaient l'aspect de plantes ordinaires, mais il lui a été possible de forcer une tulipe à s'épanouir devant ses auditeurs émerveillés. Il est vrai que déjà quelques résultats partiels analogues avaient été obtenus à l'aide de la lumière Drummond, placée à distance convenable, et les ouvrages de physiologie végétale en font mention ; mais c'est la première fois qu'on a osé émettre l'idée de suppléer artificiellement au défaut de la lumière aussi radicalement qu'au manque de chaleur.

M. Werner Siemens a exécuté une expérience plus curieuse encore en soumettant des plantes successivement à l'action de la lumière électrique et de la lumière solaire, de sorte qu'elles vivent dans un jour perpétuel. Ces plantes, dont le sommeil a été supprimé et la végétation ininterrompue, ont eu un développement merveilleusement rapide. Il semble indubitable que désormais la lumière électrique devra être combinée avec la chaleur et les engrais pour faire rendre à la culture forcée des résultats prodigieux.

Dans un autre ordre d'idées, M. Berthelot a cherché quelle pouvait être l'influence des effluves électriques pour fixer l'azote atmosphérique sur les matières organiques. Les résultats n'ont pas été jusqu'ici complètement concluants; il y a là des expériences à tenter à nouveau. Et cependant quel immense arsenal de forces utiles à l'agriculture que cet océan aérien qui enveloppe le globe! La vie est limitée, sur la terre, par la quantité de matières susceptibles d'être organisées que le sol possède. Les végétaux ont notamment besoin, pour se développer, de grandes quantités de matières azotées qui ne sont distribuées dans la terre, les eaux et l'air, qu'avec parcimonie, les autres principes utiles étant suffisamment répandus dans la nature. Le jour où l'électricité aura pris l'azote à l'air pour le donner à la plante, elle aura résolu le problème de la multiplication indéfinie des êtres vivants; on ne pourra plus craindre que notre planète soit réduite, dans les âges futurs, à l'état de squelette impuissant à nourrir ses habitants. La solution est-elle impossible? Il est interdit de le dire. En effet, Cavendish a réussi, en 1784, par une expérience célèbre, à produire de l'acide nitrique par l'action de l'étincelle électrique traversant l'air confiné enrichi d'oxygène. La foudre agit de même. M. J.-A. Barral a pu démontrer, par de nombreuses analyses, la permanence du nitrate d'ammoniaque dans les eaux pluviales, présence précisément due à l'action des éclairs ou du tonnerre sur l'oxygène, l'azote et la vapeur d'eau de l'atmosphère, ainsi que M. Boussingault en a émis l'opinion dès 1839. Mais quand on songe aux faibles quantités de nitrate d'ammoniaque produites par les immenses éclairs sillonnant les couches profondes des espaces aériens, on est effrayé de la difficulté du problème qui consisterait à imiter la nature pour fabriquer électriquement du nitrate d'ammoniaque. Néanmoins, il ne faut plus aujourd'hui douter du pouvoir de la science.

ORIGINE DE L'ÉLECTRICITÉ ATMOSPHÉRIQUE. — Les hypothèses relatives à la production de l'électricité atmosphérique sont nombreuses : le frottement des couches d'air contre le sol et entre elles, les phénomènes chimiques, l'évaporation de l'eau des mers, la distribution de la chaleur dans l'atmosphère et dans la terre, et l'inégale température des couches terrestres depuis la surface du globe jusqu'à la limite de l'atmosphère et même depuis le centre de la terre jusqu'aux dernières couches gazeuses, tout cela contribue sans doute à la production de l'électricité, mais dans un sens et une mesure qui ne sont point encore bien déterminés par l'expérience.

GRÊLE. — Outre la foudre, quelques météores, la *grêle*, le *verglas*, les *trombes*, ont évidemment une origine électrique.

La *grêle* est un amas de petits globules de glace, qui, ordinairement au printemps et dans l'été, au moment le plus chaud de la journée et par des pluies d'orage, tombent de l'atmosphère. Ces petits globules, appelés *grêlons*, sont formés d'un noyau neigeux, entouré de couches concentriques de glace qui se sont formées successivement. Ces grêlons, dont la grosseur est généralement celle d'une noisette, ont quelquefois un volume beaucoup plus gros et l'on en a vu pesant de 200 à 300 grammes, et même davantage. Les nuages qui les portent sont peu élevés, d'une couleur grise ou roussâtre et répandent une grande obscurité ; on entend dans leur intérieur un bruissement caractéristique que l'on peut comparer à celui d'un sac de noix qu'on agite.

Pour expliquer la formation des grêlons et comment des corps d'un poids aussi considérable se soutiennent dans l'air, Volta avait recours à une hypothèse, dont l'expérience de la *grêle électrique* (*Électricité*, p. 67) donne une idée. Il admettait que les grêlons, placés entre deux couches de nuages électrisés l'un positivement, l'autre négativement, vont d'un nuage à l'autre alternativement, et qu'ainsi les particules de glace, d'abord très petites, se chargent successivement, pendant ce trajet, de couches de plus en plus épaisses de glace jusqu'à ce que, devenues trop lourdes, elles finissent par tomber sous forme de grêlons.

Cette théorie, soutenue et développée par Peltier, qui explique pourquoi les grêlons sont formés de couches concentriques et présentent quelquefois au centre des particules solides, fut longtemps admise ; mais elle ne soutient pas un examen sérieux ; car, dès que les grêlons ont pénétré dans le nuage inférieur, il n'y a pas de raison pour qu'ils s'élèvent de nouveau, puisqu'ils sont soumis à des forces répulsives dans tous les sens. Aussi de nombreuses études sont-elles dirigées aujourd'hui pour donner une théorie satisfaisante.

On est porté à admettre, d'après les idées de M. Faye, présentées dans l'*Annuaire du Bureau des longitudes* et dans de nombreuses communications à l'Académie des sciences, que tous les orages sont dus à ce que l'on appelle un *mouvement tournant*, un *mouvement giratoire;* ce serait à ce mouvement lui-même qu'il faudrait attribuer la suspension des grêlons dans l'atmosphère, et le bruit que l'on entend avant leur chute serait dû aux chocs qui résultent de leurs mouvements.

De l'expérience de M. G. Planté, que nous avons décrite (*Électricité*, page 95), ressort une explication plausible de la formation des grêlons. Si, au lieu de rencontrer une couche profonde de liquide, le courant ne rencontre qu'une surface humide, telles que les parois mêmes ou le fond incliné du vase contenant le liquide, les effets calorifiques prédominent, des sillons lumineux irréguliers se développent, et l'eau est rapidement

transformée en vapeur. N'est-il pas naturel de penser, dit M. de Parville,
que des effets analogues doivent se produire au sein des nuages orageux
traversés par de violentes décharges électriques? Suivant la densité plus
ou moins grande de ces conducteurs humides, suivant la *quantité* du flux
électrique en feu, les effets mécaniques ou calorifiques de l'électricité
peuvent prédominer; l'eau est *pulvérisée* ou *réduite en vapeur*. Quand
ces phénomènes se produisent dans les régions froides de l'atmosphère,
les globules aqueux et la vapeur peuvent être congelés instantanément,
et l'on conçoit ainsi, d'une manière nouvelle, le mode de formation de
la grêle.

M. Colladon, savant physicien de Genève, depuis longtemps préoccupé
des théories de M. Faye, théories par lesquelles on explique également les
trombes, s'est livré à de nombreuses observations qui l'ont conduit à formuler une théorie nouvelle de la formation de la grêle, qui compte de nombreux partisans. Il admet, rapporte M. Figuier, que les causes de la grêle
peuvent et doivent même être multiples, et que, dans plusieurs cas, les
idées de M. Faye peuvent donner une explication assez plausible de ces
grands orages de grêle, en quelque sorte exceptionnels, qui cheminent en
ligne droite avec une vitesse de 15 ou 20 lieues par heure. Mais, en même
temps, on ne peut se dissimuler que les démonstrations expérimentales
font défaut à cette théorie. Celle proposée par M. Colladon pour expliquer
la formation des grêlons est essentiellement basée sur ce que l'on a désigné
quelquefois sous le nom de *vent de pluie* ou *vent de grêle;* mais sa nouveauté repose sur la manière dont il conçoit que l'équilibre se rétablit à
chaque instant par de nouveaux appels d'air, indispensables pour combler les dépressions qui résultent de ces vents verticaux descendants.

Les pluies d'orage et les colonnes de grêle produisent, par l'effet même
de leur chute, un vent vertical, dû à l'entraînement de l'air de haut en
bas par la vitesse, d'abord accélérée, puis uniforme, qu'acquièrent les
gouttes de pluie, ou les grêlons, comme on le constate aussi près des cascades, et comme on le voit dans les appareils soufflants appelés *trompes*.
Ce vent vertical, qui chemine du nuage jusqu'au sol, laisse nécessairement
derrière lui une forte dépression qui *doit se manifester,* DANS LE NUAGE
MÊME, *aux points où s'engendre la pluie ou la grêle, et produire en ces
points une aspiration ou un appel permanent d'air pendant toute la durée
de l'orage.* M. Colladon fait observer avec raison que la vitesse de chute de
la pluie ou de la grêle est d'abord accélérée à son origine, et qu'elle devient uniforme au bout de peu de secondes par suite de la résistance de
l'air. L'aspiration se produit essentiellement pendant que la vitesse s'ac-
célère.

Cette théorie semble s'adapter très bien au grand nombre des cas où la grêle est générale ou partielle, à ceux en particulier où elle se reproduit plusieurs fois à courts intervalles. Elle explique les agitations violentes et désordonnées de l'air près du sol, le renouvellement incessant de l'électricité dans les nuages qui surmontent les chutes de grêle, l'existence de gros grêlons en été et leur extrême rareté en hiver. Le vent d'orage vertical se trouve être en même temps la cause et l'effet de ces deux résultats connexes, qui se proportionnent en quelque sorte l'un à l'autre, et on peut comprendre la longue durée de quelques cas de grêle sans mouvement de translation rapide. Ainsi que M. Colladon l'a énoncé dans les notes adressées en 1878 et 1879 à l'Académie des Sciences, certaines nuées orageuses, lors même qu'elles paraissent former un tout dense et continu, sont, en réalité, des centres ou des groupes partiels formés d'éléments bien distincts, et isolés les uns des autres quant à leur état électrique. Cette disposition singulière et le nombre prodigieux d'éclairs qui peuvent se succéder dans un même groupe de nuages, pendant quelques heures, sans que leur tension soit épuisée, ne se comprennent qu'en admettant que les parties supérieures de ces nuages reçoivent un flux constant d'air sec et froid, fortement électrisé et pouvant être mélangé d'aiguilles de glace ou de gouttes à l'état de surfusion (*Chaleur*, p. 538). Cet air est évidemment appelé par la forte dépression que produit dans ce groupe, vers ses parties centrales ou inférieures, le départ des gouttes de pluie ou des grêlons qui vont rejoindre le sol. Ce flux d'air supérieur, en traversant les nuées orageuses, tend à les diviser en plusieurs parties, isolées électriquement les unes des autres. C'est ainsi que ce groupe de nuages ne constitue plus un conducteur unique, mais un grand nombre de conducteurs où se manifestent des séries de décharges réciproques. Dès que l'on admet ce fait, qui paraît indubitable, que *la dépression de l'air doit être la plus forte très près des points qui donnent naissance aux gouttes de pluie et aux grêlons*, on doit admettre, comme conséquence nécessaire, que les couches d'air appelées pour remplir ce vide partiel sont celles qui se trouvent les plus voisines, et, par conséquent, celles qui sont placées immédiatement au-dessus du groupe orageux. En effet, leur plus grande distance doit rarement dépasser quelques centaines de mètres, tandis que les colonnes de grêle ont parfois, dans le sens horizontal, une longueur et une largeur de plusieurs kilomètres ; un appel d'air latéral serait, dans ce cas, plus difficile.

VERGLAS. — Nous n'avons point parlé du *verglas*, en traitant de la neige et du grésil (*Chaleur*, p. 635), quoique généralement on explique ce phénomène par la congélation de l'eau de la pluie sur les corps *plus froids* placés à la surface de la terre; car il est évident aujourd'hui que cette explication n'est plus suffisante. En effet, dans de nombreux cas

Cyclone de Nouméa (page 131).

observés, et notamment dans le verglas de janvier 1879, à Paris, on a pu remarquer une croûte épaisse se formant progressivement sur les para-pluies, sur les vêtements des personnes qui sortaient d'appartements chauffés. Pour expliquer le phénomène, il faut admettre que les gouttes d'eau étaient à l'état de *surfusion*, c'est-à-dire liquides, bien qu'à une température très inférieure à zéro. La rencontre des corps solides devait produire la soldification de l'eau à l'état de surfusion, au moment où elle se répandait en couche mince à la surface de ces corps.

M. Colladon donne l'explication du verglas de janvier en le rattachant à la théorie précédente sur la formation de la grêle. La congélation de la pluie, les 22 et 23 janvier 1879, peut s'expliquer, selon lui, par la formation rapide de volumineux grêlons au sein de l'atmosphère refroidie. Comme nous l'avons dit ci-dessus, les nuages orageux sont composés de parties les unes positives, les autres négatives, séparées par de petits espaces isolants, et comme la hauteur de ces groupes de cumulus est ordinairement de quelques kilomètres, on peut admettre que les grains de grêle, pendant leur chute, sont alternativement ballottés d'une partie de nuage à une autre par une série de zigzags, pendant lesquels leur volume tend à s'accroître par la rencontre alternative, soit de gouttes d'eau glacée à l'état de surfusion, soit des parties neigeuses formées de petits cristaux de glace. Ce sont ces dernières, pense M. Colladon, qui, tombant à la surface de la terre, dans des circonstances assez rares, produisent le verglas.

La théorie de M. Colladon pourra être diversement accueillie, ajoute M. Figuier, mais elle prouve que le phénomène du verglas ne peut plus s'expliquer par la théorie qui a cours dans la science, et que cette théorie réclame impérieusement de nouvelles recherches.

TROMBES. — Les trombes sont des colonnes de vapeur plus ou moins contournées et inclinées qui vont des nues à la terre ou à la mer et qui sont animées d'un mouvement giratoire rapide, ainsi que d'un mouvement de translation. La plupart du temps elles ont la forme d'un cône, dont la base est le plus souvent dirigée vers les nuages, le sommet vers la terre ; mais quelquefois le cône est dans une position inverse. Ces amas de vapeurs font entendre un bruit semblable à celui d'une charrette courant sur un chemin rocailleux. Les éclairs et les globes de feu que lancent souvent les trombes, le bruit du tonnerre qui les accompagne, montrent que l'électricité n'est pas étrangère à la cause de ces redoutables météores.

On distingue deux espèces de trombes : les unes *terrestres*, les autres *marines*. On les appelle *cyclones* ou *tornados* dans l'océan Indien et *typhons* dans les mers de Chine.

L'observation des *trombes terrestres* est beaucoup plus difficile que celle des trombes marines, parce que, quand ces trombes éclatent, l'air est rempli de poussières ; généralement elles tourbillonnent en sens inverse des aiguilles d'une montre, et les corps légers semblent attirés par les nuages, car ils s'élèvent tellement haut qu'ils disparaissent.

Nous citerons quelques exemples récents de l'un et de l'autre de ces météores effroyables, qui d'ailleurs sévissent plus souvent dans le nouveau monde que dans l'ancien.

Le 24 janvier 1880, un terrible cyclone a sévi dans la Nouvelle-Calédonie, à Nouméa (fig. à la page 129). Il commença par agiter les vagues de l'Océan et à secouer furieusement les navires en rade. Il passa ensuite sur le rivage. Jusqu'à 2 h. 30 de l'après-midi la tempête alla croissant, atteignant les dernières limites de la furie. Les toits des maisons, qu'ils fussent en tôle ou en tuiles, volaient au loin, menaçant, dans leur parcours violent, la vie des personnes qui, affolées, cherchaient des abris. Tous les bâtiments publics ont été détruits ou ont plus ou moins souffert... L'aspect de la ville est navrant... La mer était déchaînée par la tempête, qui déjouait la sécurité pourtant exceptionnelle de la baie de la Moselle et de nos deux rades, si merveilleusement abritées. Les habitants, anxieux, semblaient oublier leur propre ruine pour suivre du regard les bâtiments qui soutenaient une lutte impossible contre la tempête. Le *Gladiateur*, cotre du pilotage, sombra l'un des premiers, entraînant avec lui deux matelots-pilotes, trois matelots indigènes et un enfant. Le *Dumbea* coulait aussi avec trois matelots de l'État qui n'ont pas reparu. Le cotre le *Bouraké* disparaissait à son tour avec deux hommes de son équipage. Les goélettes l'*Étoile du matin*, le *Nouméa* et l'*Espérance*, et les cotres *Agenoria* et la *Planète* disparaissaient aussi ou allaient à la côte sans qu'il fût humainement possible de leur porter secours.

Le 11 avril 1878, une trombe épouvantable a ravagé Canton et ses faubourgs ; plusieurs villages ont été absolument détruits et plus de dix mille personnes ont perdu la vie dans ce sinistre.

La même année, le 15 mai, une trombe s'est abattue dans le département de la Vienne, par la vallée de la Charente, puis par celle de la Bouleuse, et a causé d'épouvantables désastres, sur le chemin qu'elle parcourait avec une vitesse de 44 mètres par seconde, ce qui correspond à la pression énorme de 220 kilogrammes par mètre carré. Le 24 mai, une seconde trombe désolait deux communes situées entre Strasbourg et Bischwiller, celles de Gambsheim et d'Offendorf.

C'est au lieu dit *Bruckmatt*, rapporte le *Journal d'Alsace*, que la trombe a surtout exercé sa fureur (fig. à la page 137) ; toute cette partie du village a l'air d'avoir été détruite par un bombardement ou par l'explosion d'une poudrière. Les maisons sont éventrées, effondrées ; tous les toits ont été jetés à terre. Mais, ce qui est indescriptible, c'est l'aspect des jardins bouleversés de fond en comble. Les plus gros arbres ont été déracinés, retournés, transportés quelquefois à une distance considérable ; les branches ont été hachées, comme par de la mitraille ou comme par une forte grêle. Tel verger forme aujourd'hui un fourré épais d'arbres entrelacés, que l'on n'est pas parvenu à déblayer plusieurs jours après le désastre. Dans certains endroits, les effets de l'action circulaire de la trombe sont très visibles : dans un jardin, tons les arbres couchés à terre convergent vers un centre, les têtes se touchent et les racines sont à la circonférence; le tourbillon a en quelque sorte dessiné là sa figure. En sortant d'Offendorf, la trombe s'est dirigée vers le Rhin ; elle a détruit encore sur son passage quatre-vingt-six arbres fruitiers, situés sur un terrain communal, le long d'une route, sans toucher à des saules placés à côté, mais en contre-bas. Elle a encore arraché un gros peuplier sur la ligne extérieure, l'a emporté par-dessus un bras d'eau et l'a fiché dans un banc de gravier, au bord même du Rhin. La trombe a dû se perdre alors au milieu du fleuve, car on n'a signalé aucune trace de son passage dans le grand-duché de Bade. Un batelier a affirmé avoir vu la trombe atteignant le fleuve et le traversant; au milieu du passage, il vit, dit-il, l'eau s'élever en l'air puis retomber avec fracas: tout avait disparu.

Citons encore les trombes qui ont parcouru le Missouri (États-Unis d'Amérique) le 21 avril 1880. La première, la trombe de Marshfield, était l'avant-coureur d'une trombe de dimensions plus considérables qui a ravagé la vallée de Firley-Creck. Cette dernière a laissé derrière elle un sillon de désastres comparable à celui qui a traversé la France de part en part en 1783, et que l'Académie d'alors a fait étudier. Suivie pendant une longueur de 450 kilomètres, cette bande de terre ravagée avait une largeur moyenne qui ne dépassait pas 300 mètres, quoiqu'elle en eût plus de 1,000 en certains endroits. La trombe de Marshfield n'a étendu ses ravages que sur une longueur de 110 kilomètres, mais sa largeur moyenne fut de 500 mètres environ. Elle a été accompagnée de la production d'une troisième trombe de dimensions moindres qui a passé au nord-est de Jefferson-City. Elle paraît être sortie d'un tourbillon de poussière qui n'a produit aucun phénomène destructeur et qui tournait en sens inverse des aiguilles d'une montre. Mais tout le long de la route qu'elle a suivie, les arbres arrachés par un mouvement spécial étaient jetés à terre dans cette même direction. Aussi, quoiqu'on n'ait point entendu un seul coup de foudre, faut-il regarder l'origine électrique de ce météore comme incontestable. La trombe elle-même doit être considérée comme un mode de décharge, employé par l'électricité et d'une façon très violente. En effet, la surface ravagée possède une étendue à peu près égale à celle de Paris ; une ville qui se trouvait sur son passage (Marshfield) a été entièrement détruite, et près de soixante personnes y perdirent la vie. Tout le long de la route de cette trombe, on a pu apercevoir un nuage de forme circulaire, blanc au milieu et noir sur les bords, d'où sortait le tube. Quelques observateurs ont pu regarder dans l'intérieur de ce tube ; ils prétendent que la couleur était plus claire que celle de l'extérieur, comme si sa surface était le siège d'une sorte de phosphorescence. Quant à la matière de la nuée elle était

Fig. 43. — THÉORIE DES TROMBES.

animée d'un mouvement convulsif, comme si elle montait et descendait constamment en obéissant à des attractions d'une intensité variable à chaque instant.

On pourrait hésiter à reconnaître, dans ces immenses phénomènes, l'analogue du vent qui sort des pointes du tourniquet (*Électricité*, page 67). Mais n'y a-t-il pas une différence aussi formidable entre l'étincelle électrique qui se montre dans les machines ou dans les bouteilles de Leyde et dans les grands éclairs ?

Cependant il importe de dire quelques mots des diverses hypothèses qu'on a données pour expliquer le mode de formation de ces météores, et dont les principales peuvent être groupées en quatre séries :

La première série comprend les vents intérieurs dans les nues qui les entraînent en s'échappant et forment ainsi la trombe (auteurs : le Père

Touchard, l'abbé Richard, Hartoocker, Duhamel, Page, etc.); la seconde
série les ferait venir des feux souterrains ou des éructations (Lémery,
Buffon) ; la troisième les attribuerait à de grandes perturbations dans l'air
ou à la rencontre des vents contraires qui se résolvent en tourbillons
(Suard, Andocque, Franklin, Parkins, Lamark, Volney, Œrsted, etc.); la
quatrième enfin reconnaîtrait pour cause principale des trombes l'électricité (Beccaria, Wilkinson, Brisson, Lacépède, Th. Yonne, Garin, Inglis,
Le Prédour, de Tessan et Peltier (1).

La première et la deuxième explication étant abandonnées, il n'y a
pas lieu de s'y arrêter. Relativement aux deux autres, il est impossible de
se rendre un compte bien exact du phénomène par une des hypothèses
admise à l'exclusion de l'autre. Il faut faire ici de l'éclectisme, et se ranger
à l'opinion de M. Becquerel qui, ne trouvant pas dans l'influence électrique une explication suffisante, pense qu'il faut laisser aux vents ou
tourbillons une part active dans la production de ce phénomène.

Dans cette théorie, le tourbillon joue le principal rôle, et pourtant il
n'est lui-même que l'effet d'une cause première qui a aggloméré les
nuages orageux. Or, il est impossible maintenant de ne pas reconnaître
que l'agglomération de pareils nuages ne soit le résultat de l'influence
électrique. De plus, il est très probable que les résistances, que les couches
latérales de l'atmosphère opposent au tourbillon, résultent d'un jeu électrique entre ces couches et le tourbillon lui-même. De même, l'allongement
du nuage du côté de la mer, entraîné par le tourbillon, est inexplicable si
l'on ne fait intervenir l'électricité. En raison des éléments qui sont mis
en jeu et de la rapidité avec laquelle le mouvement d'allongement s'opère,
l'attraction seule ne semble pas suffisante pour l'expliquer. Il y a
donc évidemment l'intervention d'une force plus active, et cette force ne
saurait être autre que le fluide électrique. Par l'électricité s'explique facilement le mouvement de la colonne descendante, ainsi que le point culmi-
nant qui se forme à la surface de la mer, allant à la rencontre de la
colonne nébuleuse, par l'effet de deux fluides électriques qui s'attirent
et qui cherchent à se combiner.

En effet, il faut remarquer que, dans un orage, chaque goutte de
pluie qui tombe sur le sol emporte une partie de l'électricité du nuage.
Il y a donc ainsi, sur une grande étendue, et par une infinité de points,
une sorte d'écoulement de fluide électrique, qui contribue graduellement

---

(1) PELTIER (Jean-Charles-Athanase), physicien français (1785-1845), s'occupa tout particulièrement de météorologie. Il a publié des *Observations sur les causes qui concourent à la formation
des trombes* (Paris, 1840), l'ouvrage le plus compétent sur ces météores. Il a fait beaucoup pour la
science de l'électricité. Aussi modeste que savant, Peltier ne fut rien, pas même académicien.

à diminuer et à éteindre finalement les phénomènes orageux. Or, si l'on imagine qu'une portion de la masse des nuages, sous l'action du mouvement tournant, forme une sorte de cône dont la pointe s'approche à une petite distance du sol, c'est par cette voie, relativement très limitée, et, pour ainsi dire, unique, que s'écoulera l'électricité ; sur la pointe s'accumuleront des quantités énormes de fluide, et c'est là, bien plus que dans le tourbillon lui-même, qu'il faut chercher l'explication des redoutables phénomènes qu'elle produit. Lorsqu'en effet la pointe atteint la surface de la terre, rien ne résiste à son passage, les arbres sont déracinés, les maisons renversées, les navires soulevés au-dessus des flots et rejetés avec une violence extraordinaire. C'est du reste exclusivement par la voie de la trombe que l'électricité s'écoule ; ainsi le tonnerre cesse de gronder ailleurs ; on entend seulement un grondement continu dans le sein de la colonne, qui s'éclaire d'ailleurs sur son sommet de lueurs électriques. Une température très élevée paraît régner à la partie supérieure de la trombe, et elle occasionne un desséchement très rapide. Peltier a reproduit en petit ce phénomène en disposant au-dessus d'une masse liquide un globe constamment électrisé par l'action d'une machine électrique et muni de tiges, les unes pointues, les autres arrondies ; il a pu constater une évaporation trois fois plus rapide que dans les conditions ordinaires.

FEUX SAINT-ELME. — L'électricité atmosphérique produit encore le phénomène connu sous ce nom et qui se manifeste par une aigrette lumineuse apparaissant, en temps d'orage, à l'extrémité des corps terminés en pointe. Les anciens avaient observé ce phénomène : Pline rapporte « qu'il a souvent vu, la nuit, pendant les factions des sentinelles devant les retranchements, briller à la pointe des javelots des lueurs à la forme étoilée… »

Les navigateurs espagnols donnèrent à ces feux le nom de *feux Saint-Elme* parce qu'ils les attribuaient au corps de ce saint. Dans le récit du second voyage de Christophe Colomb, on trouve que « pendant la nuit du samedi (octobre 1493), saint Elme apparut sur les mâts de perroquet avec sept flambeaux allumés. » Les Italiens les attribuent à saint Pierre et à saint Nicolas, et les Portugais les nomment *Corpos santos*, corps saints.

Ce phénomène, que l'on reproduit en plaçant des corps terminés en pointe sur les conducteurs d'une machine électrique, se présente assez fréquemment, surtout en mer, au sommet des mâts et des vergues. Ces aigrettes sont dépourvues de chaleur et, si, un homme monte à l'endroit où elles brillent et y place la main, c'est de ses ongles qu'il voit jaillir les flammes.

Le *Telegraphic Journal* du 5 janvier 1880 raconte l'illumination de toute une forêt de pins par une décharge silencieuse provenant des feux Saint-Elme; il ajoute qu'un phénomène analogue s'est produit à la même époque sur la montagne du Gross-Glokner (Tyrol), où des touristes furent appelés à y jouer leur partie : « Nous étions, disent ceux-ci, revêtus d'un vêtement de feu, et le tonnerre roulait avec un bruit assourdissant répété par tous les échos de tous les rochers, pendant qu'une bourrasque de vent envoyait ses sifflements à travers les fissures des rochers. » Le 11 juin 1880, un orage considérable ayant éclaté au-dessus de Hambourg et des environs, M. Pogson, consul d'Angleterre, eut occasion d'observer le *feu Saint-Elme* au-dessus du clocher d'une église, pendant plus d'une heure. Comme M. Pogson était à une distance de plus de 1,000 mètres, il lui fut impossible de dire si cette apparition était ou non accompagnée du sifflement aigu, qui se produit souvent en même temps que les décharges d'électricité provenant d'une machine électrique, mais il a eu le loisir d'observer très exactement toutes les phases du phénomène, qui était intermittent. Le nombre des apparitions ayant été d'une vingtaine pendant la durée de l'orage, ces apparitions étaient bien courtes; mais elles étaient cependant assez longues pour qu'il fût possible d'étudier la forme de la lueur. Quelquefois cette dernière était simple; d'autres fois elle était double. La teinte était toujours d'un rouge violacé ; les lueurs paraissaient presque sphériques et d'un diamètre variant d ' 1 à 2 mètres ; elles semblaient ne point reposer sur le toit, mais voltige. au-dessus à une certaine distance.

Une trombe en Alsace (page 132).

Liv. 120.

LIVRE VI

MAGNÉTISME

CHAPITRE PREMIER

DES AIMANTS

DES AIMANTS. — Le *magnétisme* est la partie de la physique qui traite des *aimants*, de leur propriété d'attirer le fer et de la cause. des phénomènes qu'ils présentent. Nous avons dit (*Introduction*, page 17), tout ce que les anciens savaient relativement aux *aimants*, et combien les propriétés de ce corps, qu'ils appelaient *pierre de Lydie* ou *pierre magné- sienne*, avait excité l'imagination de leurs philosophes. Les savants du moyen âge n'augmentèrent pas les connaissances théoriques que leur avaient léguées les anciens ; aux erreurs et aux superstitions recueillies par Pline, ils ajoutèrent seulement de nouvelles erreurs et de nouvelles superstitions ; ce n'est guère qu'au XVI siècle que Porta expose, dans sa *Magie naturelle* (Naples, 1589), la plupart des phénomènes magnétiques ; et en 1660 que Guillaume Gilbert découvre des faits nouveaux, les réduit en corps de doctrine et pose les bases de la science du *magnétisme*.

Le nom français d'*aimant*, rapporte M. Radau, vient d'un malen- tendu assez étrange dont il faut chercher l'origine chez Pline. Cet auteur confond plus d'une fois l'aimant (*magnes*) avec le diamant (*adamas*) ; il prête à l'*adamas* une puissance supérieure à celle du *magnes* pour attirer le fer. Au moyen âge, le mot *adamas*, sans cesser d'être le nom du dia-

mant, désigne aussi l'aimant, ou du moins un prétendu diamant magnétique. Puis l'on commence à employer le mot *diamas* pour distinguer la
pierre fine de l'oxyde de fer magnétique, pour lequel la langue romane
adopte le mot d'*aymant*, considéré peut-être comme une traduction du
mot *adamas*, dont on avait perdu l'étymologie grecque.

L'*aimant naturel* ou *pierre d'aimant* est un minerai de fer, désigné par les minéralogistes sous le nom de *fer oxydulé*. C'est un oxyde
salin formé par la combinaison de 31 pour 100 de protoxyde et de 69
pour 100 de peroxyde. Il se présente sous la forme de cristaux oc-
taédriques noirs, doués de l'éclat métallique, et donnant une poudre
noire, ou en masses compactes, d'un gris d'acier, sans éclat métallique;
mais, dans tous les cas, il est pourvu de propriétés magnétiques très prononcées. Il appartient exclusivement aux terrains granitiques, dans lesquels il forme des bancs puissants, des montagnes entières qu'on exploite
avec grand avantage près de Rosslag, en Suède, en Norvège, dans le
mont Taberg, en Laponie, en Piémont, en Hongrie, dans les monts
Ourals, dans les monts Altaï, en Amérique, dans le mont Pumachauche,
au Chili, à Bône en Algérie, etc. En France, il est fort rare, et il n'y en
a aucune mine. C'est le minerai de fer le plus riche, et qui fournit le
fer le plus pur; il en renferme 71 pour 100.

Les *aimants artificiels* sont, en général, des barres d'acier trempé,
qui, n'ayant pas naturellement les propriétés des aimants naturels,
peuvent les acquérir, soit par le frottement avec un aimant naturel, soit
par des procédés que nous décrirons ci-après. Ils ont, sur les aimants
naturels, l'avantage d'être généralement plus puissants et d'un emploi
plus commode.

PROPRIÉTÉS CONSTITUTIVES DES AIMANTS. — Le pouvoir attractif
des aimants se manifeste à travers tous les corps et à toutes les distances;
il décroît quand augmente la distance et varie avec la température. De
plus, il faut remarquer que l'effet est plus sensible aux extrémités qui
ont reçu, pour cette raison, le nom de *pôles*; la partie médiane, où l'attraction est nulle, est la *ligne neutre*.

Le pouvoir attractif se démontre en roulant dans de la limaille de
fer un aimant, taillé, pour plus de commodité, en forme de barreau.
Lorsqu'on le retire (*fig.* 49), on constate d'abord qu'une multitude de
parcelles du métal se sont attachées à sa surface, et forment des
espèces de houppes aux deux extrémités, aux *pôles*, tandis qu'il n'y
en a point dans la *ligne neutre*. D'ailleurs, tout le monde sait qu'en approchant un aimant d'un tas d'aiguilles ou de clous, on les voit se précipiter

sur l'aimant et y adhérer aussitôt. Si l'on suspend horizontalement à un fil une aiguille, de façon qu'elle puisse se mouvoir librement, il suffit d'en approcher un aimant pour la faire pirouetter autour de son centre. Réciproquement, un morceau de fer aimanté est attiré par un morceau d'acier. On applique cette réciprocité dans ce jeu : petits poissons de fer, renfermant un aimant, cygnes de verre, que l'on fait mouvoir en leur présentant un bâtonnet de fer.

L'attraction magnétique n'est point interceptée, ni même affaiblie, par l'interposition d'un corps quelconque. Musschenbroek enferma des aimants dans des enveloppes de plomb, de cuivre, de verre, de porcelaine, et mesura l'intensité de traction exercée à travers les enveloppes sur un cylindre de fer; il trouva qu'elle était la même que celle qu'il avait observée quand les aimants étaient à découvert.

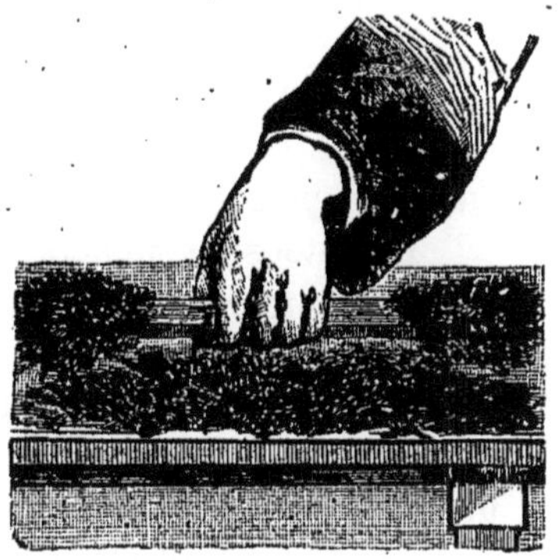

Fig. 49.

ATTRACTION DE L'AIMANT.

APPLICATIONS DES AIMANTS. — Cette propriété de la force magnétique de traverser les corps solides a donné lieu à quelques applications. M. Radau cite des horloges où l'aiguille était remplacée par une balle d'acier roulant sur un cadre de clinquant, derrière lequel tournait un barreau aimanté mené par l'horloge. L'*indicateur magnétique* de M. Lethuillier-Pinel est une petite aiguille d'acier qui indique le niveau d'une chaudière à vapeur en suivant le mouvement vertical d'un aimant invisible, porté sur un flotteur qui monte et descend à l'intérieur d'un tube fixé à la paroi de la chaudière. Scoresby a proposé d'appliquer cette pénétration de la force magnétique à l'évaluation de l'épaisseur d'un mur ou d'une cloison qui sépare deux galeries souterraines, en observant la déviation d'une aiguille aimantée produite par un aimant placé du côté opposé du mur: Les essais qu'il fit lui-même de sa méthode donnèrent d'assez bons résultats. On pourrait ainsi parfois éviter de graves accidents comme celui que raconte Scoresby. Lorsqu'on creusa le tunnel de Liverpool, qui a deux kilomètres de longueur, les travaux furent commencés sur plusieurs points à la fois, à l'aide de puits poussés à une certaine profondeur. Au moment où deux galeries allaient se rencontrer, l'ingénieur, qui savait qu'il n'y avait plus qu'une faible épaisseur de roche à traverser, convint avec les ouvriers de la galerie opposée, d'un signal qui annoncerait l'explosion de la dernière mine ; mais l'homme chargé de mettre le feu à la mèche, persuadé qu'on n'était pas encore si près que le disait l'ingénieur, négligea de donner le signal convenu ; l'ingénieur et son aide furent dangereusement blessés par les éclats du mur qui s'écroula, ils eurent le visage noirci par la poudre et perdirent chacun un œil.

Parmi les applications simples des aimants, on peut encore citer l'usage qu'on en fait dans les manufactures d'aiguilles pour attirer les poussières d'acier qui pénètrent dans l'œil, et dans certaines mines du Canada pour séparer les parcelles de fer du minerai pulvérisé.

Nous devons signaler aussi l'invention d'un appareil mécanique, basé sur les propriétés des aimants, qui a valu à son inventeur une médaille d'argent à l'Exposition de 1878, et qui est certainement appelé à un succès de plus en plus grand.

Dans tous les ateliers de construction mécanique, les ouvriers tourneurs, raboteurs, mortaiseurs et ajusteurs passent, dans leurs travaux, du fer au cuivre, du cuivre à l'acier, suivant les exigences du travail et des commandes qui leur sont confiées. Quelques précautions qu'ils prennent, sous peine de perdre un temps précieux, ils ne peuvent s'opposer à un certain mélange entre les riblons, la limaille, les détritus qui résultent de leur travail multiple. Séparer les métaux de la terre, de la poussière, surtout dans ce qui passe sous les pieds, est une opération encore facile. Mais ce qui est important, c'est de débarrasser le cuivre, qui a une valeur réelle, du fer ou de l'acier dont le prix est infime.

On fait ordinairement ce tri à la main, à l'aide de gros aimants, et le manœuvre, courbé toute une journée sur son mélange, compense à peine par le résultat de son opération la rémunération que vaut réellement son travail. De plus, par l'aspiration, il introduit dans son organisme assez de poussière de cuivre pour compromettre sa santé.

Faute du tri à la main, on peut avoir recours aux laveurs de cendres ; mais là autre inconvénient : le laveur de cendres est un commerçant qui ne donnera jamais un prix, même approximatif de la matière livrée. Ainsi on donne 6 francs pour les 100 kilogrammes, pour l'épurage de la limaille de cuivre par des hommes qui, après cinq ou six années de travail, tout en prenant la précaution de boire souvent du lait, ont la poitrine usée.

Il y avait donc un problème à résoudre. M. Charles Vavin a imaginé une machine, appelée *trieur magnéto-mécanique*, qui remplit parfaitement le but. Le principe sur lequel repose cette machine est l'attraction du fer par l'aimant ou par le fer aimanté. La limaille, les riblons, gros ou petits, arrivent sur un tambour garni de pièces aimantées et s'y attachent, pendant que les parcelles de cuivre glissent et vont se réunir dans un réservoir *ad hoc*.

La machine se compose (*fig.* 50) de deux cylindres superposés A et B tournant dans le même sens et sur lesquels la matière à trier vient s'éparpiller. Ce qui n'est pas trié par l'un l'est nécessairement par l'autre. La surface de ces cylindres est formée de bandes en fer doux *cc*, séparées par d'autres bandes en cuivre *oo*. Chaque lame de fer est en contact avec une série d'aimants enchevêtrés *aa*. Ces aimants ont la forme ordinaire des aimants, et leurs branches s'appuient sur une bande et l'autre sur la bande voisine pour intercaler les pôles. C et D sont des brosses tournant en sens contraire des cylindres et venant faire tomber la limaille y adhérant. La matière à séparer se place dans la trémie E, d'où elle tombe sur un plan incliné F, doué d'un mouvement oscillatoire la-

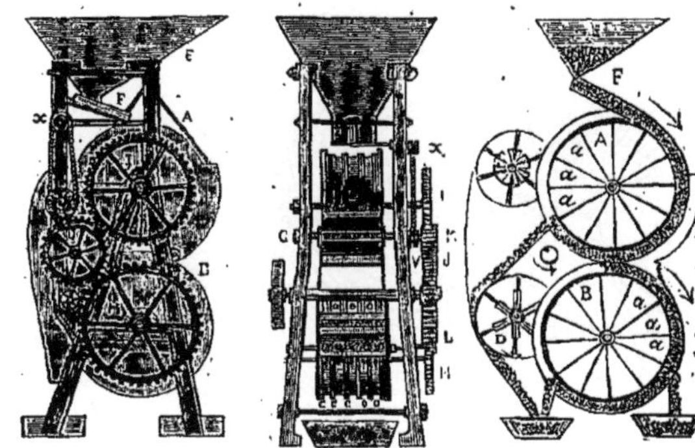

Fig. 50. — TRIEUR MAGNÉTO-MÉCANIQUE.

téral qui l'oblige à s'éparpiller uniformément sur les bandes. La matière épurée tombe à droite, tandis que le fer et le minerai tombent à gauche. G est une poulie recevant la commande d'un moteur. Elle peut être remplacée par une simple manivelle mue à bras. J est une roue qui commande les roues I faisant mouvoir les cylindres ; J fait encore mouvoir les brosses par les pignons K et L. Sur le même arbre que K est une poulie calée V sur laquelle s'enroule la corde *x*V, venant s'enrouler sur la poulie *x* et commandant le mouvement oscillatoire du plan incliné F.

Cette machine, déjà adoptée par la plupart des grands établissements de l'État et de l'industrie privée, peut marcher à la main ou à la vapeur ; elle ne mesure guère que $0^m,70$ à $0^m,80$ sur $0^m,30$ à $0^m,40$ comme base et environ $1^m,60$ de hauteur. Son poids ne dépasse pas 450 kilogrammes.

POLES ET LIGNE NEUTRE. — SPECTRE MAGNÉTIQUE. — POINTS CONSÉQUENTS. — AIGUILLE AIMANTÉE. — Nous avons remarqué que, lorsqu'on plonge un aimant dans de la limaille de fer, par exemple, l'effet d'attraction est plus sensible aux extrémités, que l'on désigne sous le nom de *pôles*, tandis que la partie médiane où l'effet est nul est appelée *ligne neutre*. Quelle que soit la forme donnée à l'aimant, ces particularités se rencontrent. Une expérience, connue sous le nom de *spectre magnétique*, rend très sensible cette constitution des aimants. Que sur un aimant on place une feuille de carton mince, puis qu'à l'aide d'un tamis on projette doucement de la limaille de fer sur le carton, on voit cette limaille s'accumuler au-dessus des pôles PP′ de l'aimant (*fig.* 51), et dessiner des courbes particulières à l'ensemble desquelles on a donné le nom de *spectre* ou *fantôme*

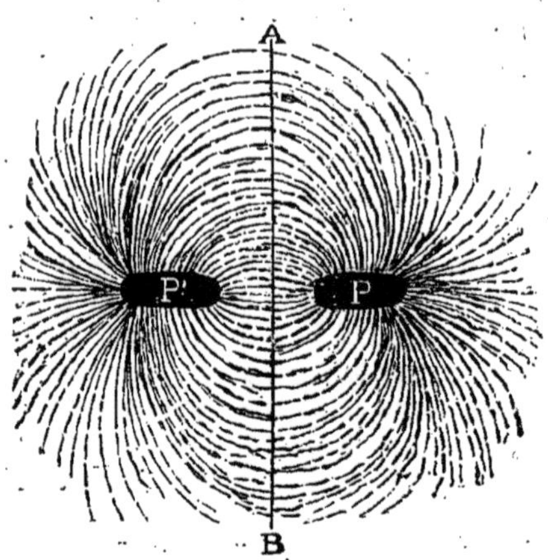

Fig. 51. — Spectre magnétique.

magnétique. Sur la ligne médiane AB, on ne constate aucune attraction. On obtient ces figures dans toute leur beauté en employant un verre mince, qui favorise l'action de l'aimant, et en imprimant au verre quelques chocs légers qui déterminent des vibrations propres à soustraire momentanément la limaille à l'action de la pesanteur. Les rayons formant ainsi le *fantôme* diffèrent entre eux par leur direction, leur forme et leur dimension. Ceux qui naissent aux pôles sont généralement rectilignes et parallèles à l'axe du prisme magnétique ; ceux qui prennent naissance dans l'espace qui existe entre les deux pôles forment des courbes, qui réunissent les faisceaux des pôles et des parties intermédiaires et symétriques qui se correspondent. Il est impossible de méconnaître dans ces courbes les effets de l'attraction mutuelle des molécules, qui se neutralisent dès qu'elles se sont réunies en s'inclinant vers le centre, où elles s'accumulent, se mélangent et reprennent enfin la direction rectiligne, signe de l'amortissement de la puissance opposée.

Il arrive parfois, en raison de certains accidents d'aimantation, ou de défaut dans la trempe de l'acier, qu'il se forme, entre les pôles d'un barreau ou d'une aiguille aimantée, des pôles intermédiaires. On a donné à ces pôles le nom de *points conséquents*. Tous les pôles d'un aimant qui en contient plusieurs sont séparés par des lignes neutres ; deux pôles consécutifs sont toujours de noms contraires, de sorte que si un barreau possède un nombre impair de pôles, ses deux extrémités sont de même nature.

L'approche d'un second aimant, en modifiant le *spectre magnétique*,

révèle encore la propriété la plus importante des aimants, celle en vertu
de laquelle les deux extrémités tournent autour de leur centre commun
et se dirigent vers les pôles magnétiques du monde.

ARAGO
(Statue érigée à Perpignan, sculptée par MERCIÉ).

Cette seconde propriété des aimants donne lieu aux expériences de
l'*aiguille aimantée*.

Une *aiguille aimantée* n'est autre chose qu'un barreau aimanté dont
la forme peut être quelconque. Cependant presque toujours on lui donne

celle d'une mince lame d'acier taillée en losange allongé (*fig.* 52); cette lame porte en son milieu un petit godet ou *chape*, par laquelle elle peut être suspendue sur un pivot; ou bien elle est suspendue horizontalement par son centre dans un étrier de papier ou de cuivre attaché à un fil de soie suffisamment fort. Si la chape est placée de façon que l'aiguille soit horizontale, on remarque que celle-ci n'est point en équilibre dans une position quelconque; elle se fixe dans une position déterminée à laquelle elle revient constamment. Dans cette position, l'une de ses extrémités se tourne *à peu près* vers le nord, et conséquemment l'autre extrémité *à peu près* vers le sud. Or, d'après les lois des attractions et des répulsions magnétiques que nous énonçons ci-après, le pôle qui se dirige vers le pôle nord de la terre n'est pas de même nature que ce dernier. On a alors donné le nom de *pôle austral* à l'extrémité de l'aiguille tournée vers le nord et qui est en réalité le *pôle nord* de l'aimant et le nom de *pôle boréal* à l'extrémité qui regarde le sud et qui est le *pôle sud*. C'est sur cette

Fig. 52. — AIGUILLES AIMANTÉES.

importante propriété qu'est fondée la boussole (*Magnétisme*, page 154).

Ordinairement, les aiguilles de boussole, primitivement trempées avec assez de force, sont recuites jusqu'à ce qu'elles aient pris une teinte bleue très prononcée.

Cette teinte est conservée sur la moitié de l'aiguille *pôle nord*; on l'enlève sur la moitié *pôle sud*, qui reprend la teinte habituelle de l'acier.

LOIS DES ATTRACTIONS ET RÉPULSIONS MAGNÉTIQUES. — Les deux pôles d'un aimant exercent une influence absolument identique sur un morceau de fer; mais il n'en est plus ainsi des actions mutuelles qui s'exercent entre les deux pôles de deux aimants. En effet, si au même pôle d'une aiguille magnétique mobile on présente successivement les deux pôles d'un barreau aimanté qu'on tient à la main, on observe que le pôle nord de l'aiguille est attiré par le pôle sud du barreau et repoussé par le pôle nord, et réciproquement.

On le démontre également en prenant un barreau aimanté CD (*fig.* 53) que l'on fixe horizontalement et au pôle D duquel on suspend une petite tige de fer P; on fait glisser sur cet aimant un second aimant semblable AB, de façon que le pôle opposé B vienne se fixer sur le pôle D ; aussitôt la tige en fer P tombe. Ainsi chaque pôle séparé porterait le morceau de fer ; réunis ils n'ont plus aucune action sur lui.

Cette loi s'énonce ainsi : *Les pôles de noms contraires s'attirent, et ceux de même nom se repoussent.*

Les attractions et répulsions magnétiques diminuent rapidement à mesure que la distance augmente, et varient selon la quantité d'aimantation possédée par les aimants. Ce fut Helsham qui, le premier, chercha à mesurer la force attractive des aimants. Hauksbee, Martin, le docteur Brook Taylor, Leseur (1), Jacquier (2), s'y appliquèrent successivement, en observant les déviations d'une aiguille aimantée produites par un aimant approché à des distances variables ; mais les résultats obtenus étaient vains. Musschenbroeck ne fut pas plus heureux ; en 1760 seulement, Tobie Mayer (3) démontra les véritables lois des attractions magnétiques, et Lambert (4), en 1765, en établit la théorie mathématique. Mais il était réservé à Coulomb de démontrer ces lois irréfutablement.

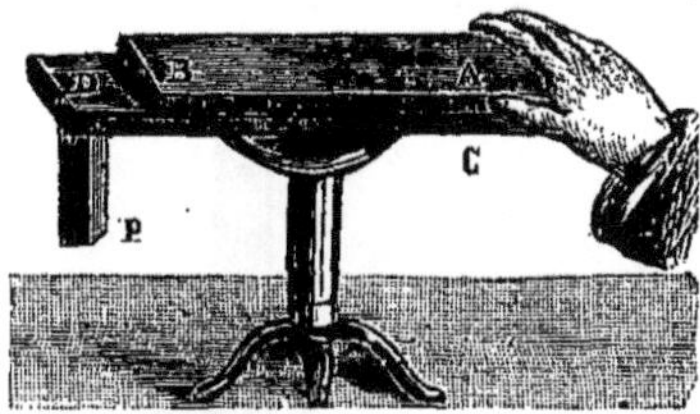

Fig. 53. — LOIS DES ATTRACTIONS ET DES RÉPULSIONS MAGNÉTIQUES.

Pour cela, il se servait de sa *balance de torsion* (*Électricité*, page 19), à laquelle il faisait les changements suivants : le fil de suspension

<hr>

(1) LESEUR (Thomas), savant français (1703-1770), religieux de l'ordre des minimes, professa les mathématiques au collège de la Sapience, à Rome. Il a publié, en collaboration avec le P. Jacquier, un *Commentaire sur le* Livre des principes *de Newton* et des *Éléments de calcul intégral*.

(2) JACQUIER (François), savant mathématicien, de l'ordre des minimes (1711-1788), né à Vitry-le-François. Il fut professeur de physique et de mathématiques à Rome. Il était membre de la plupart des Sociétés savantes de l'Europe.

(3) MAYER (Tobie), astronome allemand (1723-1762), « universellement considéré, dit Delambre, comme l'un des plus grands astronomes, non seulement du xviiie siècle, mais de tous les temps et de tous les pays, » professa les mathématiques à l'université de Gœttingue. Il imagina des instruments utiles, et ses calculs lui valurent le grand prix décerné par le Bureau des longitudes de Londres.

(4) LAMBERT (Jean-Henri), né à Mulhouse, qui appartenait alors à la Suisse (1728-1777), était fils d'un pauvre tailleur. Ayant étudié presque seul, il acquit des connaissances très étendues et fut successivement précepteur du comte de Salis, professeur à l'académie de Munich, puis à Berlin, où il fut membre de l'Académie. Il a publié d'innombrables travaux sur une foule de sujets, même sur l'éloquence et la poésie. Il fut l'ami de Kant, avec lequel il entretint correspondance. Lambert a touché à toutes les parties de la science et a laissé dans chacune d'elles des découvertes importantes ; mais ses éminentes qualités scientifiques étaient obscurcies par son manque de style et par une vanité sans égale : « Que savez-vous ? lui demandait un jour Frédéric II. — Tout. — Comment l'avez-vous appris ? — De moi-même. — Vous êtes donc un autre Pascal ? — Oui. »

(*fig.* 54) porte à son extrémité inférieure une pince qui saisit un étrier formé avec une lame de cuivre très légère. Dans cet étrier, on place un petit plan de carton, couvert d'un enduit de cire d'Espagne, sur lequel on imprime l'empreinte du fil ou barreau d'acier qui sert aux expériences, afin de le mettre toujours dans la même position. Sous le milieu de l'étrier, on fixe un plan vertical qui est entièrement submergé dans un vase rempli d'eau, afin d'arrêter promptement, par la résistance qu'il en éprouve, les oscillations de l'aiguille aimantée placée dans l'étrier. La balance est placée de manière que l'un de ses côtés soit dirigé dans le *méridien magnétique* (page 153).

Fig. 54.

Expérience de Coulomb.

Avant de chercher les lois des attractions et répulsions, il faut s'assurer si, lorsque la torsion du fil est nulle, l'aiguille aimantée se place naturellement dans le méridien magnétique ; à cet effet, on substitue à cette aiguille une autre aiguille de cuivre, de même dimension que l'autre, et qui reste dans le plan du méridien magnétique en vertu de la force de torsion du fil. Cela fait, on place la caisse qui renferme les diverses parties de la balance de façon que la direction du méridien magnétique coïncide avec les divisions zéro et 180 degrés du cercle horizontal.

Coulomb opérait ainsi : Un fil aimanté étant placé dans l'étrier, il tournait le fil de suspension de la balance de manière que, le fil aimanté étant dans la direction du méridien magnétique, le fil de suspension n'éprouvait aucune torsion. Il plaçait ensuite verticalement dans ce même méridien une autre fil aimanté, de même dimension que le premier, en sorte que si les deux fils s'étaient touchés, ils se seraient rencontrés et croisés, à un pouce de leurs extrémités ; mais comme ils étaient opposés par les pôles homologues, le fil horizontal fut repoussé de la direction de son méridien ; et il ne s'arrêta que lorsque la force de répulsion des pôles opposés fut mise en équilibre par les forces combinées de la torsion et du magnétisme terrestre. En combinant les résultats de ces expériences avec deux faits généraux d'après lesquels, d'une part, les angles de torsion des fils sont proportionnels aux forces employées à les tordre, et de l'autre, la force qui tend à ramener l'aiguille aimantée dans la direction du méridien magnétique, est proportionnelle aux angles d'écartement, Coulomb parvint à établir que *l'action du dyna-*

misme magnétique est en raison directe de l'intensité et en raison inverse du carré des distances. C'est, comme on le voit, la loi de la gravitation universelle (*Pesanteur*, page 85), que Coulomb démontrait être identique avec la loi de l'action magnétique.

HYPOTHÈSE DES DEUX FLUIDES MAGNÉTIQUES. — Pour expliquer les phénomènes du magnétisme, les hypothèses n'ont point manqué. Descartes attribuait la cause du magnétisme à l'existence d'une matière subtile, particulière, passant, sous forme de spirales, du pôle nord au pôle sud, en même temps que le tourbillon du globe terrestre imprimait à l'aimant sa direction.

Suivant Hartsoeker (1), l'aimant est une substance composée d'une infinité de prismes déliés, qui sont rendus parallèles entre eux et à l'axe terrestre par le mouvement diurne de notre planète, et qui laissent perpétuellement échapper, de leur intérieur creux, des effluves magnétiques.

Enfin, depuis que Symmer eut imaginé sa théorie des deux fluides électriques (page 12), on a admis l'hypothèse analogue de *deux fluides magnétiques*, qui ont chacun une répulsion pour leurs propres molécules, et une attraction pour celles de l'autre. Avant l'aimantation, ces deux fluides seraient combinés autour de chaque molécule et se neutraliseraient réciproquement; mais ils peuvent se séparer sous l'influence d'une force plus grande que leur attraction mutuelle, et se mouvoir autour des molécules sans sortir de la sphère d'activité qui leur est assignée autour de chacune d'elles. Les fluides sont ensuite, dans cette théorie, *orientés*, c'est-à-dire que, dans la sphère magnétique qui entoure chaque molécule, le fluide boréal tient constamment une même direction et le fluide austral la direction opposée; d'où proviennent les résultantes contraires dont les points d'application sont les deux pôles. A mesure que cesse l'orientation des fluides, l'équilibre se rétablit autour de chaque molécule, et le résultat final est nul, c'est-à-dire qu'il n'y a ni attraction ni répulsion.

Si l'on prend un barreau aimanté AB (*fig.* 55) dont on a reconnu les deux pôles et la ligne neutre et qu'on le casse au milieu, chaque moitié devient elle-même un aimant complet *ab*, ayant aussi sa ligne neutre et ses deux pôles. Si l'on brise les deux nouveaux aimants, on aura la for-

(1) Hartsoeker (Nicolas), savant hollandais (1656-1726), élève de Huyghens, habita successivement Paris, où il fréquenta les savants; puis Rotterdam, où il donna des leçons de mathématiques au czar Pierre; Dusseldorf, où il fut professeur de philosophie et de sciences. On lui doit des découvertes sur les animalcules spermatiques et des perfectionnements au microscope et au télescope. D'un caractère querelleur, il attaqua sans ménagement Descartes, Newton, Leibniz.

mation instantanée d'un autre aimant complet, et ainsi de suite. Cette expérience semble appuyer l'hypothèse des deux fluides.

Cette hypothèse d'ailleurs se prête d'une manière sensible à l'explication des phénomènes ; c'est pourquoi elle est généralement adoptée, du moins comme méthode de démonstration ; nous verrons ci-après, en traitant des courants électriques, que les phénomènes des aimants sont attribués de préférence aujourd'hui à des courants électriques particuliers autour de leurs molécules.

SUBSTANCES MAGNÉTIQUES ET DIAMAGNÉTIQUES. — On appelle substances *magnétiques* celles qu'attire l'aimant, telles que le fer, c'est-à-dire qui contiennent les deux fluides à l'état neutre. Les composés ferrugineux sont généralement *magnétiques ;* quelques-uns toutefois, comme le persulfure de fer, ne sont pas attirés par l'aimant.

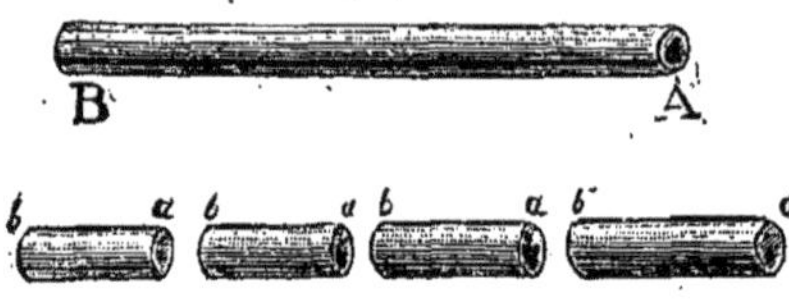

Fig. 55. — Rupture d'un barreau aimanté.

Cependant, dès 1802, Coulomb, reprenant les expériences faites en 1778, par Brugmans, avait observé que les aimants exercent une action sur tous les corps, avec plus ou moins d'énergie, et il le prouvait en faisant osciller des barreaux de différentes substances entre les pôles opposés de forts aimants, et ensuite hors de l'influence de tout aimant, puis en comparant le nombre des oscillations faites dans les deux cas, en des temps égaux. Dans le principe, les phénomènes produits furent attribués à la présence de matières ferrugineuses dans les corps soumis à l'expérience ; mais, depuis, Baillif et M. Becquerel père ont démontré que les aimants exerçaient réellement une action sur tous les corps et même sur les gaz. Comme cette action est attractive pour les uns, et répulsive pour les autres, on a nommé substances *magnétiques* celles qu'attire l'aimant, et *diamagnétiques* celles qu'il repousse.

Voici la liste des principaux corps magnétiques ou diamagnétiques :

CORPS MAGNÉTIQUES

Fer. — Nickel. — Cobalt. — Platine. — Palladium: — Titane. — Manganèse. — Chrome. — Cérium. — Osmium. — Lanthane. — Molybdène. — Oxyde des métaux magnétiques. — Sels des métaux magnétiques. — Papier. — Porcelaine. — Tourmaline. — Oxygène. — Bioxyde d'azote.

CORPS DIAMAGNÉTIQUES

Bismuth. — Antimoine. — Zinc. — Étain. — Cadmium. — Mercure. — Plomb. — Argent. — Cuivre. — Or. — Arsenic. — Uranium. — Rhodium. — Iridium. — Tungstène. — Phosphore. — Soufre. — Charbon. — Tellure. — Iode. — Oxydes des métaux diamagnétiques. — Sels des métaux diamagnétiques. — Eau. — Glace. — Alcool. — Éther. — Huiles. — Essences. — Cire. — Bois. — Ivoire. — Cuir. — Lait. — Sang. — Hydrogène. — Presque tous les gaz.

Dès 1847, Faraday avait reconnu que les aimants puissants exercent sur les flammes une action répulsive qu'il attribue à une différence de diamagnétisme entre les gaz. Depuis, M. Ed. Becquerel, qui a exécuté d'importants travaux sur ce point, a vu que, entre tous les gaz, l'oxygène était celui qui avait le plus grand pouvoir magnétique et qu'un mètre cube de ce gaz condensé agit sur une aiguille aimantée comme $5^{gr},5$ de fer. Une des plus belles expériences de Faraday est celle par laquelle, après bien des essais infructueux, il réussit à réaliser l'aimantation de la lumière. Nous parlerons de cette expérience en traitant ci-après de la *polarisation de la lumière*.

Quelques physiciens ont considéré le *diamagnétisme* comme une propriété distincte du *magnétisme* ; mais M. Ed. Becquerel réunit ces deux classes de phénomènes par le moyen d'une hypothèse ingénieuse. Il admet qu'il n'y a pas deux genres d'actions entre les corps

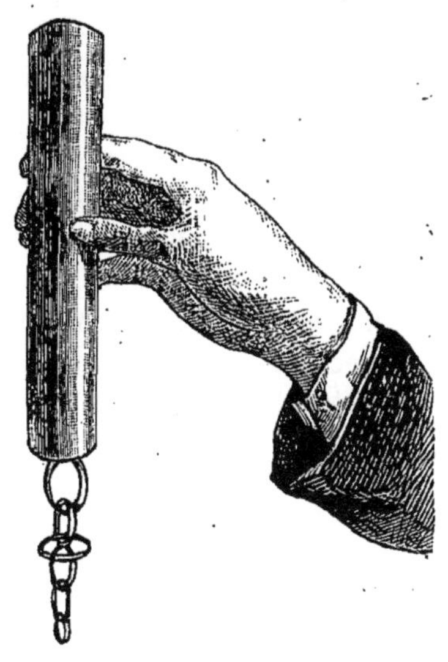

Fig. 56. — CHAÎNE MAGNÉTIQUE.

et les aimants, mais seulement une aimantation par influence, et que la répulsion exercée sur certaines substances dépend de ce que ces substances sont dans un milieu ambiant plus magnétique qu'elles-mêmes.

AIMANTATION PAR INFLUENCE. — FORCE COERCITIVE. — Le fluide magnétique neutre que renferment les substances magnétiques peut être décomposé par l'influence d'un aimant, soit au contact, soit à distance.

Pour démontrer *l'aimantation par influence*, on présente (*fig.* 56) un morceau de *fer doux*, un anneau par exemple, à l'un des pôles d'un barreau aimanté, soit au pôle boréal. Dès que le contact a lieu, et même à une certaine distance, le fluide magnétique neutre de l'anneau est décomposé, son fluide austral est attiré et son fluide boréal repoussé. Le petit anneau devient alors lui-même un aimant ayant sa ligne neutre et ses deux pôles ; il peut, à son tour, en attirer un autre, lequel en attirera un troisième, formant ainsi une *chaîne magnétique*, tant que l'influence du barreau sera assez énergique. Mais cette aimantation, si le fer est bien pur, bien exempt d'aciération, s'il est vraiment du fer doux, ne dure que pendant le temps où s'exerce l'influence du barreau aimanté, car aussitôt que l'on sépare du barreau le premier anneau, les autres se détachent et ne conservent aucune trace de magnétisme.

Si l'on emploie de l'acier au lieu du fer, on obtient un résultat analogue, mais toutefois avec une différence importante. D'une part, l'acier s'aimante moins facilement ; il faut, pour obtenir une aimantation, même assez faible, un contact prolongé ou des frictions répétées avec un aimant ; mais, d'autre part, l'aimantation persiste après que l'influence du barreau aimanté a cessé. Cette propriété, particulière à l'acier trempé, est désignée sous le nom de *force coercitive*.

En comparant les phénomènes précédents à ceux de l'électricité par influence (page 30), on reconnaît une certaine analogie entre eux, mais avec une différence considérable. En effet, dans le cas des corps électrisés, il y a communication de l'électricité d'un corps à l'autre, quand ceux-ci viennent au contact : dans l'aimantation, au contraire, l'aimant conserve toujours son intensité initiale. Il faut conclure de là que, si les phénomènes magnétiques doivent être attribués, comme les phénomènes électriques, à un fluide, celui-ci ne peut passer d'un corps à un autre.

CHAPITRE II

MAGNÉTISME TERRESTRE

ACTION MAGNÉTIQUE DU GLOBE TERRESTRE. — Si l'on suspend une aiguille aimantée à un fil sans torsion, ou qu'on la monte sur un pivot autour duquel elle puisse tourner librement, nous avons dit (page 146) qu'une de ses extrémités se dirigeait *à peu près* vers le nord. En effet, le pôle austral de l'aiguille ne se dirige pas exactement en réalité vers ce point ; il s'en écarte d'une certaine quantité, variable d'un lieu à l'autre,

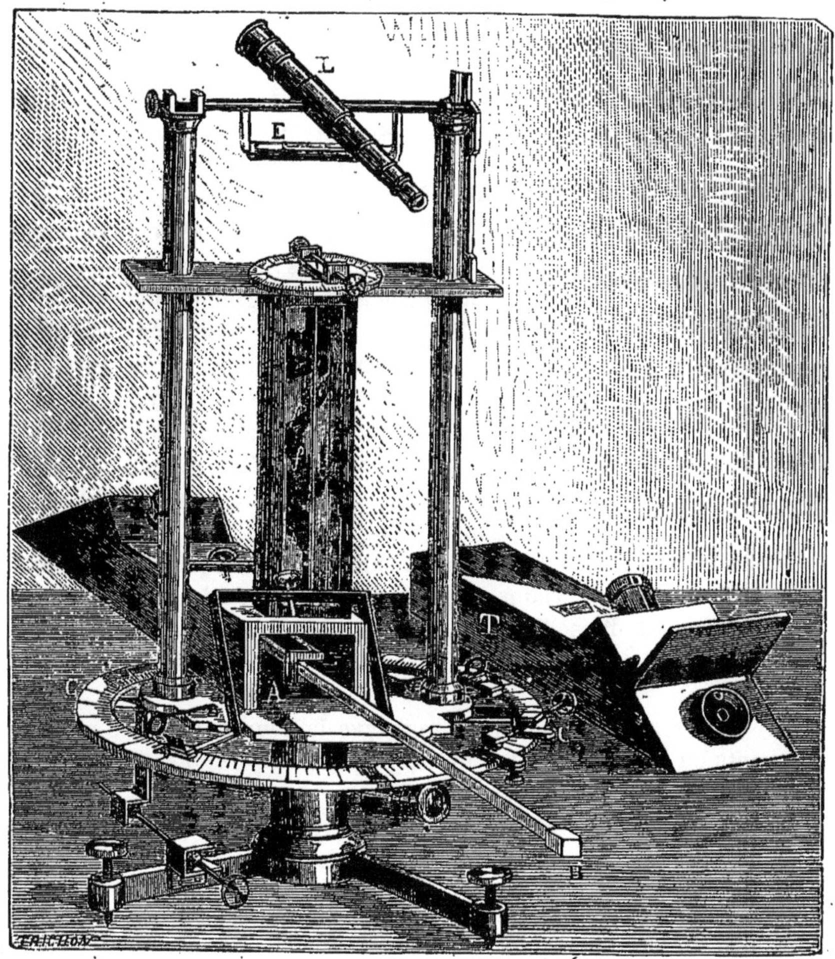

Boussole de Gambey (page 155).

et, dans le même lieu, d'une époque à l'autre. Cette différence porte le nom de *déclinaison* ; elle peut être *occidentale* ou *orientale*, selon qu'elle est à l'ouest ou à l'est du *méridien magnétique*. A Paris, en ce moment, la déclinaison est occidentale et égale à 18° 58′ environ (*fig.* 57).

L'on sait que l'on appelle *méridien astronomique* d'un lieu le plan vertical qui passe par ce lieu et par les deux pôles de la terre, et que la *méridienne* est la ligne que forme le contact de ce plan avec la surface de la terre.

De même on nomme *méridien magnétique* d'un lieu le plan vertical qui passe par les deux pôles d'une aiguille aimantée.

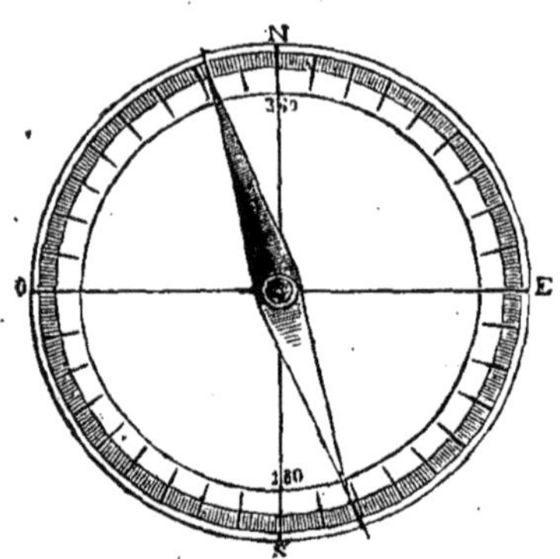

Fig. 57. — DÉCLINAISON.

Cette même aiguille aimantée, après s'être orientée dans le méridien magnétique, ne conserve pas une position horizontale. La portion qui se tourne vers le nord, c'est-à-dire le pôle austral de l'aiguille, s'incline au-dessous de l'horizon et fait avec lui un angle qu'on désigne sous le nom d'*inclinaison*. Cet angle varie comme celui de la *déclinaison*, suivant une proportion déterminée par la latitude ; l'inclinaison est actuellement à Paris égale à 66°. On a observé, en effet, aux environs du pôle boréal de la terre, certains points où l'inclinaison était de 90°, et que, partant de là, cette inclinaison allait en diminuant avec la latitude jusque vers l'équateur où elle est nulle, en certains points peu distants de celui-ci. En poursuivant elle reparaît dans l'hémisphère austral, mais en sens opposé, c'est-à-dire que le pôle boréal de l'aiguille descend alors au-dessous de l'horizon.

On a appelé *équateur magnétique* la courbe qui passe par tous les points où l'inclinaison est nulle, et *pôles magnétiques* les points où elle est de 90°

L'action magnétique du globe terrestre se manifeste encore par l'*intensité* avec laquelle l'attraction s'effectue dans les mêmes localités.

Ces trois éléments *déclinaison, inclinaison, intensité,* sont dits *constante magnétique* d'un lieu.

Pour connaître la *déclinaison, l'inclinaison* ou *l'intensité magnétique*, on se sert d'instruments, qui, selon l'usage auxquels ils sont destinés, portent les noms de *boussoles de déclinaison, boussoles d'inclinaison, boussoles des intensités.*

BOUSSOLES DE DÉCLINAISON. — La *boussole de déclinaison* consiste en une boîte de cuivre AB (*fig.* 58), ayant pour fond un cercle gradué M,

et au centre un pivot d'agate sur lequel repose une aiguille aimantée *ab*
en forme de *rhombe* (losange allongé), et très légère. De cette boîte
s'élèvent deux pieds-droits qui soutiennent un axe horizontal X, dans
lequel est fixée une lunette astronomique L, mobile dans un plan vertical, et munie de fils réticulaires à son foyer. Un pied P soutient la boîte
AB, laquelle peut tourner libre-
ment dans le sens horizontal, en
entraînant la lunette dans son
mouvement. Un autre cercle fixe
QR, appelé *cadran azimutal*, sert
à compter le nombre de degrés
dont a tourné la lunette au moyen
d'un vernier V, fixé à la boîte.
Enfin l'inclinaison de la lunette
par rapport à l'horizon se mesure
avec un vernier K qui reçoit son
mouvement de l'axe X de la lunette et se meut sur un arc de
cercle fixe *x*.

Lorsque l'on connaît le méridien astronomique d'un lieu dont
on veut déterminer la déclinaison,
on dispose d'abord la boussole très
horizontalement au moyen des

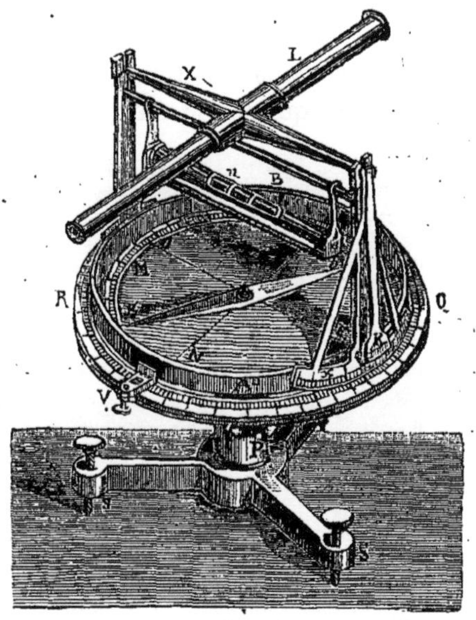

Fig. 58. — BOUSSOLE DE DÉCLINAISON.

vis SS, et du niveau *n;* puis l'on fait tourner la boîte AB jusqu'à ce
que la lunette soit dans le plan du méridien astronomique. Lisant ensuite,
sur le limbe gradué M, l'angle formé par l'aiguille aimantée avec le diamètre N, qui correspond au zéro de la graduation et qui se trouve exactement dans le plan de la lunette, on a la *déclinaison*, qui est *occidentale*
ou *orientale* selon que le pôle *a* de l'aiguille aimantée est à l'occident ou
à l'orient du diamètre N.

Lorsque l'on ne connaît pas le méridien astronomique du lieu, on
peut le déterminer par le moyen de la boussole elle-même, en se servant
du cadran azimutal QR, et de l'arc de cercle *x*, en observant avec la lunette un astre déterminé, avant et après le moment de son passage au
méridien. On emploie alors la méthode décrite dans tous les traités de cos-
mographie pour déterminer la méridienne d'un lieu.

Pour obtenir le résultat cherché avec une précision plus rigoureuse
encore, on emploie la même méthode d'observation, mais on se sert de la
boussole de déclinaison de Gambey

Dans cette boussole (*fig.* à la page 153), l'aiguille est remplacée par un barreau aimanté AB, dont les extrémités sont munies de deux anneaux à fils croisés servant de repères. Ce barreau, qu'un étrier supporte en son milieu, est suspendu par un faisceau *f* de fils de soie sans torsion à un treuil mobile : sous l'influence de l'action magnétique du globe terrestre, il va prendre, après quelques oscillations, une direction fixe qui est celle du méridien magnétique dans le lieu et au moment de l'observation. Le cadre soutenant le treuil porte en même temps une lunette L et un niveau E, qui ont la même destination que dans la boussole précédente.

Fig. 59 — Boussoles chinoises.
L'empereur Houang-ti étant à la guerre inventa le char indicateur.

Le cadre, qui supporte la boussole et qui supporte aussi le fil de suspension, tourne sur le plan d'un limbe CC, muni de verniers. Pour éviter l'influence des agitations de l'air, le fil de soie est enfermé dans une boîte garnie de glaces, et une autre boîte T renferme le barreau dont on observe les extrémités par les ouvertures OO.

BOUSSOLE MARINE. — Une des applications les plus belles et les plus fécondes en résultats, qui aient été faites des propriétés magnétiques, est la *boussole marine,* guide des navigateurs à travers les tempêtes et les écueils des océans.

Plus de mille ans avant Jésus-Christ, avons-nous dit (*Introduction* page 21), les Chinois connaissaient la boussole (*fig.* 59), ou du moins la propriété qu'ont les aiguilles aimantées de diriger constamment leur pointe vers un point. En effet, le missionnaire Duhalde rapporte, d'après un recueil chinois, que, vers l'an 2600 avant notre ère, l'empereur Houang-ti étant à la guerre, on inventa le *char indicateur (ssi-nan)* qui portait une statuette, dont le bras étendu montrait toujours le sud, ce qui permit à l'armée impériale de se diriger et de surprendre l'ennemi pendant un brouillard épais (1). Le peuple chinois, d'abord confiné au nord, poussa successivement ses conquêtes dans les contrées du sud ; c'est pourquoi le pôle de l'aiguille aimantée qui se dirige vers ce point cardinal dut fixer de préférence son attention, puisqu'il indiquait la position des pays vers lesquels il cherchait à étendre sa domination.

Des ouvrages chinois qui datent d'une époque très reculée constatent l'existence d'une boussole, qui est faite d'un aimant posé sur un flotteur. Les jonques chinoises pouvaient donc se diriger d'après les indications de l'aiguille aimantée, il y a plus de quatre mille ans.

Les Italiens disputent aux autres nations de l'Europe l'honneur d'avoir les premiers fait connaître la boussole, et ils se fondent principalement sur ce que *boussole* viendrait de l'italien *bossolo*, dérivé de *bosso*, buis, boîte. Mais Klaproth fait, avec plus de raison, venir ce mot de l'arabe *mouassala*, qui signifie à la fois *dard*, *aiguille* ou *boussole* ; car il est hors de doute que les Arabes ont eu connaissance de l'aiguille flottante avant les Européens, et qu'ils la leur ont transmise pendant les premières croisades, au XIIᵉ siècle.

C'est à tort encore que l'on a supposé que le célèbre voyageur vénitien Marco Polo avait introduit cette invention en Europe, car il ne rentra de ses voyages qu'en 1295, et, outre Guyot de Provins dont nous avons cité les vers de 1180, d'autres auteurs avaient parlé de la boussole avant lui, entre autres Jacques de Vitry, qui assista, vers 1204, à la quatrième croisade ; Gauthier d'Espinois, chansonnier contemporain de Thiébaud VI, comte de Champagne ; Albert le Grand, dans son *Livre des Pierres ;* Vincent de Beauvais, dans son *Speculum naturæ*, et Brunetto Latini, qui, dans son *Trésor*, écrit en langue française vers 1260, raconte que le moine anglais Bacon lui montra à Oxford une aiguille aimantée. La boussole était même assez connue sous le nom de *marinette*, *maguelte* et de *calamite* dans la Méditerranée.

Ce fut, comme nous l'avons dit, un pilote de Pasitano, nommé Flavio Gioia qui eut l'idée, en 1303, de donner plus de précision aux indications de l'aiguille aimantée, en la suspendant sur la pointe d'un pivot fixe. C'est sans doute ces perfectionnements qui ont fait regarder Gioia, par quelques auteurs, comme l'inventeur de la boussole.

____

(1) R. Radau, *Le Magnétisme.*

Un peu plus tard, les Français y ajoutèrent la *rose des vents*, ainsi que le témoigne la fleur de lis qu'on retrouve, marquant le nord, dans les boussoles les plus anciennes.

Aujourd'hui, la *boussole marine*, appelée dans le langage des marins *compas de route*, se compose d'une aiguille aimantée posée en équilibre et très mobile sur un pivot, et enfermée dans une boîte en bois ou en cuivre. Un carton est placé au-dessous de l'aiguille; son centre correspond à la fois au milieu de la longueur de l'aiguille et à la verticale du pivot. Ce disque, appelé *rose des vents*, accompagne l'aiguille dans tous ses mouvements et en modère les oscillations; il porte déssinées trente-deux divisions égales, dites *rumbs* ou *aire des vents*. La *cuvette*, c'est-à-dire le cercle de cuivre sur lequel repose le pivot de l'aiguille, lestée par une masse de métal, est, elle, portée par une *suspension à la Cardan*, de manière à rester toujours horizontale, quels que soient les mouvements du navire. Le tout

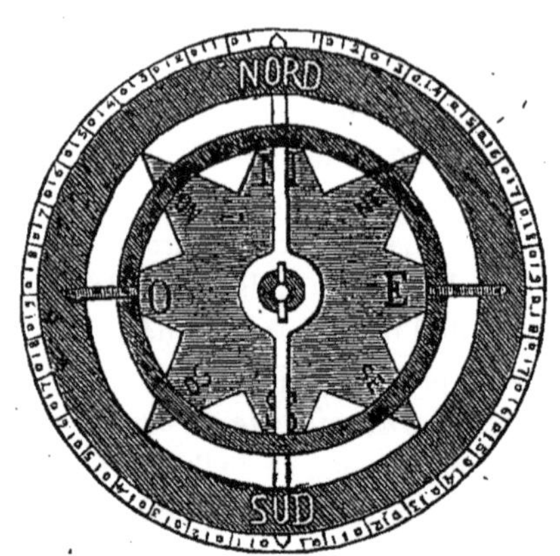

Fig. 60. — BOUSSOLE DUCHEMIN.

est installé à demeure, à l'arrière du navire, près du gouvernail, dans une sorte de boîte ou d'armoire appelée l'*habitacle*. A bord des navires de l'État, l'habitacle est divisé en trois parties : celui du milieu renferme une lampe pour les observations de nuit, ceux de droite et de gauche une boussole, de manière à permettre un contrôle permanent (*fig.* à la page 161).

Sur le bord d'avant de la cuvette, on a tracé un trait vertical, dit *cap du compas*, et parfaitement parallèle à l'axe du vaisseau. En examinant la situation de l'aiguille sur le cadran de la boussole par rapport à la boîte, on sait dans quelle direction la proue du navire se dirige. Le timonier doit maintenir le gouvernail de manière que le *cap* réponde toujours au *rumb* qui lui est ordonné.

En 1873, M. Émile Duchemin soumit à l'Académie des sciences et au ministère de la marine une nouvelle boussole, dans laquelle l'aiguille est remplacée par un cercle d'acier trempé (*fig.* 60). En soumettant des barres d'acier à des *électro-aimants*, on obtient, aux points magnétisés directement, une série de pôles, *points conséquents* (page 144). M. Duchemin a été conduit ainsi à produire des aimants circulaires ou des cercles avec deux

pôles magnétiques à l'extrémité de chaque diamètre. Ce cercle aimanté
est disposé sur pivot ou suspendu par son centre à un fil : un second
cercle aimanté est concentrique au premier, et lui est réuni par une traverse en aluminium ; il augmente la force directrice et la sensibilité de la
boussole ; en outre, il contribue à diminuer la durée des oscillations
autour de la position d'équilibre. Cette boussole est aujourd'hui réglementaire sur les navires de l'État et adoptée déjà par plusieurs marines
étrangères.

COMPAS DES VARIATIONS. — La *déclinaison* de l'aiguille aimantée,
quoique, paraît-il, marquée sur les cartes marines d'Andrea Bianco (1436),
n'était point connue
généralement à la fin
du XVe siècle, car
Christophe Colomb fut
très surpris lorsqu'il
constata, le 13 sep-
tembre 1492, que l'ai-
guille de sa boussole,
au lieu de pointer vers
l'étoile polaire, s'en
écartaït vers la gauche
d'environ 6 degrés. Il
était alors à deux cents

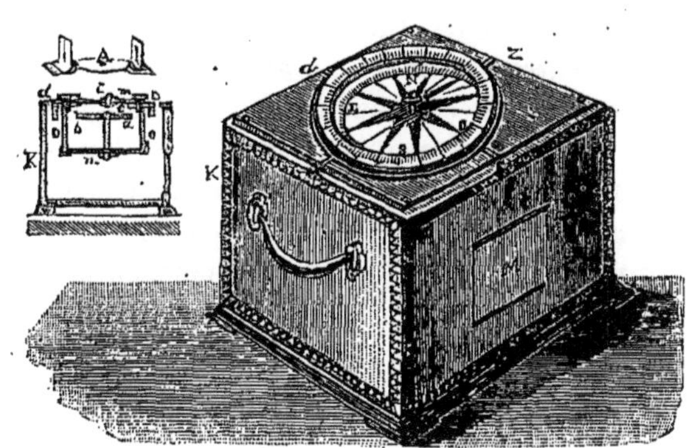

Fig. 61. — COMPAS DES VARIATIONS.

lieues à l'ouest de l'île de Fer. Le lendemain, après avoir toujours navigué
dans la même direction, il trouva que la déviation avait encore augmenté. Les matelots en furent effrayés : « Les lois de la nature, disaient-
ils, étaient bouleversées ; la boussole allait perdre son pouvoir mystérieux. » Colomb dut rassurer ses hommes en leur disant que l'aiguille
tournait autour du pôle comme les astres du firmament.

Georges Hartmann, auteur de divers ouvrages de géométrie et d'as-
trologie, et qui, après avoir voyagé en Italie, se fixa vers 1518 à Nurem-
berg, où il fut nommé vicaire de l'église de Saint-Sebald, fut un des premiers
qui observa la *déclinaison* et aussi *l'inclinaison*, paraît-il ; mais des déterminations un peu exactes furent faites seulement en 1541 à Paris, et
en 1580 à Londres, et ce n'est qu'en 1599 que, d'après les ordres du
prince de Nassau, les navigateurs hollandais dressèrent les premières
tables un peu précises relatives à la *déclinaison*.

Outre le *compas de route*, il y a donc, à bord des navires, le *compas
des variations*, qui a pour objet de déterminer la déclinaison magnétique

(*fig.* 61). L'aiguille aimantée *a b*, très mobile sur son pivot, est fixée sur la face antérieure d'une feuille de talc *t*, sur laquelle est tracée la rose des vents; elle est également maintenue horizontale par une *suspension à la Cardan*, c'est-à-dire soutenue par deux anneaux concentriques mobiles, l'un autour du pivot *c d*, appuyé sur la boîte même, et l'autre autour de *x z*, perpendiculaire au premier et sur l'anneau fixé au point *c d*. Une ouverture M, en cristal dépoli, sert à éclairer la boussole pendant la nuit au moyen d'une lumière placée hors de la boîte, en face du cristal, et qui projette ses rayons à l'intérieur. Le fond *n* de la boîte cylindrique O, dans laquelle est la boussole, est aussi en cristal et donne passage à la lumière pour éclairer la feuille de talc *t*, qui soutient la rose des vents et est transparente. Un autre cristal couvre la boussole et un pied, fixé par son centre, soutient une alidade concentrique A, à pinnules diamétralement opposées. Deux fils croisés à angle droit sont tendus sur le bord de la boîte qui contient l'aiguille, et l'un d'eux donne la direction des fentes des pinnules et par conséquent celle du plan de visée. L'une des pinnules porte à 45° un miroir où l'observateur voit se refléter l'arc et les divisions correspondantes du limbe, en même temps qu'il voit l'astre au travers des fentes des pinnules et d'un trait du miroir où le tain a été enlevé.

Le *compas des variations* est précieux pour les navigateurs; à bord des navires en fer, par exemple, le *compas de route* est sans cesse soumis à des causes perturbatrices, de telle sorte que le marin, pour assurer sa route, est constamment obligé de se livrer à des vérifications astronomiques. L'aiguille n'a plus de direction absolument fixe; son angle avec le méridien varie non seulement avec la latitude, mais encore pour chaque changement du cap du navire. Les corrections que l'on fait subir à l'instrument deviennent quelquefois insuffisantes, et le *compas de route*, loin de venir en aide au navigateur, peut l'induire en erreur et amener des catastrophes. Les méthodes de correction sont d'ailleurs méticuleuses; en Angleterre surtout, plus d'un capitaine de la marine marchande les laisse de côté et se confie, un peu à tout hasard, à sa bonne étoile. On cite la perte du *Glenarchy*, en 1868, vaisseau tout en fer, chargé de 1,200 tonnes de fer laminé, qui sortit de la Clyde et alla s'échouer dans la baie de Dublin. Les fausses indications du compas avaient trompé le capitaine. On attribue aussi à la même cause la perte du transport à vapeur *la Sèvre*, qui a sombré, le 20 février 1870, en doublant le cap de la Hogue.

Il existe aussi des causes locales de déviation. Ainsi en Europe, rapporte M. de Parville, dans une mer très fréquentée, dans l'Adriatique, on a trouvé que l'aiguille aimantée déviait de sa position dans le voisinage de certains rochers d'un angle qui peut atteindre 2 degrés. Il n'en faudrait pas tant pour faire courir à un navire des dangers sé-

L'habitacle sur un navire de guerre (page 159).

rieux. Ce qui se produit dans l'Adriatique doit vraisemblablement se présenter souvent le long des côtes. Ainsi, depuis Corfou jusqu'à Venise, la variation de la boussole est environ de 3 degrés 30 minutes, et des perturbations importantes ont lieu près du mont *Valebit* et près du rocher

Pomo. D'après la disposition générale des lignes *isogones* de l'Adriatique (page 171), Pomo devrait avoir, à notre époque, une déclinaison d'environ 11 degrés, comme cela existe au surplus à droite et à gauche de sa position ; au lieu de cela, l'aiguille aimantée est tout à coup, dans son voisinage, brusquement repoussée vers l'est d'environ 2 degrés ; la matière volcanique du rocher influe probablement sur l'aiguille.

Bouguer avait remarqué déjà ces influences, dues au voisinage de roches volcaniques, lors de son voyage au Pérou, et tous les voyageurs ont confirmé depuis ces observations ; mais les marins ont été longtemps avant de se douter des erreurs occasionnées par le fer même des vaisseaux. Aujourd'hui que les ancres sont plus fortes, que les chaînes, les canons et un grand nombre d'instruments sont, comme la coque même du navire, en fer ou en acier, les déviations sont plus graves, et peuvent devenir si considérables que le compas de route n'est plus d'aucun usage.

Le moyen, à la fois scientifique et pratique, de correction directe de la déviation de l'aiguille aimantée consiste à observer l'amplitude *ortive* ou *occase* du soleil, c'est-à-dire l'arc de l'horizon compris entre l'équateur et cet astre quand il se lève ou quand il se couche, et à relever, en même temps, au moyen du *compas des variations*, le point de l'horizon où il se lève ou où il se couche. La différence entre l'amplitude calculée et l'amplitude observée est précisément la variation.

Mais ces observations d'amplitude du soleil ne peuvent avoir quelque exactitude que lorsque la latitude est faible ; car, dans les hautes latitudes, le soleil décrit un cercle très incliné sur l'horizon, et il en résulte de l'incertitude sur l'instant précis où l'astre se lève ou se couche.

Pour arriver au même résultat, on emploie les observations d'*azimut*. On sait que l'*azimut* est l'angle qu'un plan vertical fait avec le plan méridien, et qu'il est mesuré par l'angle de la trace horizontale de ce plan avec la méridienne. On relève directement, à la boussole, la position d'un astre ; on observe, en outre, la hauteur de cet astre ; on en déduit son azimut. La différence entre l'azimut observé et l'azimut calculé donne la variation cherchée. Trois opérateurs observent simultanément l'azimut, la hauteur et l'heure, et peuvent construire des tables de déviation pour les différents caps sous lesquels le navire est susceptible de naviguer. Mais non seulement ces tables, si laborieusement calculées, ne peuvent pas servir pour d'autres navires, mais encore elles deviennent inexactes, et partant, inutiles, dès que le navire change sensiblement de latitude.

On a proposé beaucoup de dispositions plus ou moins efficaces pour mettre les navigateurs à l'abri des déviations du compas. M. Arson, in-

génieur en chef de la Compagnie du gaz, à Paris, a combiné un système
de compensateurs très curieux ; son appareil a pour effet d'obliger la
cause perturbatrice à corriger elle-même les perturbations de l'aiguille.

M. Dubois, professeur d'hydrographie à l'École navale de Brest, a
présenté une autre solution de ce problème capital, au moyen d'un appareil basé sur des principes de mécanique ; M. Tilley, ingénieur-opticien
anglais, a également construit un instrument dans le but de faciliter les
corrections de route. Nous ne pouvons entrer, sur cet objet, dans des détails qui sortent de notre cadre ;
il nous suffit de les indiquer.

Nous ne parlerons donc ni
des procédés employés pour déterminer les déviations de la boussole en établissant, par des expériences comparées, en rade et à
terre, des tables de déviations de
la boussole de tel ou tel navire, ni
de la plaque d'acier proposée par
Barlow, qui, placée dans un certain point du navire, compenserait
les autres influences, ni du *loch-
boussole* de M. Faye, avec lequel
on aurait la direction exacte de
l'aiguille en lançant la boussole
en mer, hors de l'influence des

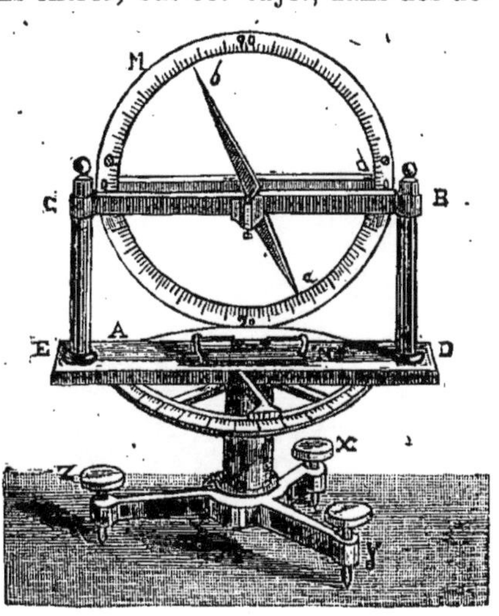

Fig. 62. — BOUSSOLE D'INCLINAISON.

objets placés à bord du navire, ni du moyen proposé par M. Evans
Hopkins pour détruire le magnétisme du bord par une désaimentation
artificielle de la coque et des poutres transversales.

BOUSSOLE D'INCLINAISON. Cette boussole (*fig.* 62) se compose d'un
cercle vertical M, en cuivre, dont le limbe est divisé, et au centre duquel
est un axe horizontal qui soutient l'aiguille *a b* par son centre de gravité.
Ce cercle et l'axe de l'aiguille sont supportés par un cadre BCDE, lequel
est mobile sur un cercle horizontal A qui soutient le pied de l'appareil.
Trois vis calantes, *x y z*, et un niveau à bulle d'air N servent à placer le
cercle A dans le plan de l'horizon. Le cercle vertical M doit toujours être
tourné dans la direction du méridien magnétique lorsqu'on veut observer
l'inclinaison. L'angle *dca*, que forme alors l'aiguille, donne l'inclinaison
cherchée.

BOUSSOLE DES INTENSITÉS. — Cet appareil (*fig.* 63) se compose d'une boîte cylindrique en bois D D, recouverte d'une glace, au centre de laquelle s'élève un tube de verre B ; dans la boîte se trouve l'aiguille aimantée F. A l'extrémité supérieure de ce tube est adapté un petit treuil A, destiné à enrouler le fil de suspension, et qui se compose d'une vis horizontale passant par deux petites traverses verticales. Dans l'intérieur de la boîte est fixé à demeure un arc de cercle en ivoire, ayant une amplitude de 60°, et divisé en degrés. La surface cylindrique est percée de

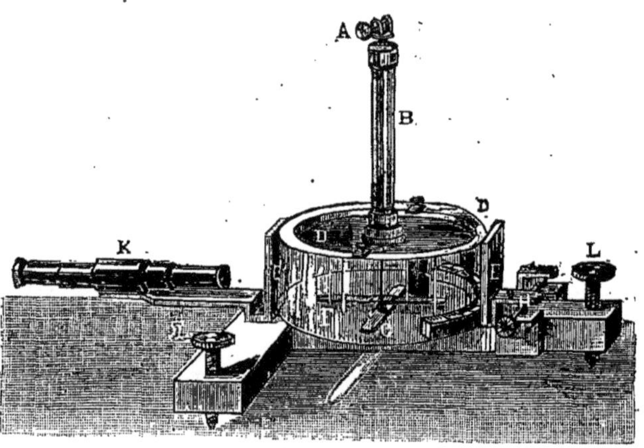

Fig. 63. — BOUSSOLE DES INTENSITÉS.

deux ouvertures E E, diamétralement opposées et correspondantes au 0° de l'arc. Ces deux ouvertures, qui sont fermées par deux plaques de verre, servent à observer les oscillations de l'aiguille au moyen d'un microscope K. Ce microscope glisse dans un cylindre horizontal et peut être rapproché ou éloigné, de manière à le placer au point de vue de l'observateur. A l'extrémité du microscope est une vis de rappel H, destinée à faire coïncider le centre des oscillations avec le point de croisement des fils du microscope. Dans l'intérieur de la boîte se trouve un double levier G, destiné à faire dévier l'aiguille d'un angle donné. Ce levier est muni aux deux extrémités de deux petits cylindres verticaux, au moyen desquels on entraîne l'aiguille. Ce levier se meut au moyen d'un bras I placé au-dessous. L'appareil repose sur un trépied muni de trois vis calantes L L L.

Il n'y a pas de niveau dans cet appareil, parce qu'au moyen des trois vis, on peut déplacer le point de suspension du fil, de sorte que ce point se trouve au centre de l'arc de cercle de suspension. On commence par desserrer deux petites pinces à vis, situées sur la boîte, lesquelles permettent d'enlever le couvercle et le tube. On attache, à la place de l'aiguille aimantée, au fil de suspension qui porte un petit crochet, une plaque de laiton exactement du poids de l'aiguille, afin de détruire la torsion du fil, puis on remet l'aiguille à la place de la plaque. On se sert ensuite du bras du levier pour dévier l'aiguille d'un nombre donné de degrés. On compte les oscillations à l'œil quand elles sont grandes, ou en l'armant d'une lunette, si l'on craint que la chaleur du corps n'influe, ou bien on emploie le microscope si elles sont petites. Or, lorsqu'une aiguille aimantée, horizontale, est dans sa position naturelle d'équilibre, si on l'en écarte, elle y revient en effectuant une suite d'oscillations dont la durée dépend de la résultante des forces magnétiques terrestres dans le lieu où l'on opère, et du degré de magnétisme de l'aiguille. On se sert du temps employé par cette aiguille pour effectuer une oscillation, quand son magnétisme ne change pas, pour déterminer l'intensité de cette résultante ; à cet effet, on fait usage de la formule du pendule (*Pesanteur*, page 114), attendu que l'aiguille qui oscille sous l'influence du magnétisme terrestre se trouve dans les mêmes conditions qu'un pendule oscillant sous l'action de la pesanteur.

Fig. 64. — Boussole d'arpenteur.

APPLICATIONS DIVERSES DES BOUSSOLES. — Outre son usage dans la navigation, la boussole est employée dans diverses circonstances. Au sein d'une forêt épaisse, on peut retrouver son chemin ; au fond des mines, les ouvriers n'ont aucun autre moyen que la boussole pour se diriger à travers leurs galeries dans un sens donné. Les géologues ont des boussoles de poche de la dimension d'une grosse montre, pour reconnaître le gisement des montagnes, des vallées et des collines ; les arpenteurs l'utilisent pour déterminer les angles d'un polygone, mais alors elle prend une forme particulière (*fig.* 64). Une aiguille, mobile sur un pivot, peut parcourir les divisions d'un cercle horizontal. Ce cercle est au fond d'une boîte peu profonde que recouvre un cercle en verre, de telle sorte que le couvercle s'oppose à ce que la chape de l'aiguille puisse quitter complètement le pivot. La boîte est fixée à une planche et supportée par un pied à trois branches au moyen d'un genou à coquille E. Les divisions du cercle gradué sont telles, que la ligne 0° à 180° soit parallèle à l'un des côtés de la planchette. Parallèlement à cette ligne est fixée, sur le bord de la planchette, une lunette LL′, mobile autour de l'axe horizontal H qui est dans le prolongement du diamètre du cercle, lequel passe par la ligne 270° à 90°. Deux niveaux à bulle d'air permettent d'établir le plan de l'appareil horizontalement. Pour mesurer un angle horizontal avec la lunette, on tourne la boîte de façon que la ligne NS coïncide avec la direction de l'aiguille ; on tourne ensuite la boîte jusqu'à ce qu'on vise dans la direction de l'un des côtés de l'angle à mesurer ; la division du cercle vis-à-vis de laquelle l'aiguille est arrêtée est l'*azimut magnétique* du premier côté de l'angle ; on détermine de même l'azimut du second côté. La différence des deux azimuts exprime la valeur de l'angle mesuré.

Pour les reconnaissances militaires, on se sert aussi de petites boussoles, peu exactes, il est vrai, puisqu'à une installation fixe est substituée une observation à la main ; mais suffisantes pour le but que l'on se propose.

La Société royale des sciences d'Upsal a publié cette année un intéressant travail de M. l'ingénieur Thalen, relatif à la recherche des mines de fer par des observations magnétiques. On fait usage, en Suède, de la *boussole des mineurs* pour constater l'existence des minerais de fer et pour trouver la place qu'ils occupent. Cette boussole se compose d'une petite aiguille aimantée contenue dans une boîte hermétiquement fermée. L'aiguille se meut librement sur son point d'appui ; elle reste dans une position horizontale sous l'action magnétique de la terre seule. Lorsqu'on soupçonne l'existence d'une mine de fer, on observe l'inclinaison de cette aiguille en différents points, et l'on admet que la richesse maximum de minerai magnétique est au-dessous du point où l'aiguille se place verticalement. Mais M. Thalen a montré que ce rapport n'est pas généralement vrai. Ce moyen ne donne d'ailleurs aucune indication sur la profondeur du gisement, ni sur la masse du minerai.

Voici la méthode proposée par M. Thalen pour réaliser ces *desiderata*. On se sert d'une *boussole de déclinaison* et d'un aimant, placé convenablement et invariablement relativement à l'aiguille. L'angle de déviation produit par cet aimant est mesuré en des points rapprochés autant que possible, et régulièrement espacés au-dessus du point où l'on suppose la mine. On détermine ainsi partout la composante horizontale de l'action combinée de la force du magnétisme terrestre et de celle du minerai. Ensuite, sur un plan de terrain métallifère, on trace des lignes d'égale intensité ou *isodynamiques*, disposées en deux séries de courbes fermées, entourant les deux points qui répondent à la plus grande et à la plus petite déviation. Une ligne non fermée se trouve entre ces deux points : c'est la *ligne neutre*, correspondant aux points où l'influence magnétique du minerai est nulle. La ligne qui joint les deux points de l'angle maximum et du minimum de déviation indique la direction de la *méridienne magnétique* de la mine. La ligne neutre donne généralement la direction de la couche du minerai. Dans le plus grand nombre des cas, l'intersection de ces deux lignes indique le point où se trouve la richesse maximum du minerai.

Enfin, citons encore le parti que l'on pourrait tirer de l'aiguille aimantée pour prédire les tempêtes. Le barreau aimanté, à l'approche d'un mauvais temps, éprouve des oscillations caractéristiques. L'aiguille aimantée est notamment en avance sur le baromètre, quand un cyclone doit aborder nos côtes par son cercle dangereux ; la baisse du baromètre ne peut survenir que vingt-quatre heures à l'avance ; les mouvements de l'aiguille se produisent plus de trente-six heures avant l'arrivée de la bourrasque. A l'observatoire de Montsouris, on a pu ainsi prédire l'arrivée de quelques tempêtes. L'existence de relations plus ou moins directes entre les mouvements de l'aiguille aimantée et les variations du temps a été admise depuis le commencement du siècle, par divers météorologistes. Aux États-Unis, en Angleterre, divers savants, et en France M. Marié-Davy, relèvent soigneusement ces coïncidences ; on pourra certainement bientôt savoir dans quelles limites on doit compter sur la boussole pour la prévision du temps.

DISTRIBUTION DU MAGNÉTISME TERRESTRE. — Quoique les navigateurs hollandais, entre autres, eussent établi, dès 1599, des tables des variations, ce fut, paraît-il, Hillibrand qui, en 1625, observa avec soin à Londres la *déclinaison* de l'aiguille. Un peu plus tard, en 1698, rapporte M. Radau, le célèbre Halley obtint du roi Guillaume III un navire avec lequel il partit pour un grand voyage, afin de déterminer la position géographique des colonies anglaises et de recueillir des observations magnétiques. Au bout de six mois, on le voit revenir ; tout son équipage avait été malade après qu'on eut passé la ligne, et son lieutenant s'était révolté. Halley reprit la mer ; il revint en 1700 avec une riche moisson d'observations. En y ajoutant celles qui lui étaient fournies par d'autres observateurs, il se crut autorisé à établir, comme faits généraux, que dans toute l'Europe la *déclinaison* de l'aiguille est occidentale ; que, sur le littoral de l'Amérique du Nord, près de la Virginie, dans la Nouvelle-Angleterre et le Newfoundland, elle est également occidentale, et qu'elle augmente à mesure qu'on avance vers le nord, si bien que, dans la baie d'Hudson, elle est de 30°, dans la baie de Baffin, de 57°, mais qu'elle diminue à mesure qu'on avance plus à l'est de ces régions. De ces faits, Halley conclut qu'il existe quelque part, entre l'Europe et les parties septentrionales de l'Amérique, une ligne au delà de laquelle la déclinaison de l'aiguille cesse d'être occidentale et où elle devient orientale. Les observations faites à Sainte-Hélène, au Pérou, au Chili, etc.; le confirmèrent dans cette manière de voir, et il parvint à élever, le premier, l'hypothèse que *notre terre est un aimant avec ses pôles et son équateur.* C'est de cette hypothèse que date le *magnétisme terrestre.*

Il eut alors, le premier encore, l'idée féconde de réunir par des lignes les points d'*égale déclinaison,* et il établit ainsi les premières cartes de distribution du magnétisme terrestre. Plus tard, Mountain, et Desdan en 1740, Wilke en 1768; Hansteen (1) en 1819, publièrent de nouvelles cartes semblables rectifiées. Barlow, en 1830, et le capitaine de vaisseau Duperrey, à la même époque, ont donné les plus récentes et les plus exactes.

De même que les déclinaisons, les *inclinaisons* observées dans les divers lieux du globe peuvent être représentées d'une manière synoptique par un système de courbes reliant les points où l'inclinaison est la même. Pendant longtemps, on ignora l'inclinaison de l'aiguille aimantée; quand on la voyait s'abaisser plus d'un côté que de l'autre, on l'attribuait à ce que le centre de gravité de l'aiguille était mal déterminé. En 1576, Robert Norman, fabricant d'instruments, dans un des faubourgs de Londres, s'étant avisé de mesurer le poids nécessaire pour rétablir l'horizontalité complète d'une aiguille aimantée, trouva que ce poids n'était pas en rapport avec la différence de longueur des deux branches de l'aiguille, et que, par conséquent, cette inclinaison était provoquée par une autre cause que l'inégalité de poids entre les deux côtés de l'aiguille. Il imagina alors le premier une aiguille verticale pour arriver à déterminer la longitude sur mer, au moyen de la boussole. Noël, Pound, Cunningham, Feuillée, etc, découvrirent ensuite les mouvements de l'aiguille d'inclinaison.

L'élément le plus important du magnétisme terrestre, *l'intensité,* fut connu le dernier.

En examinant, en 1723, les oscillations de son compas d'inclinaison, Graham se demanda si ces oscillations obéissaient à une force constante,

---

(1) Hansteen (Christopher), professeur de physique à Christiania (1774-1873). Pendant un demi-siècle, il occupa sa chaire à l'université de Norvège et étudia spécialement le magnétisme terrestre. En 1849, il fit paraître un grand ouvrage sur cette branche de la science; mais, obligé d'éditer l'ouvrage à ses frais, il ne put le continuer et dut s'en tenir à la publication du premier volume. Ses travaux postérieurs ont paru dans les divers recueils consacrés aux recherches physiques.

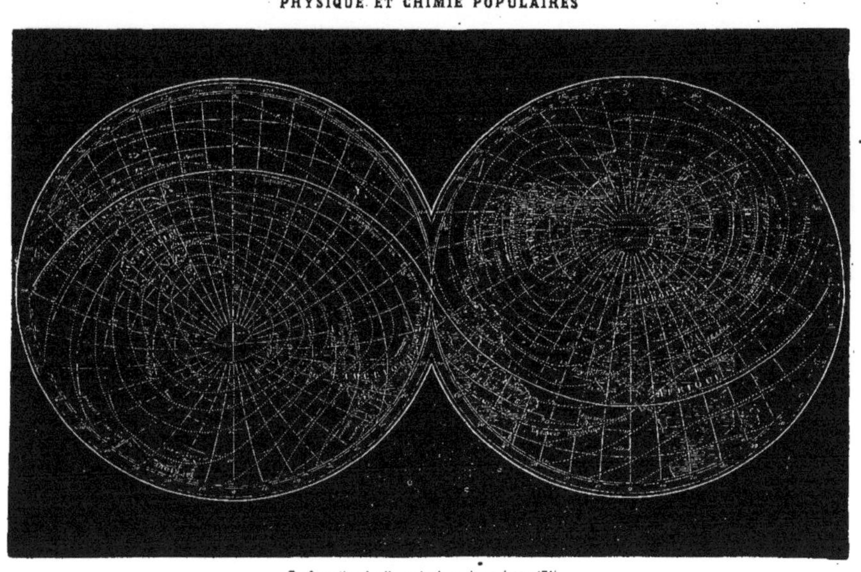

Configuration des lignes isodynamiques (page 171).

analogue à la pesanteur dans les oscillations du pendule, et il conclut négativement. Mallet, en 1769, trouvait que le nombre des oscillations était le même à Saint-Pétersbourg, sous 59° 56 de latitude septentrionale, et à Ponoï, sous 67° 4′ de latitude septentrionale..

Il concluait de là que l'intensité était la même dans toutes les zones, et cette opinion erronée se propagea jusqu'à la fin du xviii° siècle. Avec des instruments plus parfaits, Paul Lamanon, compagnon, ainsi que Borda, de La Peyrouse, dans son célèbre voyage de circumnavigation, en 1780, ·réussit à constater les variations de l'intensité magnétique avec la latitude magnétique. Les détails de ces observations, il les envoya, de Macao, à Condorcet, secrétaire perpétuel de l'Académie des sciences; mais ces détails ont été perdus. Cinq ans après, de Rossel, parti avec l'amiral d'Entrecasteaux à la recherche de La Peyrouse, constata aussi ces variations; mais ses observations ne furent publiées qu'en 1808, quand de Humboldt eut, de son côté, découvert cette loi pendant son voyage dans les régions équinoxiales de l'Amérique (1798-1803). Sabine, Gay-Lussac, Oltmans, Scoresby, Quetelet (1), Erman, Keepfer, Lamont, Airy, etc., élucidèrent et coordonnèrent tous les éléments trouvés dans ce genre de recherches, et leurs travaux permirent de dresser aussi une carte des points d'égale *intensité magnétique* du globe.

Les courbes tracées sur les cartes pour mettre en évidence la distribution du magnétisme terrestre sont appelées *lignes isodynamiques* ou *isodynames, lignes isocliniques* ou *isoclines, lignes isogoniques* ou *isogones*.

Les *lignes isodynames* réunissent tous les points où l'*intensité magnétique* est la même (*carte* à la page 169). Il y a trois points d'intensité maximum : deux dans l'hémisphère boréal; un près de la baie d'Hudson, l'autre dans le nord de la Sibérie, enfin le troisième dans l'hémisphère austral. Il y a deux points où l'intensité est minimum, l'un entre le Brésil et l'Afrique, l'autre près des îles Mulgraves (Polynésie). Les *lignes isodynames* coupent la France sous un angle de 28° environ, en courant de l'est à l'ouest; l'intensité maximum se trouve dans le Pas-de-Calais, l'intensité minimum vers les Pyrénées-Orientales.

Les *lignes isoclines* passent par les points où les inclinaisons magné-

(1) Quetelet (Lambert-Adolphe-Jacques), savant astronome belge (1796-1874), professeur de ·mathématiques à Bruxelles en 1819, puis membre de l'Académie des sciences et secrétaire perpétuel, directeur de l'Observatoire de cette ville. Il s'est particulièrement occupé de météorologie et d'électricité. Ses travaux nombreux ont été recueillis dans les *Archives de l'électricité* et dans les *Archives des sciences physiques de Genève*. C'est à lui que la Belgique doit la création de l'université belge et de l'Observatoire. Il prit une part active au mouvement libéral d'idées philosophiques qui devait produire l'émancipation de la Belgique. Il s'est aussi adonné aux sciences sociales et a publié une *Physique sociale* (1866), une *Théorie des probabilités appliquées aux sciences morales et politiques*, etc.

tiques sont égales; la plus remarquable est l'*équateur magnétique*, où l'inclinaison est nulle. Les lieux où l'inclinaison est de 90°. sont les *pôles magnétiques* : l'un est dans l'hémisphère boréal, au nord de la baie d'Hudson; l'autre, dans l'hémisphère austral, près des côtes de la Nouvelle-Hollande. Les *lignes isoclines* coupent la France sous un angle de 22°.

Les *lignes isogones* réunissent tous les points où la déclinaison est la même. Parmi elles, deux sont remarquables : ce sont les lignes où la déclinaison est nulle ; on peut les regarder comme le prolongement l'une de l'autre ; l'une traverse le continent américain de la mer d'Hudson à la Caroline-du-Sud, de l'embouchure des Amazones à Rio-de-Janeiro ; l'autre, moins régulière, coupe l'Australie, s'incurve à l'ouest de l'Hindoustan, et remonte par le golfe Persique, la mer Caspienne, l'Oural, jusqu'à la mer Blanche. Deux lignes sans déclinaison partagent le globe en deux parties ; celle qui renferme l'Europe et l'Afrique a toutes ses déclinaisons magnétiques occidentales, tandis que dans l'autre elles sont orientales. Il existe en Asie une portion elliptique isolée d'une ligne sans déclinaison, qui enveloppe un espace dans lequel la déclinaison est occidentale. Les *lignes isogones* coupent la France du sud au nord-est.

M. Duperrey emploie un autre système bien plus naturel : c'est celui des *parallèles* et des *méridiens magnétiques*. Pour construire un méridien, on observe en un lieu l'aiguille de déclinaison, on se transporte dans le prolongement de cette direction, on fait une nouvelle observation et on se transporte dans la nouvelle. La succession de ces directions tracée sur une carte forme une ligne polygonale à laquelle on circonscrit une ligne courbe qui est un méridien magnétique. Toutes les lignes perpendiculaires à la succession des méridiens magnétiques sont des parallèles magnétiques. Les méridiens tracés ainsi se rapprochent beaucoup de grands cercles de la sphère. Les parallèles magnétiques diffèrent peu de petits cercles ; l'un d'eux diffère peu de l'équateur magnétique.

VARIATIONS DES COMPOSANTES DE LA FORCE MAGNÉTIQUE DU GLOBE. — VARIATIONS RÉGULIÈRES DE LA DÉCLINAISON. — La déclinaison de l'aiguille aimantée est soumise à des variations séculaires, annuelles, mensuelles et diurnes, qu'on peut considérer comme régulières, et à des variations irrégulières qui se montrent dans certaines circonstances atmosphériques ou terrestres, telles que les aurores boréales et les tremblements de terre.

1° *Variations séculaires.* — Dès 1550, on observa des variations annuelles et séculaires de la déclinaison ; mais on pensait que ces changements provenaient seulement de l'imperfection des moyens d'observation. Ce fut Hellibrand en 1625, puis le P. Tachard en 1683, qui, les premiers, par une suite d'observations longues et continues, démontrèrent que ces variations s'accomplissaient, et même d'une façon très peu uniforme, comme on peut en juger par le tableau suivant des maxima de déclinaison constatés à Paris depuis 1580 :

ANNÉES.	DÉCLINAISONS.	ANNÉES.	DÉCLINAISONS.	ANNÉES.	DÉCLINAISONS.
1580	11°,30′ Est.	1814	22°,34′ (max.)	1828	22°,6′
1618	8°,00′	1816	22°,25′	1829	22°,12′
1666	0°,00′	1817	22°,10′	1832	22°,3′
1678	1°,30′ Ouest.	1818	22°,22′	1835	22°,4′
1700	8°,10′	1819	22°,29′	1849	20°,34′
1767	19°,16′	1822	22°,11′	1850	20°,31′
1780	19°,55′	1823	22°,23′	1851	20°,25′
1785	22°,00′	1824	22°,23′	1864	18°,56′
1805	22°,5′	1825	22°,22′	1874	17°,30′
1813	22°,28′	1827	22°,20′	1879	16°,56′

Par une coïncidence bizarre, l'aiguille aimantée était dirigée vers le vrai nord à l'époque où l'Académie des sciences commençait à tenir ses séances, vers 1666, et, à partir de ce moment jusqu'au premier quart du XIX⁰ siècle, elle a été constamment en s'éloignant, en se tournant du côté du nord-ouest. A l'époque où Ampère, Biot et Arago faisaient leurs grandes découvertes électro-magnétiques, l'aiguille faisait avec le méridien astronomique de Paris un angle d'environ 22°. Pendant les cinquante et quelques années qui se sont écoulées depuis lors, elle s'est rapprochée d'environ 5°, et elle fait actuellement environ 17° seulement. La vitesse moyenne du rapprochement est estimée à 9″ de degré.

M. Marié-Davy a donné, dans l'*Annuaire du Bureau des longitudes* (1) de 1880, des détails intéressants relatifs à la carte magnétique de France. D'après cette carte, les méridiens magnétiques de la France peuvent être considérés comme inclinés d'une quinzaine de degrés sur les méridiens astronomiques, de manière que le pôle nord soit dirigé vers l'ouest.

(1) L'*Annuaire du Bureau des longitudes* est un livre publié chaque année, depuis 1796, par les membres de l'Institut et qui contient un certain nombre d'observations astronomiques et météorologiques extraites de la *Connaissance des temps,* des articles de statistique, des tables où sont consignés les résultats usuels de la physique et des notices sur les faits intéressants de la science accomplis dans l'année. La *Connaissance des temps* est un recueil annuel, publié pour la première fois en 1679 par l'astronome Picard, et, depuis 1795, par le Bureau des longitudes, et donnant, à l'usage des savants, des marins, des ingénieurs, etc., les positions du soleil, de la lune, des planètes, ainsi que des principales étoiles, à certaines époques périodiques, ce qui dispense de faire le calcul des formules exprimant les mouvements des astres.

L'angle des deux méridiens augmente sensiblement à mesure que l'on marche vers l'ouest. En outre, la déclinaison va en augmentant assez régulièrement à mesure que l'on se déplace dans ce sens. Or, au 1er janvier 1879, elle était à Brest de 20°, c'est-à-dire ce qu'elle était à Paris en 1854 ; et, vers les frontières de l'Est, de 15°, ce qu'elle sera dans une cinquantaine d'années à Paris, si le mouvement continue avec la vitesse moyenne qu'elle possède actuellement.

2° *Variations annuelles.* — Ces variations, qui semblent se rattacher à la position du soleil à l'époque des *équinoxes* et des *solstices,* ont été découvertes par Cassini. Il résume ses observations en ces termes :

« A partir du mois d'avril et jusqu'au commencement du mois de juillet, c'est-à-dire pendant tout le temps qui s'écoule entre l'équinoxe du printemps et le solstice d'été, la déclinaison diminue. Après le solstice d'été et jusqu'à l'équinoxe du printemps suivant, l'aiguille reprend son chemin vers l'ouest, de manière qu'en octobre, elle se retrouve, à fort peu de chose près, dans la même direction qu'en mai. En octobre et en mars, le mouvement occidental est plus petit que dans les trois mois précédents. Il résulte de là que, pendant les trois mois qui se sont écoulés entre l'équinoxe du printemps et le solstice d'été, l'aiguille a rétrogradé vers l'est, et que, dans les neuf mois suivants, sa marche générale, au contraire, s'est dirigée vers l'ouest. »

3° *Variations diurnes.* — Signalées par Hellibrand, à Londres, en 1634, par le P. Tachard, en 1682, à Louvo, dans le royaume de Siam, observées soigneusement, en 1722, par Graham et par Celsius et Hiœrter, à Upsala, les variations diurnes n'ont été l'objet d'études suivies qu'à notre époque, depuis le général Sabine et de Humboldt. En Europe, l'extrémité boréale de l'aiguille horizontale marche tous les jours de l'est à l'ouest, depuis le lever du soleil jusque vers une heure après midi, et retourne ensuite vers l'est par un mouvement rétrograde, de manière à reprendre, à très peu près, vers dix heures du soir, la position qu'elle occupait le matin ; pendant la nuit, l'aiguille est presque stationnaire, et recommence le lendemain ses excursions périodiques.

Les *variations diurnes* sont attribuées à l'échauffement du sol, en supposant que la terre soit magnétique et que son action attractive sur l'aiguille aimantée augmente quand le sol est moins chaud. L'action solaire agissant sur l'est avant l'ouest, l'aiguille se dirigera vers l'ouest lorsque le soleil sera à l'orient, et vers l'est quand cet astre sera passé à l'occident. Il en serait de même pour les *variations annuelles,* puisque le maximum de déviation occidentale est dans la saison chaude, et le minimum oriental dans la saison froide. Quant aux *variations séculaires*, elles sont dues, sans doute, à des phénomènes encore inconnus qui se passent à l'intérieur du globe.

VARIATIONS DE L'INCLINAISON. — Comme la déclinaison, l'*inclinaison* est soumise à des variations séculaires, annuelles et diverses; mais les lois de ces variations, étudiées particulièrement par de Humboldt, Arago et Hansteen, ne sont pas encore assez connues pour qu'il y ait intérêt à les présenter ici. Cependant on a fini par comprendre la nécessité de poursuivre à ce sujet des observations simultanées sur un grand nombre de points, et l'on a commencé à établir des observatoires permanents distribués dans toutes les parties du globe. L'Angleterre a aujourd'hui des observatoires bien installés à Greenwich et à Kew, Dublin, Stonyhurst, Toronto (Canada), Sainte-Hélène, cap de Bonne-Espérance, Hobarton (Van-Diémen), Madras, Bombay. La Russie en possède à Saint-Pétersbourg, Kasan, Cathérinenbourg, Barnaoul, Pékin. Citons encore Paris, Montsouris, Marseille, Bruxelles, Rome, Prague, Munich, Cambridge (États-Unis). Il est admis que l'inclinaison pendant l'été est d'environ 15′ plus forte que pendant l'hiver, et d'environ 4′ ou 5′ plus grande avant midi qu'après.

VARIATIONS DE L'INTENSITÉ. — Hansteen paraît être un des premiers qui aient recherché les variations diurnes et annuelles auxquelles l'*intensité* des forces magnétiques terrestres est soumise. Pour étudier ces variations, il s'est servi d'une aiguille cylindrique en acier, de 64 millimètres de long et de 2 millimètres de diamètre; cette aiguille était suspendue à un fil de soie sans torsion, et renfermée dans une boîte au fond de laquelle se trouvait un arc divisé, destiné à mesurer l'amplitude des variations. Or, on sait que *les intensités sont en raison inverse du carré du temps des oscillations.* On peut prendre pour unité l'une quelconque des durées, et exprimer les autres en fonction de celle-là. En mettant cette règle en pratique, Hansteen a obtenu les résultats suivants : 1° L'intensité magnétique est soumise à des variations diurnes ; 2° le minimum de cette intensité a lieu entre 10 et 11 heures du matin, et le maximum entre 4 et 5 heures de l'après-midi; 3° les intensités moyennes mensuelles sont elles-mêmes variables; 4° l'intensité moyenne, vers le solstice d'hiver, surpasse beaucoup l'intensité moyenne donnée par des jours semblablement placés relativement au solstice d'été; 5° les variations d'intensité moyenne d'un mois à l'autre sont à leur minimum en mai et en juin, et à leur maximum vers les équinoxes.

Signalons ici une question, grosse de conséquences, et qui préoccupe sérieusement aujourd'hui les physiciens. On ignore complètement encore si le magnétisme varie quand on s'élève dans l'atmosphère et, pour le savoir, il faut évidemment procéder à des expéditions aériennes nouvelles, qui seraient inutiles si l'on n'y procédait avec des aérostats perfectionnés, construits avec un soin comparable à celui du grand ballon captif de l'exposition de 1878 et pourvus d'une série complète d'appareils et d'instruments. .

Puisque le magnétisme d'un aimant diminue quand on augmente sa température et qu'on peut lui faire subir une diminution notable en le portant à la chaleur rouge, il a semblé naturel d'en tirer la conclusion que le froid augmentait son action magnétique. « Les observations d'intensité, dit M. Lamé dans son *Cours de physique de l'École polytechnique*, faites à différentes hauteurs au-dessus du niveau des mers par M. de Humboldt dans les Andes et dans les Cordillères, et par M. Keepfer dans les montagnes du Caucase, paraissent mettre hors de doute le fait du décroissement de l'intensité magnétique dans les lieux élevés. Lors de leur voyage aérostatique, MM. Gay-Lussac et Biot ont cependant trouvé que ce décroissement était insensible; mais les changements que subit le magnétisme des aimants, par suite des variations de la température, expliquent ce résultat, car les régions élevées de l'atmosphère étant beaucoup plus froides que la surface de la terre, le barreau oscillant devait avoir acquis un excès de magnétisme qui a pu compenser ou déguiser la diminution réelle de l'action magnétique du globe. »

. Lorsque, en 1803, Robertson exécuta son ascension (*Pesanteur*, page 372), il annonça dans son rapport à la Société galvanique de Paris qu'il avait trouvé que le pouvoir magnétique de la terre avait diminué à la hauteur de 4 à 5,000 mètres qu'il avait atteinte. Cette annonce, qui produisit une certaine émotion dans le monde savant, fut une des causes principales de l'ascension que Biot et Gay-Lussac, et plus tard Gay-Lussac seul, exécutèrent en 1804.

Les conclusions de Gay-Lussac, telles qu'elles sont exposées dans son rapport officiel, inséré dans le *Moniteur* de l'an XII, furent contraires à celles de Robertson. Il déclarait qu'il n'avait constaté aucune différence dans les observations faites à la plus haute altitude et celles qu'il avait faites à terre, et la question fut considérée comme ayant été tout à fait réglée par cette expérience. On voit qu'il est nécessaire, au contraire, de renouveler les expériences.

VARIATIONS IRRÉGULIÈRES DE LA DÉCLINAISON. — Le magnétisme terrestre est dans un état continuel d'agitation, comme les flots de la mer. Cela est démontré par les observations de MM. Gauss et Weber en particulier. A côté des grands *orages magnétiques*, comme les appelle M. de

Les aurores boréales d'après le livre de Lycosthène (page 180).

Humboldt, qui se font sentir d'un pôle à l'autre, il existe aussi des tempètes locales qui ne s'étendent que sur des surfaces restreintes, et qui produisent des perturbations magnétiques profondes que les marins désignent sous le nom d'*affolements* de l'aiguille.

Quelques remarques particulières intéressantes doivent être présentées sur cet objet.

En général, les vents les plus violents restent sans influence sur l'aiguille aimantée ; les orages ordinaires ne l'affectent pas davantage. Les tremblements de terre, les éruptions volcaniques, paraissent au contraire souvent s'accompagner des perturbations magnétiques. Bernoulli, en 1767, vit l'inclinaison diminuer d'un demi-degré à la suite d'une secousse terrestre. A. de Humboldt a également constaté que l'inclinaison de l'aiguille avait diminué de près d'un degré après le tremblement de terre de Cumana (4 novembre 1799). Le P. della Torre vit, pendant une éruption du Vésuve, la déclinaison changer de plusieurs degrés ; de nombreuses expériences ont confirmé ces observations. Mais ce qui rend les mouvements anormaux de l'aiguille aimantée si remarquables, dit M. Becquerel, c'est le grand accord que l'on trouve jusqu'aux plus faibles nuances, en différents endroits ; accord qui se montre le même dans tous les lieux d'observation, seulement avec des valeurs différentes. Ces anomalies ne paraissent être que de légers changements dans la grande force magnétique terrestre, dus probablement à des effets magnétiques du globe, ou qui ont lieu peut-être en dehors de notre atmosphère. Si l'on regarde attentivement ces perturbations, on trouve en divers endroits, dans les différents mouvements successifs, des variations considérables sous le rapport de leur grandeur, quoique d'ailleurs la ressemblance soit évidente. Ainsi, par exemple, souvent de deux saillies de courbes graphiques des perturbations dans un endroit, la première est la plus grande, et, dans un autre endroit, au contraire, c'est la seconde. On est donc forcé d'admettre que, dans le même jour et à la même heure, beaucoup de forces agissent, indépendantes peut-être les unes des autres, ayant différents sièges, et dont les actions se confondent dans des proportions fort inégales, en raison de leur position et de leur distance, ou qui peuvent s'influencer réciproquement, de manière que l'une commence à agir, quand l'autre n'a pas encore cessé. Au milieu de ce conflit, il est difficile de suivre la marche du phénomène ; cependant l'on parviendra certainement à démêler ces diverses causes, lorsque la participation aux observations simultanées aura reçu une plus grande extension.

AURORE BORÉALE. — Le météore qui présente les rapports les plus étroits avec les perturbations magnétiques, c'est l'*aurore boréale*. On le sait, l'*aurore boréale* est un phénomène lumineux qui paraît dans le ciel, principalement la nuit et vers les pôles, ce qui le fait aussi appeler *lumière polaire*. Les anciens le connaissaient sous le nom de *torche ardente*.

On l'a appelé *aurore boréale*, en premier lieu parce qu'on l'a d'abord observé du côté du nord ou de la partie boréale du ciel, et que sa lumière, lorsqu'elle est proche de l'horizon, ressemble à celle du point du jour ou de l'aurore.

> .., Le Nord, dans ses vastes domaines,
> Contient de la clarté les plus beàux phénomènes !
> Et qui ne connaît pas, dans ces climats glacés,
> Ces feux par qui du jour les feux sont remplacés ?
> Là, le pôle, entouré de montagnes de neige,
> Conserve de ses nuits le brillant privilège,
> Ces immenses clartés, ces feux éblouissants
> Au sein de l'ombre obscure au loin resplendissants,
> Qui, même avec les cieux où le jour prend naissance,
> Rivalisent de luxe et de magnificence.

On aperçoit rarement ce phénomène dans nos climats, mais assez souvent dans les pays les plus voisins du pôle arctique, en Laponie, en Norvège, en Islande, en Sibérie, où il rompt la monotonie des longues nuits hyperboréennes. On peut dire avec raison que l'aurore boréale est le soleil de ces contrées.

Elle commence à se montrer vers 45° de latitude environ; à partir de là, elle devient plus fréquente à mesure que l'on avance vers le pôle. On la voit dans toutes les saisons et sous toutes les formes; souvent basse et tranquille, étendue sur l'horizon comme un nuage, ou comme une fumée légère, ayant la forme d'un arceau plein qui comprend plusieurs arcs, alternativement obscurs et lumineux, de différentes teintes de lumière et de couleur. Les aurores boréales sont plus fréquentes à l'époque des équinoxes; cependant on n'a pu encore leur assigner une périodicité régulière.

L'aurore boréale fut observée dès la plus haute antiquité. Un passage de la Bible, dans le livre des Macchabées, prouve que les reflets lumineux, mais non méconnaissables de l'aurore boréale sont venus se montrer jusque sous le ciel de la Judée, et que ses feux gracieux ont échauffé l'imagination impressionnable des prophètes :

« On vit des hommes, montés sur des chevaux, courir dans les airs; ils étaient armés de lances comme une bande de soldats, et des troupes de cavaliers se précipitaient au galop les unes contre les autres en faisant retentir leurs boucliers, en agitant une forêt de piques, en tirant leurs épées, en lançant leurs dards. On voyait briller les ornements d'or qui couvraient les combattants. »

On pourrait multiplier les citations prouvant que les apparitions du même genre n'ont pas été rares sous le beau ciel de l'Italie et de la Grèce. Dans les auteurs latins on trouve des détails de prodiges qui ne peuvent évidemment s'appliquer qu'à des aurores boréales :

« A Cassinium, lit-on dans Julius Obsequens, sous le consulat de M. Marcellus et de P. Sulpitius, on vit le soleil pendant plusieurs heures de la nuit. Le même phénomène se produisit à Pisaure, sous le consulat de T. Gracchus et de M. Leventius. Le ciel parut encore en feu sous le consulat de Scipion Nasica et de C. Martius. Sous le consulat de C. Marius et de Q. Lutatius, le jour brilla tout à coup au milieu de la nuit, en Gaule, dans le camp des Romains. Une autre fois, une lueur si intense se répandit à Rome, pendant la nuit, que les ouvriers se levèrent pour travailler, dans la persuasion que le jour était déjà commencé.

» On voit quelquefois dans le ciel, dit Pline, des torches, des lampes ardentes, des lances, des pointes enflammées dans toute leur longueur. On voit encore, et rien n'est d'un plus terrible présage, un incendie qui semble tomber sur la terre en pluie de sang, ainsi qu'il arriva la troisième année de la cent-septième olympiade, lorsque Philippe travaillait à soumettre la Grèce.

» On a vu aussi, écrit-il dans un autre endroit, des armées dans le ciel, paraissant se choquer, et tout le monde a entendu le bruit des armes et le son des trompettes. »

Lycosthène (1) a recueilli toutes les citations constatant les apparitions de ce genre, et son livre nous montre comment les artistes de son temps représentaient ce curieux phénomène (*fig.* à la page 177); car, au moyen âge comme dans l'antiquité, les aurores boréales, ainsi que toutes les choses inexpliquées, étaient regardées comme des signes de la colère céleste, des précurseurs d'aventures sinistres, dont chacun faisait l'application d'après les rêves de son imagination, ses désirs ou ses craintes.

> Longtemps l'erreur les crut, dans ces âpres climats,
> Le reflet des glaçons, des neiges, des frimas,
> Des esprits sulfureux exhalés de la terre,
> Qui présageaient la mort, la discorde ou la guerre,
> Et jusque sur le trône épouvantaient les rois.

Accoutumés à ce spectacle, les Lapons, les Groenlandais, les Kamtschadales n'en sont point émus. Les Groenlandais, qui font jouer aux boules

---

(1) Lycosthène, pseudonyme de Wolffhart (Conrad), savant alsacien (1518-1561), diacre de Saint-Léonard, à Bâle, où il professait la grammaire et la dialectique. Il a donné de savantes éditions d'auteurs latins et quelques ouvrages, parmi lesquels le plus célèbre est son *Prodigiorum et ostentorum chronicon.*

les âmes heureuses dans leur paradis, croient que ces grandes scènes de la nature sont les danses de ces mêmes âmes ; mais les chrétiens avides de pénitence sont effrayés. Vers la fin du xvi° siècle, à la suite de quelques aurores boréales, des troupes de dix à douze mille pénitents vont en pèlerinage à Notre-Dame de Reims et de Liesse, *pour signes vus au ciel et feux en l'air.* Des villages, avec leurs seigneurs, viennent faire *leurs prières et leurs offrandes à la grande église de Paris,* émus, dit le journal de Henri III, *à faire tels pénitentiaux voyages* par les mêmes objets. Les chroniqueurs du moyen âge parlent tous d'armes sanglantes aperçues dans le ciel, comme d'un présage de grands fléaux.

Gassendi vit le premier ce phénomène avec les yeux d'un philosophe ; il l'observa plusieurs fois, et notamment le 12 septembre 1621. Ce fut alors qu'il le décrivit et lui donna le nom d'*aurore boréale.*

L'aurore boréale a été décrite bien souvent en prose et en vers, Delille s'écrie :

> Ils glissent en reflets, s'échappent en lingots,
> Ou d'une mer de feu roulent au loin les flots.
> Ici blanchit l'argent et là jaunit l'opale ;
> Là se mêle à l'azur la pourpre orientale ;
> Tantôt en arc immense ils prennent leur essor,
> Roulent en chars brillants, flottent en drapeaux d'or,
> S'élancent quelquefois en colonnes superbes,
> S'entassent en rochers ou jaillissent en gerbes,
> Et, variant le jeu de leurs reflets divers,
> De leur pompe changeante étonnent ces déserts.

Ampère, le fils de l'illustre physicien, donne cette description d'une aurore boréale qu'il a contemplée :

« Nous aperçûmes tout à coup une lueur vague et blanchâtre répandue dans le ciel. Nous nous demandions si c'était une nuée éclairée par la lune ; mais c'était quelque chose de moins compact encore, de plus indécis : on eût dit la voie lactée ou une lointaine nébuleuse. Tandis que nous hésitions, un point lumineux se forma, s'étendit d'une manière indéterminée, et on vit tout à coup de grandes gerbes, de longs glaives, d'immenses fusées dans le ciel ; puis toutes ces formes se confondaient, et à leur place paraissait une arche lumineuse, d'où tombait une pluie de lumière. Le plus souvent ce qui se passait devant nos yeux ne pouvait se comparer à rien. C'étaient des apparences fugitives, impossibles à décrire et que l'œil avait peine à saisir, tant elles se succédaient, se mêlaient, s'effaçaient rapidement. Jamais on ne pouvait prévoir, une seconde à l'avance, ce qu'allait offrir le kaléidoscope céleste. Ce qu'on croyait voir avait disparu, tandis qu'on cherchait encore à s'en faire une idée distincte. Le merveilleux spectacle semblait toujours finir et recommencer, et il était impossible de saisir le passage d'une décoration à l'autre. On ne les voyait pas apparaître dans le ciel; mais tout à coup elles s'y trouvaient, et il semblait qu'elles y avaient toujours été. En un mot, rien ne peut donner une idée de tout ce qu'il y a de mobile, de capricieux, d'insaisissable dans ces jeux brillants d'une lumière nocturne; et encore la lune, qui se trouvait pleine dans ce moment, nuisait par son éclat à celui de l'aurore boréale. C'est pour cette raison que celle-ci était blanche et pâle. Sans cela, aux variations de formes se seraient jointes les variations de couleurs, les reflets rouges, verts, enflammés, qui donnent souvent aux aurores boréales l'apparence d'un grand incendie. Mais, à cela près, la nôtre fut une des plus riches qu'on pût voir; elle dura plusieurs heures, se renouvelant, se déplaçant, se transformant sans cesse. »

La forme même de l'aurore est susceptible de variétés inouïes qui peuvent tenir aussi bien à la distance à laquelle les observateurs se tiennent du phénomène qu'à la manière même dont elle se produit. Ainsi, nous empruntons à l'ouvrage la *Mer libre du Nord* la description d'une aurore boréale observée par le voyageur Hayes (*fig.* p. 185) :

« J'errais paisiblement parmi les icebergs de l'entrée du port, et, quoique si près de midi, je tâtonnais dans les ténèbres sur une glace raboteuse. Tout à coup, de dessous ce nuage noir qui couvre l'horizon, s'élance un rayon brillant qui illumine l'espace d'une étrange lueur, puis s'étend en laissant l'obscurité encore plus profonde. Bientôt une immense aube de lumière se déploie sur le ciel et renferme la nue sombre dans son énorme cintre. Le jeu des rayons qui jaillissent de sa couche aux franges étincelantes est des plus capricieux et semble mêler les flammes de l'incendie avec les lueurs de l'aube. La lumière se fait toujours plus vive, et, au lieu de croître uniformément, elle donne l'idée d'une marée aux flots mouvementés et multicolores. D'abord calme et paisible, la scène devient bientôt d'une splendeur éclatante. La large coupole du ciel est en feu : l'incendie, plus terrible que celui qui illumina jadis les cieux au-dessus de Troie enflammée, jette ses effrayantes clartés à travers le firmament. Les étoiles pâlissent devant ses merveilleux reflets, comme devant le lever d'un soleil resplendissant. Je vois trembloter et s'avancer tour à tour, puis ensemble, Andromède, Persée, Capella, la Grande-Ourse, Cassiopée, la Lyre et toutes ces belles constellations qui, sans jamais se coucher, décrivent imperturbablement leur cercle régulier autour de la Polaire. Le fond de la lumière est rougeâtre, mais toutes les autres teintes viennent s'y mélanger tour à tour. Des bandes jaunes et bleues se jouent dans ces sinistres clartés; tombant à la fois de l'intérieur de l'arche illuminée, elles se fondent ensemble et jettent dans l'espace des lueurs d'un vert livide, qui, peu à peu, domine le rouge du fond. Le bleu et l'orange se mêlent dans leur course rapide, des stries violettes apparaissent sur la large zone jaunâtre et des myriades de flammes blanches, formées de toutes ces couleurs réunies, s'élèvent vers le zénith, comme vers un centre commun d'attraction. »

L'aurore boréale, dans nos contrées, a, en général, l'apparence d'un brouillard assez obscur vers le nord, avec un peu plus de clarté vers l'ouest que dans le reste du ciel. Ce brouillard prend peu à peu la forme d'un segment de cercle, s'appuyant de chaque côté sur l'horizon ; la partie visible de la circonférence, c'est-à-dire la partie supérieure, est bientôt entourée d'une lumière blanche donnant naissance à un ou plusieurs arcs lumineux ; viennent ensuite des jets et des rayons de lumière diversement colorés, partant du segment obscur, dans lequel il se fait quelquefois quelques brèches éclairées, semblant annoncer un mouvement de fluctuation dans la masse. Quand l'aurore s'est étendue, il se forme une couronne au zénith, où concourent les rayons lumineux. Le phénomène diminue alors d'intensité ; on observe cependant encore de temps à autre des jets de lumière, une couronne et des couleurs plus ou moins vives, tantôt d'un côté du ciel, tantôt de l'autre. Enfin le mouvement cesse, la lueur se rapproche de plus en plus de l'horizon, la nue quitte les diverses parties du ciel et s'arrête vers le nord. Le segment obscur, en se dissipant, devient lumineux ; sa clarté est d'abord assez prononcée près de l'horizon, plus faible au-dessus, et finit par se perdre dans le ciel.

Les aurores boréales ne sont pas circonscrites à notre atmosphère ; car un de ces phénomènes ayant été vu à Pétersbourg, à Naples, à Rome, à Lisbonne, et même à Cadix et dans les lieux intermédiaires, Mairais, dans son *Traité de l'aurore boréale*, trouve qu'elle était éloignée de la terre en ligne verticale au moins de cinquante-sept lieues, et probablement de beaucoup plus. Il estime que ces phénomènes sont ordinairement entre cent et trois cents lieues d'élévation.

L'aurore boréale est évidemment un effet de magnétisme : le sommet de l'arc qu'elle forme se trouve toujours sur le méridien magnétique du lieu de l'observation, ou du moins ne semble pas s'en écarter d'une manière sensible, et la couronne, c'est-à-dire le petit espace à peu près circulaire où se concentrent les rayons, se trouve toujours sur le prolongement de l'aiguille d'inclinaison. Elle dérange de leurs positions ordinaires l'aiguille de déclinaison et l'aiguille d'inclinaison ; et elle produit ces changements même dans les lieux d'où elle ne peut être vue. En général, dès le matin du jour où l'aurore boréale doit se montrer dans quelque région des pôles, l'aiguille de déclinaison de Paris dévie à l'occident, et le soir à l'orient. Arago avait annoncé cette observation dès l'année 1825. Ainsi, le dérangement de l'aiguille de Paris peut indiquer les aurores boréales qui se font voir aux Lapons, aux Groenlandais et à tous les habitants des régions polaires. Le 29 mars 1826, Arago observa des mouvements inaccoutumés dans l'aiguille magnétique; ces mouvements lui firent supposer la présence d'une aurore boréale sous de plus hautes latitudes. Sa conjecture fut pleinement justifiée, car Dalton observait au même moment, à Manchester, ce phénomène lumineux des pôles. Il est démontré que l'aurore boréale exerce également une action très vive sur le télégraphe électrique; l'aimant est rejeté de côté et l'appareil est hors de service pendant plusieurs heures.

Le rôle des aurores boréales est sans doute très considérable en météorologie. Il semble que ces magnifiques phénomènes ont une grande signification au point de vue des symptômes, et qu'aucun changement général ne puisse se produire sans avoir été annoncé de la sorte quelque temps en avance. Aussi parle-t-on d'établir des stations météorologiques dans les régions polaires et déjà la création de quelques-unes de ces stations a été commencée. Les États-Unis d'Amérique ont établi une station au nord d'Ælaska, près de Point-Barrow, et une autre dans la baie lady Franklin. La France a envoyé une mission au cap Horn; les Anglais en ont une au fort Simpson; les Danois à Upernavick (Groenland); les Allemands dans l'île Pendulum (Groenland); les Autrichiens à l'île Jean-Mayen; les Suédois à la baie Mossel (Spitzberg); les Norvégiens à Bossekop; les Hollandais à la baie Mœller (Nouvelle-Zemble) et les Russes à Port-Dikson et à l'embouchure de la Léna. Le célèbre Nordenskiold a observé un certain nombre d'aurores, dans la station voisine du détroit de Behring où la *Véga* a été si inopinément et si étroitement bloquée en 1879. Entre autres, il en a observé deux, l'une le 3 mars, et l'autre, très belle, très brillante et très longue le 20 mars, et cela d'autant plus facilement, que la lune, qui était nouvelle deux jours après, ne venait pas se montrer au-dessus de l'horizon. Or le soleil passait en ce moment à l'équinoxe du printemps. Ces deux apparitions n'ont point été aperçues dans nos climats; mais on peut, jusqu'à un certain point, admettre qu'elles ont marqué l'origine d'un changement de temps notable qui s'est produit deux ou trois jours après. Au mois de février 1879 étaient tombées de grandes pluies qui avaient amené des inondations très désastreuses, à Paris et dans plusieurs villes de nos régions. Ces pluies ont été suivies par une période de temps sec, froid et beau, dont l'aurore du 3 mars pouvait bien avoir annoncé le terme. C'est dans cette crise que de grandes tempêtes ont éclaté sur le nord de l'Écosse, et que de nouvelles inondations, encore plus terribles, ont dévasté Szegedin, en Hongrie. L'aurore du 20 mars a été suivie de tempêtes et de terribles rafales de neige, qui ne se sont pas contentées de fondre sur la partie boréale de l'archipel britannique, mais qui, cette fois, sont descendues jusqu'à nous.

Le bruit produit par les aurores boréales est contesté : Wargentin

L'aurore boréale (page 182).

l'affirme ; mais, entre beaucoup d'autres, Franklin le nie. « Je n'ai jamais pu parvenir, dit M. de Saussure, à entendre aucun bruit particulier, même pendant les aurores boréales les plus grandes et les plus vives, à Skye, une des îles Hébrides, où régnaient le plus grand calme et le plus profond silence. Cependant j'ai recueilli, dans les îles Shetland, de nombreux témoignages à cet égard, d'autant plus remarquables qu'ils étaient entièrement spontanés et nullement influencés pour aucune question de ma part. Des personnes de divers états et conditions, et habitant des districts très éloignés dans ces îles, ont été unanimes à dire que, lorsque l'aurore boréale est forte, elle est accompagnée d'un bruit qu'ils ont tous également et unanimement comparé à celui qui se produit lorsqu'on vanne le blé. »

Aujourd'hui cependant, on croit plus généralement à la production d'un certain bruit par les aurores boréales. L'observation qui a commencé à faire changer d'opinion un grand nombre de physiciens a été faite pendant le siège de Paris, par les deux aéronautes du ballon *la Ville d'Orléans*. Nous avons dit (*Pesanteur*, page 384) que cet aérostat avait été atterrir en Norvège. M. Rollier et son compagnon ont raconté avoir entendu le bruit produit par une aurore boréale dont ils s'étaient approchés pendant leur course aventureuse. Ce récit a été mis sous les yeux de l'Académie des sciences par M. Becquerel. Depuis lors, des observations analogues se sont multipliées dans les régions boréales. Les uns prétendent que ce bruit ressemble à celui d'une robe de soie quand on la froisse; les autres imaginent, au contraire, qu'il est analogue à celui qu'engendrent des flammes agitées par le vent. Évidemment les aérostats pourront servir à cette étude, parce que les sons peuvent être plus facilement perçus en raison de ce que l'aéronaute s'approche matériellement du météore, qu'il se trouve de plus éloigné des bruits de la terre, et qu'il a au-dessus de sa tête une membrane d'une immense étendue, excessivement sonore et susceptible de recueillir tous les bruits qui font vibrer l'air.

Depuis la découverte de l'*analyse spectrale*, on n'a pas manqué de scruter le spectre de l'aurore dans l'espoir d'y trouver quelque renseignement inattendu; mais aucun fait décisif n'a été signalé encore, précisant la nature intime du phénomène.

L'ensemble des faits acquis par la science a été résumé d'une façon tout à fait admirable par M. de La Rive, dans les termes suivants :

« Toutes les observations concourent à démontrer que l'aurore boréale est un phénomène ayant son siège dans notre atmosphère, mais à des hauteurs très grandes, et qui consiste dans la production d'un anneau lumineux ayant pour centre le pôle magnétique; quoique le diamètre de cet anneau soit variable, il a toujours des dimensions considérables. Quelle que soit l'explication que l'on adopte pour l'aurore boréale, elle doit être admise pour l'aurore australe qui se produit dans une position analogue autour de l'autre pôle de la terre. Ces aurores sont produites par des décharges électriques s'opérant dans les régions polaires entre l'électricité négative de la terre et l'électricité positive de l'atmosphère. Tous les phénomènes électro-magnétiques qui accompagnent l'aurore boréale démontrent l'existence de ces décharges et des courants électriques qui en résultent. On produit, du reste, dans l'œuf électrique (*Électricité*, page 70), des apparitions identiques à l'aide de la lumière d'induction placée sous l'influence d'un aimant. »

M. G. Planté a réussi également à produire des phénomènes analogues à ceux des aurores en faisant plonger les pôles de sa pile à haute tension dans un tube en U, plein d'eau salée ; mais ces expériences ne sont pas encore concluantes. Il reste à démontrer que ces décharges peuvent être provoquées par les mouvements des astres considérés comme magnétiques, et que, par conséquent, la lumière du soleil peut être regardée comme le résultat de la rotation des aimants planétaires qui tournent autour de lui dans une magnifique machine d'induction.

Cependant quelques observations semblent donner à penser que ces influences cosmiques sont évidentes. Les aurores, dit M. Radau, ont leur plus grande fréquence aux époques des équinoxes, au commencement et à la fin de la période hivernale. Il y en a très rarement au mois de juin. La fréquence des aurores boréales est, en outre, sujette à une variation séculaire, dont la période paraît être de cinquante-six à soixante ans. Cette période elle-même pourrait se subdiviser en cinq ou six périodes de dix à onze ans, correspondant aux alternatives régulières que présentent à la fois la fréquence des taches solaires et l'amplitude moyenne des variations diverses de la déclinaison. Le parallélisme de ces trois phénomènes, déjà signalé par M. Wolff, a été confirmé par MM. E. Loonns et Allan Bronn; mais il est contesté par M. Faye. En outre, M. Hornstein a reconnu dans les variations magnétiques une période de 26 jours et demi, correspondant à la rotation synodique du soleil, c'est-à-dire au retour du même aspect de la surface solaire. Il serait ainsi démontré que les fluctuations périodiques des aurores boréales aussi bien que des variations de l'aiguille aimantée sont des phénomènes cosmiques dont le siège est le soleil. La lune, elle aussi, produit d'ailleurs une inégalité dans la variation diurne de l'aiguille. On peut même établir un rapprochement entre les variations magnétiques, les taches solaires et les éruptions volcaniques qui suivent, elles aussi, des périodes régulières.

TREMBLEMENTS DE TERRE. — On sait que les *tremblements de terre* sont des trépidations du sol, consistant tantôt en secousses horizontales saccadées, tantôt en oscillations verticales qui se succèdent à de courts intervalles, et qui sont précédées et accompagnées de bruits souterrains comparables au bruit du tonnerre. Ces grandes commotions sont expliquées par des bouillonnements et des explosions de l'incandescence et des vapeurs internes. Mais comme elles s'accompagnent toujours de faits analogues à ceux de l'électricité, il n'est guère possible de ne pas faire entrer celle-ci parmi leurs causes. Ne faut-il pas d'ailleurs une force de ce genre pour activer, dans leur prison, les vapeurs intenses, si ce sont elles qui engendrent les tremblements? Quant aux apparences, toujours ils sont précédés de lueurs étranges, d'éclairs, de formation dans les régions ébranlées de tourbillons et de globes enflammés. A quoi l'ébranlement lui-même ressemble-t-il mieux qu'à une palpitation électrique de la terre elle-même ?

On cite, par exemple, le grand tremblement de terre de Londres de 1749, qui fut accompagné d'un tonnerre prolongé depuis la Tamise jusqu'à Temple-Bar avant l'inclinaison des édifices, et celui de Daventry en 1750, dont la commotion bouleversa, en un instant, 10,000 kilomètres carrés du pays. Ils furent accompagnés des symptômes dont nous parlons, et, avec l'immense majorité des physiciens, le docteur Stukely les expliquait par des variations irrégulières du magnétisme terrestre.

Parmi les tremblements de terre fameux, rappelons celui de Lisbonne, en 1755, qui se fit sentir depuis la Martinique jusqu'en Laponie. La capitale du Portugal fut presque tout entière renversée sur ses habitants dont plus de 40,000 périrent (*fig.* à la page 193). Les plus beaux édifices s'écroulèrent et les vaisseaux furent brisés dans le port. Ce fut le 1ᵉʳ novembre, à neuf heures et demie du matin, par un ciel serein, que la première secousse se fit sentir ; et le terrible phénomène ne dura que sept minutes. On vit les eaux du Tage s'élever de trois mètres à Tolède, éloignée de 44 myriamètres de Lisbonne, et les vagues de la mer montèrent à la hauteur de 19 mètres à Cadix. Ce fléau se fit aussi sentir en Afrique : la terre s'ouvrit près de Maroc : une peuplade d'Arabes fut ensevelie dans les abîmes, et les villes de Fez et de Mequinez ne furent pas moins malheureuses que Lisbonne. En 1783, vingt-neuf bourgs ou villages de la Calabre furent engloutis dans un effondrement gigantesque déterminé par un tremblement de terre ; pendant ceux de 1822, 1835 et 1837, la côte du Chili se souleva sur une étendue de plus de 200 lieues, et elle est demeurée depuis à plusieurs mètres au-dessus de son niveau. Citons encore les tremblements qui désolèrent la province de Caracas en 1812, les environs d'Alep en 1822, les provinces de Murcie et de Valence en 1829, la Guadeloupe en 1843 ; ceux qui détruisirent les villes de Schiraz en 1856 et de Brousse en 1855, 1868 et 1869 et qui, dans cette même année 1869, renversèrent de fond en comble une ville de la Colombie.

Au mois de septembre 1879, on a ressenti à Lyon, vers 7 heures du matin, une secousse de tremblement de terre, d'une durée de deux à trois secondes. Des meubles ont été déplacés, des ustensiles de cuisine se sont entre-choqués, des maisons ont oscillé, etc. Près de l'île Barbe, des murs ont été lézardés. Un horloger de Meximieux, rapporte M. Figuier, a entendu toutes les pendules sonner à la fois ; plusieurs personnes ont été violemment secouées dans leur lit. C'est à l'ouest de la ville que le phénomène s'est produit avec la plus grande intensité. Sur toute la colline qui relie Saint-Irénée à Fourvières, de fortes oscillations ont surpris les habitants. Des secousses analogues avaient déjà été ressenties aux mois de février et de juin 1878.

Établir le rapport qui existe certainement entre les grands phénomènes magnétiques et les astres est l'objet de nombreux travaux. M. Alexis Perrey, de Dijon, dit M. de Parville, a mis depuis longtemps en évidence la relation qui semble exister entre les phases de la lune et les tremblements de terre. Aux syzygies et aux lunes équinoxiales, le nombre moyen des tremblements de terre s'accroît notablement. De notre côté, nous avons appelé l'attention sur certaines coïncidences curieuses entre les bourrasques et les phénomènes intérieurs de la terre. Le plus souvent, quand une tempête bien caractérisée traverse l'Europe, il survient en même temps des tremblements de terre. Le 29 juin 1873, pendant qu'un ouragan d'une extrême violence se déchaînait sur l'Exposition de Vienne, on notait des secousses du sol très singulières dans la haute Italie.

On possède à l'observatoire de Venise des instruments enregistreurs ; on a pu relever exactement l'heure du phénomène, sa durée et le nombre des secousses. Le mouvement du sol était si marqué, que beaucoup de personnes éprouvèrent la même sensation que si elles avaient été transportées tout à coup sur le pont d'un navire par une mer agitée ; il semblait que la terre fût devenue liquide et que les maisons fussent balancées comme des navires qui montent et qui descendent avec la vague. Le phénomène fut heureusement de courte durée. On nota en tout quatorze mouvements : sept ascendants et sept descendants. Chacun d'eux a duré une seconde.

On le voit : ouragan, tempête, tremblement de terre sont survenus simultanément sur un espace considérable, en manifestant leurs effets avec une extrême énergie. On était alors peu éloigné du solstice, le 29 juin, et à cette date correspondait l'apogée lunaire. C'est un exemple de plus en faveur des influences planétaires.

CAUSES DES PHÉNOMÈNES MAGNÉTIQUES TERRESTRES. — On est réduit à des hypothèses sur les causes du magnétisme terrestre.

Hansteen, s'appuyant sur des principes que nous présenterons dans
le livre suivant, prétendait que les phénomènes magnéto-électriques sont
produits par l'induction que les planètes exercent les unes sur les autres,
ce qui n'a rien d'impossible, puisqu'elles sont toutes composées d'éléments
soit magnétiques, soit paramagnétiques ; ce serait le mouvement de la
terre autour du soleil, ainsi que celui de la lune autour de la terre qui produirait le magnétisme terrestre. D'après cette théorie, la terre ne possède
pas moins de deux pôles magnétiques dans chaque hémisphère, de sorte
que l'état magnétique du globe est représenté par deux aimants croisés
l'un sur l'autre et ayant les deux pôles analogues placés vers le même
hémisphère. En adoptant ce mode de représentation, on peut supposer
que le premier montre l'action inductrice du soleil, et le second celle de
la lune, qui est sensiblement moins forte.

Suivant la notation adoptée par Hansteen, on désigne par A et B les
pôles de l'aimant solaire et par a et b les pôles de l'aimant lunaire. Par les
deux mots d'*aimant solaire*, il faut entendre l'électro-aimant produit par
la rotation de la terre autour du soleil, et par *aimant lunaire* celui que
produit la rotation de la lune (A et a désignant les pôles situés dans
l'hémisphère austral et B, b ceux de l'hémisphère boréal). Or, d'après les
déterminations de Hansteen, les pôles principaux de A et de B se trouvaient
en 1775 : le pôle A dans la terre de Van-Diémen, et le pôle B au sud de
la baie d'Hudson ; le pôle a se trouvait au sud de la Terre-de-Feu et le
pôle b dans la Sibérie orientale, au milieu de régions alors peu explorées.
On sait que les positions relatives de la lune et du soleil ne se reproduisent
point exactement tous les ans d'une façon régulière ; aussi la position de
ces pôles ne saurait rester fixée sur la sphère céleste. Chacun de ces
points se déplace en décrivant une orbite qui correspond, pour les pôles A
et B, aux inégalités séculaires du mouvement du soleil, et pour les
pôles a et b, à celles du mouvement de la lune ; de sorte que les grands
nombres que l'astronomie a découverts, et qui se traduisent dans le ciel
par la précession des équinoxes et par le mouvement des nœuds de
l'orbite lunaire, sont réfléchis et répercutés par les mouvements de
l'aiguille aimantée.

Dans cette théorie, la variation diurne est produite par la rotation de
la terre autour de son axe, mouvement dont la vitesse moyenne est bien
inférieure à celle de la translation du soleil dans l'espace, comme un calcul
bien simple peut en convaincre. On comprend donc que cette variation ne
soit qu'une petite fraction du pouvoir magnétique total.

Chacun de ces pôles fait une révolution sur un petit cercle de la sphère terrestre :

$$
\begin{array}{llll}
\text{A en } 4\,320 \text{ ans.} & & 432 \times 10 \\
\text{B} - 1\,728 & - & 432 \times 4 \\
a - 1\,296 & - & 432 \times 3 \\
b - 864 & - & 432 \times 2
\end{array}
$$

Cette théorie conduit à des assimilations théoriques fort intéressantes, qui font involontairement songer aux analogies identiques découvertes par Pythagore dans les lois de l'harmonie. Nous n'insisterons pas sur ce point, qui appartient plutôt à l'astronomie qu'à la physique proprement dite.

L'opinion de Hansteen est adoptée par un grand nombre de physiciens ; toutefois, elle est vivement combattue par d'autres ; ainsi un des astronomes les plus autorisés de l'Angleterre, sir George Biddel Airy, avance dans son *Traité de magnétisme*, que le magnétisme terrestre ne peut être produit par des forces agissant en dehors du sphéroïde terrestre. « Si le magnétisme était produit par une cause extérieure, dit-il, on peut à peine concevoir qu'une grande partie de cette force n'agirait pas suivant des plans parallèles à l'équateur. S'il en était ainsi, les effets de cette force extérieure sur un point donné éprouveraient un grand changement dans la révolution diurne de la terre. En effet, chaque partie de la terre se présenterait successivement sous différents aspects dans le cours d'un seul jour. Or, l'on a constaté que les changements diurnes sont très petits, et qu'à Greenwich, ils équivalent à peine à 2 millièmes de la force horizontale. »

D'autre part, MM. Mascart et Joubert, dans un ouvrage savant publié en 1882, l'*Électricité et le Magnétisme*, écrivent : « L'influence du soleil et de la lune ne paraît pas douteuse ; tout porte à croire, cependant, qu'ils n'agissent pas directement en tant que corps magnétiques... En effet, un astre, quelle que soit la distribution du magnétisme à sa surface, équivaut, pour les points très éloignés, comme ceux de la surface terrestre, à un aimant infiniment petit ou à une sphère uniformément aimantée, c'est-à-dire n'ayant pas de pôles. »

Nous ne pouvons entrer dans le détail des polémiques auxquelles donnent lieu la production des différentes hypothèses ; il nous suffit d'indiquer ce point sur lequel se portent les investigations des savants contemporains.

CHAPITRE III

PROCÉDÉS D'AIMANTATION

AIMANTATION PAR L'ACTION DE LA TERRE. — Aimanter une substance, c'est lui transmettre les propriétés magnétiques, c'est-à-dire celles d'attirer le fer et de se diriger vers le nord. La torsion, l'oxydation, l'action de la lime et presque toutes les actions mécaniques ou chimiques produisent sur le fer doux le même effet que la percussion, c'est-à-dire qu'elles y développent un certain degré de force coercitive. Nous avons vu aussi qu'un morceau de fer doux peut s'aimanter par influence (page 151). Les seules substances qui puissent s'aimanter d'une manière durable sont l'acier trempé et l'oxyde de fer constituant les aimants naturels. L'aimantation peut aussi se produire lentement par l'influence prolongée de la terre ; celle-ci, en effet, agit comme les aimants sur les substances magnétiques. Mais, comme cette influence est très faible, elle ne peut avoir d'effet que sur les substances magnétiques dont la force coercitive est à peu près nulle. Voilà pourquoi l'action de la terre, insensible sur l'acier trempé, est au contraire marquée sur le fer doux. Si l'on prend une barre de fer doux d'environ 1 mètre de longueur, et qu'on la dispose parallèlement à l'aiguille d'inclinaison dans le méridien magnétique, ses deux fluides se séparent ; un pôle austral se forme dans la partie de la barre dirigée vers le nord, tandis qu'un pôle boréal se développe à l'autre extrémité. Mais comme la force coercitive du fer doux est nulle, il suffira de retourner la barre, toujours maintenue dans le méridien magnétique, pour intervertir aussitôt ses deux pôles. Toutefois si, pendant que la barre de fer est sous l'influence du globe terrestre, on frappe quelques coups de marteau sur l'une de ses extrémités, on lui communiquera une certaine force coercitive en vertu de laquelle ses pôles magnétiques pourront se fixer pour quelque temps.

AIMANTATION PAR FRICTIONS. — Le procédé autrefois employé pour aimanter les barreaux d'acier et les aiguilles de boussole est l'*aimantation par frictions*, qui se divise en frictions par *simple touche* par *touche séparée* et par *double touche.*

1° *Méthode de la simple touche.* — Dès le XII° siècle, on construisait des boussoles avec des aiguilles de fer que l'on aimantait par le contact d'un aimant ;

Tremblement de terre de Lisbonne (page 188).

> Qui une aiguille de fer boute
> En un poi de liège, et l'atise
> A la pierre d'aimant bise,

dit un poème attribué à Guillaume le Normand. Et, des siècles auparavant, les poètes Claudius et Lucrèce constataient que le fer s'aimantait par le frottement, et aussi que l'aimant se fortifiait par le contact. Il est vrai que ces derniers ajoutaient que les vertus du contact de l'aimant étaient non seulement matérielles, mais encore morales. Porter un aimant sur soi donnait la faculté de plaire à tout le monde et même le don de l'éloquence ; cela suffisait pour réconcilier les époux brouillés et pour guérir le mal de tête. Mais, au moyen âge, on arrondissait les pierres d'aimant pour les façonner en sphères, sur lesquelles on traçait un équateur, des méridiens et des parallèles, qu'on appelait *microgées* ou *terrelles*, espérant ainsi découvrir les mystérieuses propriétés de la force magnétique. Aujourd'hui, il a été reconnu que la meilleure forme à donner aux aimants est celle du fer à cheval.

Fig. 65. — AIMANTATION PAR DOUBLE TOUCHE.

La méthode de la *simple touche* ne peut convenir que pour des aiguilles de faible dimension ou de petits barreaux, parce qu'elle ne possède qu'une faible puissance d'aimantation. Elle consiste à faire glisser le long du barreau à aimanter le pôle d'un aimant puissant, et à répéter plusieurs fois les frictions dans le même sens et sur les deux faces du barreau. L'extrémité que le pôle de l'aimant mobile quitte la dernière, prend un pôle de nom contraire, tandis que l'autre extrémité prend un pôle de même nom. Ce procédé a, en outre, l'inconvénient de produire des *points conséquents* (page 144).

2° *Méthode de la double touche*. On doit à Mitchell, vers 1750, cette méthode, que perfectionna Æpinus, qui consiste à assembler deux aimants de même force, A et B (*fig.* 65), les pôles contraires en regard, et à les promener simultanément du milieu du barreau *ab* vers l'une de ses extrémités *a*, puis vers l'autre *b*, en formant un angle d'environ 20°, et ainsi de suite. Après un certain nombre de frictions, on revient au point de départ, c'est-à-dire au milieu, et l'on enlève les barreaux. Il faut avoir soin que chacune des moitiés ait subi le même nombre de frictions. Cette méthode a, comme la précédente, l'inconvénient de produire souvent des *points conséquents*.

3° *Méthode de la touche séparée*. En 1745, le docteur anglais Gowan

Knight imagina l'aimantation par la méthode de la touche séparée, méthode dont Serwington Savery avait d'ailleurs fait usage dès 1730. Lorsque Gowan Knight, rapporte M. Radau, présenta en 1746, à la Société royale de Londres, ses aimants artificiels obtenus par un procédé nouveau, il refusa de divulguer la nature de son invention. « On m'en offrirait, dit-il, autant de guinées que j'en pourrais emporter, que je ne donnerais pas mon secret. » Ce n'est qu'après sa mort que Wilson fit connaître le mode d'opération employé. Cependant ses aimants, célèbres par leur puissance, s'étaient répandus partout, et avaient excité l'émulation des physiciens.

C'est ainsi que, vers 1745, Réaumur et Buffon reçurent d'Oxford de petits barreaux « aimantés par un docteur anglais, sans avoir été passés sur une pierre, » et qui soulevaient des poids relativement considérables. Duhamel (1), à qui ces aimants furent communiqués, savait qu'un fabricant d'instruments de mathématiques de

Fig. 66. — AIMANTATION PAR TOUCHE SÉPARÉE.

Paris, nommé Lemaire, possédait également un procédé d'aimantation, d'une grande efficacité. Lemaire magnétisait une lame d'acier en l'attachant sur une autre lame plus longue, et il réunissait plusieurs lames ainsi préparées pour en former un faisceau. Ce fut là le point de départ des recherches de Duhamel sur les avantages qu'on peut tirer des *armatures* pendant l'aimantation.

Dans cette méthode, on commence par poser l'aiguille *b a* qu'on veut aimanter (*fig.* 66) entre les deux pôles contraires A′B′ de deux aimants ou faisceaux magnétiques puissants. On prend ensuite deux autres aimants d'égale force AB, dont on applique les pôles contraires, et dirigés

---

(1) DUHAMEL (J.-P.-François GUILLOT-), savant métallurgiste (1730-1816), professeur à l'École des mines, membre de l'Académie des sciences, inspecteur général des mines. On lui doit de nouveaux procédés par la cémentation de l'acier et l'extraction de l'argent. Il était de la famille de DUHAMEL (Jean-Baptiste), physicien distingué, de l'ordre des Oratoriens (1624-1706), secrétaire perpétuel de l'Académie des sciences depuis sa fondation, et qui, après quelques voyages en Angleterre et en Hollande, publia des ouvrages classiques qui firent pénétrer dans l'enseignement les vérités scientifiques. D'un esprit élevé et tolérant, ce dernier avait vainement tenté de concilier la science et la religion, les philosophes anciens et les philosophes modernes. Il a donné en latin une *Histoire de l'Académie des sciences.*

dans le même sens que ceux des aimants fixes, sur la partie moyenne de l'aiguille, en les inclinant suivant un angle de 25° environ. Cela fait, on écarte les deux aimants mobiles l'un de l'autre en les faisant glisser séparément vers les extrémités de l'aiguille, puis on les soulève et on les reporte au milieu pour les faire glisser encore de la même manière, et ainsi de suite un certain nombre de fois sur les deux faces jusqu'à saturation. Cette méthode n'engendre jamais de points conséquents.

Fig. 67.

AIMANTATION PAR UN ÉLECTRO-AIMANT.

AIMANTATION PAR L'ÉLECTRICITÉ. — Les procédés dont nous venons de parler sont complètement tombés en désuétude. On emploie aujourd'hui presque exclusivement dans les ateliers les deux méthodes suivantes, basées sur des principes que nous développerons ci-après :

1° On se sert d'un *électro-aimant* fixe (*fig.* 67), sur les pôles duquel on fait glisser, alternativement et en sens contraire, le barreau à aimanter. L'effet de cette friction est de développer à l'extrémité qui abandonne l'aimant un pôle de nom contraire à celui qui agit, d'où l'on voit que les frictions inverses sur les deux pôles tendent à produire une aimantation dans le même sens.

2° Quand on veut produire une aimantation assez énergique, l'électro-aimant doit être puissant, et dès

Fig. 68.

AIMANTATION PAR UN COURANT.

lors l'adhérence du barreau est telle, que l'opération devient incommode. D'ailleurs le barreau peut se trouver fortement rayé par la friction. On préfère dans ce cas faire mouvoir le long du barreau une bobine (*fig.* 68) traversée par un courant.

C'est Arago (1) le premier, après les belles découvertes d'Œrsted, qui

(1) ARAGO (Dominique-Jean-François), illustre savant français (1786-1853). Après des études brillantes, pris de goûts militaires, il entra à l'École polytechnique, le premier de la promotion (1803), et en 1805 il en sortit, appelé au Bureau des longitudes en qualité de secrétaire-bibliothécaire de l'Observatoire. L'année suivante, il fut chargé avec M. Biot d'aller compléter la mesure de l'arc

découvrit que l'on pouvait ainsi faire des aimants puissants, en soumettant l'acier et le fer à l'action d'un courant électrique. Une expérience intéressante a été faite en 1875, dans le même ordre d'idées, à l'Académie des sciences, par M. Thomasi. Ce physicien produit des aimants, non plus en soumettant du fer ou de l'acier, comme Arago, à l'action d'une hélice dans laquelle passe un courant électrique, mais en plaçant un barreau dans les spires d'un tube creux au sein duquel circule un jet de vapeur. Un tube de cuivre de 2 à 3 millimètres de diamètre est enroulé en hélice autour d'un cylindre de fer ; on fait passer de la vapeur à 5 ou 6 atmosphères dans le tube, et le morceau de fer s'aimante et conserve son aimantation pendant toute la durée du passage de la vapeur.

Quelle est la cause du phénomène ? M. Thomasi s'en est tenu aux faits, sans insister sur la théorie. Quelques physiciens ont avancé que la vapeur, en circulant, créait un courant thermo-électrique par suite de la différence de température entre la paroi froide extérieure et la paroi chaude intérieure du tube. Il semble que, s'il en était ainsi, l'égalité de température tendant à s'établir, le courant disparaîtrait vite. Il est plus probable que le frottement des gouttelettes de vapeur d'eau, entraînées contre les parois du tube, crée de l'électricité qui aimante les barreaux.

du méridien en Espagne, laissée inachevée par Méchain, et il accomplit cette tâche au milieu des périls les plus grands (*Introduction*, page 34). De retour à Paris (1809), il fut nommé membre de l'Académie des sciences, professeur de géométrie analytique à l'École polytechnique, chargé du cours d'astronomie à l'Observatoire. Député en 1830, membre du gouvernement provisoire en 1847, secrétaire perpétuel de l'Académie des sciences, président de la Société des gens de lettres, Arago fut comblé d'honneurs pendant sa vie, et sa ville natale, Estagel (Pyrénées-Orientales), lui a élevé une statue (page 145). Ses recherches sur la *polarisation de la lumière*, qui lui ont permis de créer la *lunette polariscope*, sa découverte de l'*aimantation du fer par les courants électriques*, ses observations sur les variations de la déclinaison de l'aiguille aimantée et les relations qui unissent ces variations aux orages magnétiques, sur les aurores boréales, ses recherches sur la météorologie et la géographie physique, ont complété ses travaux sur les sciences physiques. Il a reconnu avec M. Dulong que la loi de Mariotte se vérifie pour l'air jusqu'à 27 atmosphères, et concourut avec M. Biot à la détermination exacte du poids spécifique de l'air. En astronomie, citons ses recherches sur la déclinaison de certaines étoiles, l'étude des phénomènes particuliers que présentent les éclipses totales du soleil et la détermination de l'atmosphère de cet astre. Il trouva dans les *interférences* la cause de la scintillation des étoiles et détermina la vitesse de leur lumière, ainsi que celle de la transmission des rayons de différentes couleurs. Mais, plus peut-être que les nombreux ouvrages qu'il a laissés, ce qui rend Arago un homme vraiment digne de son immense gloire, c'est son amour pour le peuple, son désir de mettre la science à la portée des plus humbles pour lesquels il écrivait l'*Astronomie populaire*, les *Biographies*, les *Notices scientifiques*, etc. Pourquoi la popularité d'Arago, tandis que les Laplace et les Lalande sont presque inconnus des masses ? C'est que les méthodes scientifiques de ces hommes de génie ne sont pas identiques ; tandis qu'Arago, tout en ne restant pas inférieur du côté du savoir et des travaux sur la science spéculative, avait pour but la vulgarisation et l'application directe de la science, Laplace et Lalande vivaient au milieu d'abstractions sublimes, parlant un langage inconnu. Arago est le premier qui ait compris que, si les formules sont utiles pour établir les grandes théories, il faut se débarrasser de tout cela lorsqu'on expose les faits au public. Aussi Arago est-il mort entouré de l'affection et de l'admiration de tous, et sa mémoire sera-t-elle toujours l'objet de la vénération des peuples.

d'Armstrong (*Électricité*, page 42), dont les effets sont connus, rend cette hypothèse plus probable.

DISTRIBUTION DU MAGNÉTISME DANS LES AIMANTS. — Dans une lettre adressée en 1607 à Curzio Picchena, Galilée parle d'une pierre d'aimant tout à fait extraordinaire. Elle était si puissante, dit-il, qu'en approchant la pointe d'un cimeterre à une distance égale à l'épaisseur d'une piastre d'argent, on ne pouvait plus la retenir, et même qu'une personne solide, appuyant le cimeterre contre la poitrine, ne pouvait résister à l'entraînement. J'y ai découvert, continue Galilée, un autre effet admirable. Un même pôle attire et repousse le même morceau de fer. A la distance de quatre ou cinq doigts au moins, il attire le fer, puis, à la distance de un doigt, il le repousse. Si l'on place le morceau de fer sur une table et qu'on mette l'aimant très près, le morceau de fer s'écarte et fuit devant l'aimant qu'on pousse derrière lui; mais si l'on retire l'aimant au moment où la distance devient de quatre doigts, le morceau de fer est attiré et suit l'aimant qu'on éloigne, mais il n'approche pas à plus d'un doigt.

Cette pierre d'aimant fut achetée par le grand-duc à prix d'or. On la considérait comme une des plus grandes curiosités du temps. On ne sait pas d'où elle provenait, et encore moins ce qu'elle est devenue. Il est permis de supposer que ce n'était pas une pierre naturelle, mais bien de l'acier aimanté. L'aimant était en effet très puissant et soulevait 6 livres. Mais comment expliquer, en tout cas, cette vertu toute particulière d'attirer et de repousser tout à la fois?

M. Bertrand appela dernièrement l'attention de M. Jamin sur le curieux aimant de Galilée, et le savant professeur de l'École polytechnique est parvenu très simplement, en appliquant ses recherches récentes sur les procédés d'aimantation, à préparer des aimants qui attirent et repoussent à volonté. Le fameux aimant du grand-duc n'offrira plus rien de mystérieux désormais. M. Jamin a montré que l'*aimantation ne pénètre dans le métal qu'à une profondeur limitée*, mais d'autant plus grande que le courant électrique est plus fort. En faisant agir d'abord un courant énergique, puis un second courant inverse, mais plus faible, on superpose dans le barreau d'acier deux aimantations contraires, l'une profonde, l'autre superficielle. Ce n'est pas là une simple vue de l'esprit, car on peut aisément, avec de l'acide sulfurique dilué, détacher la couche superficielle du métal, et, en la dissolvant, enlever aussi le magnétisme de la surface; on retrouve alors l'aimantation profonde. Si l'on ne pousse pas l'opération jusqu'au bout, l'acide attaque, surtout en commençant, les arêtes et les extrémités du barreau, de telle sorte que l'aimantation superficielle, résistant à la surface, l'aimantation profondé et inverse est mise à nu par points aux extrémités.

FORME DES AIMANTS. — ARMURES ET ARMATURES. — Les aimants perdent lentement leurs facultés si celles-ci ne sont pas perpétuellement en jeu ; c'est pourquoi on leur donne des *armures*, c'est-à-dire des pièces de fer doux qu'on met en contact avec les pôles. Soit, par exemple, un aimant naturel (*fig.* 69) : sur les deux faces polaires on place deux lames de fer doux A et B, serties par des pièces de cuivre et se prolongeant par les prismes *p* et *p'* qui deviennent les pôles de l'aimant. Une pièce de fer doux *c*, appelée *contact*, *armure* ou *armature*, est soutenue par la force de l'aimant ainsi qu'un poids qui y est attaché. L'aimant, étant ainsi sans cesse en acti-vité, conserve sa puissance, et celle-ci peut même s'accroître.

Dans un aimant artificiel, rien n'est plus facile que de placer l'arma-ture, puisque l'on sait où sont les pôles, mais il n'en est pas de même d'un aimant naturel, où la position des pôles est in-connue. Il faut commencer d'abord par les déterminer ; on scie ensuite les deux côtés où ils se trouvent, perpendiculairement à l'axe polaire, de manière à conserver la plus grande longueur possible. On polit les faces, puis on leur applique les armures. On est dans l'usage de donner au *contact* 11 millimètres de plus que la distance qui se trouve entre les faces exté-rieures des pieds de l'armure ; on ne lui donne aussi que le tiers de l'épaisseur de l'aimant. L'expérience a indiqué que la surface de contact du *portant* doit être polie et légèrement arrondie, de telle sorte qu'il ne touche l'aimant que par une seule ligne.

Les aimants artificiels en fer à cheval, à égalité de longueur et de largeur, ont une force relative plus grande quand ils sont plus épais, ainsi que cela résulte des expériences de Coulomb ; en outre, quand on aug-mente leurs dimensions, les poids portés par les aimants sont comparati-vement moindres.

Pour donner une idée des limites entre lesquelles les actions sont

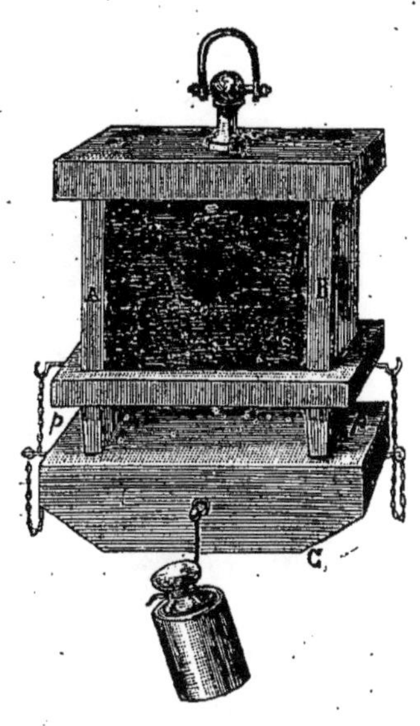

Fig. 69. — AIMANT NATUREL ARMÉ.

comprises, nous citerons les résultats suivants donnés par M. Becquerel, et obtenus dans la construction d'aimants formés de lames d'acier de $0^m,01$ d'épaisseur.

POIDS DE L'AIMANT.	POIDS PORTÉ.	RAPPORT DES POIDS.
1er..... 0 kil. 52	1er...... 14 kil.	27
2e...... 0 — 99	2e....... 23 —	25
3e...... 10 — 40	3e....... 105 —	10

Ainsi, le plus gros aimant a porté 10 fois son poids et le plus petit 27 fois.

On ne peut toutefois fixer aucune règle précise quant au poids porté par les divers aimants, les résultats que l'on obtient dépendant non seulement des dimensions des aimants et de leur poids, mais encore de la trempe de l'acier. Les aimants naturels sont, en général, très faibles; les petits, plus puissants relativement que les grands; ils portent rarement plus de 10 fois leur poids. Cependant leur pouvoir s'accroît si on les garnit d'armatures de fer doux.

FAISCEAUX AIMANTÉS. — On nomme *faisceaux aimantés* (*fig.* 70) un système de barreaux aimantés réunis parallèlement, les pôles du même nom en regard. Tantôt les barreaux sont droits, et alors on a un *faisceau rectiligne*, tantôt ils sont recourbés de manière à rapprocher les pôles contraires et l'on a un *faisceau en fer à cheval*.

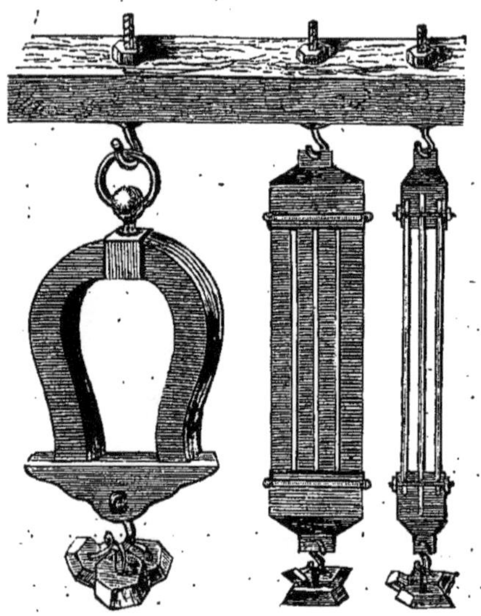

Fig. 70. — FAISCEAUX AIMANTÉS.

OERSTED
VOLTA

LIVRE VII

ÉLECTRICITÉ DYNAMIQUE

CHAPITRE PREMIER

DE LA PILE ET DES COURANTS

EXPÉRIENCE DE GALVANI. — Sulzer (1), dans un ouvrage publié en 1767, et qui a pour titre : *Nouvelle théorie du plaisir*, avait parlé, rapporte M. Hoeffer, de la saveur particulière que font ressentir deux lames de métaux différents, placés dans la bouche, en observant certaines précautions qu'il indiquait. Cette indication resta inaperçue. Dans une lettre datée du 3 octobre 1784, Cotugno (2) raconte que, en voulant disséquer une souris vivante, il reçut une forte commotion dans le bras au moment où il allait ouvrir, avec son scalpel, le ventre de l'animal, et qu'il ne se serait jamais douté qu'une souris fut électrique. Quelque temps après, en 1790, Galvani (3) fit la découverte qui a immortalisé son nom.

Cette découverte a été racontée avec bien des variantes. On rapporte

---

(1) SULZER (Georges), savant professeur suisse (1720-1779), d'abord vicaire d'un curé de campagne, puis maître d'école, obtint une chaire de mathématiques à Berlin, puis devint membre de l'Académie de cette ville. On a de lui des travaux estimés sur la psychologie et les beaux-arts.

(2) COTUGNO (J.-B), professeur d'anatomie à Naples (1742-1808).

(3) GALVANI (Aloys), médecin et physicien italien (1737-1798), fut nommé professeur d'anatomie à Bologne en 1762. Il perdit cette place lors de l'établissement de la République cisalpine, pour n'avoir pas voulu prêter serment au nouveau gouvernement. Il mourut dans l'indigence. Il publia en 1791 le résultat de ses expériences, sous le titre : *De viribus electricitatis in motu musculari commentarius* (in-4°, Bologne).

que, dépouillant des grenouilles pour en préparer un bouillon à sa femme,
Lucia Galeazzi, qui se mourait de la poitrine, il arriva qu'ayant, par
hasard, touché avec deux métaux différents les nerfs lombaires d'une de
ces grenouilles, dont les pattes postérieures avaient été séparées du tronc,
ces deux pattes se contractèrent vivement. On dit encore que Galvani,
ayant disséqué plusieurs grenouilles pour étudier leur système nerveux,
avait suspendu tous les trains de derrière à un balcon en fer, au moyen
d'un crochet en cuivre, engagé dans les nerfs lombaires, et que, toutes les

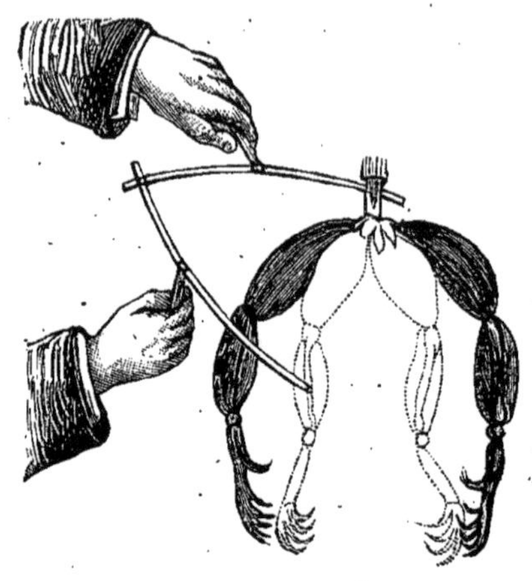

Fig. 71. — EXPÉRIENCE DE GALVANI.

fois que, dans le balancement que le hasard leur imprimait, ces mê-mes nerfs touchaient le fer, il arriva que le phénomène de contraction se produisit. Suivant un autre récit, dans une de ces réunions d'amateurs d'expériences électriques qui se tenaient alors, un jour, dans le laboratoire de Galvani, qui s'occupait alors de l'étude des grenouilles, quelques-uns de ces animaux avaient été placés sur la table de la machine électrique; un des assistants s'amusait à faire tourner la roue et
à tirer des étincelles, sans se préoccuper des grenouilles. Quel ne fut pas
l'étonnement de tous, lorsqu'ils virent, à chaque étincelle, les muscles
de l'animal mort et dépouillé agités de violentes convulsions !

De quelque manière que ce phénomène soit venu à sa connaissance,
Galvani l'étudia avec une rare sagacité, et découvrit bientôt les conditions
nécessaires pour le reproduire à volonté, ce qui est le point important.
Pour faire cette expérience, on enlève d'un coup de ciseaux les bras et
la tête d'une grenouille, puis les membres inférieurs étant rapidement
dépouillés, on laisse tenir ces derniers à la partie supérieure du corps
uniquement par les nerfs cruraux, filets blanchâtres très distincts, qui se
trouvent à la jonction des deux cuisses et suivent la colonne vertébrale
(*fig.* 71); puis, avec un arc formé d'une tige de cuivre et d'une tige de
zinc, on touche à la fois les nerfs cruraux et les muscles lombaires. A
chaque contact les muscles se contractent et s'agitent; on dirait que cette
moitié d'animal reprend vie et veut sauter. Ces convulsions peuvent
être observées quelques heures encore après que la grenouille a cessé de
vivre.

La sensation produite par cette expérience fut profonde dans le monde savant, et l'on adopta de prime abord les idées théoriques émises à ce sujet par le professeur de Bologne sur ces phénomènes. Galvani reconnaissait bien entre l'agent observé par lui et l'électricité la plus grande analogie, mais il en niait l'identité; il croyait que c'était là une électricité d'une nature toute particulière, et, pour la différencier d'avec l'autre, il l'appelait *électricité animale*, et plus tard *galvanisme;* enfin, il avait la prétention d'avoir mis la main sur le *fluide nerveux*, le *fluide vital* :

« Tous les animaux, disait-il, jouissent d'une électricité inhérente à leur économie, qui réside spécialement dans les nerfs, et par lesquels elle est communiquée au corps entier. Elle est sécrétée par le cerveau; la substance intérieure des nerfs est douée d'une vertu conductrice pour cette électricité, et facilite son mouvement et son passage à travers les nerfs ; en même temps l'enduit huileux de ces organes empêche la dissipation du fluide et permet son accumulation. »

Les expériences de Galvani furent répétées dans le monde entier par tous les physiciens. Les médecins, les physiologistes en adoptèrent avec enthousiasme les théories, pensant déjà avoir trouvé le secret de la vie. Hypothèse aussi séduisante qu'elle fut éphémère !

EXPÉRIENCE DE VOLTA. DÉCOUVERTE DE LA PILE. — Volta (1) avait répété l'expérience de Galvani, et constaté que, quand l'arc métallique qui unissait les muscles et les nerfs de la grenouille était formé d'un seul métal, les convulsions étaient à peine sensibles, et, qu'au contraire, elles devenaient très prononcées lorsque l'arc conducteur était formé de deux métaux différents. Il concluait de là que le fluide électrique n'était pas renfermé dans la grenouille, comme le disait Galvani, mais qu'il se développait dans les métaux mêmes. Un débat mémorable s'engagea alors entre Galvani et lui. Chacun des deux savants soutint son opinion et voulut l'étayer de faits nouveaux. C'est ainsi que Volta construisit la pile, de toutes les découvertes modernes la plus féconde en résultats.

Il avait, dès 1794, édifié sa théorie; son esprit, absorbé par cette idée, y revenait sans cesse, cherchant le moyen de confirmer ses assertions par des

---

(1) Volta (Alexandre), célèbre physicien italien (1745-1827), d'abord professeur à Côme, sa ville natale, entretenait à dix-huit ans une correspondance avec l'abbé Nollet, devint professeur de physique à l'université de Pavie en 1779. Bonaparte le fit comte et sénateur du royaume d'Italie, et l'inscrivit le premier sur la liste des membres de l'Institut italique. Il était déjà, depuis 1803, membre correspondant de celui de France. Il a imaginé de nombreux appareils relatifs à l'électricité, mais l'invention de la pile est son principal titre de gloire. Appelé en France après cette découverte, il y reçut la médaille d'or de l'Institut. Il se retira dans la retraite en 1819.

preuves concluantes. Il était alors fort embarrassé par un fait dont il ne pouvait se rendre compte. Il avait mis en contact deux disques, l'un de zinc, l'autre de cuivre, et, sur ces deux métaux, il avait reconnu la présence de l'électricité, mais tous deux étaient électrisés de la même façon, tandis que, d'après la théorie, ils auraient dû l'être d'une façon inverse. Or, un jour, en 1800, il lisait dans un journal de Rome le récit de l'élection du pape Pie VII. Malgré lui, son attention ne pouvait s'attacher à sa lecture, sa pensée se reportait sans cesse vers le phénomène inexplicable. Machinalement ayant détaché un coin du journal et l'ayant mis à sa bouche, il lui vint la fantaisie d'employer à son expérience ce petit morceau de papier humide. Obéissant à cette inspiration, il prit ses disques, et plaça le papier humide sur l'appareil qui lui servait à désigner la nature de l'électricité. La difficulté était vaincue ! Chacun des métaux était électrisé d'une manière différente. Il comprit alors que jusqu'à ce moment il se trompait. Pour reconnaître l'électricité d'un disque, il le mettait en contact avec du laiton qui est du cuivre presque pur. Le cuivre touchant le laiton, deux substances semblables étaient en contact; le zinc touchant le laiton, les deux métaux étaient différents, et le couple primitif, zinc-cuivre, était reproduit. Volta, qui croyait étudier chaque métal séparément, n'observait en réalité que le cuivre. Mais, en touchant le laiton par l'intermédiaire du papier humide, il ne faisait pas intervenir un troisième métal, et rentrait dans les conditions exigées par sa théorie. Dès lors, la pile était inventée (1).

Laissons Volta lui-même rendre compte de son immortelle découverte (2).

« Après avoir bien vu quel degré d'électricité j'obtiens d'une seule de ces couples métalliques à l'aide du condensateur dont je me sers, je passe à montrer qu'avec deux, trois, quatre, etc., couples bien arrangées, c'est-à-dire tournées toutes dans le même sens et communiquant toutes les unes avec les autres par autant de couches humides (qui sont nécessaires pour qu'il n'y ait pas d'actions en sens contraire, comme je l'ai montré), on a justement le double, le triple, le quadruple, etc.; de sorte que si avec une seule couple on arrivait à électriser le condensateur au point de lui faire donner à l'électromètre, par exemple, trois degrés, avec deux couples, on arriverait à six, avec trois à neuf, avec quatre à douze, etc., sinon exactement, du moins à peu près. Voilà donc déjà une petite pile construite ; elle ne donne pas encore des signes à l'électromètre, sans le secours du condensateur. Pour qu'elle en donne immédiatement, pour qu'elle arrive à un

(1) J. Baille, *l'Électricité* (Hachette, 1880).
(2) *Lettre à La Méthérie*, publiée dans le *Journal de physique*, année 1801.

degré entier de tension électrique, qu'on pourra à peine distinguer, étant marqué
par une demi-ligne dont s'écarteront les pointes des paillettes, il faut qu'une telle
pile soit composée d'environ soixante de ces couples de cuivre et de zinc, à raison
d'un soixantième de degré que donne chaque couple. Alors elle donne aussi quelques
secousses si on touche les extrémités avec des doigts qui ne soient pas secs, et de
beaucoup plus fortes si on les touche avec des métaux qu'on empoigne par de larges
surfaces avec des mains bien humides, établissant ainsi une beaucoup meilleure
communication. De cette manière, on peut déjà avoir des commotions d'un appareil, soit à pile, soit à tasse, de vingt et même de trente couples, pourvu que
les métaux soient suffisamment nets et propres,
et surtout que les couches humides interposées ne
soient pas de l'eau simple et pure, mais des solutions salines assez concentrées. »

   · Perfectionnée successivement par Cruikshank, qui imagina de fixer les couples métalliques à une colonne en bois verticale ; par
Parrot, qui donna aux couples métalliques
une disposition horizontale, par Voight, Robertson, Van Marum et une foule d'autres
physiciens, la *pile de Volta,* ou *pile à colonnes,*
se compose (*fig.* 72) d'une série de disques
superposés dont chacun est formé d'une rondelle de cuivre soudée à une rondelle de zinc.
Ces disques sont appelés *couples ;* les couples
sont séparés les uns des autres par des rondelles de drap, mouillé avec de l'eau légèrement aiguisée d'acide sulfurique ; à chacune

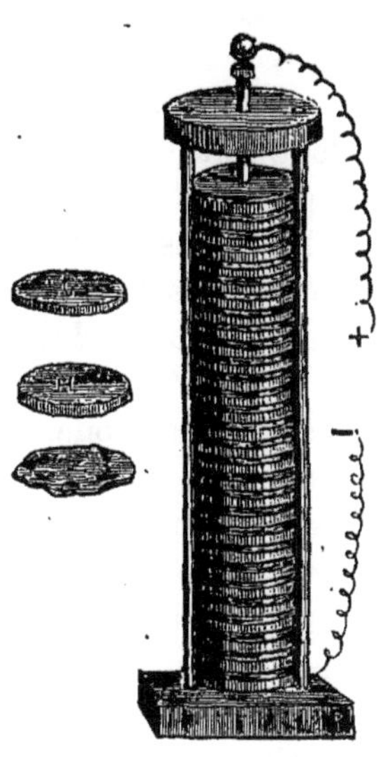

Fig. 72.— PILE A COLONNES.

des extrémités de la pile est attaché un fil métallique : celui qui communique au zinc extrême se charge de fluide *positif*, celui qui aboutit au
cuivre, à l'autre extrémité, de fluide négatif.

   On appelle un *élément* de la pile un métal attaquable, le zinc ; un
corps inattaquable ou peu attaquable, le cuivre, et un liquide attaquant.
Les *pôles* ou *électrodes* sont les extrémités où les électricités s'accumulent ;
le pôle *positif* est désigné sous le nom d'*anode*, l'autre de *négatif* ou
cathode. La circulation d'électricité qui est censée continuer sans cesse
par le fil d'un pôle à l'autre est le *courant ;* ce fil est le *rhéophore*. Enfin,
on nomme *électricité voltaïque* l'électricité dégagée par les piles.

   On ne peut douter que les deux fluides positif et négatif, accumulés
aux deux extrémités de la pile, et se portant l'un vers l'autre pour se
reconstituer quand ils sont en communication, n'agissent de la même

façon aux deux pôles, et qu'en conséquence le fil ne soit incessamment sillonné par deux courants contraires. Le même effet doit se produire également dans la pile; de sorte que le fil conducteur et la pile forment un circuit complet dans lequel se meuvent circulairement et en sens contraire les deux électricités. Mais, pour faciliter les explications, *il est convenu* de ne considérer dans le fil conducteur qu'un seul *courant d'électricité positive,* allant du pôle zinc au pôle cuivre, tandis que le *courant négatif* traverse la pile elle-même pour se porter du pôle cuivre au pôle zinc.

THÉORIE DE LA PILE. — Pour expliquer les effets de son appareil, Volta admettait : 1° qu'au *contact* des deux métaux se développe ce qu'il appelle une *force electromotrice,* séparant les électricités du fluide neutre, et les repoussant chacune dans un sens différent ; 2° qu'il existe des corps conducteurs, mais non électromoteurs, qui peuvent être mis *en contact* avec d'autres sans produire d'électricité, mais qui peuvent conduire facilement ce fluide ; 3° que l'électricité produite par chaque couple se propageait tout entière dans la pile, sans pour cela être être modifiée par l'électricité provenant des autres couples, et que, de cette façon, l'énergie de la pile était proportionnelle au nombre des couples.

Ces idées théoriques, dit fort justement M. Deschanel, ne sauraient supporter un examen sérieux ; elles sont, on peut dire, en contradiction manifeste avec ce qu'il y a de plus fondamental dans la science. S'il y a, en effet, un principe absolu, c'est que les forces physiques ne se créent pas, qu'elles naissent les unes des autres en éprouvant diverses transformations, mais qu'il n'est pas plus en notre pouvoir de les créer ou de les détruire qu'il ne l'est de créer ou de détruire la matière ! Comment comprendre dès lors que le courant, qui est susceptible de produire lui-même des phénomènes actifs de diverses sortes, puisse avoir pour origine le phénomène passif du *contact ?* Cela est tout à fait contradictoire. Mais qu'on regarde fonctionner une pile : à mesure que se produit à l'extérieur de l'appareil le travail propre du courant, on voit à l'intérieur un travail correspondant, dont le premier est la transformation et la conséquence ; c'est le travail chimique. Si donc nous utilisons, pour diverses expériences, la chaleur, la lumière ou une action quelconque, due aux courants, c'est parce qu'un certain travail chimique s'est accompli, lequel s'est partiellement transformé ; ce n'est donc que grâce à une certaine dépense que nous obtenons un effet déterminé, conformément aux principes fondamentaux de la mécanique.

PILES DIVERSES. — La forme de la *pile à colonnes* était trop incommode pour qu'elle pût subsister longtemps ; un des principaux inconvénients provenait de ce que la pression occasionnée par le poids des disques exprimait

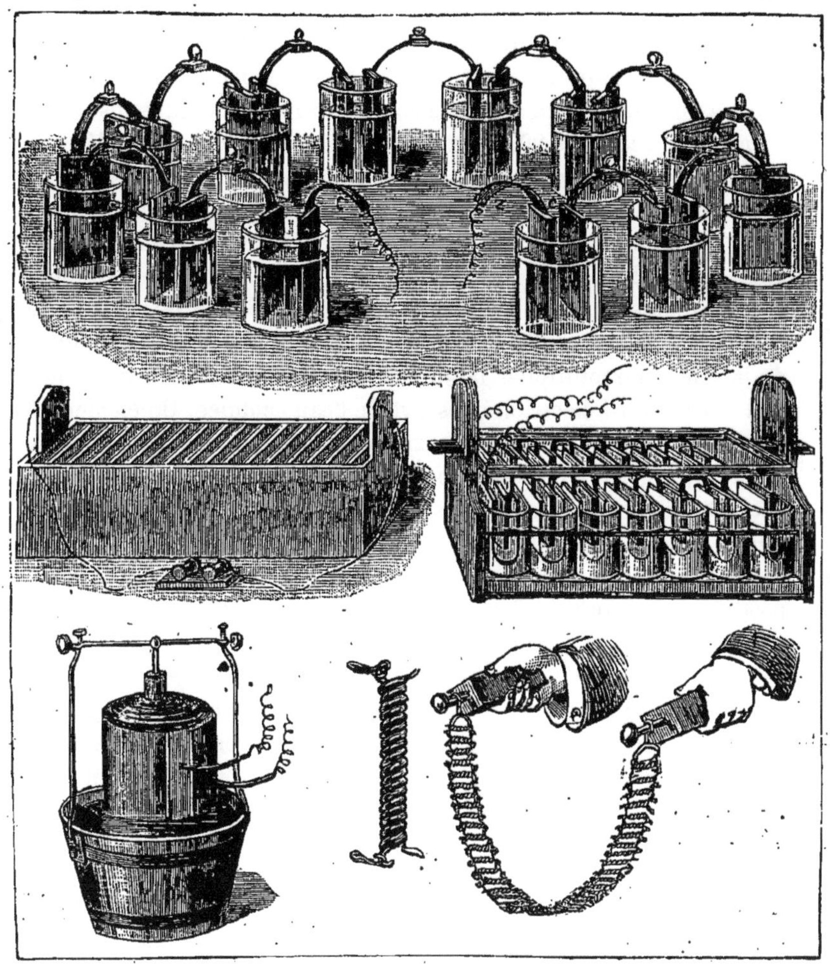

Piles diverses (pages 209 et suivantes).

le liquide des rondelles humides et diminuait peu à peu l'action de la pile. La forme la plus simple d'un perfectionnement consistait donc à placer séparément les parties humides de l'appareil ; aussi Volta lui-même imagina-t-il la *pile à couronne de tasses* (*fig.* à la page 209). Cette pile se -

compose de vases en verre pleins d'eau acidulée par l'acide sulfurique au vingtième ou au trentième, et placés à côté les uns des autres; dans chacun de ces vases plonge l'un des bouts d'une lame mixte formée par la réunion de deux lames de cuivre C et de zinc Z. Chaque vase avec sa dissolution et ses lames de zinc et de cuivre forme un *couple* ou *élément*. Le pôle négatif se trouve à l'extrémité du dernier zinc, le pôle positif au dernier cuivre.

La pile à couronne était encore peu commode à cause des manipulations assez longues qu'elle occasionne ; Cruiskshank lui substitua la *pile à auges* (*fig.* à la page 209). Dans cette pile, les couples, soudés rectangulairement, sont disposés de champ et parallèlement dans une caisse de bois dont les parois intérieures sont enduites d'un vernis non conducteur. L'intervalle compris entre deux couples est rempli d'eau aiguisée d'un acide minéral qui remplace la rondelle humide de la pile à colonnes.

Cette pile fut remplacée par la *pile de Wollaston,* appelée aussi *pile à bocaux* (*fig.* à la page 209), dans le double but de faciliter la manipulation de la pile et de multiplier la surface du cuivre, c'est-à-dire du métal qui sert à recueillir l'électricité positive de l'eau acidulée. Un élément de cette pile se compose d'une lame de zinc entourée par une lame de cuivre qui ne la touche pas, de petits morceaux de bois isolants s'opposant au contact. On plonge l'élément dans un vase en cuivre contenant de l'eau acidulée ; le zinc s'attaque, la force électromotrice se développe au point où l'action chimique a lieu, le fluide négatif se répand sur le zinc, et le positif dans l'eau acidulée où il se trouve recueilli par la lame de cuivre qui devient l'électrode positif. Pour former une pile avec ces éléments, on réunit le zinc d'un élément au cuivre du suivant, le zinc et le cuivre qui restent seuls deviennent les deux pôles. Tous les couples, par les lames qui les relient, sont fixés à un cadre de bois qu'on élève ou qu'on abaisse à volonté entre deux montants de bois. Quand on veut faire fonctionner la pile, on soulève le cadre et avec lui tous les couples, et on maintient tout le système à l'aide de deux goupilles de fer qu'on introduit dans les montants au-dessous des deux poignées du cadre.

Quelquefois on se sert d'un seul élément à la Wollaston, d'une surface assez grande. On a substitué à ce couple isolé un couple en hélice, dont la surface est plus étendue, et qui est destiné à fournir une grande quantité d'électricité à faible tension. Cette *pile en hélice* (*fig.* à la page 209) se forme en roulant autour d'un cylindre en bois deux lames, l'une de cuivre, l'autre de zinc, mais de façon qu'elles restent séparées l'une de l'autre par du drap ou des morceaux de bois. On met ce couple en activité en le plongeant dans un tonneau rempli d'eau acidulée.

Citons encore la forme de piles adoptée par M. Pulvermacher, qui peut être fort commode pour obtenir des effets de tension assez considérables, pour être utilisée comme appareil électro-médical. Chaque couple de cette pile, dite *pile en chaîne,* se compose (*fig.* à la page 209) d'un petit cylindre en bois, dont les dimensions varient depuis 2 centimètres de longueur jusqu'à 5 ou 6, et de 5 à 10 millimètres de diamètre. Deux fils métalliques, l'un en zinc, l'autre en laiton, sont enroulés en hélice autour de ce petit cylindre, mais parallèlement, à 1/2 millimètre de distance et sans se toucher. Le premier aboutit à deux crochets en laiton fixés dans le bois, et le deuxième à deux autres crochets. En plongeant ce système dans du vinaigre ordinaire, les deux métaux et le bois humide constituent un élément voltaïque, qui cesse de fonctionner quand le bois est sec. Si on réunit cinquante ou soixante éléments semblables en les accrochant l'un à l'autre par les pôles de nom contraire, on forme une chaîne qui est une pile voltaïque. On peut aussi disposer quelques-uns de ces petits cylindres parallèlement dans des boîtes en verre ou en bois. Perfectionnées incessamment par leur inventeur, ces piles viennent récemment de recevoir de lui deux importantes modifications. On reprochait à ces piles d'être très vite hors d'usage par suite de l'usure rapide des zincs. M. Pulvermacher a rendu ces zincs mobiles, ce qui permet de les remplacer pour un prix insignifiant. Puis il a imaginé un outil qui lui permet de tresser le fil de zinc et le fil de cuivre en même temps qu'un fil de coton qui sert à les séparer et qui, étant hygrométrique, retient une quantité suffisante d'humidité pour que l'attaque du zinc se produise. Dix à quinze spires de zinc ainsi accolées à autant de spires de cuivre fortement dosées et séparées par le fil de coton forment un élément. La tension obtenue avec cette chaîne est assez forte.

Nous parlerons enfin des piles dites *piles sèches.* Quelque temps après la découverte de Volta, on chercha à ne pas employer de liquide actif. MM. Hachette et Desormes remplacèrent d'abord le liquide dans les piles ordinaires par la colle d'amidon ; quelques années après, Deluc forma une colonne composée de disques de zinc et de papier doré seulement d'un côté, entassés les uns sur les autres, le zinc en contact avec la face dorée du papier. L'humidité du papier suffisait pour charger la pile. Zamboni, en 1812, cherchant le mouvement perpétuel, en plaçant un levier mobile entre deux piles sèches, perfectionna l'appareil Deluc. On entasse, en les pressant fortement les uns contre les autres des milliers de disques de papier, dont l'une des faces est étamée, et l'autre recouverte d'une couche très mince de peroxyde de manganèse, broyé avec un mélange de farine et de lait. L'humidité du papier sert encore à établir la circulation d'électricité, qui, en raison du peu de conductibilité du papier, donne une charge aux deux extrémités de la pile plus lentement que dans les piles ordinaires. Les piles de ce genre cessent de fonctionner au bout d'un certain temps, quand le papier a perdu toute son humidité. On ralentit habituellement cette déperdition en coulant du soufre autour de la pile sèche et en ne laissant à nu que les deux extrémités. On peut, à l'aide de ces piles, charger facilement un condensateur et même obtenir des étincelles ; mais la quantité d'électricité produite étant très petite, les autres effets sont souvent inappréciables. Ces piles n'ont, en conséquence, servi jusqu'ici qu'à provoquer des mouvements continus au moyen des faibles attractions et répulsions qu'exercent les électricités accumulées aux deux pôles, et encore ces mouvements s'arrêtent bientôt.

PILES A COURANT CONSTANT. — Les différentes piles décrites ci-dessus, et qui ont été plus ou moins modifiées par de nombreux physiciens, sont toutes à un seul liquide : l'électricité y est toujours produite par une décomposition de l'eau et une oxydation du zinc. Dans les premiers instants ces piles donnent un courant assez énergique ; mais le courant diminue très rapidement, et l'on ne peut songer à les employer quand il faut une action active et constante. Ce phénomène est dû : 1° à l'affaiblissement de l'action chimique par suite de la neutralisation de l'acide sulfurique à mesure qu'il agit sur le zinc ; 2° à la formation de *courants secondaires* en sens inverses du courant principal par suite de la décomposition du sulfate de zinc déjà formé, d'où résulte le dépôt d'une couche de zinc à la surface des plaques de cuivre.

On a obtenu d'autres piles, dites à *courant constant*, construites avec deux dissolutions différentes séparées l'une de l'autre par des diaphragmes poreux, dans lesquels sont plongés les solides, et avec lesquelles ces inconvénients disparaissent en partie.

La pile inventée par Daniell, et qui porte son nom, est une des premières dont on ait fait usage. Chacun des éléments de cette pile se compose (*fig.* 73) d'un vase extérieur en verre dans lequel est reçu un cylindre en cuivre rouge ouvert à ses deux extrémités et percé de trous latéralement. A la partie supérieure de ce cylindre est une rigole dont le fond est également percé de petits trous. Dans ce cylindre on place un second vase en terre poreuse, lequel contient un autre cylindre en zinc, ouvert aussi par ses deux bouts et amalgamé. Enfin, les deux cylindres de cuivre et de zinc portent chacun une patte en cuivre qui sert à transmettre le courant aux électrodes, qui sont fixés par des vis de pression. Pour mettre cet appareil en activité, on verse dans le vase extérieur en verre une dissolution saturée de sulfate de cuivre, et dans le vase en terre poreuse une autre dissolution de chlorure de sodium ou de sulfate de zinc. On dispose ensuite quelques cristaux de sulfate de cuivre dans la petite rigole circulaire, dont le fond, percé de trous, doit plonger dans la dissolution de cuivre. Ces cristaux ont pour but de maintenir constamment cette dissolution à l'état de saturation. Il suffit, pour former la pile, de réunir un certain nombre de ces éléments en les faisant communiquer par les pôles contraires.

Tant que les deux électrodes ne communiquent pas entre eux, la pile reste inactive; mais aussitôt que la communication est établie, on observe

Fig. 73. — PILE DE DANIELL.

un courant dont l'intensité peut demeurer constante pendant très longtemps.

Voici ce qui se passe dans chaque élément; l'eau est décomposée; son oxygène se combine avec le zinc, qu'il électrise négativement, tandis que l'hydrogène à l'état naissant se porte, à travers le vase en terre poreuse, sur le sulfate de cuivre, qu'il décompose en réduisant son oxyde.

Le dépôt de cuivre sans adhérence et pulvérulent se forme peu à peu sur les parois du cylindre en cuivre, qui s'électrise alors positivement. Quant à l'acide sulfurique provenant de la décomposition du sulfate de cuivre, il se porte sur l'oxyde de zinc pour le transformer en sulfate.

Ainsi, dans cette pile, c'est le zinc qui forme le pôle négatif et le cuivre qui constitue le pôle positif. Dans la pile voltaïque la disposition des pôles est inverse.

M. Marié-Davy a eu l'idée de perfectionner cette pile, déjà modifiée par M. Bréguet. Chaque élément se compose d'un vase extérieur en verre, rempli d'eau pure, dans lequel est reçu un cylindre en zinc ouvert à ses deux extrémités. Dans ce cylindre est un second vase en terre poreuse qui contient un cylindre de charbon des cornues à gaz, lequel plonge dans du sulfate de mercure, réduit en poudre, délayé dans une petite quantité d'eau et renfermé dans le vase de terre poreuse. Cette pile a l'avantage de ne s'user que très lentement et de donner un courant d'une grande constance, ce qui la rend plus commode pour l'usage des télégraphes et autres appareils qui n'ont besoin que d'une pile peu énergique.

Mais la pile dont on fait presque exclusivement usage aujourd'hui dans les cabinets de physique porte le nom de *pile de Bunsen*, et date de 1843. Il faut dire que cette pile n'est qu'une modification de celle de Grove, construite quelques années auparavant; Bunsen (1) n'a fait que remplacer la lame de platine de la pile de Grove par du charbon. D'ailleurs, l'élément primitif de Bunsen n'était même pas tel qu'il est aujourd'hui; il a été modifié successivement par de nombreux constructeurs et l'est encore journellement.

Cette pile se compose, en fait, d'éléments formés d'un vase extérieur plein d'eau acidulée dans lequel plonge un vase de terre poreuse (*fig.* 74); ce vase renferme de l'acide nitrique du commerce

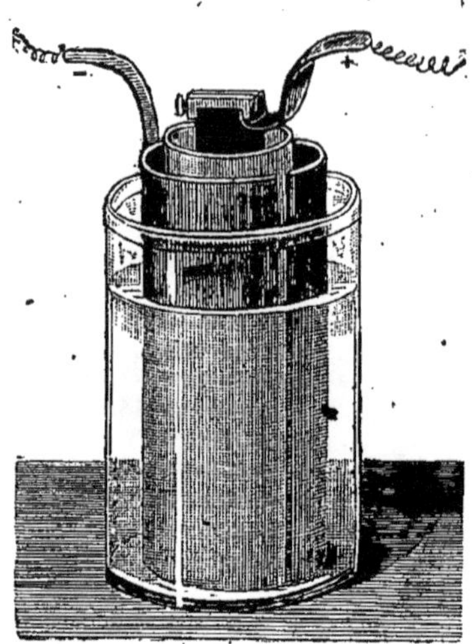

Fig. 74. — ÉLÉMENTS DE BUNSEN.

(à 40°), et l'on y fait plonger un prisme de charbon de cornue; puis on réunit successivement à l'aide de pinces le charbon d'un élément avec le zinc de l'élément suivant; le pôle positif correspond évidemment au dernier charbon et le pôle négatif au dernier zinc.

La pile de Bunsen est surtout employée industriellement en Amérique; en France, on se sert plutôt de la pile Daniell ou de la pile Marié-Davy; cependant, depuis quelques années, on a introduit dans l'usage des télégraphes la pile Leclanché. Dans cet appareil, le vase poreux renferme, au lieu de liquide, une poudre noire très chargée d'oxygène (peroxyde de manganèse). Le liquide acidulé est aussi remplacé par du chlorhydrate d'ammoniaque de Lavoisier, ou quelquefois par du sel marin ordinaire. C'est dans cette dissolution que plonge la tige de zinc. Cette pile a un débit

---

(1) BUNSEN (Robert-Guillaume), chimiste éminent, professeur à l'université de Heidelberg (1811-1860), correspondant de l'Académie des sciences.

très constant, la production d'électricité est très régulière; de plus, la dépense est relativement assez faible, la surveillance et l'entretien faciles. Son seul inconvénient est que le débit est assez faible et qu'il faut associer un grand nombre de couples pour avoir un courant convenable.

Cette pile a encore été perfectionnée récemment, principalement par MM. Clamond et Gaïffe, en substituant le sesquioxyde de fer au peroxyde de manganèse, et par le mode de fabrication qui est plus économique.

Mentionnons encore la *pile au bichromate de potasse.* Ce fut Bunsen qui, le premier, signala à l'attention des électriciens le bichromate de potasse pour remplacer l'acide azotique ; mais, en même temps, il les mettait en garde contre un obstacle qu'il n'avait pu franchir lui-même : l'action de la pile, d'abord d'une incomparable énergie, était éphémère ; presque aussitôt le courant se ralentissait, si bien que la pile s'éteignait au bout de quelques instants. C'est pourquoi Bunsen, tout en faisant grand cas du bichromate de potasse, renonça à s'en servir. Cependant l'énergie du courant avait frappé plus d'un esprit ; si courte qu'elle fût, elle suffisait pour rendre incandescents certains instruments de chirurgie, tels que les cautères olivaires et les couteaux de fer. Aussi deux médecins anglais, Leeson et Warington, reprirent-ils avec quelque succès la première idée de Bunsen. Mais ce fut Poggendorf, déjà

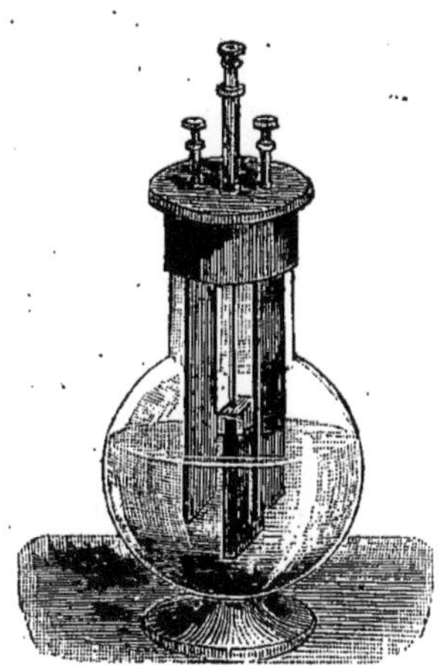

Fig. 75.

PILE AU BICHROMATE
DE POTASSE.

connu par ses travaux sur le magnétisme, qui jeta sur la question une vive lumière en publiant un mémoire sur ces piles. Alors, on construisit facilement les piles au bichromate de potasse. L'élément est formé d'un ballon (*fig.* 75), contenant une dissolution de 3 parties de bichromate de potasse et de 4 parties d'acide sulfurique dans 18 parties d'eau. Dans le liquide, on fait plonger une double lame de zinc dans l'intérieur de laquelle est disposée une lame de charbon ou deux lames charbon et entre elles une lame de zinc. La double lame communique métalliquement avec une borne, placée sur le couvercle en substance isolante qui ferme le vase et qui sert de pôle positif. La tige qui supporte la lame de zinc passe à frottement doux dans un anneau métallique, réuni à une seconde borne qui sert de pôle négatif. Lorsqu'on veut suspendre l'action de la pile, on soulève la lame de zinc, afin de supprimer son contact avec le liquide.

AMALGAMATION DU ZINC. — Dans une pile en activité, le travail, produit à l'extérieur, correspond à l'oxydation du zinc. Si l'on met du zinc ordinaire, l'action trop vive de l'acide sulfurique donne une consommation de celui-ci sans effet utile; de plus, certains courants produits peuvent être inverses de celui de la pile et le détruire partiellement. Il faudrait du zinc chimiquement pur, mais son emploi serait trop coûteux; c'est pourquoi on se sert de zinc *amalgamé*, c'est-à-dire combiné à sa surface avec une petite quantité de mercure. Dans ce cas, le zinc n'est attaqué par l'acide sulfurique que lorsque les pôles de la pile communiquent, et il présente de plus l'avantage de donner naissance à un courant plus intense et plus régulier.

PILES THERMO-ÉLECTRIQUES. — Le problème de la transformation directe du calorique en électricité a été admirablement résolu en 1873 par M. Clamond. Voici comment l'auteur décrit son système (1) :

« Avant d'entrer dans les détails techniques concernant mon appareil, je crois, dit-il, devoir jeter un regard rétrospectif sur la question. Les courants thermo-électriques, découverts par Seebeck (*Chaleur*, page 485) ont été l'objet d'études très approfondies de la part de savants distingués, entre autres MM. Marais et Becquerel. Ce dernier a longuement et minutieusement étudié les lois du développement des courants thermo-électriques dans des substances différentes et à diverses températures, et récemment son fils, M. Edmond Becquerel, a fait connaître une pile thermo-électrique d'une intensité remarquable.

« Avec son thermomètre thermo-électrique, M. Becquerel faisait, en 1858, dans son pavillon météorologique et climatologique du Jardin des Plantes, de précieuses observations relatives aux influences physiologiques de la chaleur et de la lumière sur les animaux et les végétaux. Il l'utilisait surtout pour mesurer exactement la température des parties intérieures du corps de l'homme et des animaux, et publia des observations sur les variations de la température des végétaux. Ce thermomètre se construit avec deux fils, l'un de fer, l'autre de cuivre, et un galvanomètre; en maintenant les deux soudures à une égale température, l'aiguille aimantée, également sollicitée par deux courants en sens contraire, se met à zéro; et la seule cause qui reste de variation n'étant plus que la chaleur de l'atmosphère ou du corps en expérience, on obtient, à un dixième de degré près, la mesure de cette chaleur dans des lieux plus ou moins éloignés de celui où l'on travaille. Cependant l'intensité du courant obtenu était trop faible pour

---

(1) Comptes rendus de l'Académie des sciences (20 avril 1874).

pouvoir établir sur les piles thermo-électriques des appareils industriellement utilisables.

» Le premier essai d'appareil pratique fut fait par M. Farmer, qui produisit deux de ses modèles à l'Exposition universelle de 1857. Ces appareils, réellement

AMPÈRE

remarquables, avaient le défaut de perdre rapidement leur force. Les barreaux, excessivement fragiles, se brisaient en se refroidissant. Le 31 mai 1869, M. Becquerel présentait à l'Institut une pile thermo-électrique que j'avais construite, en collaboration de M. Mure, avec des couples de galène et des lames de fer. Il consta-

tait en même temps que l'affaiblissement du courant provenait, non de la diminution de la force électro-motrice, mais de l'augmentation de la résistance de l'appareil.
Je dois dire, pour rendre justice à mon collaborateur d'alors, M. Mure, que, si nos
efforts communs ne parvinrent pas à rendre les piles à galène durables, ils contri-
buèrent à donner aux barreaux et à l'ensemble de la pile une disposition que j'ai
conservée, n'en ayant pas trouvé de meilleure.

» Les recherches que j'ai faites par la suite m'ont prouvé que l'augmentation
de la résistance intérieure était due à deux causes :

Fig. 76. — Pile thermo-électrique de M. Clamond. (Vue en perspective.)

» 1° Oxydation des contacts des lames polaires avec le barreau cristallisé sous
l'influence de la chaleur.

» 2° Fendillation du barreau et séparation de ces différentes parties suivant
des plans perpendiculaires à sa longueur.

» J'ai évité le premier inconvénient par une disposition particulière de l'attache
de la lame polaire. A cet effet, la lame métallique, découpée au balancier, est
repliée sur elle-même de manière à présenter une ou plusieurs charnières (fig. 76);
ces charnières, prises dans la coulée, se trouvent d'abord enveloppées par le
métal, qui s'introduit dans leur intérieur et forme ainsi des noyaux métalliques.
Ces derniers, se dilatant plus que les charnières, pressent constamment contre
elles, de sorte que l'action de la chaleur ne tend qu'à raffermir les contacts.

» Quant au second inconvénient, il était bien plus difficile à constater et à
éviter. Lorsqu'on coule un corps thermo-électrique, soit un métal, soit un sulfure

métallique, dans un moule froid de forme cubique, il se forme trois plans de sépa-ration, parallèles aux faces du cube, de sorte que l'on obtient, par le fait, huit cubes séparés. Ces séparations ne sont pas visibles de prime abord ; mais, après avoir chauffé plusieurs fois de suite la masse, on constate, en la brisant, l'exis-tence de ces trois plans par des couches noires provenant de l'oxydation de ces surfaces intérieures. Ce fait peut s'expliquer en ce sens, que les corps thermo-électriques, étant dépourvus d'élasticité, et tous plus ou moins cassants, se séparent en parties distinctes qui cristallisent contre les parois du moule. Les corps thermo-électriques, coulés dans des moules froids, sont excessivement fragiles. On a cru, en faisant recuire ces barreaux, améliorer leur condition physique. Le recuit donne au barreau un aspect plus solide, mais ne fait que développer les fentes qui se sont formées par la coulée. J'ai monté des piles avec des barreaux recuits et d'autres non recuits, soit en galène, soit en alliage métallique, et j'ai toujours remarqué que les barreaux recuits faiblissaient plus rapidement encore que les autres. Les conditions à remplir pour obtenir des barreaux homogènes sont les suivantes : annihiler l'influence des parois du moule et empêcher le plus possible la cristallisation.

» J'ai employé à cet effet un procédé analogue à celui qui est usité pour donner aux bougies stéariques de la solidité en empêchant la cristallisation. Le moule étant chauffé à une température très voisine du point de fusion de la sub-stance thermo-électrique, celle-ci est coulée elle-même très près de son point de solidification.

» J'ai adopté, pour la confection de mes couples, l'alliage de zinc et d'antimoine, employé par Marois, et des lames de fer pour armatures. J'ai adopté l'alliage anti-moine et zinc, parce qu'il est bon conducteur de l'électricité, et parce que la température de son point de fusion rend plus pratique et plus facile à réaliser mon mode de coulage.

» J'emploie le fer préalablement au cuivre et à l'argent, parce que ces derniers métaux sont attaqués, dissous par l'alliage, et que les armartures qu'ils consti-tuent sont mises rapidement hors de service ; le fer, au contraire, résiste très bien.

» Ainsi construits, les barreaux thermo-électriques ont dû constituer des piles qui ne sont plus sujettes à détérioration. J'ai dû à l'obligeance de M. Jamin la faculté de faire fonctionner ces appareils dans son laboratoire de la Sorbonne, et d'y continuer mes études et mes travaux. C'est ainsi qu'un de mes appareils y a fonctionné six mois sans éprouver de variations.

» Voici du reste la description de l'appareil.

» Le tout forme un cylindre, dont l'intérieur est luté avec de l'amiante et chauffé au moyen d'un tuyau en terre réfractaire, percé de trous. Le gaz, mélangé à l'air, sort de l'intérieur de ce tuyau et vient brûler dans l'espace annulaire com-pris entre le tube et les barreaux. Les extrémités des couronnes viennent aboutir à des pinces en cuivre fixées sur deux planchettes. Les couronnes peuvent être accouplées en tension ou en surface : la surface que peut recouvrir chaque couronne est de 7 décimètres carrés, ce qui fait 35 centimètres carrés pour toute la pile. On obtient alors un dépôt moyen de 20 grammes à l'heure de cuivre de bonne qualité. La dépense du gaz est réglée au moyen d'un régulateur, qui la rend invariable et la met à l'abri des variations de pression.

» Ainsi disposée et construite, la pile marche des mois entiers sans entretien ni surveillance, fournissant un courant absolument constant. »

Cette pile électro-thermique est employée à l'imprimerie de la Banque de France, dans les ateliers galvanoplastiques que MM. Goupil et C⁰ ont installés à Asnières pour des opérations d'héliogravure; partout elle donne d'excellents résultats.

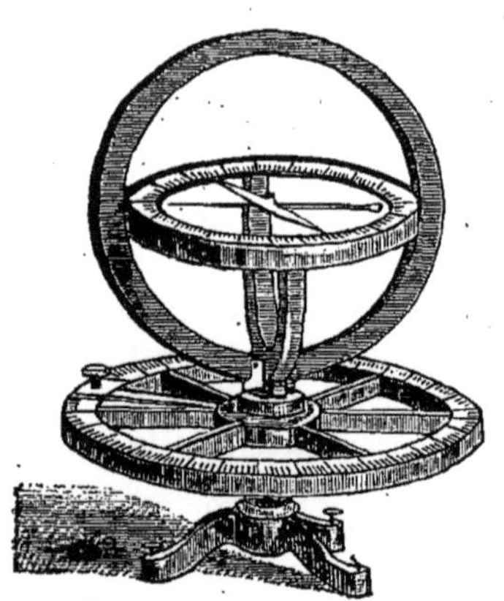

Fig. 77. — BOUSSOLE DES SINUS.

INTENSITÉ DES COURANTS.— MESURE DE CETTE INTENSITÉ. — L'*intensité* d'un courant électrique est l'effet plus ou moins énergique qu'il produit. Ce courant se mesure au moyen d'appareils portant le nom générique de *rhéomètres* (du grec *rheos*, courant, *metron*, mesure). Quand les courants sont très faibles, comme ceux qui se produisent dans les expériences sur la chaleur rayonnante (*Chaleur*, page 484), le *galvanomètre* est l'instrument employé ; c'est-à-dire que l'on compare la déviation de l'aiguille produite successivement par les courants qu'on veut étudier. Nous reviendrons ci-après sur la construction et les principes sur lesquels reposent cet instrument et tous les rhéomètres. Pour obtenir une précision plus grande, on se sert de la *boussole des sinus*, instrument construit par M. Pouillet sur les principes indiqués par de La Rive. Cet instrument se compose (*fig.* 77) d'une aiguille aimantée de 12 à 15 centimètres de longueur, munie d'une chape en agate par laquelle elle repose sur un pivot d'acier. Un fil recouvert de soie, et dans lequel on fait circuler le courant électrique à examiner, s'enroule sur la gorge d'un cercle vertical. Ce cercle étant dans le plan du méridien magnétique, l'extrémité de l'aiguille est en face d'un repère tracé sur le cercle horizontal placé au-dessous d'elle, cercle qui n'a pas besoin d'être divisé. Dès que le courant passe, l'aiguille est déviée; mais l'appareil peut tourner autour de son axe et être amené dans une position telle, que l'aiguille soit encore en face du repère. On déduit de considérations mécaniques que l'intensité du courant est proportionnelle au sinus de l'angle dont le cadre s'est déplacé, angle que l'on peut lire sur un cercle horizontal porté par l'instrument à sa partie inférieure. L'aiguille étant au-dessous du cadre, quand elle est à son repère, il est difficile de déterminer sa position exacte : aussi préfère-t-on lui fixer une mince aiguille de bois perpendiculairement à sa direction, et c'est l'aiguille de bois que l'on amène en face d'un repère choisi de telle sorte que, cette condition étant remplie, la boussole se trouve juste dans le plan du cadre.

M. Pouillet a construit un autre instrument donnant des résultats plus précis encore, et connu sous le nom de *boussole des tangentes*. Cet appareil a la forme suivante (*fig.* 78) : un grand cercle

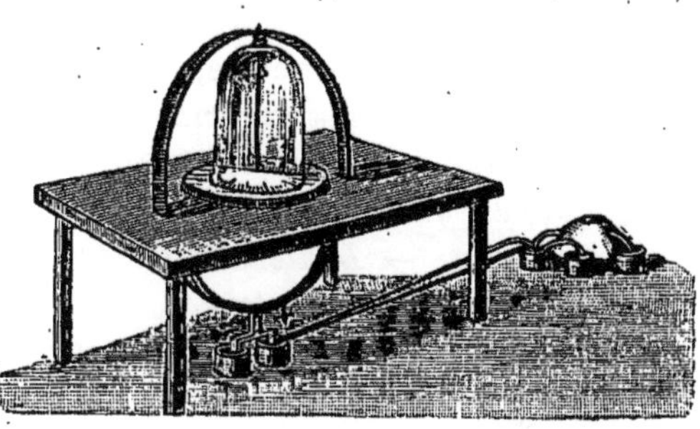

Fig. 78. — BOUSSOLE DES TANGENTES.

métallique reçoit le courant et peut être introduit dans le circuit à l'aide de deux godets pleins de mercure. L'aiguille aimantée est suspendue par un fil de cocon au centre d'un cercle divisé sous une cloche de verre. On donne ainsi au cercle des dimensions fort grandes par rapport à l'aiguille. Le cadre et l'aiguille étant placés dans le plan du méridien magnétique, la tangente trigonométrique de l'angle dont l'aiguille est déviée est proportionnelle à l'intensité du courant.

Wheastone a imaginé, pour mesurer l'intensité des courants, un appareil connu sous le nom de *rhéostat*. Cet appareil (*fig.* 79) se compose de deux cylindres parallèles, dont l'un A est en laiton et l'autre B en bois. Sur ce dernier est tracée une rainure hélicoïdale : un fil de cuivre fin suit cette rainure et va ensuite

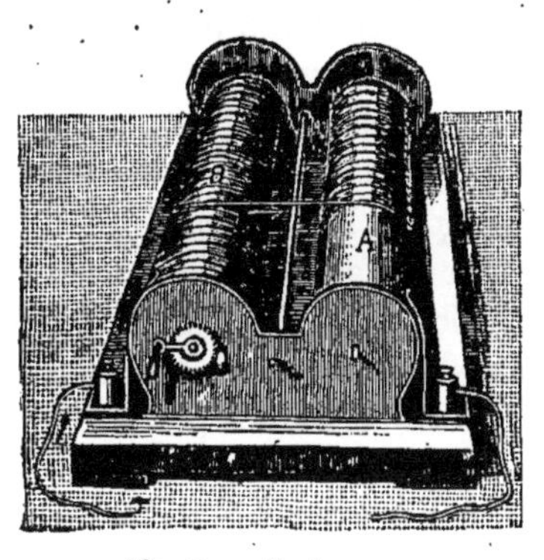

Fig. 79. — RHÉOSTAT.

s'enrouler sur l'autre cylindre A. Une des extrémités du fil étant mise en communication avec un des pôles d'une pile, et le cylindre de cuivre avec l'autre pôle, on fait tourner l'un des cylindres ; le fil entraîne l'autre cylindre, de sorte qu'il s'enroule sur le premier en quittant le second. On peut ainsi introduire une longueur quelconque de fil fin, ce qui peut varier l'intensité du courant ; or, d'après les lois de Ohm que nous énonçons ci-dessous, cette intensité est en raison inverse de la longueur du circuit, et l'on peut mesurer cette longueur en centimètres au moyen de deux aiguilles que font mouvoir en tournant les cylindres A et B, aux extrémités desquels elles sont fixées.

LOIS DE OHM. — La longueur, le diamètre et la nature des fils conducteurs font varier l'intensité d'un courant. Les lois qui la régissent sont au nombre de quatre, que Ohm (1) déduisit de considérations théoriques, qu'il vérifia expérimentalement et qui s'expriment ainsi :

1re LOI. — *L'intensité d'un courant est la même dans tous les points du circuit qu'il traverse.*

2e LOI. — *L'intensité d'un courant varie en raison inverse de la longueur du fil conducteur.*

3e LOI. — *L'intensité d'un courant varie en raison directe de la section du fil conducteur.*

4e LOI. — *L'intensité d'un courant varie en raison directe de la conductibilité du métal qui forme le circuit.*

En d'autres termes, la *résistance* qu'oppose un circuit à un courant qui le traverse est d'autant plus grande que le fil est plus long, et d'autant moindre qu'il est plus gros et meilleur conducteur.

COURANTS-DÉRIVÉS. — Si un courant part d'une pile P (*fig.* 80), arrive à un godet q plein de mercure, suive le fil rqx, traverse le godet n et retourne à la pile ; ce courant possède une certaine intensité. Si l'on plonge ensuite dans les deux godets q et n les extrémités d'un fil p, on aura établi une *dérivation ;* une portion de l'électricité circulera dans ce nouveau fil, produisant un *courant dérivé.* La portion du courant qui circule encore dans le fil

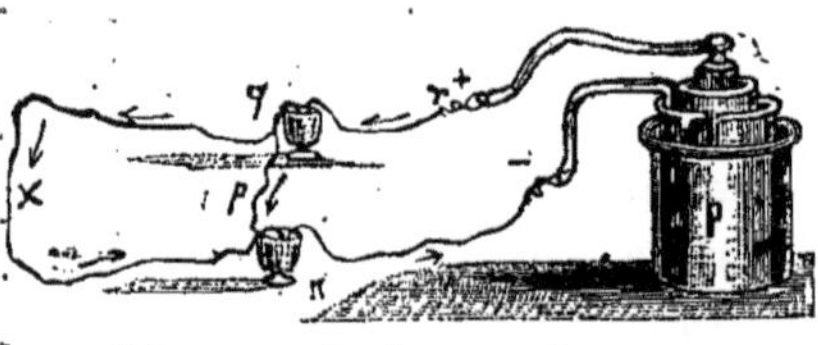

Fig. 80. — COURANTS DÉRIVÉS.

qxn est un *courant partiel*, et la portion du conducteur $qrPmn$ est le *courant* principal. Les lois d'Ohm et l'expérience ont prouvé que le courant primitif est supérieur en intensité au courant partiel et au courant dérivé ; mais qu'il est inférieur au courant principal.

UNITÉS ÉLECTRIQUES. — Après une discussion assez longue, mais

(1) OHM (Georges-Simon), physicien allemand (1787-1854), professeur à Gœttingue. Ses nombreux travaux relatifs à l'électricité lui ont mérité l'honneur de donner son nom à l'une des unités électriques.

qui a heureusement abouti, le Congrès international, réuni à Paris à l'Exposition d'électricité (*fig.* à la page 225), a fixé les unités électriques.

M. Wurtz, président de l'Académie des sciences, rendait compte en ces termes de cet important travail, dans la séance du 7 février 1882 :

« C'est un fait digne de remarque que l'électricité, dont la nature est profondément cachée, soit susceptible de mesures exactes, propres non seulement à exprimer toutes les conditions d'une expérience scientifique, mais encore à fournir une base certaine aux évaluations que l'industrie réclame... On sait mesurer le travail électrique en faisant entrer dans le calcul de ces mesures des données expérimentales, telles que l'intensité, la force électro-motrice, la résistance. Il s'agit là de mesures, c'est-à-dire de comparaisons, et les valeurs numériques par lesquelles on exprime les conditions d'une expérience ou le jeu d'un appareil, ou le rendement d'une machine, ont besoin d'être rapportées à des unités.

» La tâche principale du congrès des électriciens a donc été la définition des *unités électriques*. Il avait été précédé dans cette voie. Un physicien illustre, Weber, avait imaginé les unités absolues d'intensité et de résistance. Pour ces définitions, le Congrès a adopté le système électro-magnétique, préconisé par l'*Association britannique pour l'avancement des sciences*, et qui consiste à mesurer la force avec laquelle un courant agit sur un pôle d'aimant. C'est donc une force magnétique qui sert de point de départ à la fixation des unités électriques, et ces dernières sont rapportées à des unités mécaniques de longueur, de masse, de temps, qui sont le centimètre, le gramme, la seconde. Elles présentent entre elles une corrélation intime, car l'unité d'intensité est l'intensité qui est produite par l'unité de force électro-motrice dans l'unité de résistance. Au point de vue théorique, ces unités de mesure sont définies exactement et en valeur absolue, de façon à offrir au calcul une base sûre, et à ne pas introduire de coefficients arbitraires. Seulement elles représentent des quantités très petites, par rapport à celles qu'il s'agit de mesurer. On a donc été conduit à les remplacer, dans la pratique, par des multiples déterminés, et à l'unité de résistance, par exemple, on a substitué un milliard d'unités de résistance qu'on nomme un ohm. Ce dernier exprimant une résistance exactement définie par la théorie, il s'agit maintenant d'en trouver une représentation pratique, c'est-à-dire de déterminer la nature, la section et la longueur d'un conducteur métallique qui offre effectivement cette résistance. Ce sera l'étalon de résistance électrique, comme le mètre est l'étalon de longueur. Le Congrès des électriciens s'est appliqué à cette tâche, et, adoptant une idée de Pouillet, a décidé que l'étalon de résistance serait une colonne de mercure d'un millimètre de section, et dont la longueur devra être fixée par une commission internationale de physiciens.

» A l'unité de résistance, qui vient d'être définie, et à l'unité de force électro-motrice, le congrès a rattaché l'unité de quantité et l'unité de courant, et a voulu rendre hommage à la science française en nommant la première Coulomb et la seconde Ampère. »

Ainsi, les unités électriques dorénavant en usage sont :

1° Les unités fondamentales : centimètre, masse du gramme, seconde, et ce système est désigné, pour abréger, par les lettres C, G, S.

2° L'OHM, unité de *résistance*, égale à 10^9CGS, et correspondant à une colonne de mercure de 1 millimètre carré de section, à la température de 0° et d'une longueur qui sera fixée ultérieurement.

3° Le VOLT, unité de *tension* et de *force électromotrice*, égale à 10^8CGS, et correspondant à la tension d'une pile Daniell.

4° L'AMPÈRE, unité d'*intensité* du courant, équivalant au courant obtenu en faisant passer un volt dans un ohm.

5° Le COULOMB, unité de *charge*, c'est-à-dire la quantité d'électricité définie par la condition que, dans le courant d'un ampère, la section du conducteur soit traversée par un coulomb par seconde.

6° Le FARAD, unité de *capacité* définie par la condition qu'un coulomb, dans un condensateur dont la capacité est d'un farad, établisse entre les armatures une difference de tension d'un volt.

ACCOUPLEMENT DES ÉLÉMENTS D'UNE PILE. — Pour former une pile, on peut ou réunir le pôle positif de chaque élément au pôle négatif du suivant : c'est l'*association en pile;* ou réunir entre eux tous les pôles positifs et entre eux tous les pôles négatifs : c'est l'*association en batterie.*

Dans l'*association en pile,* c'est-à-dire quand l'élément voltaïque circule dans un circuit fermé, son intensité s'exprime par le quotient de la force électrique de l'élément divisé par la résistance totale du circuit. Soit n éléments dans le circuit, R la résistance et E la force électromotrice de chacun d'eux supposés égaux, r la résistance du rhéophore. L'intensité du courant fourni dans le circuit par un seul élément sera évidemment :

$$i = \frac{E}{n\,R + r};$$

d'où l'intensité du courant total sur la somme des intensités des courants fournis par chacun des éléments :

$$I = \frac{n\,E}{n\,R + r}.$$

Si la résistance r est très considérable, le dénominateur de la fraction varie peu avec le nombre des éléments, tandis que le numérateur

Le Congrès des Électriciens à l'Exposition internationale d'Électricité,
au Palais de l'Industrie à Paris, en 1882.

étant proportionnel à ce nombre, il en sera sensiblement de même de l'intensité. On peut encore écrire :

$$I = \frac{E}{R + \dfrac{r}{n}},$$

et dire qu'augmenter le nombre des éléments revient à diminuer dans le même rapport la résistance du conducteur interpolaire, ce qui est d'autant plus avantageux que cette résistance est plus grande. C'est à cette résistance qu'il faudra toujours proportionner le nombre des éléments associés en pile ; car si r est fort petit, il n'y a qu'une augmentation insignifiante d'intensité quand on multiplie le nombre des couples.

Dans l'association en batterie, on peut considérer la réunion de tous les éléments comme un seul élément de dimensions n fois plus grandes et dont la force électro-motrice sera encore E, car l'expérience et la théorie prouvent que la force électro-motrice dépend de la nature, mais non du nombre des éléments. Quant à la résistance, elle sera r dans le rhéophore et $\dfrac{R}{n}$ dans la portion où se trouvent les éléments, puisque tout se passe comme s'il y avait un seul élément de section n fois plus grande. L'intensité du courant total sera donc :

$$I = \frac{E}{\dfrac{R}{n} + r} = \frac{nE}{R + nr}.$$

Si r est beaucoup plus considérable que R, on voit que le nombre des éléments n'a aucune influence sensible sur l'intensité ; si au contraire r est fort petit, l'intensité croît sensiblement comme le nombre des éléments.

On devra donc associer les éléments en pile quand le rhéophore offrira une grande résistance, et en batterie dans le cas contraire. On peut aussi combiner ces deux modes, et la théorie, comme l'expérience, prouve que l'on obtient l'intensité maximum quand la pile et le rhéophore possèdent la même résistance.

COURANTS SECONDAIRES. — ACCUMULATEURS. — Nous avons dit ci-dessus qu'une des causes qui tendent à diminuer promptement l'intensité du courant, dans les piles à un seul élément, est la formation de *courants secondaires*, qui, se produisant en sens inverse du courant principal, le détruisent en totalité ou en partie. Ces courants secondaires ont été l'objet d'études sérieuses de la part de M. Gaston Planté (1), travaux qui, selon l'expression du rapporteur de la Commission de l'Académie des sciences, « ont déjà reçu plusieurs applications intéressantes, et constituent un ensemble de recherches originales et importantes qui ont pris place dans la science. »

Voici le principe des *couples secondaires* de M. Gaston Planté. Si l'on immerge deux plaques de plomb dans de l'eau acidulée, et qu'on les mette en communication, à l'aide de fils, avec une petite pile, le plomb, sous l'influence du courant électrique, s'oxyde. Si l'on interrompt la communication avec la pile, au bout d'un certain temps, un phénomène remarquable s'est produit : des lames de plomb part un courant électrique de sens inverse au premier et plus énergique, mais de courte durée. C'est ce qu'on appelle un *courant secondaire*. Le travail lent et continuel de la pile avait oxydé le plomb ; l'action de la pile cessant, la désoxydation se fait, la lame de plomb revient à son état normal, comme un ressort tendu revient à sa place quand la force qui le maintient cesse d'agir. Mais la désoxydation est une action chimique qui engendre de l'électricité ; aussi se produit-il un courant électrique inverse du premier : plus la pile aura oxydé le métal profondément et plus le travail de désoxydation sera énergique et long, plus le courant secondaire engendré sera lui-même énergique. Donc, adaptez à une petite pile une série de plaques de plomb ; le travail de la pile s'accumulera à la surface du plomb, et, quand vous voudrez le récolter, il suffira de recueillir le courant inverse engendré par la désoxydation du métal. Plus on chargera les lames de plomb, qui constituent une véritable batterie électrique, et plus on en obtiendra, à un moment donné, d'énergie et de persistance dans l'effet produit.

Un *couple secondaire* à lames de plomb, ayant moins d'un demi-mètre carré de surface, peut, après avoir été chargé par deux couples Bunsen, rougir un fil de platine d'un demi-millimètre de diamètre pendant vingt minutes, et un fil de 2/10 de millimètre pendant une heure environ sans aucune communication avec la source primaire, et même quarante-huit heures après avoir été chargé. Une batterie d'un mètre carré et demi de

(1) PLANTÉ (Gaston), auteur d'importants travaux relatifs à l'électricité. Les premières recherches de M. Planté sur la polarisation voltaïque remontent à 1859. On doit à ce savant physicien les accumulateurs d'électricité, la machine rhéostatique, et d'ingénieuses expériences et théories sur l'électricité atmosphérique. L'Académie des sciences, dans sa séance publique annuelle du 6 février 1882, lui a décerné le prix fondé par M. Lacaze, dont la valeur est de 10,000 francs. M. G. Planté s'est empressé, dans un sentiment de rare libéralité, de faire don de cette somme à la *Société des amis des sciences.* « Pour ce chercheur justement célèbre, a-t-on dit, la justice est venue tardive, mais elle sera aussi complète qu'elle peut l'être ici-bas, lorsqu'on a perdu la santé et ceux que l'on aime ! » Il a été nommé chevalier de la Légion d'honneur le 1er janvier 1882.

surface a pu rougir un fil un mois après que la batterie avait été chargée. Remarquons que les lames envoient un courant d'autant plus énergique qu'elles ont plus d'usage, qu'elles ont été plus profondément oxydées sous l'influence de la pile, qu'elles sont plus *formées*.

On conçoit maintenant sans peine qu'il soit possible de recueillir de l'électricité à volonté. Des lames de plomb séparées et immergées dans de l'eau acidulée servent de collecteurs; mettez-les en relation avec une petite pile, au bout de quelques heures la provision d'électricité est déjà suffisante. On rompt toute communication et le vase est plein d'électricité. Il suffit alors d'approcher les boutons métalliques d'une batterie à l'extrémité d'un fil pour enflammer à distance un corps quelconque. Tout fil tendu entre les deux boutons métalliques rougit instantanément et finit par fondre.

M. Gaston Planté a construit sur ce principe un charmant briquet, qu'il a appelé briquet de Saturne. Une boîte en acajou, grosse comme un réveil-matin (*fig.* 81), renferme une *batterie secondaire*. Sur un des côtés de la boîte est fixée une petite bougie dont la mèche est traversée par un fil de platine en relation avec les deux pôles de la batterie. On

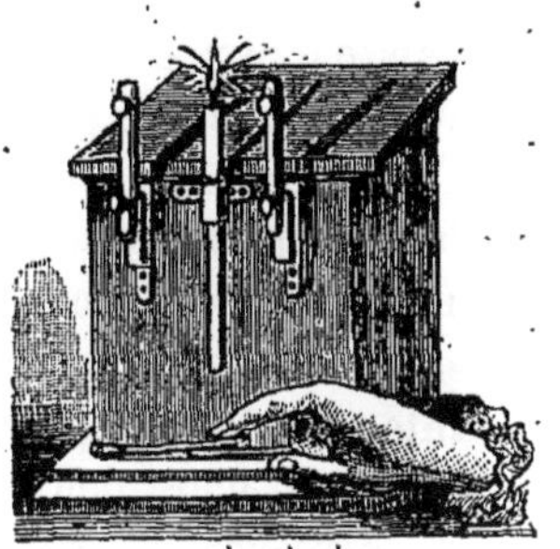

Fig. 81.

BRIQUET DE SATURNE.

appuie sur une touche; le fil de platine rougit et la bougie s'enflamme. Une fois chargé, le briquet peut donner une soixantaine d'inflammations successives. La petite pile qui l'approvisionne d'électricité est de trois petits éléments Daniell contenus dans une boîte de dimensions restreintes. C'est un mode d'inflammation économique, car la batterie ne s'use pas, et quelques cristaux de sulfate de cuivre tous les trois mois suffisent pour entretenir la pile.

Le *couple secondaire* de M. Gaston Planté se compose (*fig.* à la page 233) d'un vase en verre V, plein d'eau acidulée au dixième par l'acide sulfurique, et dans lequel plongent les lames de plomb L, enroulées en hélice pour présenter une plus grande surface et séparées par des bandelettes de caoutchouc; PP sont les pôles du couple secondaire auxquels aboutissent les fils de la pile primaire Y; SS, des lames métalliques, en communication directe avec ces pôles; B est un boulon servant à presser la lamelle R et à fermer le circuit secondaire; F est un fil métallique serré entre deux pinces, destiné, pour une expérience, à être traversé par le courant secondaire.

Pour établir une batterie, on associe au moyen des *commutateurs*

CCC'C' les couples secondaires, en *surface* ou *quantité* pendant la charge, et en *série* ou *tension* pendant la décharge. II' sont les pôles auxquels aboutissent les fils de la pile primaire X servant à charger la batterie; TT sont les pôles auxquels aboutissent les fils de l'appareil destiné à être traversé par la décharge de la batterie, appareil qui est ici les charbons destinés à la production de la lumière électrique Z.

Cette pile présente l'avantage de pouvoir emmagasiner une grande quantité d'électricité; le courant secondaire y est très puissant; mais elle demande un temps très considérable pour être formée et fonctionner convenablement. Un ingénieur distingué, M. Faure, a imaginé de déposer préalablement sur les feuilles de plomb de l'élément Planté une couche épaisse d'oxyde de plomb, et il obtient ainsi très rapidement des accumulateurs d'une très grande puissance.

Les *courants secondaires* avaient été, à la fin du siècle dernier, l'objet d'études importantes. Les premières expériences qui ont donné lieu à l'invention des accumulateurs sont de Gautherot (1). Voici en quels termes il expose sa découverte : « Je me suis aperçu que la saveur brûlante que l'on se procure en plaçant deux fils dans sa bouche, et en plongeant leurs deux autres extrémités dans les couples polaires d'une pile persévérait lorsqu'en les retirant des tasses, on les faisait toucher l'une contre l'autre. Cette saveur s'observe, même quand les fils sont de platine ou d'argent. Elle a même de la permanence, si on renouvelle plusieurs fois le contact sans le prolonger. » Cette observation conduisit Gautherot à présenter à la Société galvanique un appareil composé d'une fiole et d'un bouchon dans lequel passaient deux fils d'argent. On remplit le flacon d'eau salée jusqu'à deux centimètres du goulot, on y place le bouchon, ce qui fait plonger dans l'eau l'extrémité inférieure des fils d'argent, lesquels sont maintenus parallèlement l'un à l'autre et sans se toucher. On accroche chacune de leurs extrémités au pôle d'une pile. Un moment après, lorsque l'un des fils commence à produire de petites bulles on fait cesser les communications avec la pile. Si on porte les deux fils à la langue, on éprouve une saveur très forte, quelquefois même accompagnée d'une légère commotion, et cette action a quelque permanence, puisque l'on obtient ces actions à différentes reprises.

Les expériences de Gautherot furent suivies d'expériences d'Erman; mais Gautherot étant mort, personne ne donna suite à ses recherches à

---

(1) GAUTHEROT (1753-1803). Élevé à la cathédrale de Dijon, il y fut enfant de chœur, et devint un des plus habiles professeurs de clavecin, d'orgue et de harpe de son temps. La découverte de l'électricité ayant excité son génie, il s'adonna à l'étude de cette science, et se fit recevoir membre de la *Société galvanique,* pour laquelle il fit de nombreuses expériences.

Paris ; elles furent reprises à Iéna par Ritter, que trop facilement on considère comme l'inventeur des piles secondaires.

POLARITÉ. — De La Rive a démontré le premier que des lames de platine, ayant servi à transmettre un courant à travers un liquide décomposable, étant retirées de ce liquide et plongées ensuite dans de l'eau distillée, donnaient naissance à un autre courant, en sens inverse de celui qu'elles transmettaient. Il exprimait ce phénomène en disant que les plaques étaient *polarisées*. Becquerel et Faraday ont fait voir que cette *polarité* des métaux était un effet des dépôts engendrés par les *courants secondaires*. Cependant des lames de platine ayant servi à la décomposition de l'eau pure acquièrent la *polarité*, sans que l'on puisse attribuer cet effet à l'action d'un acide ou d'une base ; mais Matteucci a prouvé qu'elle provenait alors d'une couche d'oxygène et d'hydrogène déposée respectivement sur chaque face des lames.

CHAPITRE II

EFFETS PRODUITS PAR LES COURANTS.

ÉLECTRO-CHIMIE

EFFETS PRODUITS PAR LES COURANTS. — Une pile en activité peut être considérée comme une bouteille de Leyde ou une batterie électrique toujours chargée et séparant incessamment d'elle-même les deux fluides contraires à mesure qu'ils se recomposent. Les effets de la pile sont donc analogues à ceux des machines électriques ordinaires ; mais ils ont une énergie beaucoup plus grande. Nous parlerons d'abord des effets chimiques.

ÉLECTRO-CHIMIE. — DÉFINITIONS. — Cette partie de l'étude de l'électricité, à laquelle on a donné le nom d'*électro-chimie*, créée par Carlisle et Nicholson en 1800, a été l'objet de nombreux travaux de MM. Faraday, Becquerel, De La Rive, etc. Elle a pour objet les phénomènes de combinaison et de décomposition produits par la pile.

Les décompositions électro-chimiques produites par des courants électriques s'observent dans un grand nombre de circonstances et constituent aujourd'hui l'une des parties les plus importantes des sciences physiques. On a appelé *électrolyse* ou *électrolysation* cette décomposition, et *électrolyte* le corps composé qui y est soumis. L'action décomposante est générale pour tous les corps composés que l'électricité peut traverser ; et elle est soumise à deux lois :

1° L'hydrogène, les métaux, les bases sont transportés au pôle négatif ; on les appelle éléments *electro-positifs* ; l'oxygène, les acides sont transportés au pôle positif, et sont appelés éléments *électro-négatifs* ; 2° les décompositions se font toujours en proportions définies.

Un des exemples les plus remarquables de décomposition que l'on puisse citer en premier lieu est celle de l'eau.

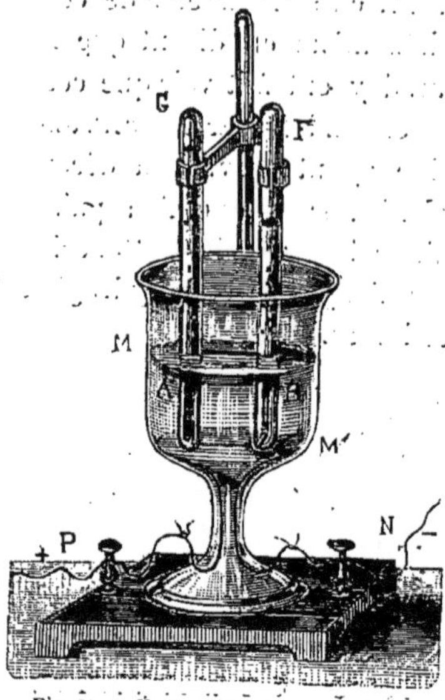

Fig. 82. — ÉLECTROLYSE DE L'EAU.

ÉLECTROLYSE DE L'EAU. — Dans un vase MM' (*fig.* 82) terminé à sa partie inférieure en forme d'entonnoir, et fermé par en bas en M' à l'aide d'un liège mastiqué, vase appelé *eudiomètre* ou *voltamètre*, on fait pénétrer deux lames ou deux tiges en platine A et B. On peut mettre ces tiges en relation avec les deux pôles P et N d'une pile voltaïque. On place dans le vase de l'eau rendue conductrice en l'acidulant par l'acide sulfurique. Si l'on fait passer dans le circuit le courant provenant d'une pile à acide nitrique de dix éléments, par exemple, on voit autour des *électrodes* de platine des gaz se dégager en abondance. En les recueillant dans des éprouvettes, G, F, on reconnaît qu'il se dégage deux volumes de gaz hydrogène au pôle négatif

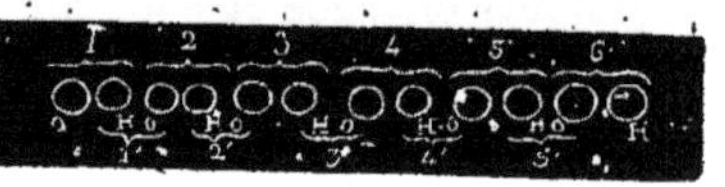

Fig. 83. — THÉORIE DE GROTTHUS.

pour un volume de gaz oxygène qui se développe au pôle positif. On voit donc que l'on peut prendre pour mesure de l'intensité d'un courant la quantité d'eau qu'il décompose dans un temps donné.

Il faut remarquer que les éléments mis en liberté apparaissent exclusivement sur les extrémités polaires, et qu'on ne les voit jamais sur les points intermédiaires ; Grotthus, physicien suédois, a imaginé une explication fort naturelle de ces faits. Soit (*fig.* 83) une file de molécules d'eau situées entre deux électrodes, l'une positive, l'autre négative. L'oxygène de la molécule 1, qui touche le pôle négatif, se dégage, et l'hydrogène s'unit à

Couple et batterie secondaire de M. Gaston Planté (page 229).

l'oxygène de la molécule 2 ; l'hydrogène de celle-ci s'empare de l'oxygène de la molécule 3, et ainsi de suite, formant un double courant d'hydrogène vers le pôle négatif, d'oxygène vers le pôle positif. Arrive alors une nouvelle file de molécules qui subit à son tour le même effet d'électrolyse.

Dans les liquides, les dissolutions décomposées, il peut se produire des effets très complexes ; quand les électrodes ne sont pas en or ou en platine, c'est-à-dire inoxydables, il se forme une foule de réactions qui dépendent de la nature de ces corps. Si, par exemple, dans l'électrolyse de l'eau, on prend pour électrode positif une lame de zinc, l'oxygène qui arrive sur ce métal se combine avec lui, et il n'y a pas dégagement de ce gaz ; il peut se produire alors des *actions secondaires* qui masquent en apparence la décomposition électro-chimique. Même avec des électrodes inoxydables, on peut avoir des produits secondaires, attendu que les gaz transportés, étant à l'état naissant, sont doués d'une activité chimique plus énergique que lorsqu'ils sont préparés par les procédés ordinaires et recueillis dans les vases.

De l'électrolyse de l'eau, Faraday a tiré deux lois importantes que l'expérience a confirmées :

1ʳᵉ LOI. — *Quand un même courant traverse successivement plusieurs dissolutions salines, les poids des éléments séparés sont proportionnels à leurs équivalents chimiques.* On appelle *équivalent d'électricité dynamique la quantité d'électricité nécessaire pour mettre en liberté dans un voltamètre un équivalent d'hydrogène.*

2ᵉ LOI. — *Si dans le circuit d'une pile se trouve un voltamètre, pour un équivalent d'hydrogène mis en liberté dans ce voltamètre, il y a un équivalent de zinc dissous dans chacun des éléments de la pile.*

Donc équivalence parfaite entre le travail effectué par les forces chimiques à l'intérieur de la pile et le travail de ces mêmes forces détruit dans le circuit. Il faut en conclure qu'en augmentant les éléments de la pile on n'obtient pas une décomposition plus considérable, mais seulement plus rapide, fait important dans la galvanoplastie, où les éléments de pile auront une grande surface, mais seront en nombre juste suffisant pour que la résistance de la pile puisse forcer le courant à circuler dans les bains.

ÉLECTROLYSE DES COMPOSÉS BINAIRES. — Lorsqu'on soumet à l'électrolyse un *composé binaire* dont un des éléments est métallique, le métal se rend toujours au pôle négatif, c'est-à-dire qu'il est toujours électro-positif. Cette observation a permis à Davy d'obtenir les métaux alcalins en décomposant par la pile les alcalis correspondants, entre autres le potassium. Il plaçait un morceau de potasse, légèrement humectée, sur une lame de platine mise en communication avec le pôle positif d'une pile à auges de 200 couples, et il fermait le circuit avec un fil de platine, qu'il posait sur la potasse et qui était en relation avec le pôle négatif ; aujourd'hui, on repète facilement l'expérience avec une pile de Bunsen de 20 ou 30 éléments. Il se manifeste aussitôt une action très vive ; la potasse se fond aux deux parties électrisées. Du côté négatif, il n'y a aucun dégagement de gaz, mais il s'y dépose de petits globules ayant un éclat métallique très brillant, et brûlant avec explosion et une flamme vive à l'instant de leur formation. Ces globules sont le potassium, qui se change en potasse au contact de l'air ou de l'eau.

Seebeck a profité de la grande affinité du potassium pour le mercure pour en obtenir davantage. On pratique une cavité dans un fragment de potasse légèrement humectée, et on la remplit de mercure ; ce fragment est ensuite posé sur la lame de platine en relation avec le pôle positif, tandis que le fil négatif plonge dans le mercure. L'alcali et l'eau sont alors décomposés, leurs principes constituants sont transportés à leur pôle respectif, et le radical de l'alcali, en se combinant avec le mercure, forme un amalgame qui ne se décompose pas ; on le met ensuite dans l'huile de naphte pour le préserver de l'action de l'air. Pour obtenir le potassium pur, on place l'amalgame dans un tube recourbé, fermé aux deux extrémités et dont on a chassé préalablement l'air. En chauffant l'extrémité où se trouve l'amalgame, on volatilise le mercure, et le potassium reste.

ÉLECTROLYSE DES SELS. — Tous les *sels* sont décomposés par le courant électrique, mais non avec la même facilité. Quand le courant est suffisamment fort et que les sels sont constitués par des oxydes très stables, il y a isolement des uns et des autres, puis transport des acides au pôle positif et des oxydes au pôle négatif. C'est ce qu'on constate aisément en remplissant un tube en U d'une dissolution de sulfate neutre de soude à laquelle on a ajouté du sirop de violettes, et en faisant plonger dans chacune des branches de ce tube un fil de platine en communication avec l'un des pôles d'une pile en activité. Au bout de quelques instants, la liqueur rougit dans le tube positif et verdit dans le tube négatif. Si l'on interrompt le courant, et si l'on mêle le liquide des deux branches, la teinte bleue reparaît par la neutralisation de l'acide et de la base isolés.

Dans d'autres circonstances, il arrive que non seulement le sel est décomposé en ses deux principes constituants, mais encore que l'oxyde métallique est réduit, en sorte que le métal se rend au pôle négatif et qu'au pôle positif se réunissent l'oxygène de l'oxyde et l'acide décomposé. La plupart des sels des quatre dernières sections en dissolution, et ceux de la première section, quand ils sont humectés, éprouvent ce genre de décomposition. Avec les premiers, l'expérience se fait encore de la même manière : en plongeant dans une dissolution de sulfate de cuivre, par exemple, deux électrodes de platine, introduisant le courant produit par deux couples de Bunsen (*fig.* 84), on verra du cuivre métallique se déposer sur l'électrode négatif, tandis que des bulles d'oxygène se dégageront le long de l'élec-trode positif, en même temps que le liquide entourant ce dernier se chargera d'acide sul-furique libre. Si l'on opère avec un sel de la première section, on l'humecte légère-ment, puis on le met en contact avec les deux électrodes d'une pile de 80 à 100 paires récemment chargée. A l'instant même, on voit apparaître au pôle négatif des globules métalliques. Pour recueillir ceux-ci, on se sert du mercure, ainsi que le docteur See-beek l'a indiqué, et, dans ce cas, on forme avec le sel une petite coupelle dans laquelle on place le mercure; le fil négatif plonge dans ce métal, tandis que le fil positif est en communication avec une plaque de platine qui supporte la coupelle (*fig.* 85). Il se pro-duit bientôt un amalgame plus ou moins riche.

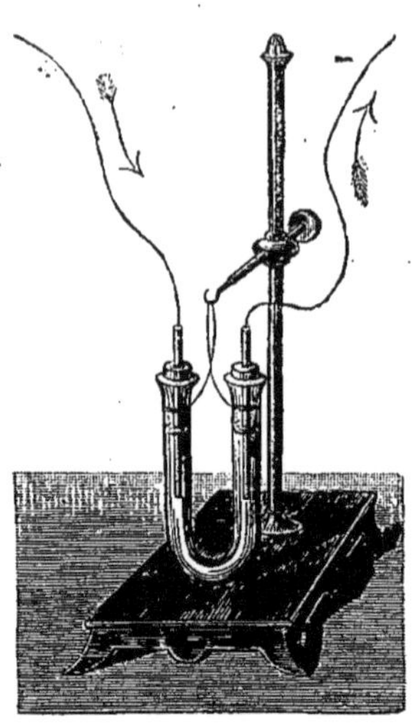

Fig. 84. — Décomposition du sulfate de cuivre.

C'est sur cette action décomposante de l'électricité sur les sels que sont fondées les belles applications de la galvanoplastie, de la do-rure, de l'argenture, du cui-vrage, etc., dont nous allons parler tout à l'heure.

CAUSES DE LA CONSTANCE DES PILES A DEUX LIQUIDES. — On voit maintenant pourquoi les piles à deux liquides donnent des cou-rants plus constants que les au-tres. Le courant électrique agit sur le liquide comme sur un *élec-trolyte;* il décompose l'eau aci-

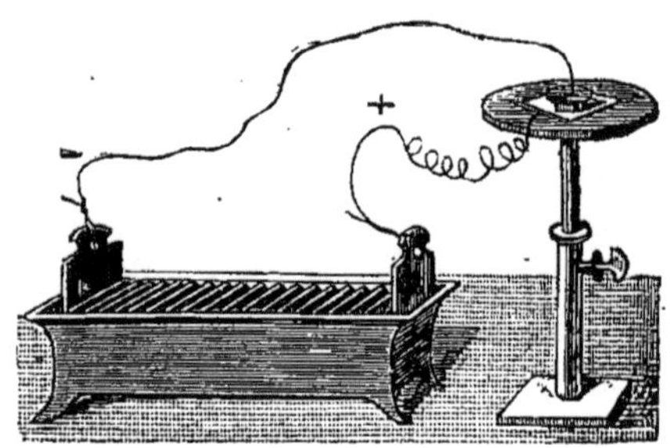

Fig. 85.

Décomposition des sulfates alcalins.

dulée. Ce courant marchant dans la pile du pôle négatif au pôle positif, et non pas du pôle positif au pôle négatif comme dans le *rhéophore*, il en résulte que l'hydrogène se dépose sur le corps collecteur de l'électri-cité positive, c'est-à-dire sur le cuivre dans la pile de Wollaston et ses analogues. Là, il se forme une gaine peu conductrice que le courant ne traverse qu'avec peine, ce qui diminue son intensité. Pour prouver que telle est bien la cause de l'affaiblissement de la pile, il suffit de retirer les couples du liquide attaquant, pendant juste assez de temps pour que l'hydrogène, qui s'est condensé sur le cuivre ait pu se dégager ; en remettant la pile en action, on voit qu'elle a repris son énergie première. Dans la pile de Daniell, l'hydrogène, en se portant sur le cuivre, rencontre le sulfate de cuivre ; il se substitue au métal dans ce sel pour former de l'acide sulfurique hydraté, et c'est le cuivre ainsi produit qui se dépose sur le métal collecteur de l'électricité positive, ce qui ne peut en rien altérer la conductibilité du circuit. Dans les piles de Bunsen et de Grove, l'hydrogène naissant réduit l'acide azotique. C'est quand cette dissolution est saturée, ce qui arrive rapidement, que ces piles donnent des émanations acides. Dans toutes les piles à courant constant, l'hydrogène est aussi détruit avant d'avoir pu se dégager à l'état gazeux.

GALVANOPLASTIE. — Jusqu'à une époque éloignée de nous d'à peine un quart de siècle, on ne savait appliquer l'or et l'argent que par des moyens mécaniques, ou à l'aide d'un intermédiaire d'un emploi désastreux pour la santé des ouvriers, le *mercure*. Les anciens avaient été séduits, comme nous, par l'aspect des métaux précieux ; l'or et l'argent décoraient leurs temples et leurs palais. Ils appliquaient ces métaux soit en lames, soit en feuilles minces analogues à celles que font les batteurs d'or. Plus tard, au moyen âge, on parvint à dorer les objets en cuivre ou en laiton à l'aide du mercure ; on se fait difficilement une idée des désastres causés par l'emploi de cet agent dans les ateliers de dorure. La découverte des savants illustres qui ont créé l'*électro-chimie* et la *galvanoplastie* n'aurait-elle eu d'autre résultat que celui de supprimer cette cause permanente de destruction pour un nombre considérable d'ouvriers, qu'elle devrait être regardée comme l'une des plus grandes et des plus utiles découvertes des temps modernes.

L'art de déposer les métaux par voie humide, avec toutes les propriétés physiques qu'ils possèdent, s'appelle l'*hydroplastie* (1). Ces dépôts s'obtiennent tantôt par simple affinité chimique, tantôt en recourant à l'électricité dynamique, et s'effectuent dans des solutions salines ou bains dont la composition varie pour chaque métal. Lorsqu'on emploie l'électricité, on peut se proposer deux ordres de résultats différents : 1° ou bien déposer sur un métal pauvre une couche mince, continue et adhérente d'un métal

---

(1) Parmi les ouvrages à consulter sur cette industrie importante, citons les suivants : *Manuel complet de Lottinoplastique*, par Lottin de Laval ; *Hydroplastie* par M. de Plazanet. Nous empruntons à ce dernier ouvrage de nombreux renseignements.

plus précieux ou moins oxydable. C'est le cas de la *dorure* et de *l'argenture galvaniques,* du *platinage du cuivre,* du *cuivrage du zinc et de la fonte,* etc., etc.; 2° ou bien on veut obtenir une couche de métal continue, mais non adhérente et assez épaisse pour pouvoir, au besoin, se séparer de l'objet sous-jacent et en donner une reproduction exacte. C'est le but de la *galvanoplastie* proprement dite, qui se rapporte aux statues, aux bas-reliefs, aux médailles, etc., et de la *galvanotypie,* qui se rapporte aux clichés, aux planches gravées, et en général à tous les objets qui sont destinés à transporter leurs empreintes sur d'autres corps par la pression.

A peine Volta avait-il inventé l'admirable instrument qui l'a illustré, qu'on chercha à appliquer la pile à la précipitation des métaux, mais sans songer à les obtenir dans l'état spécial qui constitue les qualités d'un bon dépôt métallique. Volta lui-même, Nicholson et Cruikshank (1) avaient essayé; mais ils avaient obtenu des dépôts pulvérulents, lamelleux ou cristallins, et point de couches continues et adhérentes. Brugnatelli, élève de Volta, puis son collègue à l'université de Pavie, obtint le premier, en 1802, un dépôt d'or et d'argent offrant l'aspect d'une couche régulière et uniforme, comme il convient à la dorure et à l'argenture. Il parvint même à déposer le platine; mais ce métal était réduit à l'état de poudre très fine, qui ne prenait de l'éclat et de l'adhérence que par le frottement. Il y a bien de l'obscurité dans les descriptions qu'il a données de la méthode qu'il employait; MM. Barral, Chevalier et Henri, voulant essayer de reproduire les opérations du savant italien en suivant ses indications, n'ont obtenu que des résultats très imparfaits. Le problème de la dorure était peut-être résolu au point de vue scientifique; mais il était loin de l'être en pratique.

En 1825, M. de La Rive, à Genève, reprit les expériences de Brugnatelli; mais le succès ne couronna pas d'abord ses efforts; ce n'est qu'en 1840, c'est-à-dire après les travaux de M. Becquerel sur l'application des décompositions électro-chimiques au traitement des minerais, que M. de La Rive réalisa l'application de l'or sur les métaux, mais sa méthode était encore imparfaite. La solution complète et industrielle du problème de la dorure à la pile est due à MM. Elkington. Le 29 septembre 1840, M. Elkington prit un brevet pour la dorure du cuivre à l'aide d'une dissolution d'oxyde d'or dans du prussiate de potasse. A la même époque, M. Richard Elkington prenait un brevet pour l'application de l'argent à l'aide du courant galvanique et d'une solution de chlorure d'argent dans le prussiate de potasse.

La dorure et l'argenture électro-chimiques étaient dès lors découvertes

---

(1) CRUIKSHANK (Guillaume), savant anatomiste anglais (1746-1800), s'est aussi beaucoup occupé de physique et de chimie.

et allaient bientôt prendre une importance industrielle considérable. M. de Ruoltz vint ensuite et employa l'appareil composé et un grand nombre de dissolutions, dont les principales sont : 1° le cyanure d'or dissous dans le cyanure simple de potassium ; 2° dissous dans le prussiate jaune ; 3° dans le prussiate rouge ; 4° le chlorure d'or dans les mêmes cyanures ; 5° le sulfure d'or dans le sulfure de potassium. M. de Ruoltz chercha également à déposer d'autres métaux, et réussit notamment à déposer du laiton par voie électro-chimique. Si donc on a donné à tort à M. de Ruoltz le mérite de la découverte de l'argenture et de la dorure électro-chimiques, puisqu'il avait été précédé de plusieurs mois par MM. Elkington, il serait injuste de lui refuser le mérite d'avoir cherché à perfectionner et à généraliser les procédés des manufacturiers anglais.

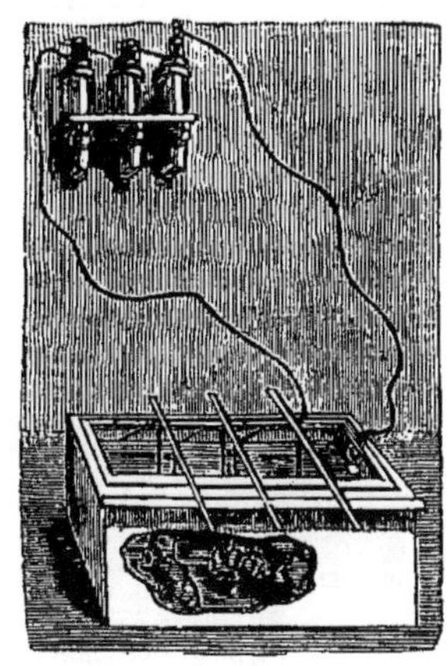

Fig. 86. — DORURE A FROID.

MM. Roseleur et Lavaux parvinrent à obtenir le platine en couches adhérentes et d'épaisseur facultative, et M. Roseleur, appliquant les phosphates et les sulfites à la dissolution des divers oxydes métalliques, rendit tout à fait pratiques la plupart des opérations de l'électro-métallurgie. Bien d'autres chimistes concoururent à amener cette belle science au degré de perfectionnement qu'elle a atteint ; nous parlerons des procédés employés aujourd'hui, sans entrer, bien entendu, dans des détails de fabrication, qui sont tout spéciaux et sortent de notre cadre (1).

DORURE GALVANIQUE. — La dorure galvanique se fait soit à chaud, soit à froid : à chaud pour les objets de petite et de moyenne dimension, comme la bijouterie, les couverts, les couteaux, etc.; à froid pour les objets de grande dimension, comme pendules, lustres, etc. Il existe un grand nombre de formules pour les bains ; chaque fabricant, pour ainsi dire, a la sienne. Les deux plus employées sont :

Eau distillée..............	3 litres.		Eau distillée..............	3 litres.
Cyanure de potassium pur...	30 grammes.		Cyanure de potassium pur...	25 grammes.
Or vierge (en chlorure)......	10 grammes.		Carbonate de potasse.........	100 grammes.
—			Ammoniure d'or provenant de	10 gram. d'or.

(1) Ainsi, dans les ateliers de M. Rousset, rue Visconti, dont nous donnons un croquis (page 241), on emploie des appareils particuliers, imaginés par M. Rousset lui-même, et qui présentent de grands avantages.

On dispose ce bain dans des auges en bois, doublées de gutta-percha (*fig.* 86). Le pôle positif est mis en contact avec une lame d'or ou de platine, pendant que le pôle négatif communique avec une galerie en cuivre supportant les objets destinés à la dorure.

Pour les bains de dorure à chaud, la formule la plus employée est :

Eau distillée.................. 10 litres.	Cyanure de potassium pur.... 10 grammes.
Phosphate de soude......... 500 grammes.	Or (en chlorure d'or)............ 10 grammes.
Bisulfite de soude........... 150 grammes.	

Ces bains s'emploient presque bouillants et avec un anode de platine; on les entretient en y ajoutant de temps en temps une solution composée

Fig. 87. — DORURE DU TRAIT.

A. Fourneau. — B. Chaudière en fonte émaillée. — C. Broche supportant les bobines. — D. Tige en cuivre faisant communiquer les fils au pôle négatif. — EE. Galets en ivoire ou en porcelaine. — GG. Fils de platine servant d'anodes. — HH. Bobines folles. — II. Cuves contenant l'une une solution de cyanure, l'autre de l'eau pour rincer les fils. — K. Rouleaux garnis de vieux calicot pour essuyer les fils. — L. Tube chauffé où les fils se sèchent. — M. Bobines mises en mouvement par la manivelle N et destinées à recevoir les fils dorés.

de 20 grammes de cyanure de potassium pour 10 grammes d'or, transformé en ammoniure, le tout dissous dans un litre d'eau. On conçoit cependant que, si parfaite que puisse être la méthode de dorure, elle exige, dans certains cas, des précautions ou des dispositions particulières.

C'est ainsi que, pour la fabrication du *trait,* ou fil fin d'argent ou de cuivre doré, on emploie la disposition représentée ci-contre, et que la légende suffit à faire comprendre (*fig.* 87). Après la dorure, le fil passe à la filière ou au laminoir, suivant qu'on veut le laisser rond ou l'aplatir.

ARGENTURE GALVANIQUE. — Voici une des plus utiles applications de l'électro-chimie. Il est peu de familles qui n'aient maintenant leur service de table en orfèvrerie argentée, leurs couverts de Ruolz. C'est une économie bien entendue pour les gens riches ; pour les ménages modestes, c'est une sorte de luxe utile et peu coûteux. L'orfèvrerie

Atelier de galvanoplastie de M. Rousset, à Paris.
(D'après un croquis de M. Totain).

argentée a débarrassé ces ménages de ces ustensiles de cuivre, d'étain ou de fer, souvent dangereux, toujours malpropres et d'un aspect désagréable. Cette fabrication est arrivée aujourd'hui à une perfection qui ne laisse rien à désirer ; et elle a pris une telle importance que l'argenture des cuillers et des fourchettes absorbe chaque année 25,000,000 d'argent métallique, c'est-à-dire le quart de la production annuelle de toutes les mines connues il y a quelques années. L'usine seule de MM. Christophle emploie annuellement plus de 6,000 kilogrammes d'argent. L'épaisseur moyenne adoptée pour les dépôts correspond à 3 grammes par décimètre carré de surface. Il en résulte que depuis sa fondation, en 1842, cette seule usine, ayant mis en œuvre 169,000 kilogrammes d'argent, a couvert une superficie de 56 hectares.

Tous les procédés industriels d'argenture galvanique en usage reposent sur l'emploi du cyanure double d'argent et de potassium. Les formules varient légèrement; mais on opère toujours, en dernière analyse, dans un bain contenant du cyanure d'argent tenu en dissolution dans un excès de cyanure de potassium. Sous l'influence du courant électrique, cette dissolution sera décomposée, et si l'on a placé un objet métallique au pôle négatif et une lame d'argent au pôle positif, l'argent provenant de la décomposition du cyanure d'argent se portera au pôle négatif et formera un dépôt métallique sur l'objet qui s'y trouve, pendant que le cyanogène se rendra au pôle positif et formera du cyanure d'argent aux dépens de l'anode. Le bain se trouvera donc théoriquement maintenu au même état de saturation; en pratique, il n'en est pas tout à fait ainsi, pour divers motifs dans le détail desquels il est inutile d'entrer ici. Parmi les formules assez nombreuses et les diverses méthodes de préparer les bains d'argenture, nous n'en signalerons que deux : la première indiquée par M. H. Bouilhet, la seconde par M. A. Roseleur :

Première méthode. — Pour obtenir 100 litres de bain, on prend 2 kilogrammes d'argent vierge et on les dissout dans 6 kilogr. d'acide nitrique, de façon à obtenir du nitrate d'argent fondu; on dissout ce nitrate d'argent dans 25 litres d'eau, et, d'autre part, on dissout 2 kilogr. de cyanure de potassium dans 10 litres d'eau. On verse peu à peu la solution de cyanure dans la solution d'argent, et on obtient un précipité de cyanure d'argent. On s'arrête aussitôt qu'il ne se forme plus de précipité et on décante. Le cyanure d'argent est lavé, puis dissous dans 2 kilogr. de cyanure de potassium, et on ajoute de l'eau de manière à former 100 litres. On y ajoute aussi quelquefois 1 kilogr. de prussiate jaune de potasse.

Deuxième méthode. — Pour préparer 100 litres de bain, on prend 2k,500 d'argent vierge qu'on transforme en nitrate d'argent dans 12 à 15 fois son poids d'eau distillée, et on verse dans cette dissolution de l'acide cyanhydrique jusqu'à ce que l'addition d'une nouvelle quantité de cet acide ne produise plus de précipité. On recueille sur un filtre et on lave le précipité de cyanure d'argent. D'autre part, on a mis en dissolution 5 kilogr. de cyanure de potassium, et on y fait dissoudre le cyanure d'argent qui forme, en se dissolvant, le cyanure double d'argent et de.

potassium et constitue le bain d'argenture. On donne à ce bain les qualités des vieux bains en le faisant bouillir pendant quelques heures.

La plupart du temps les argenteurs ne prennent pas toutes ces précautions et se contentent de faire dissoudre dans du cyanure de potassium du nitrate ou du chlorure d'argent. Quelle que soit d'ailleurs la méthode employée pour la préparation du bain, l'opération se pratique de la même façon que pour la dorure.

CUIVRAGE GALVANIQUE. — Le cuivrage galvanique s'emploie, soit pour donner aux métaux pauvres, fer, fonte, zinc, étain, l'aspect du cuivre ou du bronze, soit pour les préparer à recevoir un dépôt d'un métal plus riche, or, argent ou platine. L'adhérence de ces derniers métaux est, en effet, bien plus complète grâce à l'interposition de cette couche de cuivre, et souvent même il serait absolument impossible de se dispenser du cuivrage. Enfin le cuivrage galvanique sert encore de préparation aux pièces

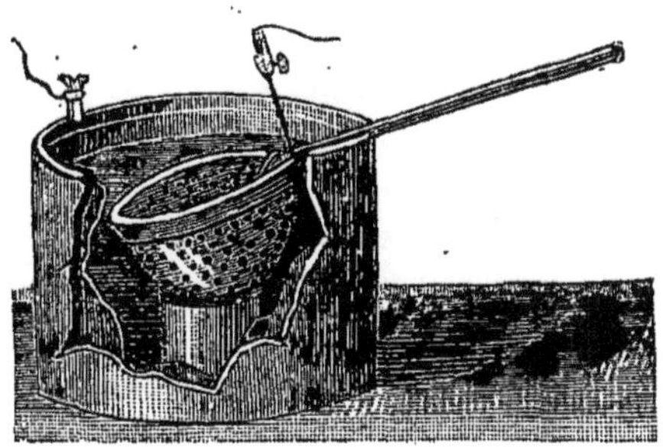

Fig. 88. — CUIVRAGE GALVANIQUE.

qui doivent recevoir un épais dépôt de cuivre dans le bain acide de galvanoplastie. Si l'on portait dans ce dernier bain des objets en fer, fonte ou zinc, sans les préserver d'abord par une couche de cuivre galvanique, ils seraient attaqués par le liquide du bain et ne donneraient lieu qu'à une réduction du sel de cuivre à l'état de boue métallique. Les bains de cuivrage s'emploient le plus souvent à froid et se disposent comme les bains de dorure et d'argenture. Les menus objets se cuivrent dans une passoire (*fig.* 88). On peut employer plusieurs formules pour préparer le bain ; citons celle-ci :

Acétate de cuivre	500 grammes		Cyanure de potassium	750 grammes.	
Carbonate de soude	500 —		Eau distillée	15 litres.	
Sulfate de soude	500 —				

Ce bain s'emploie à froid ou à chaud sur tous les métaux usuels, avec une pile Bunsen et un anode de cuivre rouge. MM. Mignon et Rouart ont récemment imaginé un procédé particulier au moyen duquel la Société des Fonderies et Hauts Fourneaux du Val-d'Osne a cuivré, depuis 1873, une grande quantité de fonte d'art, de statues, de fontaines, de balcons et de candélabres, et d'une façon si adhérente, que les tubes de fer peuvent être étirés après le cuivrage, les plaques de tôle peuvent être fraisées sans que le métal se détache. Ces procédés s'appliquent également au plombage et au zingage.

PLATINAGE, NICKELAGE, ZINGAGE, FERRAGE. — Diverses solutions de platine avaient été indiquées et essayées avec des succès contestables, lorsque, en 1846, MM. Roseleur et Lanaux découvrirent un procédé qui permet d'obtenir le platine à épaisseur avec une adhérence parfaite et avec toutes les propriétés physiques de ce métal. Ce procédé, devenu d'une application assez fréquente, est ainsi présenté par les inventeurs :

On transforme 10 grammes de platine en chlorure de platine aussi neutre que possible ; on met le chlorure en dissolution dans 500 grammes d'eau distillée. On ajoute une dissolution de 100 grammes de phosphate d'ammoniaque dans 500 gr. d'eau distillée, et enfin on redissout le précipité qui s'est formé, en versant peu à peu et en agitant une solution de 500 gr. de phosphate de soude dans 1 litre d'eau. On fait bouillir ce liquide pendant plusieurs heures, jusqu'à ce que le bain, d'alcalin qu'il était, devienne sensiblement acide. Ce bain, employé à chaud et sous l'action d'une forte batterie, donne un dépôt de platine adhérent et d'épaisseur presque illimitée sur le cuivre et ses alliages. Il faut éviter d'y plonger des objets en fer, zinc, étain ou plomb, car le bain se décomposerait promptement et abandonnerait son platine sous la forme d'une poudre noire.

On imite souvent le *platinage* par le *nickelage*. C'est au chimiste Smée, puis à M. Becquerel que l'on doit les premiers essais de la nickelure des métaux. Mais ces essais n'avaient donné que des résultats insuffisants, quand le docteur Isaac Adams, de Boston, fit connaître des procédés pratiques et véritablement industriels pour nickeler les métaux. Ces procédés furent publiés en 1869, et depuis cette époque vingt usines fonctionnent aux États-Unis. Dès le mois de décembre 1869, la première usine européenne de nickelure était fondée à Paris par MM. Adams et Gaiffe, et, dès le 17 janvier 1870, cette usine voyait ses produits présentés à l'Académie des sciences par M. Dumas, l'éminent chimiste.

Le nickel s'emploie surtout pour recouvrir le cuivre, le laiton, le bronze, le maillechort, le fer, la fonte et l'acier ; le dépôt de nickel se rapproche du platinage blanc, qu'on obtient dans les vieux bains de platine. Le bain usité se compose de 10 litres de sulfite de soude liquide à 25 degrés ; 500 grammes d'azotate de nickel et 500 grammes d'ammoniaque. M. Gaiffe recommande un bain préparé en faisant dissoudre à saturation, dans de l'eau distillée chaude, du sulfate double de nickel et d'ammoniaque exempt d'oxydes de métaux alcalino-terreux. La proportion du sel à dissoudre est de : 1 partie en poids pour 10 parties également en poids d'eau. On filtre après refroidissement. Outre les opérations ordinaires de dégraissage et de décapage, il est nécessaire que les pièces soient très bien polies avant d'être mises au bain, le nickel étant un métal très dur, difficile à brunir.

Le *zingage* galvanique s'effectue très facilement dans un bain composé de 10 litres d'eau, 500 grammes de protochlorure de zinc et 500 grammes de cyanure de potassium. Mais il est peu employé jusqu'à présent parce qu'il protège le métal sous-jacent contre l'oxydation avec moins d'efficacité que le zingage par immersion dans un bain de zinc fondu, qu'on appelle très improprement *galvanisation.*

La principale application du *ferrage* est de rendre plus rigides et plus solides les planches gravées ou les clichés galvanoplastiques destinés à l'impression en opérant sur la face postérieure un dépôt de fer. Les formules de ferrage sont nombreuses ; mais la plupart des praticiens en font mystère. Il nous suffit de savoir qu'ils opèrent par les mêmes moyens galvaniques que pour les autres métaux.

GALVANOPLASTIQUE. — La *galvanoplastique* est l'art en vertu duquel on dépose dans un moule creux ou en relief, formant l'électrode négatif d'un appareil composé d'un ou de plusieurs couples voltaïques, un métal dont les parties s'agrègent ensemble et prennent l'empreinte de la surface du moule. Quatre métaux principalement ont jusqu'à ce jour été obtenus en couches épaisses ; ce sont : le fer, le cuivre, l'argent et l'or. Le plus important de beaucoup par le nombre de ses applications est le cuivre.

« De toutes les découvertes modernes, dit M. Figuier, dans les *Merveilles de la science,* la galvanoplastique est celle qui prépare à l'avenir les plus singuliers et les plus étonnants résultats. » Sans doute, le bronze reste la plus haute expression de l'art, et c'est, selon toutes les probabilités ce qui restera toujours vrai : mais on ne peut s'empêcher de remarquer que seule la galvanoplastie rend accessible aux fortunes modestes, en les multipliant économiquement, les chefs-d'œuvre de la sculpture. Et même le grand seigneur sera souvent très heureux d'avoir recours au galvanoplaste. La fonte, qui réclame toujours et forcément le concours du ciseleur, serait impuissante à rendre avec une rigoureuse exactitude un bas-relief dans tout le charme de sa naïve originalité. On pourra arriver, avec des frais énormes, à une imitation, mais non à un véritable fac-similé. En outre, la fonte ne reproduit jamais exactement les dimensions d'un modèle donné, par suite du retrait du métal en fusion, retrait qui, de plus, n'est pas le même dans tous les points. Avec la galvanoplastie, rien de semblable à redouter : sous l'action lente et constante de l'électricité, tels seront les moules et telles seront aussi les épreuves. Demandez encore aux graveurs s'ils ne sont pas heureux que leurs œuvres, grâce à la galvanoplastie seule, puissent se perpétuer et passer à la postérité. C'est enfin par la galvanoplastie que le naturaliste peut, en quelque sorte, éterniser une feuille, un fruit, un poisson, un reptile, en les reproduisant avec des finesses de détails que l'œil armé d'une loupe pourra seule découvrir, qui sera la nature prise sur le fait, des modèles métalliques créés sans le concours du sculpteur ni du ciseleur. Cependant il n'est pas rare de rencontrer des gens qui dédaignent les épreuves galvanoplastiques, disant que c'est du cuivre de mauvaise nature sans épaisseur suffisante, qu'il faut nécessairement renforcer avec des soudures à l'étain, qui par suite, manquent complètement de sonorité, et sont peu durables. Et ils citent comme exemple les bas-reliefs de la statue de Gutenberg par David, bas-reliefs qui, après une année d'exposition à l'air, étaient presque entièrement transformés en carbonate de cuivre. MM. Oudry et Roseleur ont l'un et l'autre répondu d'avance à ces critiques, en déplorant que la spéculation ne laisse pas les objets soumis à la galvanoplastie dans un bain assez prolongé pour qu'ils soient vraiment recouverts d'une couche épaisse de cuivre qui les rendrait éternellement inaltérables.

Nous allons d'abord donner, d'après M. Becquerel, quelques détails historiques sur ce sujet important.

Un savant anglais, M. Spencer, fut conduit par une observation due au hasard à faire l'expérience suivante : une plaque carrée de cuivre fut mise en communication avec une plaque de zinc de même forme et de même grandeur, au moyen d'un fil de cuivre. La plaque de cuivre fut recouverte à chaud d'une couche de vernis composé de cire jaune, de résine et d'ocre rouge ; avec une pointe métallique on traça dans ce vernis, des lettres, en mettant à nu le cuivre, comme dans la gravure à l'eau-forte. Cette préparation faite, on prit un vase rempli à moitié d'une solution saturée de sulfate de cuivre, dans laquelle on plongea la plaque de cuivre, ainsi que le verre d'un bec à gaz, fermé à l'une de ses extrémités par un tampon de plâtre de $0^m,02$ d'épaisseur, et rempli aux deux tiers d'une solution étendue de sulfate de soude. L'élément zinc du couple fut plongé dans cette dernière, la face inférieure du disque placée parallèlement à la face supérieure de la cloison perméable ; le fil conjonctif fut recourbé de manière que la plaque de cuivre fût opposée par la surface gravée à la face inférieure de la même cloison. Dès que le circuit fut fermé, le cuivre provenant de la décomposition de ce dernier vint remplir les sillons tracés par la pointe dans le vernis, de manière à produire des caractères en relief.

M. Spencer eut aussitôt l'idée de faire servir ces caractères à l'impression typographique; dès 1838, il prépara ainsi une plaque en cuivre avec laquelle il obtint des épreuves qui furent distribuées dans le public. Immédiatement après, il chercha quelles étaient les conditions à remplir pour que le cuivre pût résister à l'action de la presse. Quelques essais ne tardèrent pas à lui montrer que la densité de la dissolution de sulfate de cuivre, l'épaisseur et la perméabilité du diaphragme étaient les éléments à prendre en considération. En effet, en opérant avec une solution saturée de sulfate de cuivre, le cuivre précipité était pur, et il renfermait d'autant plus de protoxyde que la densité était moindre. Au delà d'une certaine limite, on n'obtenait plus que du protoxyde. La solution étant toujours saturée, M. Spencer fit varier l'épaisseur et la perméabilité du diaphragme. Quand ce diaphragme était mince et grossier, le cuivre se précipitait rapidement : il était alors granuleux et friable; en augmentant l'épaisseur, où la texture devenant plus serrée, le cuivre se déposait lentement, devenait plus dur, plus homogène et possédait de plus en plus les qualités du cuivre pur de fusion, que l'on doit rechercher en galvanoplastie. Poursuivant le cours de ses expériences, M. Spencer parvint à reproduire en creux une médaille de cuivre; il se servit ensuite de moules pour obtenir des contre-épreuves, qui fussent le fac-similé de toutes ces pièces. De semblables pièces circulaient, à ce qu'il paraît, à Liverpool, dans les premiers mois de 1838.

Tandis que M. Spencer découvrait en Angleterre la galvanoplastie et posait les bases de ce nouvel art, M. Jacobi, à Saint-Pétersbourg, parvenait à des résultats semblables. On annonçait à l'Académie de Saint-Pétersbourg, dans la séance du 9 octobre 1838, que M. le professeur Jacobi venait de faire une découverte qui présageait d'importants résultats pour l'art chalcographique. Au mois de mai 1839, la revue l'*Athenæum* dit positivement que M. Jacobi avait trouvé un procédé galvanique pour convertir en un relief les figures les plus délicates gravées sur une planche de cuivre; M. Jacobi lui-même, dans une lettre adressée à Faraday, à la date du 21 juin 1839, décrit avec détails les procédés galvanoplastiques.

Quoi qu'il en soit, de nombreux savants distingués et des expérimentateurs habiles ont perfectionné l'invention et l'ont conduite au point qu'elle a atteint aujourd'hui : citons, entre autres, MM. Becquerel, Bocquillon, Elsner, Grove, Smée, Elkington, Solly, Sorel, Chevalier, Roseleur, Lenoir.

Bien que la galvanoplastie puisse avoir à exécuter des opérations aussi multiples que diverses et se proposer des résultats variés à l'infini, on n'en procède pas moins toujours à l'aide des mêmes bains et des mêmes appareils électriques. Les bains sont ainsi préparés : on ajoute environ 5 pour 100 de son volume d'acide sulfurique à de l'eau ordinaire, et on lui fait dissoudre autant de sulfate de cuivre que cela est possible à la température ordinaire. L'eau à 15° dissout environ 200 grammes de sulfate de cuivre, et le liquide marque 23° à 24° à l'aréomètre Baumé. Ce sulfate de cuivre est placé à la partie supérieure du bain dans des paniers en gutta-percha ou en grès.

Quelles que soient la forme des appareils et leurs dimensions, ils se composent toujours : 1° d'un vase extérieur en gutta-percha, grès, verre, etc., inattaquable à l'acide sulfurique; 2° d'un ou de plusieurs diaphragmes en porcelaine dégourdie ou en terre de pipe; 3° d'une lame de zinc plongée dans ce vase; 4° d'une galerie en cuivre fixée au zinc et destinée à supporter les objets. On remplit le vase extérieur de la dissolution de sulfate de cuivre, et on met dans le diaphragme de l'eau acidulée à 2 ou 3 centièmes d'acide sulfurique. C'est là l'*appareil simple*, c'est-à-dire, au fond, une pile de Daniell dans laquelle le vase extérieur en cuivre est remplacé par l'objet lui-même. Dans l'*appareil composé*, la source d'électricité est extérieure au liquide à décomposer (fig. à la page 241). Ce dernier est contenu dans une cuve ordinairement en bois doublée de gutta-percha qui porte deux galeries de cuivre, dont l'une, mise en communication avec le pôle positif de la pile, supporte de larges lames de cuivre rouge, et l'autre reçoit les objets. Les anodes de cuivre rouge ont pour objet de maintenir le bain à saturation en se dissolvant au fur et à mesure de l'opération dans l'acide sulfurique mis en liberté. L'action qui se produit est très simple. Le sulfate de cuivre décomposé par l'électricité se dédouble et forme un oxyde de cuivre et un acide sulfurique. L'oxyde de cuivre, qui tend à se porter sur le pôle négatif, y trouve l'hydrogène à l'état naissant qui le ramène à l'état métallique, pendant que l'acide sulfurique trouve au pôle positif de l'oxyde de cuivre dont il s'empare pour reformer du sulfate de cuivre.

Avec l'un ou l'autre de ces appareils, on peut obtenir des dépôts de cuivre sur des objets métalliques, et aussi non métalliques, mais que l'on a *métallisés* en les recouvrant d'une couche de *plombagine* ou *graphite*, variété de charbon qui conduit très bien l'électricité. Le plus souvent cette plombagine est préparée à l'aide de sels d'or, d'argent ou de platine, de façon à être plus conductrice. La plus facile à préparer est la *plombagine dorée :* dans un gramme d'éther sulfurique, on fait dissoudre

10 grammes de chlorure d'or, et on broie avec ce liquide 1 kilogramme
de plombagine. On laisse l'éther se volatiliser, et le chlorure d'or, en se
réduisant à l'état métallique sous l'influence de l'air et de la lumière,

Galvanoplastie d'une statue (page 252).

laisse autour de chaque grain microscopique de plombagine une quantité
de métal infiniment petite, mais suffisante néanmoins pour en accroître
notablement la conductibilité.

Les opérations galvanoplastiques varient presque à l'infini, soit dans les moyens d'exécution, soit dans les résultats qu'on cherche à obtenir ; néanmoins, on peut tous les ranger dans les quatre catégories suivantes :

1° *Dépôt sur métal avec adhérence*. — Lorsqu'on a besoin d'une épaisse couche de cuivre, on a recours au bain acide de galvanoplastie : c'est ce qui a lieu dans la dorure mate sur zinc. Après un premier dépôt dans un bain au cyanure double de potassium et de cuivre destiné à préserver le zinc de l'action acide du bain de sulfate de cuivre, on obtient, dans ce dernier, un dépôt plus ou moins épais suivant le degré de mat que l'on désire. C'est aussi par une méthode analogue que s'obtiennent les dépôts épais sur fer, fonte, etc., par exemple sur les pièces destinées à la marine, clous, plaques de blindage, etc. .

2° *Dépôt sur métal sans adhérence*. — On peut obtenir une reproduction d'une médaille, d'un ornement, d'une planche gravée sans recourir au moulage. Il suffit de soumettre l'objet à l'action des bains, après l'avoir légèrement huilé ou plombaginé, pour éviter l'adhérence. On obtiendra en creux les reliefs de l'objet, et le moule pourra servir pour obtenir un dépôt qui sera la reproduction exacte de l'objet. Mais cette opération est difficile ; et l'on a recours, pour les objets de grande valeur, comme les planches gravées, à l'intermédiaire de l'argent. Un moule d'argent n'a jamais d'adhérence avec la planche de cuivre, et c'est lui que l'on soumet au bain de galvanoplastie pour en obtenir la reproduction.

3° *Dépôt sur un objet non métallique destiné à lui rester uni*. — Les statuettes en plâtre, les fleurs, les fruits, les métaux, les vases en terre, peuvent recevoir un dépôt de cuivre ; mais, avant l'opération, on a dû avoir recours à un procédé de métallisation particulier aux choses très délicates. M. Oudry a fait une application bien plus importante de cette branche de la galvanoplastie, et qui consiste à recouvrir de cuivre d'énormes objets. Il vernit d'abord l'objet d'une couche de vernis gras, métallise ce vernis à l'aide de la plombagine et le soumet ainsi au bain de galvanoplastie. Il a obtenu par ce moyen des résultats admirables. C'est ainsi qu'il a pu protéger contre l'oxydation et revêtir de l'apparence du bronze des pièces monumentales exposées à l'air et à la pluie. Il n'est peut-être pas une seule des grandes voies, places ou squares de Paris, où ne se trouvent des spécimens de ce procédé. Les plus connus et les plus importants sont les fontaines, statues et lampadaires qui décorent la place de la Concorde, et les statues de la fontaine de la place Louvois.

4° *Dépôt sur un objet non métallique, destiné à être séparé de cet objet*. — C'est là le cas principal de la *galvanoplastie*, c'est-à-dire la reproduction d'un objet quelconque. Si l'on ne tient pas à conserver le modèle, on n'a qu'à le plonger dans le bain, après l'avoir stéariné ou plombaginé avec soin, jusqu'à ce qu'il soit recouvert d'une couche de cuivre suffisante pour présenter de la consistance. On sépare alors, le plus souvent en le détériorant, le modèle, et l'on possède un moule résistant, inaltérable, qui permet d'obtenir autant de *fac-similés* que l'on voudra du modèle primitif. On peut même arriver, avec quelques soins, à reproduire d'une seule pièce un buste en plâtre et à lui substituer un buste identique en cuivre. Pour cela, on plonge le buste dans le bain, et quand il est recouvert de cuivre, on détruit le modèle, puis l'on se sert de l'enveloppe en cuivre comme du vase extérieur d'un élément Daniell, c'est-à-dire qu'on l'emplit de sulfate de cuivre, que l'on place au centre un diaphragme contenant de l'eau acidulée et une lame de zinc (*fig.* 89). Il se déposera à l'intérieur de ce moule de cuivre une couche de cuivre qui constituera une reproduction exacte du modèle.

Si l'on tient à conserver le modèle, on opère sur une empreinte aussi fidèle que possible obtenue à l'aide d'une matière plastique. Les substances le plus employées pour ce moulage sont la gutta-percha, et, quand les objets présentent des parties de difficile dépouille, la gélatine. Pour celle-ci, il suffit de verser sur l'objet la gélatine encore liquide et de démouler lorsqu'elle est refroidie. Pour la gutta-percha, on moule, soit à la main après avoir liquéfié la gutta-percha par la chaleur, soit au moyen de pressés spéciales. Le moule obtenu, on le métallise, puis l'on procède comme dans les cas précédents; si l'objet n'a pu être moulé d'une seule fois, on fait autant de moules qu'il est nécessaire, puis, à l'aide de soudures, on réunit plus tard les différentes pièces obtenues.

Cette méthode ne peut donner que des résultats peu parfaits; aussi a-t-on recours aujourd'hui à un autre procédé, indiqué en 1841 par Parker, en Angleterre, puis perfectionné et appliqué par l'un des plus ingénieux et des plus persévérants inventeurs de notre époque, M. Lenoir. Ce procédé, appliqué en grand à l'industrie, notamment par la célèbre maison Christophle, a été décrit ainsi par un des savants qui ont écrit l'ouvrage le plus estimé sur cet objet, M. A. Roseleur :

« Le problème à résoudre était celui-ci : un modèle parfait étant donné, en tirer galvanoplastiquement, et d'un seul jet, un nombre indéfini d'épreuves, tellement identiques au type que l'œil le plus exercé, celui même de l'artiste, ne pût distinguer son œuvre propre de la reproduction. On va voir par quelle série de moyens, plus ingénieux les uns que les autres, Lenoir est arrivé à la solution désirée. Prenons pour exemple une statue (*fig*. A, page 249). On commence par en faire, avec la gutta-percha, un moule à pièces dont les différents morceaux peuvent à volonté, et au moyen de repères, reproduire un creux parfait du modèle. Dans cet état, on commence à plombaginer avec soin tous les intérieurs du moule. D'autre part, avec du fil de platine, on ébauche une carcasse qui représente, *grosso modo*, mais sur des dimensions un peu restreintes, l'objet à reproduire B (*fig*. à la page 249). Cette carcasse devra être un peu plus petite que le moule, pour pouvoir être suspendue dans son intérieur sans qu'il y ait aucun point de contact. On comprend déjà que si, maintenant, on enferme la carcasse dans le moule reconstitué par ses diverses parties et bien métallisé par la plombagine, et qu'on introduise le tout dans le bain galvanoplastique, en reliant, par un conducteur, la surface intérieure du moule au pôle négatif de la batterie, pendant que la carcasse, qui ne doit toucher en aucun point la surface plombaginée, se reliera elle-même au pôle positif de cette même batterie, on comprend, dis-je, que la portion de bain qui remplit la cavité du moule va se décomposer, et que le cuivre viendra s'appliquer intérieurement à ce même moule pour en reproduire les plus imperceptibles détails. Il suffira donc, lorsque la couche sera convenablement épaisse, d'enlever la gutta-percha qui compose le moule pour trouver dessous une statue en ronde bosse, dont les travaux d'achèvement seront tout à fait insignifiants, sinon comme valeur artistique, du moins comme prix.

» Mais si les choses s'expliquent et se comprennent ainsi facilement par la théorie, elles ne sont pas d'une exécution pratique aussi commode, et on va voir de quelles précautions ingénieuses l'inventeur a dû s'entourer pour mener l'œuvre à bonne fin.

» D'abord, rien n'était plus difficile à constater, une fois le moule refermé sur la carcasse *anode*, que l'absence absolue de points de contact entre ces deux objets. Pour éviter sûrement ces contacts, M. Lenoir a eu l'idée de faire courir en spirale, sur toutes les parties externes de l'anode de platine, un fil de caoutchouc qui, par son épaisseur, s'opposait au rapprochement de la surface métallique et du fil de platine. Ce caoutchouc n'étant pas conducteur du fluide électrique, il importait peu qu'il vint toucher la surface plombaginée. La décomposition galvanique n'en marchait pas moins bien. Mais, malgré toutes ces précautions, il pouvait arriver que le dépôt de cuivre qui se formait à l'intérieur, prenant une épaisseur de plus en plus grande, et diminuant par suite petit à petit l'intervalle laissé primitivement entre l'*anode* et le *catode*, ces deux surfaces ne vinssent enfin à se toucher par un point, ce qui arrêtait immédiatement l'opération, sans que l'opérateur pût le constater à aucun signe extérieur. C'était là un inconvénient grave et qui, à lui seul, pouvait anéantir dans la pratique le procédé tout entier. On comprend en effet que, dans une même cuve renfermant un grand nombre de moules à reproduire, il suffisait qu'un contact s'établît entre les deux pôles (moule et carcasse) pour que toute l'électricité de la batterie, trouvant un chemin plus facile et meilleur conducteur que le bain qu'elle devait décomposer en le traversant, s'écoulât tout entière par cette voie sans aucun profit pour l'opération. Pour obvier à cette éventualité si redoutable, M. Lenoir imagina le moyen suivant :

« Tous les moules d'un même bain sont maintenus dans le liquide par des crochets qui reposent sur une tringle et qui les prennent à l'extérieur sans avoir aucune communication avec la face plombaginée. Quant à ces extérieurs, ils sont munis chacun d'un petit conducteur métallique qui se continue hors du bain par un fil de fer, fin comme un cheveu, et tous ces fils de fer se réunissent au pôle négatif de la pile. Quant aux attaches des carcasses de platine, elles sortent par la même ouverture que le conducteur de la partie plombaginée, mais sans le toucher, bien entendu, et vont se relier au pôle positif de la même pile (*fig*. D, à la page 249). De cette organisation, il résulte qu'en l'absence absolue de points de contact entre les carcasses et les intérieurs de moule, le fluide électrique trouve un passage suffisant par l'ensemble des fils de fer qui relient les moules à la batterie ; mais que si un seul point de contact vient à s'établir dans un des moules par le grossissement du dépôt, le circuit voltaïque se trouvant fermé par ce point, toute l'électricité prend alors cette route, et, comme elle est trop abondante pour la petite section du fil de fer, elle le rougit rapidement, le brûle avec éclat et le coupe. Il en résulte instantanément la cessation du travail galvanoplastique pour la pièce dont le fil est rompu, mais la reprise de ce même travail pour toutes les autres. De plus, l'opérateur sait immédiatement où il doit porter remède. Enfin, on comprend facilement que, la carcasse anode en platine restant tout à fait insoluble et ne pouvant réparer les pertes du bain à mesure que son cuivre se dépose, il en résultera bien vite que le moule ne contiendra plus que de l'eau acidulée par l'acide sulfurique du sel de cuivre. De là, la nécessité de laisser aux extrémités inférieures de la statue, sous la plante des pieds, par exemple, deux trous par lesquels le bain saturé de cuivre, et, par conséquent, plus dense, rentrera pour remplacer l'eau acidulée, plus légère, qui gagnera la surface de la cuve en s'échappant par le trou réservé au sommet de la tête, lequel sert aussi à donner passage aux deux conducteurs de l'anode et du moule (*fig*. C, à la page 249). Lorsque l'opération sera achevée, il suffira donc d'enlever le moule en gutta-percha, de faire sortir de force la carcasse anode, pour obtenir une statue à laquelle il faudra boucher trois trous, enlever quelques rébarbes aux coutures du moule, mais qui, dans les portions capitales, sera la reproduction rigoureusement exacte du modèle primitif. Aujourd'hui, ajoutons-le, on a substitué l'anode de plomb à l'anode de platine, ce qui permet de reproduire de grands objets sans immobiliser un capital considérable. »

Citons parmi les plus beaux exemples de galvanoplastie en ronde bosse, obtenus par ces procédés, la statue colossale de Notre-Dame-de-la-Garde, à Marseille, qui a 9 mètres de hauteur, et le groupe monumental qui surmonte l'Opéra de Paris, ouvrage exécuté par M. Christophle, qui a plus de 5 mètres de hauteur et a été reproduit d'après le modèle exécuté par M. Gumery ; à l'aide d'une carcasse en plomb formant l'énorme anode insoluble qui suivait approximativement les sinuosités de la cavité formée par la réunion de moules en gutta-percha. C'est aussi par ce procédé qu'ont été reproduits tous les bas-reliefs de la colonne Trajane (1) en six cents sections, dont chacune a 1 mètre carré de surface environ, et aussi le grand bas-relief de $3^m,60$ de hauteur sur $2^m,20$ de largeur de l'arc de triomphe à Constantin. Au mois de juillet 1864, ces bas-reliefs obtenus en cuivre galvanique furent portés dans les salles du rez-de-chaussée du Louvre, pour y être déposés en permanence. Ce précieux travail, sorti de l'usine électro-métallurgique de M. Oudry, à Auteuil, près de Paris, a été exécuté sur des plâtres envoyés directement de Rome et moulés sur la colonne elle-même, en 1861 et 1862. Déjà plusieurs fois, et notamment sous les règnes de François Ier et de Louis XIV, on avait essayé de transporter en France ces bas-reliefs, dont l'intérêt est inappréciable. Lors de la fondation de l'École française à Rome, on se fit envoyer des plâtres incomplets qui restèrent au château de Fontainebleau et s'y détruisirent peu à peu. La Convention voulut transporter la colonne elle-même et en orner la place Vendôme. Aucun de ces projets n'avait réussi : le succès était réservé à notre temps..

GALVANOTYPIE. — La *galvanotypie* est l'électro-chimie plus spéciale-ment appliquée, avons-nous dit, aux clichés, aux planches gravées, et, en général à tous les objets qui sont destinés à transporter leurs empreintes sur d'autres corps par la pression. Autrefois, l'on tirait les épreuves d'une gravure sur bois sur le bois lui-même, de sorte qu'au bout de très peu de temps les contours s'émoussaient, le bois s'écrasait, et l'on était obligé de refaire la gravure. Aujourd'hui, on coule sur le bois de la gutta-percha, et l'on porte ce moule dans un bain de cuivre; le cliché obtenu est dressé au tour ou bien au rabot, fixé sur un bois d'épaisseur, et il est utilisé tout à fait comme une planche gravée sur cuivre. Si le dépôt est très lent, le cuivre est très dur, et l'on peut, sans usure apparente, tirer soixante à quatre-vingt mille épreuves, ce qui permet de donner à des prix infimes des reproductions de gravures qui autrefois auraient coûté fort cher (2).

Certains dessins veulent être reproduits avec la fidélité la plus rigoureuse, par exemple les timbres-poste, les billets de banque, etc. Un dessin qui serait fait d'après un modèle en différerait toujours par quelque point, et ne tromperait pas des yeux très exercés. Il faut que

---

(1) La colonne Trajane, à Rome, est construite en marbre blanc; sa hauteur est d'environ 50 mètres; son diamètre moyen de 4 mètres.
(2) Baille, *l'Électricité* (Hachette).

l'administration puisse reproduire à volonté des épreuves entièrement identiques au modèle, et que le type, une fois arrêté, ne soit plus exposé à être refait. Voici comment on procède. Un timbre-poste a été buriné avec soin sur une plaque d'acier, et on a pressé sur cette plaque une lame de plomb qui a pris exactement la contre-épreuve. Cette lame de plomb forme la matrice des timbres-poste : c'est sur elle qu'il reste à opérer. On agit sur les premières reproductions comme sur le modèle primitif, et les secondes épreuves, assemblées en planches, servent à la gravure. Lorsque, par suite d'un long usage, une de ces planches est usée et déformée, on en fabrique une autre avec la reproduction ; on n'a donc que très rarement besoin de recourir à la matrice.

ESSAI DES MINERAIS DE CUIVRE PAR L'ÉLECTRICITÉ. — La méthode ordinaire d'essai des minerais de cuivre par la voie humide, due à M. Bécquerel, est lente et compliquée, et exige toutes les ressources d'un laboratoire de chimie. Le journal *Scientific American* indique une méthode fort simple et suffisamment exacte pour les besoins de la pratique.

Après avoir choisi un échantillon du minerai, on le réduit en poudre dans un mortier de fer, et on tamise soigneusement cette poudre. On en prend une certaine quantité, qu'on met dans une soucoupe, et on en fait une espèce de pâte en la remuant avec quelques gouttes d'eau chaude. On ajoute alors de l'acide nitrique concentré. Quand la première réaction est achevée, on chauffe au bain-marie, en ayant soin d'opérer au grand air, et dès que le dégagement des fumées acides a complètement cessé, ce qui a lieu ordinairement au bout d'une demi-heure, on décante la solution acide, en ayant soin de ne pas troubler le résidu. En même temps, on ajoute un peu d'acide à ce résidu, qu'on laisse encore une demi-heure sur le bain-marie. Le liquide décanté a été également mis sur le bain-marie, de manière à subir une évaporation partielle. On le verse alors sur le résidu, et on évapore à siccité. On traite le résidu sec par l'acide sulfurique, et, quand la réaction est achevée, on ajoute un peu d'eau froide, puis de l'eau chaude, en remuant toujours le mélange. On laisse alors reposer la liqueur, de manière que les matières en suspension se déposent, et l'on filtre. Si l'on a bien opéré, tout le cuivre est contenu dans le liquide filtré. Il ne reste plus qu'à soumettre la dissolution acide de cuivre, ainsi obtenue, à l'action de la pile, pour obtenir le cuivre sous forme d'un dépôt métallique qu'il suffira de peser. L'action de la pile doit être continuée jusqu'à ce qu'une goutte de la dissolution, mise en contact avec une goutte d'eau ammoniacale sur une plaque de porcelaine blanche, ne donne aucune coloration bleue perceptible.

PROCÉDÉ POUR RECONNAITRE LA PURETÉ DES HUILES D'OLIVE. — En terminant, citons, entre diverses autres applications de la pile, une méthode curieuse, tout récemment publiée par M. le professeur Palmieri, le directeur bien connu de l'Observatoire du Vésuve, pour reconnaître la pureté des huiles d'olive. L'huile d'olive absolument pure est très mauvaise conductrice de l'électricité ; cette propriété va diminuant au fur et à mesure que l'huile est moins pure et s'altère. Les huiles de colza et de sésame, avec lesquelles on commet le plus ordinairement la fraude, sont au contraire assez bonnes conductrices. Il est vrai que les huiles de noix, de fèves, d'amandes douces, de noisettes ont la même conductibilité que l'huile d'olive ; mais, comme elles sont plus chères, il va sans dire qu'on n'a aucun avantage à s'en servir. Ce fait bien reconnu, M. Palmieri plonge les deux fils d'une petite pile sèche dans un vase renfermant l'huile à examiner, et relie ces fils à un électromètre très sensible, soit une boule de sureau suspendue à un fil, ou bien à un galvanomètre. Il est évident que si l'huile est conductrice le courant passera, et il passera d'autant mieux que l'huile offrira un écoulement plus facile à l'électricité ; en même temps, l'électromètre s'écartera d'autant plus de sa position normale ; si l'huile n'est pas conductrice, l'électromètre, au contraire, restera immobile. Le commerce tirera probablement un grand parti de cette méthode bien simple.

CHAPITRE III

EFFETS PRODUITS PAR LES COURANTS

ACTION DE L'ÉLECTRICITÉ SUR LES VÉGÉTAUX. — On doit à M. Becquerel des travaux importants sur le rôle des forces physiques dans l'étude des phénomènes physiologiques, question de l'ordre le plus élevé, attendu que les recherches ne tendent à rien moins qu'à nous initier aux mystères de la vie. L'électricité, à raison de son universalité d'action, dit-il (1), a été considérée par quelques personnes comme l'agent principal

---

(1) Becquerel, *Traité d'électricité et de magnétisme.*

de la nature. Certes, si l'on s'en tenait seulement à la rapidité de son
action, quand elle agit comme force physique ou comme force chimique,
ainsi qu'aux effets caloriques, lumineux, magnétiques et autres qu'elle

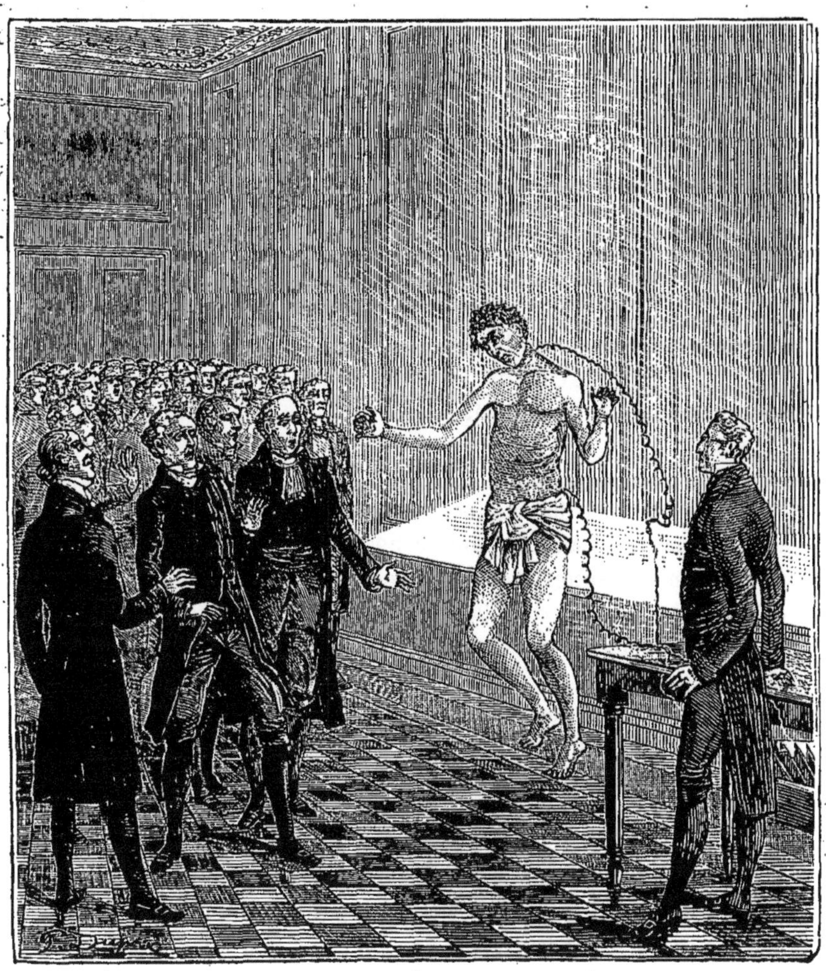

Expérience d'Andrew-Uré sur un cadavre (page 259).

produit, on serait assez disposé à reconnaître en elle cette force, rapide
comme la pensée, en vertu de laquelle le cerveau fonctionne. Mais si on
se bornait à cette induction, on commettrait une grave erreur, attendu
que, bien que l'électricité produise quelques effets qui sont les attributs

de la vie, rien ne prouve jusqu'ici que les forces vitales, sous l'empire de la volonté ou non soumises à cette volonté, aient réellement une origine électrique. Ce que l'on a de mieux à faire n'est donc pas de chercher si l'électricité est capable d'organiser la matière, car nos tentatives à cet égard seraient infructueuses; mais d'étudier les modifications qu'éprouvent les végétaux et les animaux quand les forces électriques agissent sur eux.

Sans entrer dans le détail des expériences sur cet objet, nous dirons que l'électricité exerce une influence remarquable sur la circulation de la sève; le courant qui passe par les branches et les feuilles produit des contractions lentes, successives, séparées par de grands intervalles; effets différents de ceux que présentent les animaux : les vaisseaux perdent la faculté de se contracter pour chasser la sève; mais il n'en résulte pas un désordre apparent dans l'organisme. Le courant agit en même temps et également sur le mouvement ascendant et le mouvement descendant; le sens du courant ne paraît établir aucune différence dans leur mode d'action. Si le courant provient d'une pile chargée avec de l'eau seulement, il faut employer un certain nombre de couples pour arrêter le mouvement de la lymphe. Quelques instants après, il recommence peu à peu sous l'influence du courant, et finit par acquérir la vitesse qu'il avait primitivement. En augmentant le nombre des couples, il y a un nouvel arrêt, et ainsi de suite jusqu'à ce que le courant ait assez d'intensité pour arrêter le mouvement de rotation pendant quelques heures. En rétrogradant, c'est-à-dire en diminuant successivement le nombre des couples, on remarque encore des arrêts et des reprises de mouvement. En opérant avec une pile plus fortement chargée, on observe des effets semblables. Le passage de l'électricité ne produit aucune désorganisation, puisqu'un temps plus ou moins long rend à la plante les facultés naturelles.

Nous avons vu (*Électricité statique*, page 123) les effets produits sur la végétation et la germination. Davy a avancé que le blé germait plus vite dans l'eau pure électrisée positivement que dans celle qui l'est négativement : cet effet est dû à ce que la graine étant, dans le premier cas, entourée d'une atmosphère d'oxygène, se trouvait dans les conditions voulues pour que la germination s'effectuât convenablement. Si l'eau n'est pas parfaitement pure, il se dépose au pôle positif des acides qui réagissent sur les graines, altèrent l'embryon et même le détruisent.

En dehors des effets électro-chimiques, on ne peut dire encore, d'une façon précise, si l'électricité intervient d'une manière quelconque dans les phénomènes de la vie végétale.

M. de Candolle a fait à ce sujet les réflexions suivantes dans sa *Physiologie végétale :*

« Ceux qui ont cherché à établir que le fluide électrique était l'agent de la vie, soit dans les animaux, soit dans les plantes, me paraissent encore loin d'avoir ébranlé l'idée générale du principe vital. D'un autre côté, la plupart se fondent sur des données vagues et générales qui sont presque entièrement dénuées de preuves, comme on peut s'en convaincre dans leurs ouvrages. De l'autre, en supposant que le fluide électrique ait une action appréciable, qu'est-ce qui le met en jeu ? Pourquoi agit-il dans les êtres vivants et cesse-t-il d'agir dans les êtres morts ? Peut-être la cause qui met en jeu cette action, si elle existe, est-elle le principe vital qui, en opérant des réactions chimiques, doit produire de l'électricité, laquelle peut intervenir dans les phénomènes de la végétation. »

ACTION PHYSIOLOGIQUE DE L'ÉLECTRICITÉ DANS LES ANIMAUX. — Quand Galvani publia ses curieuses expériences sur la susceptibilité des organes musculaires, toute l'Europe savante, avons-nous dit, crut un moment qu'on allait résoudre le grand problème, trouver l'*électricité vitale*. On multiplia les expériences, dans le but de démontrer qu'au moyen de l'électricité on pourrait reproduire les mouvements et les contractions dus à l'acte de la volonté. Galvani expérimenta d'abord sur une tête de bœuf récemment tué, avec une pile à colonne, composée de zinc et d'argent et chargée avec de l'eau salée. Une des oreilles fut mise en communication avec l'un des pôles, et l'autre avec le naseau ; aussitôt les yeux s'ouvrirent, les oreilles se dressèrent, la langue s'agita et les naseaux s'enflèrent. En 1793, Larrey, Dupuytren, Richerand et d'autres chirurgiens, excitèrent des contractions musculaires sur des membres nouvellement amputés, à l'aide d'armatures composées de deux métaux superposés. En 1802, Galvani, de concert avec Aldini, son neveu, opéra, sur deux cadavres décapités à Bologne, une série d'expériences qui eurent un grand retentissement, et que tour à tour répétèrent Bichat, Vassali-Eudi, Rossi, Nysten, Guillotin, Mariani, Matteucci, etc. En 1818, le docteur Andrew Ure fit, à Glascow, une expérience qui est demeurée célèbre, sur le corps de l'assassin Clysdale (*fig.* à la page 257). Cet homme, rapporte M. Figuier, avait vendu son cadavre au docteur Ure. C'était un individu de trente ans, très vigoureux. Après l'exécution, il resta près d'une heure au gibet, suspendu et immobile, et il fut apporté à l'amphithéâtre de l'Université dix minutes après qu'on l'eut détaché de la potence. Un des pôles de la pile fut mis en communication avec la moelle épinière à la hauteur de la vertèbre *atlas*, l'autre pôle étant mis en contact avec le nerf sciatique. Un frisson sembla tout aussitôt parcourir son corps. En disposant convenablement les conducteurs sur les muscles pectoraux du cadavre, on rétablit les mouvements respiratoires : la poitrine s'élevait et s'abaissait. Le poing du cadavre s'ouvrit, en dépit des efforts des opérateurs et son doigt semblait désigner les personnes qui l'entouraient. Les muscles de la face s'agitèrent horriblement et de manière à jeter l'épouvante parmi les assistants, dont plusieurs s'enfuirent frappés de terreur. On observait les mouvements musculaires les plus violents, les yeux ouverts et menaçants, le rire et la fureur contrastant sur la même face, la respiration même rétablie ; tout présentait dans le cadavre un exercice hideux des fonctions de la vie.

Ces expériences sont encore poursuivies de nos jours, et déjà de nombreuses applications ont été trouvées. Par le moyen de la pile, on peut obtenir des commotions aussi fortes et aussi vives que celles qui sont produites par la décharge d'une batterie électrique, et d'autant plus puissantes qu'elles sont continues, tandis que dans les batteries électriques elles sont instantanées, et d'autant plus intenses que la pile est composée d'un plus grand nombre de couples.

On peut tirer de la pile un grand avantage : celui de pouvoir distinguer la mort réelle de la mort apparente. Les inhumations précipitées ont souvent donné lieu à d'effrayantes méprises : on ne peut lire, sans frémir, l'ouvrage de Bruhier, écrit en 1710, sur l'incertitude des signes de la mort. Il rapporte avec détails 181 faits, et combien ne pourrait-on pas y ajouter ! Dans des ouvrages plus récents, entre autres celui de M. Lenormand, du docteur Crimotel de Tilloy, de M. Le Guéry, il est constaté que les progrès de la science n'empêchent pas encore les inhumations de vivants. Dans une pétition adressée aux Chambres, M. Le Guéry affirmait avoir connu, en quelques années, 46 cas d'individus qu'un hasard seul a sauvés d'un enterrement précipité, après constatation officielle de leur mort. M. le docteur Lenormand dit, dans son livre, que, dans l'espace de deux ans et demi, dix personnes réputées mortes ont été rappelées à la vie dans la ville de Berlin. Les auteurs qui ont étudié les signes caractéristiques de la mort ont tous reconnu que l'aspect cadavéreux de la face, le refroidissement et la lividité de la peau, la flexion des doigts, l'insensibilité aux brûlures et aux incisions, l'obscurcissement et l'effacement des yeux, l'absence de respiration et de vapeurs sortant de la bouche, etc., ne suffisaient pas pour établir la réalité du décès, puisque, d'une part, quelques-uns de ces signes ne se rencontrent pas toujours sur les cadavres, et que, d'un autre côté, on a pu les observer chez des individus qu'on est parvenu à rappeler à la vie. Cinq autres signes ont été regardés comme caractéristiques ; ce sont : l'absence des battements du cœur, la rigidité des membres, la putréfaction, la coloration verte des parois abdominales, mais surtout l'absence de contractibilité des muscles sous l'influence du galvanisme. « L'épreuve par le galvanisme, dit M. Marc, membre de l'Académie de médecine, d'accord avec M. Nysten, est la plus sûre de toutes, et les corps ne devraient être portés en terre qu'après que la pile ou un appareil magnéto-électrique n'aurait plus d'effet sur eux. »

D'autres expérimentateurs ont eu l'idée de recourir à la commotion électrique pour mettre en jeu et en évidence les muscles de la face, et fournir, par là, un moyen d'anatomie vivante pour la physiologie et pour l'art. Comme les traits du sujet à soumettre aux épreuves ne montrent les contractions de leurs muscles que pendant la durée de l'électrisation, il était important de saisir et fixer les contractions en tableaux fidèles ; M. Duchenne, entre autres, s'est donc adressé à la photographie pour obtenir ce résultat, et M. Tournachon jeune, le photographe bien connu, est parvenu à faire un album de tous les états de contractions musculaires de la face, en faisant poser le sujet devant son appareil au moment de la commotion. Cet album est fort intéressant, surtout quand on connaît la théorie des muscles de la face que M. Duchenne a déduite de ses observations, et dont nous croyons devoir donner une idée.

Elle consiste à diviser la face en grandes lignes qui commandent toutes les expressions de la physionomie et à subdiviser ces lignes en d'autres lignes plus particulières. Les muscles principaux sont le *frontal* ou *muscle de la surprise*, qui sert à élever les sourcils et qui occupe le front ; l'*orbiculaire* ou *muscle de la réflexion*, qui sert à les abaisser et qui occupe les paupières ; le *sourcilier* ou *muscle de la douleur*, qui occupe le sourcil et le ramène vers le milieu du front ; le *pyramidal* ou *muscle de la méchanceté*, qui exprime la férocité et est placé à cheval sur la racine du nez ; le grand et le petit *zygomatique*, qui sont situés sur la joue, à côté de la pommette, et donnent l'expression du rire et du pleurer, etc. C'est principalement sur un vieillard à figure hébétée et paralytique que l'inventeur a fait ses expériences ; un jeune homme, qui s'était exercé à exprimer sur sa figure les expressions diverses des mouvements divers de l'âme, se trouvait d'accord avec la face du vieillard paralytique soumis à l'influence de l'électricité. Il y a là un sujet fécond d'études.

MAGNÉTISME ANIMAL. MÉTALLOSCOPIE. EXPÉRIENCES DU DOCTEUR CHARCOT. — Nous voulons seulement indiquer ici une question encore très obscure, des faits très discutés, mais qu'il est impossible de passer sous silence, tant à cause de l'importance du sujet que de la notoriété des savants qui s'occupent de l'étude de ces phénomènes. Dès les premières découvertes électriques, dès les expériences d'électrisation de l'abbé Nollet dont nous avons parlé (*Électricité statique*, page 51), un grand nombre de médecins et de physiciens ont étudié avec soin et avec méthode l'action de l'électricité sur le système nerveux. Les expériences sont difficiles à faire, et le sujet est ardu, comme tout ce qui touche à la machine si complexe qu'on appelle le corps humain. Quelques résultats assez nets ont été obtenus, et l'électricité est considérée maintenant comme un agent thérapeutique, pouvant servir dans certaines conditions. Mais, il faut l'avouer, le charlatanisme s'est emparé de cette veine, et jamais rien de ce qui est contraire aux lois naturelles n'a été jusqu'ici constaté. Nous résumons, d'après les documents officiels et le compte rendu de M. Figuier (1), ce qui est scientifiquement observé, ce qui mérite l'examen, ce qui a nécessité l'intervention de l'Académie des sciences, laquelle, dans sa séance du 9 janvier 1882, sur la présentation par M. Bouley d'un mémoire de M. Dumont-Pallier, chirurgien à l'hôpital de la Pitié, à Paris, a nommé une commission composée de célébrités contemporaines : MM. Jamin, Bouley, Vulpian, E. Becquerel, Faye, Milne. Edwards, afin de constater et d'étudier les derniers faits observés.

« *Tout arrive*, a dit Talleyrand. C'est aux événements de la politique et de l'histoire que le célèbre diplomate appliquait cet axiome consolateur; mais il est tout aussi vrai appliqué aux sciences, et surtout à la médecine. Là, *tout arrive*, il suffit d'attendre.

» Pendant la Renaissance, Paracelse vanta les vertus de l'aimant appliqué au traitement des maladies. Il prôna les vertus médicinales des matières magnétiques et répandit dans la médecine pratique l'usage des métaux. Le P. Kircher, le plus grand physicien de son temps, nous apprend que, d'après les conseils de Paracelse, on faisait au xviiᵉ siècle, avec l'aimant, divers appareils tels que des anneaux que l'on portait au cou, aux bras et sur d'autres parties du corps, pour calmer les

---

(1) Figuier (Guillaume-Louis), célèbre écrivain et chimiste, né à Montpellier en 1819. Neveu d'Oscar Figuier, qui était professeur de chimie dans cette ville, il étudia sous lui et se fit recevoir docteur en médecine, docteur ès sciences et agrégé de l'École de pharmacie à Paris. Toutefois, il est moins connu comme savant que pour ses ouvrages de vulgarisation, que recommandent l'élégance de l'expression et l'exactitude des faits, avec un certain coloris pittoresque auquel ils empruntent beaucoup de charme. Parmi ses nombreux volumes, il faut citer l'*Exposition des principales découvertes* (1851-53, 3 vol.); l'*Histoire du merveilleux dans les temps modernes*, 4 vol.; l'*Année scientifique et industrielle* depuis 1836, et une foule d'autres publications destinées à la vulgarisation des sciences. On distingue particulièrement sa très curieuse *Histoire de l'alchimie*, où l'auteur penche pour la croyance alchimiste à la possibilité de décomposer et de recomposer l'or. Tous les ouvrages de M. Figuier sont empreints d'une philosophie élevée. Ses plus récents ouvrages : *Tableau de la nature*, 10 vol.; le *Lendemain de la mort ou la Vie future d'après la science*, 1 vol.; les *Vies des savants illustres*, 5 vol., sont, sinon supérieurs, au moins égaux aux précédents ouvrages de cet écrivain éminent.

Mᵐᵉ Figuier, sa femme, est également un écrivain de mérite dont les romans ont un grand succès.

convulsions, pour guérir les douleurs et les maladies nerveuses. A la même époque, Van Helmont, dans son célèbre ouvrage de la *Cure magnétique des plaies*, adopta le principe fondamental de la médecine par les aimants. La cure des plaies par l'*onguent magnétique* lui paraît la chose du monde la plus facile à expliquer. Comme son contemporain Van Helmont, le célèbre Robert Fludd mettait au service de la *médecine des métaux* son érudition, sa science et ses talents variés. Au xviiie siècle, le P. Hell, professeur d'astronomie à Vienne, s'adonnait à la *médecine des aimants*. Il fabriquait de petites pièces aimantées, auxquelles il attribuait des vertus spécifiques pour le traitement des maladies. En 1774, Mesmer (1), qui préludait alors à la création de sa doctrine, fit la connaissance du P. Hell. Il exécuta avec lui plusieurs essais pour le traitement des maladies par les pièces aimantées et produisit des effets manifestes dans le traitement des maladies nerveuses. Frappé des guérisons dont il avait été le témoin et l'auteur, et trouvant dans ces faits la démonstration de ses théories astronomiques et de la justesse des idées des médecins du moyen âge, quant à la sympathie des plantes et des métaux avec le corps humain, Mesmer établit à Vienne une maison de santé, dans laquelle il traitait les malades par l'aimant et l'électricité, et il y obtint des succès incontestables. Ajoutons cependant que Mesmer fit infidélité à la médecine des aimants. Il prétendit s'affranchir des appareils du P. Hell, et ne songea plus qu'à la doctrine dont on lui doit la création. Cette doctrine, il l'appela *le magnétisme animal*, dénomination qui prouve bien que le *magnétisme*, c'est-à-dire l'aimant ou l'aimantation appliquée à l'économie animale, était la base de son système médical. Seulement le magnétisme n'existait plus, dans la doctrine de Mesmer, que comme un mot, et comme un mot sans signification, sans justification, puisqu'il bannissait l'aimant de sa pratique médicale. Il conservait le mot et supprimait la chose.

» Telle est l'origine de la dénomination du *magnétisme animal*, qu'il est d'autant plus nécessaire de rappeler que, depuis un siècle, on l'a employée mille fois, sans savoir à quelle idée elle se rattache.

» Pendant que le P. Hell fabriquait en Allemagne des aimants curatifs, un médecin des États-Unis, Elisah Perkins, poursuivant l'étude des effets des métaux sur les corps vivants, construisait ce qu'il appelait le *tracteur métallique*, instrument composé d'une tige de deux pouces et demi de long, résultant de l'assemblage de

(1) Mesmer (Frédéric-Antoine), médecin allemand (1734-1815), s'établit d'abord à Vienne ; il y eut quelques difficultés qui le forcèrent à venir à Paris en 1778, où il excita un prodigieux enthousiasme. Il réunissait chez lui, autour d'un baquet magnétisé, un grand nombre de malades qu'il devait guérir par des passes magnétiques. Il eut de nombreux partisans auxquels il vendit cher son secret. En 1784, une commission de savants, nommée par le gouvernement et parmi lesquels figuraient Darcet, Franklin, Bailly, Lavoisier, A.-L. de Jussieu, fut chargée d'examiner la nouvelle doctrine, et ceux-ci, par l'organe de Bailly, déclarèrent que Mesmer produisait des effets surprenants, mais ils les attribuèrent à l'imagination ou à l'imitation ; toutefois de Jussieu ne partagea pas l'opinion de ses collègues et fit un rapport à part, très favorable. A la suite de ce jugement, Mesmer quitta la France en emportant l'argent de ses souscripteurs, passa en Angleterre, puis retourna mourir en Allemagne. On est forcé de reconnaître qu'il fut quelque peu charlatan et qu'il s'est montré fort avide ; mais l'importance de sa découverte du magnétisme animal semble être aujourd'hui hors de doute. Il a laissé quelques ouvrages relatifs à cette découverte.

divers métaux. Mais, en dépit des efforts du P. Hell, de Mesmer et de Perkins, à la fin du xviii° siècle, la *médecine des métaux* tomba dans une déconsidération géné-. rale. Elle fut reléguée par les savants et les écoles médicales au rang des vieilles utopies indignes du plus léger examen.

» Voilà cependant que de nos jours un observateur consciencieux, M. le docteur Burq, ramène sur la scène du monde scientifique cette même *médecine des métaux*, et qu'un médecin en renom, un membre de l'Académie de médecine, un professeur de la Faculté, M. le docteur Charcot, ressuscite, sans le vouloir, le magnétisme animal, avec le cortège tout entier de ses phénomènes les plus divers et jusque-là les plus contestés.

» Commençons par la *métallothérapie* ou *burquisme*.

» C'est en 1848, à l'hôpital Cochin, que la *métallothérapie* fit entendre ses premiers vagissements. Le docteur Burq y débuta par des armatures en cuivre appliquées sur la surface du corps de certains malades, afin d'étudier l'action de ces plaques sur les régions qui avaient perdu leur sensibilité normale. Bientôt il put constater que ces plaques de cuivre ramenaient la sensibilité là où elles étaient appliquées, et de plus il remarqua que les mêmes malades, qui avaient perdu souvent les forces musculaires des mêmes régions, avaient recouvré leur force physiologique après l'application de ces plaques. Dans la même année (juillet 1849), le choléra asiatique faisait de nombreuses victimes à Paris. M. Burq essaya l'usage des plaques de cuivre pour modifier l'un des symptômes les plus pénibles du choléra, les crampes des cholériques. Le succès fut complet. Néanmoins, l'épidémie une fois passée, on oublia vite les services rendus par M. Burq, et il ne fut plus question des plaques métalliques. Mais leur inventeur continua ses recherches à l'hôpital de la Salpêtrière, à l'hôpital Cochin et ailleurs. De nouvelles expériences devaient lui révéler des faits dont l'importance ne devait être acceptée que bien longtemps après leur constatation. Cette découverte était que les malades de troubles nerveux, guéris par la méthode nouvelle, ne l'étaient pas tous par le même métal ; que tel malade recouvrait la sensibilité et la force musculaire par l'application de plaques d'acier, d'argent, d'or ou de zinc. Chaque malade avait donc ce qu'on pourrait appeler une *aptitude métallique ;* et le docteur Burq trouva le moyen de déterminer cette aptitude.

» Comment expliquer cette action si curieuse des plaques métalliques sur le réveil de la sensibilité, et surtout cette indifférence de prime abord si extraordinaire dans les propriétés respectives des divers métaux vis-à-vis des malades. On avait bien émis l'idée que les phénomènes observés étaient le résultat d'actions électriques ; mais quel courant électrique peut bien donner l'or si inattaquable par les acides ? Et c'est précisément l'or qui semblait le plus généralement efficace. Cette action prédominante de l'or trompa au début les médecins. On avait sans doute un peu trop oublié la *théorie du contact* de Volta (page 208). Il suffit de mettre la peau en contact avec un métal, même inoxydable, pour engendrer un courant électrique. Est-ce vrai ? Il existe, pour le constater, un appareil bien commode : le *galvanomètre*. On appliqua sur le bras droit d'un *hémi-anesthésique* (malade privé de la faculté de sentir dans

Le Baquet de Mesmer.

une partie seulement du corps) des plaques d'or vierge : l'aiguille du galvanomètre s'arrêta à 3°; on recommença avec de l'or monnayé qui renferme du cuivre : l'instrument marqua 12°. Ainsi, le simple contact des plaques d'or sur la peau détermine la production d'un courant électrique, dont l'intensité varie de 3° à 12°, selon le titre du métal. Est-ce bien ce flux électrique très faible qui agit si énergiquement sur la sensibilité? Quoi de si simple à vérifier? On fit agir directement sur la partie anesthésiée un courant électrique de même intensité produit par une pile faible. Tous les phénomènes se reproduisirent. Identité d'action : dès lors on ne put douter que le courant électrique ne fût la cause des faits constatés. On peut, en effet, obtenir identiquement les mêmes résultats, soit par l'application des métaux, soit par le passage d'un courant électrique. Mais l'influence électrique admise, pourquoi cette aptitude particulière de chaque métal, selon le malade? Les effets électriques de chaque métal étant d'une énergie variable, l'expérience prouve que la sensibilité ne revient que selon l'influence d'un courant plus ou moins faible, selon le sujet.

» Ainsi est-il démontré que l'application des métaux, découverte par le docteur Burq, peut ramener la sensibilité générale et spéciale; que les métaux agissent en produisant des courants électriques; que la nature du métal actif révèle au médecin, et d'emblée, la force électrique qu'il doit employer pour ramener la sensibilité. Le métal joue le rôle d'un indicateur précieux. Enfin un fait expérimental important a été découvert en même temps par la Commission elle-même chargée de vérifier les premiers faits : le déplacement, le transfert de la sensibilité. On peut transporter à volonté, chez les hémi-anesthésiques, par l'application de plaques métalliques, la sensibilité d'un coude sur l'autre, par exemple, d'une moitié de la langue sur l'autre, etc.

» Passons aux expériences de M. le docteur Charcot (*fig.* à la page 273), telles que les a exposées M. le docteur A. Cartoiz :

» La presse, dit-il, s'est occupée dans ces derniers temps d'expériences et de démonstrations sur le somnambulisme et le magnétisme faites par M. le docteur Charcot à la Salpêtrière. Depuis plusieurs années, l'éminent professeur a inauguré, en dehors de son enseignement officiel, une série de leçons cliniques sur les maladies nerveuses dont son service est si abondamment pourvu. Ces leçons, qui ont lieu chaque dimanche à neuf heures et demie, dans une salle de plus en plus insuffisante pour le grand nombre d'auditeurs, portent, comme je viens de le dire, sur la démonstration des principaux types de névrose, épilepsie, hystérie, ou de maladies nerveuses proprement dites, paralysie agitante, lésions cérébrales, etc. Le champ est des plus vastes, les sujets ne manquent pas malheureusement, et ce cours obtient auprès des étudiants le succès le plus légitime.

» Cette année, le professeur a touché quelques-unes des questions les plus délicates de la pathologie nerveuse, questions dont l'interprétation difficile, malaisée, a donné lieu à des controverses sans nombre, et qui se relient à un ordre de faits largement exploités, et souvent avec un succès prodigieux, par les chárlatans de tous les âges et de tous les pays. Le merveilleux, ou tout ce qui paraît l'être, a toujours sur la foule crédule un attrait puissant ; il en a eu, et, qui plus est, il en aura toujours, d'autant plus aisément qu'il trouve au service de sa vulgarisation, de sa propagation, des croyants, les uns de bonne foi, les autres se faisant sciemment les apologistes et les apôtres de la supercherie. Les adeptes du spiritisme, des tables tournantes, etc., n'ont pas cessé d'exister.

» ... Déjà, à propos d'une jeune fille dont l'état singulier avait soulevé dans la presse des polémiques ardentes, on avait fait connaître un certain nombre de manifestations nerveuses étranges et dépendant toutes, en resumé, de l'hystérie ; M. Bourneville, et avant lui M. Parrot, avaient prouvé que la stigmatisée de Louvain avait eu des prédécesseurs et qu'elle ne différait des malheureuses atteintes de la même maladie que par le bruit qui se faisait autour d'elle. M. Charcot a montré dans son cours que certaines hystériques peuvent, sous des influences variables, tomber dans un état de somnambulisme et de catalepsie, et que, dans certains cas, ces accès peuvent être provoqués avec la plus grande facilité. Il a été facile aux assistants de contrôler la véracité de ces faits, qui ont été reproduits publiquement à la Salpêtrière, et dont nous allons essayer de résumer le tableau.

» Une malade est placée devant un foyer de lumière intense, de lumière électrique, le regard fixé sur ce foyer. Au bout de quelques instants (quelques secondes à quelques minutes), la malade devient immobile, l'œil fixe, frappée de catalepsie. Les membres sont souples et gardent l'attitude qu'on leur donne. Dans cet état, la physionomie de la malade reflète en quelque sorte les expressions des gestes : c'est ainsi que la figure se contracte, s'assombrit, si l'on fait à la malade une attitude de menace ; au contraire, la physionomie devient souriante et ouverte, si l'on joint les deux mains sur les lèvres comme pour envoyer un baiser. En dehors de ces modifications du masque facial sous l'influence de certaines attitudes, la malade reste impassible, fixe, insensible au monde extérieur, transformée en véritable statue. Cet état dure aussi longtemps que l'œil fixé sur le foyer lumineux est impressionné par cet agent. Si alors, à un moment donné, on vient à interrompre brusquement l'impression des rayons lumineux, soit au moyen d'un écran, soit plus simplement en fermant les paupières du sujet, la catalepsie fait place à un état de léthargie, de somnambulisme, de sommeil provoqué. Ce changement est aussi brusque que la suppression de l'agent excitateur. La malade tombe à la renverse, le cou tendu, la respiration sifflante, avec un hoquet léger, les yeux convulsés, avec un ensemble de symptômes qui se rapprochent des débuts de l'attaque hystéro-épileptique. Si on interpelle vivement la malade plongée dans cet état léthargique, on la voit se lever, s'avancer vers la personne qui l'a interpellée, exécuter divers mouvements combinés, tels que l'écriture, la couture, etc. Et cependant, à ce moment, la malade est toujours dans l'anesthésie la plus absolue, les yeux convulsés, les paupières fermées ou demi-closes. Bien plus, c'est là qu'on voit se révéler les symptômes invoqués par les magnétiseurs et qualifiés de somnambulisme ; la malade peut répondre *parfois* aux questions qu'on lui pose ; il semble même que, dans certains cas, l'intelligence soit plus excitée. Il n'est pas besoin d'une lumière ; le son produit par un diapason, une cloche, peut provoquer l'apparition de ces crises. M Charcot a fait installer dans son laboratoire un diapason monstre qui donne des vibrations intenses, profondes : il suffit de placer la malade sur la caisse vibrante pour qu'au second ou troisième coup imprimé au diapason, elle tombe en catalepsie. A coup sûr, voilà des faits qui tiennent du merveilleux ; mais ce n'est pas tout. Disons d'abord que cet état léthargique, somnambulique, si l'on veut, cesse aussi subitement qu'il est apparu, et cela avec la plus grande facilité ; il suffit, par exemple, de souffler sur le visage du sujet. La léthargie s'efface, il y a une apparence de convulsion légère, et la malade sort de son rêve sans le moindre souvenir de ce qui s'est passé.

» Ces deux états, catalepsie et léthargie, peuvent, en quelque sorte, exister simultanément, et c'est là, à notre avis, un des points les plus curieux des expériences de M. Charcot. La malade étant en catalepsie, comme dans le premier cas dont nous avons parlé, l'expérimentateur peut à son gré déterminer une hémi-léthargie et une hémi-catalepsie, c'est-à-dire que la moitié du corps sera cataleptique, tandis que l'autre moitié sera léthargique, et cela aussi bien d'un côté que de l'autre, d'une façon tout à fait indifférente. Il suffit pour cela de provoquer la crise léthargique unilatéralement en obturant un œil, en supprimant l'influence lumineuse sur la rétine du côté que l'on veut rendre léthargique. Ce côté (le gauche, par exemple) n'a plus les propriétés du côté droit, de conserver dans les membres une attitude quelconque.

» Ces faits bien observés, bien et judicieusement expérimentés, ont certes un intérêt considérable. Des effets curatifs ont été obtenus dans le domaine des paralysies et de certaines contractures anormales. M. Charcot, en mettant en contact le bras d'une malade de la Salpêtrière avec un diapason en état de vibration, détermine dans ce bras une contracture persistante. S'il approche alors un aimant à distance du bras resté normal, ce bras entre lui-même en contracture, en même temps que le bras précédemment contracturé se relâche. C'est ce phénomène que l'on a désigné sous le nom de *transfert*, qui a lieu dans le domaine de la sensibilité comme dans celui de la motricité, et qui a été découvert, ainsi que nous l'avons dit en parlant de la *métallothérapie*, par la commission chargée d'étudier les expériences du docteur Burq. Les aimants sont appelés ainsi à reparaître sur la scène du monde médical. On est ainsi conduit à répéter, sous forme de conclusion, le mot de Talleyrand, que nous avions cité comme introduction à cet exposé : *Tout arrive !* »

● APPLICATION DES COURANTS A LA THÉRAPEUTIQUE. — M. Mascart, rapporteur du jury de l'Exposition internationale d'électricité, tenue à Paris en 1881, remarquait avec regret que l'art médical ne paraît pas encore en mesure de profiter des ressources que lui offre la science de l'électricité. En effet, l'emploi de cet agent comme moyen thérapeutique n'a pas répondu jusqu'ici aux espérances des expérimentateurs. Cependant on ne peut nier que, dans certains cas, l'électricité ne produise des résultats avantageux, surtout s'il s'agit de stimuler un organe qui ne fonctionne pas normalement. Il faut toutefois, lorsqu'on veut appliquer les courants, agir prudemment, examiner le tempérament du malade, et juger si le mal résultant de ce remède énergique ne sera pas plus redoutable que le mal actuel. On doit choisir ensuite le genre de courants qu'on emploiera, car tous les courants n'ont pas exactement les mêmes propriétés, et surtout on doit en graduer l'action. Généralement, on fait usage des *courants induits*, dont nous parlerons ci-après, et nous décrirons alors les appareils médicaux usités. Quand l'on emploie les courants de la pile, afin d'obtenir, en même temps que la secousse musculaire, certains effets chimiques sur le sang ou sur les organes, on prend le plus souvent la pile de Pulvermacher (page 210). D'autres fois, on recherche une série de commotions douces et continues, et l'on se sert d'une pile ordinaire. Les deux pôles sont placés aux extrémités des nerfs à électriser; ils sont appliqués sur la peau au moyen de bandes serrées ou de compresses mouillées, de façon que l'électricité pénètre dans l'organe par une assez large surface. Le contact peut ainsi être maintenu pendant longtemps.

EFFETS CALORIFIQUES. — Un courant électrique en traversant un fil métallique produit sur celui-ci les mêmes effets qu'une batterie électrique; le fil s'échauffe, rougit, se fond ou se volatilise, selon qu'il est plus ou moins long ou d'un diamètre plus ou moins grand. L'iridium et le platine, qui résistent aux feux de forge les plus ardents et dont la fusion est une opération métallurgique excessivement difficile (*Chaleur*, page 397), fondent au passage du courant. Le charbon est le seul corps que, jusqu'à présent, n'a pu fondre la pile; cependant, dans des expériences qui sont restées fameuses, Despretz a ramolli du charbon, et lui a fait présenter des traces, faibles, il est vrai, mais non équivoques de fusion.

M. Becquerel s'est livré à des travaux suivis, relatifs à la chaleur développée par le passage d'un courant à travers les fils métalliques, et il a établi les quatre lois suivantes, qu'il nous suffira d'énoncer :

1° *La quantité de chaleur développée est en raison directe du carré de la quantité d'électricité qui passe dans un temps donné.*

2° *La quantité de chaleur est en raison directe de la résistance du fil au passage de l'électricité.*

3° *Quelle que soit la longueur du fil, si le diamètre est constant, et s'il est traversé par le même courant, l'élévation de la température est la même dans tout le fil.*

4° *Pour une même quantité d'électricité, l'élévation de la température en différents points du fil est en raison inverse de la quatrième puissance du diamètre.*

EFFETS LUMINEUX. — ARC VOLTAIQUE. — Ce fut Humphry Davy qui fit les premières recherches sur la lumière électrique. L'incandescence des fils métalliques produite par la pile l'avait surtout frappé ; plus d'une fois il s'était demandé s'il n'y aurait pas moyen de prolonger cette incandescence. « Si l'on s'opposait à la combustion ! se disait-il. Je tenterai l'expérience dans le vide. » Cette idée lui sourit d'autant plus que, dans la production de l'étincelle qui jaillissait, d'une manière continue,

entre les deux rhéophores, il avait remarqué la résistance qu'oppose l'air au passage du courant. Il ne s'agissait plus que de construire un appareil. Mais Davy avait constaté que la puissance lumineuse de l'étincelle augmente, d'une manière notable, quand on joint les extrémités des fils conducteurs au moyen de substances susceptibles de se désagréger. Il résolut donc d'adapter des cônes de charbon aux extrémités des rhéophores. L'expérience eut lieu en 1801.

Fig. 90. — PREMIER ESSAI DE LUMIÈRE ÉLECTRIQUE.

L'appareil se composait (*fig.* 90) d'un ballon de verre, placé sur la platine d'une machine pneumatique et fermé au moyen d'un robinet. Sur les côtés du ballon sont deux tiges métalliques, glissant à frottement dans des boîtes en cuir, de manière à pouvoir être rapprochées ou écartées selon les cas. De petits cônes de charbon de bois léger sont adaptés aux extrémités des tiges. Ces charbons ont été éteints dans un bain de mercure, ce qui a augmenté leur conductibilité, car des globules de métal ont pénétré dans leurs pores. Une batterie galvanique se trouve dans le voisinage : elle se compose de plusieurs piles à auges réunissant 2,000 éléments de 4 à 5 décimètres carrés. C'est cette fameuse batterie construite par la ociété royale de Londres. Les deux cônes de charbon furent mis en contact ; puis il fit communiquer l'une des tiges avec le pôle positif de la pile, et l'autre avec le pôle négatif. Le courant traverse le fil conducteur, et les points de contact brillent les premiers d'un vif éclat : peu à peu les points lumineux se propagent et la lumière devient éclatante. En éloignant les deux cônes l'un de l'autre, la lumière ne s'éteindra pas ; mais il se produira entre eux comme un ruban de feu. Ce qu'il y avait de remarquable dans cette expérience, c'est que la lumière la plus éblouissante était produite sans qu'il y eût combustion. En effet, les cônes de charbon étant placés dans le vide ne pouvaient être altérés dans leur substance ; leur forme seule était changée ; ils ne brûlaient pas, ils se volatilisaient ; il y avait transport des particules du charbon positif sur le charbon négatif. Une sorte de cône s'amasse au charbon négatif, tandis que le charbon positif se creuse d'une cavité, dont la forme semble reproduire celle de la matière transportée au pôle opposé. Cet arc lumineux, appelé *arc voltaïque*, ne doit donc pas être confondu avec la série d'étincelles obtenue en rapprochant deux corps électrisés d'une façon opposée ; c'est un véritable circuit conducteur formé de particules volatilisées, transportées d'un pôle à l'autre et faisant partie d'un même circuit.

Cette expérience, qui devait conduire à l'*éclairage électrique,* fut souvent répétée alors avec d'imperceptibles variantes ; mais la question, pour passer dans le domaine de l'industrie, avait besoin d'abord qu'on découvrît un corps moins facilement combustible que le charbon de bois, et ce fut en 1840 seulement que Foucault proposa de lui substituer le charbon de cornue, beaucoup plus dur. Un autre inconvénient subsistait encore : c'était le défaut de continuité de lumière, qui s'éteignait par suite de l'usure des charbons et leur éloignement. On était obligé de pousser l'un des charbons à la main pour permettre au courant de franchir leur intervalle. Ce ne fut qu'en 1848 que l'on parvint à vaincre ces difficultés. Nous en parlerons ci-après.

CHAPITRE IV

ÉLECTRO-MAGNÉTISME

HISTORIQUE. — On donne le nom d'*électro-magnétisme* à cette partie de la physique qui a pour objet l'étude des actions réciproques des courants sur les aimants et des aimants sur les courants. Nous dirons d'abord, d'après M. Hoeffer, l'histoire de cette admirable découverte.

Après s'être d'abord attachés à différencier le magnétisme de l'électricité, les physiciens s'efforcèrent, par un revirement soudain, d'identifier ces deux actions. L'aimant passait pour une « pyrite ferrugineuse saturée

Expériences de M. le docteur Charcot, à la Salpétrière (page 267).

de fluide électrique, » opinion que Marat combattit dans ses *Recherches sur l'électricité*. Le P. Cotte, le fameux curé de Montmorency, ami de J.-J. Rousseau, affirmait l'identité entre les deux fluides : Cigna, Lacépède et d'autres abondaient dans le même sens ; d'autres, au contraire, parmi lesquels Van Swinden et surtout Mussenbroek, s'efforçaient de montrer le manque complet d'analogie entre eux. Dalibard, dans les observations ajoutées à la traduction qu'il nous a donnée des lettres de Franklin, affirme avec confiance que « le magnétisme n'est qu'un effet de la matière électrique, et que le fluide magnétique n'est autre que le fluide électrique. » Franklin combattit vivement cette opinion, et déclare, dans une lettre datée du 10 mars 1773, adressée à Barbeu-Dubourg, que « ces deux puissances n'ont aucun rapport l'une à l'autre ». Dalibard, Buffon, rappelant que les pôles des aiguilles des boussoles changent de pôles sous l'influence de la foudre, que les croix métalliques des églises sont souvent converties en aimants, que le tonnerre, en tombant dans des magasins de fer, y produit des phénomènes d'aimantation considérable, procédèrent à des expériences que repétèrent Wilson et Franklin, sans se rendre à l'évidence, et la question fut, pour ainsi dire, abandonnée.

Depuis la découverte de l'électricité dynamique, la question était entrée dans une phase nouvelle. La pile, en fixant à ses deux bouts les deux électricités opposées, figurait en quelque sorte les pôles d'un aimant. Ritter (1) porta l'analogie jusqu'à l'identité, en établissant que la pile est un véritable aimant, que sa polarité est une polarité magnétique, et que les fluides contraires du magnétisme et de l'électricité doivent avoir la même notation. Cependant beaucoup de physiciens n'adoptaient pas cette manière de voir. Ces dissidences intéressantes n'arrêtèrent pas l'élan donné. Muncke et Gruner essayèrent, quoique vainement, d'obtenir, à l'aide de batteries magnétiques d'une grande puissance, des effets analogues à ceux de la pile voltaïque. En 1802, une expérience de M. Romagnosi, de Trente, suivant celles de Mojon, d'Aldini et d'autres, montre que déjà l'on connaissait l'action d'un courant voltaïque. On savait aussi que la foudre était, comme l'étincelle électrique, capable d'aimanter le fer, d'y détruire ou d'y renverser la polarité magnétique. Malheureusement, la plupart des physiciens avaient adopté l'opinion de Van Marum, qui regardait ces phénomènes comme produits par le choc et la secousse électriques. Œrsted lui-même croyait simplement à une identité d'origine de l'électricité et du magnétisme.

Comment Œrsted (2) parvint-il à la découverte qui a immortalisé son

(1) RITTER (Jean-Guillaume), physicien et médecin allemand (1776-1810), a laissé de nombreux travaux relatifs à l'électricité. Les recherches qu'il entreprit avec le duc de Gotha lui ouvrirent les portes de l'Académie de Munich, en 1804. Il croyait, non seulement au magnétisme animal, mais encore à la seconde vue, à la baguette divinatoire, etc. Volta lui-même prit part aux savantes discussions que soulevèrent les expériences de Ritter.

(2) ŒRSTED (Jean-Christian), professeur de physique à Copenhague (1778-1851), a publié un grand nombre d'ouvrages dont le dernier: l'*Esprit dans la nature*, a eu un grand succès. C'est seu-

nom? Dans les expériences de physique qu'il faisait un jour de l'hiver de 1819 à 1820, un fil de platine, rendu incandescent par la conjonction des pôles d'une puissante pile voltaïque, passait, par hasard, au-dessus d'une aiguille aimantée qui se trouvait près de la pile. Cette aiguille offrit tout à coup, au grand étonnement des assistants, des oscillations étranges, des alternatives d'attraction et de répulsion, qu'on ne pouvait attribuer qu'à l'action du fil conjonctif. Telle fut la véritable origine de la découverte de l'*électro-magnétisme*. Œrsted essaya plus tard de montrer qu'il y avait été conduit par ses idées théoriques, par l'influence prévue que les deux élec-

tricités contraires auraient, au moment de leur combinaison, exercée sur l'aiguille magnétique. Mais rien ne prouve la vérité de cette assertion; il est probable, au contraire, que ni lui ni ses auditeurs n'ont saisi d'abord la portée du phénomène qui s'était révélé à eux. L'expérience fut recommencée dans la même année 1820, par J. Tobie Mayer,

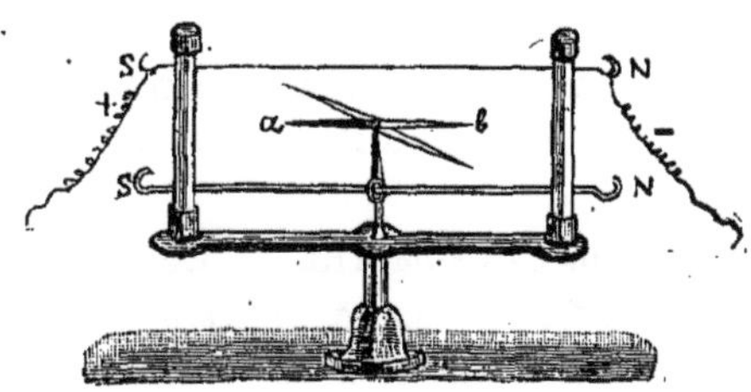

Fig. 91. — EXPÉRIENCE DE ŒRSTED.

devant l'Académie des sciences de Gœttingue, et par M. de La Rive, le 11 septembre, devant l'Académie des sciences de Paris. Mais elle ne franchit pas le cercle des savants, parce qu'on s'était imaginé que, pour réussir, il fallait une pile très puissante, et, par conséquent, très dispendieuse, tandis qu'on devait bientôt apprendre que des disques de zinc et de cuivre d'un diamètre peu considérable suffisaient.

EXPÉRIENCE D'ŒRSTED. LOIS D'AMPÈRE. — On répète cette expérience en plaçant deux fils conducteurs S N (*fig.* 91) dans la direction du méridien magnétique, l'un au-dessus, l'autre au-dessous d'une aiguille aimantée *a b*, mobile sur un pivot vertical; l'aiguille déviera de sa position d'équilibre dès qu'un courant passera, et elle tendra à se placer perpendiculairement à lui; le pôle austral déviera vers l'ouest, si le courant supérieur va du sud au nord; vers l'est, si le courant inférieur va également du sud au nord; vers l'est, si le courant supérieur va du nord au sud; vers l'ouest, si le courant inférieur va du nord au sud. La déviation de l'aiguille est d'autant plus prononcée que l'intensité du courant est plus grande; il y a en effet l'action du courant qui tend à mettre l'aiguille en croix avec lui-même,

lement en juillet 1820 qu'il fit paraître le mémoire intitulé : *Experimenta circum effectum conflictûs electrici in arcum magneticum*, par lequel il faisait connaître la découverte qui l'a rendu célèbre.

et l'action de la terre qui tend à la ramener à sa première direction; c'est sous l'action de ces deux forces contraires que l'aiguille prend une position intermédiaire, faisant avec la première direction un angle d'autant plus grand que l'intensité du courant est plus grande.

La loi générale qui préside à ces déviations a été établie par Ampère (1), en 1820, en définissant la droite et la gauche du courant, définition connue sous le nom du *Bonhomme d'Ampère*. Il suppose un observateur placé dans le fil que parcourt le courant, de manière qu'ayant toujours la face tournée vers l'aiguille, le courant le traverse des pieds à la tête. D'après cette définition, la *loi d'Ampère* peut se résumer en cette proposition : *Dans l'action directrice des courants sur les aimants, le pôle austral est constamment dévié à la gauche des courants.*

GALVANOMÈTRE. — Cet instrument, connu également sous les noms de *rhéomètre* ou de *multiplicateur*, sert à reconnaître l'existence, la direction et l'intensité des courants les plus faibles. L'invention en est due à un physicien allemand, Schweigger, peu de temps après la découverte d'Œrsted; c'est une application importante de l'action des courants sur les aimants : par la déviation de l'aiguille on constate l'existence du courant; par le sens de cette déviation, on connaît sa direction, et, par l'angle de déviation, on en mesure l'intensité. Il suffit de multiplier l'action des courants pour avoir une déviation sensible et de diminuer la résistance de la terre.

Le premier galvanomètre, celui de Schweigger, dont d'ailleurs Ampère avait posé le principe, mais en se servant d'un seul fil, consiste en un cadre rectangulaire de bois (*fig.* 92), sur lequel s'enroule un fil de cuivre recouvert de soie dans toute sa longueur, afin d'isoler latéralement les circuits les uns des autres, et dont les extrémités sont en rapport avec le

(1) AMPÈRE (André-Marie), célèbre physicien français (1775-1836), d'abord professeur de mathématiques et de physique à Bourg, puis à Lyon, entra comme répétiteur d'analyse à l'École polytechnique en 1805, puis fut successivement nommé membre de l'Institut, professeur de physique au Collège de France, inspecteur général. Mathématicien éminent dans ses nombreux mémoires sur les probabilités, le calcul des variations, la mécanique rationnelle; digne successeur des Galilée et des Pascal pour sa découverte de l'électro-dynamie; philosophe profond, cherchant dans l'étude de son être les bases d'une nouvelle méthode psychologique; littérateur distingué, poète, aimant les poètes anciens, Ampère ajoutait à toutes ces grandes qualités de l'esprit les qualités du cœur et un ardent patriotisme. Ajoutez à cela une bonhomie vraiment naïve, qui l'avait fait surnommer le La Fontaine de la science. Outre de nombreux mémoires, Ampère a publié un *Essai sur la philosophie des sciences*. Malheureusement, ses écrits sont dispersés dans différentes publications. Il y a lieu d'espérer que l'Institut donnera quelque jour une édition complète des œuvres d'un de ses membres les plus illustres. — Son fils AMPÈRE (Jean-Jacques-Antoine), poète et érudit, membre de l'Académie française, flotta toute sa vie entre la science et la poésie, sans se décider suffisamment pour l'une d'elles. (1800-1864).

courant que l'on doit observer. Une aiguille aimantée ab est, ou suspendue à un fil, ou mobile sur un pivot dans un plan horizontal. Le rectangle $qxyz$ a été placé, avant le passage du courant, dans le plan du méridien magnétique. Si l'on examine les actions des quatre côtés du rectangle, on voit qu'elles tendent toutes à porter le pôle austral du même côté, c'est-à-dire en avant. Il en sera de même si l'on fait faire au circuit plusieurs tours ; l'aiguille se trouvera soumise ainsi à une action notablement plus forte.

Dans ce galvanomètre, l'action de la terre est par trop prépondérante ; l'appareil manque donc de sensibilité. Nobili le perfectionna. Il fit agir le circuit non plus sur une seule aiguille, mais sur un système de deux aiguilles superposées (*fig.* 93), ayant leurs pôles contraires tournés du même côté ; ces aiguilles devenant *astatiques*, c'est-à-dire que le magnétisme de l'une et de l'autre se détruit réciproquement. Ces aiguilles sont disposées de telle sorte que l'une ne peut tourner sans l'autre. L'aiguille ab, placée dans l'intérieur du cadre, reçoit l'influence du circuit $mnopq$; mais toutes les parties de ce circuit n'influencent pas également l'aiguille $a'b'$. En effet, d'après la loi du *bonhomme d'Ampère*, la partie no tend à pousser le pôle a' en avant, tandis que les trois autres parties mn, op et pq le poussent en arrière.

Fig. 92.

A cause de la distance moindre, mo prédomine, et conséquemment l'action finale du circuit complet est d'imprimer à $a'b'$ une déviation dans le même sens que ab, laquelle augmente l'action du courant. En effet, si les deux aiguilles sont rigoureusement de même force, de même longueur, et placées dans le même plan, les actions contraires, agissant sur les pôles a et b' en même temps que sur les pôles b et a', se neutralisent complètement, et l'action de la terre sera annulée ; mais si la force de l'une des aiguilles est quelque peu que ce soit supérieure à celle de l'autre, la terre les dirige en vertu de la différence de son intensité, indiquant ainsi la plus petite résistance que l'on puisse chercher ; de sorte qu'en enroulant un nombre suffisant de circuits du fil, une déviation se produit, appréciable au passage des plus faibles courants.

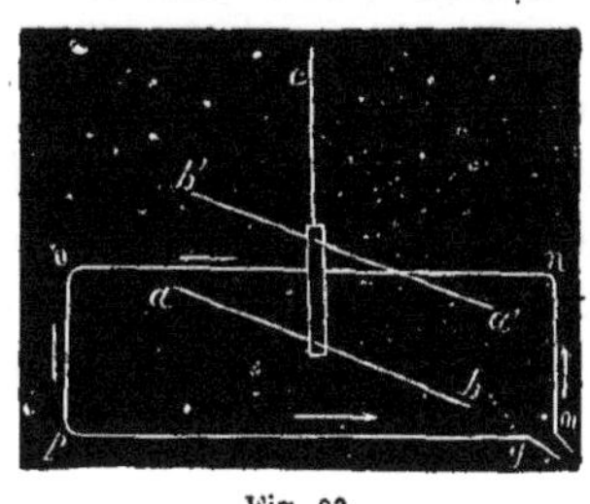

Fig. 93.

Ruhmkorff a construit un *galvanomètre* extrêmement sensible. Il se compose (*fig.* 94) d'un support D en cuivre, autour duquel s'enroule un fil de même métal, recouvert de soie afin d'isoler les divers circuits ; sur ce support est un cadran horizontal gradué, dont le zéro correspond à un diamètre parallèle à la direction du fil. Le cadran porte deux graduations, l'une à droite, l'autre à la gauche du zéro, mais a seulement 90 degrés. Au milieu, un support soutient un fil très fin de cocon, au moyen d'un système astatique de deux aiguilles *ab* et A, la première au-dessus du cadran et la seconde tournant dans le même circuit. Ces aiguilles, réunies entre elles par un fil de cuivre sans pouvoir dévier l'une sans l'autre, ne doivent pas cependant supporter identiquement la même intensité magnétique, c'est-à-dire ne doivent pas être rigoureusement *astatiques*, car un courant, quelque faible qu'il fût, les mettrait toujours en croix avec lui, et toute comparaison entre les intensités des divers courants deviendrait impossible.

Les tiges courbes K et H qui communiquent, par-dessous l'appareil, avec les extrémités du circuit, reçoivent les conducteurs qui transmettent le courant que l'on veut observer. Les vis C servent à placer l'appareil bien verticalement, de sorte que le fil de suspension corresponde exactement au centre du cadre autour duquel s'enroule le fil. Enfin un bouton E transmet le mouvement au support D et au cadran, qui sont mobiles sur un axe vertical, afin que les fils du circuit puissent être placés dans la direction du méridien magnétique s'il est nécessaire de mouvoir l'appareil.

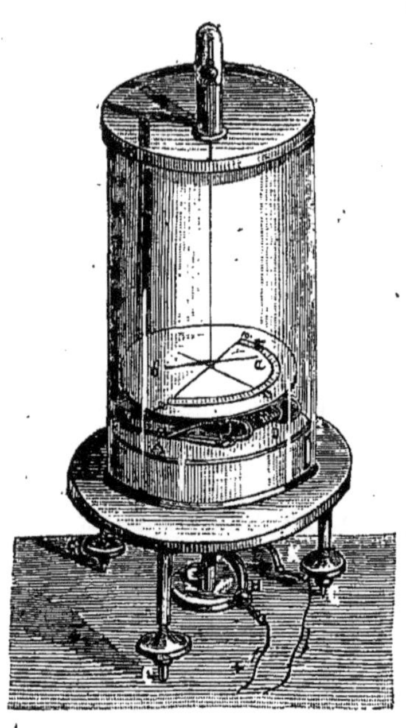

Fig. 94.

GALVANOMÈTRE DE RUHMKORFF.

On désigne quelquefois ce galvanomètre sous le nom encore de *galvanomètre de Nobili*, parce qu'il est construit sur l'emploi du système astatique dû à ce physicien ; on l'appelle aussi *galvanomètre différentiel*, parce qu'il permet de comparer l'intensité de deux courants différents.

A cause de son extrême sensibilité, cet instrument est un des plus précieux de la physique, parce qu'il peut servir non seulement à reconnaître la présence des courants les plus faibles, mais encore à constater exactement leur direction et leur intensité. C'est avec lui que Becquerel a pu démontrer la présence de l'électricité dans toutes les combinaisons chimiques et déterminer les lois qui les régissent. Nous avons vu le parti que Melloni, Laprévostaye, Desains, Tyndall, en ont tiré dans l'étude de la chaleur rayonnante (*Chaleur*, page 484).

LOIS DES ACTIONS DES COURANTS SUR LES AIMANTS. — L'action directrice des courants sur les aimants est démontrée par l'expérience d'Œrsted. L'intensité de cette action directrice varie avec la distance, et en vertu du nombre d'oscillations que fait l'aiguille aimantée sous l'influence d'un courant rectiligne. Savart et Biot ont énoncé ainsi les lois qui régissent cette intensité :

1° *L'intensité de la résultante des actions directrices de toutes les parties d'un courant sur une aiguille aimantée est en raison inverse de la distance.*

2° *Elle s'exerce dans tous les sens et à travers toutes les substances non magnétiques.*

L'action directrice des courants sur les aimants est réciproque. Après qu'Œrsted eut indiqué celle-ci, Ampère pensa qu'un aimant fixe devait diriger un courant mobile. L'expérience confirma cette pensée. Nous verrons ci-après comment s'expliquent, par la théorie d'Ampère, ces actions réciproques entre les aimants et les courants.

DÉCOUVERTE D'AMPÈRE. — ÉLECTRO-DYNAMIQUE. — Huit jours après que M. de La Rive, dans la séance hebdomadaire du lundi 11 septembre 1820, eut répété l'expérience d'Œrsted devant l'Académie des sciences, Ampère montra comment, abstraction faite de l'aiguille aimantée, deux fils métalliques parcourus par des courants électriques, peuvent agir l'un sur l'autre par attraction et par répulsion.

L'étude de ces actions constitue une branche de l'électricité dynamique connue sous le nom d'*électro-dynamique*. Elle présente différents cas, suivant que les courants sont parallèles ou angulaires, rectilignes ou sinueux. Ampère en a établi les lois.

Les expériences de l'illustre savant n'échappèrent point aux critiques, souvent dictées par la jalousie. « On ne voulut d'abord voir, dit Arago, dans les attractions et les répulsions des courants, qu'une modification à peine sensible des attractions et des répulsions électriques ordinaires, connues depuis le temps de Dufay. Sur ce point, la réponse de notre confrère fut prompte et décisive. Rappelant un fait connu depuis longtemps, à savoir que deux corps semblablement électrisés s'écartent l'un de l'autre dès le moment qu'ils se sont touchés, Ampère fit remarquer que le contraire avait lieu dans son expérience, où deux fils, traversés par des courants semblables, restaient attachés comme deux aimants, quand on les amenait au contact. Il n'y avait rien à répliquer à cette argumentation démonstrative. »

Une autre objection, qui embarrassait plus sérieusement Ampère, était ainsi formulée : « Deux corps qui, séparément, ont la propriété d'agir sur un troisième, ne sauraient manquer d'agir l'un sur l'autre. Les fils conjonctifs de la pile agissent sur l'aiguille aimantée (découverte d'Œrsted) ; donc deux fils conjonctifs doivent s'influencer réciproquement (découverte d'Ampère) ; donc les mouvements d'attraction et de répulsion qu'ils éprouvent quand on les met en présence l'un de l'autre sont des déductions, des conséquences nécessaires de l'expérience du physicien danois ; donc on aurait tort de ranger les observations d'Ampère parmi les faits primordiaux qui ouvrent aux sciences des voies nouvelles. » Ampère répondait en défiant ses adversaires de déduire des expériences d'Œrsted le sens de l'action mutuelle de deux courants électriques, lorsque Arago leur posa ce dilemme : « Voici deux clefs en

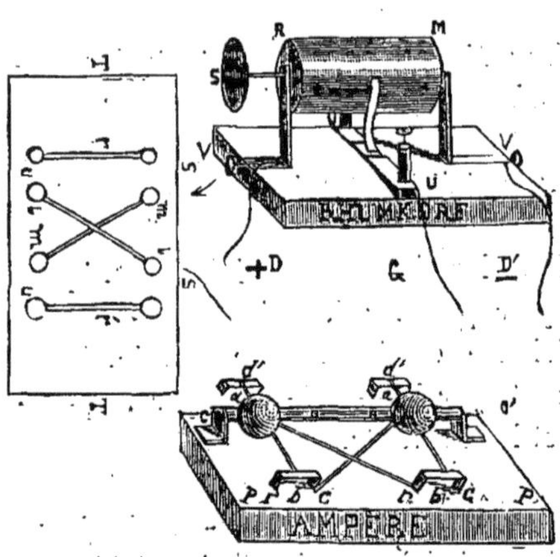

Fig. 95. — COMMUTATEURS.

fer doux : chacune d'elles attire cette boussole. Si vous ne prouvez pas que, mises en présence l'une de l'autre, ces clefs s'attirent ou se repoussent, le point de départ de toutes vos objections est faux. » Dès ce moment, ajoute Arago, les objections furent abandonnées, et les *actions réciproques des courants électriques* prirent définitivement la place qui leur appartenait parmi les plus belles découvertes de la physique moderne.

INTERRUPTEURS ET COMMUTATEURS. — Dans les expériences dont nous allons parler, on a quelquefois besoin d'interrompre les courants électriques et de changer leur sens; on se sert alors d'appareils appelés *interrupteurs* et *commutateurs*. Il y en a de bien des formes. Voici celui d'Ampère; les courants sont établis en faisant plonger dans du mercure des tiges métalliques. On pratique dans une table TT' (*fig.* 95) deux rainures *rr′* de quelques millimètres de profondeur et quatre cavités semblables *vv′ tt′*, communiquant diagonalement par des lames de cuivre

ll', *mm'*, qui sont séparées au point de croisement par une substance isolante. Ces cavités ét les deux rainures, après avoir été mastiquées, pour que
le bois humide ne puisse donner issue à une partie du courant, sont rem-

SAMUEL FINLEY BREESE MORSE.

plies de mercure. Si on plonge le fil positif de la pile dans la rainure *r*, et le
fil négatif dans la rainure *r'*, le courant n'aura pas lieu tant qu'on n'établira
pas une communication métallique entre chacune des deux rainures et l'une
des cavités. Soient S S' deux lames de platine destinées à transmettre le cou-

rant dans l'appareil électro-dynamique ; la lame S peut devenir positive ou négative, suivant que la cavité r communique avec t, et r' avec t', ou bien quand r communique avec v, et r' avec v'. Dans le premier cas, le courant suit la direction $rtSS't'r'$; dans le second, il va de R en v, puis traverse la lame ll', et ensuite va de b' en bt et de v' en R'. Or rien n'est plus simple que d'établir ou d'interrompre toutes ces communications au moyen d'une bascule BB' en bois, qui peut tourner autour d'un axe aa', s'ajustant dans des trous oo'. On adapte sur cette bascule quatre arcs conducteurs en métal $b\,b'\,d\,d'$; en l'élevant ou l'abaissant convenablement, on change les communications. Quand les arcs b et b' sont abaissés, r et v communiquent par l'intermédiaire de rbc, et r' avec v' au moyen de $r'b'c'$. Quand les arcs d et d' sont, au contraire, abaissés, la communication est établie entre r et t et r' et t' par l'intermédiaire des arcs.

Le second commutateur est dû à M. Ruhmkorff (*fig.* 95). Il se compose d'un cylindre MR en ivoire dont la surface est composée de deux parties isolantes et de deux parties conductrices en cuivre. Les pôles de la pile communiquent aux boutons V V' qui touchent aux montants métalliques entre lesquels le cylindre se meut. Les fils qui doivent recevoir le courant sont attachés aux boutons U et U' en relation avec deux tiges qui frottent contre la surface du cylindre. Les parties métalliques qui sont à la surface du cylindre étant en relation, l'une avec un des montants, l'autre avec l'autre montant, on comprend aisément qu'à l'aide du bouton S, on pourra interrompre le circuit de la pile, ou bien faire passer l'électricité dans un sens ou dans l'autre dans le fil GG'.

ACTIONS MUTUELLES DES COURANTS ÉLECTRIQUES. — Deux fils métalliques, traversés par des courants, s'attirent ou se repoussent selon la direction réciproque des courants qui les parcourent. Voici les lois qui régissent ces actions mutuelles :

1° *Deux courants parallèles et allant dans le même sens s'attirent.*

2° *Deux courants parallèles et allant en sens contraire se repoussent.*

Pour le démontrer, on partage le circuit que parcourt le courant en deux parties, l'une fixe et l'autre mobile (*fig.* 96). La première se compose de deux colonnes de cuivre DE, HL, placées verticalement sur une tablette : en faisant communiquer l'électrode positif P d'une pile de Bunsen avec le pied D de la colonne DE, le courant la traverse, va au fil A, et de là à une petite capsule B contenant du mercure. A partir de là commence la partie mobile du circuit, qui consiste dans un fil de cuivre dont une extrémité s'appuie au moyen d'un pivot au milieu de la capsule B, et dont l'autre plonge dans une capsule C, d'où le courant s'élève dans la

·colonne LH, qui communique par son sommet H avec l'électrode négatif N·
de la pile. Par la disposition des flèches, on voit que le courant qui tra-
·verse les colonnes et celui qui parcourt le circuit mobile vont en sens
contraire. Or, aussitôt que ce courant existe, le circuit, très mobile autour
de son pivot, s'éloigne des colonnes, et, après quelques oscillations,
se met en croix avec sa position pre-
mière. Ainsi apparaît la répulsion
·entre le courant ascendant dans les colonnes et le courant descendant dans
le circuit, et la seconde loi est démontrée.

La première se vérifie à l'aide du
même appareil, en substituant au circuit
précédent un autre circuit disposé de
manière que le courant, étant ascendant
dans les colonnes, le soit aussi dans
les deux branches du circuit. En écartant d'abord celui-ci, on le voit re-

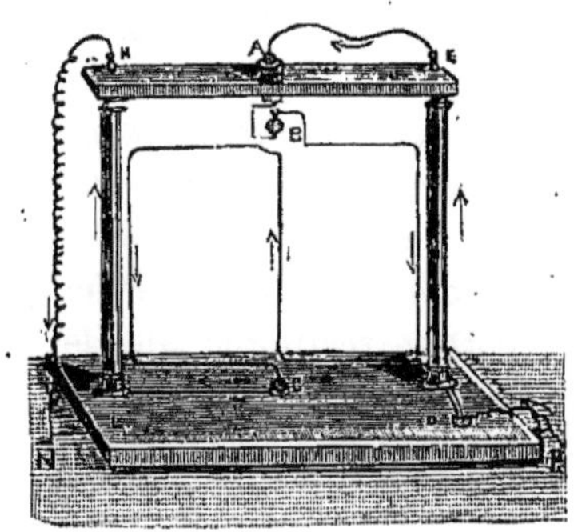

Fig. 96.

LOIS DES COURANTS PARALLÈLES.

venir vivement vers les colonnes dès que passe le courant.

3° *Deux courants rectilignes, dont les directions forment entre elles
un angle quelconque, s'attirent lorsque tous les deux s'approchent du sommet de l'angle et se repoussent lorsqu'ils s'en éloignent.*

4° *Deux courants rectilignes, dont
les directions forment entre elles un
angle quelconque, se repoussent si l'une
se dirige vers le sommet de l'angle tandis
que l'autre s'en éloigne.*

Pour démontrer ces deux lois, on
se sert d'un appareil (*fig.* 97) composé d'un plateau sur lequel on place
un petit châssis de bois *mn*, autour
duquel s'enroule plusieurs fois un fil
assez gros dans lequel passe le courant,
de façon à multiplier son action sur le
circuit mobile PQ qui est astatique. Le
courant entre par le pied de la colonne A,

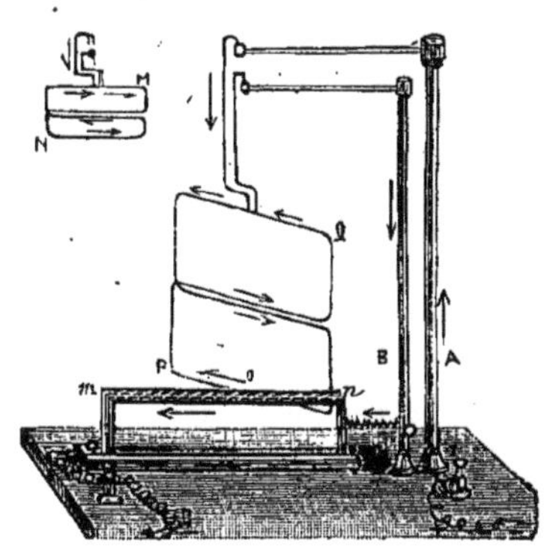

Fig. 97.

LOIS DES COURANTS ANGULAIRES.

arrive au circuit PQ, qu'il parcourt dans le sens des flèches ; ensuite il
retourne dans la colonne B, se dirige vers le multiplicateur et sort par C.
Or, le circuit mobile étant disposé de façon que son plan forme un
angle avec le multiplicateur, et que le courant du sommet de l'angle se

.sépare dans les deux fils, on observe, au moment où passe le courant, que l'angle PO*m* diminue, ce qui démontre l'attraction entre les deux courants. Au contraire, si, au circuit PQ, on substitue MN, et que l'on maintienne ensuite les deux courants contraires en relation avec le sommet de l'angle PO*m*, on voit que cet angle augmente ; ce qui démontre la répulsion des deux courants.

5° *L'action d'un courant sinueux est la même que celle d'un courant rectiligne d'une longueur de projection égale, c'est-à-dire commençant et finissant aux mêmes extrémités.*

Pour démontrer cette loi, il suffit de disposer un courant mobile autour d'un axe vertical, près d'un rhéophore vertical formé d'une portion rectiligne que le courant parcourt, par exemple, en montant, et d'une partie sinueuse qui suit le courant en descendant. Le courant mobile reste insensible devant le courant fixe, parce que l'action de la partie sinueuse est rigoureusement égale et contraire à celle de la partie rectiligne.

ACTION DIRECTRICE DES COURANTS LES UNS SUR LES AUTRES. —
1° *Un courant défini mobile, qui s'approche d'un courant fixe indéfini, est sollicité à se mouvoir dans une direction parallèle et opposée à celle du courant fixe, et, si le courant mobile s'éloigne du courant fixe, il est sollicité à se mouvoir dans une direction parallèle, mais dans le même sens.*

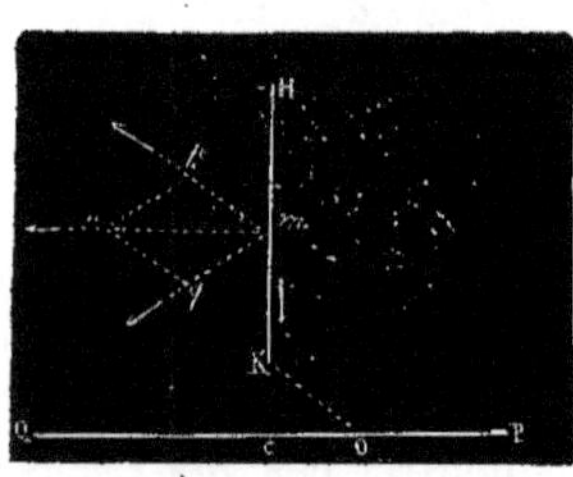

Fig. 98.

En conséquence des lois des courants angulaires, on peut facilement déterminer l'action du courant rectiligne PQ (*fig.* 98) fixe et indéfini, sur un autre courant mobile KH, perpendiculaire à sa direction. Soit alors OK la perpendiculaire commune à KH et à PQ, laquelle est nulle si les deux lignes PQ et KH se touchent. Le courant PQ se dirigeant de Q vers P, considérons le cas où KH s'approche de PQ. Suivant la loi des courants angulaires, la portion QO de PQ attire KH, en supposant que ces courants se dirigent tous deux vers le sommet de l'angle formé par leurs directions. La partie PO de PQ repousse au contraire KH, parce que ces deux courants sont en sens opposé par rapport au sommet de l'angle. Représentant par *mp*, *mq* les deux forces, l'une attractive, l'autre répulsive, qui sollicitent le courant KH, forces évidemment d'intensité égale, puisque tout est symétrique des deux côtés du point O, ces deux forces se confondront en un seule *mn* (*Notions préliminaires*, page 64), qui tend à pousser le courant KH parallèlement au courant PQ et dans un sens contraire. Dans le cas où le courant mobile s'éloigne, la démonstration est analogue, et, en généralisant, on énonce le principe ci-dessus.

De là s'ensuit que si l'on a un courant vertical mobile autour d'un axe parallèle à sa direction, un courant quelconque horizontal aura pour effet de faire tourner celui-ci jusqu'à ce que le plan de l'axe soit parallèle au courant horizontal, en maintenant le courant vertical en relation avec son axe, dans la direction d'où vient le courant horizontal ou dans celle où il se dirige, selon qu'il sera descendant ou ascendant, c'est-à-dire selon qu'il s'approchera ou s'éloignera du courant horizontal.

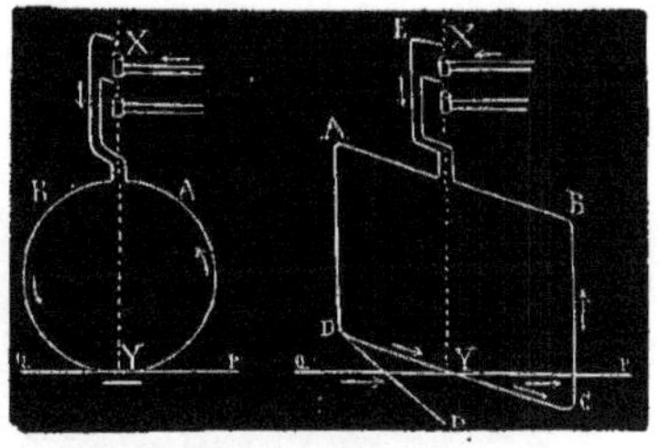

Fig. 99.

De là on déduit encore qu'un système de deux courants verticaux, tournant simultanément autour d'un axe vertical, est dirigé par un courant horizontal dans un plan parallèle à celui-ci, si ces courants sont l'un ascendant, l'autre descendant; mais qu'il ne reçoit aucune direction si les deux courants verticaux sont tous les deux ascendants ou descendants.

2° *Un courant rectangulaire ou circulaire, mobile autour d'un axe vertical et placé au-dessus ou au-dessous d'un courant fixe horizontal et indéfini, prend toujours une position d'équilibre stable dans un plan parallèle au courant fixe et dans un sens tel que la partie du courant mobile la plus rapprochée du courant fixe marche dans la même direction que lui.*

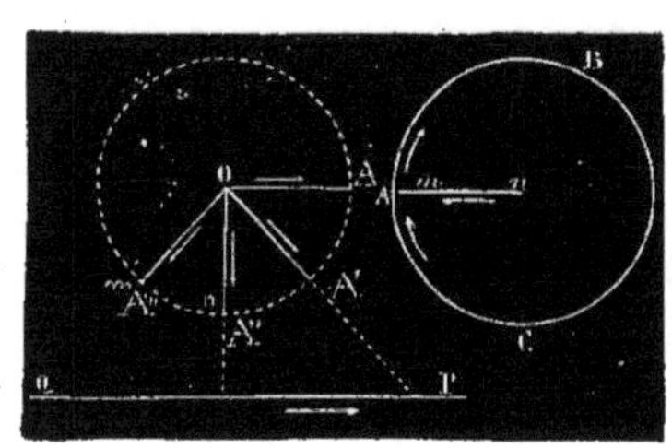

Fig. 100 et 101.

En effet, la portion QY (*fig.* 99) exercera son attraction non seulement sur la portion YD (*loi des courants angulaires*), mais encore sur la verticale AD (*loi des courants perpendiculaires*), et comme la même action se vérifie évidemment entre la portion PY et les portions CY et BC, il en résulte la démonstration de la loi.

ROTATION DES COURANTS LES UNS PAR LES AUTRES. — Les attractions et les répulsions qu'exercent mutuellement les uns sur les autres les courants angulaires peuvent se transformer facilement en mouvement circulaire continu. Soient un courant OA (*fig.* 100), mobile autour du point O

sur un plan horizontal, et PQ un autre courant indéfini également horizontal. Ces deux courants se dirigeant dans le sens des flèches, il est clair
que, dans la position OA, le courant mobile est attiré par PQ. Arrivé en
OA′, il est attiré par la portion NQ et repoussé par PN. De même, dans la
position OA″, il est attiré par MQ et repoussé par PM, et ainsi de suite ;
d'où résulte un mouvement de rotation dans le sens de A A′ A″ A‴... Si, au
lieu d'être dirigé de O en A, le courant l'avait été de A en O, il est facile
de voir que la rotation aurait été effectuée en sens contraire. Si, les deux

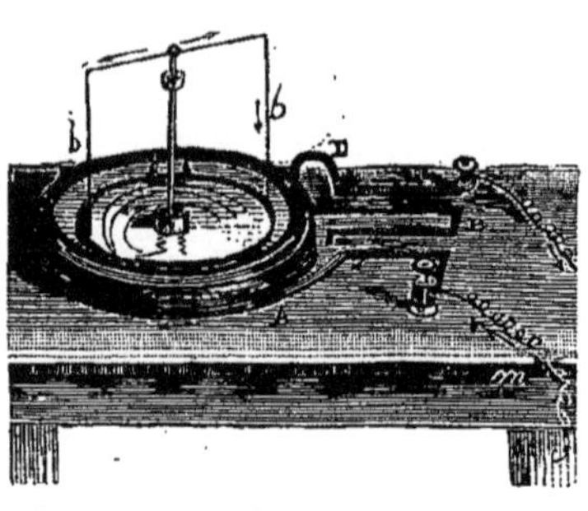

Fig. 102.

ROTATION D'UN COURANT VERTICAL

PAR

UN COURANT HORIZONTAL CIRCULAIRE.

courants étant horizontaux, le courant
fixe est circulaire au lieu d'être rectiligne, son effet sera également de
produire un mouvement continu de
rotation. Soient deux courants placés
dans un plan horizontal, l'un ABC
(*fig.* 101) fixe et circulaire, l'autre *mn*
rectiligne et mobile autour du centre *n*.
Ces courants étant dirigés dans le sens
des flèches, ils s'attirent en l'angle *n*AC,
parce que tous deux se dirigent vers
le sommet ; en *n*AB, au contraire, ils
se repoussent parce qu'alors un des
courants se dirige vers le sommet et
se sépare de l'autre. Ces deux effets concourent pour faire tourner le
fil *mn* d'une façon continue dans le sens ACB.

Un courant circulaire horizontal, qui agit sur un courant rectiligne
vertical, lui communique un mouvement de rotation. Pour le démontrer,
on se sert de l'appareil suivant (*fig.* 102), composé d'un vase circulaire de
cuivre autour duquel s'enroule une lame A de même métal, recouverte
de soie ou de laine et parcourue par un courant fixe ; au centre s'élève
une colonne de laiton *a*, terminée par une capsule pleine de mercure,
dans laquelle plonge un pivot qui soutient un fil de cuivre *bb*, recourbé à ses extrémités en deux branches verticales, lesquelles se sou-
dent à un anneau de cuivre très léger qui entre dans l'eau acidulée du
vase. Lorsque le courant d'une pile entre par le fil *m*, il traverse la lame A,
d'où, après de nombreux circuits autour du vase, il passe dans la lame B,
et de là, par-dessous le vase, à la partie inférieure de la colonne *a* ; continuant ensuite, il parcourt les fils *bb*, l'anneau de cuivre, l'eau acidulée et
les parois du vase, jusqu'à ce qu'il retourne à la pile par la lame D. Le courant agissant ainsi, le circuit *bb* et l'anneau de cuivre se mettent à tourner
en sens contraire du courant fixe, mouvement qui certainement dépend

de l'action du courant circulaire sur celui des branches verticales *bb*, comme cela se déduit facilement des lois des courants angulaires, en sachant que la branche *b* à droite est attirée en avant par la partie A du circuit fixe, et que la branche *b* à gauche l'est en sens contraire, par la partie opposée. Quant à l'action du courant circulaire sur la partie horizontale du circuit *bb*, elle concourt évidemment à la faire tourner dans le même sens; mais, à cause de la distance, elle peut être négligée.

Ces mêmes mouvements de rotation, que les courants produisent les uns sur les autres, sont aussi imprimés par eux sur les aimants, ainsi que Faraday l'a démontré le premier. Il se servait d'un appareil qui consiste en une large éprouvette de verre B (*fig*. 103), presque entièrement pleine de mercure, au milieu de laquelle on introduit un aimant de 0^m,20 environ de largeur, ce qui élève de quelques millimètres la surface du liquide. Cet aimant *ab* est lesté à sa partie inférieure par un petit cylindre de platine *p*; à son extrémité supérieure est ajustée une capsule de cuivre avec du mercure, à laquelle arrive le courant par une petite tige C. A mesure que le courant arrive par la colonne A, il passe dans l'aimant, de là dans le mercure, puis sort par la colonne D en imprimant à l'aimant un mouvement de rotation autour de son axe, avec une rapidité qui dépend de sa puissance magnétique et de l'intensité du courant.

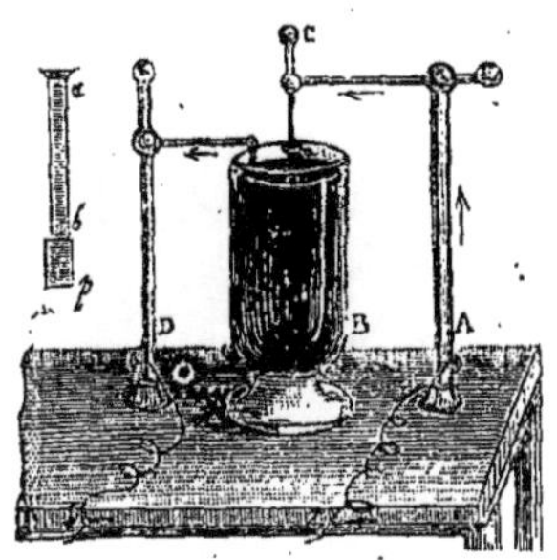

Fig. 103.

ROTATION DES AIMANTS PAR LES COURANTS.

L'action des courants sur les aimants est réciproque; Faraday l'a encore prouvé le premier par l'expérience suivante. Sur un support maintenu par des vis fixes se dresse une colonne de cuivre *b*D (*fig*. 104), isolée par un contact de morfil, et le long de laquelle, à une hauteur plus ou moins grande, s'élève un tube métallique formé d'un faisceau aimanté AB; au haut de la colonne est une petite capsule de mercure, où plonge une pointe d'acier à laquelle est fixé un circuit EF de cuivre, dont chaque extrémité supporte une pointe d'acier *pq*, qui pénètre dans un vase circulaire contenant du mercure. L'appareil ainsi disposé, on fait passer un courant, par la colonne *b*, qui va en D, bifurque dans les deux branches E, F, pénètre dans le mercure par les pointes d'acier *pq*, et se dirige par le plateau M, qui est en cuivre, à la colonne *a*, pour retourner à la pile. Si l'on relève alors le faisceau aimanté, le circuit mobile EF a un mouvement rapide de rotation, dans un sens ou dans un autre, selon qu'il est soumis à l'action du pôle austral ou du pôle boréal de l'aimant.

La rotation des aimants par les courants et des courants par les aimants est expliquée par la théorie du magnétisme d'Ampère, que nous donnerons ci-après. On peut remplacer l'aimant, dans l'expérience, par un *solénoïde* ou un *électro-aimant;* et alors les deux colonnes qui partent du pied de l'appareil sont disposées pour recevoir le courant qui doit parcourir le solénoïde ou l'électro-aimant.

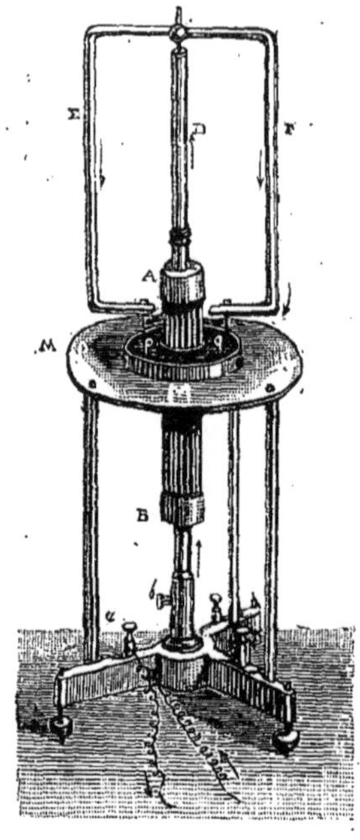

Fg. 104.

SOLÉNOÏDES. — On donne le nom de *solénoïdes* (du grec *solè*, tuyau ; et *eidos*, forme) à un appareil imaginé par Ampère, et se composant (*fig.* 105) d'un fil de cuivre couvert de soie, à travers lequel on fait passer un courant électrique ; le fer est roulé en hélice ou spirale et ramené suivant l'axe de l'hélice, afin de neutraliser l'effet de l'obliquité de chaque tour de spirale. Dans un solénoïde, le courant arrive par l'un des bouts du fil, suit le contour hélicoïdal et revient en ligne droite le long de l'axe. Chaque spire équivaut à un cercle coupé en un point et dont les deux extrémités ont été légèrement écartées, de sorte que le courant produit le même effet que si, après avoir parcouru un cercle vertical, il avait suivi un fil horizontal joignant les deux extrémités de la spire. Le courant parcourant l'ensemble des spires est donc assimilable à la réunion d'une série de courants circulaires, ayant dans la position d'équilibre leur branche descendante à l'est, et d'un courant rectiligne allant du nord au sud ; et comme, en ramenant le fil le long des spires on obtient un courant rectiligne allant du sud au nord, les actions se détruisent, et il ne reste plus que les actions des courants circulaires, c'est-à-dire celles d'un *solénoïde*.

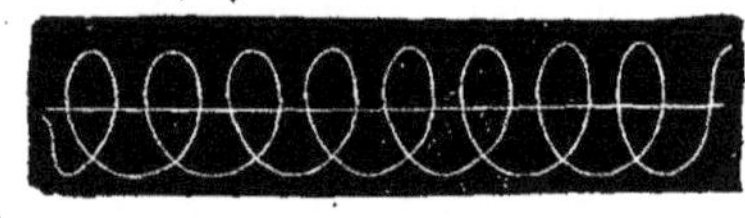

Fig. 105. — SOLÉNOÏDE.

1° Lorsqu'un fil rectiligne, traversé par un courant, est tendu horizontalement au-dessus ou au-dessous d'un solénoïde mobile, et parallèlement à sa longueur, on voit le solénoïde tourner sur lui-même et venir se placer dans un plan perpendiculaire au fil rectiligne, de manière que, dans la moitié supérieure ou inférieure de chacun des cercles ou des spires du solénoïde, le sens du courant soit le même que celui du courant fixe. Ce fait est la conséquence de l'action des courants rectilignes fixes sur les courants rectangulaires et circulaires.

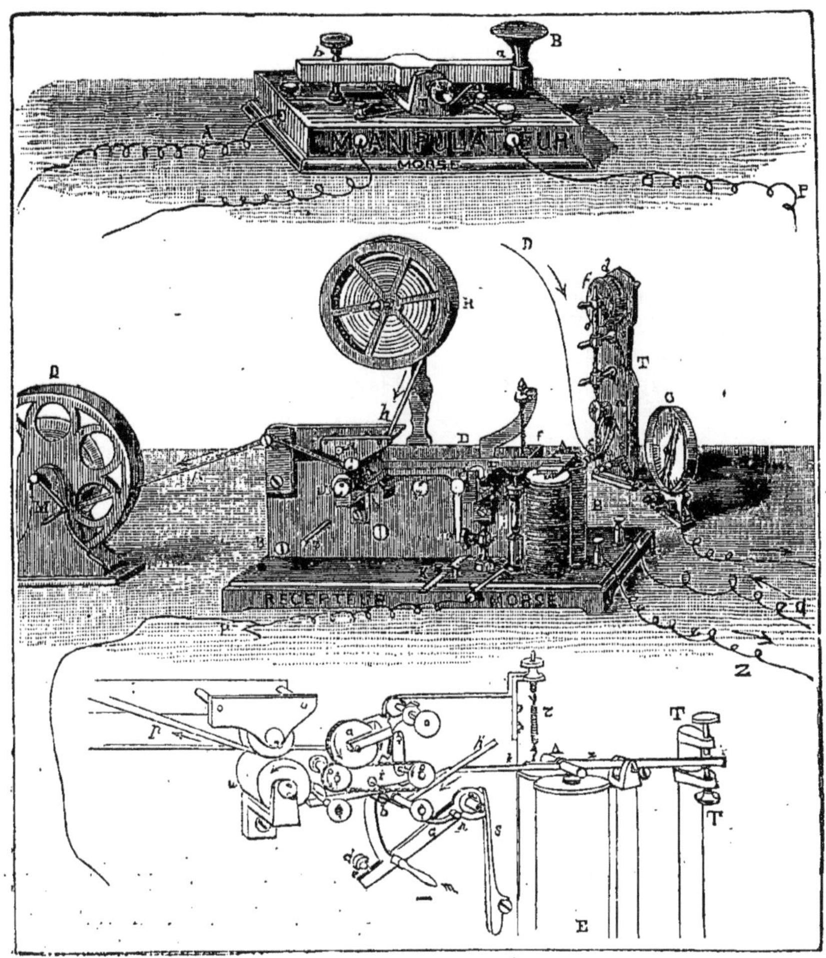

Télégraphe Morse (page 308).

2° Si, au lieu de placer un courant horizontalement au-dessus ou au-dessous d'un solénoïde mobile, on approche de l'une de ses extrémités un courant vertical très puissant, on observe que cette extrémité de solénoïde est attirée ou repoussée, selon que le courant qui circule dans les parties du solénoïde les plus rapprochées du courant vertical est de même sens que lui ou de sens contraire.

3° Si l'on suspend un solénoïde à l'appareil dont nous nous sommes servi (*fig.* 97) parcouru par un courant, et qu'on l'abandonne à l'action de la terre, il se place dans le méridien magnétique, comme le ferait un barreau aimanté; en effet, chaque spire agissant comme un courant circulaire se place perpendiculairement au méridien magnétique, et chaque courant étant dirigé de la même manière, le solénoïde lui-même suit la direction que prendrait l'aiguille aimantée. C'est pourquoi on nomme également *pôle austral* du solénoïde l'extrémité qui se dirige vers le nord, et *pôle boréal* celle qui se dirige vers le sud.

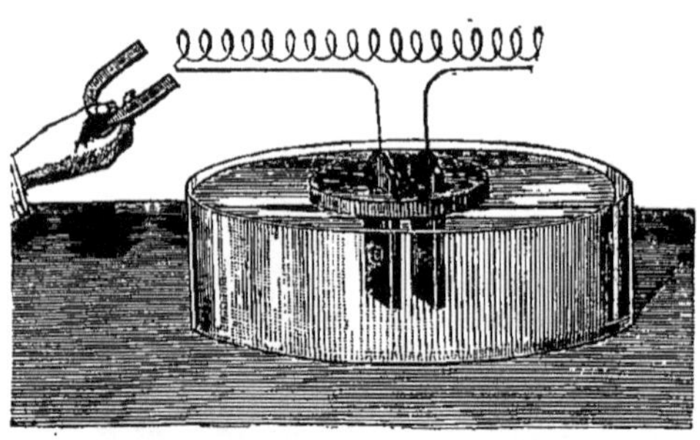

Fig. 106. — Solénoïde mobile.

4° Entre les solénoïdes et les aimants, il se manifeste identiquement les mêmes phénomènes d'attraction et de répulsion qu'entre deux aimants; c'est-à-dire que les pôles de même nom se repoussent et que les pôles de nom contraire s'attirent. De même, les actions mutuelles entre deux solénoïdes sont analogues à celles qui se manifestent entre deux aimants ; il se produit aux extrémités les mêmes effets d'attraction et de répulsion. On démontre facilement ces lois par l'expérience suivante :

On soude les extrémités d'un solénoïde, respectivement à une lame de cuivre et à une lame de zinc, portées par une plaque de liège (*fig.* 106). Si l'on fait flotter cet appareil sur de l'eau acidulée, on aura un solénoïde mobile en activité. En effet, la pile est constituée par l'eau et les lames de cuivre et de zinc, et le courant va du cuivre au zinc en traversant toutes les spires du solénoïde. Si l'on approche alors de ce solénoïde mobile, soit un autre solénoïde, soit un aimant tenu à la main, on voit aussitôt les pôles de même nom se repousser, tandis que les pôles de nom contraire s'attirent.

THÉORIE D'AMPÈRE. — Se fondant sur cette analogie entre les solénoïdes et les aimants, l'illustre Ampère a imaginé une ingénieuse théorie au moyen de laquelle tous les phénomènes magnétiques rentrent dans le domaine de l'électro-dynamique. En calculant les actions exercées par un élément de courant sur un solénoïde, ou sur une suite de courants circulaires dont les plans sont perpendiculaires à une ligne droite ou courbe, Ampère a été conduit à ce résultat, que toutes les actions se réduisent à deux forces dirigées suivant des perpendiculaires aux plans passant par les extrémités du solénoïde et par l'élément. Ces forces, en outre, sont en raison inverse du carré des distances qui séparent l'élément de courant et ces extrémités.

D'après cela, Ampère, au lieu de supposer que le magnétisme est dû à l'action de deux fluides particuliers, attribue les phénomènes auxquels il donne naissance à des courants électriques qui se meuvent autour des particules des corps; il suppose qu'autour de chaque molécule d'un corps magnétique existe un petit courant circulaire; ces petits courants ont des directions quelconques; ils sont faciles à déplacer dans le fer doux, où ils changent à chaque instant de situation; mais, dans l'acier, la force coercitive s'oppose à ces déplacements.

Ces courants existeraient donc dans tous les corps sensibles à l'action du magnétisme : dans les corps à l'état naturel, les courants électriques circuleraient dans tous les azimuts possibles autour des molécules, et l'effet de l'aimantation serait de donner à ces courants des directions tendant toutes à devenir parallèles, et dont les actions sur les courants extérieurs expliqueraient les attractions et les répulsions. Ampère ajoute même dans un mémoire :

« Parmi les différentes manières dont on peut se représenter la disposition des courants électriques circulaires autour des particules des métaux susceptibles d'aimantion, soit avant de l'acquérir, soit après avoir été aimantés, une des plus simples consiste à considérer chaque particule comme une petite pile de Volta, dont les courants, entrant par une extrémité et sortant par l'extrémité opposée, reviennent à travers l'espace environnant. »

Dans l'hypothèse d'Ampère, un aimant ne serait donc pas un seul solénoïde, mais une réunion de solénoïdes parallèles, dans lesquels les actions mutuelles des courants circulaires pourraient modifier la disposition de leur plan, de façon que leur parallélisme ne soit pas complet; il résulterait de là que les centres d'action ne seraient pas situés aux extrémités, mais à peu de distance.

La théorie des deux fluides magnétiques (*Magnétisme*, page 149), brillamment soutenue par Poisson, était simple et expliquait les faits connus antérieurement à l'électro-magnétisme; mais la découverte d'Œrsted ayant ouvert un nouveau champ aux physiciens, la théorie d'Ampère, quoique plus compliquée, a ramené tout à l'action d'un même agent et a conduit ce physicien à la théorie de l'action des courants les uns sur les autres. Jusqu'à présent, cette dernière est celle qui comprend le plus grand nombre de faits et à laquelle on doit s'arrêter. Du reste, les phénomènes d'*induction*, dont nous parlerons ci-après, viennent donner de nouvelles preuves à l'appui de l'hypothèse d'Ampère (1).

ACTION DE LA TERRE SUR LES COURANTS. — Dans toutes le expériences magnétiques anciennes, on avait considéré la terre comme se comportant ainsi que le ferait un gros aimant. On devait donc croire qu'elle agirait aussi à la manière des aimants sur des courants électriques. Mais l'expérience d'Œrsted ne justifiait pas cette croyance. C'était une lacune qu'Ampère vint combler.

« Pendant plusieurs semaines, raconte Arago, les physiciens nationaux et étrangers purent se rendre en foule dans un humble cabinet de la rue des Fossés-Saint-Victor, et y voir avec étonnement un fil conjonctif de platine qui s'orientait par l'action du globe terrestre. Qu'eussent dit Newton, Halley, Dufay, Æpinus, Franklin, Coulomb, si quelqu'un leur eût annoncé qu'un jour viendrait où, à défaut d'aiguille aimantée, des navigateurs pourraient se diriger en observant des courants électriques, des fils électrisés ? L'action de la terre sur un fil conjonctif est identique, dans toutes les circonstances qu'elle présente, avec celle qui émanerait d'un faisceau de courants ayant son siège dans le sein de la terre, au sud de l'Europe, et dont le mouvement s'opérerait, comme la révolution diurne du globe, de l'ouest à l'est. »

Ainsi, d'après la belle découverte d'Ampère, le globe terrestre est, non plus un aimant, mais une vaste pile voltaïque, donnant lieu à des courants dirigés dans le même sens que le mouvement diurne. « Grâce à ce coup d'éclat d'un génie, s'écrie le savant M. Quet (2), le mystère du magnétisme est dévoilé, et un nouveau fait primitif a surgi de la science. »

Les actions exercées par la terre sur les courants se démontrent expérimentalement. La première de ces actions, celle qui a pour effet de donner une direction aux courants, peut se formuler ainsi :

1° *Tout courant vertical mobile autour d'un axe qui lui est parallèle tend à se placer, sous l'influence de l'action directrice de la terre, en un plan perpendiculaire au méridien magnétique, et, après quelques oscilla-*

---

(1) Becquerel, *Traité d'électricité et de magnétisme.*

(2) Quet (Jean-Antoine), physicien français, né à Nîmes en 1810, inspecteur général de l'enseignement secondaire, membre de l'Institut.

tions, il se maintient à l'est de l'axe de rotation, quand il est descendant, et à l'ouest quand il est ascendant.

2° Tout courant horizontal mobile autour d'un axe vertical, soumis à l'influence de l'action de la terre, accomplit un mouvement de rotation continu de l'est à l'ouest, en passant par le nord si le courant horizontal s'éloigne de l'axe de rotation, et de l'ouest à l'est quand il se dirige vers lui.

3° Tout courant fermé et mobile autour d'un axe vertical, soumis à l'influence de l'action de la terre, se place dans un plan perpendiculaire au méridien magnétique, de telle sorte que, s'il est descendant, il se dirige à l'est de son axe de rotation pour un observateur qui regarde le nord, et à l'ouest s'il est montant.

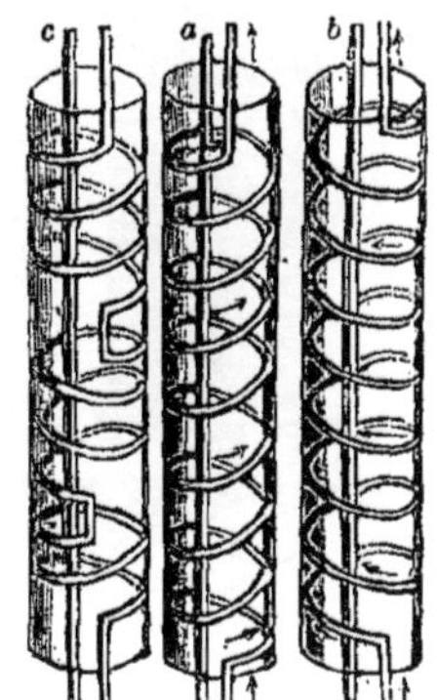

Fig. 107. — HÉLICES MAGNÉTISANTES.

AIMANTATION PAR LES COURANTS. — Arago constata le premier que les courants pouvaient produire l'aimantation; mais ce fut Ampère qui précisa nettement les conditions de succès dans cette opération et la nature des pôles obtenus. Il se servit pour cela d'un appareil appelé *hélice magnétisante*, composée d'un fil revêtu d'une matière isolante et contourné sur un tube de verre dans lequel on place l'aiguille à aimanter. Le courant passe dans l'hélice, agit sur les courants des particules et les amène à être parallèles à lui-même, c'est-à-dire parallèles entre eux et de même sens. On voit donc qu'un aimant doit se produire, cet aimant est durable si le corps possède une force coercitive. Les hélices employées (*fig.* 107) sont dites : *dextrorsum (a)*, si le fil est enroulé de gauche à droite, et alors le pôle austral se trouve à l'extrémité par laquelle le courant sort ; *sinistrorsum (b)*, si l'enroulement a lieu de droite à gauche, et le pôle austral se trouve à l'extrémité par laquelle le courant entre. Si on enroule le fil dans un sens et dans l'autre (*c*), l'aiguille aura autant de *points conséquents* qu'il y a de sens dans l'involution.

ÉLECTRO-AIMANTS. — C'est encore à Arago que l'on doit, en 1820, la première observation de l'action d'un courant sur le fer doux; l'aimantation se produit, mais persiste seulement pendant le passage du courant. Dès que le courant passe, le fer est aimanté ; aussitôt que le circuit est interrompu, le fer revient à l'état naturel. Il suffit pour cela que le métal soit très pur ; la fonte et l'acier, plus difficiles à aimanter, conservent toujours des traces de magnétisme. Ce fait fut immédiatement appliqué à des usages pratiques, et l'on construisit des *électro-aimants*.

Pour obtenir un puissant électro-aimant, il suffit d'enrouler autour d'un barreau de fer doux, et toujours dans le même sens, un fil de métal recouvert de soie ou de coton et dans lequel on fait passer un courant électrique : le fil agit comme une hélice, et le fer s'aimante en présentant des pôles contraires aux deux extrémités. Si l'on prend, au lieu d'une barre de fer droite, une barre de fer recourbée en fer à cheval et qu'on enroule le fil en sens inverse autour des deux branches, on a un aimant, d'autant plus commode pour montrer les effets de l'électricité que les deux pôles sont plus rapprochés l'un de l'autre. La figure 108

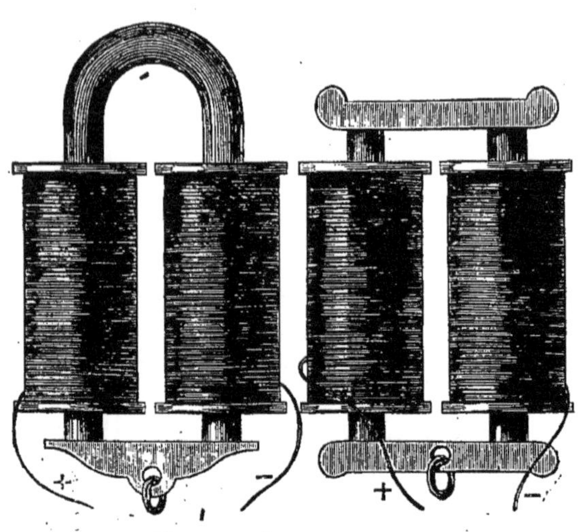

Fig. 108. — ÉLECTRO-AIMANTS.

représente deux électro-aimants en fer à cheval : l'un formé avec une barre de fer courbé, l'autre avec deux électro-aimants rectilignes, mais qui sont fixés solidement à une traverse de fer doux. Ceux de cette seconde forme offrent plus de facilité et de régularité de travail. La puissance d'un électro-aimant dépend : 1° de l'intensité du courant qui le traverse; 2° du nombre des tours qui l'enroulent; 3° des dimensions et des qualités du fer. Toutefois, il y a une limite après laquelle le nombre des tours de fil n'influe plus sur l'aimantation.

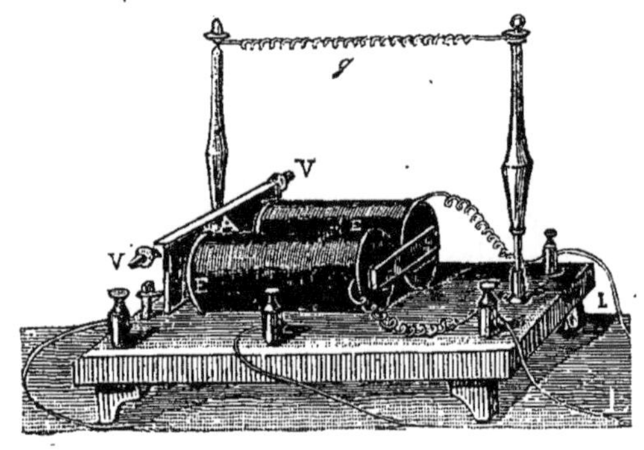

Fig. 109. — ÉLECTRO-AIMANTS DES TÉLÉGRAPHES.

D'ailleurs, malgré les travaux de Lentz, de Jacobi, de Nickler, etc., on n'est pas encore bien fixé sur les rapports de ces diverses influences sur l'aimant.

Nous consacrons le chapitre suivant à quelques-unes des nombreuses applications des électro-aimants, et particulièrement aux télégraphes.

MAGNÉTISME RÉMANENT. — Poggendorff a donné le nom de *magnétisme rémanent* à une faible aimantation que conserve l'électro-aimant quand cesse le passage du courant ; quelque faible qu'elle soit, elle peut être assez forte pour maintenir au contact les armatures. Cet effet produit peut être fâcheux, quoiqu'il suffise de détacher l'armature maintenue par le magnétisme rémanent pour que celui-ci disparaisse presque complètement. C'est pour obvier à cet inconvénient que l'on se sert, dans les télégraphes, d'électro-aimants munis d'un *ressort antagoniste*. Devant l'électro-aimant EE (*fig.* 109) et à une petite distance se trouve une plaque A de fer bien pur, légère et très mobile autour de l'axe VV' : c'est l'armature ; *g* est un *ressort antagoniste* qui s'oppose faiblement à son mouvement et tend toujours à la ramener dans sa position normale. Quand le courant passe, venant de LL', la plaque de fer est attirée et vient se coller sur le fer à cheval ; quand le courant ne passe plus, la tige revient, sous l'action du ressort, à sa première position.

MOUVEMENTS VIBRATOIRES ET SONORES PRODUITS PAR LES COURANTS. — Lorsqu'on aimante une tige de fer doux par le passage d'un fort courant électrique, et qu'on la désaimante ensuite rapidement par la suppression du courant, cette tige produit un son. Ce son est dû à un allongement et à un raccourcissement du métal sous l'influence de l'électricité, mouvements qui produisent des vibrations engendrant un son plus ou moins aigu. Nous avons vu (*Acoustique*, page 778) que les sons ne sont perceptibles par notre oreille que lorsque le nombre des vibrations surpasse 32 vibrations par seconde ; si donc l'on établit et l'on interrompt plus de seize fois en une seconde les courants qui parcourent un électro-aimant, les vibrations sonores transmises à l'atmosphère engendrent des sons auxquels on a donné le nom de *musique galvanique*.

Ce fut en 1838, que deux physiciens américains, MM. Henry (1) et

---

(1) HENRY (Joseph), physicien américain dont le nom est populaire aux États-Unis (1797-1878). Pauvre, n'ayant reçu qu'une instruction primaire, il devint successivement, à force de travail, professeur à l'université d'Albany, professeur de philosophie naturelle à *Princeton-College*, président de l'Association nationale pour l'encouragement des sciences, président de l'Académie, etc. Il produisit le premier appareil magnético-électrique, et eut une grande part dans la découverte du télégraphe Morse. Il a publié un livre intéressant sur l'*Électricité et le magnétisme*.

Page, découvrirent ces curieux phénomènes., en même temps que M. Delezenne les constatait en France. Wertheim construisit sur ce principe une sorte de harpe éolienne. De La Rive augmenta l'intensité des sons qu'avaient su produire ses prédécesseurs en employant de longs fils métalliques qui étaient soumis à une certaine tension et qui traversaient l'axe de bobines d'induction entourées d'un fil métallique isolé.

Voici cette expérience, qui plus tard reçut une application importante dans l'invention du *téléphone*. On opère à l'aide d'un courant électrique discontinu qui permet aux vibrations moléculaires du fer de se répéter à des intervalles égaux, en fixant la tige en fer à une table d'harmonie, ou bien en employant un diapason monté sur une table d'harmonie,

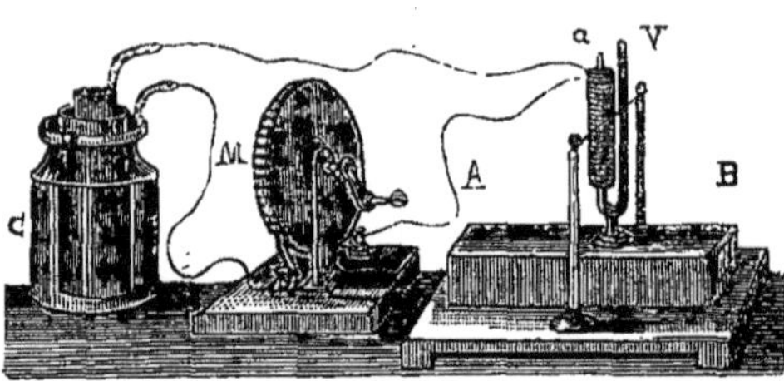

Fig. 110. — EXPÉRIENCE DE M. DE LA RIVE.

au lieu d'agir à l'aide d'une tige en fer. On peut disposer l'expérience en plaçant autour d'une des branches du diapason une hélice qui ne le touche pas (*fig.* 110). On interpose alors dans le circuit voltaïque un interrupteur à main M, composé d'un disque en verre dont la circonférence est formée de parties alternativement conductrices et non conductrices, et d'un fil conducteur qui touche continuellement la circonférence, et l'on entend alors un son continu et assez fort.

Si l'on mesure la hauteur du son produit dans une barre de fer placée au milieu d'une hélice parcourue par des courants discontinus, on trouve que ce son est dû à des vibrations longitudinales semblables à celles que le frottement ferait naître.

Quand on transmet directement des courants électriques au travers des tiges de fer ou des fils de ce métal, on remarque également une production de son; ainsi, lors du passage de l'électricité dans le fer, comme dans le cas où l'électricité circule autour de ce métal et l'aimante, les vibrations sonores peuvent se produire. Il faut, pour que le son soit bien pur, que le fil ait une tension suffisante; au delà d'une certaine limite, l'aptitude des fils de fer doux à rendre les sons diminue.

Les changements moléculaires qui ont lieu dans le fer aimanté ont été rendus sensibles par les expériences de M. Grove, qui montrent qu'une armature en fer doux éprouve une élévation de température de

TÉLÉGRAPHE DE MORSE

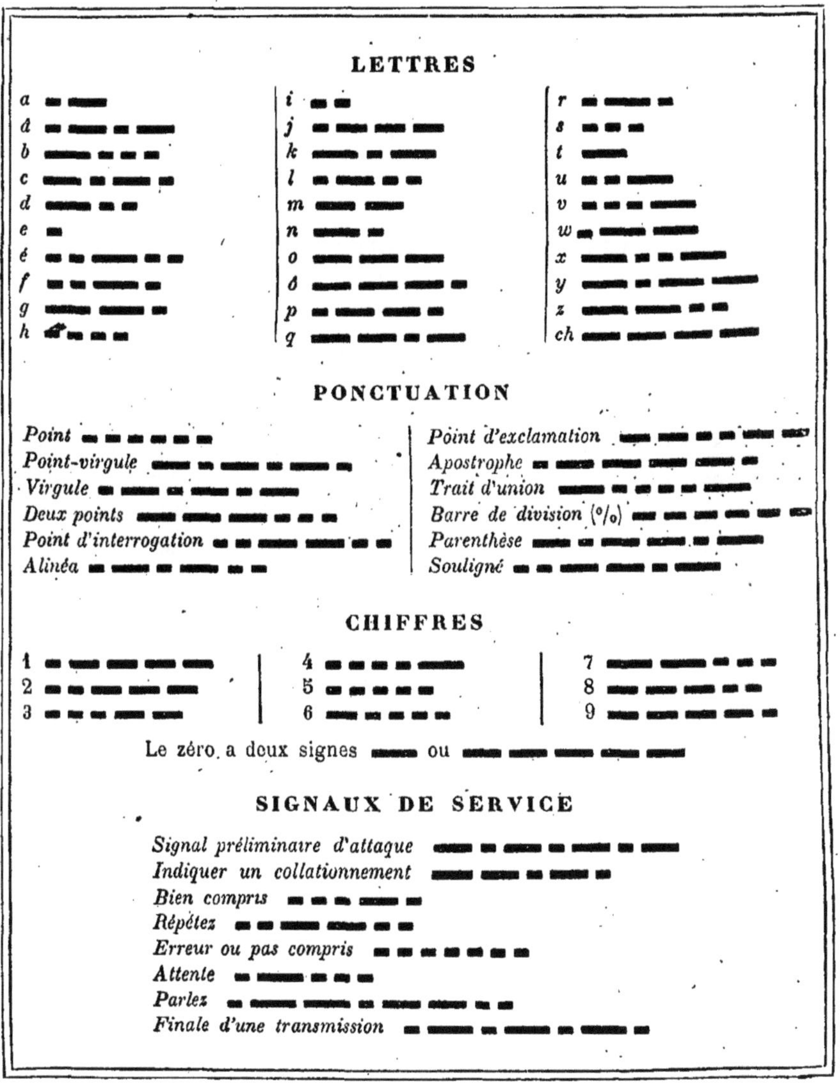

LETTRES

a
d
b
c
d
e
é
f
g
h

i
j
k
l
m
n
o
ô
p
q

r
s
t
u
v
w
x
y
z
ch

PONCTUATION

Point
Point-virgule
Virgule
Deux points
Point d'interrogation
Alinéa

Point d'exclamation
Apostrophe
Trait d'union
Barre de division (⁰/₀)
Parenthèse
Souligné

CHIFFRES

1
2
3

4
5
6

7
8
9

Le zéro a deux signes   ou

SIGNAUX DE SERVICE

Signal préliminaire d'attaque
Indiquer un collationnement
Bien compris
Répétez
Erreur ou pas compris
Attente
Parlez
Finale d'une transmission

Tableau des signaux employés dans le télégraphe de Morse (page 308).

plusieurs degrés quand on l'aimante et qu'on la désaimante successivement à l'aide d'un aimant extérieur. Les métaux autres que le fer, le nickel et le cobalt, ne donnent lieu à aucun changement moléculaire de cette nature, ni à aucun son appréciable.

CHAPITRE V

APPLICATIONS DE L'ÉLECTRO-MAGNÉTISME

TÉLÉGRAPHIE. — HISTORIQUE. — Le nom de *télégraphe* est formé du grec *télé*, de loin, et *grapho*, j'écris. C'est un appareil au moyen duquel on transmet à de grandes distances des nouvelles, des avis ou des ordres, à l'aide de signaux correspondant à des lettres de l'alphabet, à des mots ou à des chiffres. Dès la plus haute antiquité, les hommes, si avides de communications avec leurs semblables, ont cherché à diminuer les distances et ont imaginé une sorte d'écriture aérienne. Les pyramides d'Égypte, la tour de Babel étaient, suivant quelques auteurs, des postes télégraphiques. Clytemnestre, dit le poète, apprit le triomphe des Grecs et la prise de Troie, par des feux allumés sur le mont Ida, et répétés de montagne en montagne. Pendant l'expédition de Xerxès, une ligne de sentinelles établie d'Athènes à Suse, apportait en quarante-huit heures au monarque des messages de son empire. Polybe fait mention d'un certain Cléoxène, qui avait inventé une méthode par laquelle, au moyen de bâtons plus ou moins élevés, disposés de certaines façons et donnant les lettres de l'alphabet, on pouvait transmettre les nouvelles. César nous apprend que les Gaulois savaient se servir de signaux de feu pour communiquer entre eux, et lui-même dut une grande partie de ses succès à la rapidité de ses opérations, obtenue par des moyens analogues. Au moyen âge, divers signaux étaient également employés; mais aucun ne permettait des communications étendues et claires. Amontons, le premier parmi les modernes, profitant des essais des anciens et des découvertes plus récentes, imagina un nouveau mode de communications télégraphiques : il proposait d'employer les lunettes d'approche pour apercevoir de loin les signaux, et diminuer le nombre des postes nécessaires. En même temps, il substituait les chiffres aux caractères alphabétiques, ce qui permettait de simplifier de beaucoup la quantité des signes. Mais sa découverte ne fut considérée que comme un jeu ingénieux, et ne fut pas appliquée.

Un siècle plus tard, après de longs essais infructueux, Chappe (1) imagina son télégraphe aérien, qu'il proposa à la Convention nationale, le 1er avril 1793. Cette assemblée ordonna qu'on en fit immédiatement l'essai. Le 24 juillet de la même année, elle adopta le système avec acclamation et enthousiasme, et décréta l'établissement immédiat d'une ligne télégraphique entre Paris et Valenciennes. Cette ligne fut inaugurée le 30 novembre 1794, par l'annonce d'une victoire, la prise de Condé sur les Autrichiens (*fig.* à la page 305); la Convention, en séance, répondit immédiatement : *L'armée du Nord a bien mérité de la patrie!* Cinq grandes lignes furent aussitôt établies autour de Paris ; celle de Calais avec 27 postes ; de Lille avec 22 ; de Strasbourg avec 46 ; de Brest avec 80. Ce télégraphe, qui a rendu de grands services, se composait d'un long châssis, garni de lames à la manière des persiennes, tournant autour d'un axe et fixé sur un mât qui lui-même roule sur un pivot, et est maintenu à la hauteur de 10 pieds par des jambes de force, de manière à rendre visibles tous les mouvements de la machine. Aux deux extrémités du châssis sont deux ailes mouvantes, moitié moins longues, et dont le développement s'effectue en divers sens. On a cent signaux parfaitement prononcés, qui représentent des figures ou lettres dont la valeur est déterminée. La manœuvre de ce télégraphe se faisait sans peine et avec célérité ; c'est à l'aide de bons télescopes et de pendules à secondes que se faisaient les observations et que se communiquaient les avis d'une extrémité à l'autre, souvent sans que les observateurs intermédiaires pussent pénétrer le sens de la missive. On recevait des nouvelles de Calais en 3 minutes, de Lille en 2 minutes, de Strasbourg en 6 minutes, de Toulon en 20 minutes, de Brest en 8 minutes. Malheureusement, il était nécessaire qu'il fît jour ; il fallait que le ciel fût pur, et bien souvent, dans certaines saisons, le directeur d'un télégraphe qui, la lorgnette à la main, traduisait la dépêche, la laissait inachevée en la terminant par cette phrase mélancolique : *interrompue par le brouillard!* De plus, le gouvernement réservait le télégraphe à son propre usage, et le public ne pouvait s'en servir.

La pensée d'appliquer l'électricité à une correspondance télégraphique naquit dans les esprits dès que l'on eut connaissance des phénomènes électriques. Un anonyme de Renfrew décrit un système de son invention, dans une lettre datée du 1er février 1753, et publiée dans un journal anglais ;

---

(1) CHAPPE (Claude), neveu de l'abbé Jean CHAPPE D'AUTEROCHE, astronome, membre de l'Académie des sciences (1722-1769), était lui-même fils d'un astronome, abbé et physicien distingué (1763-1805). Il avait été nommé ingénieur de la télégraphie en France, et ce titre se transmit d'abord à ses frères, qui l'avaient aidé dans ses recherches, puis dans sa famille, jusqu'à ce qu'un des gouvernements suivants vînt le retirer.

en 1760, Lesage de Genève en exécuta un, composé d'autant de fils qu'il y a de lettres ; chaque fil aboutissait à une tige portant un électroscope à balle de sureau, qui était repoussé dès que l'on touchait l'autre bout du fil avec un bâton de cire électrisée. Lhomond en 1787, Bettancourt en 1787, Reiser en 1794, Salva en 1796 en proposèrent également, tous fondés sur les propriétés de l'électricité statique, et conséquemment impraticables. En 1811, Sœmmering, de Munich, utilisant la pile de Volta, décrivait un télégraphe fondé sur la décomposition de l'eau que l'on produisait, à distance, dans différents vases représentant les lettres de l'alphabet et les dix chiffres. Mais ce procédé présentait beaucoup de difficultés dans la pratique, tant par la complication qui résultait de l'emploi de plus de trente fils conducteurs que par l'incertitude de la réaction chimique ainsi provoquée à une grande distance. Pour réussir, il fallait pouvoir substituer à toute action chimique un véritable effet mécanique.

Dès qu'Œrstedt, puis Ampère, eurent découvert les lois de l'électromagnétisme, les physiciens voulurent appliquer ces découvertes à la télégraphie. Ampère indique ainsi une sorte de télégraphe électro-magnétique :

« Autant d'aiguilles aimantées que de lettres de l'alphabet qui seraient mises en mouvement par des conducteurs, qu'on ferait communiquer successivement avec la pile, à l'aide de touches de clavier qu'on baisserait à volonté, pourraient donner lieu à une correspondance télégraphique, qui franchirait toutes les distances et serait aussi prompte que l'écriture et la parole pour transmettre la pensée. »

Sweigger, ayant remarqué que la déviation de l'aiguille aimantée augmentait avec le nombre des tours du fil conducteur auquel était soumise cette aiguille, fonda sur ce fait un nouveau système de télégraphe électrique ; Schilling et Alexander tentèrent de le construire industriellement en Russie ; mais leurs appareils étaient forcément composés d'un trop grand nombre de fils électriques, et il était presque impossible de les faire fonctionner d'une façon régulière.

Ce fut en 1832 que Morse (1), retournant de France en Amérique

(1) Morse (Samuel Finley Breese), inventeur américain (1791-1872), était peintre de portraits ; il vint en Angleterre pour y pratiquer son art; mais il l'abandonna bientôt pour se livrer à des travaux mécaniques. Ce fut en 1832 qu'il commença à s'occuper de télégraphie. En 1858, une commission internationale, siégeant au ministère des affaires étrangères, à Paris, admit le principe d'une rémunération collective en faveur de M. Morse. Dans une seconde séance, qui a eu lieu le 23 août, les représentants des puissances qui avaient pris part à la première réunion, au mois de mai, s'étant trouvés unanimes sur le caractère équitable d'une telle mesure, ils ont décerné collectivement à M. le docteur Morse une somme de 400,000 francs, à titre de gratification honorifique et comme récompense toute personnelle de ses utiles travaux.

sur le navire le *Sully*, imagina, dit-on, définitivement la télégraphie électrique; mais ce ne fut qu'en 1838 que son invention fut publiée, et au mois de mai 1844 que fut inaugurée, aux États-Unis, entre Washington et Baltimore, la première ligne télégraphique, qui, par son premier télégramme, annonça l'élection de James Polk à la présidence. Déjà, en 1837, à Munich, M. Steinhell avait établi, sur une longueur de 5 kilomètres, un télégraphe qui n'avait réussi qu'à moitié; et, en Angleterre, en 1838, sur le chemin de Londres à Birmingham, M. Wheatstone avait imaginé un télégraphe particulier, dit télégraphie à cadran, peu employé depuis à cause de la complication de son mécanisme. Depuis ce temps, le nombre des inventeurs en télégraphe est incalculable; il y eut plus de cinquante systèmes proposés, et encore il ne faut pas comprendre dans ce nombre les perfectionnements de ces systèmes. La France n'a suivi que bien lentement, et bien après l'Angleterre, l'exemple qui lui était donné; tandis qu'au delà de l'Océan, les fils électriques traversaient hardiment les forêts et les savanes immenses, de timides essais étaient faits dans notre patrie, le long des chemins de fer; et ce n'est qu'en 1859 qu'on a démoli, à Paris, les trois derniers appareils qui restaient de la télégraphie aérienne, sur les deux tours de l'église Saint-Sulpice et de Saint-Eustache, et encore cette démolition, cette suppression de la télégraphie aérienne, fut-elle accompagnée de vifs regrets.

« C'est une grande faute, disait M. l'abbé Moigno, dans son *Traité de télégraphie*, que de supprimer entièrement la grande œuvre de Chappe, pour établir partout et exclusivement la télégraphie électrique. Que l'on aie à soutenir une nouvelle guerre civile ou une invasion quelconque avec la seule télégraphie électrique; que l'on aie à suivre les opérations d'une grande armée, soit qu'elle avance ou qu'elle recule! Avec la télégraphie aérienne, de jour et de nuit, on suivra les dépêches de clocher en clocher, de poste en poste; les communications avec les foyers d'insurrection et le théâtre de la guerre ne seront pas interrompues; mais que peut-on attendre des fils électriques dans de pareilles circonstances? Des ivrognes, des vagabonds, des réfractaires, des banqueroutiers frauduleux, des criminels de oute nature, les hommes qu'une préoccupation politique agite, sont autant d'agents de destruction auxquels ne saurait résister la télégraphie électrique. »

« Un seul homme, disait un autre écrivain, en un seul jour, sans qu'on puisse l'en empêcher, pourra couper tous les fils télégraphiques aboutissant à Paris, et, en vingt-quatre heures, couper sur dix points tous les fils d'une même ligne, sans être arrêté, sans même avoir été aperçu par des gardiens, qu'une distance de plusieurs kilomètres sépare. La télégraphie aérienne, au contraire, a ses tours, ses tourelles, ses cabanes au moins, munies d'une muraille et d'une porte

gardée à l'intérieur par un homme vigoureux, armé de deux fusils de muni-
tion, etc., etc.

Sur six cents insurgés, la moitié acceptera avec une joie secrète la mission d'aller couper les fils du télégraphe électrique, tandis que l'attaque froide,
triste et obscure d'une simple porte en chêne, derrière laquelle se trouvent un ou
deux hommes dont l'assassinat doit entrer dans la prévision des assaillants, inspirera
toujours un tel effroi, que, sur ces mêmes six cents hommes, il ne s'en trouvera pas
deux qui veuillent exécuter une pareille entreprise. »

THÉORIE DES TÉLÉGRAPHES ÉLECTRIQUES. — La théorie générale des
télégraphes électriques repose sur la propriété des *électro-aimants*
d'acquérir et de perdre instantanément leur aimantation aussitôt qu'ils
sont soumis à l'influence d'un courant ou qu'ils cessent de l'être.
Veut-on, par exemple, établir une télégraphie électrique entre Paris et
Versailles : plaçons à Paris une pile en action ; étendons jusqu'à Versailles
le fil conducteur de la pile où il sera enroulé autour d'une lame de fer
doux. Le fluide électrique circulant autour de cette lame l'aimante aussitôt ; et si l'on place au-devant d'elle un disque de fer, ce disque sera attiré
et viendra se coller contre l'aimant. Si l'on interrompt le courant électrique
en supprimant la communication du fil conducteur avec la pile, la lame de
fer cessera immédiatement d'être aimantée et reviendra à son état naturel.
Pour se porter vers l'aimant, la pièce de fer a-t-elle eu à vaincre un petit
ressort antagoniste. ce ressort ramènera la pièce de fer à sa position primitive, dès que le courant sera interrompu ; et chaque fois que l'on établira
ou que l'on interrompra le courant, la pièce de fer sera portée en avant,
puis repoussée en arrière. On peut donc, par l'influence d'un courant
électrique sur le fer, exercer à travers l'espace un effet d'attraction et
de répulsion, et à travers toutes les distances mettre un levier en mouvement.

Un système quelconque de télégraphie électrique se compose donc de
quatre parties principales : 1° une *pile*, 2° un *conducteur*, 3° un *manipulateur*, 4° un *récepteur*.

On sait que la *pile* est l'instrument destiné a produire le courant électrique.

Le *conducteur* consiste en un fil de fer galvanisé, soutenu, pour la
télégraphie aérienne, par des poteaux en bois qui sont plantés de distance
en distance de 50 mètres chacun. A quelques mètres au-dessus du sol, sont
fixés sur ces poteaux des supports isolants en porcelaine ou en terre cuite,
ayant généralement la forme d'anneaux, et dans lesquelles passent les
fils. Les conducteurs placés sous terre ou au sein des mers doivent être

recouverts d'une couche isolante de gutta-percha. Le *manipulateur* est l'appareil à l'aide duquel on règle l'emploi du courant électrique en ouvrant ou en fermant le circuit à volonté, pour produire à l'autre extrémité de la ligne le mouvement de va-et-vient nécessaire à la transmission des signaux. Le *récepteur* renferme l'électro-aimant et son levier, ainsi que le mécanisme destiné à la formation des signaux; c'est l'appareil qui reçoit la dépêche transmise et sur lequel on lit chaque signal envoyé.

Il va sans dire que chaque poste est double, et contient une pile, un manipulateur et un récepteur pour permettre l'échange des dépêches entre deux stations.

Remarque. — Nous disions que le fil conducteur va rejoindre l'électro-aimant : on pourrait supposer la nécessité d'un second fil retournant à la pile afin de former un circuit complet. Mais l'expérience a démontré que le fil de retour est inutile, et qu'il suffit pour établir le courant de faire communiquer avec le sol, d'un côté, le pôle négatif de la pile, et de l'autre, l'extrémité du fil après son passage à travers l'électro-aimant. Pour mieux assurer la communication avec le sol, on termine donc les fils par deux plaques métalliques que l'on enfonce dans la terre humide, ou mieux encore dans un puits.

Ces principes posés, il nous suffira de présenter au lecteur l'ensemble de quelques-uns des différents systèmes adoptés aujourd'hui, en essayant d'en faire comprendre seulement les principes essentiels. Nous renvoyons aux traités spéciaux pour le détail des mécanismes qui ne sauraient intéresser que des gens du métier.

TÉLÉGRAPHE BRÉGUET. — Le télégraphe Bréguet, *télégraphe à cadran*, est en usage dans toutes les compagnies de chemin de fer; il sert aussi à relier entre eux les chefs-lieux de canton. Son apprentissage est facile, c'est ce qui a généralisé son emploi (*fig.* 111).

Le *récepteur*, dans ce système, se compose d'un cadran portant 26 divisions qui sont les lettres de l'alphabet et un signe final. Une aiguille se déplace devant ces divisions et s'arrête aux lettres convenables : le travail de l'employé consiste à noter successivement chaque lettre pour en former les mots; la fin des mots est marquée par le signe final. L'armature A est formée par une plaque double, animée d'un mouvement de va-et-vient par les actions successives de l'électro-aimant et du ressort antagoniste. Par l'intermédiaire d'une tige *l* et d'un levier coudé *c*, ce mouvement alternatif est transmis à une tige *i*, qui se meut devant une roue dentée, et remplit le même office que l'*ancre d'échappement* des pendules ordinaires. La roue dentée est sollicitée par un mouvement d'horlogerie, renfermé entre deux plaques : elle tournerait d'un mouvement continu si la tige i ne l'arrêtait en heurtant les dents. Avec cet arrêt elle ne peut se mouvoir que si la tige se déplace sous l'action de l'électro-aimant. La roue dentée est double : elle est formée de deux roues accouplées, égales, solidaires, et placées de telle sorte que les dents de l'une correspondent aux vides de l'autre. Quand la tige i se déplace, elle dégage une dent de la première roue ; et le couple se met à tourner ; mais la seconde roue vient aussitôt rencontrer

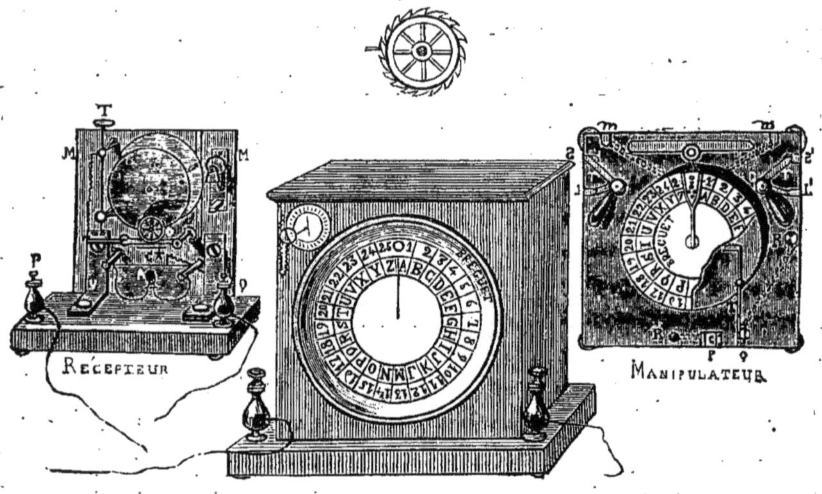

Fig. 111. — TÉLÉGRAPHE A CADRAN.

la tige i, et le mouvement s'arrête. A un nouveau déplacement de la tige, le couple de roues marchera de la moitié d'une dent et ainsi de suite. L'aiguille du cadran est portée par ces deux roues et se déplace avec elles ; elle parcourt une lettre quand la tige se déplace une seule fois ; il faut donc 26 déplacements de la tige pour un tour complet.

Le *manipulateur* proprement dit, comprenant les ressorts r et r', les languettes métalliques LL', mm', CD, se trouve sur un socle en bois ; l'appareil est réuni par OL avec le fil de la ligne se rendant à la station de droite. C'est sur les lames S et S' que reposent les ressorts r et r' quand l'appareil ne fonctionne pas. Ces lames communiquent par des fils avec la sonnerie ; elles sont d'ailleurs métalliquement en rapport avec les axes O et les ressorts r et r'. Si on lance un courant dans la ligne de l'une des stations voisines, la sonnerie en avertit ; on transporte alors le ressort r sur m', si le courant vient de la station de droite ; ce courant suit une

Premier télégraphe aérien inauguré devant Condé le 30 novembre 1794 (page 299).

lame métallique qui est réprésentée en ponctué sur la figure, arrive à un cercle, métallique aussi, placé au centre du manipulateur, et se rend de là par la tige T et le ressort l à la plaque de cuivre Q qui est elle-même en relation avec la borne R. Cette dernière communique par un fil récepteur à la station. Si la dépêche doit être transmise sans intermédiaire de la station de droite à celle de gauche, les deux ressorts r et r' sont amenés sur CD, et les deux fils de ligne sont reliés entre eux. Devant ce mécanisme est un cadran portant les lettres de l'alphabet et une croix comme signe final. Une manette M se meut sur le cadran; un cercle métallique, relié par des lames de cuivre aux plaques m et m', est au-dessous de lui; ce cercle porte une rainure dans laquelle glisse une goupille fixée à un levier coudé mobile autour de l'axe a; la grande branche T de ce levier est terminée par une lame d'acier l qui vient buter alternativement sur les buttes Q et P suivant que la goupille se trouve dans l'une des portions concaves ou convexes de la rainure. C'est ainsi que la manette étant sur la croix ou sur une lettre du rang pair, le courant qui arrive par R ne peut passer, mais si la manette porte sur une lettre de rang impair, l touchant alors P, le courant traverse T, arrive en m' sur lequel repose le ressort r' et est lancé par L' dans le fil de la ligne. Pour transmettre une lettre, on porte rapidement la manette de la croix sur cette lettre, on s'arrête un instant, puis l'on porte la manette sur la lettre suivante, et ainsi de suite. Quand le mot est fini, on revient à la croix.

En très peu de temps, n'importe qui, un employé quelconque, est mis au courant de la manœuvre de cet appareil; c'est pourquoi, dans les compagnies de chemins de fer, où le premier venu peut être appelé, dans certaines circonstances, à se servir du télégraphe, on le conserve; malheureusement, les signaux qu'il donne sont fugitifs; les erreurs ne peuvent être contrôlées; aussi donne-t-on la préférence, partout où cela est possible, à l'appareil Morse.

TÉLÉGRAPHE MORSE. — L'appareil de Morse, dont l'emploi est aujourd'hui à peu près général, sert aux relations de toutes les villes d'une certaine importance. Toutefois, il faut avouer qu'il a été perfectionné à ce point qu'on ne lui a laissé, pour ainsi dire, de ce qu'il était d'abord, que son nom. C'est surtout M. Digney (1) qui l'a amené au plus haut point de perfectionnement et lui a apporté les dispositions nouvelles, simples et pratiques, qui l'ont fait adopter par tous les pays.

---

(1) Dɪɢɴᴇʏ (J.-D.), savant constructeur français (1819-1880) auquel on doit de nombreux appareils de physique.

Ce télégraphe, dit *télégraphe écrivant,* transmet des signes conventionnels, mais qui restent imprimés, et les dépêches peuvent être soumises à un collationnement qui permet de rectifier les erreurs commises. Ces signes représentent les lettres de l'alphabet par des combinaisons de points et de traits séparés par des blancs (*Tableau,* page 297).

Comme tous les télégraphes, cet appareil se compose d'un *récepteur* et d'un *manipulateur.* Le récepteur (*fig.* à la page 289) comporte une boîte BD renfermant un mouvement d'horlogerie au moyen duquel tournent deux roues R et Q. Autour de la roue supérieure est enroulée une longue bande de papier *ph* qui, après avoir passé entre deux cylindres, mus par le mouvement d'horlogerie, s'enroule de nouveau autour de la roue R, au moyen de la manette M. A droite de cette boîte BD est un électro-aimant E dans lequel passe le courant transmis par la pile. Enfin sur la paroi antérieure de la boîte sont les différentes pièces destinées à écrire sur la bande de papier. Au-dessus de l'électro-aimant est un levier horizontal *k*, mobile autour d'un point *x*, et dans lequel est fixée une armature de fer doux A, qui est attirée au passage du courant et abaisse aussi le levier, mais qui est relevée par un ressort en spirale *r*, immédiatement après que le courant est interrompu. A l'extrémité de l'appareil sont deux vis TT, qui présentent entre elles une séparation plus ou moins grande, servant à régler l'amplitude des oscillations du levier; et, à l'autre extrémité du levier, en *i*, est une pointe qui est la pièce écrivant. Dans le télégraphe Morse proprement dit, le levier *k* finissait en poinçon, qui, en donnant à chaque oscillation un coup sec sur le papier formait une empreinte; mais, outre que cette empreinte était parfois peu marquée, elle exigeait, pour être produite, une certaine force et conséquemment un courant intense. C'est pourquoi on a remplacé ces empreintes par des traits noirs ou bleus. En *a* est une petite roue recouverte d'étoffe que l'on a soin de conserver toujours imprégnée d'encre. Au moyen d'un mouvement d'horlogerie, une chaîne sans fin s'enroulant sur deux petites poulies *oo'*, touche la roue *a*, et passe un peu au-dessus du papier; mais quand le courant passe, l'armature A est attirée, le levier *k* s'abaisse, et la pointe *i* appuie sur la petite chaîne et la fait toucher le papier. A mesure que celui-ci se déroule, la petite chaîne forme ainsi sur lui des points ou des traits, selon le temps que dure le contact. Depuis quelques années, MM. Bouis et Pouget-Maisonneuve ont supprimé cette roue à encre qui souvent séchait, ou prenait trop d'encre, et ont remplacé le papier ordinaire par une bande de papier imprégné de cyanure jaune de fer et de potassium. Ce sel étant décomposé par le courant de la pile toutes les fois qu'il passe en travers du papier, les traits et les points sont marqués en bleu dès qu'il y a contact du poinçon *i*.

Le *manipulateur* consiste (*fig.* à la page 289) en une tablette d'acajou qui sert de support à un levier métallique *ab*, mobile en son centre sur un axe horizontal, et dont l'extrémité *a* est maintenue élevée par un ressort, de sorte qu'il faut appuyer sur le bouton B, en bois ou en ivoire, pour que le levier touche la pièce *x* appelée l'*enclume*. Enfin sur la tablette sont trois boutons en communication, le premier avec le fil P qui vient du pôle positif de la pile de la station, le second avec L qui est le fil de la ligne, et le troisième avec A qui aboutit au *récepteur* de la station.

Ceci connu, il faut considérer deux cas : 1° Si le manipulateur est disposé pour recevoir un télégramme d'une station éloignée, l'extrémité *b* du levier reste abaissée, de façon que le courant arrivant par le fil de ligne L, puis montant dans la pièce métallique *m*, puisse passer par le fil A qui le conduira au *récepteur ;* et 2° s'il s'agit de transmettre un télégramme, on appuie sur le bouton B de sorte que le levier se trouve en contact avec l'*enclume x ;* alors le courant de la pile de la station, qui arrive par le fil P, monte dans le levier, passe par la pièce métallique *m*, et de là, dans le fil de ligne L, qui le conduit à la station vers laquelle est dirigée le télégramme. Alors un point ou un trait est marqué au récepteur, selon le temps que le bouton B est abaissé ou levé : un simple choc sur le bouton B, un point ; si le contact est prolongé, un trait.

PARAFOUDRE. — Quand le temps est à l'orage, l'atmosphère est, pour ainsi dire, entièrement imbibée d'électricité ; le courant qui traverse les fils entraîne avec lui une quantité parfois très considérable d'électricité atmosphérique, qui suit le fil conducteur et arrive jusque dans le poste. Quelquefois la foudre, en éclatant dans l'air, rencontre le fil télégraphique et le suit jusqu'au bout, comme elle suit la chaîne d'un paratonnerre. Arrivée au poste, elle peut occasionner les plus graves désastres, et même foudroyer les employés. Et ces accidents sont d'autant plus redoutables que le plus souvent l'orage est lointain et que rien ne pouvait faire prévoir un sinistre. Lorsqu'un orage est signalé sur une ligne, tous les fils venant de cette ligne sont *mis à terre*, c'est-à-dire que l'électricité s'écoule sans passer par les appareils. Lorsque l'orage n'est pas très violent, on se contente des *parafoudres*. Ce sont simplement deux disques de cuivre *d* et *f*, portant des dents vis-à-vis les unes des autres, mais ne se touchant pas (*fig.* à la page 289) : le disque *d* est en communication avec la terre par le moyen d'une plaque de métal fixée derrière la tablette qui soutient le *parafoudre*, et se trouve aussi sur le passage du courant. La foudre, suivant le fil de ligne L, entre dans l'appareil par la partie inférieure de la tablette, à gauche, y subit l'influence du commutateur *n* qui la conduit à un bouton *c*, d'où elle se dirige au disque *f* par une tige métallique située à droite de la tablette : là, l'électricité agit par influence sur le disque *d* et jaillit sans danger par les pointes sur celles garnissant l'appareil. De plus l'électricité dynamique, sur laquelle les pointes n'ont pas d'influence, continue son chemin ; du disque *f*, elle passe dans un fil très fin de cuivre, isolé dans un tube de verre *e*, qui est fondu si le courant est intense et l'électricité n'arrive pas dans les appareils, ou du moins y arrive en moindre quantité, ce qui diminue les dangers. De ce tube *e*, le courant peut encore descendre dans un fil placé au bas de la tablette, et, de là, dans un petit galvanomètre G, qui, par la déviation de l'aiguille, indique si le courant passe par les appareils.

AUTRES SYSTÈMES DE TÉLÉGRAPHES. — Nous citerons, d'après M. de Parville (1), quelques autres systèmes de télégraphes dignes d'appeler l'attention.

Appareil Hughes. — On se sert de l'appareil Hughes dans toutes les grandes villes et dans les principaux bureaux télégraphiques de

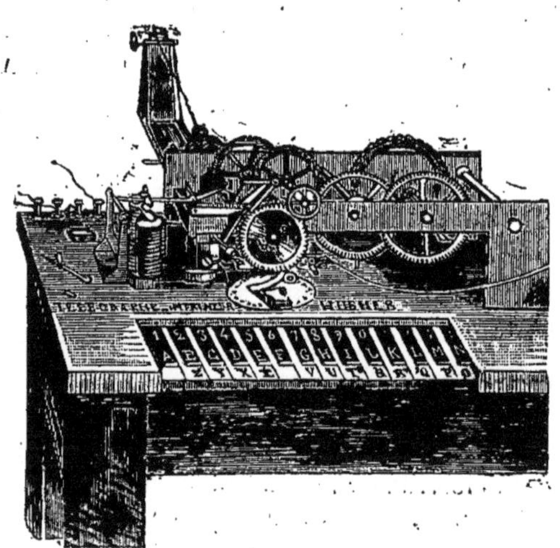

Fig. 112. — APPAREIL HUGHES.

France. On gagne beaucoup en vitesse avec lui ; on transmet environ 1,700 mots par heure, presque le triple du système Morse, et les dépêches sortent de l'appareil tout imprimées en caractères typographiques. Elles le sont non seulement à l'arrivée, mais encore au départ, ce qui facilite singulièrement le contrôle. En principe, l'appareil peut se concevoir sans difficulté (*fig.* 112). Une roue verticale, sur la circonférence de laquelle sont gravées en relief les lettres de l'alphabet, et une bande de papier qui se déroule à sa portée et peut, en s'approchant au moment voulu, prendre l'empreinte d'une lettre quelconque, tel est le système. Pour le faire fonctionner, il suffit d'appuyer sur les touches d'une sorte de clavier dont la division correspond à celle de la roue des types ; chaque touche abaissée détermine l'impression de la lettre qu'elle représente. Pour obte-

---

(1) *Causeries scientifiques*, 1878. *Exposition* (Rothschild, éditeur).

nir ce résultat, on fait tourner synchroniquement les organes similaires des deux postes en relation. De part et d'autre, les deux appareils inscrivent en même temps la dépêche. L'appareil Hughes permet donc de livrer au destinataire la dépêche telle qu'elle est sortie de l'appareil. On évite, grâce à lui, les pertes de temps de traduction nécessaire dans le Morse et les erreurs sont bien moins à craindre. Mais il exige dans son maniement une certaine habileté, et dans sa conduite une connaissance exacte de son mécanisme compliqué ; aussi nécessite-t-il un long apprentissage. On ne l'emploie que dans les postes où le nombre des dépêches est assez considérable pour légitimer l'usage d'un appareil rapide et la présence d'employés déjà expérimentés. Dans certains grands bureaux, où les dépêches abondent, la rapidité de transmission acquiert une importance exceptionnelle. Aussi a-t-on cherché encore à gagner du temps en scindant le travail. On a eu l'idée de faire composer d'avance les dépêches au départ par des mains habiles et de les faire transmettre ensuite automatiquement en profitant de toute la vitesse dont l'appareil est susceptible.

Appareil Wheatstone. — La transmission automatique avait, du reste, été déjà employée pour le télégraphe Morse. Dans le système anglais de Wheatstone, on peut expédier jusqu'à 2,500 mots à l'heure. A l'aide d'un *perforateur*, l'employé produit dans une bande de papier des trous ronds disposés de façon à reproduire le trait, le point, etc. Cette bande est placée sur le transmetteur. Elle est entraînée mécaniquement et passe sous deux tiges verticales animées d'un mouvement alternatif de va-et-vient rapide. Chaque fois que ces tiges pénètrent dans un trou, il y a contact métallique et un courant passe. A l'arrivée, le courant pousse une molette encrée contre la bande de papier qui se déroule, et les signaux se tracent comme dans le Morse ordinaire. Par suite de cette division du travail, on peut alimenter sans cesse de dépêches l'appareil transmetteur et l'utiliser au maximum de vitesse. Ce maximum dépend d'ailleurs, surtout, de l'état de la ligne.

Télégraphes autographiques. — Les télégraphes autographiques ont pour but la reproduction d'une dépêche, d'un dessin fait sur une feuille de papier spécial. On dépose sur l'appareil et au poste de départ un dessin, une lettre, etc., dessin et lettre se reproduisent sur l'appareil du poste d'arrivée. On obtient, au moyen de ces appareils, un *fac-similé* exact des caractères tracés. Malgré la sûreté que ce système de transmission peut offrir pour les transactions commerciales, il ne paraît pas avoir été adopté par le public. On avait mis en service deux de ces appareils, le télégraphe Caselli et celui de Meyer, entre Paris et Lyon ; ils ont été peu à peu abandonnés. Il fallait écrire avec une encre spéciale sur un papier métallique ; en outre, le prix d'une dépêche étant élevé, il n'en a pas fallu davantage pour que l'on renonçât à faire usage des premiers télégraphes autographiques. Ils semblent, en effet, ne pouvoir être appliqués que dans des circonstances spéciales, quand il y a un grand intérêt à reproduire le *fac-similé* d'une dépêche; par exemple, en cas de guerre, il est bon que les ordres soient transmis dans toute leur intégrité. Le télégraphe autographique de M. d'Arlincourt, qui est portatif et relativement commode à manier, pourrait sans doute être utilisé avantageusement par les officiers d'état-major.

TÉLÉGRAPHIE MILITAIRE. — Les premiers essais de télégraphie militaire, en France, remontent à la guerre d'Italie, et même à la conquête de la grande Kabylie en 1857. Le maréchal Randon annonça, par un télégraphe installé à la suite de son quartier général, la conquête des premiers rameaux du Djurjura. En 1859, le service télégraphique relia sans cesse le quartier général à la France. Au même moment, la Prusse, l'Autriche, etc., commençaient aussi à organiser leur télégraphie militaire et la mirent à l'essai pendant la guerre du Holstein. En France, on poursuivit de nouveaux essais; on construisit un nouveau matériel, qui fut expérimenté avec succès au camp de Châlons, pendant le printemps de 1868. Les piles employées sont les piles Marié-Davy et Leclanché, formées de dix éléments réunis dans une même boîte; le fil est en cuivre rouge de $1^{mm},6$ de diamètre, formé de quatre fils très fins, tordus en cordelette. Cette âme est enfermée dans plusieurs enveloppes successives de coton et de gutta-percha; le tout est recouvert de toile caoutchoutée. La conductibilité de ce câble est très grande; il résiste très bien à la tension et à l'écrasement; au camp de Châlons, les batteries d'artillerie et la cavalerie ont constamment passé sur ce câble, sans lui causer le moindre dommage. On enroule sur des bobines une longueur de 2 kilomètres de câble, et l'on dispose ces bobines dans des voitures-poste. Chaque voiture renferme à l'avant un compartiment spécial où se trouvent les appareils télégraphiques, manipulateur et récepteur Morse. A l'aide d'une brouette, on procède au dévidage du fil que l'on place dans le fossé de la route ou à travers champs. S'il s'agit de lignes de réserve, on pose le fil sur des poteaux, plantés à 80 pas environ les uns des autres, dans des trous faits par les soldats. Pendant la dernière guerre franco-allemande, comme le matériel spécial était tombé au pouvoir de l'ennemi, on ne put guère juger de la bonté du système. A Paris, on avait monté très ingénieusement, dans les petits omnibus de la Compagnie du chemin de fer d'Orléans, des postes à trois directions. En résumé, quand il s'agit de relier

des corps d'armée, la télégraphie militaire est rapidement établie, et dans
de suffisantes conditions de solidité et de commodité; mais il ne semble
pas que ce système soit praticable quand il s'agit de relier des avant-postes

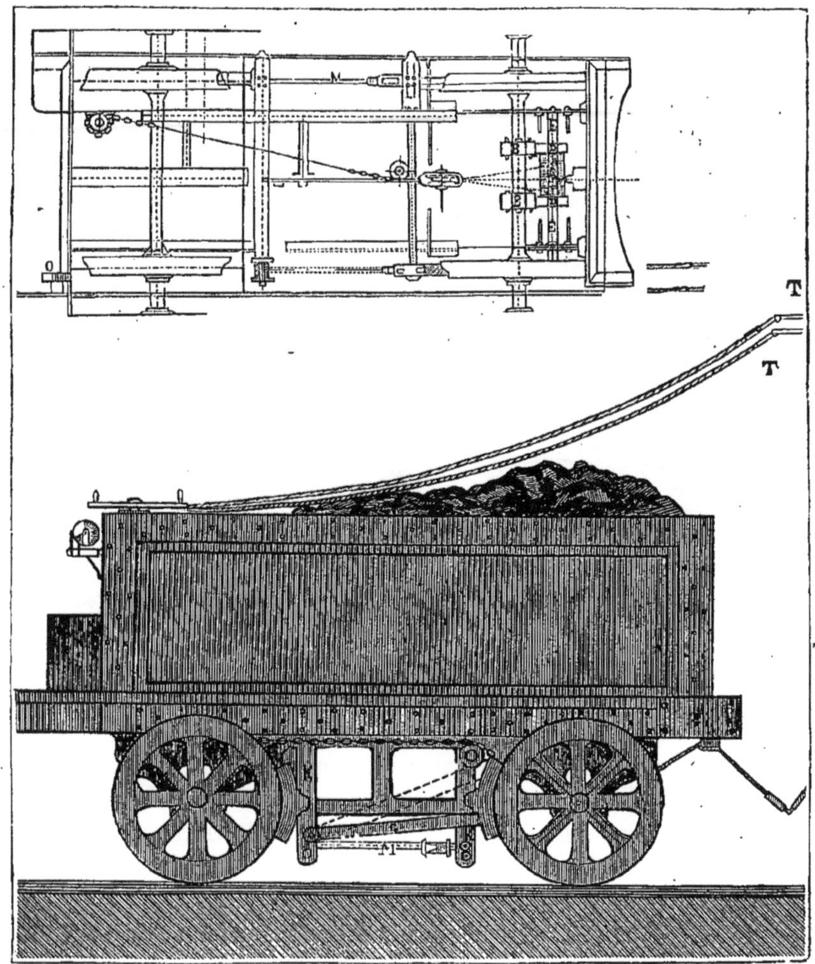

Frein Achard (page 322).

ou d'établir des correspondances entre des réserves et des reconnaissances : c'est trop compliqué.

Le matériel des Allemands, dont on a beaucoup parlé, n'est pas supérieur au nôtre; leurs appareils de campagne sont même plus lourds et moins

portatifs. Lorsqu'il s'agit, au contraire, de petites lignes volantes aux avant-postes, ils ont un système très simple et qui mérite d'être indiqué. Ils suppriment toute pile et tout appareil; ils ne se servent que d'un fil terminé à un bout par une lame de zinc et à l'autre par une lame de cuivre. On plonge, à chaque extrémité de ligne, la plaque dans le sol, et il en résulte un courant très faible, il est vrai, mais suffisant pour être utilisé. Dans le circuit, on a interposé à l'arrivée et au départ un petit galvanomètre. En faisant dévier à la main l'aiguille à la station de départ, le même dérangement se reproduit à la station d'arrivée. A l'aide de

Fig. 113. — TÉLÉGRAPHE MILITAIRE TROUVÉ.

mouvements plus ou moins brusques de l'aiguille du galvanomètre, on peut reproduire des signaux analogues à ceux de Morse et correspondre. En sorte qu'avec un seul fil et des plaques enterrées en guise de pile, on a tout un système télégraphique suffisant pour les petites distances.

Signalons l'ingénieux petit télégraphe militaire de M. Trouvé, également mis en expérimentation pendant le siège de Paris. Ce télégraphe se compose (*fig.* 113) d'un cadran mobile en papier, sur une face duquel se trouvent des lettres et des chiffres, et sur l'autre des lettres en regard desquelles on a laissé un emplacement destiné à recevoir des mots choisis, ce qui permet d'envoyer une dépêche, soit par lettres, soit par chiffres, soit par mots, et avec les mots aussi vite qu'avec la parole. En effet, l'aiguille que porte le cadran, mue par l'électricité, s'arrête sur les lettres ou sur les mots, selon que le cadran est retourné dans un sens ou dans l'autre. Dans son télégraphe, M. Trouvé a deux fils conducteurs, d'une part parce qu'on est moins sujet à avoir des déviations dans le courant, et de l'autre parce que ces fils permettent de correspondre même en marchant. Ces fils, réunis en un seul câble et isolés entre eux par une triple enveloppe de gutta-percha et de coton, sont enroulés sur une bobine et portés par un homme sur un crochet, à la manière d'un sac de soldat. Quant à la pile, il fallait en créer une qui, avec une force électro-motrice suffisante, ne fût, dans aucun cas, susceptible de se briser et qu'on pût porter comme un fardeau. La pile de M. Trouvé est formée d'un couple de zinc et de charbon renfermé dans un étui en caoutchouc durci, fermant hermétiquement. Le zinc et le charbon n'occupant que la moitié supérieure de l'étui, l'autre moitié est occupée par le liquide excitateur, une solution de bisulfate de mercure. Tant que l'étui conserve sa position ordinaire, le sommet en haut, le fond en bas, l'élément ne plonge pas dans le liquide ; il n'y a ni production d'électricité, ni dépense par conséquent. Mais, dès que l'étui est renversé, le couvercle en bas, le courant naît et se continue tant que le liquide n'est pas épuisé. Cette disposition permet d'avoir une pile hermétique, parce que l'espace réservé, non seulement fait éviter l'usure de la pile en pure perte, mais sert encore à loger le gaz qui, vu le peu de compressibilité des liquides, déterminerait des pressions et par suite des fuites, et même la rupture de toute pile hermétique disposée de toute autre façon.

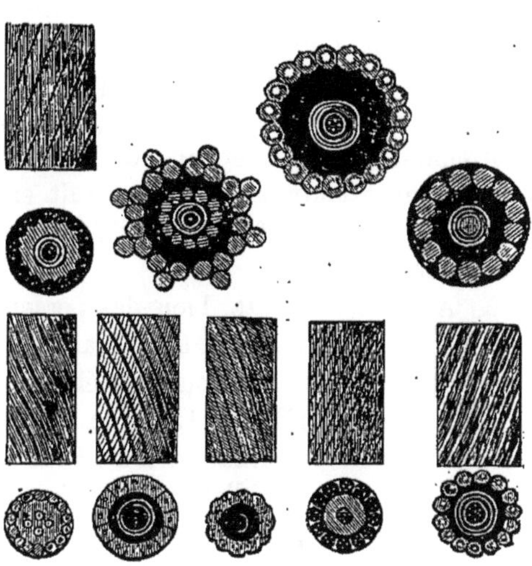

Fig. 114. — CÂBLES SOUS-MARINS.

Ce système pourra, par sa simplicité même, rendre des services dans une foule de circonstances. M. Trouvé est parvenu à donner au petit électro-aimant de son télégraphe une sensibilité et une rapidité de fonctionnement remarquables. Un électro-aimant de 5 décigrammes peut s'aimanter et se désaimanter 4,500 à 5,000 fois par seconde.

TÉLÉGRAPHIE SOUS-MARINE. — L'idée des lignes sous-marines est due, paraît-il, à M. Wheatstone, qui, en 1840, présentait un projet de télégraphe entre Douvres et Calais ; mais ce fut un Français, M. Brett, qui, en 1849, exécuta ce dessein. Depuis cette époque, la télégraphie sous-marine a pris de prodigieux développements, et toutes les mers renferment aujourd'hui dans leurs profondeurs des fils qui portent, avec la rapidité de la foudre, les pensées de toutes les nations civilisées.

Un câble sous-marin se compose (*fig.* 114) d'un conducteur formant en quelque sorte l'âme du câble ; ce sont des fils de cuivre tressés ensemble, de manière à ne former qu'un seul fil. Au début, un seul câble renfermait plusieurs conducteurs, dont chacun avait une destination particulière. Aujourd'hui, à la suite des études de la commission anglaise, on préfère ne placer qu'un seul conducteur dans chaque câble. Ce fil de cuivre est composé généralement de cinq petits fils tressés ensemble; de sorte que, si l'un d'eux vient à se briser, la communication télégraphique ne soit pas interrompue. Puis l'âme du câble est entourée de matières isolantes. Ordinairement, on se sert de la *Chatterton's composition*, mélange de gutta-percha, de goudron de bois et de résine, qui a la propriété d'adhérer au fil de cuivre. On applique sur celui-ci plusieurs couches de cette matière; puis au-dessus on met encore une série de couches isolantes, soit seulement de caoutchouc durci, soit de caoutchouc alternant avec le composé de Chatterton. Enfin, pour protéger le câble et le préserver des chocs et des accidents, on enveloppe le tout, d'abord de chanvre goudronné fortement tassé, et ensuite d'une série de gros fils d'acier. Le premier câble transatlantique de 1858 pesait environ 620 kilogrammes par kilomètre; celui de 1865 pesait 982 kilogrammes; mais celui de 1866 est beaucoup plus léger.

Avant la réussite, bien des personnes doutaient de la possibilité de transmettre des signaux à de grandes distances. Comment le fil se comporterait-il quand les courants électriques y seraient lancés? Son isolement serait-il suffisant? La force du courant serait-elle assez forte pour parvenir sans perturbation d'un bout à l'autre de l'immense ligne sans relais? Ces craintes, d'abord justifiées, n'ont plus de raison d'être depuis les savants travaux de MM. Faraday, Wheatstone, Guillemin, Gaugain (1), Siemens, qui ont tous contribué à la solution de cette question importante. Cependant l'exploitation d'un câble marin offre encore aujourd'hui des difficultés sérieuses et des inconvénients nombreux. L'électricité ne chémine pas dans un fil conducteur comme une flèche douée d'une vitesse analogue à celle de la lumière. C'est un flux, comme une série de vagues, qui avance, avec une vitesse incomparable, il est vrai, mais par ondes successives. Un petit effet, imperceptible d'abord, se révèle aux instruments les plus délicats; puis l'effet grandit, l'onde prend de l'ampleur, le conducteur se charge et le courant devient manifeste, même pour un instrument grossier. Quand on demande avec quelle vitesse l'électricité franchit le câble

____

(1) GAUGAIN (Jean-Mothée), élève de l'École polytechnique; il prit part en 1831, avec une grande partie de ses camarades, à la manifestation républicaine à laquelle donna lieu l'enterrement du général Lamarque; pour ce fait, il ne lui fut pas permis d'entrer dans les services publics, après les examens. Ingénieur civil, il dirigea divers établissements métallurgiques en France et en Belgique. Connu du monde savant dès 1851, pour ses remarquables travaux relatifs à l'électricité, il ne trouva jamais aucun appui, n'eut jamais ni fonctions publiques ni traitement, et n'eut d'autre aide dans ses travaux que sa fille qui, ne voulant pas le quitter, refusa de se marier et lui consacra sa vie tout entière. L'Académie des sciences lui décerna tous les ans le prix Geguer, afin de faciliter ses travaux (1810-1880).

transatlantique, la réponse ne saurait être précise. La première petite vague arrive de l'autre côté de l'Océan à peu près au même moment que le courant est lancé dans le câble ; la vague sensible aux appareils met plus de temps ; le premier effet d'une impulsion électrique se fait sentir à l'extrémité de 1,450 milles marins du câble en 7 ou 8 millièmes de seconde ; mais l'arrivée du courant sensible exige bien 1 à 2 dixièmes de seconde. Lorsqu'un fil est chargé, l'embarras est de le décharger. L'électricité ne s'évanouit pas instantanément à l'extrémité du câble, si bien que, pour envoyer des signaux rapidement, on se trouve immédiatement arrêté par cette difficulté : annuler la vague électrique qui court dans le câble. En effet, en lance-t-on une se-conde, elle se confond avec la première, et aucun effet bien net ne se produit à l'ex-trémité. Il faudrait attendre, entre chaque signal, que le conducteur fût déchargé. On a craint longtemps que ce mode de propagation ne ren-dît d'une lenteur désespé-rante les transmissions à grande distance. On a com-biné, dans ces dernières an-

Fig. 115. — TÉLÉGRAPHIE SOUS-MARINE.

nées, des artifices ingénieux qui ont permis d'annuler la charge de la ligne, de manière à ne laisser parvenir à chaque fermeture du courant qu'une onde extrêmement petite, mais distincte. Contrairement à ce que l'on pourrait supposer, la pile dont on se sert pour franchir 4,000 kilomètres doit être excessivement faible. Si on employait une pile un peu forte, le conducteur ne se déchargerait pas en temps utile, et tous les signaux se confondraient. L'impulsion transmise est si petite que l'appareil qui reçoit le signal doit être très délicat. Aussi ne se sert-on pas des appareils récepteurs ordi-naires. L'onde fait dévier à l'arrivée une simple aiguille aimantée (*fig.* 115), et de la nature de la déviation on déduit le signal. La lecture des dépêches se fait depuis quelques années dans une chambre obscure avec le galvano-mètre. L'aiguille porte un petit miroir ; une lampe projette un rayon sur le miroir ; chaque déviation de l'aiguille entraîne le déplacement du rayon réfléchi sur un écran blanc muni d'une échelle graduée. A la position plus ou moins écartée vers la droite ou vers la gauche du point brillant correspond une lettre. L'employé lit le télégramme ainsi imprimé en traits de feu. Les déviations réelles de l'aiguille ne dépassent pas 6 à

8 millimètres; à l'aide du rayon réfléchi qui les amplifie, elles deviennent très sensibles sur l'écran, et, avec un peu d'habitude, on lit couramment ce curieux alphabet. D'autres inconvénients, tournés, il est vrai, en partie par M. Varley, résultent de l'influence sur le câble des courants d'induction et des courants produits par les orages magnétiques. Il arrive des cas où les transmissions sont indéchiffrables ou même impossibles. Enfin le câble est d'une construction complexe et d'une pose difficile; son poids facilite les ruptures; à la plus petite fissure de l'enveloppe, le métal s'oxyde rapidement sous l'influence du courant électrique et de l'eau de mer, et c'est là une nouvelle cause d'accidents. Enfin, en cas de rupture, on ne peut guère déterminer qu'à un mille près le point du câble qui a cédé, et l'opération du relevage d'un câble lourd est toujours hasardeuse. Par ces diverses raisons, les transmissions électriques sous-marines actuelles ne sont pas considérées comme le dernier mot de la télégraphie à grande portée.

En terminant, nous mentionnerons deux nouveaux systèmes télégraphiques présentés à l'Exposition d'électricité en 1881, par M. Menusier, et qui ont vivement frappé l'attention.

Le premier est destiné à l'échange des dépêches entre navires en courses. L'inventeur propose d'établir en mer un réseau télégraphique et postal absolument comme sur terre. Cette conception hardie consiste à greffer, sur les câbles sous-marins, des bouées restant au niveau de flottaison. Il affirme avoir trouvé le moyen de rendre ces bouées résistantes aux plus violentes tempêtes. Le second appareil est un appareil de communication télégraphique permanente entre les trains en marche, et entre eux et les gares. L'avenir seul peut éclairer sur la valeur de ces projets; mais l'étude seule du problème indique une solution possible dans un certain temps.

APPAREILS DE SURETÉ SUR LES LIGNES DE CHEMINS DE FER. — BLOC-SYSTEM. — SIFFLET D'ALARME. — FREIN ACHARD. — Une question qui préoccupe extrêmement les esprits est celle d'empêcher, sur les voies ferrées, ces épouvantables collisions qui plongent trop souvent les populations dans le deuil. L'électricité étant l'agent sur lequel il faut compter le plus, nous dirons quelques mots des appareils dont l'adoption semble devoir être la meilleure garantie de sécurité pour les voyageurs.

Nous commencerons par parler du *Bloc-system*, ensemble de signaux et d'appareils, aujourd'hui devenu réglementaire en France (1). Il repose

____

(1) Voir la revue scientifique l'*Électricité*, années 1880-1881.

sur ce principe essentiel que *toute voie est supposée fermée jusqu'à ce qu'un signal en autorise l'ouverture.* Un second principe, depuis longtemps appliqué sur la ligne du Nord, consiste à faire ouvrir la voie par le cantonnier d'aval, qui ne doit le faire que quand le train a passé devant lui et est entré dans la section suivante. De plus, le cantonnier qui débloque la section d'amont ne peut la dégager que lorsqu'il a protégé la section d'aval en arborant un signal qu'il ne pourra plus abattre.

Le *Bloc-system* crée donc entre trois postes consécutifs, A, B, C, une solidarité qui s'étend à toute la ligne. C'est B qui est chargé d'ouvrir la section AB, mais il ne peut le faire sans avoir fermé la section BC. S'il omet son devoir, AB restera fermé, et le service sera interrompu, mais il n'y aura pas de collision.

Voici maintenant l'appareil mécanique qui permet, grâce à l'électricité, au cantonnier de la station B de fermer la section d'aval BC et d'ouvrir ensuite la section d'amont AB. Cet effet est produit à l'aide d'un système de déclanchement très simple et très ingénieux. La force d'un aimant agissant au contact fait équilibre à un poids que, dans l'état ordinaire, il tient suspendu. Le courant instantané ne fait que neutraliser l'aimant ; il permet au poids d'agir et d'opérer le déclanchement en vertu de la gravité. Un aimant permanent retient ainsi au contact un des bras d'une équerre ; l'autre bras communique, à l'aide d'une tringle verticale, à une tige horizontale pesante, mobile au haut d'un poteau et indiquant l'arrêt. Si le cantonnier B paralyse l'aimantation à l'aide d'un courant temporaire passant dans une bobine qui entoure l'aimant permanent, le bras du levier obéit à la pesanteur, le signal tombe, et la liberté de circulation est rendue à la section AB. Mais le cantonnier B, qui donnera ce courant libérateur, ne peut mouvoir le commutateur destiné à produire ce changement que s'il a préalablement fermé la section BC, en redressant le signal d'arrêt qui se trouve à l'extrémité supérieure de son mât. S'il ne le fait, le commutateur, maintenu par un encliquetage qu'il ne peut soulever, refusera de lui obéir, et il ne sera point assez fort pour le faire bouger.

L'agent fait son signal au moment où le train passe ; on peut même rendre ce signal automatique à l'aide d'une pédale inventée par MM. Leblanc et Loiseau pour protéger les passages à niveau, et qu'on place à côté des rails, où elle est mise en mouvement par une roue spéciale portant une sorte de taquet. Mais cette précaution est vraiment superflue. Le système Leblanc et Loiseau est plus utilement employé à indiquer, d'une façon, pour ainsi dire, continue, la place des trains. Il permet d'établir, de kilomètre en kilomètre, des pédales que le train met en action chaque fois qu'il les dépasse. A l'aide de courants électriques, le train indique donc lui-même sur un cadran placé dans la gare vers laquelle il se dirige l'historique de son trajet. Tout accident, tout retard se trouve donc signalé. Si quelque arrêt se produit, le chef de gare peut correspondre télégraphiquement avec les cantonniers pour se rendre compte de ce qui s'est passé.

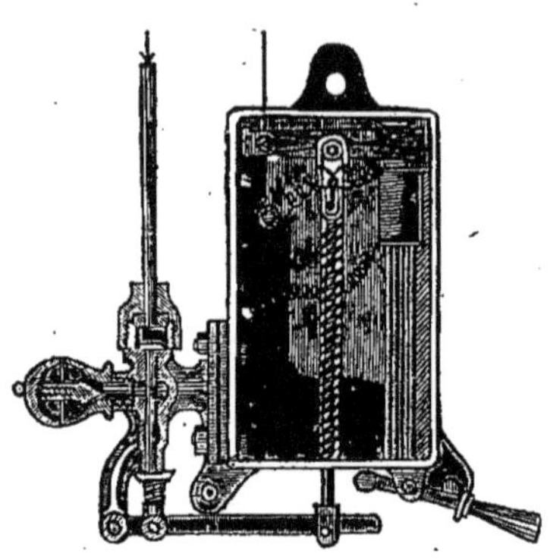

Fig. 116. — SIFFLET ÉLECTRO-MOTEUR.

Malgré ces précautions, l'électricité artificielle a une ennemie : l'électricité naturelle ; mais les parafoudres sont presque toujours suffisants, même pendant les troubles atmosphériques les plus épouvantables. D'ailleurs, on arrivera certainement à supprimer ces dernières chances et à opérer à coup sûr.

L'appareil appelé *sifflet électro-moteur* avertit le mécanicien de son passage devant un disque indiquant que la voie n'est pas libre, dans le cas où, pour une cause quelconque, il pourrait ne pas apercevoir le signal. Voici comment cet appareil est décrit dans le volume publié par la Compagnie du Nord, à l'occasion de l'Exposition de 1878 :

« Cet appareil se compose (*fig.* 116) d'un sifflet en bronze, à cloche et à levier, en communication avec la chaudière, et porté sur une boîte métallique fixée à la machine. Cette boîte renferme elle-même un second levier parallèle à celui du sifflet auquel il est relié ; ce levier est sollicité par un ressort énergique qui tend à l'abaisser, et, par le fait, à livrer passage à la vapeur ; mais il porte à l'extrémité de sa volée une palette de fer doux en contact avec un électro-aimant dont les branches sont prolongées par des cylindres en fer doux entourés de bobines recouvertes de soie. Les cylindres deviennent les pôles de l'aimant et leur attraction contre-balance l'action du ressort. Si l'on fait passer dans les bobines de l'électro-aimant un courant électrique d'un sens déterminé, l'attraction cesse momentanément, le levier tombe et le sifflet se fait entendre jusqu'à ce que le mécanicien, en appuyant sur une manette, vienne l'arrêter en ramenant le levier dans sa position primitive, c'est-à-dire en contact avec l'électro-aimant.

» L'action de l'électricité se produit de la façon suivante : Le fil de la bobine est relié d'un côté avec le corps de la machine, et, par l'intermédiaire des roues et des rails, avec la terre ; l'autre extrémité est prolongée par un fil qui, descendant sous la machine, aboutit à une brosse métallique isolée et fixée dans une position telle, que les brins dépassent de quelques centimètres les parties les plus saillantes de la machine. Sur la voie, et à la distance voulue du disque, se trouve une pièce appelée *contact fixe* (*crocodile* par les ouvriers), composée d'une traverse en bois, placée longitudinalement entre les rails, portée sur des supports en fer, et à une

Machine d'induction de Rhumkorff (page 328).

hauteur telle qu'elle ne puisse être atteinte par les pièces les plus basses de la locomotive. Cette traverse en bois, recouverte d'un enduit isolant, porte à sa partie supérieure une feuille de cuivre qui, par l'intermédiaire d'un fil conducteur, d'une longueur quelconque, est mise en communication avec le pôle positif d'une pile.

Le pôle négatif est relié à un commutateur qui le met en relation avec la terre, lorsque le disque est tourné à l'arrêt, et l'isole au contraire pendant tout le temps que le disque est effacé. La plupart des disques sont déjà pourvus de ce commutateur qui fait fonctionner une sonnerie trembleuse, de telle sorte que le fil de cette sonnerie et celui du contact fixe étant d'ailleurs reliés au pôle positif de la même pile, on peut dire que l'introduction de l'appareil n'a apporté aucune adjonction ou modification au disque existant.

» Au passage de la machine, la brosse vient frotter énergiquement le contact fixe : si le disque est à voie libre, il n'y a aucun effet produit ; mais si le disque est tourné à l'arrêt, la plaque de cuivre se trouve par le fait en communication avec une source d'électricité, et, au passage de la locomotive, le contact de la brosse métallique sur la plaque, complétant le circuit par l'intermédiaire des bobines, du corps de la machine et des rails, fait immédiatement partir le sifflet. Le fait n'a jamais manqué d'avoir lieu, par tous les temps et à des vitesses poussées jusqu'à 110 kilomètres à l'heure, alors même que la plaque de cuivre était recouverte à dessein d'une épaisse couche de ballast ou de ciment, que la brosse a chassée, tout en établissant le contact. On n'a donc pas à s'occuper de l'obstacle beaucoup moins difficile à vaincre, qui résulterait d'une couche de neige dans nos climats. D'autre part, l'appareil n'a jamais été déclanché indûment pendant la marche, par suite des soubresauts ou des chocs de la machine. Enfin il n'exige aucun entretien de la part du mécanicien. »

Arrêter rapidement les trains en marche est une opération d'une nécessité telle, en certaines circonstances, que les inventeurs se sont ingéniés à trouver un frein présentant toutes les conditions de sûreté et de solidité indispensables. Nous avons parlé (*Pesanteur*, page 316) des freins pneumatiques : nous devons ici dire un mot des *freins électriques*, employés dans quelques compagnies de chemins de fer.

Dans le frein électrique de M. Achard (*fig.* à la page 313), tout l'appareil d'embrayage a été réduit à un seul électro-aimant tubulaire suspendu au châssis parallèlement à l'un des essieux. Les deux ressorts qui maintiennent cet électro-aimant à faible distance de l'axe donnent passage au courant électrique qui, lorsqu'on veut produire un arrêt, doit parcourir les spires, et qui peut avoir une puissance considérable sans exiger l'emploi d'une pile volumineuse, puisqu'il est produit par un *accumulateur*. Ces *électros* ne sont point chargés de produire directement l'arrêt des roues. Ils sont attirés par les axes voisins en présence desquels ils se balancent, dès qu'ils sont animés par l'électricité, et qui leur transmettent leur mouvement de rotation. En tournant, les aimants enroulent des chaînes qui y sont attachées et qui, en se raccourcissant, font manœuvrer des leviers analogues à ceux que le garde met en action quand il se sert de freins à main. Poussés par une force considérable, ces organes exercent sur les bandages des roues une pression formidable. Ils agissent donc avec toute l'agilité dont l'électricité est susceptible et la vigueur que peut développer la vapeur. Ainsi, en une seconde 6/10, toutes les roues du train le plus long peuvent être immobilisées. Le train est ainsi converti en un vaste traîneau faisant frottement sur toute la surface des rails, et, fût-il lancé avec une vitesse de 80 kilomètres par heure, s'arrêtant dans un espace de 100 mètres. Une innovation considérable a été récemment introduite par l'adjonction d'un fil de résistance qui fait fonction de régulateur et permet de faire varier à volonté la pression exercée sur les roues.

Les freins électriques suppriment d'abord le bruit déplorable que font les freins à vapeur pendant les arrêts, lorsqu'on met en mouvement les pompes chargées de leur permettre de fonctionner pendant l'arrêt suivant ; ils se prêtent mieux que tous les autres à l'arrêt automatique en cas de rupture d'attelages : il suffit d'installer une pile et un relais sur le fourgon de tête et sur celui de queue pour obtenir ce résultat si précieux ; ils peuvent être mis en mouvement par une communication automatique produite à l'aide d'un butoir déposé sur la voie, comme sur la ligne du Nord ; ils sont enfin à la portée du chef, du sous-chef de train et du mécanicien, qui n'ont pas besoin de se concerter pour agir.

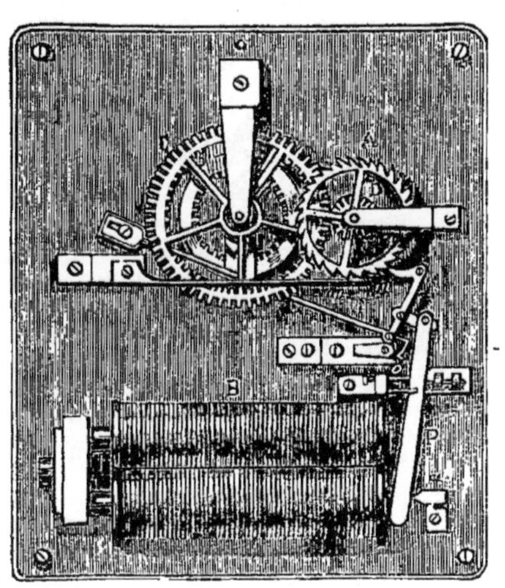

Fig. 117. — HORLOGE ÉLECTRIQUE.

HORLOGERIE ÉLECTRIQUE. — Les *horloges électriques* sont des horloges ordinaires dans lesquelles un électro-aimant est en même temps le moteur et le régulateur au moyen d'un courant électrique successivement interrompu. Il en est de tous les modèles et de toutes les formes ; nous donnerons seulement les principes généraux sur lesquels elles sont construites.

Un électro-aimant B (*fig.* 117) attire une pièce de fer doux P, mobile sur un axe *a*, laquelle transmet son mouvement de va-et-vient à un levier *s*, qui, au moyen d'un échappement *n*, fait tourner la roue A ;

celle-ci, au moyen d'une noix D, oblige la roue C à tourner à son tour et à faire marcher les aiguilles par une série de roues. La petite aiguille marque les heures, la plus grande les minutes ; et comme celle-ci ne peut avancer que par de petits sauts brusques à chaque seconde, l'on a ainsi les indications. La régularité des mouvements de l'aiguille dépend donc de la régularité des oscillations de la pièce P ; il faut donc que les intermittences du courant dans l'électro-aimant soient d'abord réglées par une première horloge-type, réglée elle-même par une horloge à secondes. A chaque oscillation de cette dernière, le courant passe et s'interrompt ; d'où il résulte que la pièce P bat les secondes exactement.

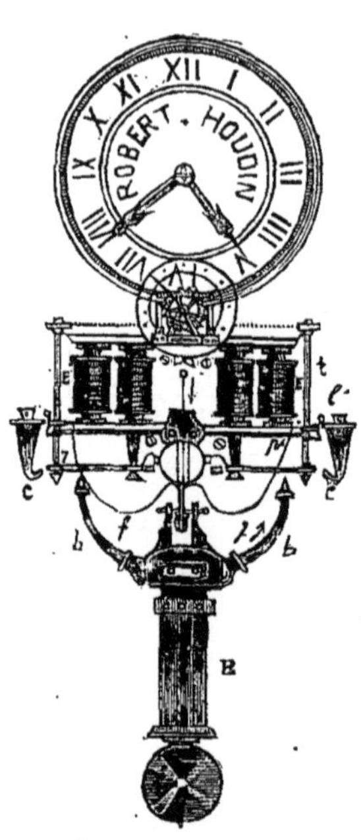

Ces horloges sont plus spécialement connues sous le nom de *compteurs chronométriques ;* elles permettent de donner une heure uniforme, soit dans les différentes gares d'une ligne de chemin de fer, soit à toutes les horloges d'une ville. Nous citerons particulièrement les horloges électriques du docteur Hipp, qui ont valu à leur auteur une médaille d'or à l'Exposition d'électricité de 1881.

On a prétendu, et l'on prétend encore, que l'électricité est un agent trop capricieux pour se prêter avec un succès parfait à la division et à la transmission du temps. Les résultats obtenus démontrent combien peu est fondée cette opinion ; mais il y a eu certes de grandes difficultés à vaincre. Une des plus considérables a été la recherche des causes, souvent

Fig. 118.

HORLOGE ROBERT-HOUDIN.

très cachées, des perturbations plus ou moins permanentes qui affectaient la marche des divers systèmes ; il a été reconnu que la plupart de ces dérangements provenaient de mauvaises dispositions mécaniques, et M. le docteur Hipp est arrivé à triompher radicalement des obstacles. En effet, la ville de Zurich possède un réseau sur lequel sont intercalés à peu près 160 cadrans, tous actionnés par une seule horloge-mère et une pile de dix éléments ; Buda-Pesth compte 39 horloges ; Stuttgard, 50 ; Madrid, 27 ; Genève, 114 ; Winter-Huz, 32 ; La Haye, 30, etc.

Quant aux horloges électriques proprement dites, nous citerons celle de Robert-Houdin. Cet appareil consiste (*fig.* 118) en un balancier B, soutenu par un ressort métallique et muni de deux bras *bb*, et oscillant

comme toute autre pendule. Le courant arrive de la pile dans le balancier
et ne se trouve fermé que quand B est à son maximum d'écartement.
Soit, par exemple, que le bras b vienne frapper le ressort r dont l'extrémité reposait sur le crochet c, le courant suit le fil f et traverse l'électro-
aimant E'; la palette p' est attirée, le ressort correspondant r' soulevé,
l'extrémité l' du levier coudé qui supporte le crochet c' est mise en mouvement, et ce crochet se présente sous le ressort pour le maintenir relevé.
La flexion que subit le ressort r déplace la tige t ; celle-ci, se soulevant,
réagit par son extémité supérieure sur un levier coudé qui fait mouvoir

Fig. 119. — HORLOGES ÉLECTRIQUES LEMOINE.

le cliquet r ; ce cliquet était en prise avec une dent d'une roue d'échappement sur l'axe de laquelle est fixée l'aiguille des secondes ; après le
mouvement, la prise a lieu sur la dent immédiatement inférieure. Une
fois au bout de sa course, le pendule redescend ; l'élasticité du ressort r,
qui presse sur b, donne au balancier une nouvelle impulsion ; la tige t
s'abaisse et le cliquet r', revenant à sa position primitive, fait marcher la
roue d'une dent et déplace l'aiguille des secondes d'une division sur son
cadran. Les mêmes actions se produisent à l'autre extrémité de la course
du pendule, où se trouve un deuxième électro-aimant fonctionnant comme
le premier (Gossin).

Depuis 1851, les efforts des horlogers électriciens se sont portés vers
la recherche d'une horloge d'appartement fonctionnant d'une façon sûre ;
mais le grand nombre de rouages nécessaires a été une cause d'insuccès.
A l'Exposition internationale d'électricité de 1881, un horloger de Paris,
M. Lemoine, a présenté une série d'appareils basés sur le même principe,

et qui ont vivement attiré l'attention. Le mouvement du balancier est invariablement entretenu par un électro-aimant et le train d'horlogerie ne se compose que de deux pignons et de deux roues : la pile est placée dans le socle de l'appareil. Sur ces idées simples, trois systèmes ont été construits (*fig.* 119). Dans le premier de ces systèmes, dit *papilionome*, le balancier reçoit l'impulsion électrique chaque fois que son oscillation et par suite sa vitesse diminue au-dessous d'une certaine limite. L'organe régulateur de l'action est un papillon léger, monté sur une tige secondaire, oscillant elle-même librement sur le balancier et agissant sur les contacts électriques par suite du mouvement différentiel que lui communiquent l'oscillation du balancier et la résistance de l'air.

Dans le second système, appelé *astéronome,* le courant agit sur le balancier à intervalles fixes, convenablement calculés pour lui donner l'impulsion, qui lui permet de continuer son mouvement tant que la pile fonctionne. Cette action est obtenue au moyen d'une étoile spéciale employée en combinaison convenable avec les rouages en mouvement.

Le troisième système est dit à *échappement commutateur.* L'un des contacts destinés à opérer la fermeture du courant est formé par la griffe même du balancier, tandis que l'autre est constitué, soit par certaines dents de la roue d'ancre, les autres étant isolées, soit par les saillies radiales d'une pièce faisant corps avec ladite roue d'ancre. Les impulsions sont encore, dans ce cas, données au balancier à intervalles fixes, convenablement calculés. Les piles, dans les trois systèmes, durent très longtemps, et il suffit d'ouvrir le tiroir où elles se trouvent pour les changer. Le prix de ces pendules électriques est très modique.

CHAPITRE VI

INDUCTION — APPLICATIONS

INDUCTION D'UN COURANT PAR UN COURANT ET PAR UN AIMANT. — Nous avons vu (*Électricité statique,* page 36) que l'on désigne sous le nom d'*induction* l'action qu'exercent à distance les corps électrisés sur les corps à l'état neutre ; on se sert du même mot pour indiquer les effets produits par l'électricité dynamique. Faraday, qui, en 1832, a fait connaître cette classe de phénomènes, a appelé *courants d'induction* ou *courants induits* les courants instantanés qui se développent dans des conducteurs métalliques sous l'influence des courants voltaïques ou des aimants.

Ampère avait démontré que l'action de l'électricité peut développer la puissance magnétique, et que les courants électriques produisent les mêmes effets que les aimants; Faraday démontrait que l'inverse a lieu également, et qu'avec des aimants on peut développer la puissance électrique dans les métaux.

On nomme *courants induits volta-électriques* ceux qui sont excités, dans un circuit fermé, par un autre courant dit *courant inducteur;* ils sont *directs* quand ils sont dans le même sens; *inverses,* dans le cas contraire.

On nomme *courants induits magnéto-électriques* ceux qui sont excités par un aimant.

La production des courants volta-électriques se démontre au moyen d'une *bobine* sur laquelle s'enroulent deux fils (*fig.* 120); l'un

Fig. 120.

INDUCTION D'UN COURANT PAR UN COURANT.

est un gros fil de cuivre; l'autre, de même longueur, est plus fin; chacun d'eux, recouvert de soie, forme une hélice semblable. Les deux bouts du gros fil aboutissent en *c* et en *d*, puis avec les électrodes d'une pile, tandis que les deux bouts de l'autre fil *a* et *b* sont mis en communication avec un galvanomètre G. Lorsque, en mettant le fil *c* en contact avec la petite colonne, on établit le courant, on voit, *au moment même* où le courant commence, l'aiguille du galvanomètre dévier, indiquant ainsi qu'un courant instantané et de sens inverse s'est développé dans le fil *ab*. Mais cet effet est très court; l'aiguille, après quelques oscillations, reprend sa première position. Si alors on interrompt le courant, un effet analogue se produit: l'aiguille dévie, mais en sens contraire, indiquant que le courant dans le fil *ab* est, cette fois, direct.

La production d'un courant par un aimant se démontre de la même façon à l'aide d'une bobine creuse en bois dans laquelle on enroule un fil de 200 à 300 mètres de longueur. Les extrémités de ce fil sont mis en communication avec le galvanomètre. Si l'on introduit brusquement dans l'intérieur de la bobine un barreau aimanté, ou une barre de fer doux et un aimant, on constate immédiatement, au galvanomètre, la présence d'un *courant inverse* de très courte durée, et un *courant direct* lorsqu'on retire le barreau.

Ainsi ces courants sont, pour ainsi dire, une troisième espèce d'électricité dans laquelle se trouvent réunies les qualités des électricités statique et dynamique ; comme la première, elle lance de longues et foudroyantes étincelles, et, comme l'électricité de mouvement, elle pénètre dans l'intérieur des corps pour les échauffer, les fondre, les décomposer.

La découverte de Faraday donna naissance aux puissantes machines d'induction de Clarke, de Pixii, de Rhumkorff. Les étincelles de cette dernière sont capables de percer des masses de verre de 10 centimètres d'épaisseur, et ont permis de construire des appareils formidables dont la puissance est effrayante, qui enflamment des mines, brisent des montagnes, font éclater ces torpilles sous-marines qui mettent en pièces des navires de guerre.

MACHINE DE RHUMKORFF. — La *machine d'induction* de M. Ruhmkorff est remarquable entre toutes, disons-nous, par l'intensité extraordinaire des effets qu'elle peut produire (*fig.* à la page 321). Un fil de cuivre isolé est enroulé en spirale autour d'un faisceau de fil de fer A. L'une des extrémités X de ce fil aboutit à l'un des pôles d'une pile, et l'autre à une couche de mercure recouverte d'alcool ; B, le second rhéophore de la pile Y, communique avec une pointe de platine placée au-dessus du mercure. Un autre fil de cuivre isolé, très fin et d'une longueur de plusieurs kilomètres, est enroulé autour d'un cylindre de verre, et forme une grosse bobine C, qui entoure le faisceau de fer A ; les extrémités de ce long fil communiquent avec deux conducteurs, isolés par des pieds de verre ; c'est le fil induit. Enfin les armatures d'un condensateur électrique D, analogue à la batterie, communiquent, par des fils de métal, respectivement avec le mercure et la pointe de platine de l'interrupteur B. Ce condensateur est habituellement renfermé dans la boîte sur laquelle est placée la bobine. Voici le jeu de l'appareil. Quand la pointe de platine est en contact avec le mercure B, le courant de la pile traverse le fil qui entoure le fer A et aimante celui-ci. Si alors on sépare la pointe de platine du mercure, une étincelle jaillit dans l'alcool à l'interruption et immédiatement les armatures du condensateur D acquièrent les électricités contraires. En même temps, le faisceau de fer A tend à perdre son magnétisme. Les électricités du condensateur se neutralisent par le circuit que forment la pile et le fil du faisceau A, et produisent un courant de très courte durée, qui traverse le circuit dans un sens opposé à celui du courant primitif qu'engendrait la pile. L'effet de ce courant instantané est de ramener brusquement le fer A à l'état naturel, tandis que, sans ce courant, il y reviendrait dans un temps beaucoup plus considérable.

Pour charger une batterie M, on met l'une de ses armatures en com-

La salle des auditions téléphoniques à l'Exposition d'électricité (page 339).

munication avec l'une des extrémités E du fil induit, et l'on approche l'autre extrémité F à une certaine distance du conducteur G, qui communique avec la seconde armature de la batterie. On réitère alors plusieurs fois l'étincelle dans l'intervalle, en faisant osciller la pointe de platine au-dessus du mercure B, afin que le circuit voltaïque soit alternativement fermé et ouvert. Après quelques étincelles, la batterie est chargée, et l'on peut la séparer de la machine pour s'en servir.

L'invention de cet appareil valut, en 1864, à M. Rhumkorff le *prix Volta* (page 336). Voici en quels termes M. Dumas décrivait les effets de cet appareil, dans le rapport à la commission chargée de décerner le prix :

« Les effets de la machine Rhumkorff sont populaires. Elle se charge presque instantanément. Son étincelle enflamme les combustibles, fond les métaux et les terres les plus réfractaires, reproduit tous les effets de la foudre, et traverse, sans hésitation, en les perçant, des masses de verre de 10 centimètres d'épaisseur. Autant les chimistes avaient pu étudier avec facilité les effets de la pile de Volta sur les composés solides et liquides, autant il leur avait été difficile de soumettre, soit ces mêmes corps, soit surtout les vapeurs ou les gaz, avec un égal succès à l'action de l'électricité des machines de verre, toujours lente à développer, toujours inégale dans sa production et ses effets. Au moyen de l'appareil Rhumkorff, au contraire, M. Perrot a pu décomposer l'eau en vapeur ; MM. Ed. Becquerel et Frémy ont pu combiner les éléments de l'air et reconstituer à leur aise l'acide nitrique. Si les découvertes de Franklin ont mis hors de doute l'identité de l'électricité et de la foudre, il reste néanmoins dans les phénomènes qui accompagnent les orages bien des circonstances dont l'explication n'est point encore accessible à la science. Aussi doit-on regarder comme une acquisition très digne d'intérêt pour la physique des météores ce fait, que l'étincelle de la machine de Rhumkorff se compose de deux parties distinctes : un trait de feu instantané et une auréole dont la durée est mesurable. L'aimant dévie celle-ci ; un souffle ou un corps en mouvement l'entraîne, et l'étincelle électrique, ainsi partagée, continue sa route dans ces deux directions à la fois, tant qu'on n'interrompt pas le passage du courant voltaïque. Quand on lance l'étincelle électrique entre deux pointes et dans un espace vide (*Électricité statique*, p. 70), il se développe une lumière, on le sait. Mais qu'il y a loin de l'ancienne expérience, si pénible et souvent si douteuse, au spectacle magique déployé par les étincelles de la machine nouvelle éclatant dans des vases vides ou renfermant des gaz plus ou moins raréfiés, tels que les *tubes de Geissler* ! La lumière prend diverses teintes dans les divers gaz ; elle illumine vivement tous les corps fluorescents ; elle se divise en couches parallèles, séparées par des espaces obscurs, perpendiculairement à l'axe des récipients. Ces colonnes lumineuses, colorées, obéissant à l'action de l'aimant qui les attire ou les repousse, et qui leur imprime à volonté ces mouvements de translation ou de rotation, au moyen desquels M. de La Rive a reproduit les apparences et les circonstances observées dans les aurores boréales, justifient ainsi l'analogie qu'on avait reconnue entre les lueurs électriques produites dans le vide et les aurores polaires. Éclairés de la sorte, les tubes de verre répandent une lumière assez vive pour qu'on ait pu les employer : dans les mines où l'on a des explosions à redouter, sous l'eau pour éclairer les plongeurs, en chirurgie pour porter dans l'arrière-bouche et dans les organes profonds un appareil éclairant qui n'y développe aucune sensation de chaleur. L'électricité se meut avec une vitesse infinie, pour ainsi dire ; mais l'appareil de Rhumkorff, qui fournit si aisément des étincelles capables de percer une bande de papier enroulée sur un cylindre en mouvement, s'adapte bien mieux à marquer le moment où le boulet sort de la pièce d'artillerie et celui où il frappe la mire, et à mesurer par conséquent la vitesse, que les appareils électriques précédemment employés à cet usage extraordinaire.

» L'étincelle de l'appareil de Rhumkorff enflamme les combustibles et fait détoner les mélanges gazeux. Elle a fourni à l'appareil à gaz de Lenoir le moyen régulier nécessaire pour y produire les inflammations périodiques auxquelles elle emprunte sa force mécanique. L'exploitation des carrières, le percement des tunnels, l'explosion des mines à grande charge font aujourd'hui un emploi journalier de l'appareil de Rhumkorff. La sûreté de son jeu et les grandes distances auxquelles il porte l'étincelle capable d'enflammer les amorces permettent d'effectuer sans péril l'explosion des mines qui remuent des masses importantes ou qui brisent des obstacles inaccessibles. On avait déjà enflammé des mines à l'aide de la pile ; mais l'appareil de Rhumkorff a laissé bien loin tous les autres procédés, par le très petit nombre d'éléments qu'il exige, trois au lieu de cent ; par la puissance de son étincelle, qui évite tous les ratés ; enfin par la possibilité qu'il donne, et qui lui est propre, d'enflammer simultanément, d'un seul jet, huit ou dix fourneaux de mines à la fois. Dès 1858, il fut appliqué à dégager les abords de Venise, où un grand nombre de barrages avaient été établis dans les lagunes. En 1860, dans l'expédition de Chine, il fut mis à profit pour faire sauter le fort principal de Peïho, au moyen de huit fourneaux enflammés simultanément, ainsi que les estacades en fer enfoncées au fond du fleuve et dont le poids était assez grand pour en faire un obstacle qui méritait l'attention. »

Depuis le jour où ce rapport a été écrit, d'autres applications importantes ont été faites de la bobine de Rhumkorff. Citons, entre autres, l'inflammation instantanée des fanaux employés dans la télégraphie nautique, la protection des ports et des abords des places fortes par les *torpilles*, que l'on peut enflammer de très loin, etc.

TÉLÉPHONE. — Tous les ans, vers le moment des étrennes, l'industrie parisienne livre au commerce des petits jouets bien simples, d'un prix bien modique, qui ont le mérite de la nouveauté, et qui présentent souvent une application ingénieuse d'un principe de physique ou de mécanique. Il y a souvent dans ces jouets le germe des inventions les plus sérieuses et les plus utiles. C'est ainsi qu'en 1875 on vit apparaître le *cordon acoustique* ou *télégraphe à ficelle*. Deux cornets en bois ou en fer-blanc sont fermés, du côté le plus étroit, par un parchemin bien tendu. Les centres de ces membranes sont reliés par un cordon d'une longueur variant entre 2 et

15 mètres. Deux personnes prennent chacune un de ces cornets et s'éloignent l'une de l'autre de manière à tendre parfaitement le cordon. Si, dans ces conditions, l'une des personnes prononce, même à voix basse, quelques paroles dans le cornet qu'elle tient à la main, tandis que l'autre personne place le sien contre son oreille, celle-ci entendra distinctement les phrases qui lui sont adressées. Les vibrations de la voix se transmettent fidèlement d'une membrane à l'autre par l'intermédiaire des cordons. Cela était tout simple, car l'on savait que l'on peut communiquer à travers les solides, et depuis plusieurs années on correspond entre les diverses chambres d'une maison au moyen des tubes acoustiques ; mais les vibrations d'un corps rigide, d'un fil tendu ou d'une colonne d'air ne se propagent que jusqu'à des distances restreintes (*Acoustique*, pages 743, 749 et 762). On savait également (*Électricité dynamique*, page 295) qu'une tige métallique, aimantée et désaimantée rapidement, émet des sons. Ce furent là le prélude de découvertes sérieuses dans la voie de la téléphonie.

En 1847 et en 1852, des *vibrateurs électriques* furent construits par MM. Froment et Petrina, d'après les idées de MM. Mac-Gauley, Wagner, Neef, etc.; mais ce fut en 1854 seulement qu'un physicien français, M. Charles Bourseul, démontra la possibilité de transmettre la parole à distance, sous l'influence de l'électricité. Cette idée ne fut pas prise au sérieux par les savants ; cependant, en 1861, M. Reuss, professeur de physique à Friedrischsdorf, procédait, dans le grand amphithéâtre de physique de l'association de Francfort, à une curieuse expérience découlant des principes publiés par Bourseul. Son appareil était établi dans une salle bien close : à un moment donné, on entendit, au milieu du silence, descendre comme du plafond l'accord d'un harmonium et d'un violoncelle. Les exécutants étaient à 100 mètres de l'amphithéâtre. Les sons avaient été apportés par un fil électrique. Les sons, il est vrai, étaient un peu nasillards et la musique transmise perdait beaucoup de son caractère. Le transmetteur consistait en une grande boîte carrée en bois, fermée sur sa face supérieure par une mince membrane. C'était un tambour carré. Un gros porte-voix est fixé sur une des faces latérales; on parlait devant son embouchure ; le son, renforcé par la caisse sonore, entrait à l'intérieur et faisait vibrer la membrane. Le mouvement de cette membrane était le point de départ de la transmission. A cheval sur cette membrane était disposée une mince lame de platine oscillant avec elle ; à chaque oscillation, la lame vient buter contre une autre lame métallique en relation avec un fil électrique ; à chaque contact des deux lames un courant électrique passe dans le fil. Les vibrations de la membrane engendrent les vibrations similaires de la lame, et celle-ci produisait une succession de courants électriques dans le fil télégraphique. A l'arrivée était une espèce de boîte à violon au-dessus de laquelle, en guise de cordes, est installée une tringle en fer ou plutôt une aiguille à tricoter de 0^m,30 de longueur environ. Autour de l'aiguille, on a enroulé des spires de fil de cuivre isolées les unes des autres par un tissu de soie. Le fil télégraphique du départ aboutit à la spire qui entoure l'aiguille de fer. Les courants électriques lancés dans le fil par l'appareil transmetteur arrivent dans la spire et réagissent sur l'aiguille. Celle-ci se met à vibrer à son tour comme une corde de violon ; les vibrations de la membrane de l'appareil transmetteur retentissent ainsi sur l'aiguille du récepteur. La membrane recueille le son, l'aiguille le reproduit. Autant de vibrations au départ qu'à l'arrivée : intervalle entre les sons produits identique d'un côté et de l'autre ; donc, transmission automatique parfaite des éléments qui constituent la mélodie, la justesse de la note, sa hauteur, combinées à la mesure ; c'est le même rythme : malheureusement, c'est toujours le même timbre.

En 1874, Elisah Gray, physicien américain, construisit un appareil de beaucoup supérieur au précédent ; mais cet appareil ne produisait encore que des sons musicaux, la *musique galvanique;* il restait à découvrir la transmission de la parole, c'est-à-dire le *téléphone.*

Ce fut M. Graham Bell, d'Édimbourg, naturalisé Américain, qui trouva la solution de ce problème. M. Bell habite les États-Unis depuis 1870 ; son père, Alexandre Melville Bell, physicien distingué, était parvenu, dit-on, à reproduire artificiellement la disposition du larynx humain. Son fils se joignit à lui pour continuer ses recherches, en profitant des travaux de Helmholtz. Les résultats que l'un et l'autre obtinrent dans l'enseignement des sourds-muets, à l'aide de leurs appareils, avaient été assez remarquables pour que leur réputation fût devenue fort grande. On raconte que M. Bell s'appliqua à faire parler une jeune fille sourde-muette, sa pupille, et qu'il y parvint après deux mois d'un enseignement persévérant. Il songeait déjà à son *téléphone,* et il témoignait quelquefois de sa confiance dans l'avenir ; il ne recueillait le plus souvent que des sourires d'incrédulité. « Soit, répliquait-il, nous verrons : j'ai fait parler des sourds-muets ; je saurai bien donner la parole au fer. »

La construction d'un *harmonica électrique à clavier* fut le premier résultat de l'application de l'électricité aux instruments d'acoustique. M. Graham Bell voulut ensuite faire rendre des sons aux télégraphes électriques Morse, par l'effet d'un aimant artificiel agissant sur des contacts sonores. Ce système était déjà usité dans la télégraphie ; M. Graham

Bell voulait l'appliquer à son harmonica, en faisant usage d'appareils renforceurs. Mais cette idée se trouva encore réalisée par d'autres. Il s'occupa spécialement alors de nouvelles recherches, et, en 1876, on vit, à l'exposition de Philadelphie, le premier modèle du *téléphone*.

Le *téléphone* de Bell, qui peut être considéré comme le type de tous ceux qui ont été construits depuis, se compose (*fig.* 121) d'une boîte circulaire en bois, portée à l'extrémité d'un manche M également en bois, et renfermant dans son intérieur un barreau aimanté NS. Une vis *t* peut faire avancer ou reculer ce barreau, suivant qu'on la tourne dans un sens ou dans l'autre, de façon à pouvoir régler l'instrument. Le barreau porte à son extrémité une bobine magnétique B, dont les bouts du fil aboutissent à deux tiges de cuivre *ff*, traversant le manche et qui viennent se relier aux deux boutons d'attache II, où sont fixés les fils CC du circuit. Ordinairement, les

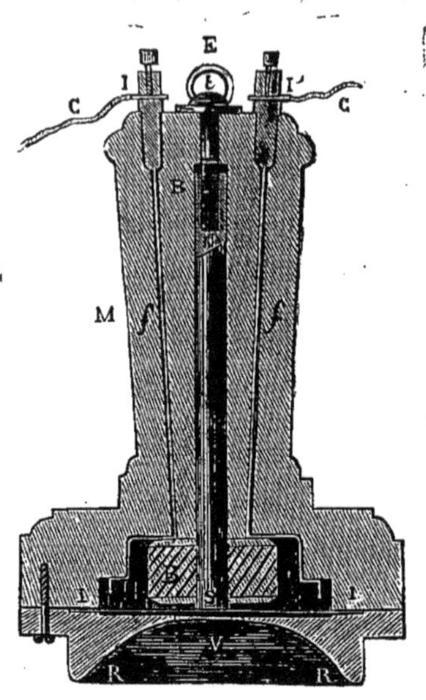

Fig. 121. — TÉLÉPHONE BELL.

deux fils CC sont réunis en torsade, et, traversant un petit capuchon en bois, vissé sur le bout du manche, ils viennent s'attacher directement aux tiges *ff*; de sorte qu'on n'est pas gêné pour la manipulation. En face de l'extrémité polaire du barreau aimanté est placée la lame vibrante en fer LL, très mince, et recouverte, soit de vernis, soit d'étain. Les bords de cette lame, qui a la forme d'un disque, appuient sur une bague en caoutchouc, et elle est fortement fixée sur les bords de la boîte en bois par l'embouchure qui est maintenue au moyen de quelques vis. L'embouchure RR, par laquelle on parle, a la forme d'un entonnoir évasé, et porte en son milieu un trou V. La lame vibrante doit être rapprochée du barreau aimanté, sans qu'elle puisse cependant le toucher sous l'influence des vibrations de la voix. D'un autre côté, il doit exister un certain vide entre la lame et les bords du trou V, et l'intérieur de la boîte doit être bien sonore. Pour se servir du téléphone, il suffit de parler nettement, en articulant bien distinctement, dans l'embouchure du téléphone que l'on tient à la main, pendant que l'auditeur, placé à la station correspondante, tient contre son oreille l'embouchure du téléphone récepteur. Il est plus commode d'avoir à sa disposition deux téléphones à chaque station, afin de parler dans l'un pendant qu'on tient l'autre à l'oreille pour entendre la réponse. Enfin le téléphone peut se se faire entendre à plusieurs auditeurs, en établissant, près du téléphone récepteur, des dérivations aboutissant à divers téléphones.

Comment expliquer les effets du téléphone? dit M. Figuier; quelle théorie faut-il en donner ? L'état actuel de la science ne permet de répondre à cette question que sous la forme dubitative. On a cru d'abord que la transmission de la parole pouvait s'expliquer par les vibrations ou oscillations déterminées dans la lame vibrante attirée par l'aimant. C'est la théorie avec laquelle on explique le mécanisme; mais le phénomène est certainement plus compliqué. On a, en effet, reconnu que la lame vibrante peut avoir des dimensions considérables, qu'elle peut être aussi grosse qu'une enclume. Il a donc fallu admettre que c'est la partie interne du métal, le noyau, qui entre en vibration, et non toute la masse. Dès lors, cette transmission ne résulterait pas uniquement de la répétition par la membrane du récepteur des vibrations formées par la voix sur la membrane du transmetteur. La lame vibrante ne réagirait que pour produire des *courants induits*. Une fois mise en action par la voix, elle renforcerait, par sa réaction sur l'extrémité du barreau aimanté, les effets magnétiques de ce barreau. Les sons paraissent donc produits dans le noyau magnétique, c'est-à-dire dans l'intérieur du métal, sous l'influence d'effets électriques intermittents. Toutefois, rien n'est moins certain encore ; car on a construit, en 1879, des téléphones dans lesquels on avait supprimé toute lame vibrante.

Comme tous les inventeurs, M. Graham Bell eut à subir des attaques passionnées. On lui disputa la priorité de son invention ; mais il a été établi, par plusieurs enquêtes faites à ce sujet, que, dès l'année 1874, M. Bell s'occupait de la transmission électrique de la parole. A cette époque, il écrivit plusieurs lettres sur ce sujet à des amis, et continua ses expériences pendant toute l'année 1875. Au mois de septembre de cette année, il songea à prendre des brevets dans les différents États d'Amérique et d'Europe ; mais, par suite de diverses causes, ce brevet ne put être déposé officiellement que le 14 février 1876, juste deux heures avant le dépôt du brevet de M. Elisah Gray pour un appareil semblable. Quoi qu'il en soit, les enquêtes ont démontré que M. Bell est le premier qui ait pu faire parler les téléphones et qui ait résolu ce problème d'une manière pratique.

Depuis 1876, des perfectionnements importants ont été apportés au téléphone Bell ; de nombreuses imitations ont surgi ; mais l'honneur de la découverte appartient à M. Graham Bell, et, en 1880, l'Académie des sciences l'a consacré, en accordant à l'inventeur américain le *prix Volta* (1).

Le rapport de la commission, composée des hommes les plus éminents, chargée d'examiner les titres des candidats à ce prix, fut fait par M. Becquerel. Il nous semble bon de consigner ici le texte même de ce rapport, daté du 29 décembre 1879, document qui résume admirablement les dispositions générales du téléphone de Bell.

« Depuis l'année 1864, où le grand prix a été décerné à M. Rhumkorff pour l'appareil d'induction électro-magnétique portant son nom, l'électricité a été le sujet d'importantes recherches et d'applications très diverses ; mais aucune de ces applications n'a présenté autant d'originalité que le téléphone magnéto-électrique imaginé en 1876 par Graham Bell, et permettant la transmission télégraphique de la parole à de grandes distances.

» Supposons, à deux stations éloignées l'une de l'autre, deux appareils identiques faisant partie du même circuit télégraphique de fils conducteurs de l'électricité, dont l'un sert de transmetteur et l'autre de récepteur ; ces appareils sont des petites bobines entourées de fils conducteurs, contenant chacune à l'intérieur un barreau aimanté. Tout près de l'un des deux pôles ou des deux pôles de chaque aimant, suivant la forme de celui-ci, se trouve une petite lame de fer très mince soutenue par ses bords et servant d'armature à l'aimant, mais sans le toucher ; ces petites lames doivent être assez mobiles pour entrer en vibration sous l'influence des sons extérieurs qui viennent les frapper.

» Dès que les positions de ces armatures sont parfaitement réglées, il suffit de produire un son près de l'une d'elles, près de celle du transmetteur par exemple, pour que cette petite plaque entre en vibration, et que le même état vibratoire se produise dans la plaque du récepteur ; les vibrations de cette dernière sont alors transmises à l'air, puis à l'oreille de l'observateur convenablement placé. Bien plus, si l'on parle dans le voisinage de la plaque vibrante du transmetteur, les sons dont la coexistence et la succession forment la parole donnent également lieu, dans le récepteur, à un état vibratoire identique, malgré sa complexité, et les intonations et les articulations si délicates de la voix se trouvent reproduites comme les sons simples. Tel est, en résumé, le téléphone de M. Graham Bell.

(1) Ce fut Bonaparte, alors premier consul, qui, le 26 prairial an X, institua un prix de 3,000 francs pour la meilleure expérience qui aurait été faite dans l'année sur le fluide galvanique. Un encouragement de 60,000 francs devait être accordé à celui qui, par ses expériences et ses découvertes, aurait fait faire à l'électricité ou au galvanisme un grand progrès. Le premier concours eut lieu en 1806, et le prix Volta de 3,000 francs fut attribué à Erman, de Berlin. En 1807, le prix fut décerné à Davy ; en 1809, à Gay-Lussac et Thenard. Ce prix fut supprimé par Louis XVIII en 1816. Jusqu'alors l'Institut n'avait trouvé aucune découverte qui lui parût mériter l'encouragement de 60,000 francs. Le 23 février 1852, Louis-Napoléon, qui se piquait d'amour pour la science, institua un prix de 50,000 francs pour tout auteur de la découverte qui rendrait la pile de Volta applicable avec économie, soit à l'industrie, soit à l'éclairage, soit à la chimie, soit à la mécanique, soit à la médecine pratique. En 1864, ce prix fut accordé à Rhumkorff. Rétabli en 1871 par M. Thiers, le grand prix Volta a été attribué, en 1880, à M. Bell.

» Les phénomènes d'induction qui donnent lieu à cette reproduction à distance
des mouvements vibratoires sont des plus remarquables et constituent un fait
scientifique nouveau ; ils indiquent une mobilité dans l'état magnétique de l'aimant
du transmetteur en rapport avec les mouvements très complexes communiqués à

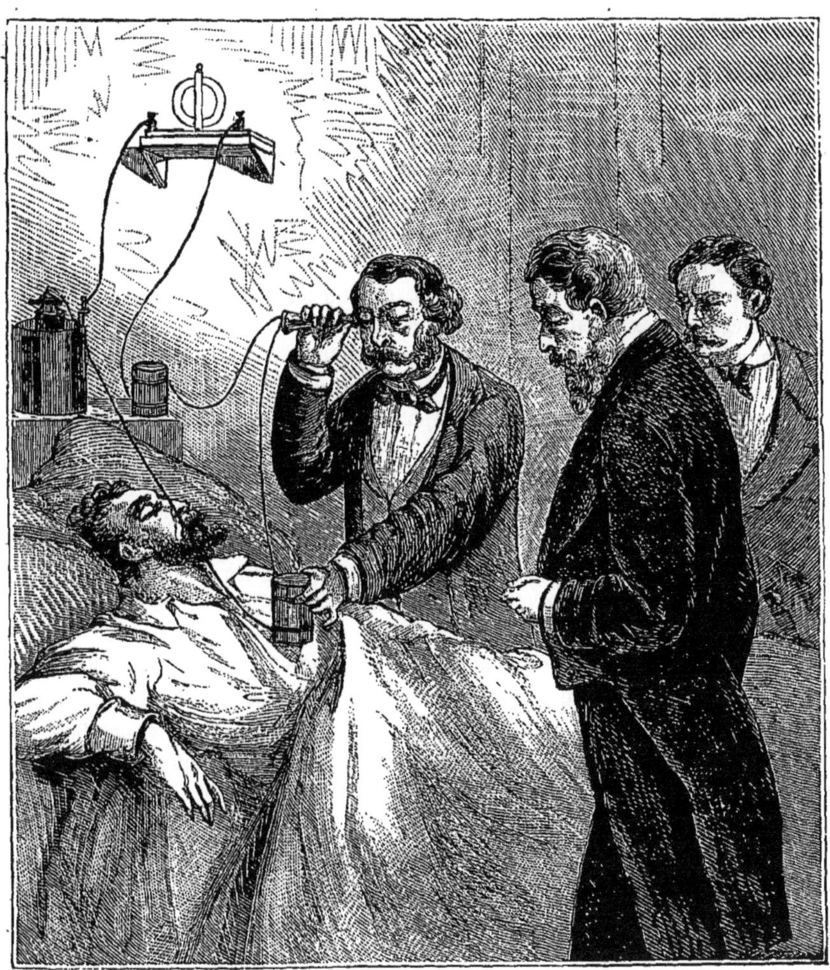

Recherche des projectiles dans les blessures, au moyen de l'appareil G. BELL (page 342).

son armature mobile et peut-être à diverses parties du transmetteur lui-même par
des vibrations sonores, successives ou simultanées. Cette variation continuelle
dans l'état magnétique de l'aimant donne lieu, par influence, dans le fil de la
bobine au milieu de laquelle il se trouve, à des courants induits, qui, à l'aide des

fils conducteurs, reproduisent, par réversion dans la bobine et dans l'aimant du récepteur, des états électriques et magnétiques semblables à ceux du transmetteur ; de là résultent des vibrations dans le récepteur donnant à l'observateur les sensations acoustiques qu'il aurait eues naturellement près du transmetteur sans l'intervention de l'appareil.

» Dans les conditions normales de l'audition, les vibrations simples ou multiples, quelque complexe que soit le mouvement vibratoire, se propagent du point de départ des vibrations jusqu'à l'oreille, par l'intermédiaire des milieux interposés, solides, liquides ou gazeux, mais avec diminution d'intensité lorsque la distance augmente. Dans certaines conditions cependant, la déperdition du son est très faible : tel est le cas des tuyaux acoustiques ; néanmoins, avec ce mode de communication, on ne peut dépasser une certaine limite de distance assez restreinte pour transmettre les sons et, en outre, même pour les lieux voisins, les tuyaux acoustiques ne se prêtent pas, comme les fils télégraphiques, aux circonstances variées d'installation des appareils. Avec le téléphone, les changements dans l'état électrique du transmetteur permettent aux fils conducteurs de jouer le rôle intermédiaire pour la transmission acoustique, et celle-ci peut s'effectuer jusque dans le lieu où le fil télégraphique vient produire les effets d'induction avec une intensité suffisante. C'est là un mode d'emploi de l'électricité qui est des plus remarquables. De nombreuses et très intéressantes recherches ont été faites au moyen des appareils téléphoniques, qui ont reçu diverses modifications, et dont le télégraphe électrique a pu profiter. Mais bien des questions restent encore à étudier, notamment en ce qui concerne l'augmentation de puissance des instruments, ainsi que leur portée à des distances plus grandes que celles où l'on est parvenu jusqu'ici.

» La Commission, reconnaissant la nouveauté du résultat, l'originalité de l'invention et la simplicité des appareils qui permettent la transmission de la parole à de grandes distances, propose de décerner le prix Volta à M. Graham Bell, professeur de physiologie vocale à l'Université de Boston, pour son téléphone magnéto-électrique articulant. »

Depuis que le téléphone Bell a été apporté en Europe, beaucoup de physiciens ont essayé de le perfectionner, avons-nous dit : MM. Bréguet ont construit un téléphone-montre ; M. Trouvé en a construit un également portatif ; celui d'Elisah Gray, de Chicago, a été perfectionné par M. Fheps ; M. Edison en a imaginé un autre à longue portée. Parmi tous, nous citerons celui de M. Adler, qui eut tant de succès à l'*Exposition d'Électricité* de 1881, et qui est employé par la Compagnie générale des téléphones de Paris. La figure montre cet instrument en coupe et en projection horizontale. AA représentent (*fig.* 122) les crayons de charbon, au nombre de dix, reposant sur des traverses BCD en charbon, où des trous ont été pratiqués pour les recevoir. Ces charbons ont une position horizontale et se trouvent placés au-dessus d'une planche de sapin qui est mise en mouvement par la voix ; ils remplacent l'ancienne embouchure. Cette modification a été adoptée par nombre d'inventeurs ; elle est heureuse. Le courant arrive par la borne B et sort par la borne D, et il a besoin d'être très actif.

Pendant l'*Exposition d'Électricité*, on fit fonctionner publiquement pour la première fois ce téléphone communiquant avec l'Opéra. Les auditions se donnaient, sans intermittence, dans deux salles jumelles contenant chacune vingt-quatre sièges (*fig.* à la page 329), et dans lesquelles, par un seul mouvement de commutateur, le courant téléphonique était alternativement amené pendant cinq minutes, sans que les artistes de l'Opéra pussent supposer que tantôt ils se faisaient entendre dans la salle A, et tantôt dans la salle B. Le commencement des auditions était indiqué par un avertisseur téléphonique, mis en mouvement par le bureau central du grand salon. Celui-ci était en rapport téléphonique avec l'administration de l'Opéra, de sorte qu'il en recevait continuellement tous les avis nécessaires. Il était averti du commencement et de la

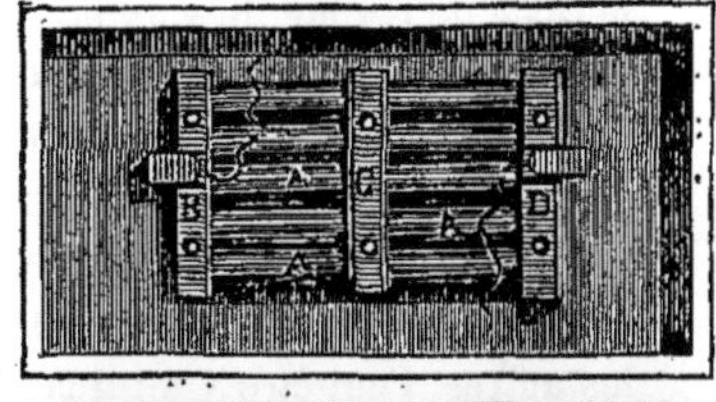
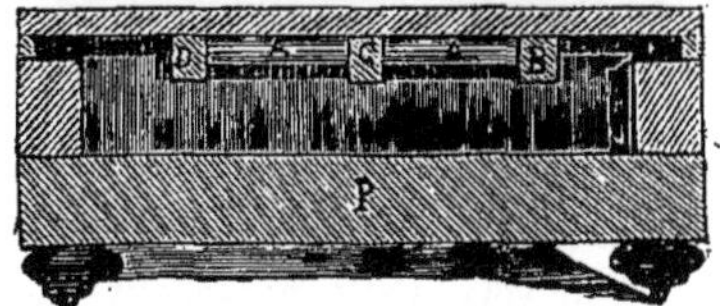

Fig. 122. — TÉLÉPHONE ADLER.

durée des entr'actes, et il transmettait cet avis au chef des auditions, qui les donnait à son tour au public. Pendant les cinq minutes de l'audition, il régnait un grand silence, interrompu cependant par les cris de surprise arrachés aux habitués de l'Opéra, qui reconnaissaient leurs acteurs favoris. Les applaudissements surtout étaient faciles à entendre, même sans avoir l'oreille appliquée au téléphone. Les cinq minutes écoulées, le directeur des auditions tournait un commutateur qui mettait fin au miracle. Le désappointement des auditeurs était vif ; les cornets tombaient des mains désenchantées, et l'on se retirait généralement en silence, comme si l'on tenait à conserver le souvenir des impressions que l'on avait éprouvées. Voici comment un critique musical compétent, M. Pillaut, rend compte de ses impressions pendant les cinq minutes d'audition :

« Ce qui est extraordinaire, c'est que la musique est perçue, non seulement avec toutes les hauteurs de sons et les rythmes qui constituent les phrases musicales, mais encore avec les timbres des voix et des instruments qui les accompagnent. Si l'on pouvait éliminer le grondement des machines, qui remplit le palais de l'Exposition et qui pénètre dans la salle des auditions, et si l'on vous laissait écouter pendant assez longtemps, on finirait par avoir la perception complète de la représentation. Ce qui est cause de cette fidélité de reproduction musicale, c'est qu'aucun des rapports si multiples des sons d'un grand orchestre et de voix nombreuses n'est altéré par la transmission du téléphone, et que l'oreille rétablit bientôt les sensations auditives dans leurs vraies dimensions. Pendant les cinq ou six minutes qu'il nous a été permis d'écouter dans le téléphone de l'Exposition, nous avons entendu deux fragments du second acte du *Prophète*. Dans le premier de ces fragments, se trouvait l'air de Fidès : *O mon fils ! sois béni...* — malheureusement interrompu par le coup de sonnette qui règle le temps de l'audition. Durant toute la première période de cet air, la voix de la chanteuse s'entendait aussi bien que dans la salle même, et les paroles aussi distinctement que si l'on avait été tout près d'elle, avec cependant la sensation du son venant comme si on lui tournait le dos. Le timbre des instruments qui l'accompagnaient se reconnaissait parfaitement, surtout celui des instruments à vent ; particulièrement un accord donné par le hautbois, la clarinette et le basson, qui relie l'air au récit précédent, s'est détaché par-dessus les autres. Peut-être y a-t-il certaines harmonies et certains timbres, dont la constitution sonore est mieux que d'autres en rapport avec la petite plaque de métal qui sert de tympan au téléphone. Quant à la netteté de la parole et du chant, elle est complète. C'est grâce à cela qu'on devine parfaitement la position des personnages chantant sur le plancher de la scène, par la plus ou moins grande intensité de leur voix. Cette perspective sonore est même plus accusée que dans la salle, et doit être à peu près celle qui existe près du souffleur, c'est-à-dire que la voix des chanteurs qui s'approchent de la rampe, près des récepteurs du téléphone, résonne proportionnellement beaucoup trop fort, par rapport aux voix qui sont plus loin. Dans ce cas, on entend non seulement le chant très fort, mais aussi toutes les inflexions involontaires du gosier, comme le chevrotement et même l'aspiration brusque de l'air. Le téléphone manque d'indulgence ; les intervalles faux, si fréquents dans les morceaux d'ensemble, s'y font sentir plus cruellement encore que dans l'audition directe. »

Pour ces auditions, il existait des *microphones* (page 344) de chaque côté de la rampe de l'Opéra : les récepteurs étaient divisés en dix séries, de quatre chacune ; chaque *microphone* correspondait à quatre téléphones, placés en tension, destinés chacun à l'oreille droite d'un auditeur, et le microphone symétrique à quatre téléphones destinés à l'oreille gauche. Le récepteur était le téléphone Adler à surexcitateur. Le courant était fourni à chaque microphone par quinze éléments Leclanché fonctionnant successivement par série de trois ; la bobine intercalée dans le circuit avait un circuit inducteur dont la résistance était 1 *ohm*, et un circuit induit de 150 *ohms*. Chaque bobine du récepteur avait une résistance de 40 *ohms*, dont la résistance totale est de 80 *ohms*.

La diffusion du système téléphonique marche avec une rapidité incroyable dans tous les pays civilisés. En Amérique, des compagnies se sont formées dans toutes les villes, et la plupart des cités industrielles d'Angleterre comptent un ou plusieurs réseaux téléphoniques. La corporation de la ville de Leicester a établi entre toutes les stations de police un système de téléphones. Les téléphones d'incendie, organisés à Berlin, ont donné des résultats si avantageux que la municipalité s'est décidée à en augmenter le nombre. En 1881, la téléphonie parisienne comprenait quatre bureaux et 1,800 kilomètres de câble, se décomposant en 1,236 kilomètres de câble à 7 lignes et 469 de câble à 1 ligne, soit un développement de 9,121 kilomètres. Le développement des fils était de 18,242 kilomètres, puisque chaque ligne est double et comprend l'aller et le retour. Des perfectionnements notables sont tous les jours introduits. Ainsi, une difficulté commune à tous les genres de téléphones, quelle que soit leur forme, a été, sinon entièrement, au moins en grande partie, supprimée. Cette objection à leur emploi pour les usages de la vie quotidienne, c'est que, par suite de l'induction des fils voisins, les transmissions seraient confuses : les sons arriveraient au récepteur, non plus simples, comme au départ, mais altérés par l'intervention des bruits étrangers dus au passage des courants extérieurs. Or, une suite d'expériences a démontré que le trouble produit par le phénomène de l'induction peut être suffisamment atténué dans la pratique en augmentant la sensibilité de l'appareil, de manière que les sons spécialement envoyés puissent être entendus à une distance à laquelle les bruits secondaires ne sont plus perçus. A Paris, tous les fils sont doubles, pour éviter l'induction.

En dehors de son usage spécial, le téléphone est appelé à d'autres précieuses applications ; citons-en quelques-unes :

On se rappelle qu'il y a quelque temps le vapeur français *la Provence*, à la suite d'une collision, sombra dans le Bosphore. A propos du renflouement de ce navire, on vient d'apporter aux scaphandres (*Pesanteur*, page 320) un utile perfectionnement. Une des glaces du casque est remplacée par une plaque en cuivre dans laquelle est enchâssé un téléphone, de sorte que le scaphandrier n'a qu'à tourner légèrement la tête pour recevoir des instructions de l'extérieur et pour rapporter ce qu'il voit. On conçoit combien cette invention évitera de perte de temps, puisque l'on ne sera plus obligé de faire remonter le plongeur toutes les fois qu'on aura quelque chose à lui dire. D'un autre côté, le plongeur, en cas de danger ou d'indisposition, au lieu de la cloche d'alarme, trop souvent insuffisante, pourra signaler tous les dangers, et ses appels seront bien compris.

Dans les houillères de Bosbeck, en Angleterre, le téléphone est employé pour mettre en rapport les travailleurs des galeries, les hommes chargés des machines et de la ventilation, avec les bureaux situés à la surface de la terre.

On sait combien la recherche des projectiles, qui peuvent se trouver accidentellement dans le corps humain, présente de difficultés pour l'opérateur et de souffrances pour le patient. M. Graham Bell a imaginé un appareil, présenté à l'Académie des sciences le 21 octobre 1881, et qui simplifie singulièrement cette recherche. L'instrument, qui dispense de toute sonde métallique, se compose essentiellement de deux bobines plates, parallèles, et en partie superposées l'une à l'autre, de manière que le bord de chacune d'elles passe auprès de l'axe de l'autre. L'une de ces bobines, formant le circuit primaire, est faite de fil gros, tandis que l'autre, formant le circuit secondaire, est faite de fil beaucoup plus fin. L'ensemble des deux bobines est logé dans l'intérieur d'une planchette en bois et noyé dans une masse de paraffine; l'appareil est muni d'une poignée pour en faciliter la manœuvre à l'opérateur. La première bobine est traversée par un courant vibratoire provenant d'une pile, tandis que le circuit de la seconde bobine comprend un téléphone ordinaire. Aucun son ne sera perçu dans le téléphone tant que l'appareil ne sera pas approché d'un corps métallique ; mais si la partie commune aux deux bobines est rapprochée d'un corps métallique quelconque, le téléphone fera aussitôt entendre un son dont l'intensité dépendra non seulement de la distance, mais encore de la nature et de la forme de ce corps métallique. L'expérience fut d'abord pratiquée sur le colonel Clayton, blessé en 1862 d'une balle qui était restée juste au-dessous de la troisième côte, et que l'on supposait recouverte par l'os scapulaire (*fig.* à la page 337). La recherche de ce projectile, exécutée dix-huit ans après l'époque de la blessure, eut un plein succès, et M. Hopkins, au moyen de l'appareil de M. Graham Bell, a exécuté, avec le même succès, l'opération sur la personne du président Garfield, récemment assassiné à Washington (1).

Les *téléphones* n'étant, à proprement parler, que des machines *ma-*

(1) M. Trouvé a imaginé un instrument qui, s'appuyant sur d'autres principes, arrive à un résultat aussi précieux. Cet instrument, appelé *polyscope*, est destiné à porter l'inspection directe, au moyen de la vue, dans les parties jusqu'ici impénétrables aux regards. S'agit-il, par exemple, d'une plaie faite à la guerre, un stylet indique immédiatement, au moyen d'une sonnerie électrique, s'il existe des corps métalliques provenant de balle et d'obus, etc. Le polyscope se compose d'une sonde œsophagienne ordinaire, au bout de laquelle est renfermé un fil de platine qui doit rougir sous l'influence de l'électricité. La sonde ayant été introduite, par exemple, dans l'estomac d'un animal, on fait passer le courant dans le fil métallique, et l'on projette, à l'aide d'un réflecteur, une vive lumière extérieure sur une partie de l'estomac. L'opérateur a l'œil fixé à l'autre extrémité du tube, et il peut voir, grâce à l'éclairage intense donné par le fil de platine rougi, les différentes parties de l'organe.

gnéto-électriques consacrées à un usage spécial, il en résulte que, comme pour toutes les machines magnéto-électriques, l'âme de cet appareil est l'aimant artificiel que surmonte la bobine induite ; aussi la valeur du téléphone est-elle intimement liée à la valeur de l'aimant. M. Trouvé encore s'est donc proposé de rechercher une méthode de fabrication permettant d'obtenir des aimants puissants et toujours identiques les uns aux autres.

Voici comment il résume ses travaux dans une note du 8 août 1881 à l'Académie des sciences :

« Mes recherches ont porté sur trois points : obtenir un moyen de reconnaître le meilleur acier pour la fabrication de barreaux aimantés; déterminer le degré de trempe le plus convenable ; choisir le procédé d'aimantation le plus simple et le plus pratique. J'ai d'abord essayé un grand nombre d'aciers, non seulement de provenances différentes, mais encore, pour chaque provenance, de qualités et de numéros différents. Après les avoir coupés de longueur, je les ai aimantés; j'ai mesuré leur force portante, puis ensuite ils ont été trempés tous de la même manière et de nouveau aimantés. Leur force portante, mesurée après cette nouvelle aimantation, m'a permis de reconnaître : 1° que les meilleurs aciers, au point de vue de la fabrication des barreaux aimantés, étaient ceux d'Allevard, ce que l'on savait déjà d'ailleurs; 2° que les forces portantes déterminées après les deux aimantations sont liées par une loi simple. Elles sont entre elles comme $n : n^2$; c'est-à-dire que si la force portante due à la première aimantation est représentée par 2, 3, 4, la force portante due au magnétisme à saturation sera 4, 9, 16. J'ai donc, d'une manière méthodique, obtenu un procédé pratique de classification des aciers. En ce qui concerne la trempe, j'ai fait de nombreux essais et j'ai reconnu qu'une trempe régulière était nécessaire. Comme je ne pouvais m'astreindre à faire moi-même cette opération, j'ai installé un moufle chauffé par le moyen du gaz, à une température parfaitement constante, et dès lors il m'a été possible d'opérer industriellement et de confier le travail de la trempe à un simple manœuvre. Quant au procédé d'aimantation en lui-même, il est simple et rapide. Les barreaux à aimanter sont placés dans deux solénoïdes juxtaposés ; le circuit magnétique est fermé au moyen de deux plaques de fer doux, et je fais passer à deux reprises différentes le courant d'une pile genre Wollaston de six éléments. En opérant ainsi, j'obtiens des aimants d'une force constante et relativement considérable. Mes aimants droits portent jusqu'à 12 fois et même 14 fois leur poids, et si l'aimant est recourbé en fer à cheval, la charge peut être quadruplée. »

Dans son numéro du 23 mars 1882, la revue scientifique l'*Électricité*, que nous avons déjà citée, présente quelques considérations sur la construction des réseaux téléphoniques, qu'il nous semble bon de reproduire :

« Le meilleur système est celui des fils disposés en câble souterrain. Les câbles souterrains sont quelquefois trop dispendieux, particulièrement dans les villes où il n'existe pas d'égouts : il faut alors construire des lignes aériennes, avec la terre pour fil de retour. Pour les lignes aériennes, deux systèmes sont en présence : le premier, de passer sur les maisons, doit être abandonné, parce que l'entretien ou les modifications à faire à ces lignes sont une source de dépenses et de difficultés pour obtenir des propriétaires les autorisations nécessaires. L'installation des potelets sur les maisons est souvent très dispendieuse, soit par les échafaudages, soit par les exigences des propriétaires. Comme il ne convient pas vis-à-vis de ceux-ci d'entrer dans la voie des redevances, ils en profitent, pour retirer une autorisation donnée, lorsque les supports sont en place. Le deuxième système de lignes aériennes consiste à établir des potelets en façade sur des bras de fer à 7 mètres au-dessus du sol, s'avançant de 1^m,80 sur la voie, parce qu'il faut éviter que les locataires puissent facilement toucher aux fils. Les fils doivent être au moins à 0^m,30 d'écartement pour que l'induction ne soit pas trop forte. Les épissures doivent être toutes soudées. Il faut employer du fil d'acier galvanisé, qui se fabrique à Manchester spécialement pour les lignes téléphoniques. Il peut coûter, rendu à Paris, 130 francs la tonne; le millimètre se rompt à 146 kilogr.; le fil de 0^m,0018 est suffisant. A chaque point d'appui, il faut garnir le fil de sourdines. Un moyen qui a parfaitement réussi consiste à envelopper le fil avec de la toile caoutchoutée, sur 0^m,50 en avant et autant en arrière de l'isolateur.

» L'entrée du fil de ligne dans le poste doit se faire par le trajet le plus court, avec un petit câble recouvert de plomb. Ce câble doit relier la ligne directement à l'appareil. Si, au lieu du fil de retour, on a un fil de terre, il faut l'établir avec beaucoup de soin, afin qu'il ne puisse jamais être une cause d'interruption. Tous les appareils, ainsi que la boîte renfermant la pile, doivent être disposés convenablement sur un panneau en bois. Le monteur arrivera chez l'abonné avec son panneau tout monté, il n'a qu'à fixer au panneau les fils de ligne et de terre, placer trois crochets tamponnés auxquels il accroche le panneau, et le poste se trouve installé en une demi-heure. »

MICROPHONE. — A peine le bruit que venait de faire en Europe l'invention du téléphone, en 1877, se dissipait-il un peu, que M. de Moncel présentait à l'Académie des sciences de Paris un bien curieux appareil, imaginé en Angleterre par M. Hughes, l'inventeur du télégraphe qui porte son nom (page 310). Cet appareil, complément du téléphone, reçut le nom de *microphone* (du grec *micros*, agrandir; et *phoné*, voix).

Le *microphone*, qui n'est, à proprement parler, qu'un amplificateur de sons, se compose (*fig.* 123) de deux cubes de charbon, adaptés sur un prisme vertical de bois, et entre lesquels un crayon de charbon, en forme de fuseau, est tenu très librement dans deux trous pratiqués dans les cubes qui, munis de contacts métalliques, sont mis en rapport avec le circuit d'un téléphone, dans lequel est interposée une pile de un ou deux éléments Leclanché. Pour se servir de l'appareil, on place la planche qui

La gare de La Chapelle éclairée par la lumière électrique (page 347).

lui sert de support, sur une table, en ayant soin d'interposer, entre la planche et la table, un corps élastique pour amortir les vibrations étrangères. Il suffit alors de parler dans le système, même à une distance de plusieurs mètres, pour qu'aussitôt la parole soit reproduite dans le téléphone ; si l'on place sur la planche-support une montre ou une boîte renfermant une mouche, par exemple, tous les mouvements sont parfaitement entendus, à tel point que les pas de la mouche produisent la sensation du piétinement d'un cheval ; le frôlement d'une barbe de plume sur la planche s'entend d'une façon assez nette dans le téléphone. Enfin le moindre bruit, imperceptible à l'oreille, est perçu très distinctement, pourvu qu'on ait soin de prendre quelques précautions, dont la principale est le réglage de la position du crayon de charbon.

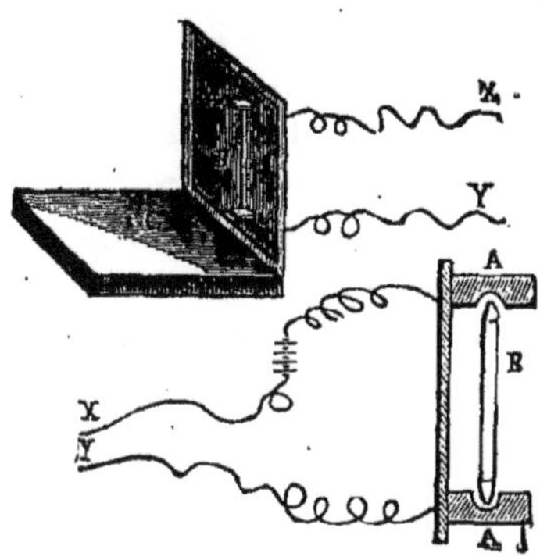

Fig. 123. — MICROPHONE HUGHES.

AA. Supports en graphite. — C. Planchette. — XY. Rhéophoros de la pile. — D. Téléphone récepteur.

L'explication du phénomène est facile. Il se produit des vibrations, qui déplacent le crayon de manière à le faire frotter dans les godets par ses pointes, mais sans interrompre son contact. De là résultent des variations de résistance dans le circuit, et dans l'attraction du barreau aimanté sur le disque en fer du téléphone. Celui-ci répète alors, en les amplifiant, les mouvements du crayon.

Le *microphone* a reçu depuis de nombreux perfectionnements, et tous les jours encore de nouveaux constructeurs en offrent des modèles différents.

LUMIÈRE ÉLECTRIQUE. — La lumière électrique, depuis quelques années, a fait tant de progrès, sa clarté est si intense et son entretien si commode, qu'on a reconnu qu'elle offrait de grands avantages pour l'éclairage des grandes salles, qui nécessitent un nombre considérable de becs de gaz. Aussi, dès 1875, la compagnie des chemins de fer du Nord appliquait-elle l'éclairage électrique. Le travail de nuit qui s'exécute à la gare de La Chapelle est très important, et sa durée va jusqu'à 15 et 16 heures en hiver. Pour remédier à l'insuffisance de l'éclairage au gaz, la Compagnie du Nord s'est décidée à essayer l'éclairage électrique. L'installation se composait de 5 machines magnéto-électriques, système Gramme, du type de 100 becs Carcel, consommant en moyenne 2/5 chevaux-vapeur, et coûtant 1,500 francs l'une. On a constaté que, dans les conditions où l'on a établi les lampes, chacune d'elles, placée à 6 ou 7 mètres de hauteur, produit, dans un rayon de 60 mètres au moins, un éclairage suffisant pour effectuer rapidement et sûrement la manœuvre des wagons (*fig.* à la page 345). Chacune des quatre lampes, en service pendant 10 heures en moyenne, revient à 0 fr. 556 par heure. Si l'on tient compte de l'intérêt et de l'amortissement, ce prix ressort à 0 fr. 80, c'est-à-dire au prix de 22 becs à gaz brûlant 120 litres par heure; au tarif actuel de 0 fr. 30 par mètre cube. La Compagnie des chemins de fer de Paris à Lyon et à la Méditerranée adopta, en 1877, les appareils de la société Lontin, pour éclairer dans cette gare la halle des messageries de grande vitesse. La dépense totale s'élève par bec et par heure à 0 fr. 346, soit à celle d'environ 10 becs ordinaires à gaz. La même Compagnie a adopté l'éclairage électrique pour la halle des voyageurs de la gare de Marseille et va l'étendre à celle de la gare de Paris. Enfin citons l'éclairage de la salle des pas perdus à la gare Saint-Lazare, lequel, au cours des essais dont il a été l'objet, est revenu à 0 fr. 65 par bec et par heure; celui des grands magasins du Louvre à Paris, de la plupart des grands établissements industriels, du Comptoir d'escompte, des magasins de la Ménagère, de l'avenue de l'Opéra, du Grand-Hôtel, et bientôt des Halles centrales. A Londres, la Cité, le British-Museum, les quais de la Tamise, le chemin de fer métropolitain, un théâtre, sont éclairés par l'électricité; une ville même, Norwich, est tout entière éclairée ainsi. De grands mâts (*fig.* à la page 353) suppportent à leur sommet des foyers puissants, rayonnant à de grandes distances, pour éclairer les grandes rues et les places; dans les rues étroites douze lampes à incandescence complètent l'éclairage. Les lampes employées appartiennent au système Crampton; l'électricité est engendrée dans une sorte d'usine centrale installée sur un terrain communal, où l'on a établi une machine à vapeur de 20 chevaux actionnant quatre machines dynamo-électriques. En Russie, la lumière électrique brille dans certains quartiers, et les travaux de construction du port de Poti sont poursuivis sans interruption au moyen de lampes électriques. Au fond de l'Hindoustan même, les travaux du chemin de fer du Punjab sont poussés la nuit, grâce à la lumière électrique. Déjà l'éclairage des trains a commencé en 1881; au mois de décembre, un train allant de Paris à Soissons (gare du Nord) a été conduit par la première *locomotive-soleil*. Ce soleil électrique éclairait la voie au loin en avant du train. L'éclairage des wagons suivra ce progrès déjà réalisé.

La lumière électrique est applicable à tous les usages et pénétrera bientôt dans nos appartements. Quoique la chaleur développée pour la produire soit plus forte que celle développée pour produire le gaz, la lumière électrique produit elle-même cent fois moins de chaleur que le gaz. De plus, elle ne vicie pas l'air ; mais il ne faudrait pas conclure de là que le gaz a fait son temps et qu'il faille en fermer les usines. La production du gaz augmentera, au contraire ; mais son rôle va changer. Sa place est non plus au bec, mais à l'intérieur du cylindre de la machine à gaz ; et, en effet, un mètre cube de gaz, employé à faire marcher une machine à lumière électrique, produit dix fois plus de lumière que s'il était brûlé directement au bec. Le gaz est le combustible le plus avantageux ; un kilogramme de gaz produit six fois plus de chaleur qu'un kilogramme de houille ; il coûte moins cher de transport, surtout dans les villes, et ne produit ni cendre ni fumée. Ce sera donc comme combustible qu'il sera utilisé, laissant l'éclairage à l'électricité.

Nous voici loin, comme le dit M. de Parville, de l'année 1817, date mémorable où, pour la première fois, l'Anglais Winsor s'avisa de reprendre l'idée de l'ingénieur français Lebon, et d'éclairer au gaz le passage des Panoramas, à Paris. Malgré les objections de toute nature, le petit quinquet fumeux dut céder la place au bec de gaz. Aujourd'hui, c'est le bec de gaz qui est obligé de disparaître à son tour devant la lumière électrique. Toute invention est cependant obligée de franchir une série d'étapes avant d'arriver à l'application industrielle. L'éclairage électrique aura dû aussi attendre son heure. Mais quels progrès réalisés depuis 1813, depuis l'expérience de Davy (page 271) jusqu'à nos jours !

Un grand inconvénient, disions-nous en rapportant cette expérience, s'opposait à ce que l'éclairage électrique passât dans le domaine pratique : on était obligé de pousser l'un des charbons à la main pour permettre au courant de franchir l'intervalle qui séparait bientôt les charbons l'un de l'autre, par suite de leur usure. Ce fut en 1848 que deux Anglais, Staite et Petrie, et quelques mois après, en France, M. Léon Foucault, substituèrent à la main un mécanisme automoteur ; ils inventèrent les *régulateurs*.

RÉGULATEURS. — On désigne par ce nom, que souvent l'on applique à toute espèce de *lampe électrique*, un appareil dans lequel les charbons, placés dans le prolongement l'un de l'autre, sont maintenus, au moyen d'un mécanisme quelconque, à un écartement constant. Ce réglage automatique est obtenu dans un grand nombre de régulateurs, au moyen des *variations d'intensité* du courant fourni par la source. Le mouvement de rapprochement des charbons s'obtient, soit au moyen d'un ressort moteur, soit par le poids du porte-charbon supérieur. Un électro-aimant, traversé par le courant, laisse rapprocher les charbons lorsque le courant s'affaiblit, et arrête le mouvement dès que l'intensité du courant arrive à son état normal. Par la nature de leur construction, ces sortes de régulateurs ne se prêtent pas à la division de la lumière, et ils conviennent surtout pour les grands foyers, tels que les phares, les projecteurs, l'éclairage des ports, des ateliers, etc. Parmi les principaux régulateurs de ce système, il faut citer ceux de MM. Serrin, Jaspar, Siemens, Chertemps, Foucault, Dubosq. Dans les régulateurs pouvant se prêter à la division de la lumière, on a adopté des dispositions spéciales, afin d'assurer à chaque foyer un fonctionnement indépendant de ceux placés sur le même circuit. Dans les uns, dits *régulateurs différentiels*, le réglage est obtenu par la différence des actions données par le courant général produisant l'arc, et par une dérivation très résistante établie entre les deux charbons. Dans ce groupe, on remarque les lampes de Siemens, Brush, Weston, Crampton, Gravier, etc. Dans d'autres, dits *régulateurs à dérivation*, le réglage est obtenu au moyen d'une dérivation comprenant l'électro-aimant de réglage, qui agit sous l'influence des variations de cette dérivation, de sorte que l'intensité du courant général n'agit aucunement sur le réglage. Il s'ensuit que ces régulateurs peuvent fonctionner avec des différences d'intensité considérables, ce qui n'est pas leur moindre avantage. Parmi les divers systèmes de régulateurs à dérivation, nous citerons ceux de MM. Gramme, Gérard, Lontin, de Mersanne, etc.

RÉGULATEUR FOUCAULT. — Dans le régulateur de M. Foucault, les deux porte-charbons sont poussés l'un vers l'autre par des ressorts ; mais, pour nous servir du langage de l'inventeur, « ils ne peuvent aller à la rencontre l'un de l'autre qu'en faisant défiler un rouage dont le dernier mobile est placé sous la domination d'une détente. » L'appareil contient un électro-aimant animé par le courant qui produit l'incandescence. Cet électro-aimant consiste en un cylindre de fer doux, sur lequel est enroulé un fil de cuivre revêtu de soie, et que le courant traverse en se rendant aux cônes de charbon. Lorsque le courant passe dans le fil, le cylindre devient un véritable aimant, dont la puissance magnétique varie avec la force même du courant. Un fer doux, placé sous l'influence de l'électro-aimant, est sollicité d'autre part à s'en éloigner par un ressort antagoniste. Ceci posé, imaginons que les deux crayons soient assez voisins pour que le courant circule : la plaque de fer doux sera attirée par la bobine, et, comme la détente est montée sur ce fer doux, il sera facile de la disposer de manière qu'elle enraye les rouages au moment de l'attraction.

Dès lors, les deux charbons cesseront de s'avancer l'un vers l'autre ; mais, aussitôt que le courant s'affaiblira par suite de l'usure des crayons, le levier de fer doux, cédant à l'effort exercé par le ressort, n'enrayera plus le rouage, qui défilera pendant un certain temps. Les charbons s'étant de nouveau rapprochés, le rouage ne tardera pas à être enrayé, pour défiler bientôt et être enrayé encore, jusqu'à ce que les charbons soient complètement usés. On le voit, dans cet appareil, le rapprochement des charbons est intermittent, mais les périodes de repos et d'avancement se succèdent avec une telle rapidité « qu'elles équivalent à un mouvement de progression continu. »

Depuis, des systèmes nombreux ont été présentés, perfectionnements ou modifications du régulateur de Léon Foucault. Citons celui de MM. Deleuil, au moyen duquel furent éclairés pendant plusieurs mois, en 1858, les docks Napoléon ; de M. J. Dubosq, qui reçut une médaille d'honneur à l'exposition de 1855, et qui est encore un des plus employés pour les expériences de physique, les effets de théâtre, etc.; de MM. Lacassagne et Thiers, Archereau, Jaspar, Pascal, Loiseau, Wartmann, Regnard, etc., etc., pour en arriver au régulateur de M. Victor Serrin, combiné principalement en vue des phares électriques.

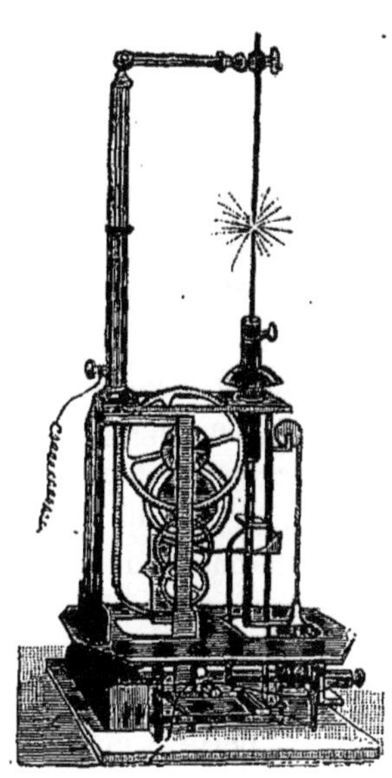

Fig. 124.

RÉGULATEUR SERRIN.

RÉGULATEUR SERRIN. — Cette lampe électrique peut être comparée à une balance extrêmement sensible, dont le fléau repose, non pas sur le tranchant d'un couteau, mais sur les pointes de deux vis (*fig.* 124). L'un des bras du fléau porte une armature de fer doux dont le poids, convenablement calculé, dépasse d'une petite quantité la charge de l'autre bras du levier. Cette charge est représentée par le poids d'un système particulier, composé d'abord d'une pièce verticale, articulée à l'extrémité du fléau, et recourbée à angle droit, à une certaine hauteur. Quand le fléau trébuche et que l'armature de fer doux s'élève, la pièce verticale opposée au fer doux s'abaissera ; si, au contraire, le fer doux s'abaisse, la pièce verticale s'élèvera ; en d'autres termes, cette pièce peut accomplir un mouvement vertical de va-et-vient qu'un butoir limite entre deux vis de rappel. De plus, elle n'est pas abandonnée à elle-même, mais maintenue dans sa station verticale par un bras articulé. Ces différents organes constituent le *système oscillant* qui fournit le recul des charbons. Un peu au-dessus du butoir se trouve une petite poulie fixe, sur la gorge de laquelle s'enroule une chaîne de traction. L'extrémité inférieure de cette chaîne est attachée à une plate-forme horizontale, isolée électriquement, et sur laquelle repose le porte-charbon négatif. La plate-forme peut être comparée au plateau de la balance, et le porte-charbon négatif au poids qui charge ce plateau. Quant au porte-charbon positif, il consiste en un cylindre de cuivre, recourbé en potence à sa partie supérieure. C'est à l'extrémité de la potence, dans une petite sphère métallique percée de part en part, que le charbon positif est fixé au moyen d'une vis de pression. Grâce à cette disposition, le charbon peut avoir telle longueur qu'on veut lui donner, et l'on n'est pas obligé de le raccourcir avant de le placer dans l'appareil. Ensuite la sphère du porte-charbon supérieur peut se mouvoir dans des plans différents : elle peut accomplir des mouvements latéraux autour d'un axe horizontal coïncidant avec l'axe même de la potence; elle peut, en outre, accomplir des espèces d'oscillations dans un plan perpendiculaire à celui du porte-charbon, au moyen d'un tourillon engagé dans une douille. Le porte-charbon supérieur sert donc d'organe moteur. Son poids est utilisé pour mettre en mouvement le mécanisme du *défilage*. A cet effet, une crémaillère règne le long de ce porte-charbon; cette crémaillère imprime un mouvement de rotation à une première roue dentée, montée sur le même axe qu'une poulie, dont le rayon est à celui de la roue dans le rapport de l'usure des charbons. A la poulie est fixé l'un des bouts de la chaîne de traction, dont l'autre bout porte la plate-forme, sur laquelle repose le porte-charbon négatif. On conçoit, d'après cela, que si le charbon positif vient à s'abaisser, la chaîne de traction, s'enroulant sur la poulie solidaire avec la roue dentée, soulèvera le porte-charbon négatif, de sorte que les deux charbons iront à la rencontre l'un de l'autre. La roue dentée engrène avec un pignon claveté avec une seconde roue dentée, laquelle engrène à son tour avec un dernier pignon, qui commande la marche d'une roue à rochet.

Pour faire fonctionner l'appareil, on met les deux bornes voisines de l'électro-aimant en communication, l'une, la borne supérieure, avec le rhéophore positif, l'autre avec le rhéophore négatif. Aussitôt le courant circulera; il passera, au moyen d'un fil conducteur, de la borne positive à l'organe moteur, de cet organe au charbon positif, puis successivement au charbon négatif, au porte-charbon, à la plate-forme; puis, par l'intermédiaire d'une chaînette, il viendra former une hélice magnétisante sur la bobine, d'où il se rendra au rhéophore négatif. Alors l'armature de fer doux, qui charge l'un des bras de levier du système oscillant, sera attirée,

le fléau trébuchera ; la pièce verticale, portant la plate-forme et le charbon
négatif, s'abaissera, et l'écart des charbons aura lieu automatiquement;
par conséquent, il y aura production instantanée de l'arc voltaïque. Mais,

L'éclairage électrique de Norwich (page 348).

à mesure que les charbons s'useront, la force attractive de la bobine
deviendra de plus en plus faible, si bien qu'à un moment donné l'armature de fer doux cessera d'être attirée : elle s'abaissera, et détermi-
nera ainsi l'ascension du charbon négatif. Seulement, cette ascension

serait limitée à quelques millimètres, si la pièce verticale, en s'élevant, n'entraînait avec elle un crochet métallique qui enraye la roue à rochet. Or, ce crochet était le seul obstacle à la marche du mécanisme de *défilage;* par conséquent, les roues et les pignons reprendront leur mouvement de rotation sous l'influence de la crémaillère du porte-charbon positif. C'est ainsi que les deux charbons iront à la rencontre l'un de l'autre. Lorsque le rapprochement sera assez grand pour que l'hélice magnétisante recouvre sa puissance, le système oscillera de nouveau, de sorte qu'un écart convenable régnera constamment entre les deux charbons.

LAMPE ÉLECTRIQUE DE GRAMME. — La *lampe électrique de Gramme,* ou plutôt le *régulateur,* est disposée pour être suspendue par un anneau placé à la partie supérieure. Le mécanisme étant placé en haut, il y a très peu d'ombre portée sur le sol, ce qui est très avantageux dans la plupart des cas. Voici quelles sont, pour ce régulateur, les principales particularités (*fig.* 125).

Le charbon supérieur positif est fixé à l'extrémité d'une tige à crémaillère D, engrenant avec la première roue d'un mouvement d'horlogerie, analogue à celui des régulateurs ordinaires. Un électro-aimant B, dont l'armature I est placée à l'extrémité d'un levier L, arrête ou dégage le rouage et règle ainsi la détente de la crémaillère, et, par suite, celle des charbons. L'électro-aimant B est placé en dérivation par rapport à l'arc. Celui-ci s'allongeant, sa résistance augmente : alors, la quantité d'électricité passant en dérivation augmente aussi, de sorte que l'armature est attirée, le rouage est dégagé, et, la crémaillère descendant, l'arc se raccourcit; le courant dérivé diminue alors ; l'armature de l'électro-aimant, n'étant plus attirée, cède à l'action du ressort antagoniste U, et, en reprenant sa position première, elle arrête le rouage, et, par conséquent, la descente du charbon.

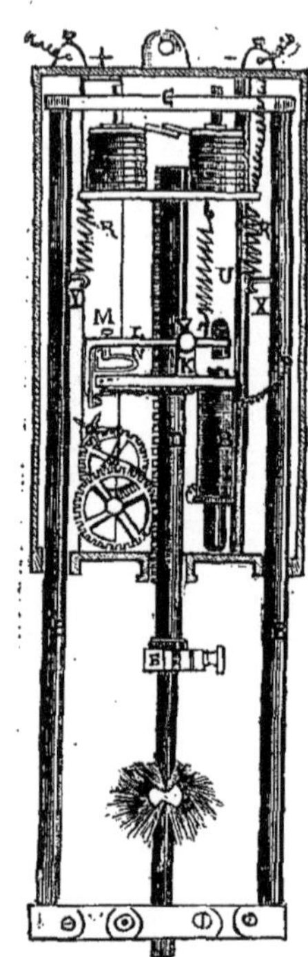

Fig. 125.

LAMPE ÉLECTRIQUE
DE GRAMME.

Par suite de la disposition adoptée, à peine l'armature I a-t-elle, par l'intermédiaire du levier et du ressort S, dégagé le rouage, qu'elle rompt le circuit de dérivation B ; alors l'attraction cesse, et l'armature remonte en arrêtant de nouveau le rouage. Le circuit étant alors rétabli, si le courant dérivé a encore l'intensité voulue, un second mouvement se produit,

amenant une nouvelle rupture du circuit, et ainsi de suite. Le rapprochement des charbons est donc obtenu par une série de mouvements insensibles ; de sorte que l'arc se maintient à une longueur presque constante,
ce qui donne à la lumière une très grande fixité. C'est au moyen de la
vis M, que l'on peut régler à volonté, et du ressort N, que le circuit dérivé
est fermé ou rompu.

L'allumage ou le rallumage de la lampe est obtenu de la manière
suivante : L'électro-aimant A est placé dans le circuit de l'arc voltaïque,
et, dès qu'il est traversé par le courant, son
armature C est attirée, entraînant avec elle les
tringles E, et par suite le charbon inférieur
qui s'abaisse. Dès que le courant ne passe
plus, les tringles, obéissant à l'action des ressorts R, remontent, entraînant le charbon
inférieur qui est ainsi relevé. Alors, par suite
de cette disposition, si l'arc vient à s'éteindre,
l'armature C remontant, la distance entre les
charbons est diminuée, et, dès que le contact a
lieu entre eux, le courant étant refermé, l'attraction de l'armature se produit et rétablit
l'arc voltaïque.

**LAMPE ÉLECTRIQUE ET VEILLEUR AUTO-
MATIQUE GÉRARD.** — Cette lampe se compose
(*fig.* 126) d'un cadre formé par deux tiges laté-

Fig. 126. — LAMPE GÉRARD.

rales, réunies par quatre traverses. Entre les deux traverses supérieures est
fixé un électro-aimant creux, à fil fin, placé en dérivation sur le circuit. A
travers le noyau creux de cet électro-aimant passe librement le charbon
supérieur, que la vis d'un frein articulé empêche de descendre. A la partie
supérieure de ce frein est placée une armature en fer doux, qui, lorsqu'elle
est attirée par le pôle supérieur de l'électro-aimant creux, dégage le frein,
de manière à permettre au charbon supérieur de descendre. Un ressort
antagoniste règle l'action de ce frein. Le charbon inférieur est fixé dans
une douille de la traverse inférieure. La traverse, qui vient immédiatement
après celle-ci, est en fer et isolée des tiges ; elle sert d'armature au pôle
inférieur du solénoïde, et a pour effet de produire l'écart des charbons à
l'allumage. Les deux traverses supérieures sont mobiles sur les tiges ;
deux ressorts servent à équilibrer le cadre qui supporte le charbon inférieur.

Ceci posé, voici comment fonctionne l'appareil. Les deux bornes communiquent, l'une avec le charbon supérieur et l'autre avec le charbon inférieur. A l'allumage, les charbons doivent être écartés. Le courant arrive par une des bornes, et, ne pouvant passer par les charbons, influence la bobine dont les deux pôles attirent les armatures. L'attraction des armatures a pour effet de dégager la vis du frein, et, par conséquent, de permettre la descente du charbon supérieur, tandis que le charbon inférieur remonte légèrement. Aussitôt que les charbons arrivent au contact, le courant cesse de passer par la bobine, qui devient inerte et abandonne les armures. La vis du frein agit de nouveau sur le charbon supérieur, qu'elle empêche de descendre. La traverse en fer, en abandonnant le pôle inférieur de la bobine, laisse descendre le charbon inférieur de quelques millimètres et l'arc jaillit. Si la résistance de l'arc devient trop grande, le courant passe de nouveau dans la bobine, et le frein, en se desserrant, laisse glisser le charbon supérieur. La descente du charbon supérieur s'opère d'une manière continue et imperceptible par les mouvements vibratoires du frein, de telle façon que l'écart des charbons reste constant.

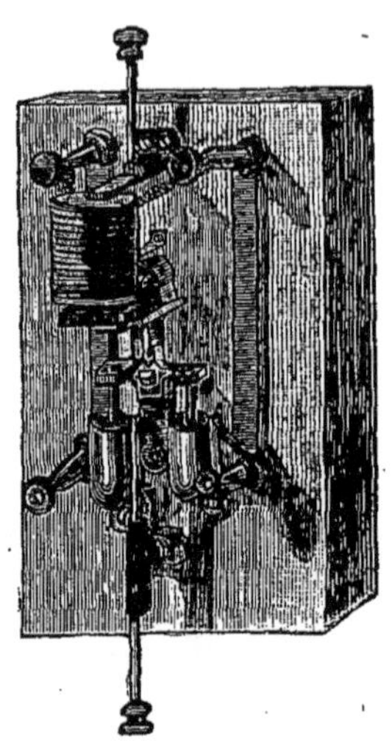

Fig. 127.

VEILLEUR AUTOMATIQUE GÉRARD.

M. A. Gérard a imaginé également un appareil auquel il a donné le nom de *Veilleur automatique* et qui est le complément de tout éclairage électrique. Quand une lampe s'éteint par une cause quelconque, les autres continuent à brûler sans interruption : le veilleur rétablit le circuit automatiquement.

L'appareil (*fig.* 127) se compose : 1° d'un électro-aimant droit dont la bobine offre une résistance supérieure à celle de la lampe, de la bougie ou du brûleur employé ; 2° d'un coulisseau muni de deux tiges, glissant à travers des bagues isolantes dans deux godets contenant du mercure ; 3° d'une pièce en équerre articulée, portant d'un côté l'armature de la bobine, et de l'autre un crochet qui maintient suspendu le coulisseau. Pendant la marche normale, le courant arrive par l'une des bornes inférieures, monte à la borne supérieure du même côté, puis traverse la lampe pour revenir par les bornes opposées. En cas d'extinction de la lampe, le courant passe dans l'électro-aimant. Celui-ci, devenant actif, attire son armature qui, en basculant, dégage le crochet et déclanche le coulisseau. Les tiges, en tombant, plongent dans le mercure des godets, et dès lors le courant, abandonnant la bobine, passe directement par le mercure du godet et les tiges du coulisseau. Le circuit se trouve ainsi rétabli instantanément, sans que les appareils qui continuent à fonctionner aient été impressionnés par la suppression de celui qui vient de s'éteindre ou que l'on a volontairement supprimé. En effet, grâce à une disposition particulière, le veilleur peut servir de commutateur. Il suffit d'appuyer sur la tige supérieure pour éteindre, et de pousser la tige inférieure pour rallumer.

MACHINES MAGNÉTO-ÉLECTRIQUES. — MACHINES DE PIXII, DE CLARKE, DE L'ALLIANCE, DE GRAMME, ETC. — Enfin, le progrès capital, celui qui a assuré le succès de la lumière électrique, c'est la substitution des générateurs mécaniques d'électricité à la pile électrique. Avec la pile, la lumière électrique ne pouvait sortir du laboratoire. Pour alimenter un régulateur, il fallait au moins soixante éléments de pile et la dépense était, à éclairage égal, près de quatre fois aussi considérable que celle du gaz. La production mécanique de l'électricité a complètement modifié l'aspect de la question. Un moteur à vapeur fait tourner la machine magnéto-électrique, et celle-ci engendre le courant électrique, à un prix

Fig. 128. — MACHINE DE CLARKE.

extrêmement bas, par un mouvement de rotation qui éloigne et rapproche tour à tour une bobine d'un aimant. Les courants d'induction sont, à la vérité, de sens alternativement contraires; mais on les redresse, c'est-à-dire on les ramène à une direction unique par un *commutateur* (page 280), qui intervertit les voies de communication entre la bobine et le reste du circuit, aussitôt que le courant change de sens. La première machine magnéto-électrique fut construite en 1833 par un constructeur français, Pixii, sur les suggestions d'Ampère. Dans cet appareil, une manivelle faisait tourner un faisceau aimanté en fer à cheval sous une bobine fixe suspendue à une traverse horizontale entre deux montants de bois. Cette machine lourde et encombrante fut bientôt remplacée par les appareils de Saxton et de Clarke, où le faisceau aimanté reste fixe pendant que la bobine tourne devant ses pôles. Cette disposition inverse rend l'appareil plus portatif et permet d'obtenir une rotation plus rapide, ce qui augmente l'énergie des courants induits. Il se compose (*fig.* 128) d'une roue R, portant une chaîne sans fin, destinée à transmettre un mouvement de rotation rapide aux deux bobines B et B', formées chacune d'un cylindre en fer doux autour duquel s'enroule un long fil de cuivre entouré de soie. L'aimant A se compose de plusieurs fers à cheval en acier, fixés ensemble à une planche horizontale. En m se trouve un parallélipipède en bois, dont les deux faces latérales sont couvertes de bandes métalliques, avec lesquelles communiquent deux ressorts en acier, dont les extrémités appuient sur un commutateur que porte l'axe des bobines ; à cette pièce de bois s'attachent également les fils rp, up, devant servir de conducteurs aux courants d'induction développés par la machine. On emploie aujourd'hui industriellement des machines magnéto-électriques d'un grand modèle, analogues à celle de Clarke ; telle est celle imaginée, en 1850, par le professeur Nollet, de Bruxelles, à laquelle M. Van Malderen a donné la forme actuelle, et qui est construite par la compagnie l'*Alliance* pour l'éclairage de nos phares.

Fig. 129. — MACHINE DE L'ALLIANCE.

La machine de l'*Alliance* (*fig.* 129) contient cinquante-six aimants distribués sur un châssis immobile. Ce châssis est une série de sept tranches octogonales. On a disposé huit aimants très énergiques sur un même plan vertical, un sur chaque côté de l'octogone, et ce plan se répète sept fois. Entre les groupes d'aimants passent les bobines ; elles sont formées d'un double fer doux entouré de fils de cuivre recouverts de soie. Au repos, chaque fer doux se place devant un des pôles de l'aimant et forme armature. L'ensemble de toutes ces bobines est porté par un arbre mobile, que l'on fait tourner par la vapeur. Quand l'arbre tourne, chaque bobine s'approchant ou s'éloignant d'un pôle d'aimant fixe, est parcourue par un courant induit très puissant, parce qu'il est instantané. Tous ces courants partiels développés dans chacune des cent douze bobines se réunissent en un seul dont la puissance est énorme ; on comprend, en effet, qu'avec des soins et de l'attention, on peut enrouler les fils sur les bobines et les rattacher les uns aux autres, de telle sorte que tous ces courants aient le même sens, et, par suite, qu'ils se renforcent en s'ajoutant les uns aux autres. Ce courant, résultant de l'ensemble, est amené aux charbons et produit l'arc voltaïque. Les bobines tournant très vite, les courants induits se succèdent à des intervalles excessivement courts, et la lumière est continue. Plus l'arbre, et avec lui les bobines qu'il porte, tourne vite, plus nombreux sont les courants induits développés ; plus ces courants sont courts, et plus ils sont énergiques. Toutes ces conditions dépendent les unes des autres. On reconnaît, en effet, que l'intensité définitive de la lumière croît à mesure que la vitesse de rotation augmente, mais que, lorsque l'arbre fait 300 à 400 tours par minute, la lumière cesse de croître et reste stationnaire. Il se produit alors deux cents courants par seconde : l'œil ne peut certainement plus apercevoir les interruptions de la lumière électrique. Les courants vont alternativement en sens contraire ; par suite, le transport des particules incandescentes de charbon a lieu tantôt dans un sens, tantôt dans un autre ; ce qui fait que les deux charbons diminuent également, puisque leur diminution est seulement due à leur combustion. Cependant il peut arriver que, pour certains usages, on ait besoin d'employer des courants toujours de même sens ; on place alors sur la machine un *commutateur*. L'intensité du courant, disons-nous, est immense. Avec une machine donnant le maximum d'effet, on obtient, en effet, une lumière équivalente à celle de 290,000 bougies environ. On peut, du reste, apprécier le courant. En le faisant passer à travers un fil de platine assez fort, ce fil rougit instantanément, et quelquefois il fond. Or il est facile de mesurer la chaleur produite et d'en conclure l'intensité de l'électricité dégagée. Un travail de deux chevaux-vapeur est plus que suffisant pour faire tourner l'arbre des bobines, qui n'est arrêté par aucun frottement, par aucune résistance passive. Aussi, dans les usines où il y a des machines à vapeur installées, on peut confier à celles-ci le nouveau travail et leur faire tourner la roue de la machine magnéto-électrique, sans qu'il soit nécessaire de les fortifier ou de les transformer. L'éclairage ainsi obtenu ne coûte donc que le prix du charbon, c'est-à-dire environ 10 centimes par heure ; mais il faut compter aussi le prix d'achat des appareils et quelques frais d'entretien, qui augmentent naturellement le prix de la lumière électrique. Ce système cependant, très commode pour l'éclairage où l'on peut utiliser les courants alternatifs, exige un commutateur fort compliqué si l'on veut changer les courants. Cette difficulté est éludée dans la machine de Gramme.

La *machine type de Gramme* se compose (*fig.* 130) de deux bâtis entretoisés en haut et en bas au moyen de deux traverses en fer recouvertes de fil, et formant ainsi les bobines d'un électro-aimant, sur lequel le fil conducteur du courant agit pour l'aimanter. Chaque traverse porte en son milieu une pièce de fonte de fer dans laquelle est ménagé un évidement, de forme demi-circulaire, de façon à former, par la réunion des deux pièces, le logement de la bobine. Celle-ci est formée (*fig.* 131) d'un anneau en fer formant noyau, sur lequel est enroulé un fil disposé en sections distinctes, placées à côté les unes dés autres et réunies en tension, et joignant convenablement les extrémités des fils des sections

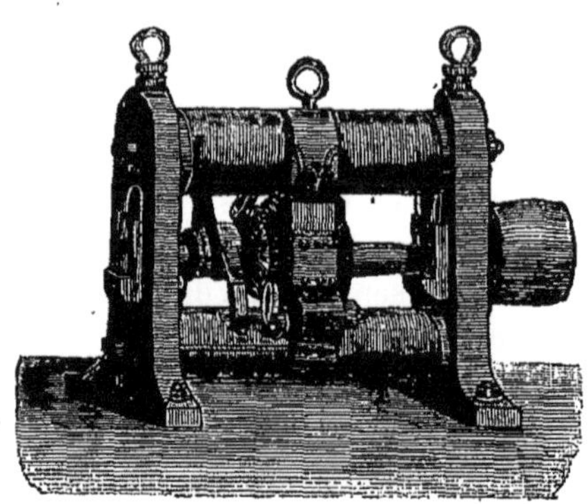

Fig. 130. — MACHINE DE GRAMME.

voisines, le bout finissant de l'une étant soudé au bout commençant de la suivante. L'anneau est formé d'un fil de fer enroulé sur lui-même au moyen d'un moule spécial. Des rubans de cuivre, recouverts d'un ruban de soie servant d'isolant, sont réunis aux points de jonction des fils des deux sections voisines, et, convergeant vers le centre, se recourbent à angle droit en formant un petit cylindre, qui se trouve ainsi composé d'autant de lamelles de cuivre qu'il y a de sections différentes de fils, ces lamelles étant isolées les unes des autres et fortement serrées. Deux brosses ou balais, formés d'un grand nombre de fils, et maintenus par des ressorts, frottent constamment sur ce commutateur, et servent à recueillir, pour ainsi dire, les courants développés dans la bobine à chaque révolution. La bobine, portant son commutateur, qui en fait partie intégrante, est montée sur un axe reposant sur deux paliers ménagés dans les bâtis, et portant à une extrémité une poulie destinée à recevoir le mouvement du moteur. Les deux bâtis sont surmontés de graisseurs qui doivent fonctionner parfaitement, car la vitesse de la machine étant de 900

Fig. 131. — BOBINE DE LA MACHINE GRAMME.

à 1,000 tours par minute, il ne tarderait pas à se produire un échauffement considérable si le graissage était arrêté.

Telle est la machine Gramme dans toute sa simplicité. Dès que, sous l'action d'un moteur quelconque (machine à vapeur, roue hydraulique, etc.), l'arbre et, par conséquent, la bobine, reçoit un mouvement de rotation, il se développe, par suite de la faible aimantation que possède toujours le bâti, un courant très faible qui, prenant naissance

dans la bobine, circule dans les fils des électro-aimants, et augmente
par suite leur force magnétique. Sous l'influence de cette excitation, un
courant plus fort se développe dans la bobine, circule de nouveau dans

Expérience de navigation avec le moteur électrique Trouvé (page 371).

l'électro-aimant dont la force magnétique s'accroît encore, et ainsi de
suite jusqu'au moment où le courant ayant atteint le maximum de force
proportionnel à la force motrice transmise et à la dimension de la machine, il se maintient à sa force normale. Le courant est transmis au

circuit extérieur par deux conducteurs aboutissant aux porte-balais.

La machine que nous venons de décrire est celle employée généralement pour la production de la lumière; mais il s'en construit de différents types appropriés aux destinations spéciales que l'on a en vue. Ainsi, il y a des machines de laboratoire, de dimensions plus restreintes, et dans lesquelles l'électro-aimant a la forme d'un fer à cheval, entre les pôles duquel tourne la bobine, qui est mise en mouvement à la main, au moyen d'une manivelle. La machine destinée au transport des forces est aussi d'un modèle tout à fait spécial, de forme octogonale, d'une puissance très grande. De même, pour la galvanoplastie, la disposition adoptée est un peu différente.

Depuis l'invention de la machine de Gramme, on a construit un grand nombre de machines dynamo-électriques plus ou moins bien conditionnées, mais dont le principe

Fig. 132. — BOBINE DE SIEMENS.

diffère peu, et parmi lesquelles il faut citer principalement les machines de MM. Siemens.

La différence principale entre ces dernières et celles de Gramme consiste en ce que la bobine, au lieu d'être creuse, est formée par un cylindre de fer sur lequel est enroulé le fil, de sorte qu'aucune partie de ce fil ne se trouve à l'intérieur; par suite, tout le fil enroulé sur l'anneau est utilisé, sauf les portions qui recouvrent diamétralement l'anneau aux deux extrémités. C'est pour diminuer autant que possible cet inconvénient que MM. Siemens donnent à leur bobine une grande longueur, par rapport à son diamètre. La bobine (*fig.* 132) tourne entre les pôles de deux électro-aimants. Le fil qui enroule la bobine est divisé en sections, correspondant, comme dans la bobine de Gramme, à des lamelles de cuivre isolées, se réunissant en cylindre pour former le collecteur, sur lequel frottent les balais; ceux-ci transmettent les courants, développés par le mouvement de la bobine, au circuit extérieur, dans lequel se trouve placée la résistance, par exemple la lampe, s'il s'agit d'éclairage électrique.

MACHINES D'YNAMO-ÉLECTRIQUES. — Dans toutes les machines ci-dessus, la source première des phénomènes est le magnétisme d'un aimant permanent qui sert de base à la transformation du travail mécanique en électricité. On peut supprimer l'aimant et le remplacer par un simple morceau de fer doux, qui devient électro-aimant par la vertu des courants

induits par lui-même dans la bobine qui tourne en face de ses pôles. C'est
la transformation la plus directe, la plus immédiate du mouvement mécanique en électricité; d'où le nom de machines *dynamo-électriques* donné
à ces machines. La transformation toutefois ne s'opère pas d'emblée : ces
machines ont besoin d'être *amorcées* avec une quantité de fluide tout préparé, qui détruit les polarités opposées, en réveille l'antagonisme endormi
et excite le jeu des manifestations diverses. Pour amorcer, il suffit de
toucher le noyau de fer doux avec un aimant, ou de le placer seulement
dans le méridien magnétique, afin d'y déterminer un commencement
d'aimantation, au moment où la bobine commence sa rotation entre les
pôles des futurs électro-aimants. Ensuite on n'a plus qu'à faire tourner
une manivelle pour entretenir les courants induits : ils s'alimentent directement de la force mécanique qui produit la rotation de la bobine. Les
courants induits sont d'abord faibles; mais peu à peu le magnétisme
s'accumule dans l'électro-aimant, à mesure que s'accroît la vitesse de
rotation, et bientôt l'intensité des courants arrive à un maximum où elle
se maintient, si la vitesse demeure constante.

C'est à MM. Siemens que revient la priorité d'avoir substitué à l'aimant
inducteur des machines magnéto-électriques un électro-aimant alimenté
par le retour du courant. Ils construisirent, en 1866, la première machine
dynamo-électrique; en 1867, M. Wheatsone eut la même idée. Depuis, il
s'en construit de tous les modèles : entre autres, celles de Ladd, de
Wildd, etc. M. Lontin et M. Gramme ont aussi perfectionné leurs
machines magnéto-électriques, en substituant aux aimants permanents
des électro-aimants animés par le retour du courant. M. Gramme a trouvé,
dit M. Radau, dans l'ouvrage que nous avons déjà cité, que cette disposition permet de réaliser une économie considérable : on augmente le rendement dans une forte proportion, tout en diminuant le volume et le
poids de la machine, et en économisant une partie de la force motrice.
Dans les machines de Gramme destinées à l'éclairage, les modèles ordinaires donnent une lumière de 50 à 100 becs Carcel, avec des moteurs
de 1/2 à 1 cheval-vapeur. Ce sont des appareils simples, commodes,
durables, et qui constituent le mode d'éclairage le plus économique.

BOUGIES JABLOCHKOFF. — Cependant la lumière de l'arc voltaïque
pèche par excès d'éclat; il est souvent inutile d'avoir tant de lumière condensée sur un seul point; on chercha donc à subdiviser le foyer électrique,
afin que, avec une seule source d'électricité, on pût alimenter plusieurs
lampes. De plus, il s'agissait de supprimer le mouvement assez compliqué nécessaire pour le réglage des régulateurs. Plusieurs physiciens et

ingénieurs avaient déjà proposé des solutions plus ou moins pratiques, quand, en 1876, un ancien officier russe, M. Jablochkoff, est venu apporter une solution originale, qui ne satisfait pas au problème de la divisibilité avec économie, il s'en faut, mais qui a fait entrer la question dans une voie nouvelle.

M. Jablochkoff place deux baguettes de charbon parallèlement l'une à l'autre, et il les sépare par une matière isolante fusible, le plâtre; l'extrémité des deux charbons est seule visible (*fig.* 133). Ces deux extrémités sont exactement comme deux mèches de bougies placées en regard l'une de l'autre. C'est entre ces deux extrémités que jaillit l'arc électrique. A mesure que les charbons brûlent, le plâtre fond comme le corps gras d'une bougie ; il se volatilise et laisse ainsi continuellement à nu la même longueur des deux charbons nécessaires à l'entretien de l'arc lumineux. Dans la pratique, on se sert aujourd'hui de cinq bougies posées sur le même support et enveloppées dans un cylindre en verre dépoli. On les fait brûler successivement. Une seule bougie ne peut éclairer que pendant une heure et demie. Comme inconvénients, il y a encore que le point de combustion change sans cesse avec la bougie ; elle dégage aussi une fumée blanchâtre qui adhère au globe, et lorsqu'elle s'éteint accidentellement, elle ne peut être rallumée ; enfin, lorsque la bougie est près de toucher à sa fin, l'éclairage présente des variations d'éclat extrêmement désagréables.

MM. Jamin, Wildd, Debrun, ont successivement présenté divers autres systèmes de bougies, qui sont employés. La *lampe-soleil* de MM. Clerc et Bureau tient à la fois de la bougie et du *système à incandescence*. Elle est composée de deux charbons inclinés, entre lesquels un bloc de chaux est rendu incandescent par l'arc voltaïque, qui en lèche la surface et qui le porte ainsi à une très haute température.

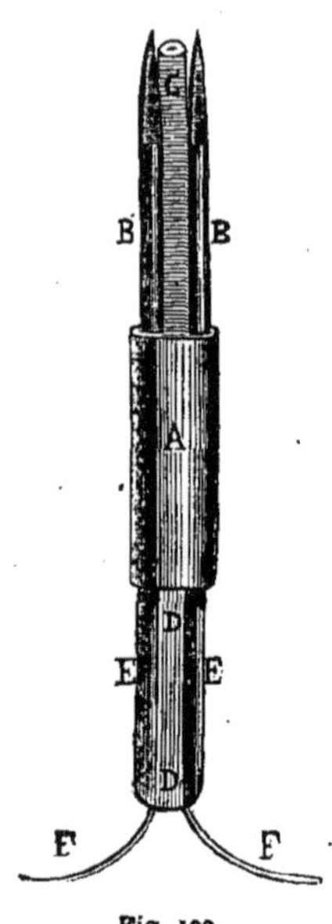

Fig. 133.

BOUGIE JABLOCHKOFF.

BB. Crayon en charbon. — CDD. Matière isolante. — EE. Tubes de cuivre dans lesquels les charbons sont emmanchés. — A. Fourneau d'amiante soutenant l'ensemble. — EF. Fils de cuivre amenant le courant.

LAMPES A INCANDESCENCE AVEC COMBUSTION. — Ces lampes, réalisées pour la première fois par M. Émile Reynier, et à la catégorie desquelles appartiennent les lampes Werdermann (disposition Napoli), Tomasi, Joel, etc., sont composées d'un charbon en forme de crayon qui vient s'appuyer sur un bloc métallique ou de charbon, de façon à produire un contact imparfait d'où résulte l'incandescence du charbon. Voici le système de M. Reynier, dont les autres ne diffèrent que par des dispositions plus ou moins ingénieuses. Une baguette (*fig.* 134), une aiguille de charbon plutôt, longue de 0ᵐ,20 à 0ᵐ,30, épaisse de 1 à 2 millimètres, est assujettie, d'une part, sur une tige métallique, que son propre poids tend à faire descendre; de l'autre, sur le pourtour d'une roulette en charbon disposée verticalement. La baguette appuie forcément, au fur et à mesure de l'usure, sur la roulette, qui tourne lentement, entraînée par une roue que fait mouvoir le poids de la tige. Le courant rougit la baguette au blanc éclatant au point de contact de l'extrémité avec la roulette. Le charbon s'oxyde ; mais le contact subsiste sans cesse, puisque la tige lourde à laquelle il est fixé l'oblige à descendre. La lumière subsiste tout le temps que la baguette met à brûler. La dépense en charbon est de 10 centimètres environ à l'heure. Une baguette de 0ᵐ,30 peut donc durer 3 heures. Aussi obtient-on, sans aucune complication, une lampe électrique très simple. Le courant électrique rougit le charbon. Veut-on beaucoup de lumière; on hausse la mèche, c'est-à-dire qu'on augmente la portion rouge de la baguette ; en veut-on moins, on diminue cette portion. Veut-on éteindre; on ferme le courant. La quantité d'électricité dépensée est extrêmement faible. C'est évidemment une solution du problème de la production des lumières électriques pour appartements ou petits ateliers.

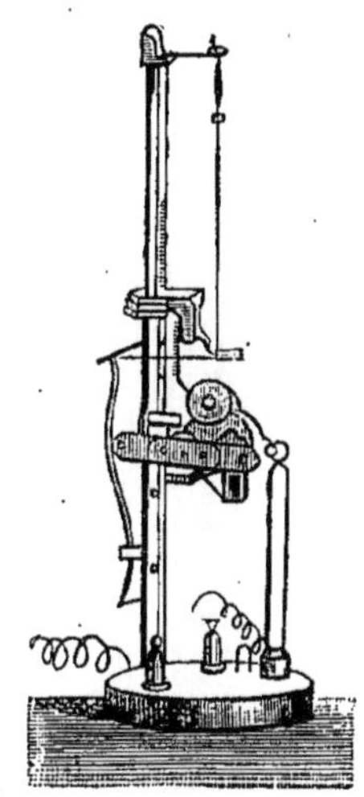

Fig. 134

LAMPE REYNIER.

LAMPES A INCANDESCENCE SANS COMBUSTION. — Ces lampes, qui comprennent celles de M. Swan, Maxim, Edison et Lane Fox, d'abord vainement cherchées par plusieurs ingénieurs russes, MM. Ladygumi, Kosloff, Kon, Bouligaine, etc., sont formées par un fil de charbon, très fin, placé dans un ballon de verre, dans lequel on a fait le vide, ou qui contient un gaz revivifiant. Par suite de cette disposition, l'usure du charbon est presque insensible, et les lampes peuvent durer très longtemps. Elles se prêtent facilement à la division de la lumière. Contrairement à toutes les autres lampes électriques, elles fournissent une lumière jaune orangé, assez semblable à celle du gaz, quoique beaucoup plus éclatante; de plus, cette lumière est absolument fixe.

Nous donnons le dessin des trois dernières dispositions que M. Edison a adaptées à ses lampes pour en augmenter la lumière (*fig.* 135). Dans l'une, le fil est roulé en spirale ; la seconde est à deux fils ; la troisième est à trois fils. La construction est si simple qu'il nous semble inutile d'entrer dans des explications à ce sujet.

MOTEURS ÉLECTRIQUES. — Dès la découverte de l'électricité, pour ainsi dire, on pensa à se servir des répulsions et des attractions magnétiques comme moteur ; mais, après la découverte de l'électro - magnétisme seulement, ces désirs ónt pu ne pas être considérés comme absolument chimériques ; l'on a voulu dès lors remplacer la vapeur par l'électricité, et que celle-ci pût faire mouvoir des machines, traîner des fardeaux, faire toutes sortes d'ouvrages délicats ou pénibles. Jusqu'à ce jour, les efforts des inventeurs ont été à peu près infructueux. « Il n'y a pas à s'arrêter, disait M. de

Fig. 135. — LAMPES EDISON.

Parville en 1878, aux moteurs électriques. Les quelques types qu'on rencontre à l'Exposition ne sauraient plus induire personne en erreur. L'électricité coûte trop cher. En tournant une simple manivelle presque sans effort, on fait produire aux machines magnéto-électriques une quantité d'électricité équivalente à celle d'une pile de Bunsen de 10 éléments ; donc, avec très peu de force, on développe beaucoup d'électricité. La réciproque est vraie ; avec beaucoup d'électricité, on produit très peu de force. Ceci peut se traduire en un seul chiffre : la pile la plus économique nécessaire à la production de l'électricité ne fonctionne qu'en oxydant du zinc. Un moteur électrique dépense en zinc ce qu'une machine à vapeur consomme en charbon. Or le zinc coûte quinze fois plus cher que la houille, et l'oxydation du zinc ne donne que 5,000 calories, quand l'oxydation du charbon en produit 8,000. Un moteur électrique dépense à très peu près trente fois plus qu'un moteur à vapeur. Les moteurs électriques ne pourront donc intéresser les industriels que lorsque les physiciens auront trouvé le moyen de produire de l'électricité à bon marché. »

Cependant le jour où l'on arriverait à produire un moteur, l'industrie ferait un tel progrès qu'il importe de ne pas désespérer. Ce jour-là, en effet, on verra l'ouvrier travaillant en chambre, l'ouvrière que la machine à coudre fatigue tant actuellement, le propriétaire en quête de bien-être, l'industriel n'employant que quelques petits outils et pour lequel la machine à vapeur est un trop grand embarras. etc., se servir de cette force nouvelle, d'où découlera une transformation complète aussi bien dans le domaine industriel que dans notre vie intime et dans notre vie sociale et morale.

C'est en 1835, à l'époque de l'invention même des piles constantes, que Jacoby exécuta, sur la Néva, les premières expériences d'un moteur électrique. Il l'appliquait à la navigation. Sa chaloupe, assez grande pour contenir une pile motrice, était pourvue de roues à aubes. Il paraît que cet appareil moteur se composait de deux larges disques garnis chacun de quatre électro-aimants perpendi-

Fig. 136. — MOTEUR ÉLECTRIQUE FROMENT.

culaires à son plan, et dont l'un était fixe, l'autre mobile autour d'un axe horizontal. On obtenait une rotation continue par des alternatives d'attraction et de répulsion, qui se manifestaient quand les électro-aimants mobiles passaient en regard des électro-aimants fixes. Il était servi par une pile de 128 couples de Grove, dans lesquels la surface de platine était de 3 à 4 mètres carrés, et dont le courant était assez énergique pour rougir un fil de $0^m,001$ de diamètre et de 2 mètres de longueur. L'expérience coûta 60,000 francs, donnés par l'empereur Nicolas, et ne put être répétée.

En 1866, le comte de Mollins reprit l'expérience de Jacoby sur le lac du Chalet du bois de Boulogne, à l'aide d'un bateau en fer à fond plat. La machine était actionnée par vingt éléments de Bunsen. Elle se composait d'un moteur faisant tourner un axe horizontal, qui communiquait le mouvement à deux roues à aubes placées, l'une à droite et l'autre à gauche, à l'aide d'une chaîne à la Vaucanson. Cette chaloupe, de même que celle de M. Jacoby, portait douze personnes. Les suites de cette expérience furent interrompues par la mort de l'inventeur.

Depuis, il a été construit un grand nombre de machines électro-motrices, parmi lesquelles il faut citer celles de MM. Ritchie, Larmengeat, Froment, Bourbouze, Kravogl, etc. Comme elles reposent toutes sur le même principe, nous nous contenterons de décrire celle de M. Froment, une des meilleures. Elle consiste (*fig.* 136) en quatre électro-aimants disposés sur un bâti de fonte. Une roue, portant huit armatures de fer doux, peut se mouvoir entre les électro-aimants ; ceux-ci n'agissent pas tous ensemble, mais successivement. Les armatures, attirées par les électro-aimants, se précipitent dans leur direction et les dépassent par vitesse acquise ; les électro-aimants cessent d'ailleurs de fonctionner au moment où les armatures passent devant eux ; un commutateur est disposé pour cela. Il consiste en un prolongement de l'axe de rotation que l'on voit en avant de la figure, et en trois galets fixés à l'extrémité de ressorts d'acier ; des renflements qui existent sur l'axe viennent soulever alternativement chaque galet, infléchir le ressort correspondant et lui faire toucher un contact, de sorte que de cette façon l'électro-aimant correspondant reçoit le courant.

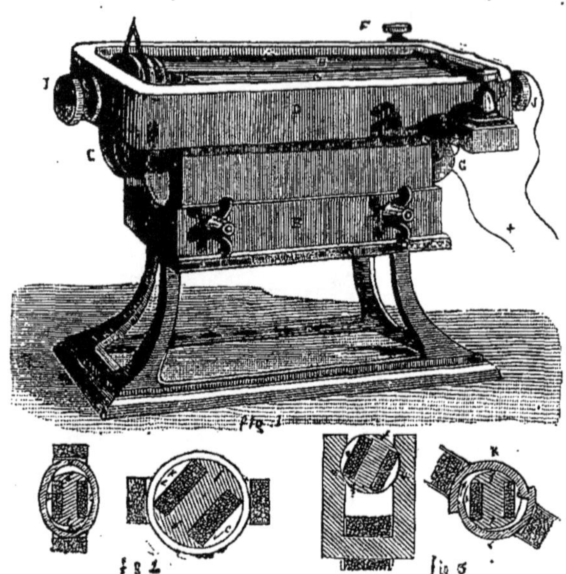

Fig. 137. — MOTEUR TROUVÉ.

AA. Pôles de l'électro-aimant fixe. — B. Fer de la bobine. — C. Bobine de l'électro-aimant A. — IJ. Axe de la bobine. FH. Pôles de la pile motrice. — D. Cadre en cuivre. — E. Bâti en fonte.

En 1880, M. Trouvé a imaginé un nouveau moteur, basé sur des perfectionnements qu'il a apportés à la bobine Siemens, et qui a fait beaucoup de bruit. L'appareil se compose (*fig.* 137) d'une bobine Siemens, qui est mise en rotation à l'aide d'un interrupteur entre les pôles d'un électro-aimant. Voici comment l'auteur s'exprime lui-même sur les modifications qu'il a fait subir à la bobine Siemens :

« Lorsqu'on trace le diagramme dynamique d'une bobine Siemens en lui faisant opérer une révolution complète entre les deux pôles magnétiques qui réagissent sur elle, on obvervé que le travail est presque nul pendant deux périodes assez grandes de la rotation. Ces deux périodes correspondent aux temps pendant lesquels les pôles cylindriques de la bobine mobile, ayant atteint les pôles

Le Tramway électrique à l'Exposition d'électricité de 1881 (page 372).

de l'aimant fixe, défilent devant eux. Durant ces deux fractions de la révolution, qui sont chacune de 30° environ, les surfaces magnétiques, destinées à réagir l'une sur l'autre, sont à égale distance du fer de la bobine, qui n'est point sollicitée à tourner. Il en résulte donc une perte notable de travail. J'ai supprimé ces périodes d'indifférence et accru l'effet utile de la machine, en modifiant ainsi la bobine : les faces polaires, au lieu d'être des portions d'un cylindre dont l'axe coïncide avec celui du système, sont des espèces de limaçons, de sorte qu'en tournant elles approchent graduellement leur surface de celle de l'aimant, jusqu'au moment où le bord postérieur échappe le pôle de l'aimant. La répulsion commence alors par suite de l'inversion du courant, de sorte que le point mort est pratiquement évité. »

M. Trouvé a imaginé plusieurs moyens d'obtenir ce résultat, soit en excentrant les joues de la bobine, soit en excentrant au contraire l'excitateur, les joues de la bobine restant concentriques. Les dessins 2 et 3 de la figure donnent, en projection horizontale et en coupe verticale, les deux formes principales qui lui ont le mieux réussi : le dessin 2 représente une bobine portant deux palettes hélicoïdales ; le dessin 3 représente une bobine elliptique.

Fig. 138. — TRICYCLE DE M. TROUVÉ.

Ce moteur électrique est certes capable de faire fonctionner une machine à coudre ; mais, comme pour les autres moteurs, le prix d'entretien d'une pile le rend impossible. Il ne peut convenir que pour des applications de luxe, telles que le fonctionnement des petites fraiseuses et des tours des dentistes et des horlogers, la ventilation des appartements, les tours d'amateurs, etc. Les professeurs de physique s'en serviront pour faire des expériences qui nécessitent peu de force mécanique, telles que la mise en marche des machines d'électricité statique, etc. A l'Exposition d'électricité de 1881, il actionnait le petit ballon présenté par M. Tissandier. Il a surtout été très remarqué dans des expériences relatives à la locomotion pratique des véhicules et des bateaux légers.

Sur un tricycle de construction anglaise, très lourd (55 kilogr.), M. Trouvé avait disposé un de ses moteurs au-dessous de l'essieu de la roue motrice qui lui communiquait le mouvement par l'intermédiaire d'une chaîne Vaucanson. Le moteur était actionné par six éléments secondaires ou accumulateurs du genre Planté, qu'il construit avec tant de perfection. Le poids total du véhicule, les piles, le moteur et le cavalier compris, atteignent 160 kilogr., et la force effective du moteur

7 kilogrammètres. Néanmoins, le tricycle s'est mis de lui-même en marche, aussitôt qu'on eut établi la communication électrique et il a parcouru à plusieurs reprises, dans les deux sens, la rue de Valois, à la vitesse d'une bonne voiture de place. L'expérience a duré une heure et demie (*fig.* 138) et est concluante.

La seconde application de M. Trouvé est non moins heureuse que la première ; nous voulons parler de son bateau électrique avec lequel il remonta très facilement le courant de la Seine, à Paris, avec trois personnes dans son bateau. Les expériences qui ont eu lieu sur la Seine, au Pont-Royal, les 26, 27, 28 mai et 3 juin 1881, en présence des plus hautes notabilités scientifiques et politiques, n'ont rien laissé à désirer (*fig.* à la page 361). Chaque voyage consistait à remonter la Seine du *ponton des touristes*, situé un peu au-dessous du Pont-Royal, jusqu'au pont des Arts, pour redescendre ensuite au point de départ. Le temps pour chacun des voyages s'est trouvé rigoureusement le même du premier au dernier, ce qui prouve bien suffisamment la constance de la pile et la sûreté des effets du moteur de M. Trouvé ; chaque expérience comprenait une quinzaine de voyages qui duraient de une heure et demie à deux heures. Le moteur était actionné par deux batteries de piles au bichromate de potasse de six éléments chacune. Les vitesses obtenues par seconde, mesurées très exactement au moyen d'un loch, ont été de $1^m,50$ ou 4,500 mètres à l'heure, avec une hélice à trois branches, en remontant le courant de la Seine, et de $2^m,50$ ou 8,640 mètres à l'heure, en descendant le fleuve. Cette nouvelle application de l'électricité, rendue tout à fait pratique, est fort étudiée ; plus on examine les détails, plus on s'aperçoit que rien n'a été laissé au hasard ; depuis le gouvernail, moteur, propulseur, jusqu'à la disposition des batteries, tout dénote une grande habileté.

TRANSMISSION DE LA FORCE AU MOYEN DE L'ÉLECTRICITÉ. — Pour le moment, il faut se contenter de demander à l'électricité des ouvrages délicats, exigeant une grande vitesse et peu de force, par exemple le travail des télégraphes, des machines à diviser, etc. Peut-être cependant que le problème de l'électricité à bon marché comporte une solution indirecte, en réalisant la transmission de la force à distance.

Ce problème de la transmission de la force est un de ceux qui occupent le premier rang dans les applications mécaniques de tous genres. La tendance que l'industrie a de nos jours à se diviser, la nécessité d'employer les machines dans des lieux éloignés de toute force motrice, l'économie sérieuse réalisée par l'emploi d'un moteur central, au lieu d'un grand nombre de petits moteurs, ont amené quelques industriels à s'occuper d'une façon toute spéciale de cette question, et les résultats ne se sont pas fait attendre. Le tramway électrique qui a paru à l'Exposition de 1881 démontre que l'électricité est parfaitement applicable comme moyen de locomotion (*fig.* à la page 369); mais ce système ne peut être employé que pour des distances de quelques centaines de mètres.

Trois systèmes se trouvent actuellement en présence pour réaliser cette transmission :

1° Au moyen de deux machines dynamo-électriques réunies par un fil conducteur, et dont l'une reçoit la force d'un moteur, et la transmet, au moyen d'un fil, à l'autre machine, qui peut alors mettre en mouvement l'outil que l'on veut actionner;

2° Au moyen des accumulateurs, dans lesquels on emmagasine de l'électricité, et que l'on peut ensuite transporter en un lieu quelconque où cette électricité est alors employée, pour mettre en mouvement une machine électrique, qui actionne les outils réclamant l'emploi de cette force;

3° Enfin le transport de la force peut encore s'obtenir par ce que l'on a appelé la canalisation de l'électricité, c'est-à-dire au moyen de tuyaux, dans lesquels on fait circuler l'électricité, et où on peut la puiser à l'aide de branchements, comme cela a lieu pour l'eau et le gaz.

Nous dirons un mot de ces trois modes de transmission considérés surtout au point de vue pratique :

1° *Transmission au moyen de fils conducteurs.* — La machine Gramme possède, comme la plupart des autres machines dynamo-électriques, la propriété d'être reversible, c'est-à-dire que, si on la met en mouvement au moyen d'un moteur, elle engendre un courant électrique, tandis qu'au contraire, si on la fait traverser par un courant électrique, elle se met en mouvement sous son action, et fournit du travail moteur.

En un mot, elle transforme aussi bien le travail moteur en électricité, que l'électricité en travail moteur.

Si donc deux machines semblables sont placées à une certaine distance, et réunies par un fil conducteur, et que, au moyen d'un moteur, quelconque, une prise d'eau, une machine à vapeur, etc., nous mettions l'une d'elles en mouvement, elle engendrera un courant qui, parcourant le fil, ira faire tourner la seconde machine, sur laquelle on pourra recueillir une partie du travail que reçoit la première. Nous disons une partie du travail; car, dans la transmission de cette force, il y a des pertes occasionnées par le frottement, l'échauffement du fil, etc., comme cela a lieu pour toutes les machines et pour tous les fluides. Le rendement qui, dans les premières expériences, était environ de 50 0/0, a été bientôt dépassé, par suite de l'application de machines construites spécialement dans ce but, et a atteint le chiffre de 60 0/0, qui s'élèvera encore au fur et à mesure que des expériences réitérées sur la nature et la section du conducteur, la tension du courant, le mode de construction et la vitesse des machines, auront permis d'établir, suivant les distances, toutes ces parties dans les conditions les plus propres à l'effet que l'on se propose d'obtenir. Dans tous les cas, un rendement de 60 0/0 seulement est déjà très avantageux dans beaucoup de cas, et supérieur à celui de la plupart des autres modes de transport du travail dynamique.

Les premiers essais de la transmission électrique de la force motrice furent faits en 1873, à l'exposition de Vienne, par M. H. Fontaine. En 1876, à l'exposition de Philadelphie, il n'y eut pas autre chose que la reproduction de cette expérience ; de même, en 1878, à Paris. A cette époque, M. l'ingénieur Chrétien prit un brevet pour l'application de ce mode de transport aux grues et appareils de levage; puis d'autres brevets furent encore pris par M. Félix. Il y eut bientôt des pompes, des machines-outils, des machines à battre, des scieries, des machines à coudre, à broder, à plisser, à imprimer, des appareils perforateurs, etc. Des expériences sérieuses de labourage par l'électricité eurent lieu à Sermaize en 1879 ; la presse s'en occupa en France et à l'étranger. Il convient d'en dire un mot.

Le labourage à l'électricité est en tout semblable au labourage à vapeur. A chaque extrémité du champ est placé un chariot, portant un treuil, sur lequel s'enroule le câble d'acier destiné à la traction de la charrue. Une machine Gramme, montée sur le chariot, est en communication avec l'appareil moteur (machine à vapeur économique, roue hydraulique, etc.), qui peut être à une distance de plusieurs kilomètres. Cette machine commande à volonté le treuil d'enroulement du câble ou un mouvement de translation du chariot. Entre les deux chariots extrêmes est disposée la charrue. Un homme, placé sur le siège de la charrue, peut, à l'aide d'un volant qu'il fait tourner dans un sens ou dans l'autre, la maintenir dans la direction voulue, qui est celle déterminée par la position des deux machines ; il suffit seul pour la commande. Dès que la charrue arrive au bout du champ, l'homme tourne un commutateur, qui, interrompant le circuit, produit l'arrêt instantané de la charrue. On fait alors commander, par la machine, le mouvement de translation du chariot qui avance de la quantité voulue, égale à la largeur de trois sillons, puis on dégage le tambour, afin qu'il ne s'oppose pas au déroulement du câble. Alors l'homme posté à l'autre chariot tourne le commutateur de celui-ci, de façon à fermer le circuit, et le treuil, se mettant immédiatement en fonction, enroule le câble qui tire en sens inverse la charrue, que l'on avait eu le soin de relever, afin de la remettre dans de nouveaux sillons. La vitesse est environ celle du pas d'un homme, et elle trace des sillons de $0^m,25$ de profondeur. On arrive ainsi, par ce procédé, à labourer 30 ou 40 ares par heure. La manœuvre est très simple, ce qui est un grand avantage pour les travaux agricoles, où l'on n'a le plus souvent sous la main que des hommes peu initiés à la conduite des outils mécaniques.

A côté de l'appareil à labourer, on voyait la machine à battre Hermann-Lachapelle, actionnée également par une machine Gramme. C'est avec cette machine que M. Félix exécute les opérations qui se font à l'intérieur des fermes ou dans leur voisinage immédiat, comme le battage, le vannage, le triage, l'élévation de l'eau pour les besoins de l'exploitation et pour les irrigations. Il suffit en effet, pour cela, de réunir, par une courroie la poulie de la machine Gramme sur un chariot à l'instrument dont on veut se servir. Cette espèce de locomobile électrique a le grand avantage, sur les locomobiles à vapeur, de ne peser que quelques centaines de kilogrammes et de pouvoir être transportée partout, aussi bien dans un grenier qu'ailleurs, car elle n'emporte avec elle aucune cause d'incendie ni d'explosion. La seule précaution à prendre est de surveiller le graissage, afin d'éviter l'échauffement des coussinets, ce qui est d'ailleurs très facile.

Citons encore, parmi les applications de l'électricité à l'agriculture qui se sont produites en public à l'Exposition d'électricité, les scieries à bois de M. Arbey, le constructeur bien connu, et dont l'emploi, dans l'exploitation des forêts, rend de si grands services pour le débitage des bois ; les locomobiles à lumière électrique de M. Albaret, de Liancourt, si utiles dans les travaux de fermes, pour certains travaux de nuit urgents ; les lampes de MM. Roulier et Arnoult pour le mirage des œufs ; les couveuses à eau chaude munies d'un thermomètre électrique avertisseur ; les couveuses réglées par l'électricité de M. Frémond ; les gaveuses, etc., etc.

2° *Transmission au moyen des accumulateurs.* — La question de l'emmagasinage de l'électricité n'est pas nouvelle, et, dès l'année 1860, M. Gaston Planté obtenait des résultats assez satisfaisants avec sa pile secondaire, qui, disons-le tout de suite, ne pouvait être, à cette époque, qu'un appareil de laboratoire. Ce n'est guère que récemment que l'on a cherché à accumuler, d'une façon industrielle, la force électrique considérable fournie par les machines dynamo-électriques, et, quoique l'on ne soit pas encore arrivé à des résultats bien probants, il est permis d'espérer qu'il y a là une source féconde à exploiter. En effet, quoi de plus commode que cette boîte qu'il suffit de mettre en communication avec une machine électrique pour la remplir d'électricité, si je puis m'exprimer ainsi, et que l'on peut ensuite transporter là où le besoin s'en fait sentir, sans être astreint à conserver une communication avec la source électrique, chose souvent très gênante et quelquefois même impraticable.

Les applications des accumulateurs sont encore restreintes, et il est nécessaire d'en étudier et d'en réaliser de nouvelles ; mais, par les progrès faits en peu de temps, on peut augurer des résultats que l'on pourra atteindre avant peu, dans les multiples voies d'application qui sont ouvertes.

3° *Transport de la force par la canalisation de l'électricité.* — Au bout de la section agricole, à l'Exposition d'électricité, on remarquait une table d'une dizaine de mètres de longueur sur laquelle étaient posés des tuyaux formant une conduite analogue aux conduites d'eau. Il s'agissait de faire circuler, dans ces tuyaux, de l'électricité recueillie à une extrémité, exactement comme on fait pour le gaz. L'inventeur, M. Parod, explique ainsi le mode d'action de son procédé. Supposons qu'à une distance de 100 kilomètres, par exemple, de Paris, on ait une force motrice à utiliser ; on établira, à cet endroit, une machine dynamo-électrique, qui développera un courant qu'il s'agit de recueillir, pour le faire agir, non seulement à la distance de 100 kilomètres, mais encore à chaque point intermédiaire, suivant les besoins. Pour cela, on établit une conduite composée de tuyaux en cuivre recouverts d'un manchon en caoutchouc, sur lequel est appliquée, à l'extérieur, une feuille d'étain. Un second manchon ou tube de caoutchouc enveloppe le tout.

Le tuyau ainsi composé a une grande analogie avec une bouteille de Leyde. L'armature intérieure est formée par le tuyau de cuivre, et l'armature extérieure par la feuille d'étain.

Ces tubes sont enfermés dans un tuyau extérieur en poterie, afin de les protéger contre l'humidité ou toute autre cause de déperdition. Si on met les deux pôles de la machine en communication avec les deux armatures du tuyau, l'électricité se répandra immédiatement sur les deux surfaces, et cela d'un bout à l'autre du tuyau, qui n'est alors autre chose qu'un condensateur ordinaire, où l'électricité s'accumule en tension. Si, à l'autre extrémité de la conduite, on recueille cette électricité au moyen de deux conducteurs, pour l'utiliser comme force motrice, par exemple, il s'établit, dans la conduite, un courant analogue à celui du gaz, quand un robinet est ouvert à l'extrémité d'une conduite. L'électricité est alors toujours en mouvement : celle qui est absorbée pour le travail étant constamment remplacée par celle qui est dévelóppée par le moteur initial. De plus, si, dans le parcours de la conduite, une ou plusieurs autres sources d'électricité peuvent être utilisées, on peut renforcer le courant produit en versant, pour ainsi dire, dans la conduite l'électricité fournie par ces sources. Enfin, et ce serait là l'application la plus intéressante, on peut utiliser cette électricité, la puiser en un point quelconque de la conduite. Pour cela, il suffit de brancher une conduite secondaire sur la conduite principale, en ayant soin de réunir soigneusement, au point de jonction, les surfaces conduisantes.

Ce mode de transport de la force électrique n'est encore qu'à l'état naissant; dans tous les cas, l'idée en est ingénieuse et il est certain que ce mode de transmission sera utilisé, surtout pour de petites distances. Comme pour les deux autres systèmes, de grandes améliorations doivent y être apportées pour qu'il soit praticable. Ils n'en est pas moins vrai qu'il y a là de grands progrès, qui amèneront, nous le répétons, la transformation complète de l'industrie.

LUMIERE
A·D

LIVRE VIII

OPTIQUE

CHAPITRE PREMIER

PROPAGATION, VITESSE ET INTENSITÉ DE LA LUMIÈRE

DÉFINITIONS. — HYPOTHÈSES. — On appelle *optique* la partie de la physique qui traite de la *lumière*. La *lumière* est l'agent qui, par son action sur la rétine, produit en nous le phénomène de la *vision*.

Pour expliquer l'origine de la lumière, il a été proposé les deux mêmes hypothèses que pour la chaleur (*Chaleur*, page 387) : celle de l'*émission* et celle des *ondulations*. La première, qui remonte aux philosophes de l'antiquité, et qui, dans les temps modernes, a été soutenue par Newton, suppose que les corps lumineux émettent dans toutes les directions les molécules excessivement ténues d'une matière impondérable, qui se propage avec une vitesse, pour ainsi dire infinie. Ces molécules pénètrent dans notre œil, et, agissant sur la rétine, produisent la vision. L'hypothèse des *ondulations*, défendue par Descartes, Grimaldi, Huyghens, Euler, Thomas Young, Malus, Fresnel, est généralement admise aujourd'hui. Comme pour la chaleur, les molécules des corps sont, d'après cette hypothèse, animées d'un mouvement vibratoire infiniment rapide qui se transmet à l'*éther ;* en sorte qu'il suffit qu'une source de lumière mette l'éther en vibration en un quelconque de ses points, pour qu'aussitôt ce mouvement se transmette de proche en proche, sous la forme d'ondes sphériques, à peu près comme le son se propage dans l'air par les ondes sonores (*Acoustique*, page 756). La lumière est donc une vibration, comme le son. Un objet éclairé peut être comparé à un instrument de musique ; l'instrument produit des vibrations sonores qui impressionnent l'oreille ; la lumière résulte de vibrations beaucoup plus ténues et plus rapides, qui impressionnent l'organe visuel. Chaque corps est accordé pour vibrer dans un ton donné ; de la lumière qui lui arrive, il fait deux parts : une toute superficielle, qu'il renvoie telle qu'elle lui parvient ; une seconde qui pénètre dans les autres corps. Ces vibrations, transmises dans l'intérieur, engendrent des vibrations dépendantes de la nature du corps, et ce sont celles-ci qui finalement nous donnent le ton lumineux de l'objet, sa couleur. Tel objet nous envoie des vibrations basses, qui nous donnent la sensation du rouge, sa musique est rouge ; tel autre des sensations aiguës, sa musique est violette. Il n'est pas ainsi un corps dans la nature qui ne soit dans un perpétuel état de mouvement ; il vibre sans cesse : si les vibrations sont lentes, elles ne produisent sur nous que les sensations de chaleur ; si elles sont rapides, elles amènent la sensation lumineuse. La lumière solaire, celle que nous appelons *blanche*, renferme toutes les couleurs, comme nous le verrons ci-après ; elle joue, pour continuer cette comparaison, une symphonie lumineuse très complexe. Mais si les objets sur lesquels elle tombe ne sont pas accordés de façon à recevoir les mêmes vibrations, à rendre les mêmes notes, évidemment la symphonie ne sera pas reproduite intégralement, l'écho ne redira que certaines notes ; et c'est ainsi que l'objet ne pourra dire que du rouge, du vert, du bleu, suivant sa constitution. Un objet pourra même ne rien renvoyer à l'œil : il pourra absorber et éteindre toutes les vibrations ; il restera silencieux pour la lumière ; cet objet, assez comparable au coton, à la ouate, qui éteignent les vibrations sonores, nous apparaîtra noir. Quand un corps ne réfléchit pas les ondes lumineuses et les absorbe toutes, il donne nécessairement la sensation du noir.

On appelle *corps lumineux* tout corps qui fait naître en nous la sensation de la clarté, toute *source de lumière*. Ces sources de lumière sont le soleil, les étoiles, la chaleur, les combinaisons chimiques, la phosphorescence, l'électricité, certains phénomènes météorologiques. On ignore l'origine de la lumière émise par le soleil et les étoiles ; mais on suppose qu'elle est due à l'inflammation de gaz qui entourent ces astres. Pouillet prétend que la lumière due à la chaleur est produite lorsque les corps sont élevés à une température de 500 à 600 degrés. Un grand nombre de combinaisons chimiques produisent la lumière, par suite de l'éléyation de température développée.

La *phosphorescence* est la propriété particulière à certains corps d'émettre naturellement de la lumière dans certaines circonstances sans qu'il y ait le moindre dégagement de chaleur. M. E. Becquerel, qui a étudié profondément ce genre de phénomènes, les rapporte à cinq causes : 1° Phosphorescence spontanée, qui s'observe dans les bois ou les végétaux pourris, les chairs de poissons en putréfaction, certains animaux vivants, comme le *lampyre* ou ver luisant, le *pyrophore noctiluque* au Mexique, les *iules*, les *fulgores* aux Indes, ou dans ces innombrables animalcules, entre autres le *noctiluque miliaire*, qui, parfois couvrent la mer et la rendent toute lumineuse, surtout quand elle est un peu agitée. 2° Phosphorescence par effets mécaniques, tels que la percussion, l'exfoliation, etc. 3° Phosphorescence par élévation de température, comme certains diamants, qui, chauffés à 300 ou 400 degrés, émettent des lueurs. 4° Phosphorescence par l'électricité, comme cela se produit par le frottement du mercure dans un tube vide. 5° Phosphorescence par insolation, c'est-à-dire par une exposition prolongée aux rayons solaires : certains minéraux, comme le diamant, le spath-fluor, le marbre blanc, deviennent ainsi lumineux dans l'obscurité.

Un industriel anglais, M. Balmain, a trouvé le moyen d'exploiter industriellement cette propriété très développée dans les phosphures des métaux terreux, principalement le phosphure de calcium, les phosphures de baryum et de strontium, qui sont phosphorescents après insolation. A l'Exposition du Palais de l'Industrie en 1879, il présenta des montres et des pendules dont les aiguilles se détachaient en noir sur le cadran, qui, la nuit, brillait d'un éclat bleuâtre. Il désigne aujourd'hui son produit sous le nom de *peinture lumineuse*. Les applications en sont innombrables : la boîte d'allumettes que l'on retrouvera facilement lorsqu'on rentrera chez soi pendant la nuit, les lampes des trains de jour qui seront remplacées par le plafond lumineux pendant le passage des tunnels, les plaques des rues indiquant les noms, et, pour les objets plus utiles encore, les bouées employées pour marquer un chenal et qui, lumineuses, permettront de reconnaître la route, les plongeurs qui, sous l'eau, pourront s'apercevoir entre eux, etc. Tous les visiteurs de l'exposition du Palais de Cristal en 1882 ont été émerveillés du succès des expériences qui leur ont été présentées sur ce sujet.

La *fluorescence* est une sorte de phosphorescence instantanée, d'une durée très courte, que présentent certains corps, tels que le sulfate de quinine, la cornée d'un grand nombre d'animaux, quand ils reçoivent les rayons ultraviolets du spectre solaire.

Sans être lumineux, les corps peuvent produire de la lumière, s'ils sont *éclairés;* ils émettent alors de la lumière en vertu des lois de la *réflexion,* que nous étudierons ci-après.

Les corps *diaphanes* ou *transparents* sont ceux à travers lesquels la lumière passe facilement et à travers lesquels on peut distinguer très bien les objets; tels sont l'eau, le gaz, le verre, etc. Les corps *translucides* permettent à la lumière de passer, mais on ne peut distinguer les objets placés derrière eux; tels sont le verre dépoli, le papier huilé, etc. Enfin

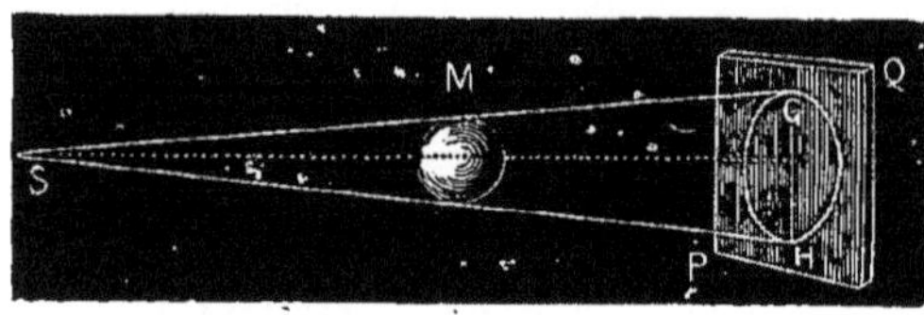

Fig. 139. — Cône d'ombre.

ceux qui ne se laissent pas traverser par la lumière, comme le bois, les métaux, sont dits corps *opaques.* Il n'existe pas, en réalité, de corps véritablement opaques; il suffit, pour les rendre translucides, de les réduire en plaques assez minces. De même, les corps les plus transparents, tels que le verre, finissent par devenir opaques si l'on augmente considérablement leur épaisseur.

On appelle *rayon lumineux* la ligne que suit la lumière en se propageant. Dans un milieu *homogène,* c'est-à-dire dont toutes les parties sont identiques en composition chimique et en densité, la ligne du rayon lumineux est parfaitement droite : on peut s'en assurer en interposant un corps opaque sur la ligne droite menée de l'œil à un corps lumineux. La réunion de plusieurs rayons forme un *pinceau* ou *faisceau* de lumière. Des pinceaux de lumière sont *parallèles* si les rayons qui les composent suivent la même direction; *divergents* ou *convergents,* s'ils vont en s'écartant ou en se rapprochant les uns des autres.

OMBRE, PÉNOMBRE, REFLET. — Les corps opaques arrêtant les rayons de la lumière, il en résulte que, derrière la partie éclairée de ces corps, il doit y avoir un espace privé de lumière; cet espace est l'*ombre.* Pour déterminer la forme et l'étendue de cette ombre projetée, il faut considérer deux cas.

1° Si la lumière est un point S (*fig.* 139) devant lequel on place un corps opaque M, que l'on imagine par ce point S un cône dont la nappe soit tangente à la surface du corps opaque, il est évident que, dans tout l'intérieur de ce cône, au delà du corps opaque, aucun rayon lumineux ne pourra pénétrer; toute cette portion de l'espace sera dans l'obscurité.

C'est le *cône d'ombre*. L'intersection de ce cône d'ombre par une surface PQ donne lieu à une portion plus ou moins noire GH, qui est ce qu'on appelle *ombre portée*.

2° Quand le corps opaque, au lieu d'être éclairé par un seul point, reçoit sa lumière d'un corps lumineux de dimensions finies, l'ombre qu'il donne ne se détache pas brusquement de la lumière ; mais le passage de l'une à l'autre se fait par dégradations, par nuances insensibles, qui occupent une étendue plus ou moins grande, suivant les circonstances dans lesquelles se trouve le corps éclairé. Cette ombre imparfaite a reçu le nom de *pénombre*. Soient deux sphères, SL lumineuse et MN opaque (*fig.* 140) ; menons un plan par la ligne des centres et tirons la tangente ASMG commune aux deux cercles d'intersection. Si nous faisons tourner cette ligne autour du point A en l'ap-

Fig. 140. — OMBRE ET PÉNOMBRE.

puyant toujours sur les surfaces des deux sphères, nous décrirons un cône GMSALNH dont le sommet est en A, et dont toute la partie MNGH comprendra exactement l'ombre projetée par la sphère opaque MN. Menons maintenant les deux tangentes LMD, SNC qui se croisent entre les sphères, en un point B situé sur la ligne des centres Aa, elles forment un nouveau cône DMBNC dont le sommet est en B. On voit alors que tous les points situés au-dessus de la surface extérieure de ce cône sont complètement éclairés par la sphère lumineuse SL, mais que les points compris entre les deux surfaces coniques ne sont ni absolument obscurs, ni entièrement éclairés, de sorte que si l'on place une surface plane PQ derrière le corps opaque, sa portion d sera tout à fait obscure, mais que la portion annulaire ab recevra la lumière de certains points du corps lumineux, mais non de tous les points. Cette portion de surface apparaîtra donc plus éclairée que celle qui est tout à fait obscure, mais moins que le reste ; c'est la *pénombre*.

Les ombres dont nous venons de parler sont les *ombres géométriques ;* pour les *ombres physiques,* c'est-à-dire celles que l'on observe réellement, elles ne sont jamais rigoureusement limitées. Les rayons lumineux qui rasent la surface des corps s'infléchissent en effet les uns en dedans, les autres en dehors de l'ombre géométrique, en vertu d'un phénomène appelé *diffraction*, observé par Grimaldi, qu'ont étudié Newton et Thomas Young, et dont Fresnel a donné la théorie.

Quand un corps opaque intercepte la lumière par une de ses faces, la partie obscure n'est pas absolument sombre, elle est plus ou moins éclairée par la lumière qu'émettent les corps voisins : cet effet de réverbération s'appelle le *reflet*. Comme la lumière reflétée par un corps participe en général de la couleur de ce corps, il en résulte que les reflets ont la teinte des objets voisins. Les peintres utilisent les effets de lumière produits par les reflets.

PROPAGATION DE LA LUMIÈRE A TRAVERS LES OUVERTURES ÉTROITES. — Si l'on reçoit sur un écran un faisceau lumineux pénétrant

Fig. 141. — CHAMBRE NOIRE.

dans une chambre noire *par une petite ouverture*, on obtient l'image des objets extérieurs, et l'on observe les deux phénomènes suivants : 1° *L'image des objets est renversée ;* 2° *leur forme est absolument indépendante de la forme de l'ouverture par laquelle entre le faisceau lumineux.* Ces résultats s'expliquent facilement (*fig.* 141). Le renversement est dû au croisement même des rayons dans la petite ouverture ; les rayons partis du point le plus élevé de la source de lumière, se propageant en ligne droite, rencontrent l'écran à la partie inférieure, tandis que les plus bas vont aboutir à la partie supérieure. Quant à la forme de l'image, elle est indépendante de celle de l'ouverture, si celle-ci est petite. En effet, vu la grandeur du soleil, le petit trou n'est en réalité qu'un point, qui est le sommet d'un cône lumineux dont le soleil est la base. En se prolongeant, les rayons forment un second cône semblable au premier, mais plus petit. Si l'on place l'écran perpendiculairement au faisceau lumineux, on aura donc l'image circulaire du soleil. Si l'écran est oblique, l'image sera oblongue ; mais, à moins que l'écran ne soit très près de l'ouverture, il ne présentera pas la forme de celle-ci. C'est ainsi que les rayons solaires qui pénètrent à travers les feuillages, donnent des taches lumineuses rondes ou ovales sur le sol, selon la position du soleil à l'horizon, mais jamais la forme des interstices des feuilles (*fig.* à la page 385).

VITESSE DE LA LUMIÈRE. — La propagation de la lumière n'est nullement instantanée ; cependant sa vitesse propre, entrevue par Bacon et

par Galilée, n'a été réellement bien mise en évidence qu'au XVII° siècle.
Au moyen de calculs astronomiques, le savant danois Olaf Rœmer
démontra, en 1675, devant l'Académie de Paris, que, pour venir du soleil

Les rayons du soleil qui pénètrent à travers les feuillages... (page 384).

à la terre, la lumière emploie 8 minutes 13 secondes, ce qui donne une
vitesse d'environ 308,000 kilomètres par seconde, chiffre un peu trop
fort. Depuis, les physiciens ont résolu le problème à l'aide de méthodes
toutes différentes. La première est due à Fizeau et date de 1849 : en

voici le principe. Une source de lumière L est placée en face de la circonférence d'une roue R (*fig.* 142), portant des dents très régulières et tournant uniformément avec une très grande vitesse. Les rayons émanant de cette source de lumière sont rendus parallèles à l'aide d'une lentille convergente C. Ce faisceau, après avoir rasé la roue, est dirigé sur un miroir plan N, situé à une grande distance ; il tombe sur sa surface normalement, de manière à être rigoureusement réfléchi dans la même direction NM et à être renvoyé exactement au point de départ. La lumière va et vient ; elle passe par l'intervalle de deux dents de la roue et retourne au point de départ par cet intervalle. La roue étant mise en mouvement, si elle tourne très vite, il est clair que pendant que le faisceau ira et reviendra, une dent de la roue aura pu prendre la place du creux et la lumière sera interceptée au retour ; ou, au contraire, un intervalle nouveau aura pu prendre la place du précédent, et la lumière passera. On conçoit très bien que, connaissant la vitesse de la roue, la distance franchie par le faisceau lumineux, on puisse en conclure la vitesse de la propagation de la lumière. Fizeau, dans ses expériences, avait placé la roue dentée à Montmartre et le miroir réflecteur à Suresnes ; distance, 8,500 mètres. Il trouva que la lumière se propage, dans l'air, avec une vitesse de 315,364 kilomètres par seconde.

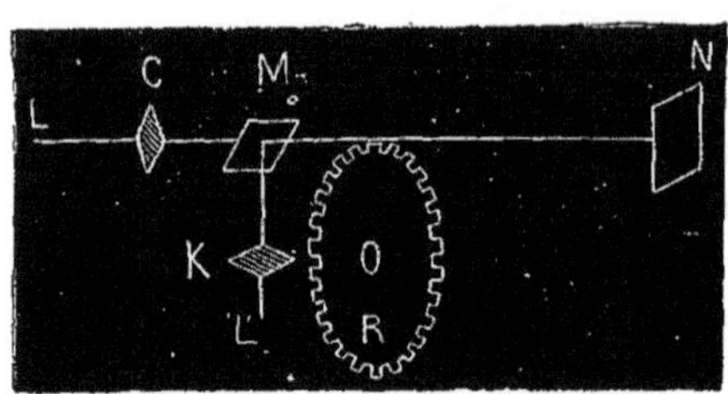

Fig. 142 — VITESSE DE LA LUMIÈRE.

En 1862, Léon Foucault combina une autre méthode, dont le principe est celui du miroir tournant déjà employé par Wheatstone pour mesurer la vitesse de l'électricité (*Électricité statique*, page 59). Il trouva 298,197 kilomètres seulement, chiffre qui frappa d'autant plus qu'il confirmait, par une tout autre voie, des résultats astronomiques récents.

Cependant il y avait grand intérêt à reprendre de nouveau cette détermination et à la contrôler. M. Cornu, ingénieur des mines, professeur de physique à l'École polytechnique, s'est préoccupé de cette question, et, en 1873, il a fait plus de mille expériences, par la méthode Fizeau, entre l'École polytechnique et le Mont-Valérien (distance contrôlée, 10,310 mètres).

La moyenne des valeurs obtenues est de 298,500 kilomètres par seconde pour la vitesse de la lumière dans le vide : c'est, on le voit, à peu près la valeur déjà donnée par Foucault.

On peut conclure de toutes ces expériences que la vitesse de la lumière dans l'air est environ de 300,000 kilomètres par seconde. Dans l'eau, la vitesse y est moins grande ; le rapport est d'environ 4/3.

INTENSITÉ DE LA LUMIÈRE. — PHOTOMÈTRES. — On appelle *intensité* d'une lumière l'éclairement que produit cette source de lumière sur une surface placée à l'unité de distance. La mesure de cette intensité est l'objet de la *photométrie* (du grec *phos, photos*, lumière, et *metron*, mesure), étude dont se sont surtout occupés Huyghens, Celsius, Bouguer, Lambert, Saussure, Leslie, etc. Ainsi, l'on dira que l'*intensité* de la flamme d'une bougie n'est que la quinze millième partie de celle du soleil ; qu'une lampe Carcel éclaire comme sept bougies, un bec de gaz comme neuf bougies ; que la lumière électrique a une intensité de quatre à cinq fois moindre que celle du soleil et qu'elle équivaut par conséquent, à 3,000 à 3,750 bougies.

La mesure de l'intensité d'une lumière est soumise aux deux lois suivantes :

1° *L'intensité d'une lumière reçue normalement sur une surface donnée est en raison inverse du carré de la distance au foyer lumineux.*

2° *L'intensité d'une lumière reçue obliquement sur une surface donnée est proportionnelle avec l'inclinaison de la surface qui l'émet ou qui la reçoit.*

La première de ces deux lois se démontre par le même raisonnement que nous avons employé pour démontrer la cinquième loi relative à l'intensité de la chaleur rayonnante (*Chaleur*, page 488), l'identité de la chaleur et de la lumière étant, comme nous l'avons dit, une chose généralement admise. Quant à la seconde, si l'on coupe par un écran, normalement à l'axe, un faisceau lumineux, on obtient un cercle éclairé ; si l'on vient à incliner l'écran, la surface éclairée devient elliptique et grandit ; l'éclairement reporté sur une surface plus grande doit donc être moins intense ; c'est ce que confirme l'expérience.

Pour apprécier les rapports d'intensité de deux lumières ou de deux éclairements, l'œil peut approximativement le faire, lorsque les lumières ont à peu près la même teinte ; mais il n'est pas plus habile à apprécier l'intensité d'une vibration lumineuse que l'oreille ne l'est à apprécier celle de la vibration sonore, et là difficulté est à peu près absolue quand les lumières à comparer ont des couleurs différentes. Cependant, en se basant sur le principe de la proportionnalité inverse des éclairements aux carrés des distances et à l'aide d'appareils appelés *photomètres*, on arrive à comparer l'intensité de deux lumières. Nous indiquerons les principales méthodes photométriques.

Le *photomètre* de Bouguer, un des premiers employés, consiste en une lame de verre douci verticale, au milieu de laquelle est placé perpendiculairement un écran vertical; de part et d'autre de cet écran sont disposées les deux lumières, de sorte que chacune d'elles éclaire une moitié de la lame de verre; on déplace les lumières jusqu'à ce que la lame soit éclairée uniformément. On a alors $\dfrac{I}{D^2} = \dfrac{I'}{D'^2}$, D et D' étant les distances des lumières à la lame de verre.

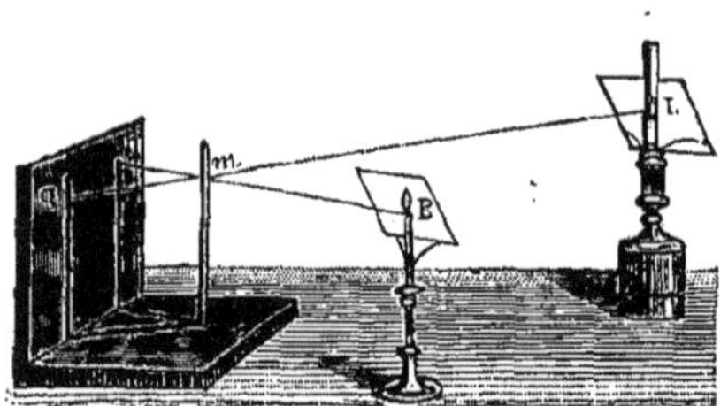

Fig. 143. — PHOTOMÈTRE DE RUMFORD.

Le *photomètre* de Rumford est le plus simple et le plus généralement exact. C'est une lame de verre dépoli (*fig.* 143) devant laquelle on fixe une tige cylindrique opaque *m*. A une certaine distance on place les deux lumières à comparer, une lampe L et une bougie B, de sorte que chacune d'elles projette sur la lame de verre une ombre de la tige *m*. Ces ombres sont d'abord d'une intensité inégale; mais si l'on éloigne ou l'on rapproche, en tâtonnant, l'une et l'autre des lumières, on arrive à avoir deux ombres portées identiques, ce qui marque que la lame de verre est également éclairée par les deux sources de lumière. On a donc encore $\dfrac{I}{D^2} = \dfrac{I'}{D'^2}$, en vertu de la loi citée.

La pièce principale du *photomètre* de Wheatstone (*fig.* 144) est une perle d'acier P, placée sur le bord d'un disque de liège, porté lui-même sur

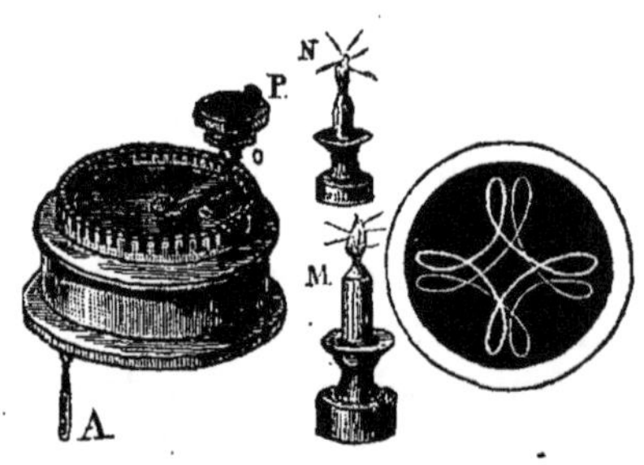

Fig. 144.

PHOTOMÈTRE DE WHEATSTONE.

un pignon *o*, qui engrène intérieurement avec une roue plus grande, fixée sur une boîte cylindrique de cuivre que l'on tient d'une main, tandis que de l'autre on tourne une manette A. Cette manette transmet le mouvement à un axe, au rayon *a* et au pignon *o*, lequel tourne en suivant le bord intérieur de la grande roue, et en même temps sur lui-même, double mouvement auquel participe la perle P en décrivant un mouvement en forme de rosette comme l'indique la figure. Ceci compris, soient M et N deux lumières dont on veut comparer les intensités. On place entre elles le photomètre; l'on fait tourner rapidement le système et les points brillants produits par la réflexion de ces deux lumières sur les deux points opposés de la perle donnent naissance à deux rosettes lumineuses ayant la forme que donne la seconde figure. Si l'une d'elles est moins intense, soit celle de M, on éloigne l'appareil jusqu'à ce que les deux rosettes soient identiques ; puis, comme précédemment, on calcule les intensités respectives des deux lumières d'après le degré d'éloignement du photomètre.

Bunsen a imaginé un *photomètre* bien simple. Au milieu d'une feuille de papier blanc tendu sur un cadre, il fait une petite tache d'huile. A droite et à gauche de la feuille de papier on place les lumières à comparer, plus ou moins loin, de façon que la tache n'apparaisse plus, de quelque côté du papier que l'on regarde. Les deux surfaces sont alors également éclairées. En effet, l'œil recevra des lumières les rayons réfléchis par le papier, de l'autre les rayons transmis par la tache translucide ; la perte de la lumière donnée par transmission étant égale à la perte de la lumière par réflexion, on devra en conclure l'égalité des éclairements.

L'inconvénient des *photomètres* est qu'ils ne peuvent servir qu'à comparer des lumières de même teinte.

Un Américain, M. John Draper, a proposé un moyen tout à fait différent pour mesurer l'intensité de la lumière ; cette mesure, en effet, intéresse l'horticulture, la photographie, etc. Certaines substances se transforment sous l'influence de la lumière : le peroxalate de fer, entre autres, exposé aux rayons lumineux, dégage du gaz acide carbonique avec effervescence et acquiert la propriété de précipiter l'or métallique en suspension dans une solution de perchlorure d'or, la quantité de métal précipité dépendant de la quantité de lumière ayant agi sur le peroxalate.

On fait donc bouillir jusqu'à saturation une quantité donnée d'acide oxalique avec du peroxyde de fer nouvellement préparé. Le peroxalate qui en résulte est filtré et projeté ensuite dans un tube gradué, en verre mince, d'un demi-pouce de diamètre, contenant un peu de perchlorure de fer et placé dans une boîte noircie à l'intérieur, de façon à absorber tous les rayons. L'appareil ainsi disposé, on l'expose à la lumière dont on veut mesurer l'intensité, puis on ajoute du perchlorure d'or jusqu'à ce que tout précipité ait cessé de se produire. Ce précipité recueilli sur un filtre, lavé, séché et fondu au feu, on le pèse. Le résultat indique exactement la quantité approximative de lumière diffuse qui a agi pendant la période d'exposition. Ainsi, par exemple, si devant une lumière on recueille 50 milligrammes d'or, et avec une seconde placée dans les mêmes conditions seulement 20, l'intensité de la première sera à la seconde comme 50 est à 20. M. Niepce de Saint-Victor a démontré que, dans ces expériences, la chaleur ne joue aucun rôle et que la lumière seule agit.

CHAPITRE II

RÉFLEXION DE LA LUMIÈRE — MIROIRS

LOIS DE LA RÉFLEXION. — *Quand un rayon de lumière tombe sur une surface polie, il se réfléchit en faisant un angle de réflexion égal à l'angle d'incidence, et ces deux angles sont dans un même plan normal à la surface.*

Cet énoncé est le même que celui que nous avons donné pour la réflexion de la chaleur (*Chaleur*, page 490). Nous parlions déjà de l'identité de la lumière e tde la chaleur, et nous disions que la loi commune de la réflexion était susceptible d'une vérification très rigoureuse. Pour cela, on se sert d'un appareil (*fig.* 145) qui consiste en un cercle de cuivre gradué, disposé verticalement. Le zéro de la graduation est en A, et celle-ci est tracée à droite et à gauche jusqu'à 90°. Deux règles de cuivre I et R tournent librement sur un tourillon central derrière le cercle. L'une d'elles porte une petite plaque de verre dépoli P, et l'autre une plaque opaque N ayant au centre une petite ouverture, et un miroir M, qui peut s'incliner plus ou moins, mais en restant toujours perpendiculaire au plan du cercle gradué. Enfin, au centre de l'appareil est un miroir B exactement horizon-

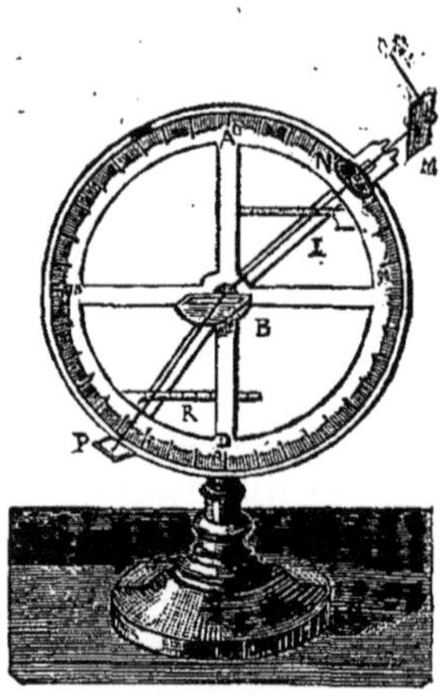

Fig. 145.

Loi de la réflexion.

tal. Ceci posé, l'on reçoit un rayon de lumière S sur le miroir M, que l'on incline de façon que le rayon réfléchi passe dans l'ouverture ménagée au centre de N et tombe sur le miroir B ; là, il subit une seconde réflexion, et prend la direction BP, que l'on détermine en écartant ou en rapprochant la plaque P jusqu'à ce que l'image de l'ouverture de N vienne se former au centre. Alors on lit sur le limbe les nombres de degrés des angles d'incidence et de réflexion et l'on constate qu'ils sont égaux. On voit en même temps que ces angles sont dans un même plan perpendiculaire à la surface, car, dans la construction, de l'appareil, on a eu soin que les règles fussent dans un plan parallèle au cercle, et conséquemment perpendiculaire à la surface du petit miroir B.

On démontre plus rigoureusement encore cette loi à l'aide d'un *théodolite*, instrument dont on se sert plus particulièrement en géodésie et en astronomie. Cet instrument (*fig.* à la page 393) consiste en un axe vertical A implanté au centre d'un cercle horizontal divisé C, appelé *cercle azimutal*. Un deuxième cercle divisé B est vertical, et mobile autour de l'axe A ; les déplacements du plan de ce cercle se lisent sur le cercle azimutal. Une lunette L peut se déplacer dans un plan vertical en tournant autour du centre de B, et ses déplacements sont appréciés sur ce cercle. L'appareil porte des vis calantes qui permettent de le régler. Pour démontrer la loi, on dispose le théodolite de manière à viser avec la lunette L une étoile près de passer par son point de culmination. La lunette est alors dans la position 1 (*fig.* 146). Soit OZ la verticale qui passe par le centre du cercle, l'angle SOZ est la distance zénithale de l'astre observé. On fait alors tourner le cercle B de l'instrument de 180°

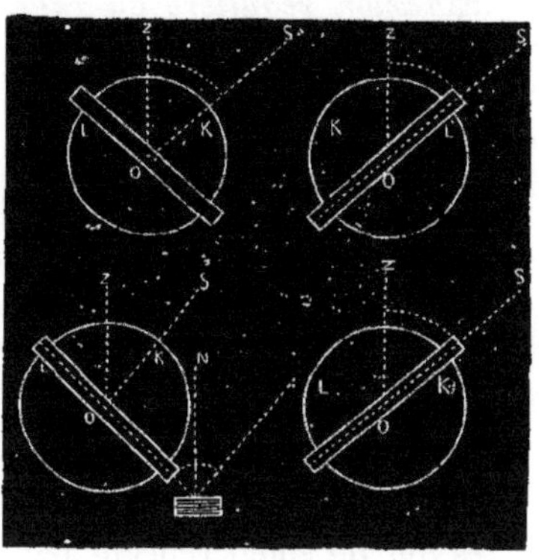

Fig. 146.

EXPÉRIENCE DU THÉODOLITE.

autour de l'axe A, ce qui amène la lunette dans la position 2. Pour pointer de nouveau l'étoile, il faut amener la lunette dans la position 3 en la faisant mouvoir autour du centre du cercle B. Si L et K sont les divisions du cercle qui correspondent aux deux positions de la lunette, il est évident que l'angle KOL est le double de SOZ, c'est-à-dire de la distance zénithale, de sorte que cette distance est connue, et que, de plus, les opérations précédentes ont fait connaître par quelle division du cercle A passait son diamètre vertical. On dispose alors auprès du théodolite un bain de mercure M, dont la surface est très réfléchissante et parfaitement horizontale ; la normale est verticale. On vise avec la lunette l'image réfléchie de l'étoile, et on remarque que cette lunette se trouve alors dans la position LO précisément inverse de celle de la position 2. Or l'angle LOZ est égal à l'angle de réflexion r comme correspondant, et égal aussi à l'angle z, d'après les premières opérations ; mais r est aussi égal à l'angle d'incidence i, car IS et OS sont parallèles ; donc il faut que r et i soient égaux entre eux, puisque chacun d'eux est égal à z.

INTENSITÉ DE LA LUMIÈRE RÉFLÉCHIE. — RÉFLEXION IRRÉGULIÈRE. — Dans les corps de même nature, l'intensité de la lumière réfléchie augmente avec le degré de poli de la surface réfléchissante et avec l'angle que forment avec cette surface les rayons incidents. Dans les corps de nature différente, et ayant un même angle d'incidence, la réflexion varie également suivant la nature de ces corps, et d'après les lois que nous avons indiquées pour les rayons calorifiques.

La *réflexion* dont nous venons de donner la loi s'applique exclusivement à celle qui s'opère sur les corps polis ; on la désigne sous le nom de *réflexion régulière* ou *réflexion spéculaire* (de *speculum*, miroir). Il y a une autre sorte de réflexion, la *réflexion irrégulière*, qui se produit sur les corps à surface rugueuse ; et alors la loi ci-dessus n'est plus rigoureusement vraie. Cette réflexion irrégulière porte le nom de *diffusion*, et la lumière ainsi réfléchie est la *lumière diffuse*. En vertu de cette réflexion, une surface frappée par un faisceau de lumière devient le siège de faisceaux dirigés dans toutes les directions de l'espace ; c'est ainsi que les corps opaques *éclairés* sont visibles et peuvent être considérés comme des corps lumineux. Si ces corps ne réfléchissaient la lumière que régulièrement, ce ne sont pas eux que nous verrions, mais l'image du corps lumineux dont ils nous renverraient la lumière : ainsi, placés sur le trajet d'un rayon de soleil réfléchi par un miroir, nous verrions l'image du soleil, mais nous ne verrions pas le miroir.

MIROIRS. — Un *miroir* est un corps opaque qui possède une surface polie propre à réfléchir la lumière régulièrement. Les miroirs destinés aux opérations délicates de la physique se construisent ordinairement avec des métaux. Les miroirs de verre *étamé* sont rejetés parce qu'ils ont deux surfaces réfléchissantes : la surface antérieure du verre qui est polie, et donne une réflexion peu intense et la surface de l'étamage qui réfléchit le plus grand nombre de rayons lumineux. On peut s'assurer facilement de cette double réflexion en regardant obliquement devant une glace la flamme d'une bougie. Cela fournit un moyen de s'assurer de l'épaisseur du verre : on appuie la pointe d'un crayon contre la glace. L'image la plus intense devant paraître derrière la couche d'étain à la même distance qu'est la pointe du crayon en avant, l'intervalle compris entre la pointe du crayon et la pointe de son image représente le double de l'épaisseur réelle du verre.

D'après la forme de leur surface, les miroirs se distinguent en *miroirs plans* et *miroirs courbes*, et ces derniers en *concaves, convexes, sphériques, paraboliques, coniques,* etc.

RÉFLEXION DE LA LUMIÈRE SUR LES MIROIRS PLANS. — Tout le
monde connaît l'effet d'un miroir plan et sait que l'image d'un objet placé
devant se forme, par la réflexion de la lumière, sur ce miroir. Voici ce qui

Théodolite (page 391).

se passe. Soit d'abord un point, la flamme d'une bougie, par exemple,
placé devant un miroir (*fig.* 147). Le rayon de lumière qui part de ce point
vers le miroir se réfléchit dans la direction RO de l'œil de l'observateur en
formant un angle de réflexion égal à l'angle d'incidence. Du point A abais-

sons la perpendiculaire AD sur le miroir, et prolongeons cette perpendiculaire et le rayon réfléchi OR jusqu'à ce qu'ils se rencontrent en A′ derrière la surface du miroir. On a deux triangles ARD et DRA′ qui sont égaux, comme ayant un côté commun RD adjacent à deux angles égaux. Étant égaux, toutes leurs parties sont égales, donc DA′=DA, c'est-à-dire qu'un rayon quelconque parti d'un point lumineux se réfléchit dans une direction telle, que son prolongement derrière le miroir vient couper la perpendiculaire AA′ en un point A′ symétrique du point A. Voilà pourquoi notre œil se fait illusion et croit voir le point A en A′. Donc, l'*image d'un point, donnée par un miroir plan, est située derrière le miroir et à distance égale sur le prolongement de la perpendiculaire abaissée de ce point sur la surface du miroir*. Ces images ne sont pas *réelles*, c'est une illusion de l'œil; on les appelle *images virtuel-*

Fig. 147. — EFFET DES MIROIRS PLANS.

les, par opposition aux *images réelles* qui sont produites dans les miroirs concaves et dans les lentilles. Si, au lieu d'un point, on considère un corps quelconque, il suffit, pour interpréter cette image, de reproduire le raisonnement ci-dessus pour chacun des points de ce corps. Dans la fig. 147, par exemple, les lignes indiquent comment les rayons, partant du front ou du menton de la femme qui se regarde dans le miroir, reviennent vers l'œil, pour donner l'image du front et du menton.

Nous avons remarqué ci-dessus que le verre, malgré sa grande diaphanéité, réfléchissait assez les objets pour donner des images, faibles, il est vrai, mais suffisantes pour qu'on ait dû ne pas se servir de cette substance lorsque les miroirs sont destinés à des opérations délicates. Il en est de même pour l'eau et pour tous les liquides transparents. Ainsi, sur le bord de l'eau (*fig.* 148) on voit se former dans le liquide l'image renversée des objets situés sur la rive.

Lorsqu'un objet est situé entre deux miroirs qui forment entre eux un angle droit ou aigu, il donne des images dont le nombre croît avec l'inclinaison de ces miroirs. Si l'un des deux est perpendiculaire à l'autre, trois images sont reproduites (*fig.* 149) : les rayons OC et OD, qui partent du point lumineux O, donnent, pour première réflexion, l'image O' pour l'un, et pour l'autre l'image O'', et le rayon OA, qui a subi deux réflexions en A et en B, produit la troisième image en O'''. Lorsque l'angle formé par les deux miroirs

Fig. 148.

RÉFLEXION A LA SURFACE DE L'EAU.

est de 60°, il se forme cinq images, et sept si l'angle est de 45°; le nombre des images croît ainsi à mesure que l'angle diminue, effet qui résulte de ce que les rayons lumineux supportent d'un miroir à l'autre un nombre croissant de réflexions.

Si un objet lumineux est placé entre deux miroirs parallèles, le nombre des images produites est théoriquement infini, mais physiquement ce nombre est limité, parce que la lumière incidente n'étant jamais réfléchie tout entière, les images réfléchies sont de moins en moins brillantes

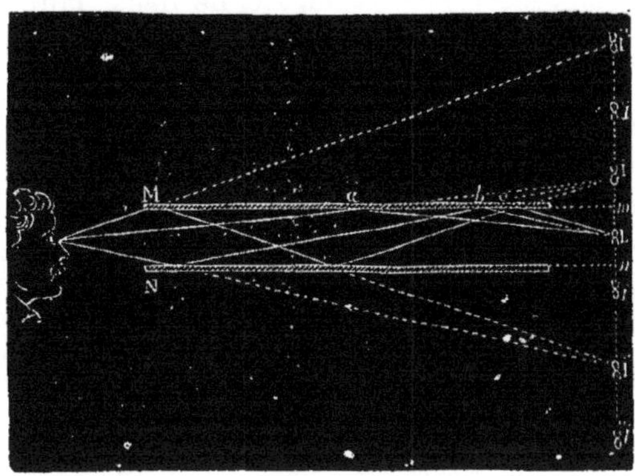

Fig. 149.

IMAGES SUR DES MIROIRS PLANS INCLINÉS.

et finissent par ne plus apparaître. La *fig.* 150 montre comment le rayon lumineux L*a*, réfléchi une seule fois sur le miroir M, donne une image I, à une distance $mI = mL$; puis le rayon L*b*, réfléchi une fois sur le miroir M, puis en N, produit l'image I', à une distance $nI' = nI$; de même le rayon L*c*, après deux réflexions sur M et une sur N, forme l'image I'' à une distance $mI'' = mI'$; et ainsi successivement. Quant aux images *i*, *i'*, *i"*, elles sont formées de la même façon par les rayons de lumière qui, partis de l'objet lumineux L, tombent d'abord sur le miroir N.

APPLICATIONS DIVERSES DES MIROIRS PLANS. — La réflexion de la lumière sur un ou plusieurs miroirs diversement agencés a donné lieu à de nombreuses applications utiles ou curieuses. Nous en citerons quelques-unes. En plaçant extérieurement des fenêtres des miroirs, mobiles autour d'une charnière, et appelés *espions,* on peut voir ce qui se passe dans la rue, soit pour n'ouvrir la porte qu'à ceux qui ne sont point importuns, soit pour les marchands, afin de surveiller leurs étalages du fond de leurs magasins. Sous le nom de *polémoscope,* un appareil composé de deux miroirs inclinés à 45° sur l'horizon permet à des officiers, cachés

Fig. 150.

IMAGES MULTIPLES SUR DES MIROIRS MULTIPLES.

derrière un parapet ou un épaulement, de surveiller les mouvements de l'ennemi. Le miroir supérieur réfléchit les rayons lumineux provenant d'objets lointains, sur le miroir inférieur où l'on a une image de la plaine. La production des *spectres* au théâtre se fait à l'aide d'une glace sans tain, disposée sur une partie de la scène, et qui, à cause de la demi-obscurité faite à dessein dans la salle, est invisible pour les spectateurs (*fig.* 151). Derrière cette glace s'agitent les acteurs : sous la scène, est éclairé

Fig. 151. — LES SPECTRES AU THÉATRE.

vivement le personnage jouant le rôle du spectre ; son image se réfléchit dans la glace, et semble sur la scène un fantôme qui vient se mêler à l'action. Le *décapité parlant* est encore une illusion produite par l'emploi des miroirs plans. Une personne est assise sous une table, de façon que sa tête seule ressorte, comme si elle était prise dans un carcan. Elle est cachée entre des miroirs disposés entre les pieds de la table, laquelle affecte la forme d'un angle dièdre dont l'arête est tournée vers le public. Ces miroirs réfléchissent les parois latérales de la salle, et ces images sont vues à une distance en arrière, qui est celle à laquelle se trouve le fond de la salle. Les tentures étant partout les mêmes, on croit en effet voir le fond de la salle, de sorte qu'il semble que rien n'existe entre les pieds de la table.

Il est d'autres applications plus sérieuses. Le *kaléidoscope* (du grec *kalos*, beau, et *eidos*, image), qui, inventé par Brewster en 1817, sert surtout de jouet d'enfant, est souvent utile aux fabricants et aux dessinateurs industriels pour trouver des modèles de dessins. C'est un simple tube de carton ou de métal, clos à chaque bout par des verres blancs et garni intérieurement dans sa longueur de deux lames de verre plus ou moins inclinées l'une sur l'autre. A l'une des extrémités on place des petits objets mobiles et diversement colorés, qui, par leur réflexion dans les lames de verre, produisent une infinité de dessins réguliers et très agréables à l'œil, que l'on peut varier à l'infini en tournant le tube.

Fig. 152. — MESURE DES HAUTEURS.

Un miroir plan donne un moyen facile de mesurer la hauteur verticale des objets, tels que maisons, arbres, édifices, etc. On place bien horizontalement, sur le sol, le miroir plan; puis on s'éloigne dans la direction de la ligne qui joint le pied de l'objet à mesurer au miroir (*fig.* 152), jusqu'à ce qu'on aperçoive sur ce dernier l'image du sommet A. En vertu des principes de géométrie sur la similitude des triangles, la hauteur Bb de l'œil au-dessus du sol est alors à la hauteur de l'objet AC comme la distance horizontale bO est à la distance horizontale OC du pied de l'objet. En un mot, on a :

$$\frac{AC}{Bb} = \frac{OC}{bO}; \text{ d'où l'on déduit } AC = \frac{OC}{bO} \times Bb.$$

Enfin les miroirs plans sont appliqués dans le *sextant*, le *cercle de Borda*, les *héliotropes*, les *héliostats*, les *goniomètres*, etc.

Le *sextant* est un instrument qui sert aux marins pour mesurer les angles, et notamment la hauteur des astres et leur distance angulaire, et conséquemment, pour déterminer la position où est leur navire. Il est basé sur ce principe que *lorsqu'un rayon a subi deux réflexions successives sur deux miroirs plans, l'angle de déviation de ce rayon est rigoureusement double de l'angle des deux miroirs.* Il se compose (*fig.* 153) d'un limbe gradué A B formant à peu près la 6e partie d'un cercle et portant deux petits miroirs en verre, l'un N fixé transversalement à l'un des rayons et étamé sur sa moitié inférieure seulement, l'autre M placé au centre du limbe et pouvant tourner autour de ce centre, à l'aide d'une alidade avec laquelle il fait corps, portant un vernier V qui permet de lire les degrés sur le limbe A B. Une lunette L est fixée dans le plan du limbe, en face du miroir fixe N. Si, en mettant le limbe dans le plan de l'angle à mesurer, on place l'alidade de manière à rendre les deux miroirs parallèles, et que l'on vise l'objet R qui détermine l'un des côtés de cet angle, on verra non seulement cet objet directement au travers de la partie non étamée du miroir fixe N,

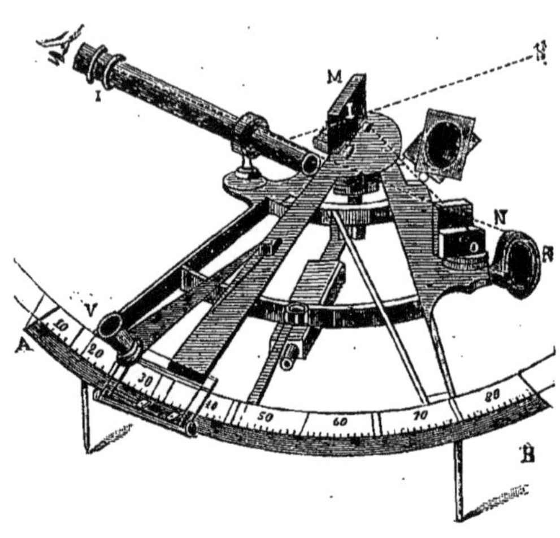

Fig. 153. — SEXTANT.

mais encore son image produite par réflexion successive sur les deux miroirs en O et en I et qui coïncidera avec lui-même. Que l'on déplace alors l'alidade, de sorte qu'avec le premier objet R, vu directement, vienne coïncider l'image par double réflexion de l'objet S qui détermine le second côté de l'angle, l'angle dont il aura fallu la faire tourner sera égal à la moitié de l'angle à mesurer lui-même. On n'aura donc qu'à lire sur la division du limbe le nombre de degrés dont l'alidade a tourné et à doubler ce nombre.

En effet (*fig.* 154), soit S l'un des points considérés; il doit être assez éloigné pour que les rayons qu'il envoie au miroir M et à la lunette puissent être considérés comme parallèles entre eux. Quand l'alidade est au zéro de la graduation, un rayon parti de S et réfléchi sur le miroir M, de manière à faire avec la normale N un angle de réflexion égal à l'angle d'incidence, se réfléchit de nouveau sur le miroir fixe *m* et arrive à la lunette L, comme s'il venait directement de S. Si l'on fait tourner le miroir M d'un angle *a*, c'est alors un rayon parti du second point S' qui, après réflexion sur les deux miroirs, pénètre dans la lunette. L'angle S'MS est celui qu'il faut mesurer. Or si mM était un rayon lumineux parti de m, il se réfléchirait dans la première position de M suivant MS, tandis que, dans la deuxième position du même miroir, il se réfléchirait suivant MS'. Mais les deux rayons réfléchis mS et mS' doivent faire entre eux l'angle $2a$: on peut le voir, car le rayon incident mM faisait avec le premier rayon réfléchi l'angle mMS $= 2i$; quand le miroir a tourné, la normale, transportée de N en N', a tourné aussi de l'angle a; l'angle d'incidence est devenu $i + a$, et l'angle du rayon incident avec le rayon réfléchi MS' est devenu $2i + 2a$, ayant augmenté de $2a$. On a donc bien SMS' $= 2a$.

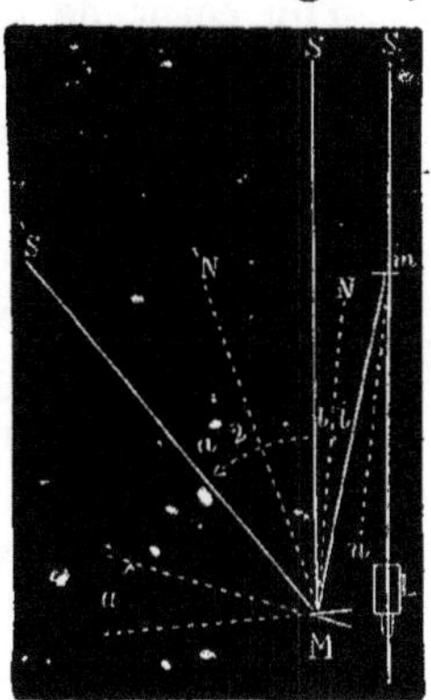

Fig. 154.

THÉORIE DU SEXTANT.

Un autre appareil, fondé sur le même principe, appelé *cercle de Borda*, diffère du sextant en ce qu'un cercle complet remplace l'arc divisé; il a plusieurs avantages, entre autres celui de présenter une plus grande précision.

Nous nous contenterons de dire l'usage auquel sont destinés quelques-uns des autres instruments construits sur les principes de la réflexion de la lumière; leur description nous entraînerait à des détails qui sortiraient du domaine de la physique.

L'*héliotrope* est un appareil destiné à faire voir à un observateur un point très éloigné, à l'aide de rayons solaires réfléchis en ce point; on s'en sert surtout dans les grandes opérations géodésiques : au lieu de prendre pour sommet d'un triangle un clocher, par exemple, ce qui ne peut pas toujours se faire, on vise un point où se trouve situé un héliotrope. Les *héliostats* sont des miroirs plans, mus par un système d'horlogerie, de manière à suivre le mouvement du soleil et à en réfléchir les rayons dans une direction constante ; imaginés par S'Gravesande, ils ont été perfectionnés par Gambey, Silbermann et Foucault. Ce dernier a donné à ses héliostats, plus commodes et plus précis, le nom de *sidérostats*. Les *goniomètres* sont des instruments destinés à mesurer les angles des cristaux ; le plus connu est le *goniomètre à réflexion de Wollaston*.

Mais qu'il nous soit permis d'entrer dans quelques détails sur des expériences récentes de *télégraphie optique*, mode de communication rapide, basé sur l'emploi des miroirs plans, extrêmement simple, n'exigeant qu'un matériel des plus restreints, d'une installation immédiate et appelé à recevoir les applications les plus variées. Dans les localités qui ne comportent pas l'établissement d'une ligne électrique, pour correspondre d'un village à l'autre, pour relier ensemble les diverses parties d'une exploitation agricole ou industrielle, ou d'une ligne de travaux très étendus, pour les chemins de fer ou les canaux, on utilisera certainement ces télégraphes optiques. Au point de vue militaire, ce système de télégraphie peut également être précieux. En temps de paix, on s'en servira pour établir des communications entre les différentes fractions d'un corps de troupe, réparties dans des positions peu éloignées. En temps de guerre, les télégraphes électriques nécessitent un matériel encombrant, sont quelquefois difficiles à établir, et impossibles dans les pays occupés par l'ennemi ; la télégraphie optique aura son emploi assuré à côté du télégraphe de campagne.

Cette question de correspondances échangées au moyen de la lumière ne date pas d'aujourd'hui. Dès le XVIIᵉ siècle, il y eut un télégraphe optique proposé par François Kessler. L'appareil se composait d'un tonneau dans lequel était disposée une lampe munie d'un réflecteur. Une trappe mobile placée devant le tonneau pouvait être levée ou abaissée au moyen d'un levier. Pour représenter la lettre A on soulevait la trappe une fois, pour la lettre B deux fois, pour la lettre C trois fois et ainsi de suite. Cette méthode avait le grave inconvénient d'exiger un temps très long pour transmettre quelques mots. En 1881, M. Godard a renouvelé, au moyen d'un appareil analogue, éclairé par une lampe électrique, et dont les signaux étaient semblables à ceux de la sténographie, des expériences commencées pendant le siège de Paris. En 1870, les Prussiens envoyaient des dépêches pendant la nuit, à l'aide de simples points lumineux blancs ou rouges, successivement émis ou s'éclipsant. Qui n'a pas vu alors, aux avant-postes du côté de Saint-Cloud, la douce clarté des petits fanaux prussiens dans les branches d'arbres (*fig.* à la page 401) ?

L'étude de la télégraphie optique, reprise depuis quelque temps, principalement par l'administration des télégraphes militaires, a produit déjà quelques appareils.

Parmi les plus simples, nous citerons le *télélogue*, imaginé par M. Gaumet, ancien élève de l'école supérieure de guerre. Ce télégraphe optique se compose d'un *album* ou *livre de signaux*, d'une quarantaine de feuillets en toile noire mate, sur lesquels sont fixés les signaux argentés, lettres et chiffres, plus un signal d'avertissement formé par un rectangle argenté et quelques signes conventionnels. Il est muni de tiges disposées de manière à former un trépied, de sorte qu'on peut le placer ouvert, à la manière d'un tableau en face du poste récepteur. Celui-ci a une *lunette de réception*, longue-vue qui possède, sous un faible volume et un poids léger, un grossissement considérable, et qui est installée sur un trépied. On aperçoit avec cette lunette les signaux sur l'album.

L'appareil de M. le colonel Mangin se compose (*fig.* 155) d'une boîte

Télégraphie optique pendant le siège de Paris (page 400).

rectangulaire A, divisée en deux parties par un diaphragme B percé d'un petit trou C. Sur le devant de la boîte est disposée une lentille biconvexe, et au-devant du trou C est placé un obturateur D, qui, à l'aide du levier M, peut déboucher ou obstruer l'ouverture C. Dans la partie postérieure de la caisse est disposée une lampe munie d'un réflecteur. Pendant la nuit, il suffit d'imprimer à l'obturateur des mouvements longs ou brefs pour émettre des éclats longs ou brefs, représentant les traits et les points de l'alphabet Morse. L'appareil est muni d'une lunette L, fixée solidement

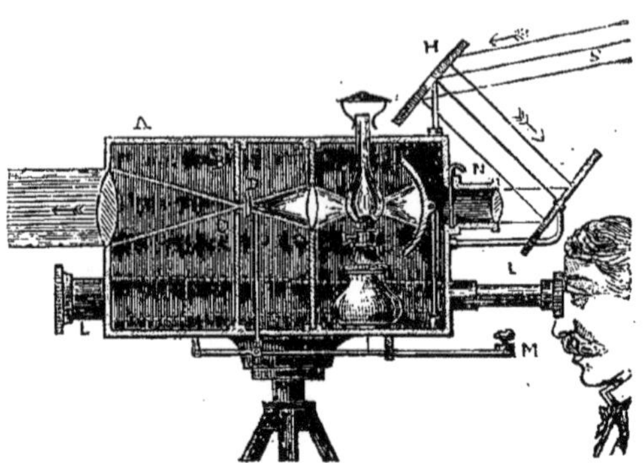

Fig. 155. — Appareil du colonel Mangin.

à la boîte à l'extérieur, avec laquelle on explore l'horizon pour découvrir le rayon de lumière de l'autre station. Pendant le jour, on enlève la lampe et son réflecteur, et on place, à l'extérieur de la boîte, une lentille N destinée à concentrer les rayons du soleil que deux petits miroirs plans, se manœuvrant à la main, font arriver à la lentille. Dans les temps sombres, on peut parfaitement communiquer de jour avec l'appareil de nuit, une lampe à pétrole suffisant à donner des signaux perceptibles jusqu'à 20 kilomètres. Cet appareil a déjà été perfectionné par l'inventeur, qui,. à l'Exposition d'électricité de 1881, a remplacé son mode d'éclairage par celui d'une lampe électrique Reynier. Ainsi modifié, ce télégraphe optique semble appelé à rendre des services signalés.

L'*héliographe de Leseurre*, spécialement construit pour utiliser la lumière solaire, est destiné surtout aux pays qui, comme l'Algérie, jouissent presque continuellement du soleil et où l'établissement des lignes télégraphiques présente quelques difficultés. Voici comment M. Ternaut, dans son livre *les Télégraphes*, décrit cet appareil (*fig.* 156) :

Fig. 156.

Héliographe de Leseurre.

« Afin de pouvoir correspondre aussi bien aux premières et aux dernières heures du jour qu'en plein midi, M. Leseurre, se rappelant que le soleil, dans son mouvement diurne, décrit un cercle autour de l'axe polaire, a placé dans la direction polaire un axe portant un miroir, dont la normale fait avec cet axe un angle égal à la moitié de la distance du soleil au pôle. En faisant tourner cet axe sur ses coussinets, chaque fois que, dans ce mouvement, la normale du miroir passera dans le méridien actuellement occupé par le soleil, le faisceau réfléchi jaillira vers le pôle. Un second miroir, dont le centre se trouve sur le prolongement de l'arbre du premier, de position évidemment fixe, et dont la direction est telle qu'il réfléchisse vers la station correspondante les rayons solaires réfléchis une première fois suivant la direction polaire, complète l'appareil. Rien de plus simple alors que la manœuvre : il suffit de faire exécuter à l'arbre du miroir mobile autant de rotations qu'on veut produire d'éclairs. M. Leseurre avait aussi imaginé un écran formé de persiennes mobiles. Si les lames de la persienne étaient ouvertes, le faisceau passait, sinon il était arrêté. Une manette manœuvrait l'ensemble des lames. Quant à la masse de lumière réfléchie, elle ne change pas pendant la journée, puisque l'inclinaison du miroir tournant sur le rayon réfléchi reste constante et égale. Mais comme la déclinaison solaire varie chaque jour, M. Leseurre avait disposé en avant du miroir tournant une lunette dont l'axe optique était bien parallèle à celui du miroir. En observant les rayons réfléchis à l'aide de cette lunette on s'assure que le centre de l'image solaire vient se placer sur le point de croisée des fils. Le réglage est facilité par l'addition, dans le réticule, de 2 fils parallèles à l'essieu du miroir, et distants du point de croisée d'un rayon de l'image solaire. On reconnaît, en effet, très simplement, qu'aux environs de la position d'éclair, le soleil réfléchi paraît décrire, lorsque le miroir se meut, une bande parallèle à l'essieu du miroir. »

Cet appareil est, comme on le voit, assez compliqué, et exige pour sa manœuvre des précautions que l'on ne peut pas toujours prendre convenablement en campagne. Aussi, sous ce rapport, l'*héliographe*, imaginé par M. Mance, paraît-il beaucoup plus pratique.

L'héliographe se compose d'un miroir pivotant dans un demi-cercle porté par un plateau, qui peut tourner au moyen d'un écrou et d'une vis sans fin, portés par un deuxième plateau fixé sur un trépied. Un trou percé au milieu du miroir permet de voir en avant, tout en restant placé derrière le miroir. En faisant faire une révolution complète au miroir, on balaye l'horizon d'un faisceau de lumière qui attire l'attention de la station correspondante. Une clef Morse, pouvant se rallonger et se raccourcir à volonté, sert à produire l'inclinaison du miroir. Une mire, placée à 4 mètres environ en avant de l'appareil, porte deux hausses, dont l'une est placée dans la direction de la station correspondante, et dont l'autre est disposée pour recevoir le rayon du soleil, réfléchi par le miroir, lorsque celui-ci est au repos. Aussitôt qu'on agit sur la clef Morse, les rayons sont transportés sur la hausse supérieure où ils sont oblitérés, ce qui indique à la station correspondante que l'on est en train de transmettre. Comme on le voit, l'appareil est très simple ; il ne pèse que six livres anglaises (2^k,721), et il est alors facilement transporté par un homme. De plus, il peut être aperçu à une distance considérable et la rotondité de la terre paraît être le seul obstacle à sa portée (1).

Ces télégraphes optiques sont d'ailleurs déjà passés dans la pratique. En 1879, on a employé en Angleterre des *héliographes*, composés d'un disque poli de 0^m,30 de diamètre qui concentre les rayons du soleil, de la lune ou de tout autre foyer lumineux, et les renvoie, par réflexion, sous la forme d'une tache lumineuse à plus de cinquante milles. En 1880, pendant la guerre d'Afghanistan, le général Stewart transmit, entre autres, à une distance directe de plus de 64 kilomètres, un *héliogramme* impor-

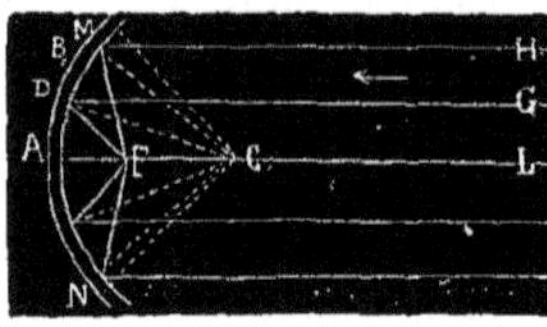

Fig. 157. — MIROIR CONCAVE.

tant, annonçant l'échec d'une tentative d'attaque des Afghans contre les troupes britanniques. A Saratoga, dans l'État de New-York, une lampe électrique, placée sur une tour, au centre d'un réflecteur parabolique a projeté à Ballaston Spa, malgré une nuit noire, une lumière assez vive pour que les personnes réunies en ce point, à plus de 12 kilomètres, aient pu lire leur journal et voir l'heure à leurs montres, grâce à la lumière qui leur était lancée du haut de la tour.

RÉFLEXION DE LA LUMIÈRE SUR LES SURFACES COURBES. — Les *miroirs sphériques* sont des calottes sphériques formant une portion généralement assez petite de la sphère dont ils font partie. Suivant que la réflexion est produite sur sa surface interne ou externe, le miroir est dit *concave (fig.* 157), ou *convexe.* Le centre C de la sphère dont a été détaché le miroir est le *centre de courbure* ou *centre géométrique*, et le point A le *centre de figure*. La droite indéfinie AL, menée par les centres A et C, est l'*axe principal* du miroir, et une droite qui passe seulement par C est un *axe secondaire*. L'angle MCN, formé par l'union du centre avec les extrémités du miroir, est son *ouverture*. On appelle enfin *section principale* d'un miroir la section obtenue en le coupant par un plan passant par l'axe principal. Les lois de la réflexion sur les miroirs plans s'appliquent aux miroirs courbes, en considérant ceux-ci comme formés de surfaces planes très petites, qui en sont les *éléments*. La *normale* à la surface courbe en un point donné est, en conséquence, la perpendiculaire à l'élément correspondant, ou, ce qui revient au même, au plan tangent qui le contient.

On donne le nom de *foyers* aux points où concourent les rayons réfléchis ou leur prolongement : il y a les *foyers réels* et les *foyers virtuels*.

(1) *Chronique industrielle*, 1882.

Dans les miroirs concaves, on distingue le *foyer principal* et le *foyer conjugué*. Si l'on dirige sur le miroir MN un faisceau de rayons parallèles HGL, ceux-ci se réfléchissent en faisant l'angle d'incidence égal à l'angle de réflexion, et tous ces rayons se coupent au même point F, qui est le *foyer principal*. On constate alors que ce point F est le milieu de CA; la distance FA est la *distance focale*, qui est, on le voit, égale à la moitié du rayon du miroir.

Si, d'un point lumineux X, on fait tomber sur le miroir concave un faisceau lumineux (*fig.* 158), on voit que les rayons réfléchis viennent se couper en un second point *f*, que l'on appelle le foyer du premier. Réciproquement, si le point lumineux était en *f*, les rayons réfléchis deviendraient les rayons incidents, et les rayons incidents les rayons réfléchis; le point *f* a donc pour foyer le point X et ces deux points sont

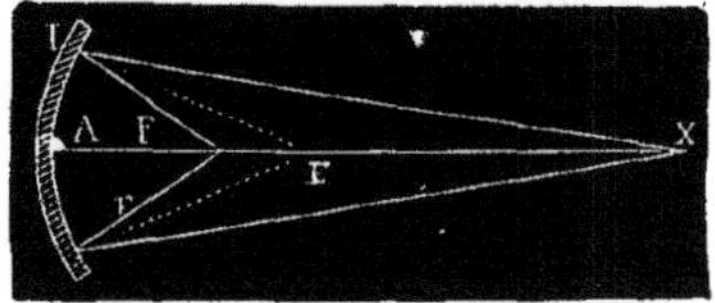

Fig. 158. — Foyers conjugués.

les *foyers conjugués* l'un de l'autre. On remarque que les points X et *f* sont placés à une distance plus grande du miroir que le foyer F; de plus, le miroir qui faisait converger en F les rayons parallèles ne fait plus converger qu'en un point plus éloigné *f* les rayons divergents de X. Quand le point lumineux est en *f*, la divergence des rayons incidents est devenue plus grande; la convergence des rayons réfléchis a diminué. Si le point lumineux est au foyer F, les rayons réfléchis sortent du miroir parallèlement entre eux. Quand le point lumineux vient se placer entre le foyer et le miroir (*fig.* 159), la divergence des rayons incidents est devenue trop grande, ils ne convergent plus après réflexion, ils divergent seulement

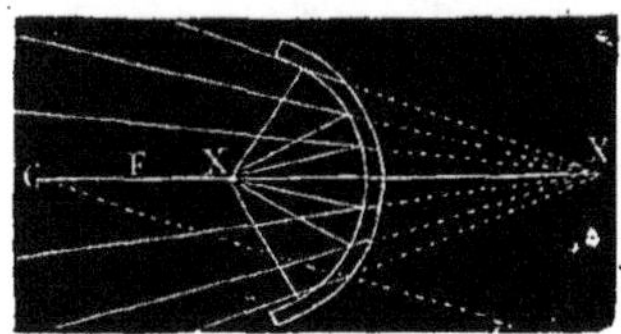

Fig. 159. — Foyer virtuel.

moins; si l'on prolonge au delà du miroir la direction des rayons réfléchis, on obtient le *foyer virtuel* du point lumineux.

FORMATION DES IMAGES DANS LES MIROIRS SPHÉRIQUES. — La formation des images dans les miroirs concaves se déduit facilement de l'explication des foyers conjugués et des foyers virtuels. Ajoutons que, si le point lumineux est situé sur un axe secondaire, c'est sur ce même axe que se trouve le foyer. Les miroirs concaves donnent lieu à deux sortes d'images, les *images réelles* et les *images virtuelles*. Les premières se produisent lorsque l'objet est au delà du centre de courbure du miroir, ou entre ce centre et le foyer principal, et alors un œil placé dans une position convenable apercevra une image *renversée* de l'objet, plus petite si l'objet est situé au delà du centre, plus grande s'il est placé entre ce centre et le foyer principal, égale s'il est placé à peu près au centre. La formation de cette image est facile à expliquer. Soit, en effet, (*fig.* 160) un corps A B éclairé, placé au delà du centre du miroir D E. Du point A partent des rayons lumineux qui, après la réflexion, viennent converger en un point conjugué *a*, facile à déterminer ; en menant par le point A le rayon parallèle à l'axe, celui-ci, après la réflexion, vient passer au foyer principal ; son intersection avec l'axe secondaire A C est le point *a*. Une construction analogue donne le foyer conjugué *b* du point B.

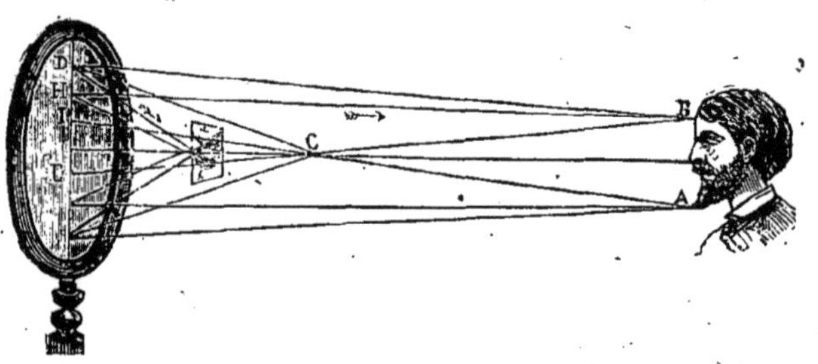

Fig. 160. — IMAGE RÉELLE REÇUE SUR UN ÉCRAN.

Les points compris entre A et B ont évidemment leurs foyers conjugués dans les points intermédiaires entre *a* et *b*. Donc, un œil placé au delà de *ab* recevra les rayons qui viennent des différents points de A B et apercevra, par conséquent, une image renversée *ab* de l'objet. Réciproquement, si l'objet éclairé était *ab*, l'image serait A B pour un œil placé au delà de cette ligne.

Si l'objet est situé entre le miroir concave et son foyer principal, l'image est *virtuelle,* et dans ce cas l'image est droite et plus grande que l'objet. Soit un objet A B ainsi placé (*fig.* 161). Les rayons lumineux partis du point A forment après la réflexion un faisceau divergent, dont le point de concours est en *b*. Pour déterminer ce point, il suffit de mener par le point A un rayon parallèle à l'axe principal ; le rayon réfléchi passe par le foyer et son prolongement va couper l'axe secondaire au point *b*. On détermine de même le point *a*, foyer conjugué du point B. Les points intermédiaires ont leurs foyers situés en *a* et en *b*; l'œil placé en avant du miroir recevra donc des rayons dont les points de concours sont les différents points de *ab*, et verra, par conséquent, une image qui est droite et évidemment plus grande que l'objet.

Dans les miroirs *convexes*, quelle que soit la distance de l'objet placé devant eux, l'image est toujours virtuelle, toujours droite et plus petite que l'objet (*fig.* 162). Leur théorie s'établit en répétant les mêmes constructions et les mêmes raisonnements que pour les miroirs concaves.

APPLICATIONS DES MIROIRS SPHÉRIQUES. — Les miroirs sphériques sont appliqués à l'éclairage de certains objets que l'observateur, placé derrière le miroir, peut observer : c'est là le principe d'instruments employés par les médecins, tels que l'*ophtalmoscope*, imaginé en 1851 par Helmholtz pour éclairer et explorer les milieux de l'œil ; le *laryngoscope*, pour soumettre à l'inspection de la vue l'arrière-gorge,

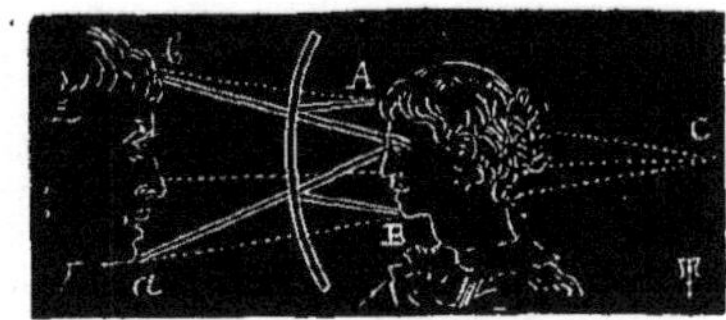
Fig. 161. — IMAGE VIRTUELLE.

l'isthme du gosier et les parties du larynx les plus profondément situées, l'*endoscope*, etc. Le premier de ces instruments (*fig.* 163) se compose d'un miroir métallique, fortement éclairé et percé à son centre, qui se place devant l'œil de l'observateur, et d'une lentille biconvexe qui se place devant l'œil du patient. Le *laryngoscope* (*fig.* 164) a, on le voit, une disposition analogue.

Les miroirs concaves forment la pièce essentielle des télescopes et sont utilisés comme réflecteurs dans les théâtres, les appartements et surtout dans les phares *catoptriques* dont nous parlerons ci-après.

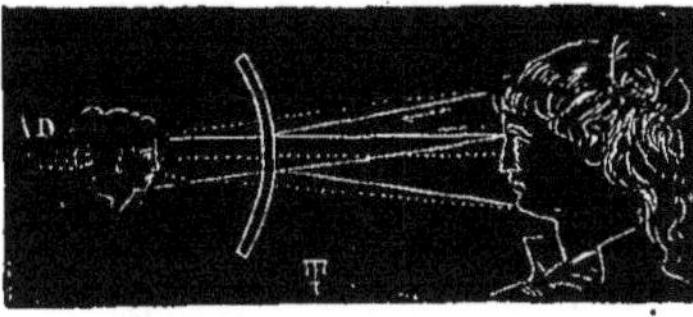
Fig. 162. — MIROIRS CONVEXES.

Ils servent encore, et principalement, pour produire de grands effets calorifiques. Nous avons cité (*Chaleur*, page 492) le miroir ardent que l'opticien Villette avait construit pour Louis XIV. Voici ce qu'en racontent les journaux du temps :

« Le miroir, de trente-quatre pouces de diamètre, vitrifiait en un moment les briques et les cailloux, de quelque densité qu'ils pussent être ; il consumait en un instant les bois les plus verts et les réduisait en cendres ; il fondait de même en un instant toutes sortes de métaux. Quelque dur que soit l'acier, il ne lui résistait pas mieux que les autres métaux, et il fondait de telle manière qu'une partie coulait et que l'autre se résolvait en étincelles, qui formaient des étoiles irrégulières de la largeur d'une pièce de trente sols, mais si pénétrantes que rien ne peut exprimer l'activité et la violence de ce feu. Celui de quarante-quatre pouces de diamètre est encore plus actif ; son point brûlant ou *focus* est éloigné de la glace de trois pieds et sept pouces. Il est de la largeur d'une pièce de cinq sols ou d'un sol marqué, et c'est là que se fait la réunion et l'assemblage de tous les rayons du soleil, et où paraissent les admirables effets du feu le plus violent et le plus actif du monde, si bien que la lumière en cet endroit est si brillante que les yeux ne peuvent non plus la supporter que celle du soleil. Outre la propriété de brûler qui surprend dans ce miroir, on y remarque encore diverses représentations curieuses: Il renvoie les images de quinze pieds de distance et davantage ; si bien qu'un

Fig. 163. — OPHTALMOSCOPE.

Fig. 164. — LARYNGOSCOPE.

homme se voyant dans ce miroir un bâton ou l'épée à la main, cette main paraît si bien hors du miroir, que, s'il fait semblant de porter un coup à l'endroit de sa face contre sa propre image, il ne peut s'empêcher d'être effrayé. »

Les miroirs convexes ne servent que dans le *télescope de Cassegrain,* abandonné aujourd'hui ; aux paysagistes, pour obtenir une image réduite de la vue qu'ils veulent reproduire ; dans les jardins, où, sous le nom de *globes périscopiques,* ils forment des sphères de verre argentées intérieurement et qui donnent l'image diminuée des différentes parties du jardin.

CHAPITRE III

RÉFRACTION

RÉFRACTION. — En passant obliquement d'un milieu dans un autre, d'une densité inégale, de l'air dans l'eau, par exemple, un rayon lumineux subit une déviation, un changement de direction, auquel on a donné le nom de *réfraction.* On constate facilement ce phénomène en plongeant

à moitié un bâton dans l'eau, et en le regardant de côté; il apparaît
brisé; ou bien en recevant, dans une cuve en verre pleine d'eau, un
rayon lumineux, introduit dans une chambre obscure par une petite

Voilà que le désert, aux voyageurs surpris,
Déroule à l'orient de fortunés abris (page 414).

ouverture, on voit à travers les parois de verre que ce rayon dévie
dès qu'il pénètre dans le liquide. Cela était connu dès la plus haute
antiquité, et nous avons dit (*Introduction*, page 15) qu'Euclide expliquait
par la *réfraction* le grossissement du soleil et de la lune à l'horizon.

Il cite même l'expérience suivante, souvent répétée dans les cours de physique, pour démontrer la *réfraction* de la lumière.

Si l'on met une pièce de monnaie dans un vase vide à parois opaques, de manière que, placé à une certaine distance, on puisse à peine en apercevoir le bord, et si l'on y verse ensuite de l'eau, à mesure que le niveau s'élèvera, la pièce semblera s'avancer vers le côté opposé du vase, et bientôt, sans changer de position, on l'apercevra tout entière. Il faut donc que la lumière ne vienne pas en ligne droite de la pièce vers l'œil. Il est, en effet, facile de constater qu'elle se propage en ligne droite dans l'eau et en ligne droite dans l'air; mais qu'elle se brise, en s'inclinant sur la surface liquide, lorsqu'elle passe de l'eau dans l'air.

Ainsi s'expliquent l'élévation apparente du fond d'une rivière ou d'un lac limpide dans lequel on plonge le regard ; la nécessité, dans la pêche au fusil, de viser le poisson dans une direction plus inclinée, et la déformation, le déplacement, le rapetissement ou le grossissement dés objets considérés par transparence à travers une carafe pleine d'eau.

Il est nécessaire, pour qu'il y ait réfraction, que le rayon lumineux pénètre *obliquement* dans le milieu d'une densité autre que celle du milieu d'où il part; s'il arrivait perpendiculairement à la surface qui sépare les deux milieux, il n'y aurait pas déviation.

On appelle *rayon incident* le rayon qui part d'un objet et arrive à la surface de séparation des deux milieux; *rayon réfracté*, la direction qu'il suit dans le second milieu. Si l'on mène une perpendiculaire à la surface de séparation, l'angle formé par cette perpendiculaire avec le rayon incident est l'*angle d'incidence*, et l'angle formé avec le rayon réfracté, l'*angle de réfraction*. Selon que ce rayon réfracté s'approche ou s'éloigne de la perpendiculaire, on dit que le second milieu est plus ou moins *réfringent* que le premier.

LOIS DE LA RÉFRACTION. — INDICES DE RÉFRACTION. — Les lois de la réfraction, dont la découverte est due au savant hollandais Snellius et à Descartes, s'énoncent ainsi :

1° *Le sinus de l'angle d'incidence et le sinus de l'angle de réfraction sont dans un rapport constant pour les mêmes milieux.*

2° *Le rayon incident et le rayon réfracté sont dans un même plan perpendiculaire à la surface qui sépare les deux milieux.*

Pour démontrer ces deux lois, on se sert d'un appareil analogue à celui dont nous avons parlé pour démontrer les lois de la réflexion (*fig.* à la page 390), en remplaçant le miroir plan placé au centre du cercle gradué par un petit vase de verre semi-cylindrique, de façon que la surface du liquide arrive exactement à la hauteur du centre du cercle. Soit alors (*fig.* 165) RO un rayon incident dirigé dans le plan vertical du limbe. En passant de l'air dans l'eau, ce rayon prendra la direction OL, c'est-à-dire se rapprochera de la perpendiculaire FO, élevée au point où le rayon incident touchera la surface du liquide AB. Mesurant alors, sur le limbe, l'angle d'incidence ROF et l'angle de réfraction LOD, on voit que les *sinus* RS, LP, c'est-à-dire les perpendiculaires abaissées sur la perpendiculaire des points où la circonférence coupe les rayons sont dans un rapport qui est constant; si LP, par exemple, est les 3/4 de RS, que l'on diminue ou que l'on augmente l'angle d'incidence, l'angle de réflexion diminuera ou augmentera, mais le sinus L'P' sera toujours les 3/4 du sinus R'S'.

Il est évident *à priori* que le rayon lumineux, rebroussant chemin, repasserait par les mêmes points et que le rapport des sinus resterait le même. Ce principe, connu sous le nom de *principe du retour inverse*, est très usité en optique.

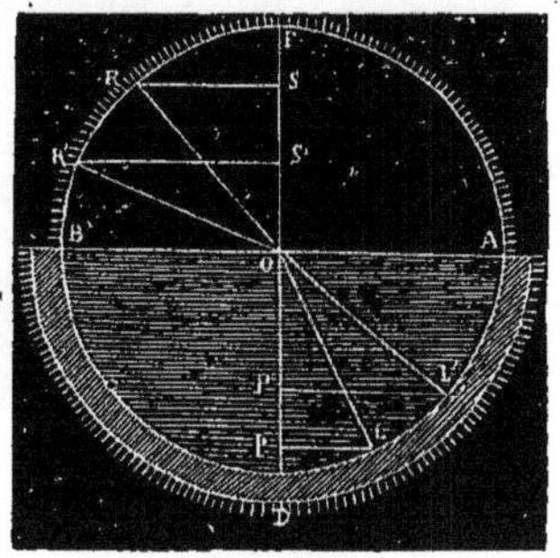

Fig. 165.

Ce rapport constant entre le sinus de l'angle d'incidence et celui de l'angle de réfraction s'appelle l'*indice de réfraction*. Sa valeur numérique varie avec la nature des milieux considérés. Si l'on suppose que le rayon lumineux passe du vide dans une substance, cet indice est l'*indice absolu de réfraction*. Il ne dépend que de la nature de la substance et constitue un caractère physique très important.

Tableau des indices de réfraction.

Acide arsénieux	1,745	Éther	1,358
Agate blonde	1,5373	Flint-glass	1,605
Air	1,000294	Glace de de Saint-Gobain	1,543
Albumine	1,360	Grenat almandin	1,772
Alcool	1,675	Humeur aqueuse de l'œil	1,337
Alun	1,441	— vitrée	1,339
Boracite	1,667	Opale incolore laiteuse	1,442
Cristallin entier	1,384	— chatoyante	1,446
— enveloppe extérieure	1,377	— jaune foncé	1,450
— enveloppe moyenne	1,379	Quartz fondu	1,457
— enveloppe centrale	1,399	Sel gemme	1,5437
Crown-glass	1,534	Soufre fondu	2,148
Diamant incolore	2,428	Spath-fluor vert	1,435
— brun	2,487	Verre antique	1,519
Eau	1,336	Vide	1,000

ANGLE LIMITE, RÉFLEXION TOTALE. — *Lorsqu'un rayon lumineux tend à sortir d'un milieu plus dense, et conséquemment plus réfringent, dans un milieu moins dense, sous un angle plus grand que l'angle limite de 90°, le rayon est totalement réfléchi à l'intérieur; il y a* RÉFLEXION TOTALE. Une expérience bien simple met en évidence ce principe. Plongez une cuiller dans un verre plein d'eau, puis placez l'œil au-dessous de la surface liquide, et regardez obliquement cette surface, vous y voyez, comme dans un miroir, l'image de la partie inférieure de la cuiller. Soit, en effet (*fig.* 166), un point lumineux O placé dans l'eau. Parmi les rayons lumineux qu'il émet, il en est qui se réfractent, mais l'un d'eux OI donne lieu à un angle de réfraction égal à 90°, c'est-à-dire qu'il sort en rasant la surface, parce que l'indice de réfraction est plus petit que l'unité. L'angle OIN′ est

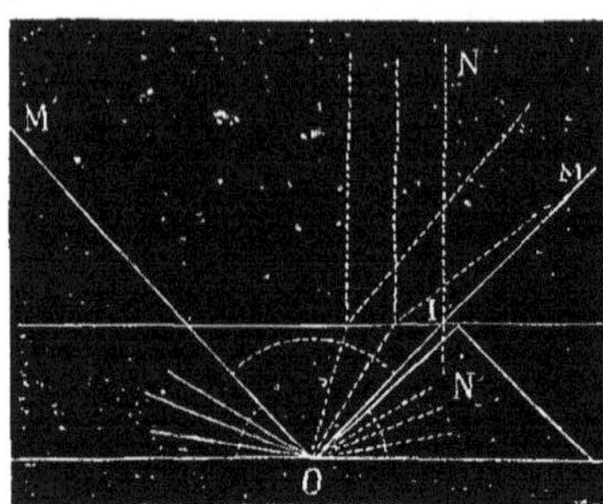

Fig. 166. — RÉFLEXION TOTALE.

l'*angle limite :* Tous les rayons qui font avec la perpendiculaire un angle plus grand ne réfractent plus, ils se réfléchissent; ceux-là seuls réfractent qui sont compris dans le cône MOM′.

Pour le passage de l'eau dans l'air, la valeur de l'angle limite est de 48°,35; il est de 41° pour le passage du verre dans l'air.

EFFETS DE LA RÉFRACTION, HALOS, SPECTRE DU BROCKEN, CERCLE D'ULLOA, ETC. — MIRAGE. — Les différentes couches de l'air ayant toutes des densités différentes suivant leur hauteur, il en résulte que la lumière du soleil et des astres ne nous arrive jamais en ligne droite, et que nous ne voyons jamais ces astres au lieu où ils sont en réalité. Mais comme, en traversant les couches suc

Fig. 167. — HALO SOLAIRE.

cessives de l'atmosphère, la lumière ne rencontre pas de changement brusque de densité, elle ne se brise pas non plus brusquement, comme en passant, par exemple, de l'air dans l'eau ou dans le verre; elle suit une légère courbe au lieu d'une ligne brisée. La réfraction que la lumière des astres éprouve en traversant les couches successives de l'atmosphère nous fait jouir plus longtemps de leur présence sur l'horizon, car elle avance leur lever et retarde leur coucher. C'est à cette réfraction que nous devons l'aurore qui précède l'éclat du jour, et le crépuscule qui précède les ténèbres de la nuit.

C'est encore par la réfraction des rayons solaires au travers de petites aiguilles de glace flottant dans l'atmosphère que sont dus certains phénomènes lumineux très curieux, connus sous les noms génériques de *gloires*, *anthélies*, *apothéoses*, dont la théorie n'est d'ailleurs encore qu'imparfaitement connue.

Les *halos* sont deux cercles lumineux (*fig.* 167) d'un rouge pâle en dedans, blancs ou bleuâtres en dehors et à contours assez diffus, que l'on observe quelquefois autour du soleil, quand l'atmosphère contient de légères vapeurs. On appelle *parhélies* des images généralement diffuses du soleil que l'on observe

Fig. 168. — PARASÉLÈNE.

sur le diamètre horizontal du halo intérieur, et qui, rouges du côté du soleil, présentent, depuis ce côté jusqu'au côté opposé, toutes les couleurs du spectre. Les halos et les parhélies sont souvent accompagnés d'arcs accessoires, bordés de rouge en dedans et tangents aux extrémités des diamètres. Ces phénomènes peuvent être produits par la lune et prennent alors les noms de *parasélène* ou *halo lunaire* (*fig.* 168). Quelquefois un grand cercle blanc, appelé *cercle d'Ulloa*, entoure les apothéoses (*fig.* 169).

Fig. 169. — CERCLE D'ULLOA.

Étant placé sur une éminence, le dos tourné au soleil, et regardant un nuage ou un brouillard en face de lui, un observateur voit parfois son ombre projetée sur le brouillard. Quelquefois aussi la tête de l'ombre paraît environnée de couronnes irisées. Ces phénomènes se produisent assez souvent sur le Brocken, en Hanovre; ils constituent le fameux *spectre du Brocken* (*fig.* 170), qui a donné à cette montagne une célébrité superstitieuse. C'est là un des effets du *mirage*, phénomène dû à la *réflexion totale*.

Tout le monde a entendu parler de ce phénomène magique. Les prodiges de la *Fata Morgana,* dans le golfe de Naples, si célèbres dans la Sicile et l'Italie méridionale, ne sont qu'un effet de mirage. A certains moments, on voit dans les airs des ruines, des colonnes, des châteaux, des palais, et une foule d'objets qui semblent se déplacer et qui changent d'aspect à chaque instant. Toute cette féerie est une représentation d'objets terrestres, invisibles dans l'état ordinaire de l'atmosphère, et qui

Fig. 170. — Spectre du Brocken.

deviennent apparents et mobiles quand les rayons de la lumière qu'ils envoient se meuvent en lignes courbes, dans des couches d'inégales densités.

Bernardin de Saint-Pierre cite un fait de mirage remarquable :

« Un phénomène très singulier m'a été raconté par notre célèbre peintre Joseph Vernet, mon ami. Étant en Italie, il se livrait particulièrement à l'étude du ciel et de la lumière. Un jour, il fut bien surpris d'apercevoir dans les cieux la forme d'une ville renversée : il en distinguait parfaitement les clôtures, les tours, les maisons. Il se hâta de dessiner ce phénomène, et, résolu d'en connaître la cause, il s'achemina, suivant le même rhumb de vent, dans les montagnes ; mais quel fut son étonnement de trouver, à sept lieues de là, la ville dont il avait vu le spectre, et dont il avait le dessin dans son portefeuille. »

Pendant la fameuse campagne d'Égypte de 1798, l'armée française fut témoin des phénomènes de mirage les plus remarquables (*fig.* à la page 409). Fatigués par des marches forcées, sous un soleil brûlant et dans une atmosphère étouffante et chargée de sable, baignés de sueur et tourmentés par une soif ardente, les soldats allaient, désespérés, lorsque...

> Soudain des cris de joie, éclatant dans la nue,
> Raniment dans les cœurs l'espérance perdue :
> Voilà que le désert, aux voyageurs surpris,
> Déroule à l'orient de fortunés abris :
> Une immense oasis, dans des vapeurs lointaines,
> Avec ses frais vallons, ses humides fontaines,
> Son lac étincelant, ses berceaux de jasmin,
> Surgit à l'horizon du sablonneux chemin.
> Salut ! belle oasis, île de fleurs semée,
> Vase toujours chargé des parfums d'Idumée !
> Cette nuit, Bonaparte et ses soldats errants
> Fouleront les sentiers de tes bois odorants ;
> Et, sur les bords fleuris de tes fraîches cascades,

> Sous la nef des palmiers aux mouvantes arcades,
> Dans le joyeux bivouac qui doit les réunir,
> Des tourments du désert perdront le souvenir.
> Doux rêves de bonheur ! L'oasis diaphane,
> Fantôme aérien, trompe la caravane :
> Les crédules soldats, qu'un prestige séduit,
> Vers le but qui s'éloigne errent jusqu'à la nuit.
> Alors, comme un jardin qu'une fée inconnue
> De sa baguette d'or dissipe dans la nue,
> L'île miraculeuse, aux ombrages trompeurs,
> Se détache du sol en subtiles vapeurs,
> Disperse, en variant leurs formes fantastiques,
> Ses contours onduleux, ses verdoyants portiques ;
> Et, des yeux fascinés trompant le fol espoir,
> Mêle ses vains débris aux nuages du soir (1).

Les savants qui faisaient partie de l'expédition furent quelque temps eux-mêmes, comme toute l'armée, le jouet de cette cruelle illusion ; mais Monge en eut bientôt découvert et expliqué la cause.

Les couches inférieures de l'atmosphère, échauffées par le sable, prennent des densités qui vont en décroissant à mesure qu'elles sont plus voisines du sol. Les rayons lumineux, partant d'un point élevé et pénétrant dans ces couches, passent sans cesse d'un milieu plus dense dans un milieu moins dense ; l'obliquité de leur incidence sur les couches successives va donc en augmentant de plus en plus. Enfin, ils rencontrent une couche à la surface de laquelle ils subissent la réflexion totale et produisent, pour l'œil qu'ils rencontrent, une image par réflexion. Si ces différences de densité dans l'air se présentent autrement que dans les couches horizontales, le phénomène se produit sous un autre aspect.

Le soubassement sud-ouest de la Bourse de Paris est formé d'un mur vertical en pierre de taille, sans aucune partie saillante, dans une étendue d'environ 78 mètres. Lorsque, l'été, entre midi et trois ou quatre heures, ce mur est frappé par les rayons solaires, il présente les phénomènes de mirage avec une grande intensité. Si un observateur, affirme M. J. Rambosson, place son œil un peu en avant du prolongement du mur, il voit sa surface disparaître tout à coup, et, un peu en avant de la surface, il aperçoit une mince couche d'air, plus ou moins agitée, qui a la propriété de réfléchir tous les objets qui sont près du mur ou de son prolongement ; ainsi la corniche qui surmonte le soubassement se réfléchit si exactement, qu'au premier abord on croit que l'image fait partie de l'objet. Si une personne appuie sa tête sur ce mur, un peu plus loin de l'observateur,

____

(1) Barthélemy et Méry, *Napoléon en Égypte.*

une grande partie de la tête de cette personne, et quelquefois son corps tout entier, se mire sur la mince couche d'air comme dans un miroir. L'image est un peu tremblante et déformée; mais, si l'air n'est pas agité, on distingue facilement tous les traits et toutes les parties du vêtement. A la déformation près, l'image paraît aussi brillante et aussi nette que le corps lui-même.

Le mirage se manifeste aussi très bien sur les murs des fortifications de Paris, surtout du côté sud. Quoique ces murs ne soient couverts d'aucun enduit, et qu'ils soient formés avec de la pierre meulière dont la surface présente beaucoup d'irrégularités, cependant, comme la forme générale en est plane, et que l'on y trouve des fonds de 150 mètres de longueur, deux personnes ayant un œil appliqué près de ces murs, à 100 ou 150 mètres de distance, aperçoivent très bien l'image l'une de l'autre réfléchie chacune sur la mince couche d'air chaud qui monte le long de ces murs, lorsque le soleil est un peu brillant et qu'il fait peu de vent. Si l'on choisit les murs dans le prolongement desquels on peut voir au loin la campagne, et si l'on observe les images réfléchies avec une lunette, on peut voir jusqu'à des arbres entiers avec leurs branches et leurs feuilles. Si le prolongement de la muraille rencontre une route fré-quentée, on distingue très bien, à la lunette, les images réfléchies des passants, des chevaux et des voitures, lorsqu'ils se présentent près du prolongement du mur. A un degré plus ou moins intense, ces phénomènes ont lieu tous les jours, ou du moins sur toutes les surfaces éclairées par le soleil, sur les parapets des ponts, les marches des églises, etc.

Citons enfin, comme expliquant, par le phénomène du mirage, cer-taines apparitions fantastiques, ces lignes de M. Paul de Saint-Victor, relatives à la rencontre qui rendit fou Charles VI.

« Il chevauchait courbé sur les rênes, suant sous sa lourde robe de velours noir. Tout à coup un homme demi-nu s'élance d'un taillis, arrête son cheval par la bride, et lui crie : « Roy! ne chevauche plus avant, mais retourne, car tu es trahi ! » D'où sortait ce fantôme de sinistre augure? Le moyen âge y a vu une apparition de l'Esprit prophétique qui habite les forêts. Quoi qu'il en soit, c'est une scène digne de Shakspeare que cette attaque de la Folie, embusquée au coin d'un bois, et tenant à bout portant la raison d'un roi. Charles se cabra devant le spectre hagard qui lui barrait le passage, puis il rentra dans son noir silence, couvant le délire qui fermentait dans sa tête avant d'éclater. La forêt donnait dans une lande brûlée et aride et le soleil redoublait d'ardeur. Froissart insiste sur cette température de mirages qui dut, sans doute, grossir démesurément aux yeux du malade l'apparition fantastique... »

TRANSMISSION A TRAVERS LES MILIEUX DIAPHANES. — PRISMES. —
Quand la lumière traverse des lames à faces parallèles, les vitres d'une
fenêtre, par exemple, si le rayon qui parvient à l'œil a traversé perpendi-

Néron regardait les combats des gladiateurs à travers une grosse émeraude (page 420).

culairement la lame, il n'est point réfracté ; aucune déviation n'a pu se
produire. S'il est arrivé obliquement, le rayon *émergent* est parallèle au
rayon incident. Pour le démontrer, soit MN (*fig.* 171) une lame de cristal
à faces parallèles, SA un rayon incident, DB le rayon émergent, i et r

les angles d'incidence et de réfraction à l'entrée du rayon, et enfin i' et r' les mêmes angles à la sortie. En A, le rayon supporte une première réfraction, dont l'indice est $\dfrac{\sin i}{\sin r}$; en D, il réfracte de nouveau, ce que l'on indique par $\dfrac{\sin i'}{\sin r'}$. Or, d'après le principe du retour inverse, nous avons $\dfrac{\sin i'}{\sin r'} = \dfrac{\sin r}{\sin i}$. Les deux perpendiculaires AG et DE étant parallèles, les angles r' et i' sont égaux, comme alternes-internes; en conséquence, puisque les numérateurs des deux rapports sont égaux, les dénominateurs le sont aussi; donc r' et i sont égaux; d'où il suit que DB est parallèle à SA.

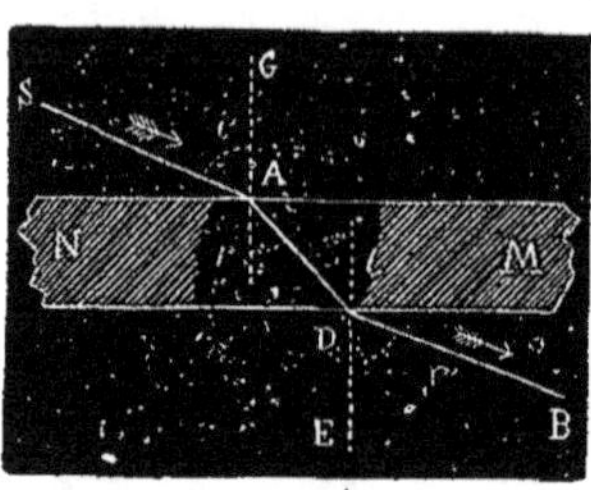

Fig. 171.

On appelle *prisme*, en optique, tout milieu transparent terminé par cinq faces, dont deux opposées sont triangulaires et les trois autres rectangulaires. Ceux dont on fait usage habituellement sont en cristal, en crown ou en flint-glass (1), supportés par un pied métallique et susceptibles de se placer soit horizontalement, soit verticalement, soit dans toute autre position inclinée (*fig.* 172). La droite suivant laquelle les deux faces se rencontrent s'appelle *arête* ou *sommet* du prisme; l'angle qu'elles forment est l'*angle réfringent ;* toute section perpendiculaire à l'arête du prisme se nomme la *section principale*.

On se sert quelquefois aussi du *prisme à eau*, à faces mobiles, qui se compose (*fig.* 173) de deux plaques de cuivre parallèles B et C, fixées en E et en A ; entre elles, deux lames de verre m et n, mobiles autour d'une charnière, peuvent se mouvoir à frottement dur, de sorte qu'elles forment un vase hermétique que l'on remplit d'eau. En inclinant plus ou moins ces lames de verre, on obtient un prisme à angle variable.

Il est facile de déterminer la marche de la lumière dans les prismes (*fig.* 174). Soit un point lumineux L, contenu dans le plan de la section principale ABC, et LI un rayon incident. Ce rayon se réfracte en I, en se rapprochant de la normale, si le milieu où il entre est plus réfringent, et il suit une

---

(1) Le cristal et le flint-glass se fabriquent avec du sable blanc, du carbonate de potasse purifié, de l'oxyde rouge de plomb, un peu de nitre et de potasse. Le flint-glass est plus riche en plomb que le cristal. Le crown-glass remplace le plomb par de la chaux et un peu d'oxyde de manganèse. Ces verres sont remarquables par leur transparence et leur pureté.

direction IE, déterminée par l'égalité ci-dessus $\dfrac{\sin i}{\sin r} = \dfrac{3}{2}$. En E, le rayon éprouve une nouvelle réfraction; il s'éloigne alors de la normale et suit une direction EO, déterminée par l'égalité $\dfrac{\sin i'}{\sin r'} = \dfrac{2}{3}$.

D'après cela, la lumière, se brisant deux fois dans le même sens, décrit une ligne brisée LIEO, et l'œil qui reçoit le rayon émergent EO, voit l'objet L en l, c'est-à-dire que *les objets vus à travers un prisme apparaissent déviés vers l'aréte qui sépare les faces d'incidence et d'émergence*. La déviation imprimée ainsi à la lumière se mesure par l'angle LDl, formé par les rayons incidents et émergents, et nommé *angle de déviation*. Cet angle augmente avec l'indice de réfraction et avec l'angle réfringent du prisme; il varie également d'après l'angle d'incidence du rayon lumineux à son entrée dans le prisme; la déviation décroît avec cet angle, mais seulement jusqu'à une certaine limite, qui se détermine par le calcul.

Fig. 172. — Prisme.

Pour démontrer que l'angle de déviation augmente avec l'indice de réfraction de la substance du prisme, on se sert d'un prisme composé de diverses substances. En regardant au travers de ce prisme une ligne droite, par exemple, on aperçoit seulement des tronçons de ligne à des hauteurs différentes. Pour démontrer que l'angle de déviation augmente avec l'angle réfringent du prisme, on se sert du prisme à angle variable, du *prisme à eau*. En recevant un rayon lumineux dans ce prisme, on constate que la déviation du rayon émergent augmente à mesure que l'on incline davantage les plateaux.

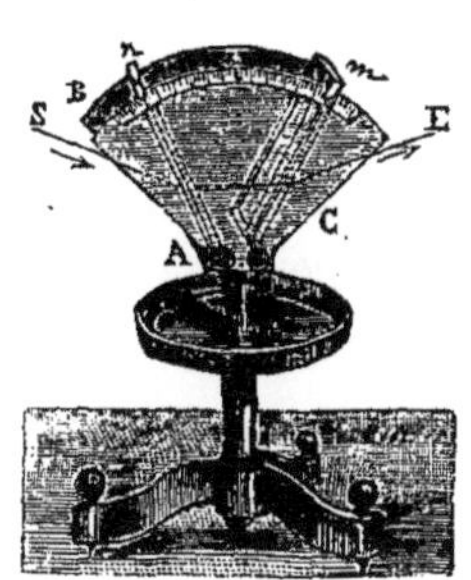

Fig. 173.

Prisme a eau.

Les prismes dont la section principale est un triangle rectangle isocèle présentent une application importante de la réflexion totale. En effet, soit ABC (*fig.* 174) la section principale d'un tel prisme, O un point lumineux et OH un rayon perpendiculaire à la face BC. En entrant dans le cristal, sans se réfracter, ce qui est une propriété du cristal de roche, du flint-glass et de quelques autres corps, il va former sur la grande face AB un angle égal à B, c'est-à-dire de 45 degrés, c'est-à-dire plus grand que l'angle limite du cristal qui est de 41°,48. D'après cela, le rayon OH supporte en H la réflexion totale qui lui imprime la direction HI, perpendiculaire à la seconde face AC. Il s'ensuit que la grande face du prisme produit, dans ce cas, l'effet d'un miroir plan, dans lequel la réflexion s'est effectuée sans perte, et qu'un œil placé en I voit en O' l'image du point O. Nous verrons plus loin que cette propriété des prismes rectangulaires s'utilise dans un grand nombre d'instruments d'optique.

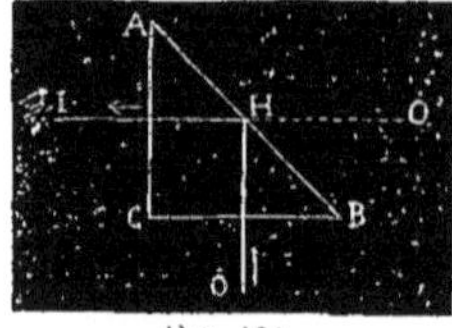

Fig. 174.

RÉFLEXION TOTALE DANS UN PRISME.

LENTILLES. — On désigne, en optique, sous le nom de *lentilles* des disques de verre compris entre deux surfaces sphériques, ou entre une surface plane et une surface sphérique. D'après leur forme, on leur donne différents noms. Les lentilles 1, 2, 3 (*fig.* 175) sont dites lentilles *divergentes*, parce que leurs faces, s'écartant du centre vers les bords, elles ont la propriété de faire diverger les rayons qui les traversent; la 1re est *ménisque divergent* (du grec *méniscos,* croissant); la 2e *plan-concave,* la 3e *biconcave.* Les lentilles 4, 5, 6 sont dites lentilles *convergentes,* parce que leurs faces, se rapprochant du centre vers les bords, elles font converger les rayons ; la 4e est *biconvexe,* la 5e *plan-convexe* et la 6e *ménisque convergent.* On les construit généralement aujourd'hui avec le flint-glass ou le crown-glass.

L'invention des lentilles paraît remonter à la plus haute antiquité. Sénèque, entre quelques autres auteurs anciens, fait mention de globes de verre remplis d'eau, servant à augmenter les dimensions d'objets peu visibles, et l'on a retrouvé, dans les ruines de Ninive, des lentilles en cristal de roche que l'on suppose avoir été taillées au point de vue de l'optique plutôt que pour servir d'ornement. On cite également Salomon se servant de boules pour grossir les objets, et Néron regardant les combats des gladiateurs à travers une grosse émeraude. Mais la construction de lentilles, où les verres lenticulaires se trouvent combinés de manière à augmenter dans

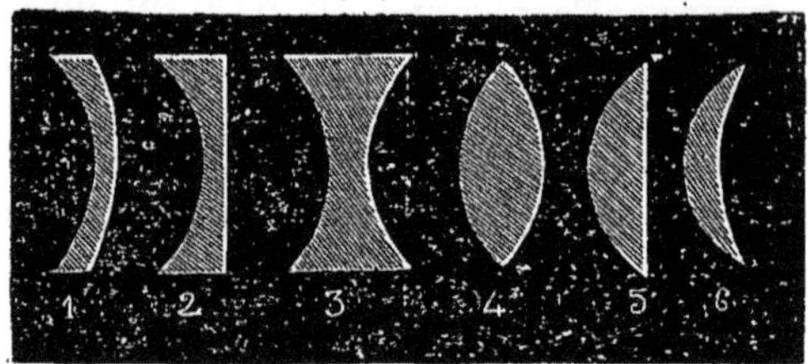

Fig. 175. — LENTILLES.

une grande mesure la puissance de la vision des objets éloignés, ne date guère que du XVIIe siècle. « A la honte de nos sciences, dit Descartes dans sa *Dioptrique,* une si admirable invention n'a premièrement été trouvée que par l'expérience et la fortune. Il y a environ trente ans (1609), Jacques Metius (Metzu), lunetier à Alkmaer, en Hollande, homme qui n'avait jamais étudié, mais prenait plaisir à faire des miroirs et des verres brûlants, ayant à cette occasion des verres de différentes formes, s'avisa de regarder au travers de deux, dont l'un était convexe et l'autre concave, et les appliqua si heureusement que la première lentille en fut composée. » Quelques-uns même attribuent cet heureux hasard aux enfants de Metzu qui, en jouant, avaient placé l'un contre l'autre un verre concave et un verre convexe. D'autre part, on a cité souvent les opticiens Jansen et Lippershey, de Middelbourg, comme ayant inventé cet instrument, si précieux que l'on peut dire qu'en lui se résume toute la partie pratique de l'optique.

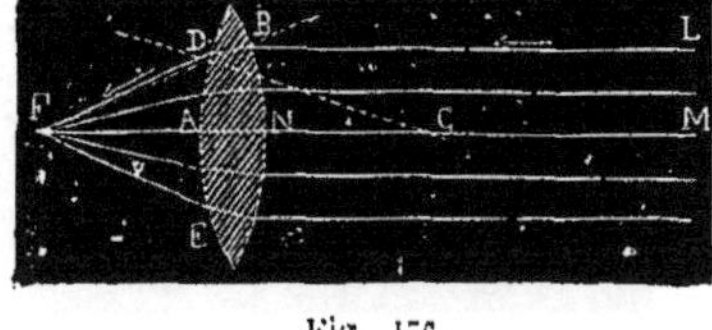

Fig. 176.

FOYER PRINCIPAL DES LENTILLES.

Nous nous bornerons à l'étude des lentilles *biconvexes* (1) et *biconcaves* (4), parce qu'elles sont le plus généralement employées et que leurs propriétés s'appliquent respectivement à toutes les lentilles convergentes ou divergentes.

PROPRIÉTÉS DES LENTILLES BICONVEXES. — Dans les lentilles, comme dans les miroirs, on nomme *foyer* le point où vont concourir tous les rayons réfractés ou leur prolongement. Les lentilles biconvexes, comme les miroirs courbes (page 404) ont un *foyer réel* et un *foyer virtuel.*

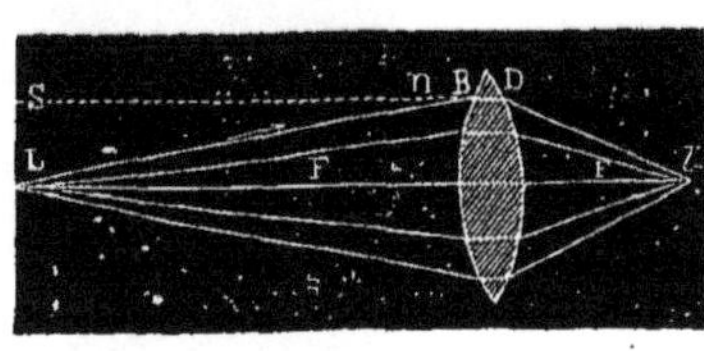

Fig. 177.

FOYERS CONJUGUÉS DES LENTILLES.

Lorsque les rayons lumineux qui tombent sur la lentille sont parallèles à, l'axe principal (*fig.* 176), un rayon incident LB s'approche de la normale au point d'incidence B, puis s'en écarte au point d'émergence D, et, après avoir ainsi deux fois dévié, va couper l'axe principal en F. Tous les autres rayons se réfracteront de la même manière, et le calcul prouve qu'ils vont tous converger très sensiblement à ce même point F, pourvu que l'arc DE ne dépasse pas 10 à 12 degrés. Ce point F est dit le *foyer principal* et la distance FA la *distance focale principale* de la lentille. Ce point est toujours le même pour une même lentille ; mais il varie avec le rayon de la courbure et l'indice de réfraction de celle-ci. Dans les lentilles dont on se sert ordinairement, c'est-à-dire de crown-glass, le foyer principal coïncide presque exactement avec le *centre de courbure.* Une lentille est dite à long ou à court foyer, suivant que la distance focale est grande ou petite. Ajoutons que seuls les rayons voisins de l'axe tombent au foyer. Ceux qui passent près des bords de la lentille rencontrent l'axe un peu plus tôt, en vertu d'un effet désigné sous le nom d'*aberration de sphéricité*.

Si l'objet lumineux L (*fig.* 177) est situé au delà du foyer principal, en comparant la marche du rayon divergent LB avec le rayon SB parallèle à l'axe, on voit que le premier forme avec la normale un angle LBn plus grand que SBn; l'angle de réfraction sera donc plus grand, de sorte

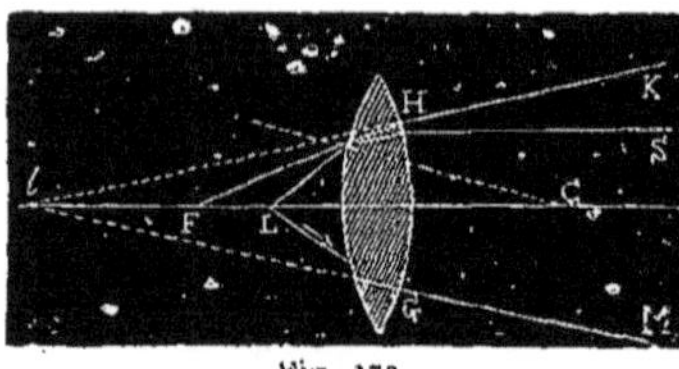

Fig. 178.

FOYER VIRTUEL DES LENTILLES.

qu'après avoir traversé la lentille il rencontre l'axe en un point *l* plus éloigné que le foyer principal F. Comme tous les rayons partant du point L concourent sensiblement au même point *l*, ce point *l* est le *foyer conjugué* du point L, dénomination qui exprime une relation telle entre les points L et *l*, que si l'on place le point lumineux en *l*, le foyer sera en L.

D'après cela, plus on approche de la lentille la source lumineuse L, plus s'accroît la divergence des rayons émergents, et plus s'éloigne le foyer conjugué *l*; et lorsque L coïncide avec le foyer principal F, les rayons émergents sont parallèles à l'axe: il n'y a plus de foyer conjugué, ou, ce qui revient au même, il y en a une infinité. Dans ce cas, l'intensité de la lumière décroît fort peu, et une seule lumière peut éclairer à de grandes distances.

Dans les lentilles biconvexes, le foyer est *virtuel* quand l'objet lumineux L est placé entre la lentille et le foyer principal (*fig.* 178). En effet, les rayons incidents LH, formant avec la normale des angles plus grands que les rayons FH émis par le foyer principal, il en résulte qu'après leur émergence, les premiers s'éloignent de l'axe plus que les seconds, et forment les faisceaux divergents HK,GM. Ces

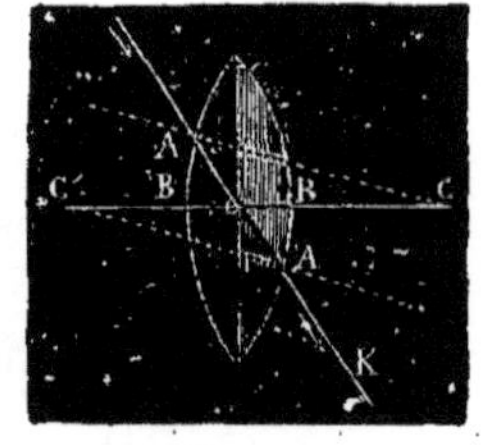

Fig. 179.

CENTRE OPTIQUE.

rayons ne peuvent donner naissance à aucun foyer *réel*; tous leurs prolongements concourent en un point *l* situé sur l'axe, lequel point est le foyer *virtuel* de L. Plus le point L est proche de la lentille, plus le foyer virtuel *l* s'approche du foyer principal F; plus il se rapproche de F, plus *l* s'en éloigne.

Dans toute lentille, il existe un point appelé *centre optique*, situé sur l'axe, qui jouit de cette propriété que tous les rayons lumineux qui passent par lui ne supportent pas de déviation angulaire, c'est-à-dire que les

.émergents sont parallèles aux incidents. Pour le démontrer, soient C et C′ les centres des surfaces sphériques de la lentille (*fig.* 179), menons les rayons parallèles CA, C′A′ et considérons la droite AA′ comme un rayon réfracté.

Il sera facile de construire le rayon incident KA qui lui aurait donné naissance. Or, au point A′ l'angle de réfraction intérieure étant le même qu'au point A, l'angle d'émergence devra être égal à l'angle d'incidence ; les rayons KA, A′K′ sont donc parallèles entre eux. Les triangles COA, C′OA′ étant semblables, le point O divise la droite CC′ en deux par-

ties, dont le rapport est le même que celui des rayons CA, C′A′ des deux faces de la lentille. Donc, si au lieu de deux rayons parallèles CA, C′A′, on en mène deux autres quelconques, mais toujours parallèles, le rayon réfracté intérieur passera encore par le point O ; il

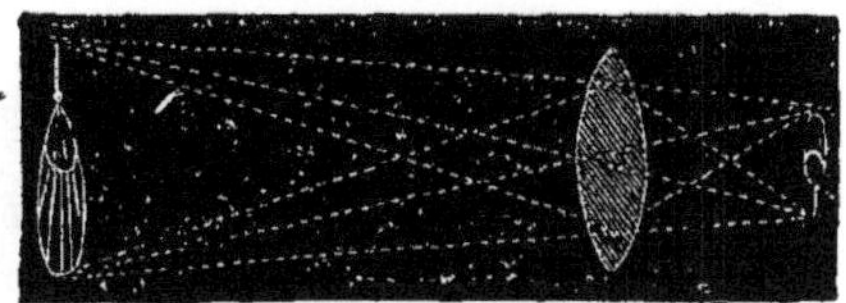

Fig. 180. — IMAGES RÉELLES DANS LES LENTILLES BICONVEXES.

en sera de même de tous les rayons réfractés correspondant à des rayons incidents et émergents parallèles.

Ajoutons tout de suite que, dans les lentilles biconcaves ou dans les ménisques, le centre optique se détermine de la même façon ; dans les lentilles plan-concaves, ce point est à l'intersection même de l'axe par la face courbe.

Si l'on néglige, comme cela se fait ordinairement, l'épaisseur de la lentille et toutes les grandeurs inférieures à cette épaisseur, on voit que

Fig. 181. — IMAGES VIRTUELLES DANS LES LENTILLES BICONVEXES.

les lignes KA, A′K′ et le rayon intérieur AA′ forment une seule ligne droite, et que l'on peut considérer le rayon KK′ comme ayant traversé la lentille, sans éprouver aucune déviation. Toute ligne droite qui passe par le *centre optique* est dite *axe secondaire ;* tout rayon qui suit la direction d'un axe secondaire est regardé comme traversant la lentille sans subir de réfraction.

Pour déterminer expérimentalement le *foyer principal* d'une lentille biconvexe, il suffit de l'exposer aux rayons solaires, en ayant soin que l'axe principal soit bien parallèle à ceux-ci. Recevant ensuite sur un écran le faisceau émergent, le point où concourent tous les rayons est le foyer cherché, qui, généralement, dans les lentilles en crown-glass, est au centre de courbure. Les foyers conjugués se déterminent de la même façon, en plaçant un écran de chaque côté de la lentille.

FORMATION DES IMAGES DANS LES LENTILLES BICONVEXES. — Les lentilles biconvexes, comme les miroirs, produisent des images réelles et des images virtuelles. Ces images sont constituées par l'ensemble des foyers de chacun des points de l'objet.

Soit (*fig.* 180) un objet fortement éclairé et placé devant une lentille. Les divers points de cet objet pourront être considérés comme autant de points lumineux ayant chacun leur foyer. Si l'on construit les foyers correspondant aux points le plus haut et le plus bas de l'objet, on voit qu'il y a renversement, et, comme l'ensemble des foyers constitue l'image de l'objet, on voit que cette image est réelle et renversée. Cependant l'image ne sera réelle qu'autant que les foyers qui la constituent le seront aussi, c'est-à-dire dans le cas seulement où l'objet est plus éloigné de la lentille que ne l'est le foyer principal. L'image sera égale à l'objet quand ce dernier se trouvera à une distance de la lentille double de la distance focale principale; l'image deviendra plus grande que l'objet si l'on rapproche celui-ci de la lentille, et plus petite dans le cas contraire. L'image s'éloignera à l'infini quand l'objet passera par le foyer principal.

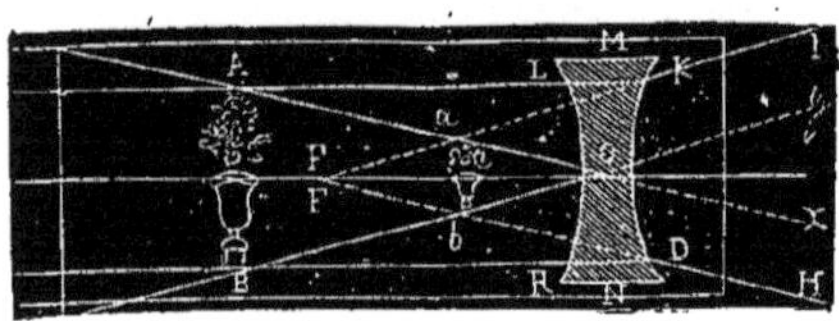

Fig. 182.

IMAGES DANS LES LENTILLES BICONCAVES.

Si l'objet est situé entre le foyer principal et la lentille (*fig.* 181), l'image devient *virtuelle*. L'œil ne pourra en avoir l'impression qu'en se plaçant derrière la lentille, sur le trajet des faisceaux réfractés; alors il lui semblera voir l'objet, non pas où il est, avec ses dimensions véritables, mais plus loin, avec des dimensions plus grandes. Cela tient à ce que le faisceau lumineux, venu d'un point quelconque, semble, après réfraction, venir du point correspondant.

LENTILLES BICONCAVES. — Dans les lentilles *biconcaves*, les foyers sont toujours *virtuels*, quelle que soit la distance où est placé l'objet; la construction et le raisonnement indiqués pour les lentilles convexes sont en tous points applicables aux lentilles biconcaves. Les images sont toujours *virtuelles*. Soit, en effet, un objet AB (*fig.* 182), placé devant une lentille biconcave MN. Menons par le centre optique O les axes secondaires Ax, By des points extrêmes A et B de l'objet. Tous les rayons, tels que AL,

Les phares.

BR, émis par ces points, s'écarteront de leurs axes respectifs en traversant la lentille, de sorte que l'œil, en les recevant, verra l'image du point A en *a* et celle du point B en *b*, aux points de rencontre des axes avec les prolongements des rayons réfractés KI, DH. L'image *ab* de l'objet AB sera donc *virtuelle*, *droite* et *plus petite* que l'objet, et sera d'autant plus petite que l'objet sera plus éloigné.

PHARES. — Nous reviendrons ci-après sur les applications des lentilles aux instruments d'optique proprement dits, tels que lunettes, télescopes, microscopes, etc.; mais nous dirons d'abord ici une de leurs applications les plus importantes, leur application aux *phares* (*fig.* à la page 425).

« Pendant longtemps, on a regardé les entrées des ports et les embouchures des fleuves ouverts à la navigation comme les seules parties des côtes qu'il fût nécessaire d'éclairer. Dans l'antiquité, les grandes cités maritimes possédaient chacune un phare que l'on comptait parmi ses monuments. L'an 470 de la fondation de Rome, sous le règne de Ptolémée Philadelphe, Sostrate de Gnide construisait, dans l'île de Pharos, à l'entrée du port d'Alexandrie, un phare qui fut rangé parmi les sept merveilles du monde et qui existait encore au commencement du xıı° siècle de notre ère. D'après Edrisi, géographe arabe, qui vivait à cette époque, la tour de Pharos était carrée et mesurait 100 brasses de hauteur. Denys de Byzance parle d'un phare qui était placé à l'embouchure du Chrysorrhoas, dans le Bosphore de Thrace. Le phare d'Ostie avait été construit, d'après Suétone, à l'imitation de celui de Pharos, par l'empereur Claude. Caligula, lors de son expédition dans les Gaules, avait fait élever à Boulogne un phare qui s'écroula en 1644, par suite de l'éboulement d'une falaise; cette tour était octogonale et pouvait avoir une hauteur de 60 mètres. La plupart du temps, c'était sur des points culminants du rivage, sans construire un édifice spécial, que les anciens allumaient leurs signaux. Des feux de bois ou de charbon, soigneusement entretenus pendant la nuit, constituaient leurs foyers de lumière.

» Très négligé au moyen âge, l'éclairage maritime fut repris à l'époque de la Renaissance. Vers le milieu du xvı° siècle, un phare monumental fut construit à l'entrée du port de Gênes. Quelques années plus tard, la première pierre du fameux phare de Cordouan fut posée, à l'embouchure de la Gironde, sur un rocher que les eaux recouvrent de trois mètres en haute mer. Cet admirable monument, construit par Louis de Foix, de 1584 à 1610, est décrit en ces termes par M. Léonce Renault :

« Il se composait de la plate-forme circulaire, que défendait un large parapet,
» et de la tour qui était divisée en quatre étages, non compris la lanterne. Le
» rez-de-chaussée présentait un grand vestibule de forme carrée, et quatre petits
» réduits, qui servaient de logements et de magasins. Des escaliers, placés dans
» les embrasures des portes d'entrée et des deux fenêtres, conduisaient dans les
» caves et dans la citerne. La cage du grand escalier se trouvait en face de
» l'entrée. Au premier étage, qui portait le titre, probablement peu justifié,
» d'*appartement du Roi*, était une salle de même dimension que le vestibule,
» mais plus richement décorée, d'où l'on pouvait se rendre sur une première

» galerie extérieure. Une chapelle de forme circulaire occupait le second étage;
» elle était éclairée par deux rangs de fenêtres, couverte par une voûte sphérique
» et ornée de pilastres corinthiens et d'élégantes sculptures. Au-dessus de la
» seconde galerie, le dôme de la chapelle était accusé au dehors et était découpé
» par des lucarnes richement ornées, qui formaient le second rang des fenêtres
» de cette salle. Il était surmonté d'un pavillon circulaire, voûté et décoré de
» pilastres composites, dont l'entablement était couronné par la balustrade à jour
» d'une galerie extérieure conduisant dans la lanterne. Cette lanterne, de dimen-
» sions assez restreintes, était exécutée en pierre de taille et se composait de
» huit arcades dont les pieds-droits étaient ornés de
» colonnes, et dont la coupole se terminait par la che-
» minée destinée au dégagement de la fumée du foyer.
» La hauteur du foyer au-dessus de l'horizon n'était que
» de 35 mètres. »

» Dans les dernières années du xviie siècle, on alluma,
en France, les phares des *Baleines* (île de Ré), de *Chas-
siron* (île d'Oleron), de *Stiff* (île d'Ouessant), du cap *Fréhel*
(Côtes-du-Nord) et du *Havre*. De 1740 à 1780, on alluma
ceux de *Saint-Matthieu* (près de Brest), du fort de *Bouc*,
de *Cayeux*, de *Planier* (près de Marseille), de *La Hève* et
de *L'Ailly*.

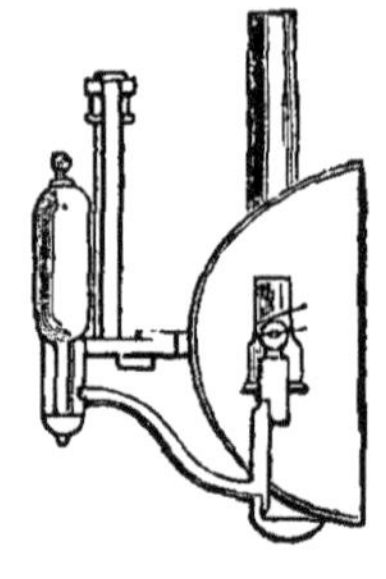

Fig. 183.

LAMPE D'UN PHARE
CATOPTRIQUE.

» Vers la fin du xviiie siècle, les appareils *catoptriques* (d'un mot grec signifiant *miroir*) furent appliqués à l'éclairage des phares. En 1782, quatre-vingts
lampes, accompagnées chacune d'un réflecteur en forme de segment sphérique,
étaient installées dans la lanterne de Cordouan. Ces lampes, munies de mèches
plates, éclairaient mal et produisaient beaucoup de fumée : les réflecteurs ren-
voyaient la lumière en tous sens, au lieu de la concentrer dans les directions
utiles. L'insuffisance de ce mode d'éclairage provoqua des plaintes de la part des
navigateurs et leur fit réclamer le retour aux feux de charbon qu'on avait, depuis
quelques années, substitués aux feux de bois. Teulère, ingénieur en chef de la
province, proposa, dans un remarquable mémoire daté du 26 mai 1783 : de remplacer les lampes à mèche plate par des lampes à double courant d'air ; de donner
à chaque réflecteur la forme d'un *paraboloïde*, au fond duquel on placerait la
flamme, de manière à concentrer la lumière dans un faisceau horizontal (*fig.* 183);
d'animer l'appareil d'un mouvement de rotation autour d'un axe vertical, pour
promener successivement la lumière sur tous les points de l'horizon. Après quelques essais, on construisit, d'après les idées de Teulère, un grand appareil *catoptrique* qui fut établi sur la tour de Cordouan, nouvellement exhaussée. Les réflecteurs, au nombre de douze, étaient répartis en trois groupes ; ceux d'un même
groupe étaient superposés et dirigés dans le même sens. Les trois faisceaux de
lumière ainsi obtenus étaient espacés de 120 degrés, c'est-à-dire qu'ils divisaient
la circonférence en trois parties égales. La rotation était calculée de manière à
faire succéder les éclats de deux en deux minutes. Ce système d'éclairage constituait un immense progrès ; aussi fut-il adopté par la plupart des puissances maritimes. Sauf les proportions et quelques détails de construction, nos appareils
catoptriques actuels les plus usités sont entièrement conformes à ceux de Teulère.

» La propriété que possèdent les lentilles convergentes de réfracter, parallèlement à leur axe, les rayons de lumière émanés de leur foyer principal les appelait à remplir un office analogue à celui des réflecteurs paraboliques. Cependant, si l'on eût voulu conserver, comme d'habitude, la continuité de leurs surfaces convexes, leur exécution en grand aurait exigé une telle masse de verre, qu'aucun avantage pratique n'aurait pu résulter de leur application à l'éclairage des phares. Fresnel (1) imagina, afin de rendre possible l'emploi des lentilles, de les composer d'une partie centrale entourée d'anneaux concentriques (*fig.* 184), en saillie les uns sur les autres, et représentant, pour ainsi dire, les bords d'une série de lentilles de divers rayons, mais à foyer principal commun. Buffon avait déjà, à l'insu de Fresnel, proposé d'établir les *lentilles à échelons*, mais il les supposait formées d'une seule pièce. Fresnel, au contraire, composait sa lentille d'une série de pièces séparées, fondues et travaillées à part, puis assujetties au moyen de colle de poisson. Le profil fut formé d'un côté par une ligne droite, de manière à favoriser l'exécution ; les centres, les rayons et les amplitudes des arcs de cercle de la face opposée furent calculés de manière à réduire autant que possible l'*aberration de sphéricité* en même temps que l'épaisseur du verre.

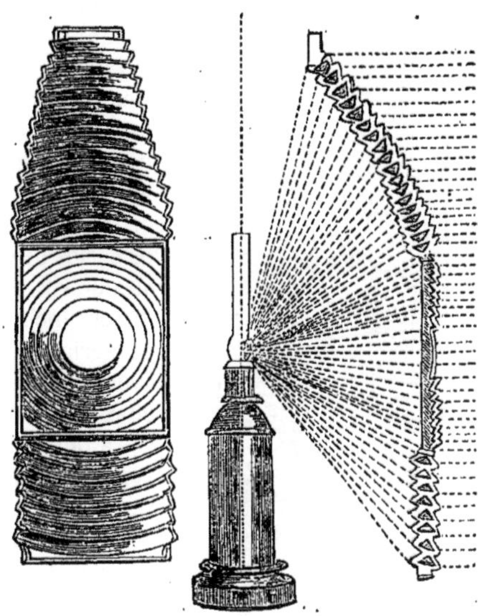

Fig. 184.

» En faisant tourner ce profil autour de son axe principal, on engendre la lentille à éléments *annulaires*, qui sert à construire l'appareil dioptrique des phares à *éclipses*. A cet effet (*fig.* 185), on dispose plusieurs de ces lentilles de manière à former un prisme régulier, à base polygonale, ayant pour axe la verticale qui passe par leur foyer commun. Qu'une source de lumière occupe ce foyer et qu'on fasse tourner le tambour lenticulaire autour de son axe, on obtiendra les mêmes effets qu'avec l'appareil de Teulère ; mais, tandis que les réflecteurs absorbent au moins 50 pour 100 de la lumière incidente, les lentilles à échelons absorbent 10 fois moins.

» Si, donnant au côté rectiligne du profil une position verticale, on fait tourner ce profil autour de la parallèle à ce côté menée par le foyer principal, on engendre une nouvelle lentille à échelons dont la forme générale est celle d'une surface

---

(1) FRESNEL (Augustin-Jean), célèbre physicien français (1788-1827), d'abord ingénieur des ponts et chaussées dans le département de la Drôme, puis attaché en 1819 au service des phares, abandonna le service pour se livrer à la science pure. Nommé examinateur à l'École polytechnique, membre de l'Institut, il reçut la médaille d'or de la Société Royale de Londres. Son application des lentilles à échelons à l'éclairage des phares a immortalisé son nom. ·

cylindrique (*fig.* 186). Les rayons de lumière émanés du foyer sont alors réfractés horizontalement, dans tous les sens, et l'on obtient un phare à *feu fixe*.

» Pour utiliser le plus complètement possible les rayons de lumière émanés de la lampe située au foyer commun de toutes les lentilles qui composent l'appareil dioptrique, Fresnel imagina de faire recevoir les rayons supérieurs, qui eussent été perdus, par des lentilles trapézoïdales ; celles-ci sont disposées tout autour de la lampe, suivant une inclinaison telle, que les rayons se trouvent réfléchis horizontalement, par des miroirs formant éventail, et vont renforcer les faisceaux des lentilles verticales. Depuis, au lieu des lentilles inclinées et des miroirs réflecteurs, on recueille les rayons qui ne tombent pas sur les lentilles verticales, par des séries de couronnes de miroirs de verre étamé, convenablement inclinés, ou encore par des séries de prismes où les rayons lumineux subissent la réflexion totale.

» Dans un appareil *catoptrique*, on peut multiplier les lampes pour obtenir un feu plus puissant ; mais, dans un appareil lenticulaire, l'usage d'une seule lampe est obligatoire. C'est pourquoi Fresnel et Arago ont cherché à augmenter la puissance de la flamme. Le bec de lampe à plusieurs mèches concentriques, placées chacune entre deux courants d'air, a permis d'obtenir une grande intensité lumineuse avec une flamme d'un faible volume (1). »

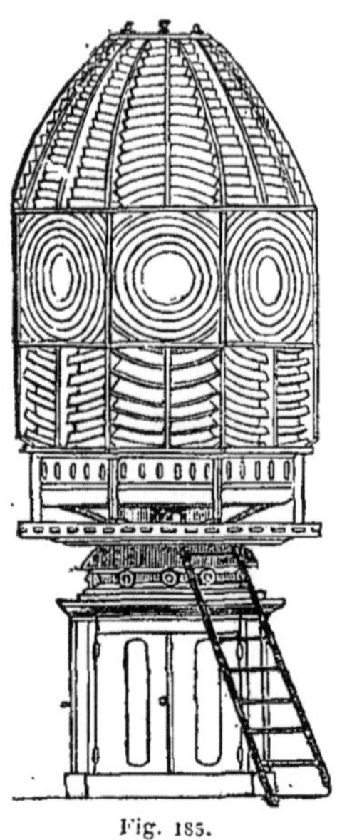

Fig. 185.

APPAREIL LENTICULAIRE
D'UN
PHARE A ÉCLIPSES.

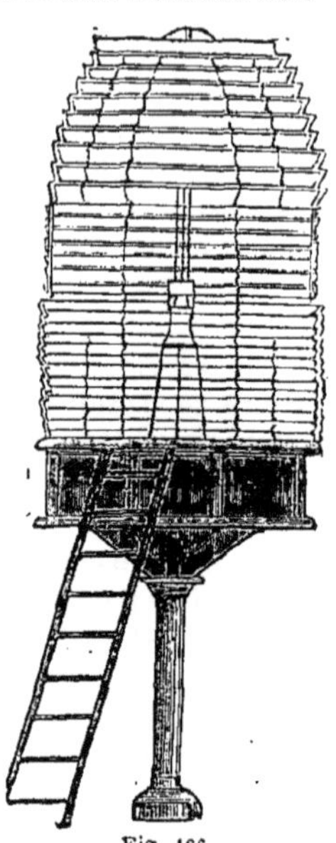

Fig. 186.

APPAREIL LENTICULAIRE
D'UN
PHARE A FEU FIXE.

Le nombre des phares allumés sur les côtes de France est de 330 :

45	Phares de 1er ordre, dont le diamètre des appareils optiques qui les éclairent est de			$1^m,84$
6	Phares de 2e ordre.	—	—	— $1^m,40$
44	Phares de 3e ordre.	—	—	— $1^m,00$
225	Phares de 4e ordre ou fanaux.	—	—	— $0^m,50$
10	Feux flottants.	—	—	— $0^m,375$

Ils peuvent être encore divisés, d'après leurs caractères distinctifs, en 7 genres principaux : feux fixes, feux à éclipses, feux fixes variés par

(1) Lucas (Félix), *Étude historique et statistique sur les voies de communication, phares, balises, etc.* (Exposition universelle de Vienne, 1873). — *Notices sur les modèles, cartes et dessins relatifs aux travaux des ponts et chaussées* (Exposition universelle à Paris, 1878). Ministère des travaux publics.

des éclats, feux scintillants, feux alternativement fixes et scintillants, feux clignotants, feux diversement colorés.

Nous donnons le tableau de nos phares du premier ordre :

PHARES.	FORME DE LA TOUR.	Hauteur du foyer.	Portée lumineuse.	CARACTÈRE DU FEU.
		mètres.	milles.	
Dunkerque	Cylindrique.	59	25	A éclipses par minute.
Calais.	Octogonale.	58	20	Fixe, éclats, éclipses.
Cap Gris-Nez,	Cylindrique.	69	30	A éclipses.
La Canche (2 phares)	Octogonale.	53	20	Fixes.
Cap de L'Ailly	Carrée.	93	27	A éclipses.
Fécamp	Carrée.	114	18	Fixe.
Cap de La Hève (2 phares)	Carrées.	121	27	Fixes.
Fatouville	Octogonale.	128	20	Fixes, éclats rouges.
Pointe de Barfleur	Cylindrique.	72	22	A éclipses.
Cap de La Hague	Cylindrique.	47	18	Fixe.
Cap Fréhel	Octogonale.	79	24	A éclipses.
Roches-Douvres	Métallique, 16 pans.	55	25	Scintillant, éclipses.
Héaux de Bréhat.	Cylindrique.	45	18	Fixe.
Ile de Bas.	Cylindrique.	68	24	A éclipses.
Pointe du Stiff	2 tours cylind. accolées.	83	18	Fixe.
Pointe de Créac'k	Cylindrique.	68	24	Éclipses, éclats rouges et blancs.
Ile de Sein	Cylindrique.	45	18	Fixes, avec éclats.
Bec du Raz de Sein	Carrée.	79	18	Fixe.
Pointe de Penmarck	Cylindrique.	41	22	A éclipses.
Ile de Groix	Carrée.	59	18	Fixe.
Belle-Ile	Cylindrique.	84	27	A éclipses.
Ile d'Yeu	Cylindrique.	54	18	Fixe.
Les Baleines	Octogonale.	50	24	A éclipses.
Chassiron	Cylindrique.	50	18	Fixe.
Cordouan	Cylindrique.	60	27	A éclipses.
Dunes de Hourlin (2 phares).	Carrées.	54	20	Fixes.
Bassin d'Arcachon	Cylindrique.	51	18	Fixe.
Dunes de Contis	Cylindrique.	50	24	A éclipses.
Biarritz	Cylindrique.	73	22	A éclipses.
Cap Béarn	Cylindrique.	229	20	Fixe.
Mont d'Agde	Carrée.	126	27	A éclipses.
La Camargue	Cylindrique.	38	18	Fixe.
Planier	Cylindrique.	40	20	A éclipses.
Porquerolles	Carrée.	80	20	Fixe, à éclats.
Cap Camarat.	Carrée.	130	27	A éclipses.
Antibes.	Cylindrique.	103	20	Fixe.
Cap Corse.	Cylindrique.	82	22	A éclipses.
Golfe de Calvi.	Carrée.	88	20	Fixe.
Golfe d'Ajaccio	Carrée.	98	20	Fixe, à éclats.
Mont Pertusato	Carrée.	99	27	A éclipses.
Porto-Vecchio	Carrée.	66	20	Fixe, à éclats.
Alistro	Octogonale.	94	20	Fixe.

Le même volume que nous avons cité nous donne, relativement à l'application de la lumière électrique à l'éclairage des phares, les renseignements officiels suivants :

« L'application de la lumière électrique à l'éclairage des phares remonte déjà à quinze ou vingt ans, et, depuis lors, ce nouveau système ne s'est pas répandu aussi rapidement qu'on aurait pu le supposer. En France, il n'y a encore que quatre phares électriques, ceux du cap de La Hève, celui de Planier et celui du cap Gris-Nez. Ce n'est

pas que les machines destinées à produire les courants électriques ou à les transformer en lumière aient présenté des imperfections ou donné lieu à des accidents; il
faut reconnaître, au contraire, qu'elles ont fonctionné avec toute la régularité dési-
rable. Mais tous les phares importants de France sont depuis longtemps installés avec
les appareils optiques destinés à recevoir un éclairage à l'huile, de sorte que, pour y
introduire la lumière électrique, il faut commencer par sacrifier le capital que représentent ces appareils et s'imposer ensuite une dépense au moins aussi importante
pour l'installation du nouveau mode d'éclairage. Tel est le motif qui a fait ajourner
l'emploi de l'électricité. Cependant les appareils lenticulaires établis dans les premières années qui ont suivi l'invention de Fresnel commencent à présenter des dégradations qui nuisent à leur efficacité pour la concentration de la lumière ; les miroirs
sont partout plus ou moins altérés. A mesure qu'il deviendra nécessaire de renouveler ces anciens appareils, on aura à examiner si, eu égard aux circonstances
locales, il est avantageux de les remplacer par des appareils d'éclairage électrique. »

Cependant d'autres raisons encore s'opposent, selon quelques-uns, à
la généralisation de l'emploi de l'électricité pour l'éclairage des phares.

Dans un mémoire lu en 1882 devant l'Association britannique,
M. John R. Wigham a comparé le gaz à la lumière électrique pour l'éclairage des phares, et il résulte de ce mémoire que, pour cette application
spéciale, le gaz est préférable à la lumière électrique.

Des expériences récentes ont été faites en Angleterre, à la tour des
signaux du Parlement. On plaça deux lumières côte à côte, et on les
observa de Primrose Hill. La lumière électrique était produite par une
puissante machine Gramme et placée au foyer d'un magnifique appareil
lenticulaire ; le gaz était employé dans un appareil dioptrique de premier
ordre à feu fixe. Le résultat des expériences, qui durèrent fort longtemps,
fut que la lumière électrique était beaucoup plus éclatante que le gaz par
le beau temps, qu'elle était moins brillante que lui dans les temps brumeux, et que, par les temps de brouillards, le gaz restait visible après que
la lumière électrique avait été obscurcie. Le résultat fut le même avec
les lumières nues, employées sans appareil lenticulaire. D'autres expériences, faites au phare de Howth Bailey, ont donné les mêmes résultats.

En résumé, on peut faire à l'application de la lumière électrique pour
l'éclairage des phares les deux objections suivantes : 1° Par le beau temps,
cette lumière trouble le marin, qui ne peut être certain de la distance
qui le sépare d'elle ; suivant l'état de l'atmosphère, son éclat est le même,
qu'on la voie de dix kilomètres ou d'un kilomètre de distance ; 2° Dans
les temps de brouillards, où l'on a surtout besoin de lumière, la lumière
électrique est plus aisément éteinte par le brouillard que le gaz, dans les
appareils employés actuellement dans les phares.

De plus, le prix d'installation de l'éclairage électrique dans un phare est plus du double de celui de l'installation de l'éclairage au gaz ou à l'huile.

Néanmoins, une loi de 1882 a prescrit l'exécution de phares électriques sur les côtes de l'Océan, de la Manche, de la mer du Nord et de la Médi-

L'arc-en-ciel (page 438).

terranée. L'éclairage peut y être gradué sur l'éclat de l'atmosphère, c'est-à-dire qu'on peut le forcer lorsque la transparence de l'air n'est point parfaite. Les machines à vapeur que l'on possède permettent, en outre, de munir les phares de signaux acoustiques à grande portée.

CHAPITRE IV

DISPERSION

SPECTRE SOLAIRE. — DÉCOMPOSITION ET RECOMPOSITION DE LA LUMIÈRE. — Ce que Platon déclarait hors du pouvoir de l'homme, la *décomposition de la lumière*, Newton le fit. C'est à ce phénomène, produit par le passage d'un rayon lumineux à travers un prisme, que l'on a donné le nom de *dispersion*.

Les recherches optiques de l'illustre savant anglais, rapporte M Hoeffer, paraissent remonter à l'année 1666 ; mais ce ne fut qu'en 1668 qu'il fit l'expérience capitale du *spectre solaire*. Après s'être procuré un prisme de verre, il pratiqua une ouverture H dans le volet fermé d'une chambre obscure (*fig.* 187), et y fit passer un rayon de soleil, qui, après s'être réfracté aux deux surfaces AC, BC du prisme ABC,

Fig. 187. — SPECTRE SOLAIRE.

présentait sur le mur opposé MN ce qu'on appela depuis *spectre solaire* ou prismatique : c'était une figure allongée du soleil, environ cinq fois plus longue que large, et composée des sept couleurs de l'arc-en-ciel : le *rouge*, l'*orange*, le *jaune*, le *vert*, le *bleu*, l'*indigo* et le *violet*, disposés par des dégradations continues et dans le même ordre que l'arc-en-ciel. « C'était pour moi, dit Newton, un grand plaisir de voir se produire de cette façon des couleurs aussi vives qu'intenses. » Mais ce plaisir fut bientôt troublé. Newton s'aperçut avec surprise que ce phénomène de coloration ne se conciliait pas avec les lois établies de la réfraction. La disproportion excessive entre la longueur du spectre et la largeur excita au plus haut point sa curiosité. Il ne pouvait guère se persuader que l'épaisseur variable du

verre ou la limite d'ombre eût déterminé un pareil effet. Il varia dès lors
ses expériences en employant des verres de différentes épaisseurs, en faisant passer la lumière par des ouvertures plus ou moins grandes, en plaçant le prisme en avant de l'ouverture au lieu de le tenir derrière, etc.;
mais le résultat fut toujours le même. Croyant alors que cette *dispersion*
des couleurs était produite par quelque inégalité ou autre accident de la
masse vitreuse, il prit un second prisme BCD, et le plaça de manière que
la lumière, déviant de la même quantité en sens contraire, dût suivre la
route RR′ : il pensait que l'effet normal du prisme ABC serait ainsi neu-

tralisé par le second prisme BCD, et
que toute irrégularité serait augmentée
par la multiplicité des réfractions. Le résultat fut que la lumière, que le premier
prisme avait dispersée en la forme oblongue MN, était réduite par le second
prisme à la forme circulaire W, d'une régularité parfaite. La longueur de l'image
MN ne provenait donc pas de quelque défaut du prisme. Enfin, après de nombreux

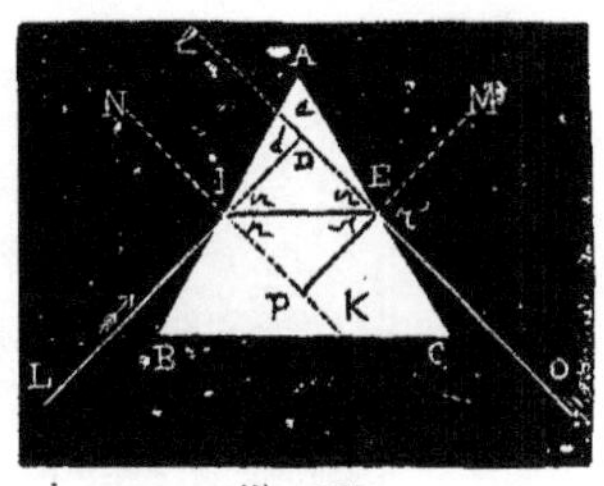

Fig. 183.

RECOMPOSITION DE LA LUMIÈRE
AU MOYEN DES PRISMES.

et vains essais pour trouver la cause de l'élongation du spectre coloré, il fit
cette expérience capitale : Il plaça derrière la face BC du prisme une planchette percée d'un petit orifice, de manière à laisser passer isolément chacun des rayons colorés en MN. Quand le petit orifice était, par exemple,
près de l'arête C, il n'y eut d'autre rayon que le rouge qui put tomber sur
N. Il mit alors derrière l'espace rouge, en avant du mur, une autre planchette, également percée d'un petit orifice, et derrière cette planchette, il
plaça un second prisme de manière à recevoir la lumière rouge qui passait
par l'orifice de la seconde planchette. Ces dispositions prises, il tourna le
premier prisme ABC, de telle façon que tous les rayons colorés traver-
sassent successivement les deux orifices, et il marqua les places de ces
rayons sur le mur. La différence de ces places lui permit de constater
que les rayons rouges étaient moins réfractés par le second prisme que
les rayons orange, les rayons orange l'étaient moins que les jaunes,
et ainsi de suite, jusqu'aux rayons violets qui étaient les plus réfractés
de tous. Cette expérience définitive permit à Newton d'établir ces principes :

1° *La lumière blanche du soleil est composée d'une infinité de rayons
diversement colorés parmi lesquels on distingue sept couleurs principales ;*

2° *Les couleurs élémentaires du spectre solaire sont simples et inaltérables ;*

3° *Les rayons diversement colorés du spectre solaire ont une réfrangibilité différente.*

Cette théorie de la composition de la lumière est confirmée par la recomposition de la lumière blanche, c'est-à-dire en réunissant les diverses couleurs du spectre. On effectue cette recomposition, soit en ramenant au parallélisme tous les rayons qui forment le spectre solaire, soit en les réunissant tous en un même point.

La première expérience se fait en recevant le spectre formé par un premier prisme ABC (*fig.* 188) sur un second prisme DKH de même angle

Fig. 189. — RECOMPOSITION DE LA LUMIÈRE AU MOYEN D'UN MIROIR.

réfringent et tourné en sens inverse. Ce second prisme ramène au parallélisme les rayons séparés par le premier, de sorte que le rayon émergent E arrivant sur l'écran est incolore, comme le rayon incident I.

On les réunit au même point en faisant passer un faisceau de lumière au travers d'un prisme, puis en recevant le spectre sur une lentille biconvexe un peu grande, au foyer de laquelle on place un petit écran. Les sept couleurs du spectre concourant au foyer, une image circulaire, parfaitement blanche, s'y forme. On arrive au même résultat en remplaçant la lentille par un miroir concave (*fig.* 189). Les sept faisceaux colorés, se réfléchissant sur le miroir, forment à son foyer une image blanche, ce qui prouve bien que la réunion des sept lumières du spectre reproduit la lumière blanche.

Un mode de recomposition de la lumière, fondé sur la persistance des impressions lumineuses sur la rétine, est dû à Newton. Sur un disque de carton ou de verre de $0^m,30$ ou $0^m,40$, mobile autour d'un axe

vertical (*fig.* 190), on peint une série de secteurs, colorés, aussi exactement que possible, des teintes du spectre, et ayant des angles au centre
proportionnels aux longueurs de ces teintes dans le spectre lui-même.
Si l'on imprime à ce disque un mouvement de rotation rapide, toutes les
bandes colorées viennent se peindre simultanément dans l'œil, et le
disque, dans l'intervalle des zones noires, paraît blanc ou du moins d'un
blanc grisâtre.

THÉORIE DE NEWTON SUR LA COLORATION DES CORPS OPAQUES — COULEURS COMPLÉMENTAIRES.

Fig. 190. — DISQUES DE NEWTON.

— Les sept couleurs qui forment
la lumière blanche, et qui, en vertu
de leur différence de réfrangibilité, se séparent en traversant un
prisme, sont dites couleurs *simples* ou *primitives*. Les corps colorés décomposent seulement la lumière, et la couleur propre de
chaque corps dépend de son pouvoir réfléchissant par rapport à
chacune des diverses couleurs primitives. Ceux qui les réfléchissent
toutes sont blancs, ceux qui n'en
réfléchissent aucune sont noirs,
comme nous l'avons déjà dit (page 380). Que l'on prenne une rose et
qu'on la porte dans le spectre solaire, au milieu d'une chambre obscure,
elle paraîtra successivement rouge, orangée, jaune, verte, selon la bande
du spectre dans laquelle elle sera placée, ce qui prouve que sa couleur
dépend uniquement de l'espèce de lumière que sa constitution lui permet
de réfléchir.

Rappelons encore que les différents faisceaux du spectre ne sont pas
colorés, mais que, d'après le nombre des vibrations de l'éther correspondant à chacun d'eux, ils ont la propriété de faire naître en nous telle ou
telle sensation de couleur. Quant aux nuances si variées que nous offrent
les corps colorés, elles résultent, non seulement de ce que ceux-ci réfléchissent à la fois plusieurs espèces de couleurs, mais qu'ils les réfléchissent à des degrés très divers. Ainsi, un corps qui réfléchira en même
temps la lumière jaune et la lumière bleue sera vert, et d'un vert variant
avec la quantité de lumière bleue ou jaune qu'il réfléchit. En effet, en se
servant d'écrans percés de diverses ouvertures, de façon à laisser passer

telle portion du spectre que l'on veut, on obtient des couleurs composées. Le tableau suivant, donné par M. Helmholtz, fait connaître le résultat de la combinaison, deux à deux, des cinq couleurs élémentaires les plus nettes du spectre scolaire : il se consulte comme une *table de Pythagore*.

	Rouge.	Jaune.	Vert.	Bleu.	Violet.
Rouge.	Rouge.	Orangé.	Jaune terne.	Rose.	Pourpre.
Jaune.	Orangé.	Jaune.	Vert jaunâtre.	Blanc.	Rose.
Vert.	Jaune terne.	Vert jaunâtre.	Vert.	Vert bleuâtre.	Bleu pâle.
Bleu.	Rose.	Blanc.	Vert bleuâtre.	Bleu.	Ind'go.
Violet.	Pourpre.	Rose.	Bleu pâle.	Indigo.	Violet.

On donne le nom de *couleurs complémentaires* à celles dont la réunion forme le blanc. Ainsi le bleu est complétementaire du jaune ; le vert et le rouge, donnant un jaune terne presque blanc, sont aussi complémentaires l'un de l'autre, etc.

ARC-EN-CIEL. — Le phénomène de l'*arc-en-ciel* est une conséquence de la *dispersion*. Ce magnifique phénomène qu'un poète décrit ainsi :

> Sept rubans colorés composent ce portique,
> Qui, simple en ses contours, mais d'un aspect magique,
> Semble aux fils de la terre une porte des cieux,

est produit simplement par le passage de la lumière du soleil à travers les gouttes de pluie, qui, faisant l'effet de prismes, la réfractent et la décomposent. Pour les païens, ces splendides couleurs semblaient dignes de parer une déesse ; ils y voyaient la trace laissée par Iris, la messagère des dieux.

> ... De Junon l'agile messagère
> Glisse dans l'air sur une aile légère :
> De ses couleurs le mélange éclatant
> Brille à sa suite ; il peint en un instant
> L'immensité des célestes campagnes,
> Descend en arc au-dessus des montagnes,
> Touche les pins, les chênes, et paraît,
> En l'éclairant, embraser la forêt.

Ce météore se produit lorsque la lumière du soleil vient à tomber sur un nuage qui se résout en pluie (*fig.* à la page 433). Les rayons amenés, par une réflexion subie dans l'intérieur même de la goutte d'eau, à l'œil d'un spectateur qui tourne le dos au soleil, y produisent la sensation d'un arc formé de bandes colorées ; ces bandes offrent les mêmes nuances que le spectre solaire, et dans le même ordre, la bande rouge étant extérieure à l'arc, et la bande violette intérieure. On aperçoit quelquefois un second arc qui enveloppe le précédent, et dont les bandes sont rangées dans un ordre inverse : il est produit par des rayons colorés qui ont subi deux réfractions dans l'intérieur des gouttes d'eau, avant d'arriver à l'œil de l'observateur. On peut produire des arcs-en-ciel en jetant de l'eau en l'air, de manière qu'elle s'éparpille ; les jets d'eau, les cascades, la rosée qui humecte les prairies, nous offrent ce phénomène, lorsque l'on est placé convenablement pour l'observer, c'est-à-dire lorsque les gouttelettes étant éclairées par les rayons du soleil, on les regarde d'une certaine distance, en tournant le dos à cet astre. La lumière de la lune peut aussi produire un arc-en-ciel, surtout quand elle est pleine, et qu'elle brille de tout son éclat ; mais les couleurs en sont toujours pâles et fauves.

PROPRIÉTÉS DU SPECTRE. — Les couleurs du spectre possèdent des propriétés lumineuses, calorifiques et chimiques. Ainsi, il résulte des expériences de Fraunhofer (1) et de Herschel que la plus grande intensité lumineuse réside dans le jaune et la moindre dans le violet. L'intensité calorifique varie également. Leslie, le premier, remarqua qu'elle va en croissant du violet au rouge ; Herschel en place le maximum sur la face obscure qui termine le rouge, et Bérard dans le rouge même. Seebeck explique ces différences par la nature des prismes réfringents, puisque, avec un prisme d'eau, il rencontrait le maximum d'intensité dans le jaune, avec un d'alcool dans l'orangé et enfin avec un prisme de crown au milieu du rouge. Melloni confirma les expériences de Seebeck avec son thermo-multiplicateur (*Chaleur*, pages 484 et 499), et constata que le maximum s'éloigne d'autant plus du jaune vers le rouge que la substance du prisme est plus diathermane.

Dans un grand nombre de phénomènes, la lumière solaire se comporte comme un agent chimique. Ainsi le protochlorure de mercure et le chlorure d'argent des plaques photographiques noircissent sous l'in-

---

(1) FRAUNHOFER (Joseph), opticien bavarois (1787-1826). On lui doit la construction d'instruments très précis, et des études précieuses sur la lumière.

fluence de la lumière; de même, cette influence forme des combinaisons, comme celle qui altère les rideaux et les tentures de nos appartements, l'oxygène de l'air se combinant avec la matière colorante de l'étoffe ; enfin elle contribue avant toutes choses à la production de la matière verte des plantes. Toutefois, toutes les couleurs du spectre ne possèdent pas la même action ; celles qui jouissent de cette propriété sont appelés *rayons chimiques*. M. E. Becquerel a de plus découvert, dans le spectre solaire, deux autres sortes de rayons : les uns, qu'il appelle *continuateurs*, n'exercent par eux-mêmes aucune action chimique, mais la continuent quand elle est commencée ; les autres, appelés *phosphorogéniques,* rendent lumineux certains corps dans l'obscurité (page 381). Il a reconnu que le spectre phosphorogénique se tient dans l'indigo, près du violet.

Cette question de la lumière comme agent chimique est d'une grande importance pratique. L'action de la lumière sur les plantes et même sur les hommes est bien connue. Ce sont les rayons lumineux qui fabriquent littéralement les végétaux en leur permettant de s'assimiler le carbone de l'acide carbonique répandu dans l'air ; tout le monde a constaté que les plantes s'étiolent et finissent par mourir lorsqu'on les conserve dans l'obscurité. L'homme a tout autant besoin de lumière que le végétal ; les rayons lumineux exercent une action particulière sur la peau, et, sans doute, sur tout le système nerveux, et facilitent la circulation, les sécrétions, etc. Les habitants des lieux privés de lumière, les prisonniers, les ouvriers des mines, ceux qui vivent dans les rues étroites, dans les appartements obscurs, présentent une sorte de langueur, d'atonie générale ; la peau est pâle, l'œil terne; leur sang s'appauvrit ; ils sont sujets aux scrofules, aux hydropisies, au rachitisme, et particulièrement aptes à contracter les maladies épidémiques. Au contraire, les habitants de la campagne ont le sang chaud, coloré ; ils sont pleins de vigueur. La différence d'air entre pour beaucoup, il est vrai, dans ces résultats. Il est clair que l'air de la ville ne saurait être comparé à l'air pur des champs ; mais l'air de la campagne doit à la lumière une partie de ses propriétés toniques.

Les rayons chimiques sont surtout les rayons violets ; mais, selon les uns, les rayons verts et rouges sont les plus actifs ; les rayons rouges et jaunes ont le plus d'influence sur le développement des plantes et sur la santé des animaux. De nombreuses expériences ont été faites sur ce sujet. Un agronome américain, le général Pleasanton, a transmis récemment à l'Académie des sciences de Paris ses observations et le résumé de ses essais, entrepris depuis quinze ans.

Voici brièvement les faits. En avril 1861, le général planta, dans une

serre garnie de verres violets, des boutures de vigne d'un an, de la grosseur de 7 millimètres environ, et de trente espèces différentes de raisins.
En quelques semaines, les boutures, plantées au ras du sol, s'étaient cou-

Ils virent tout à coup apparaître sur leurs dés des taches sanglantes (page 461).

vertes de feuillages et avaient projeté leurs pousses sur les murs, jusqu'au toit. A cinq mois, elles mesuraient déjà 15 mètres de longueur
sur $0^m,03$ de diamètre à la base. On estime qu'une vigne, provenant d'une
jeune pousse, exige de cinq à six ans pour produire une seule grappe

de raisin. Sous l'influence de la lumière violette, la vigne de la serre donna au bout de dix-sept mois 1,200 livres de raisin. La deuxième année, en 1863, elle produisit dix tonneaux de raisins exempts de maladie. Les vignerons avaient prédit que ces vignes s'épuiseraient rapidement ; depuis le jour où elles ont été plantées, elles ont continué à fournir la même récolte, avec une nouvelle pousse de bois et de feuillage non moins extraordinaire.

L'influence de la lumière violette ne lui paraissant plus contestable, le général Pleasanton répéta ses expériences sur des animaux. Le 3 novembre 1869, il plaça trois petites truies et un verrat dans un compartiment dont le toit était couvert de verres violets, et trois autres truies et un verrat dans un autre compartiment garni de verres blancs. Ces animaux avaient tous environ deux mois ; les quatre premiers pesaient 167 livres et demie, les quatre autres 203 livres. Ils furent soignés par la même personne, avec la même nourriture, en qualité et en quantité semblables, et aux mêmes heures. Le 3 mai 1870, en pesant les six truies, on obtint les résultats suivants : compartiment aux verres violets : poids primitif, 122 livres, nouveau poids, 520 ; compartiment aux verres blancs : poids primitif, 144, nouveau poids, 530. Augmentation dans le premier cas, 398 ; dans le second, 386. On voit donc, en définitive, que le gain en faveur des animaux nourris derrière des verres violets sur les animaux élevés derrière des verres blancs est de 12 livres. L'accroissement en vaut la peine. La comparaison dès deux verrats donna le même résultat.

Il était bon de recommencer l'expérience sur une autre espèce ; cette fois, on choisit un jeune taureau Alderney, tellement malingre qu'on désespérait de pouvoir l'élever ; on le plaça sous des verres violets. Au bout d'un jour, on remarqua déjà un changement dans la santé de l'animal ; il s'était relevé, se promenait et prenait lui-même sa nourriture. Au bout de quelques jours, sa faiblesse avait complètement disparu, et il devint, à l'âge de 14 mois, un des plus beaux types de l'espèce.

Ajoutons que des expériences de M. Paul Bert, poursuivies depuis plusieurs années, sont en contradiction formelle avec ces résultats, du moins en ce qui concerne les végétaux. M. Paul Bert a trouvé que les plantes dégénéraient dans le vert, dans le violet, le rouge, le jaune, etc., et ne s'accroissaient que dans la lumière blanche. Plongés dans la lumière verte, les végétaux meurent comme s'ils étaient placés dans l'obscurité absolue. La végétation se fait moins mal dans le bleu ; dans le violet et le rouge, il y a aussi étiolement et dépérissement manifeste. M. Paul Bert en conclut que tous les rayons à la fois sont indispensables à la vie végétale.

Quoi qu'il en soit, la lumière bleue du ciel, dans certaines contrées

favorisées, joue certainement un certain rôle dans les éléments du climat.
Qui n'a éprouvé sur soi-même l'influence d'un ciel bleu, d'un ciel nuageux
et brumeux? Le problème a donc besoin d'être examiné de très près et
par une méthode d'une grande précision, avant qu'il soit permis de poser
des conclusions certaines; mais évidemment il y a là un problème que
résoudra l'avenir (1).

RAIES DU SPECTRE. — SPECTROSCOPE. — Les diverses couleurs du
spectre solaire ne sont pas continues; il manque des rayons pour un
grand nombre de degrés de réfrangibilité; c'est pourquoi, dans toute la
largeur du spectre, on observe des lacunes, qui apparaissent sous la forme

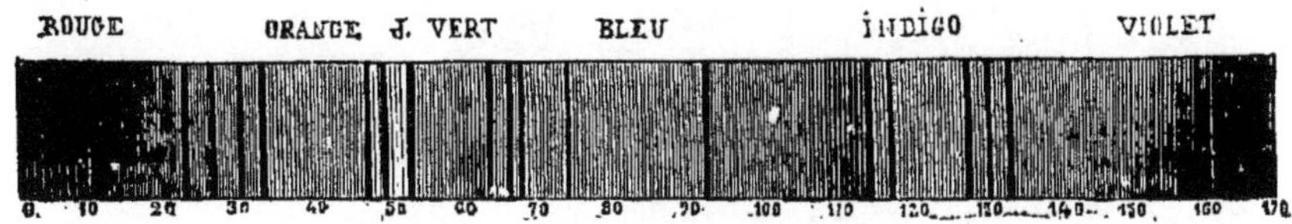

Fig. 191. — RAIES DU SPECTRE SOLAIRE.

de raies plus ou moins étroites, perpendiculaires aux bords, irrégulièrement espacées, et que l'on appelle *raies du spectre* (*fig.* 191). Dès 1802,
Wollaston signala ces raies; mais ce fut Fraunhofer qui, le premier, les
étudia vers 1815, en donna la description et un dessin exact, dans lequel
il indique, au moyen des lettres de l'alphabet A, *a*, B, C, D, E, *b*, F, G, H
les plus apparentes, que l'on appela *raies de Fraunhofer*. La raie A est
dans le rouge très sombre, puis vient un groupe de raies *a;* la raie
double B est plus loin, dans le rouge; entre le rouge et l'orange se trouve
la raie C; à la limite du jaune et de l'orange est une double raie D,
facile à reconnaître. Dans le vert est d'abord situé un groupe E, très
près du jaune, puis trois raies *b*. F est à la limite du vert et du bleu;
c'est la seule raie importante de cette région. Dans le bleu, à l'entrée du
violet, est un groupe présentant l'apparence de cannelures, ce sont les
raies G; enfin deux groupes H, nombreux et voisins, se trouvent dans le
violet. Dans le spectre solaire, ces raies occupent des positions fixes, qui
permettent de mesurer avec exactitude l'indice de chaque couleur simple.
Dans les spectres formés par une lumière artificielle, ou par celle des
étoiles, la position des diverses raies varie, et, dans ceux que donne la
lumière électrique, les raies obscures sont remplacées par des raies brillantes. Enfin, dans le spectre solaire lui-même, certaines raies, comme

(1) De Parville, *Causeries scientifiques*, 1871.

celles de Fraunhofer, ont toujours un même éclat; mais celui des petites raies intermédiaires dépend de la hauteur du soleil au-dessus de l'horizon et de l'état de l'atmosphère au moment de l'expérience. On attribue la fixité de l'éclat de certaines raies au soleil; celles dont l'éclat varie sont ainsi par suite de l'absorption par l'atmosphère, ce qui les a fait appeler *rayons atmosphériques ou telluriques.*

Fraunhofer a compté dans le spectre solaire plus de 600 raies plus ou moins obscures, et il en dessina 354. Brewster a porté ce nombre à 2,000.

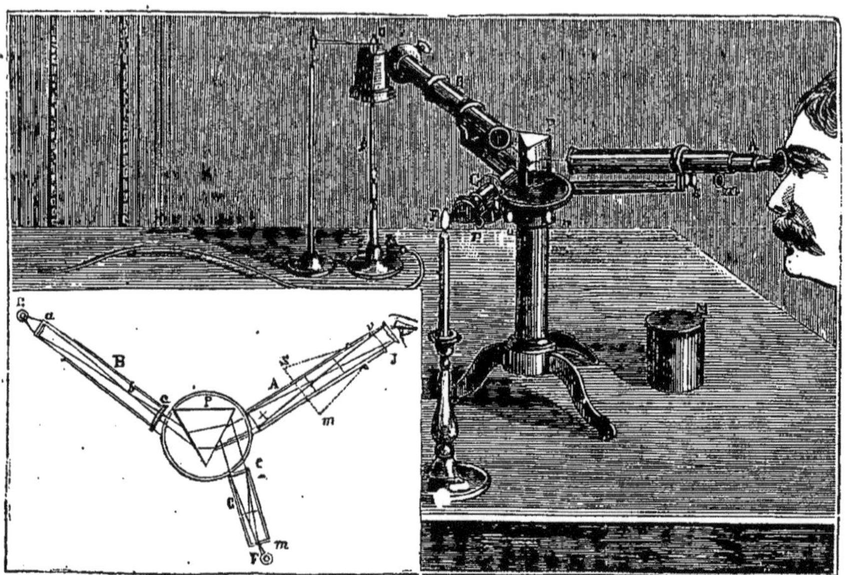

Fig. 192. — SPECTROSCOPE.

En recevant les rayons réfractés successivement à travers plusieurs prismes, non seulement on a trouvé depuis plus de 3,000 raies; mais encore on a vu que beaucoup de raies, considérées jusqu'alors comme simples, étaient, en réalité, composées de raies de teintes diverses.

Pour explorer le spectre, on se sert aujourd'hui d'un instrument qui remplace avantageusement la fente pratiquée dans une chambre obscure pour laisser passer le rayon de soleil. Cet appareil, imaginé par Kirchoff et Bunsen et perfectionné par Duboscq et Grandeau, se compose (*fig.* 192) de trois lunettes réunies sur un pied commun, et dont les tubes font face à un prisme de flint-glass P, autour duquel peut seule tourner la lunette A, que l'on fixe au moyen de la vis de pression *n* à la place que l'on veut lui donner. Le bouton *m* sert à la placer au foyer, c'est-à-dire à éloiguer ou à approcher l'oculaire, de façon que l'on voie bien l'image du spectre; enfin le bouton *s* permet d'incliner plus ou moins la lunette. Le faisceau émis par la flamme G, dont on veut étudier le spectre, rencontre une première lentille *a*, qui fait converger les rayons en un point *b*, foyer principal d'une autre lentille *c*, où ils sont rendus parallèles, et pénètrent dans le prisme. En en sortant, la lumière se décompose, et les sept raies du spectre tombent sur la lentille *x* qui forme en *i* une image réelle et renversée, que regarde l'observateur au moyen d'un *microscope simple* Z, qui donne en *ss'* l'image virtuelle du spectre en l'agrandissant. La lentille *c* sert à mesurer la distance relative des rayons du spectre; c'est pourquoi elle porte, à son extrémité antérieure, un *micromètre* divisé en 250 parties égales, en *m*, c'est-à-dire correspondant au foyer d'une lentille *e*, qui envoie sur le prisme un faisceau parallèle. Une portion de ce faisceau se réfléchit sur la face du prisme, se joint à celui venant de la lunette A, et reproduit en clair, sur le spectre même, une image parfaitement limpide du micromètre, avec laquelle on mesure les distances relatives des divers rayons. La lunette micrométrique est, en outre, pourvue de vis : *i*, qui indique le foyer; *o*, qui sert à faire mouvoir le micromètre latéralement au sens du spectre, et *r* à incliner plus ou moins la lunette pour se servir ou non du micromètre.

ANALYSE SPECTRALE.—Depuis Fraunhofer, un grand nombre de physiciens ont étudié les raies du spectre, parmi lesquels Becquerel, Draper, Stokes, Foucault, Plucker et Talbot; mais, en 1860, Kirchoff et Bunsen découvrirent une importante application du spectre solaire, sur laquelle ils basèrent une nouvelle méthode d'analyse chimique, appelée *analyse spectrale*.

La flamme d'une lampe, d'un bec de gaz ou de toute autre source, ne contenant aucune trace de vapeur métallique, donne des spectres d'une continuité parfaite, c'est-à-dire dans lesquels on n'aperçoit aucune trace obscure. Mais si l'on introduit dans ces flammes une substance métallique, on voit aussitôt apparaître, dans leurs spectres, des raies excessivement brillantes, disposées dans le même sens que les raies obscures du spectre solaire, et dont la couleur, le nombre et l'étendue varient selon la nature du métal. Par exemple, si l'on regarde à travers un prisme une flamme contenant un sel de soude, on voit apparaître une raie jaune caractéristique. Le *calcium* est caractérisé par trois raies (rouge, jaune et vert); le *rubidium* par une magnifique raie rouge, de sorte que la vue de ces raies colorées permet d'affirmer, dans la flamme observée, l'existence des métaux auxquels elles sont dues. Et il suffit de quantités infinitésimales d'une substance dans une flamme pour que sa présence soit immédiatement signalée par les raies du spectre. C'est par ce moyen que l'on a pu découvrir dans les eaux minérales, dans des résidus de fabrique, où jamais jusqu'alors on n'en avait soupçonné la présence, des métaux nouveaux, le *césium*, le *rubidium*, le *thallium*. Il y a quelques années, un chimiste, M. Lecoq de Boisbaudran, examinait au spectroscope de la blende (1) de la mine de Pierrefitte. Le spectre de la lumière émise par cette blende, chauffée à une haute température, montra tout à coup un système de raies qui ne faisaient pas partie du catalogue des raies déjà enregistrées. Il y avait donc un corps nouveau. En 1875, M. de Boisbaudran avait trouvé ce corps : un métal, auquel il a donné le nom de *gallium*. Après l'avoir découvert, sans le voir, il a fini par l'isoler.

D'un autre côté, on a remarqué que si, devant la flamme très chaude d'un métal, on place la vapeur de ce même métal à une plus basse température, les raies brillantes qui le caractérisaient sont remplacées par des raies obscures. Ce phénomène, que l'on a appelé l'*inversion des raies*, est tout aussi caractéristique que le premier. L'observation des flammes et des corps lumineux n'étant nullement entravée par la distance, on a pu alors étudier facilement la lumière des astres. Ces corps donnent, en effet, pour la plupart, des spectres dans lesquels toutes les raies obscures proviennent d'une absorption par les gaz et les vapeurs de l'astre; par l'inversion des raies, les raies noires s'illuminent des teintes qu'elles ont fait disparaître : on a un spectre provenant de la réunion des vapeurs à l'état incandescent, une superposition d'autant de spectres qu'il y a de substances gazeuses mélangées. En partant de ce principe, on a reconnu dans le soleil un grand nombre des corps simples qui constituent notre globe, et l'on a remarqué l'absence de certains autres sels, tels que le lithium, l'aluminium, le zinc, le cuivre. On a reconnu de même que la plupart des étoiles, donnant un spectre analogue à celui du soleil, ont une grande analogie de constitution; on a vu que beaucoup des substances de la terre se trouvaient dans certaines étoiles et manquaient dans d'autres; que le *sodium*, par exemple, répandu dans presque tous les astres, n'existe pas dans Sirius.

L'étude des astres par l'*analyse spectrale* est poursuivie avec ardeur par un grand nombre de savants. Récemment, un physicien anglais, M. Huggins, communiquait à un journal scientifique, le *Journal du Ciel*, un résumé de ses recherches sur les caractères différents qu'affecte la

---

(1) La *blende* est du sulfure de zinc naturel. Pour le *calcium*, le *rubidium*, le *césium*, l'*indium*, le *thallium*, le *gallium*, voir notre CHIMIE.

lumière, suivant qu'elle vient à nous de différentes étoiles. Selon lui, les étoiles blanches (*Sirius*, *Wéga*) ont une lumière qui, analysée, accuse nettement la flamme de l'hydrogène et très peu nettement les autres substances qu'on remarque si bien dans la lumière de notre soleil. Les étoiles jaunes (la *Chèvre*, *Altaïr*, le *Soleil*) forment un deuxième groupe, caractérisé par les raies que l'on voit ordinairement dans la lumière du soleil. Enfin, les étoiles rouges (*Arcturus*, *Aldébaran*) présentent dans leur lumière plus de raies que notre soleil, montrant ainsi un état de la matière dans lequel les combinaisons chimiques sont plus avancées ; en sorte qu'il y a entre ces trois groupes une différence, sur la nature de laquelle on ne saurait encore se prononcer, mais qui suggère naturellement l'idée d'une différence d'âge. Ce genre d'étude de la lumière n'est encore qu'à son début, et la solution définitive du problème est réservée aux siècles futurs.

ACHROMATISME. — La lumière blanche, en traversant les lentilles, donne lieu à une conséquence fâcheuse. La distance focale dépend, avons-nous dit, de l'indice de réfraction de la substance dont elle est formée, mais cet indice varie suivant la couleur. Ainsi le foyer des rayons violets doit se faire plus près de la lentille que le foyer des rayons rouges, puisque leur réfrangibilité est plus grande. Une lentille biconvexe tend donc à donner sept images diversement colorées de l'objet qu'on regarde à travers ; elles se superposent en partie ; les sept couleurs se recombinent dans la partie centrale ; mais, sur les bords, cette superposition n'est pas complète : les images extrêmes du spectre, surtout le rouge et le bleu, débordent sur les autres et donnent lieu à des contours irisés ou colorés, ce qui est intolérable dans les instruments d'optique. Cette coloration fâcheuse est connue sous le nom d'*aberration de réfrangibilité*. Pendant longtemps, on crut ce défaut impossible à corriger, et Newton lui-même ; car il avait affirmé que la lumière ne pouvait être divisée sans se décomposer, et que la dispersion était proportionnelle à la réfraction. Sans reconnaître l'erreur de Newton, le physicien Hall, vers 1733, construisit des lunettes dans lesquelles l'inconvénient d'aberration de réfrangibilité avait disparu mais il ne publia pas sa découverte. Ce fut seulement en 1757, qu'un opticien de Londres, Dollond, démontra qu'en juxtaposant deux lentilles, l'une biconvexe de crown-glass, l'autre biconcave de flint-glass, on obtenait une lentille parfaitement *achromatique* (de deux mots grecs signifiant *sans couleur*). En effet, en combinant convenablement les courbures de ces deux lentilles, elles deviennent également dispersives et en sens inverse, puisque l'une est divergente et l'autre convergente ; il en résulte deux effets qui se compensent quant à la coloration, mais non quant à la réfraction ; le rayon de lumière blanche qui traverse la lentille en sort sans coloration, mais encore convergent, et va former sur l'axe un foyer unique.

ABSORPTION DE LA LUMIÈRE PAR LES MILIEUX TRANSPARENTS. — Aucune substance n'est absolument transparente, puisque le verre,. l'eau, l'air même éteignent peu à peu la lumière qui les traverse, et finissent, s'ils sont en épaisseur suffisante, par empêcher l'action qu'elle produit sur notre rétine. On n'ignore pas que l'épaisseur de l'atmosphère empêche la lumière de certaines étoiles d'arriver jusqu'à nous. Cette annihilation de la lumière porte le nom d'*absorption*. On lui donne pour cause la réflexion que la lumière subit sur les différentes molécules de la substance transparente. De même, les substances diaphanes ne laissent pas passer également tous les rayons constituant la lumière blanche; s'il en était ainsi, elles seraient toutes incolores, ce qui n'est pas. C'est pourquoi l'air nous semble d'azur, l'eau verte, quand on les regarde en grandes épaisseurs. Ce fait donne encore lieu au phénomène connu sous le nom de *dichroïsme* (du grec *dicroos*, de deux couleurs), que présentent certains corps, qui offrent des couleurs très différentes selon qu'on les regarde sous une épaisseur plus ou moins grande. Ainsi une dissolution de perchlorure de chaux est verte sous une faible épaisseur, et d'une teinte d'un brun rouge sous une épaisseur plus grande ; la teinture de tournesol est bleue sous une épaisseur un peu forte et rouge violacé en lames minces. Ces substances s'appellent *polychroïques*. C'est encore par un effet de l'*absorption* que les rayons du soleil sont moins intenses lorsque cet astre est à l'horizon que lorsqu'il est au zénith.

CHAPITRE V

VISION

STRUCTURE DE L'ŒIL HUMAIN. — L'*œil*, et plus particulièrement le *globe oculaire*, est l'organe de la *vision*, c'est-à-dire de ce phénomène en vertu duquel la lumière, émise ou réfléchie par les corps, produit en nous la sensation qui nous révèle leur existence. Ce globe est formé par des enveloppes membraneuses et par des humeurs transparentes renfermées dans ces enveloppes, qui concourent à en faire un iustrument d'optique des plus parfaits.

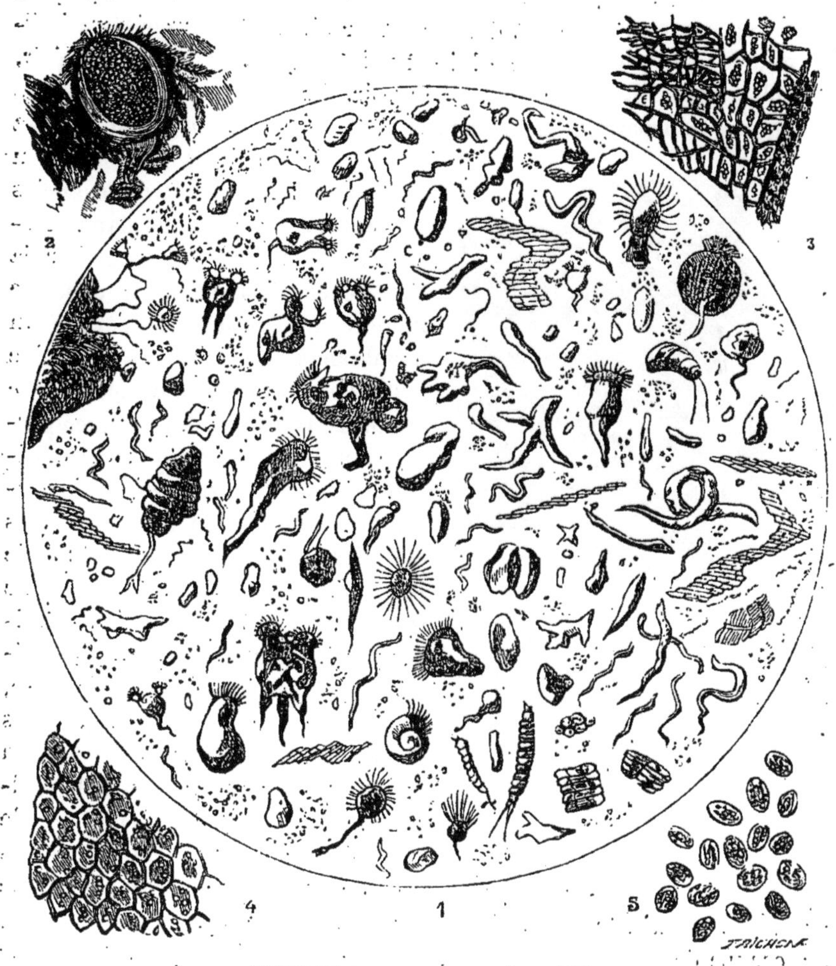

APPLICATIONS DU MICROSCOPE (page 468).

1. Goutte d'eau (250 D). — 2. Œil de mouche. — 3. Fragment d'hépatique. — 4. Fragment d'une fleur de giroflée. — 5. Grains de pollen.

L'enveloppe la plus extérieure et la plus résistante de l'œil (*fig.* 193), occupant environ les quatre cinquièmes du globe, se nomme *sclérotique;* c'est sur elle que s'attachent les muscles qui meuvent le globe de l'œil:

la partie antérieure est appelée vulgairement le blanc de l'œil ; la partie
postérieure est opaque. Sur la partie antérieure de la sclérotique s'en-
châsse, par un biseau de sa face externe, une petite membrane circulaire
transparente, ressemblant à de la corne, appelée *cornée transparente*,
et représentant un segment de sphère plus petite surajoutée à une plus
grande. Cette membrane est d'une couleur différente pour chaque individu ; mais cette coloration ne lui est point propre : c'est celle de *l'iris*,
que sa transparence nous permet de voir. La *choroïde* est placée à la
partie interne de la sclérotique et la
tapisse en noir à l'aide d'un enduit ou
pigmentum, qui manque dans plusieurs
espèces d'animaux, mais qui est nécessaire chez l'homme pour absorber la
lumière. La partie antérieure de cette
membrane se prolonge sous la forme d'un
voile mobile, appelé *iris*, placé derrière
la cornée transparente, et percé par une
ouverture, la *pupille* ou *prunelle*, susceptible d'agrandissement ou de diminution, selon le plus ou moins d'intensité des rayons lumineux. Les corps
réfringents, après la cornée, sont : 1° le
corps vitré, masse molle, transparente
comme de la gelée, qui remplit les trois
quarts postérieurs de l'œil, offrant antérieurement une dépression lenticulaire,
et partagé en une multitude de cellules
par une membrane, qui se subdivise en
deux lames pour embrasser le cristallin ; 2° le *cristallin*, lentille formée de
couches concentriques, logé dans une dépression du corps vitré, plus
dense au centre, plus convexe en arrière et renfermé dans une capsule
propre, transparente, appelée *capsule cristalline ;* 3° *l'humeur aqueuse*,
qui occupe deux espaces séparés par l'iris et désignés sous les noms de
chambres antérieure et *postérieure*, celle-ci moins grande que l'autre.
Entre l'iris et la choroïde est le *corps ciliaire*, espèce d'anneau grisâtre
qui entoure le cristallin et résulte de la réunion des *procès ciliaires*,
c'est-à-dire des replis saillants de la choroïde, placés les uns à côté des
autres, au nombre de 60 à 80, logés dans les enfoncements de la partie
antérieure du corps vitré et formant des rayons convergents derrière

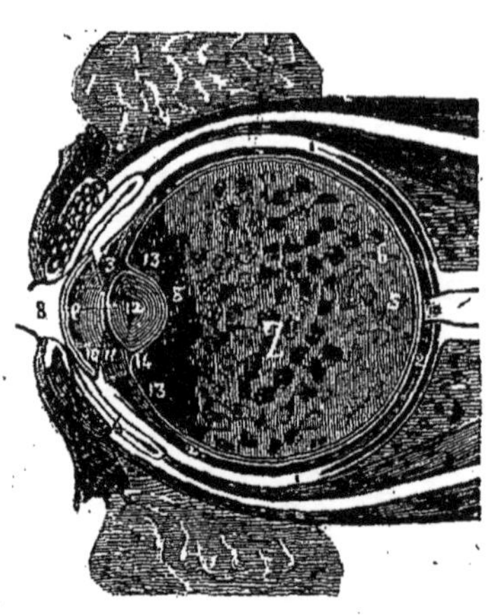

Fig. 193.

STRUCTURE DE L'ŒIL HUMAIN.

1. Sclérotique. — 2. Choroïde. — 3. Li-
gament ciliaire continuant la choroïde en
avant. — 4. Procès ciliaires continuant la
choroïde en arrière. — 5. Rétine. — 6. Membrane hyaloïde. — 7. Corps vitré. — 8. Cornée. — 9. Iris. — 10. Chambre antérieure.—
11. Chambre postérieure. — 12. Cristallin.—
13. Division de la membrane hyaloïde en deux
lames qui enveloppent le cristallin.—14. Capsule cristalline. — 15. Nerf optique.

l'iris. Entre les membranes d'enveloppe et les parties réfringentes de l'œil, entre l'enduit noir de la choroïde et le corps vitré, s'étale la *rétine*, membrane médullaire nerveuse, qui présente chez l'homme et chez le singe seulement, au niveau de l'axe oculaire, une *tache jaune* avec un pertuis à son centre. En dedans de cette tache se trouve la communication de la rétine avec le *nerf optique*, à travers la choroïde et par plusieurs ouvertures de la membrane.

MÉCANISME DE LA VISION. — La forme et la densité des parties réfringentes de l'œil, ainsi que les mouvements du diaphragme oculaire, s'accommodent parfaitement aux propriétés et aux lois de la lumière.

En effet, les rayons lumineux partis de chaque point d'un objet éclairé forment des cônes, dont le sommet correspond au point que l'on regarde, et dont la base est appliquée à la partie antérieure de la cornée. Ils traversent cette membrane transparente, et vont, en convergeant à travers les humeurs de l'œil, se réunir en un point quelconque de la rétine, pour y peindre les objets dont ils sont émanés et y produire une impression qui est transmise au cerveau par le nerf optique.

Examinons la manière dont se comporte celui de ces cônes qui serait supposé procéder de la partie centrale de l'objet et dont l'axe se confondrait avec celui de l'œil. Cet axe, perpendiculaire à la cornée, ne se réfracte pas; ce même mode d'incidence sur les autres milieux de l'œil l'empêche d'éprouver de leur part aucune déviation; il parvient donc sur la rétine au point opposé à celui de son entrée dans l'œil. Mais les rayons latéraux de ce cône subissent une réfraction, en raison de leur incidence oblique sur la cornée et de la différence qui existe entre la densité de cette membrane et celle de l'air atmosphérique; ils se réfractent donc fortement en se rapprochant de la perpendiculaire. L'humeur aqueuse, moins dense que la cornée, diminue un peu la déviation qui avait été imprimée par cette membrane. Au delà, nouvelle réfraction convergente très forte, opérée par le cristallin. Les rayons latéraux, rapprochés de leur perpendiculaire, éprouvent peu de changement en traversant l'humeur vitrée, dont la force réfringente est un peu plus faible. On appelle *cône objectif* celui dont le sommet est à l'objet et la base à la cornée, et *cône oculaire* celui dont la base correspond à celle du premier et dont le sommet est à la rétine.

Plus habilement composé que les instruments d'optique, le cristallin empêche par sa structure l'*aberration de sphéricité* (page 422). La moindre consistance de cette lentille à la circonférence diminue l'excès de convergence qui devait dépendre de la plus grande obliquité des rayons excentriques; de telle sorte que ces rayons peuvent confondre leur foyer avec ceux qui tombent plus près du centre. Cette inégale densité des couches du cristallin, en neutralisant les effets de la plus ou moins grande obliquité des rayons est, sans doute, ce qui empêche la décomposition de la lumière, c'est-à-dire l'*aberration de réfrangibilité* (page 447). L'achromatisme oculaire peut dépendre encore de l'interposition du cristallin entre deux humeurs moins réfringentes que lui, l'inverse produisant le même effet que dans les lunettes achromatiques. L'inégale réfrangibilité des rayons lumineux qui traversent la cornée, sans passer par la pupille, contribue aussi aux couleurs de l'iris. Cette membrane, séparée de l'œil, paraît transparente dans toute son étendue; c'est qu'alors on la voit à l'aide de la lumière simplement réfléchie, tandis que, au milieu des humeurs de l'œil, elle nous apparaît à l'aide de rayons lumineux réfractés avant et après leur réflexion sur cette membrane.

Les autres cônes lumineux ont également chacun une perpendiculaire à la tangente d'un point de la cornée, du cristallin et du corps vitré. Ces perpendiculaires ne doivent éprouver aucun changement de direction pendant leur trajet dans le globe de l'œil. Enfin les filets de lumière, qui ont une origine commune avec chaque perpendiculaire latérale, doivent se réunir avec elles sur tel ou tel autre point de la rétine. Les perpendiculaires des cônes lumineux s'entre-croisent donc, en formant dans le centre optique du cristallin deux angles opposés par le sommet; l'angle intérieur, qui se prolonge jusqu'à l'objet, s'appelle *angle visuel*.

Ainsi les images des objets se peindraient renversées. Mais les lois physiques s'arrêtent à la rétine; là commence l'empire des lois vitales, et nous voyons les objets dans leur rectitude, parce que nous rapportons les impressions aux points d'où procèdent les rayons lumineux. S'il n'en était pas ainsi, si le toucher avait dû rectifier d'abord la sensation, les animaux verraient les corps renversés, et nous accorderions une direction droite aux images que les expériences de physique nous montrent en sens inverse dans la chambre obscure. On peut opposer de semblables raisons à l'opinion qui consisterait à admettre que les objets ont dû paraître doubles dans le premier âge, et antérieurement à l'expérience acquise par le toucher. Ainsi les animaux, qui n'ont qu'un toucher imparfait, voient les objets simples, et notre esprit ne rectifie pas l'erreur de nos sens, quand le défaut d'harmonie dans l'activité nerveuse ou la disposition des milieux réfringents nous fait apercevoir les objets doubles.

**VISION DISTINCTE. — ROLE DES DEUX YEUX DANS LA VISION. —
STÉRÉOSCOPE.** — N'est-ce pas encore pour recevoir simultanément l'impression des deux côtés que les yeux convergent, et que les pupilles se contractent en même temps et au même degré? Ainsi, dans l'état ordinaire, les deux impressions se confondent dans une sensation commune. Si la duplicité de l'image apparaît ordinairement quand la vision s'exerce d'une manière passive, c'est que les organes de cette fonction ont, chez beaucoup de sujets, une force inégale, de telle sorte qu'alors les deux yeux rapportent, chacun isolément, une impression faible, tandis que l'un d'eux agit presque exclusivement, si l'objet excite notre attention. On dira que si l'action isolée d'un œil, et sans doute de l'un et de l'autre alternativement, n'était pas nécessaire à l'exactitude de la fonction, on n'aurait pas le soin de fermer un œil pour atteindre plus sûrement le but avec une arme à feu. Mais, à cette objection, on peut opposer que nous parvenons aisément à traverser une ouverture étroite avec le secours des deux yeux, tandis que nous éprouvons beaucoup de difficulté si nous employons un œil seulement. Lorsque l'inégalité de force des deux yeux est peu prononcée, l'emploi simultané de l'œil plus faible aide à la sensation de l'autre œil et la fortifie. Si la disproportion est plus grande, l'œil plus faible se détourne et devient nul pour la vision. Alors a lieu le *strabisme* (du grec *strabismos*, difformité de celui qui *louche*), qui tient encore à la faiblesse d'un muscle droit latéral, à une déviation du cristallin ou à une différence dans la force des deux moitiés de la rétine.

Wheastone a prouvé, par de nombreuses expériences, une différence essentielle entre la vision avec les deux yeux et la vision avec un œil. Avec la première, nous pouvons obtenir une perception exacte du relief des corps, c'est-à-dire les voir avec leurs trois dimensions, tandis que ce sont exclusivement les objets que nous connaissons bien, c'est seulement par une sorte de raisonnement qu'avec un seul œil nous pouvons sentir ce relief. En effet, dans la vision bioculaire, lorsque l'objet est placé à une petite distance, comme les deux yeux convergent, il en résulte que la perspective varie pour chacun d'eux, que les deux images sont sensiblement inégales, ce dont il est facile de s'assurer en regardant alternativement un même objet avec chaque œil ; de la simultanéité de ces deux images résulte la perception du relief, comme le démontre l'appareil connu sous le nom de *stéréoscope*.

Euclide et Galien, rapporte M. Figuier, connaissaient déjà ce fait, que l'accouplement de deux images dissemblables reçues dans les deux yeux donne la sensation du relief. Porta, Gassendi, et plus récemment

Harris, le docteur Smith, de Haldat, avaient conçu l'idée d'un instrument produisant l'effet du relief en faisant coïncider deux images à peu près semblables par leur mutuelle réflexion sur des miroirs plans convenablement placés. En 1838, Wheastone exécuta cet instrument et lui donna le nom de *stéréoscope* (du grec *stereos*, solide, et *scopeo*, voir); mais bientôt il fut oublié. Vers 1850, le physicien écossais David Brewster, qui avait construit un nouveau stéréoscope, vint à Paris et fut mis en rapports,

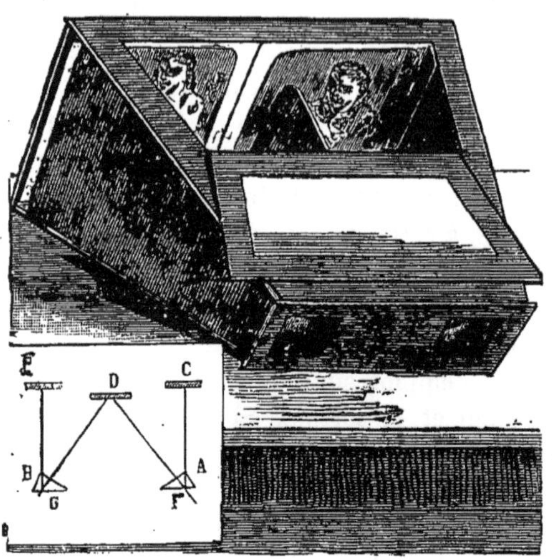

.Fig. 194. — Stéréoscope.

par le savant abbé Moigno, avec un habile opticien, Jules Dubosq, qui se chargea de construire le nouvel instrument. Le succès fut alors assuré, et le stéréoscope devint aussitôt populaire.

Cet appareil se compose (*fig*. 194) d'une boîte, partagée en deux portions par une cloison; au fond de chacune d'elles sont deux dessins représentant un objet vu de l'œil gauche et ce même objet vu de l'œil droit, placés le premier en C, le second en E. Deux prismes F et G dévient les rayons venus des deux dessins, et les dirigent vers les yeux placés en H et en I, qui voient ces dessins comme s'ils étaient superposés en D. Tout se passe donc comme si l'objet réel, se trouvant en D, chaque œil le voyait comme il le doit voir, les deux axes optiques HD, ID, ayant entre eux l'écartement qu'ils doivent posséder naturellement. Un couvercle à charnière, étamé en dedans, placé sur la face supérieure de l'appareil, et que l'on ouvre plus ou moins, réfléchit la lumière du jour. Pour rendre la vision nette, il faut faire naître les images à la distance de la vision distincte; on y parvient en plaçant une lentille devant chaque prisme, ou, plus simplement, en courbant les faces des prismes pour leur faire produire l'effet des lentilles.

VISION DISTINCTE. — MYOPIE. — PRESBYTISME. — On appelle *distance de la vision distincte* la distance à laquelle doivent être placés les objets pour être perçus le plus clairement possible. Le *point visuel*, c'est-à-dire le point exact de cette vision distincte, n'est pas le même pour tous ; ordinairement pourtant, quand il s'agit de petits objets, de caractères d'imprimerie, par exemple, il est de $0^m,25$ à $0^m,30$ de l'œil. Les humeurs de cet organe sont-elles plus abondantes, les surfaces convexes plus fortement exprimées ; on ne peut apercevoir d'une manière distincte que les objets rapprochés. Les yeux présentent-ils une disposition inverse ; la vue peut atteindre les corps les plus éloignés, et discerne plus difficilement ceux qui sont à une plus petite distance. Dans le premier cas, il y a *myopie* (du grec *muops*, qui cligne les yeux), et dans le second, *presbytie* (du grec *presbytès*, vieillard, parce que les vieillards ont généralement ce genre de vue) ; les forces réfringentes sont augmentées dans l'un, elles sont diminuées dans l'autre. Pour la myopie, on emploie des verres concaves qui retardent la réunion des rayons lumineux ; pour la presbytie, on a recours aux verres convexes qui hâtent le rassemblement de ces rayons. Depuis quelques années, on se sert, pour les lunettes des myopes et des presbytes, de verres dont l'usage a été importé d'Angleterre en France par Biot, et qui sont connus sous le nom de verres *périscopiques* (de deux mots grecs : *peri*, autour, *scopeo*, voir) ; ces verres, qui sont concaves-convexes, permettent la vision dans tous les sens et ne fatiguent pas la vue. La myopie est plus fréquente chez les jeunes gens ; la presbytie s'observe plutôt chez les vieillards, et serait plus fréquente si l'augmentation de densité du cristallin ne compensait alors les effets qui doivent résulter de la diminution des humeurs de l'œil et de la moindre convexité de la cornée. Mais ces défauts de la vision ne dépendent pas seulement de la disposition des parties réfringentes de l'œil ; ils doivent encore être attribués quelquefois aux divers degrés d'énergie de la rétine. En effet, l'intensité de la lumière s'affaiblit en raison de la distance ; dès lors, cet affaiblissement doit être plus ou moins sensible pour tel ou tel individu.

En deçà et au delà du point de la *vision distincte* sont des limites entre lesquelles la vue peut s'exercer. Suivant quel mécanisme l'œil s'accommode-t-il à des distances variées ? Les uns invoquent le jeu des *procès ciliaires*, qui rapprocheraient ou éloigneraient le cristallin de la pupille. D'autres admettent que la contraction des muscles allonge le globe de l'œil et augmente la courbure de la cornée pour les objets éloignés ; le relâchement de ces muscles amènerait une disposition inverse de l'organe pour les objets rapprochés. Le jeu de l'iris rendrait peut-être plus aisément raison de cette aptitude de la vision. Les objets sont-ils rapprochés ou très grands ; la pupille se resserre pour n'admettre que les rayons les moins obliques et les moins susceptibles d'une forte réfraction. La distance est-elle plus grande, ou les dimensions plus petites ; cette ouverture s'agrandit pour laisser parvenir au cristallin les rayons les plus divergents. Ainsi se trouverait réduit ou élargi, autant que possible, l'angle visuel.

POINT AVEUGLE. — PERSISTANCE DES IMPRESSIONS SUR LA RÉTINE. — IMAGES ACCIDENTELLES. — Le nerf optique n'est pas sensible à la lumière ; il est incapable de percevoir la moindre sensation lumineuse sans le concours de la rétine ; aussi ce point de la rétine où il sort de l'œil pour pénétrer dans le cerveau, point insensible, a-t-il reçu le nom de *point aveugle*. On peut se convaincre de l'existence de ce point par l'expérience suivante : Placez sur une table une feuille de papier blanc et sur cette feuille deux pains à cacheter, écartés l'un de l'autre d'environ 0ᵐ,10. Regardez ensuite ces pains à cacheter bien en face, en plaçant votre figure à environ 0ᵐ,30 de la table, et de sorte que l'œil droit soit vis-à-vis le pain à cacheter de droite, et l'œil gauche vis-à-vis de l'autre. Si, dans cette position, et sans bouger la tête, vous fermez l'œil gauche et qu'avec l'œil droit vous regardiez le pain à cacheter de gauche, celui de droite disparaîtra de votre vue. Si, au contraire, vous fermez l'œil droit, et que, la tête restant toujours immobile, vous regardiez avec l'œil gauche le pain à cacheter de droite, vous n'apercevrez plus celui de gauche.

Cette singulière expérience fut faite, pour la première fois, par Mariotte, à la cour du roi d'Angleterre Charles II. Celui-ci et ses courtisans s'amusaient beaucoup, sous la direction du savant, à s'entre-regarder en fermant un œil, et, en se plaçant à une distance convenable, à se voir sans tête. Cette plaisanterie ne laissait pas que d'être lugubre à la cour d'un roi dont le père avait eu la tête tranchée.

Pour expliquer l'action de la lumière sur l'organe visuel, Thomas Yung, puis M. Helmholtz, ont admis que chaque élément sensible de la rétine est uni à plusieurs fibrilles nerveuses, dont chacune est spécialement mise en activité par telle ou telle couleur. Il y aurait des fibres sensibles au bleu, au violet, au rouge, etc. Si toutes les fibres sont excitées, on a la sensation du blanc ; s'il n'y a que du rouge, on n'éprouve que la sensation du rouge. Cette hypothèse est rationnelle : il y a certainement dans la rétine des éléments uniquement sensibles au rouge, tandis que les bords les plus extérieurs sont absolument insensibles à cette couleur. Prenez un bâton de cire à cacheter rouge, regardez devant vous et portez votre cire littéralement en arrière du champ visuel, le bâton n'apparaîtra plus rouge, mais noir ; tandis qu'avec le bleu, le même effet n'a plus lieu :

le bâton paraît toujours bleu. Cette cécité pour le rouge, qui, dans un œil normal, se présente seulement au bord de la rétine, s'étend quelquefois à tout l'organe. Le poète Colardeau et le célèbre chimiste Dalton ne

WILLIAM HERSCHEL

distinguaient pas le rouge, d'où le nom de *daltonisme* donné à cette affection ; ils confondaient cette couleur avec le vert foncé ou avec le jaune.

Les impressions sur la rétine ne sont pas aussi fugitives que l'on pourrait le croire. Lorsque, dans l'obscurité, on agite vivement un charbon allumé, ce n'est pas un point lumineux que l'on aperçoit, mais une ligne de feu ; les sensations produites sur la rétine par le point éclairant, dans les diverses positions qu'il occupe successivement, persistent assez longtemps pour qu'elles semblent venir à la fois de toutes

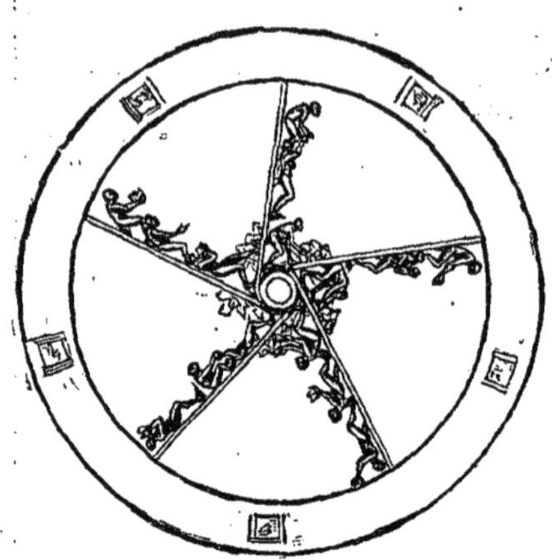

Fig. 195. — PHÉNAKISTICOPE.

ces positions. L'impression des couleurs persiste aussi bien que la forme des corps : les couleurs se confondent et donnent la sensation qui résulterait de leur mélange. Ainsi, en faisant tourner le *disque de Newton* (page 437), on perçoit de la lumière blanche ; si les secteurs étaient seulement jaunes et bleus, on verrait un cercle vert ; s'ils étaient rouges et jaunes, on verrait un cercle orange.

Un grand nombre de petits appareils curieux ont été construits pour produire ces illusions, causées par ce principe de la persistance des impressions perçues par la rétine. Dans le *phénakisticope* (du grec, *qui trompe l'œil*), inventé par un physicien belge, M. Plateau, des objets où des êtres sont représentés, également espacés sur une bande de papier, dans les positions successives qu'ils occupent lorsqu'ils exécutent certains mouvements (*fig.* 195). En faisant tourner le disque sur son axe et en le regardant dans une glace à travers des trous percés au-dessus de chaque séparation, on voit chacune des figures se mouvoir et accomplir l'action tout entière. Le *fantascope* et le *zootrope* sont des variétés de cet appareil. Le *taumatrope* est aussi basé sur le même principe. C'est un petit

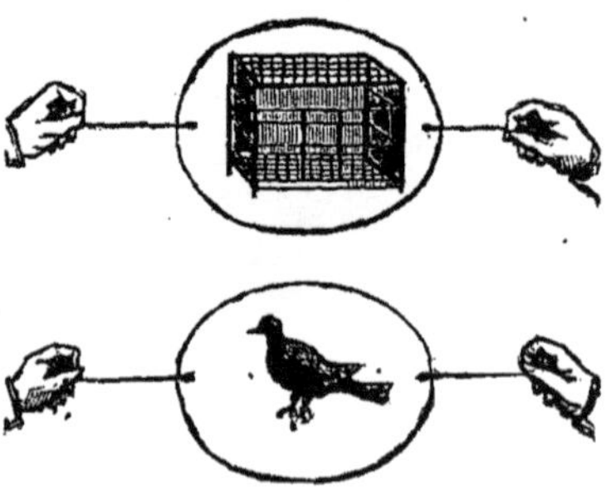

Fig. 196. — TAUMATROPE.

carton long d'environ $0^m,06$ et large de $0^m,03$ (*fig.* 196), sur l'une des faces duquel on dessine, par exemple, un petit oiseau, et sur l'autre une cage. Un fil est fixé au milieu de chaque petit côté du carton. Si l'on prend, entre le pouce et l'index de chaque main, les extrémités libres des fils et que l'on fasse rouler ces fils entre les doigts, le carton tournera sur lui-même en présentant successivement, mais rapidement, ses deux faces, et l'oiseau semblera être placé dans la cage.

Non seulement les images qui se forment au fond de l'œil, comme sur la plaque sensible de la chambre noire des photographes, y persistent pendant un certain temps ; mais encore on est parvenu, en quelque sorte, à les y fixer.

A la fin de l'année 1876, un physiologiste allemand, M. Boll, communiqua à l'Académie des sciences une découverte fort belle : il montra que la rétine de tous les animaux est rouge pourpre après un séjour dans l'obscurité, et incolore lorsqu'on a tenu les animaux à la lumière pendant un temps suffisamment long. Lorsque l'image d'un objet se forme sur la rétine, les points les plus vivement frappés par la lumière doivent donc se décolorer, tandis que les points où se projettent les ombres deviennent rouges ; en même temps que le cerveau perçoit une sensation, il se produit donc une véritable *impression* au fond de l'œil.

Voici comment M. Khün, professeur à Heidelberg, est parvenu, après de nombreux essais, à fixer ces impressions qui s'effacent bien vite sous l'action de la vie. Il trancha la tête à un lapin tenu quelque temps dans un endroit obscur. Il l'exposa pendant dix minutes dans le laboratoire, les yeux tournés vers un châssis vitré. Il extirpa ensuite les yeux, et, après avoir fait séjourner les rétines dans de l'eau mélangée l'alun pendant vingt-quatre heures, on distingua deux images très nettes. L'encadrement des châssis, les planches disposées au-dessus des vitres, l'image d'une seconde fenêtre qu'on n'avait pas prévue, tout était reproduit avec une grande fidélité.

Récemment, on a exécuté à Vienne (Autriche) un condamné à mort. MM. Exner et Fleischel ont pu retrouver sur l'œil du pendu l'image des fenêtres d'une maison devant laquelle avait eu lieu l'exécution. Ainsi, le fait est indiscutable ; il est désormais acquis à la science que les derniers objets qui frappent l'œil d'un animal mourant se retrouvent photographiés sur la rétine. Assurément, ce n'est pas encore l'œil humain de la victime dénonçant son meurtrier. Il faudrait pour cela que les paupières se fussent fermées immédiatement après le crime et empêcher la lumière de détruire l'image de l'assassin. Néanmoins, qui dira les surprises que l'avenir peut nous réserver sur cet objet?

Ce fait explique ces singulières apparitions constatées par certaines personnes qui, venant de regarder un objet, le voient encore lorsqu'elles ferment les yeux. Ces *images accidentelles* peuvent même, dans certains cas, persister assez longtemps. C'est ainsi que, après chaque éclipse de soleil, les oculistes ont à traiter des personnes affectées de *scotome* central de la rétine : c'est une persistance, parfois incurable, de l'image faite par le soleil au fond de l'œil. Citons un autre fait relatif à la longue persistance d'une image sur la rétine : « Dans la nuit du 24 au 25 décembre 1872, rapporte le savant docteur italien Paolo Gorini, après m'être endormi vers 3 heures, lisant, à la page 148, l'*Histoire ancienne d'Italie*, par Otto Venucci, et avoir eu conscience d'un somme d'environ une heure, je vis, en me réveillant, la muraille qui était en face de moi, éclairée par ma veilleuse, couverte de caractères d'imprimerie de grande dimension, formant des mots régulièrement disposés et séparés par des lignes, comme dans le livre que je lisais en m'endormant. Non seulement j'en revoyais le texte, mais je distinguais aussi des annotations en caractères plus petits. Tout cela avait une apparence vague et indéterminée, mais je ne pus douter que ce que je voyais sur la muraille ne fût l'image laissée sur ma rétine par la page lue au moment de l'invasion du sommeil. Cette étrange apparition persista une vingtaine de secondes, et, dans cet espace de temps, elle se reproduisit chaque fois qu'après les avoir fermés je rouvris les yeux. »

IMAGES CONSÉCUTIVES. — CONTRASTE DES COULEURS. — Après avoir regardé sans remuer les yeux pendant une demi-minute, peut-être une minute, un ciel très clair, à travers une croisée, de façon que la croisée se peigne en un endroit précis de la rétine, si on porte rapidement le regard sur une feuille de papier blanc ou sur un mur blanc, on voit se dessiner très nettement sur le papier ou sur le mur une fenêtre foncée avec une fenêtre claire. Les parties claires de l'image réelle apparaissent foncées ; les parties sombres, claires. On appelle ces apparitions *images consécutives*. Elles sont *négatives*, si les ombres sont renversées, *positives*, si l'image est la reproduction exacte de l'objet. Les images négatives se sont imprimées sur la rétine et y ont déterminé aux points de contact un certain épuisement ; au moment où la vue se porte sur du blanc, les endroits fatigués seront naturellement moins excités ; aussi, dans l'image persistante, les surfaces claires apparaissent foncées, et réciproquement. Couvrez encore la moitié supérieure d'une feuille de papier blanc avec une feuille noire, et regardez avec fixité un point de la moitié blanche, voisin de la ligne de séparation. Si vous enlevez au bout de quelques secondes la feuille noire, bien que vous n'ayez plus devant vous qu'une feuille blanche, le papier semblera encore séparé en deux morceaux ; seulement, cette fois, ce sera la partie supérieure qui paraîtra blanche, tandis que la partie inférieure prendra une teinte foncée.

Les couleurs produisent aussi des *images consécutives*. Si l'œil voit du vert un peu trop longtemps, il cessera d'être impressionnable au vert, et, s'il se fixe ensuite sur du blanc, il sera sensible à toutes les couleurs qui composent le blanc, sauf le vert, c'est-à-dire qu'il verra rouge. En général, quand on regarde longtemps une image d'une couleur et qu'on cesse de la voir, fermerait-on même les yeux, cette image reparaît avec une couleur *complémentaire* de celle qu'elle avait réellement. Deux couleurs placées à côté l'une de l'autre exercent aussi sur la vision une influence qui modifie sensiblement leur aspect ; ainsi une bande rouge et une bande jaune étant juxtaposées, la première paraît violacée et la seconde verdâtre. Nos grands peintres, et en particulier Eugène Delacroix, en usant habilement dans leurs tableaux de ce *contraste simultané* des couleurs, sont arrivés à produire des impressions très exactes dans l'ensemble, tout en donnant aux diverses parties juxtaposées dans leurs tableaux des tons faux pris isolément.

M. Chevreul, le savant chimiste et le doyen de l'Académie des sciences, donnait en 1876 à ses collègues une note intéressante sur un phénomène d'insolation de l'œil inexpliqué jusqu'ici.

On raconte qu'en 1572, quelque temps avant la Saint-Barthélemy, le prince Henri de Navarre, le duc de Guise et le duc d'Alençon jouaient ensemble aux dés dans une salle du Louvre. Or, il arriva que deux jours de suite, pendant qu'ils étaient au plus fort de leur jeu, ils virent tout à coup apparaître sur leurs dés des taches sanglantes. Effrayés d'un tel phénomène, ils cessèrent chaque fois leur partie et se refusèrent à la reprendre les jours suivants. Les massacres de la Saint-Barthélemy ayant eu lieu peu de temps après, les joueurs virent, dans le phénomène qui les avait épouvantés, un présage et un avertissement du ciel. Henri IV, vingt-six ans plus tard, n'en parlait qu'avec stupeur. D'autres faits du même genre furent signalés, sans qu'on en eût donné une explication satisfaisante.

M. Chevreul, qui a désigné ces phénomènes de vision du nom de *contraste successif des couleurs*, les explique en disant que les fibrilles du rouge avaient été épuisées par l'insolation et subi la loi du contraste des couleurs ; le soleil avait filtré par les fenêtres du Louvre et agi sur les yeux des joueurs : les points noirs apparurent rouges, et on les prit pour des taches de sang.

A l'appui de cette opinion, le savant physicien fait l'expérience suivante :

Il se place de telle sorte que son œil droit reçoive les rayons du soleil sous un angle de 20 à 25 degrés, l'œil gauche restant fermé. Devant lui, sur une table recouverte de papier gris, sont placées, à côté l'une de l'autre, deux plumes, l'une blanche, l'autre noire. Après deux minutes d'insolation, il regarde ces deux plumes de l'œil droit seul ; la plume noire lui paraît rouge et la plume blanche, vert émerande. Si ensuite il ferme l'œil droit et qu'il regarde avec l'œil gauche, il voit les deux plumes avec leur véritable couleur.

CHAPITRE VI

INSTRUMENTS D'OPTIQUE

INSTRUMENTS D'OPTIQUE. — On appelle de ce nom des instruments composés de lentilles, ou de lentilles combinées avec des miroirs, et qui, selon l'usage auquel ils sont destinés, peuvent se diviser en trois groupes : 1° les instruments de grossissement, qui servent à agrandir les images des corps qu'il serait difficile d'examiner à l'œil nu ; ce sont les *microscopes ;* 2° ceux de rapprochement, qui ont pour objet de rapprocher les corps éloignés, comme les astres ; ce sont les *télescopes* ou les *lunettes astronomiques,* ou les *longues-vues ;* 3° ceux de projection, que l'on emploie pour produire sur un écran des images réduites ou amplifiées, soit afin de les dessiner, soit afin de les montrer à un grand nombre d'observateurs : ce sont la *chambre claire* ou *noire, le daguerréotype, la photographie, le mégascope, le microscope solaire ou photo-électrique.* Ceux des deux premiers groupes ne donnent que des images virtuelles ; ceux du dernier, excepté la chambre claire, donnent des images réelles.

INSTRUMENTS DE GROSSISSEMENT. — Il y a deux espèces de microscopes : le *microscope simple* et le *microscope composé.* Le microscope simple, connu généralement sous le nom de *loupe,* n'est rien autre chose qu'une lentille biconvexe, d'un très court foyer. Il fut inventé seulement au commencement du XVIIe siècle, par Zacharie Jansen, ou par Drebbel, ou par Fontana, et l'on a lieu de s'étonner de ce qu'il n'avait pas été trouvé plus tôt, puisque, comme nous l'avons dit en parlant des lentilles, l'antiquité n'ignorait pas le pouvoir grossissant des verres à faces courbes, et que, dès le XIIIe siècle, Roger Bacon, ou le Florentin Salvino degli Armati, avait imaginé les *besicles*, lunettes dont se servaient les ouvriers de certaines professions, tels que les horlogers, les graveurs, etc., et les vieillards. Quoi qu'il en soit, on se servit primitivement de simples globules de verre légèrement aplatis, à foyer très court, qu'il fallait, par conséquent, approcher très près des petits objets pour les voir grossis. L'homme aurait pu se passer de cet intermédiaire, si son œil était organisé de façon à pouvoir être mis presque en contact avec l'objet à distinguer; mais, comme la vision distincte ne s'exerce qu'à une certaine distance de l'objet, l'artifice en question, qui rapproche de l'œil, non pas l'objet lui-même, mais, ce qui revient au même, son image, remédie au défaut de notre organisation.

On trouve le pouvoir amplifiant du *microscope simple*, si l'on divise $0^m,25$ ou $0^m,30$ (distance de la vue distincte), par la distance focale de la lentille. Mais il y a des limites à ce pouvoir amplifiant : quels que soient la puissance de réfraction de la lentille et son dégré de courbure, le microscope simple ne peut amplifier des objets au delà de cinquante fois leur diamètre.

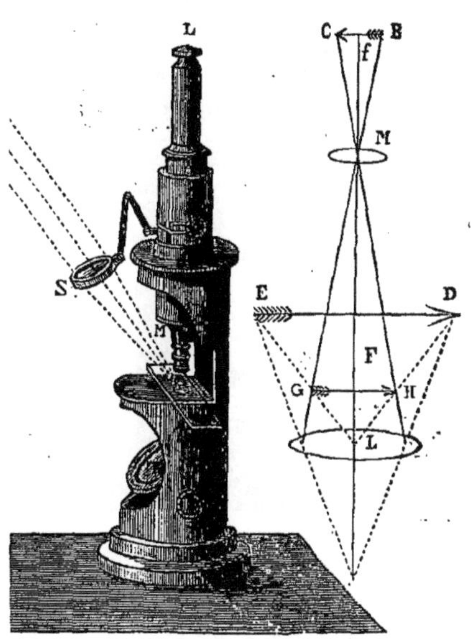

Fig. 197. — MICROSCOPE COMPOSÉ.

Dans le principe, on tenait la *loupe* à la main, ce qui était fort incommode; aujourd'hui, on l'assujettit à une tige munie d'un *porte-objet*, qui peut se fixer à différentes hauteurs sur cette tige, à l'aide d'une vis et d'un miroir pour concentrer la lumière. Comme il est gênant de se servir de très petites lentilles, on emploie souvent des sphères en verre, coupées par le milieu, puis ressoudées après que l'on a interposé entre les deux moitiés une lame de métal percée d'un trou (*loupe diaphragmée de Wollaston*), ou bien creusées suivant un de leurs grands cercles (*loupe Coddington*). Enfin, on peut employer deux lentilles, toutes deux plan-convexes et ayant leur partie plane tournée vers l'objet: ce dernier appareil, perfectionné par le célèbre opticien Chevalier, porte le nom de *doublet de Wollaston*.

Le *microscope composé*, dont l'invention a été attribuée à Jansen, mais qui a été perfectionné par Galilée, Robert Hooke, Divini Bonani, Hartseker, Musschenbroeck, Adams et beaucoup d'autres, consiste essentiellement en deux lentilles convergentes (*fig.* 197) dont l'une M, appelée *l'objectif*, d'un très court foyer, est tournée vers l'objet, placé en *o* entre deux lames de verre, sur un support dit le *porte-objet*, tandis que l'autre L, que l'on nomme *l'oculaire*, est placée près de l'œil. Ces deux lentilles sont réunies par un tube de cuivre A. Le grossissement dépendant surtout de l'objectif, on augmente le pouvoir de celui-ci en le composant de deux ou trois lentilles superposées ; de même, l'oculaire a un deuxième verre, qui sert à rendre les images plus nettes, en atténuant les aberrations de sphéricité et de réfrangibilité. Comme l'objet examiné est toujours très petit, on l'éclaire en dessous à l'aide d'un miroir concave T ; s'il est opaque, il est éclairé en dessus avec une lentille convergente S, qui va former son foyer sur l'objet même.

L'objet B C à examiner est placé au delà, mais à une petite distance du foyer principal *f* de l'objectif, de manière à former une image HG, réelle, renversée et agrandie, que l'on regarde avec l'ocu-

Fig. 198. — MICROSCOPE D'AMICI.

laire L lequel joue le rôle d'une loupe. L'image HG doit donc tomber en deçà du foyer F de l'oculaire, de manière à produire une seconde image D E, virtuelle et amplifiée de nouveau. Cette deuxième image, droite par rapport à la première HG, mais renversée par rapport à l'objet BC, est éloignée de l'observateur à une distance égale à celle de la vision distincte. Le microscope composé est donc une loupe avec laquelle on regarde l'objet non plus directement, mais son image réelle et agrandie donnée par une première lentille.

Depuis sa découverte jusqu'au commencement de ce siècle, aucun grand perfectionnement n'avait été apporté à la construction des microscopes.

En 1742, l'Anglais Henri Baker avait publié un remarquable traité du microscope ; en 1776, Euler avait donné la description d'un objectif achromatique ; mais pendant longtemps leurs calculs rigoureux furent en partie négligés par les opticiens. En France, le premier microscope achromatique, construit par MM. Vincent et Charles Chevalier, d'après les indications de M. Selligue, fut présenté à l'Académie des sciences en 1824.

Lunette astronomique de l'Observatoire de Paris (page 474).

Ce fut le signal de notables progrès. Nous décrirons les deux microscopes les plus connus.

Le *microscope d'Amici* (*fig.* 198) auquel le premier M. Ch. Chevalier appliqua les lentilles achromatiques, comme nous venons de le dire, peut être placé horizontalement ou verticalement, en enlevant le tube angulaire G et en vissant le tube H sur l'oculaire E. On peut lui donner une position inclinée, en tirant une petite clavette *m*, qui maintient l'appareil par sa partie inférieure, et en faisant mouvoir tout le système autour de la charnière *a*, unissant le micro- scope avec la colonne de cuivre L, qui lui sert de support. Sur une plaque rec- tangulaire est le porte-objet B, que l'on peut monter ou descendre au moyen d'une barre dentée que fait mouvoir le bouton D. L'objet à observer *o* est placé entre deux lames de verre C, posées sur le porte-objet. Le réflecteur concave M reçoit la lumière diffuse de l'atmosphère et la reflète sur l'objet placé dans un petit creux, entre les deux lames de verre. Un prisme rectangulaire de cristal, dit *oculaire de Campani*, est placé en G, et son hypoténuse donne la réflexion totale sur la lentille A de l'oculaire.

Le *microscope de Nachet* se compose d'un système de tubes de cuivre (*fig.* 199); le premier tube porte l'*objectif* à sa partie

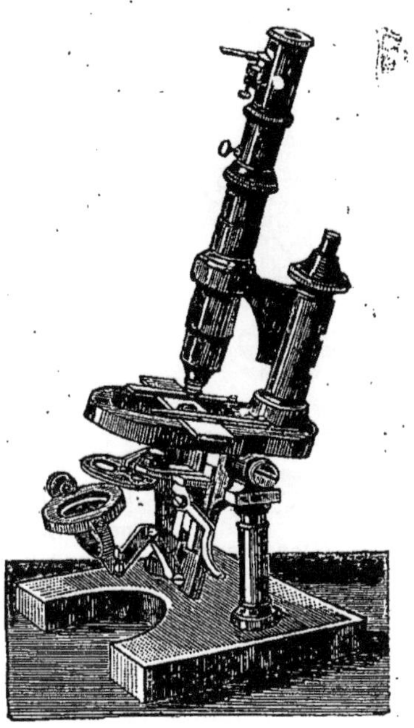

Fig. 199. — MICROSCOPE DE NACHET.

inférieure, et le dernier l'*oculaire*. Le tube supérieur entre à frottement doux dans le tube inférieur, qui lui-même glisse de la même façon dans le gros tube du milieu. Celui-ci est fixé à une pièce qui, par le moyen d'un bouton, permet d'éloigner ou de rapprocher très lentement le tube de la platine qui sert de porte-objet. Le tout peut tourner autour d'un axe, ce qui permet au tube de prendre toutes les inclinaisons possibles. Pour obtenir des images qui donnent la sensation du relief, laquelle n'existe pas quand on observe avec un œil seul, M. Nachet a construit des *micro- scopes binoculaires*, composés de deux tubes (*fig.* 200), l'un vertical, l'autre incliné, ayant chacun un oculaire, mais un seul objectif. Un prisme rectangulaire renvoie l'image à la fois dans les deux corps du microscope. Les images réfléchies par les prismes donnent l'impression stéréoscopique. On ajuste l'appareil à l'écartement des yeux au moyen d'une vis qui déplace le tube vertical. Ce même constructeur fait des microscopes en trois-corps qui permettent à trois personnes d'observer simultanément. Pour les chimistes, qui ont souvent besoin d'observer des substances dont les émanations altéreraient l'objectif, on a construit des microscopes renversés. Le porte-oculaire est incliné et va aboutir au-dessous du porte-objectif. Un prisme renvoie encore, par le phénomène de réflexion totale, les rayons lumineux dans la direction de l'œil.

Les applications du microscope sont innombrables. La botanique, la zoologie, la physiologie lui doivent de précieuses découvertes, et les admirables travaux de M. Pasteur sur les infiniment petits montrent ce que l'avenir peut encore attendre de lui (*fig.* à la page 449).

Fig. 200.

MICROSCOPE
BINOCULAIRE.

« Il est, de tous les instruments d'optique, celui qui procure le plus de plaisirs intellectuels, en permettant de voir combien l'œuvre de la nature est variée et admirable jusque dans ses plus petites créations. Pour l'amateur qui veut en faire usage, il devient un ami docile à ses moindres curiosités. Il élargit le cercle de la pensée, en même temps que celui de notre vision matérielle. Sa puissance révélatrice est infinie, puisqu'elle s'étend à l'ensemble des trois règnes de la nature, divisions immenses de l'histoire naturelle et qui sont loin d'avoir été étudiées dans toutes leurs profondeurs.

» Choisissez un instrument ayant deux ou trois objectifs, permettant de varier les combinaisons du grossissement d'environ cinq diamètres jusqu'à deux ou trois cents, monté à frottement doux dans le tube, et à vis micrométrique. Les autres parties sur lesquelles se portera l'attention, le miroir, le mouvement de bascule, les oculaires, n'ont qu'une importance secondaire... On aura soin de graduer l'éclairage, de façon qu'il ne soit ni trop faible ni trop intense. L'objectif est la partie la plus importante; selon qu'il est bon ou mauvais, on perçoit bien ou mal. Les lentilles sont d'autant plus petites que l'on veut un plus fort grossissement; il y en a qui n'ont qu'un millimètre, et même un demi-millimètre de diamètre, pour les objectifs en usage dans la micrographie supérieure. On dit qu'un objectif est bon, quand il est doué du *pouvoir pénétrant*, propriété qui consiste à définir nettement tous les détails situés dans le champ du microscope. Les commençants attachent une importance naïve à la connaissance du grossissement : ils voudraient le voir atteindre tout de suite des proportions considérables. L'imagination, dont les écarts ne sont pas encore réglés par l'expérience, se laisse aller aux théories les plus fantaisistes et on croit voir des choses bien plus curieuses en opérant tout de suite avec les plus fortes lentilles que l'on a à sa disposition. C'est une erreur ! Avant tout il faut bien voir, percevoir distinctement les minutieux détails. Tel sujet n'est pas susceptible d'un fort grossissement, tel autre pourra en supporter un dix ou cent fois plus considérable. L'appréciation du jeu des lentilles à employer est le résultat de l'expérience et du tâtonnement.

» Le microscope fatigue-t-il la vue ? Si l'on abuse, si l'organe visuel n'est pas robuste, si l'on prolonge les observations dans les premiers moments, on peut se fatiguer promptement. Mais si l'on modère l'ardeur primitive, si l'on ne reste d'abord que peu de temps à l'étude, pour l'augmenter graduellement jusqu'à un quart d'heure, et même plus, sans discontinuer, si on met des intervalles entre chaque observation, on n'en souffrira aucunement. Il est même reconnu que l'œil avec lequel on regarde se fortifie. Quand on débute, la fatigue est plutôt nerveuse que réelle ; la contraction à laquelle est soumis l'œil que l'on ferme est plus pénible que la contention de celui qui perçoit les images formées au microscope.

» Les travaux de l'observateur micrographe ont ce côté pénible qu'ils l'isolent : les observations sont forcément pour lui seul ! S'il veut faire partager le plaisir à d'autres personnes, il est forcé de les inviter à braquer leur œil, et de faire une explication, toujours embarrassante pour celui qui ne voit pas les détails de l'objet. Il ne peut guère remédier à cet inconvénient qu'à l'aide du dessin. Deux méthodes se présentent pour dessiner : la chambre claire et le procédé ordinaire de copie. La chambre claire est un prisme qui se fixe au-dessus de l'oculaire. Il renvoie les rayons lumineux sur une feuille de papier placée à côté du microscope, à la hauteur de la platine. L'œil perçoit donc en même temps deux images, et il est possible de suivre les contours de celle qui est sur la table avec la pointe d'un crayon. Une certaine habitude est nécessaire pour ménager le jour, lui donner l'intensité voulue sans trop éclairer, erreur qui empêcherait l'image réfractée de se peindre sur le papier ; l'œil doit enfin conserver une immobilité complète pendant tout le temps qu'on dessine. Ainsi, l'habitude du dessin à la chambre claire est presque aussi longue à acquérir que l'art du dessin lui-même, et on revient à copier, de sentiment, sur le papier, l'image virtuelle telle qu'elle est formée dans le microscope, en regardant et en dessinant alternativement, jusqu'à ce qu'on ait une représentation exacte de cette image fugitive (1). »

La chambre claire est très avantageusement remplacée, pour le dessin, par la chambre noire qui a le grand mérite de permettre de photographier l'image. Nous y reviendrons ci-après.

INSTRUMENTS DE RAPPROCHEMENT. — LUNETTES, TÉLESCOPES. — Le nom de *télescope* (du grec *scopeo*, je vois, *télé*, de loin) s'applique en réalité à tous les intruments qui ont pour but de rapprocher les objets en amplifiant leur image, et, en effet, ils ont tous d'abord porté ce nom. Mais aujourd'hui on appelle plus particulièrement *télescopes*, ou *télescopes cata-dioptriques*, les instruments qui sont composés de lentilles et de miroirs ;

_____

(1) J. Girard, *les Plantes étudiées au microscope* (Hachette, 1875).

c'est-à-dire qui utilisent la réfraction, et *lunettes,* ceux qui, composés uniquement de certaines combinaisons de verres et de lentilles, sont exclusivement réfracteurs.

Galilée était à Venise, lorsqu'il apprit qu'un opticien de Middelbourg, Jansen ou Lippershey, avait présenté au prince Moritz de Nassau un instrument qui rapprochait et grandissait beaucoup les objets; il part aussitôt pour Padoue, se recueille, expérimente, et, sans avoir eu aucun renseignement précis, retrouve en vingt-quatre heures l'instrument lui-même. Le premier aussi il conçut la pensée de diriger sa lunette vers les cieux. Si cette application ne provenait pas de calculs scientifiques, elle attestait une idée vraiment ingénieuse, et, si l'on juge de la gloire d'un homme par les résultats qu'il laisse, certes le grand astronome est digne de son incomparable popularité, car il a pu reconnaître les phénomènes les plus propres à entraîner l'imagination; il a été une sorte de révélateur du ciel.

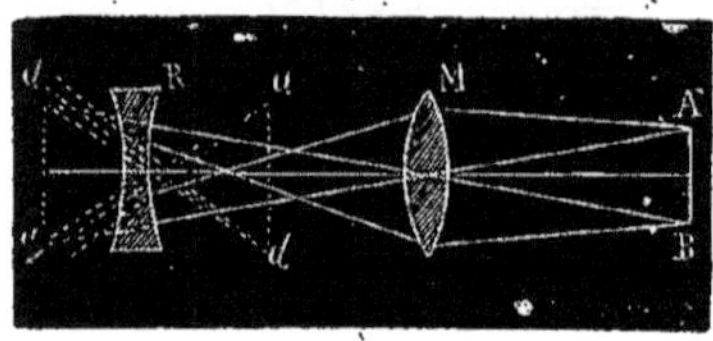

Fig. 201.— LUNETTE DE GALILÉE.

La *lunette de Galilée,* qui de nos jours est devenue la lunette de théâtre, et dont un capucin, le P. Chérubin, en 1671, a fait la *jumelle* en la rendant double, se compose (*fig.* 201) d'une lentille biconvexe M pour l'objectif, et d'une lentille biconcave R pour l'oculaire. L'objet qu'on observe étant AB, les rayons, partis d'un quelconque de ses points A, tendent à aller former l'image de ce point au delà de l'objectif; mais, rencontrant la lentille biconcave R, ces rayons deviennent divergents, et, pour l'œil qui les reçoit, paraissent partis du point *a;* c'est donc là qu'apparaît l'image du point A. De même l'image de B va se former en *b;* d'où résulte une image virtuelle *ab,* droite et très rapprochée.

La lunette de Galilée était loin d'avoir la puissance des appareils astronomiques dont nous parlerons ci-après. Le plus fort grossissement auquel il arriva ne fut que de 32; mais ce résultat suffit pour déterminer tout à coup un immense progrès de l'esprit humain. On construisit aussitôt des lunettes en grand nombre, et Galilée, rapporte M. Zurcher (1), reçut d'Espagne une commande de cent de ces instruments. L'augmentation du nombre des observateurs des espaces célestes, rendus plus animés et plus intéressants, était bien naturelle. De grands efforts furent tentés pour pousser la puissance de grossissement aux dernières limites. Vers 1664, le mathématicien normand Auzout construisit un objectif qui lui faisait

<hr>

(1) ZURCHER et MARGOLLÉ, *Télescope et microscope* (Bibliothèque utile).

atteindre celui de 600. La distance focale était de 98 mètres, et, par suite de l'impossibilité d'établir et de manœuvrer une lunette de cette longueur, l'astronome avait suppprimé le tuyau, qui, du reste, n'est pas indispensable. « Une immense tour de bois avait été construite peu de temps auparavant pour recevoir, à son sommet, les eaux élevées par la machine de Marly et destinées à alimenter les réservoirs du château de ce nom ; cette tour était devenue inutile lorsqu'on eut achevé l'aqueduc ; on la transporta dans les jardins de l'Observatoire de Paris ; et c'est sur la partie supérieure qu'Auzout installa son objectif, en le disposant de manière que son axe de figure pût être dirigé vers la région du ciel que l'on voulait examiner. Quant à l'oculaire de cette immense lunette, il était tenu à la main par l'observateur, qui devait nécessairement se placer près du lieu où se formait l'image de l'astre soumis à ses observations. On comprendra sans peine ce qu'il y avait de gênant dans cette disposition, qui obligeait l'observateur à changer de place à mesure que l'astre se déplaçait dans le ciel, et à se mettre ainsi, tantôt au niveau du sol, tantôt à une hauteur plus ou moins grande, suivant que l'astre s'élevait plus ou moins au-dessus de l'horizon. D'ailleurs l'objectif et l'oculaire n'étant pas liés ensemble, comme dans les lunettes ordinaires, il en résultait qu'ils n'étaient presque jamais orientés l'un comme l'autre, et que, par suite, les images observées manquaient de netteté. » Les lunettes dont se servirent Gassendi, Hévélius, Huyghens, Dominique Cassini, dans leurs observations, ne dépassèrent par le grossissement de 100.

Cependant un très important perfectionnement fut introduit par Auzout. Lorsqu'on observe un astre, pour déterminer sa position exacte dans le ciel, il ne suffit pas de dire qu'il se trouve dans le champ de la lunette ; il peut y occuper une infinité de places. Le point le plus convenable est naturellement le centre du champ, et, pour le reconnaître, Auzout plaça au foyer de la lunette deux fils très fins croisés à angle droit. On en ajoute souvent d'autres qu'on place parallèlement à droite et à gauche ; ce système porte le nom de *réticule*, et celui de *micromètre* est donné aux fils, auxquels on a joint une vis à mouvement doux, servant à les rapprocher plus ou moins, de manière à pouvoir mesurer les dimensions très petites, telles que les diamètres des astres.

La *lunette de Galilée* est aujourd'hui absolument abandonnée en astronomie ; son grossissement étant trop faible, et elle-même ayant trop peu de *champ*, c'est-à-dire n'embrassant qu'une portion très limitée de l'espace, ce qui est dû à la divergence des rayons à la sortie de l'oculaire. On lui a substitué la *lunette astronomique*, dont la découverte théorique est due au grand astronome Képler, mais qui fut construite pour la première fois par le P. Scheiner. Les objets, il est vrai, sont vus renversés ; mais cela est sans inconvénient pour l'étude des astres.

La *lunette astronomique* est formée (*fig.* 202) de deux lentilles *convergentes* placées aux extrémités de deux tubes métalliques noircis à l'intérieur afin d'éviter toute réflexion. La lentille, placée au plus gros tube et dirigée vers l'objet, est l'*objectif* O ; la lentille placée à l'extrémité du petit tube est l'*oculaire* O′. Soit un astre à examiner, A le bord supérieur de cet astre et B le bord inférieur. A cause de la grande distance de l'objet observé à la lentille objective, l'image se fera dans le plan focal principal en *a*, celle de B en *b*, les lignes *a*O, *b*O, étant les prolongements secondaires passant par le centre optique O et par les extrémités A et B de l'objet. Le faisceau lumineux, parti du point A de l'objet et pénétrant dans l'appareil, est sensiblement un cylindre lumineux, limité par les rayons 1 et 2, parallèles à l'axe secondaire *a*O ; après son entrée dans la lunette, ce cylindre se transforme en un cône, ayant pour base l'objectif et pour sommet l'image *a* ; le faisceau lumineux devenu divergent au

Fig. 202. — LUNETTE ASTRONOMIQUE.

delà de *a* rencontre l'oculaire O′, qui fonctionne comme loupe, dévie le faisceau vers l'axe de l'instrument, tout en modifiant sa divergence, de sorte que les rayons lumineux partis de A arrivent finalement à l'œil comme s'ils émanaient de A′. On peut faire les mêmes remarques sur le faisceau qui parvient à l'œil du point B et qui semble émané de B′. Il en est de même pour tous les autres points de l'objet, dont l'image est ainsi vue en A′B′. L'espace EE′, où se coupent tous les faisceaux lumineux émanés de l'objet, est l'*anneau oculaire*, où se place l'œil ; c'est là aussi que se termine le tube de la lunette, par une plaque percée d'un trou appelé *œilleton*. L'objet est vu directement sous l'angle *a*O*b*, et l'image sous-tend au centre optique de l'oculaire l'angle A′O′B′ ; si donc on néglige la distance de l'œil à l'oculaire, le grossissement a pour expression $\dfrac{A'O'B'}{aOb}$, ou, ce qui revient au même, $\dfrac{aO'b}{aOb}$. Or, comme ces angles sont toujours petits, ce rapport est, à très peu près, égal au rapport des distances de *ab* à l'objectif et à l'oculaire. La première distance est exactement la distance focale F de l'objectif; la seconde est approximativement la distance focale de l'oculaire f, le grossissement est donc approximativement mesuré par l'ex-

Le grand Télescope de l'Observatoire de Paris (page 482).

pression $\dfrac{F}{f}$, c'est-à-dire qu'il est d'autant plus grand que le foyer de l'objectif est plus long et celui de l'oculaire plus court. Avec une bonne lunette on peut obtenir un grossissement de 1,000 à 1,200.

Pour se servir d'une lunette astronomique, on commence par enfoncer plus ou moins le tube de l'oculaire dans le gros tube, au moyen d'un bouton placé sur le côté, afin de le *mettre au point*, c'est-à-dire dans la position où l'image se forme parfaitement distincte. Pour les presbytes, l'oculaire s'enfonce davantage ; pour les myopes, au contraire, il s'allonge. A l'instrument est adaptée une petite lunette fixée parallèlement à la lunette principale appelée *chercheur*, et munie, à son foyer, de deux fils *réticulaires*. Le grossissement de la principale lunette étant un peu fort, et le *champ* très limité, on aurait une certaine difficulté à amener l'objet en face de l'objectif; au contraire, avec le chercheur, on le trouve facilement, on l'amène à la croisée des fils et on l'a alors dans le champ

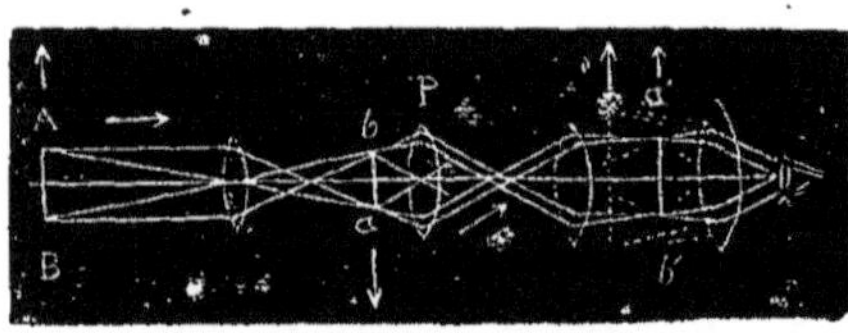

Fig. 203. — LUNETTE TERRESTRE.

de la lunette principale. Les lunettes à longs foyers des observatoires sont d'un poids qui rend le maniement de ces instruments difficile. On leur adapte alors une monture plus compliquée, et, par l'intermédiaire d'engrenages et de tringles, on parvient à leur imprimer tous les mouvements nécessaires avec la lenteur et la précision convenables (*fig.* à la page 465).

La *lunette terrestre, lunette de jour* ou *longue-vue*, inventée par Reita, ne diffère de la lunette astronomique que parce qu'en elle les images sont droites au lieu d'être renversées. On obtient ce redressement en ajoutant, entre l'objectif et l'oculaire, au delà du point où se forme l'image réelle, une petite pièce appelée *véhicule*, portant deux lentilles convergentes P et Q (*fig.* 203) de même distance focale. On voit par la figure que l'image *ab* de l'objet AB est reportée en *a'b'* redressée, mais sans altération de grandeur. C'est au delà qu'on place l'oculaire O qui fournit l'image virtuelle II.

Les lunettes terrestres sont très employées par les marins ; leurs lunettes de nuit sont soit des lunettes à oculaire simple, comme les lunettes astronomiques, soit à objectif de grand diamètre, afin de donner le plus possible de lumière et de permettre l'observation des objets dans l'obscurité.

Nous signalerons ici une application nouvelle et bien précieuse de la lunette terrestre aux canons, afin de donner au pointage une grande justesse.

Vers 1864, un officier du génie avait reconnu la possibilité de tirer un parti utile des lunettes appliquées aux canons; il proposa et obtint de faire à l'arsenal de Bourges les expériences nécessaires. Ces expériences réussirent parfaitement ; cependant rien ne fut fait alors dans cette voie, et les premiers essais sérieux, couronnés de succès, eurent lieu pendant le siège, à la recommandation de M. Faye, notamment au fort de Noisy-le-Sec. Le canon ayant reçu sa charge, la lunette se pose sur la pièce, parallèlement à l'axe et y prend une situation relativement fixe : l'opération du pointage étant effectuée, le pointeur enlève la lunette pour la soustraire aux effets destructeurs du recul (dérangement des pièces, rupture des verres, ou des fils réticules). La fixité permanente de la lunette sur le corps de la pièce constituait un grave inconvénient qu'une manœuvre excessivement facile fait disparaître entièrement. Le mode le plus simple d'adaptation est celui qui a été expérimenté à Bourges : la lunette portant vers les extrémités deux collets cylindriques, on dispose deux supports en forme de V le long de la pièce, de manière que les collets de la lunette puissent s'y appliquer. Dans cette disposition, la lunette ne peut recevoir aucun mouvement par rapport à la pièce, mais ce système ne peut convenir que dans le cas du tir presque rectiligne ; il ne serait d'aucun usage pour le tir suivant des trajectoires courbes, comme celles des bombes ou même des obus. Une autre disposition plus compliquée, celle mise en pratique par les Prussiens, consiste à adapter à la lunette un axe transversal terminé par des tourillons. Les tourillons sont reçus par des supports en forme de V, qui sont placés latéralement à droite et à gauche du corps de la pièce. En donnant à ces supports une hauteur convenable, on peut incliner l'axe de la lunette sur celui de la pièce, au moyen d'une vis placée vers l'une des extrémités de la lunette, vis qui fait fonction de hausse et permet de tirer sous de grandes inclinaisons par rapport à l'horizon. Comme dans le niveau à bulle d'air, la lunette est munie d'un réticule ; la plaque du réticule est réglée de position, dans le sens horizontal et dans le sens vertical, au moyen d'un système de vis butantes. L'une et l'autre des dispositions relatives aux supports de la lunette permettent l'emploi des procédés ordinaires de pointage, et le recours à ces procédés est même indispensable pour amener dans le champ de la lunette l'image du but à atteindre.

Les *télescopes*, avons-nous dit, diffèrent des *lunettes* en ce qu'ils utilisent en même temps la *réflexion* et la *réfraction*.

La première idée du *télescope*, affirme M. Figuier, a été émise par le P. Zeucchi. Dans un ouvrage publié à Lyon, en 1652, ce savant rapporte qu'il lui vint à la pensée, pendant l'année 1616, d'employer des miroirs concaves de métal pour produire le grossissement des corps très éloignés, afin d'obtenir, au moyen d'un simple phénomène de *réflexion*, les puissants effets de grossissement que l'on n'avait encore réalisés que par la réfraction des rayons lumineux à travers deux lentilles. Mettant ce projet en pratique, le P. Zeücchi construisit, paraît-il, un *télescope* à réflexion qui donnait les mêmes résultats que les lunettes d'approche découvertes depuis plusieurs années. Mais ce fut en 1663 seulement que Grégory (1) construisit le premier télescope connu. Cet instrument (*fig*. 204) se compose d'un large tube de cuivre, fermé à une de ses extrémités par un grand miroir concave métallique M, percé d'une

Fig. 204. — Télescope de Grégory.

ouverture à son centre, par laquelle passent les rayons dirigés à l'oculaire, et à son autre extrémité par un autre miroir concave N, également en métal, un peu plus large seulement que l'ouverture centrale du grand miroir, d'un rayon de courbure beaucoup plus petit, et placé sur le même axe que lui. Le centre de courbure du grand miroir étant en O et son foyer en ab, les rayons émis par l'astre observé, comme SA, se réfléchissent sur lui et vont former en ab une image renversée et très petite de l'astre. La distance entre les miroirs et leur courbure respective sont telles que l'image se produit entre le centre o et le foyer f du petit miroir: il s'ensuit que les rayons, étant réfléchis une seconde fois en N, forment en $a'b'$ une image amplifiée et renversée de ab, c'est-à-dire droite par rapport à l'astre. Enfin cette image est vue par l'oculaire F, formé de une ou deux lentilles, qui l'amplifient de nouveau et la forment en $a''b''$. Comme les objets observés ne sont pas toujours à la même distance, la position du foyer du grand miroir peut varier, et conséquemment celui du petit; de plus, la distance de la vision distincte n'est pas la même pour tous les yeux, l'image $a''b''$ doit pouvoir apparaître en divers points : pour tenir compte de ces variations et approcher ou reculer le grand miroir du petit, un bouton A fait tourner une vis, qui met en mouvement la pièce B, fixée au petit miroir.

<hr>

(1) Grégory (Jacques), savant mathématicien écossais, professeur à Saint-André (1636-1675).

En 1672, lorsque Newton fut nommé membre de la Société royale de Londres, il présenta, à la première séance, un télescope qu'il avait imaginé et qui est une modification du télescope de Grégory. Dans cet instrument (*fig.* 205) l'objectif M est un miroir concave placé à l'extrémité d'un long tube de bois. Les rayons lumineux, venant de l'astre observé, tombent sur ce miroir, s'y réfléchissent, et tendent à aller former, à l'autre bout du tube, une image réelle et très petite de l'astre ; mais auparavant les rayons rencontrent un petit prisme rectangulaire *m n*, dans lequel ils pénètrent sans se réfracter, et font, avec la grande face

m n un angle d'incidence tel qu'ils s'y réfléchissent, au lieu de réfracter au dehors. L'image vient donc se former en *a b*, en avant d'un tube horizontal fixé sur le côté de l'instrument ; or, dans ce tube est une série de verres grossissants

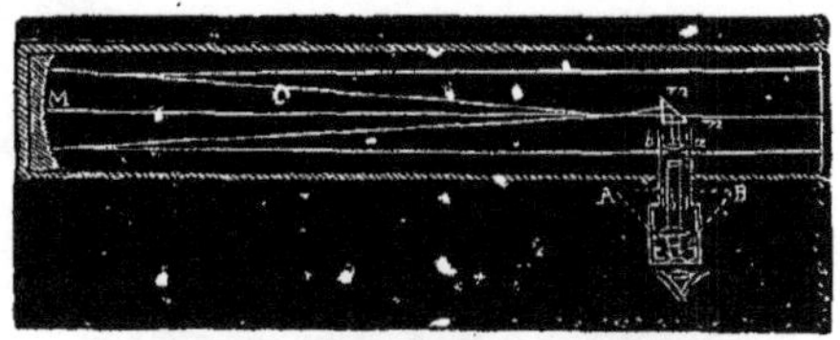

Fig. 205. — TÉLESCOPE DE NEWTON.

qui font l'office d'oculaire, et donnent de l'image *a b* une image virtuelle AB très amplifiée.

Les *télescopes*, comparés aux lentilles achromatiques, présentent des inconvénients graves qui les avaient fait délaisser presque complètement, à partir du moment où l'on a su fabriquer du flint assez pur pour les objectifs des lunettes. D'une part, le métal des miroirs, tout en ayant une rigidité spéciale et supérieure à celle des autres métaux (1), n'est pas toutefois tellement rigide qu'il ne soit nécessiare de lui donner une épaisseur considérable pour prévenir les flexions ; cette épaisseur doit même s'accroître beaucoup quand les dimensions du miroir deviennent un peu grandes, et dès lors, par suite de la forte densité de l'alliage, le poids du miroir est énorme. En second lieu, le pouvoir réflecteur du métal des miroirs n'est pas très considérable, et, à grossissement égal, les images obtenues par un réfracteur sont beaucoup plus lumineuses que celles fournies par un télescope. Enfin, par l'action de l'air, le poli de la surface s'altère progressivement. A mesure que ce poli diminue, la clarté de l'instrument diminue avec lui, et, au bout d'un certain temps, il faut procéder à un polissage nouveau. Mais ce travail doit être dirigé de façon à ne pas compromettre la forme curviligne, sphérique ou parabolique du miroir ; il constitue donc un travail tout à fait équivalent au travail primitif, travail difficile, délicat, et qui

(1) Le métal avec lequel on fabrique les miroirs de télescope est du bronze composé de 67 de cuivre et de 33 d'étain. Cet alliage a une nuance jaunâtre et est susceptible d'acquérir un très beau poli. On y ajoute quelquefois de faibles proportions de laiton, d'argent, d'arsenic et aussi de platine.

doit être répété autant de fois que l'altération du poli l'exige. Vers 1859, Foucault proposa, dans la construction des miroirs des télescopes, une modification qui constitue une révolution véritable, et qui permet de substituer avantageusement les télescopes aux réfracteurs, dans tous les cas et quel que soit le grossissement. Elle consiste à employer des miroirs en verre argenté. Le verre, plus rigide que l'alliage des miroirs et d'une densité presque quatre fois plus faible, fournit des miroirs d'un poids beaucoup moindre. L'argent poli déposé sur la surface possède un pouvoir réflecteur extrêmement considérable et qu'on peut évaluer à 95 ou 96 pour 100. Enfin, si on a travaillé la surface du verre de façon à lui donner toute la rectitude possible, ce travail est définitif, car lorsque la pellicule d'argent se ternit, il suffit de l'enlever et de la remplacer par une autre, et cela autant de fois qu'on le jugera nécessaire. Nous ajouterons aussi que le prix en est infiniment moindre.

Fig. 206. — TÉLESCOPE DE FOUCAULT.

Nous décrirons le *télescope Foucault* de petite dimension (0^m,16 de diamètre), sortant des ateliers de M. Secrétan, et dont le grossissement de 320 fois qu'il atteint exigerait l'emploi d'une lunette d'un prix au moins double. Le corps de l'instrument est en bois et a la forme d'un tube octogonal (*fig.* 206) dont une extrémité G est ouverte, et dont l'autre est un miroir concave. Au tiers de sa longueur à peu près, ce tube est supporté par deux montants de bois H et B, fixés sur une table tournante PQ, à laquelle le mouvement est donné, par le moyen d'engrenages, sur un plateau fixe R S, orienté parallèlement à l'équateur ; autour de la table est un cercle de cuivre divisé en 360 degrés, et, par dessous, un engrenage circulaire que traverse une vis sans fin V et que fait mouvoir dans les deux sens une manette *m*, qui ainsi communique le mouvement à la table PQ, et en même temps à tout le télescope. Un vernier *x*, adapté au plateau RS, indique les fractions de degré. Enfin l'axe qui soutient le tube supporte un cercle gradué O qui correspond avec l'horaire de l'astre observé et conséquemment permet de mesurer sa déclinaison, c'est-à-dire sa distance angulaire de l'équateur, en sachant que les degrés tracés autour de la table RS indiquent l'ascension droite, c'est-à-dire l'angle que forme le cercle horaire de l'astre avec le point de repère que l'on a choisi. Pour incliner le télescope, il y a une pièce de cuivre E, qui, fixée au montant A, supporte une pince dans laquelle court le limbe O que l'on arrête au moyen du bouton *r*. Sur le côté de l'appareil est l'oculaire *o*, placé sur une plaque de cuivre, en face du prisme intérieur; pour obtenir l'image au point, l'on avance ou l'on recule l'oculaire au moyen du bouton *a*.

Un autre genre de télescopes sont ceux dont Herschel (1) construisit le premier en 1774, et auxquels on a donné le nom, trouvé par l'inventeur lui-même, de *télescopes front-view* ou *à vue de face.*

La réflexion de la lumière sur un miroir occasionne toujours la déperdition d'une portion notable de cette lumière. Si donc on pouvait éviter l'emploi des petits miroirs destinés, dans les télescopes de Newton et de Grégory, à renvoyer les rayons réfléchis du grand miroir vers l'oculaire,

---

(1) HERSCHEL (William), célèbre astronome (1738-1822), fils d'un musicien du Hanovre et artiste lui-même, s'était fixé en Angleterre, en qualité d'organiste, d'abord à Halifax, puis à Bath. Voulant approfondir la théorie de son art, il avait entrepris l'étude des mathématiques, quand, par occasion, il se trouva lancé tout à coup dans l'optique et l'astronomie, qui devinrent la source de son illustration. Un petit télescope newtonien était tombé entre ses mains, et la contemplation du ciel l'avait enthousiasmé. Il voulut se procurer aussitôt un instrument semblable, mais le prix demandé était fort au-dessus de ses ressources. Il tenta alors de construire un télescope de ses mains (1774). Il ne tarda pas à en construire de plus parfaits et plus puissants que tous ceux que l'on connaissait. Avec le secours de ces instruments, il fit les découvertes les plus importantes et les plus inattendues : ainsi il découvrit une nouvelle planète, Uranus (1781), puis ses satellites (1787) et deux nouveaux satellites de Saturne (1789); il reconnut que le système solaire n'est pas fixe, étudia les nébuleuses, etc. Le roi George III lui accorda sa protection, lui donna une pension, et une habitation voisine du château de Windsor, où il fit la plupart de ses découvertes. Il devint président de la Société royale, et a laissé de nombreux ouvrages dans les *Transactions philosophiques* de cette société. Son frère et sa sœur l'aidèrent dans ses travaux. « Mlle Caroline Herschel, rapporte Arago, passa en Angleterre dès que son frère fut nommé astronome du roi. Elle y reçut le titre d'astronome assistant, avec de modestes appointements. Dès ce moment, elle se dévoua sans réserve au service de William, heureuse de contribuer jour et nuit au mouvement ascendant et rapide de sa réputation scientifique. Elle partagea toutes les gardes de nuit de son frère, constamment l'œil à la pendule et le crayon à la main ; elle fit tous les calculs sans exception ; elle copia trois ou quatre fois les observations dans des registres particuliers, les classa, les coordonna, les analysa. Si le monde scientifique vit avec étonnement, pendant tant d'années, les publications d'Herschel se succéder avec une rapidité sans exemple, on en fut particulièrement redevable à l'ardeur de Caroline Herschel. L'astronomie a été directement enrichie par elle de plusieurs comètes. » Herschel a trouvé dans son fils, sir John Herschel, mort en 1871, un digne soutien de sa gloire. Celui-ci a consacré à un monument commémoratif le grand télescope de son père. « Le 1er janvier 1840, dit encore Arago, sir John Herschel, sa femme et ses enfants au nombre de sept, quelques anciens serviteurs, se réunirent à Stough. A midi précis, l'assemblée fit processionnellement plusieurs fois le tour du monument; ensuite elle s'introduisit dans le tube du télescope, et entonna un *Requiem* en vers anglais, composé par John Herschel lui-même. Après sa sortie, l'illustre famille se rangea en cercle autour du tuyau, et l'ouverture fut scellée hermétiquement. »

il devait en résulter un avantage considérable. Herschel y parvint en inclinant un peu son réflecteur par rapport au tuyau, et en rejetant ainsi l'image de côté : l'observateur étudiait cette image en tenant l'oculaire à la main et en tournant le dos à l'objet. Il y avait bien là un inconvénient, car le sommet de la tête de l'observateur empêchait une partie des rayons lumineux de pénétrer dans l'instrument, et cette disposition ne pouvait être appliquée qu'à des télescopes de très large ouverture. Or,

Fig. 207. — TELESCOPE D'HERSCHEL.

Herschel était arrivé à se servir d'un miroir de 1^m,47 de diamètre et le tube de l'instrument avait 13 mètres. Le miroir (*fig.* 207) pesait plus de 1,000 kilogrammes. Pour pouvoir changer l'orientation de l'instrument qui le portait, on fut obligé d'établir un immense appareil de bigues, de poulies et de cordages, et cette construction, montée sur des roulettes, était déplacée tout d'une pièce à l'aide d'un treuil. L'observateur montait sur un petit balcon fixé au-dessus de l'extrémité supérieure du tuyau. Avec ce télescope, Herschel avait pu pousser le grossissement jusqu'à 1,000 ; mais il se servit rarement de cet immense télescope, car il n'y avait guère que cent heures dans l'année pendant lesquelles, sous le ciel brumeux de l'Angleterre, l'air fût assez limpide pour employer cet instrument avec succès. Herschel travaillait et polissait lui-même les miroirs ; il était devenu très habile dans ces opérations ordinairement longues et délicates.

« Avant d'avoir trouvé des moyens directs, certains, de donner aux miroirs la forme des sections coniques, dit Arago dans la biographie de l'illustre astronome, il fallait bien qu'Herschel, comme tous les opticiens ses prédécesseurs, cherchât à atteindre le but en tâtonnant. Seulement ses essais étaient dirigés de telle sorte qu'il ne pouvait y avoir de pas rétrograde. Dans son mode de travail, le mieux, quoi qu'en dise un ancien adage, n'était jamais l'ennemi du bien. Quand Herschel entreprenait la construction d'un télescope, il fondait et façonnait plusieurs miroirs à la fois : dix, par exemple. Celui de ces miroirs auquel des observations célestes, faites dans des circonstances favorables, assignaient le premier rang, était mis de côté, et l'on retravaillait les neuf autres. Lorsqu'un de ceux-ci devenait fortuitement supérieur au miroir réservé, il en prenait la place

C'était au moyen de la fantasmagorie que l'on effrayait ceux qu'on initiait
aux mystères d'Isis (page 493).

jusqu'au moment où, à son tour, un autre le primait, et ainsi de suite. Est-on curieux de savoir sur quelle large échelle marchaient ses opérations, même à l'époque où, dans la ville de Bath, Herschel n'était qu'un simple amateur d'astronomie? Il fit jusqu'à 200 miroirs newtoniens de 7 pieds anglais (2^m,13) de foyer ; jusqu'à 150 miroirs de 10 pieds ($3^m,05$) et environ 80 miroirs de 20 pieds $6^m,096$). Chaque fois qu'Herschel entreprenait de polir un miroir de télescope, il en avait pour dix, douze, quatorze heures d'un travail continu. Il ne quittait pas un instant, même pour manger, et recevait de la main de sa sœur les aliments sans lesquels on ne pourrait supporter une si longue fatigue ; pour rien au monde, Herschel n'aurait abandonné son travail ; suivant lui, ç'aurait été le gâter. »

Depuis Herschel, l'optique a fait de tels progrès qu'il n'est rien que l'on ne puisse espérer ; un jour, certes, nous verrons la lune au bout de nos télescopes comme si elle était à une distance de la terre de quelques milliers de mètres ; nous pourrons l'explorer tout à l'aise, et retrouver peut-être des vestiges d'une civilisation disparue depuis le refroidissement de l'astre. On a installé, en 1875, à l'Observatoire de Paris, un admirable télescope, un des plus beaux qu'il y ait au monde, qui peut victorieusement lutter avec le magnifique instrument que la Société royale de Londres a fait contruire, en 1869, pour l'Observatoire de Melbourne, et qui est supérieur au célèbre télescope de $0^m,80$ de diamètre, construit en 1862 par Foucault et que possède l'Observatoire de Marseille. La description de ce nouveau télescope, résumée d'après M. de Parville, fera comprendre sur quels fondements solides sont basées les espérances les plus gigantesques de la science.

Le grand télescope de l'Observatoire de Paris, construit par MM. Eychens et Martin, est installé à peu près au milieu du jardin de l'Observatoire, un peu au delà de la grande terrasse (*fig.* à la page 473). Il est placé sous un vaste hangar roulant, d'au moins 10 mètres de hauteur et 8 mètres de largeur. Cette grande cage en bois, montée sur roues, se déplace sur des rails, pour laisser, au moment du travail, l'instrument en plein air. Le hangar est d'ailleurs fermé sur toutes ses faces. Du côté sud, existe seulement une grande porte, qui peut se replier comme les pans d'un paravent pour livrer passage à l'instrument. L'impression première du visiteur est au moins singulière. Au milieu de cette grande cage roulante se dresse le télescope, immuable sur son piédestal de pierre. Mais quel télescope ! Nous sommes si habitués à voir, en astronomie, des instruments à forme délicate, que l'aspect de celui-ci est bien fait pour induire en erreur. En pénétrant sous l'abri, on croirait plutôt entrer dans la chambre d'une de ces gigantesques machines qui font mouvoir nos paquebots transatlantiques. Des masses de fer forgé s'élèvent à 9 mètres au-dessus du sol. Tout cela est énorme, massif, écrasant. L'œil étonné contemple l'immense tube de $1^m,20$ de diamètre et de $7^m,30$ de longueur qui, placé sur ses tourillons, paraît suspendu sur la tête du visiteur, comme un lourd canon de marine. C'est absolument de la grosse mécanique, et cependant c'est de la mécanique d'une précision incomparable. Un appareil aussi gigantesque et aussi compliqué, grâce aux ressources de l'art mécanique moderne, est mû avec la délicatesse d'un mouvement de montre.

Le tube est en fer forgé ; ce sont des anneaux de fer boulonnés et ajustés avec une précision mathématique. Il pèse 2,200 kilogrammes. Le miroir d'un bout, l'oculaire et le chercheur de l'autre, plus un autre poids indispensable à l'équilibre pèsent en outre 800 kilogrammes. L'axe du monde, c'est-à-dire le support, qui se dresse obliquement dans l'air, à la façon d'une grosse bielle de machine à vapeur, pèse 2,600 kilogrammes. Il faut joindre à ce poids celui de l'axe transversal, qui permet au tube de s'incliner dans son plan et qui le maintient à la hauteur de 8 mètres. Le poids des tourillons, des contrepoids, des pièces accessoires, donne encore plusieurs milliers de kilogrammes. Au total, tout l'ensemble pèse environ 19,000 kilogrammes ! Pour monter l'instrument, il a fallu établir tout un système de levage, comme pour monter nos plus grosses machines.

Voici, en réalité, maintenant le merveilleux de cette construction astronomique. Tous ceux qui ont mis l'œil dans une forte lunette savent qu'à peine si l'on a pu apercevoir une étoile elle n'y est déjà plus : le mouvement de la terre l'a emportée hors du champ de l'instrument. Il faut donc bien, pour observer, que l'immense tube du télescope tourne aussi et suive l'astre automatiquement, au fur et à mesure qu'il fuit. Il n'y a qu'une horloge qui puisse imprimer au télescope un mouvement de rotation assez uniforme et régulier pour maintenir l'astre dans le champ de la vision. C'est, en effet, une horloge qui sert de moteur à cette masse de plusieurs tonnes. Une horloge, par un mécanisme admirable, communique le mouvement au grand tube, qui avance dans l'espace autour de son support comme une aiguille sur un cadran de montre : un cadran de 15 mètres de diamètre, une aiguille de 12 tonnes ! Tout ce système est si bien équilibré, rendu si complètement docile, qu'avec le bout du doigt posé sur une manette, on peut faire tourner cette immense machine, chef-d'œuvre de montage et d'ajustage.

L'oculaire est placé à la bouche de l'instrument ; il est mobile autour du tube pour être plus à la main de l'astronome. Il est à 8 mètres de hauteur. Pour aller placer l'œil à cette hauteur, un escalier de fer, très élégant dans sa spirale montante, est installé sur une plate-forme roulante. L'astronome gravit les marches et peut regarder à l'aise du haut de cette tour mobile. L'escalier tourne d'ailleurs autour de son axe, emportant dans son mouvement le balcon supérieur, et l'astronome peut tourner, par conséquent, autour de l'ouverture du télescope. Quand on veut se servir de l'instrument, on déplace la cage du sud au nord; elle roule sur des rails; le télescope est à découvert. On pousse l'escalier en avant sur des rails perpendiculaires aux premiers; mais l'escalier devant tourner autour du télescope, il faut qu'il passe sur des rails circulaires. A l'aide d'un petit treuil, on opère un changement de voie; des roues maintenues, soulevées jusque-là, s'abaissent; celles qui servaient sont soulevées, et l'escalier-wagon s'engage sans difficulté sur son chemin courbe. Trois hommes de manœuvre font le service du télescope et poussent l'escalier; car, de quart d'heure en quart d'heure, le grand tube a assez tourné pour que l'astronome se trouve éloigné de l'oculaire.

La puissance de l'instrument permettrait d'obtenir un grossissement de 2,400 diamètres. On verrait la lune à 30 lieues de la terre; mais la vision serait mauvaise. On ne se servira probablement jamais de ce grossissement. La rétine, en effet, a environ 2 à 3 millimètres carrés de surface, et, pour voir nettement, il est indispensable que l'image peinte sur la rétine occupe toute sa surface. En poussant trop loin le grossissement, on dépasserait cette limite. On adoptera sans doute, — rien ne saurait être encore fixé, — le grossissement de 500 diamètres. Avec un grossissement de 200 fois, on ne voit du ciel que 12 minutes d'arc, c'est-à-dire un coin à peu près grand comme la moitié de la lune; avec 2,400 on ne verrait plus qu'une minute d'arc. On fera des oculaires compris entre 200 et 1,200 grossissements.

Le miroir de $1^m,20$ n'est pas métallique, comme celui de l'instrument de l'Observatoire de Melbourne; il est du système Foucault, en verre argenté. Bien que la question ne semble pas encore élucidée en Angleterre, le miroir en verre de Foucault paraît présenter des avantages sur le miroir métallique. Il résulte des expériences de M. Jamin sur la réflexion des rayons lumineux, qu'un miroir comme celui du télescope de Melbourne réfléchit en moyenne les 0,64 de la lumière incidente. Les expériences de M. Wolf prouvent qu'un miroir en verre argenté, dont l'argenture date de six ans, réfléchit au contraire les 0,92 de la lumière incidente; en tenant compte de la réflexion sur le petit miroir incliné, un instrument de même dimension que celui de Melbourne doit donc renvoyer à l'observateur les 0,80 de la lumière émise par l'astre, un peu plus du double de ce que donnent les miroirs métalliques. Le grand miroir de Melbourne ne doit pas donner plus de lumière qu'un objectif de $0^m,98$ d'ouverture, et il a $1^m,22$ de diamètre. Un miroir en verre argenté de $0^m,90$, au lieu de $1^m,22$, donnerait la même quantité de lumière. Il est donc vraisemblable que le miroir argenté de $1^m,20$ du nouveau télescope de Paris doit donner plus de lumière que le miroir métallique de Melbourne. L'expérience prononcera en dernier ressort. On peut ajouter encore que le réfracteur en verre de Dorpat, mesurant 0^m,24, rivalise avec le réfracteur de 18 pouces (0^m,45) d'Herschel, et la lunette de Poulkowa (0^m,38 d'ouverture) avec le télescope de 4 pieds (1^m,22) de Loriel. La lunette de Dawest, à Copenhague (0^m,28) surpasse le télescope d'Herschel et égale presque le *Leviathan* (1^m,83) de lord Ross. Il semble ainsi démontré qu'un objectif d'une ouverture égale à l'unité équivaut à un miroir métallique de 1^m,35 d'ouverture.

Assurément, le télescope de l'Observatoire, s'il est le meilleur qui existe, n'est pas le plus grand. Le télescope d'Herschel avait 12 mètres de longueur sur 1^m,47 d'ouverture. Le beau télescope que lord Ross a construit lui-même, en 1845, dans son parc de Parsontown (Irlande), atteignait des proportions réellement gigantesques. Cet instrument

Fig. 208. — TÉLESCOPE DE LORD ROSS.

(*fig.* 208), auquel on donne le nom *Leviathan*, mesure 16^m,00 de long ; le miroir a 1^m,83 d'ouverture et pèse 3,809 kilogrammes, le tube 6,604 kilogrammes. Le poids total à mouvoir est de 10,415 kilogrammes. Il coûta 300,000 francs. C'est le plus énorme qui ait été érigé jusqu'ici. « Qu'on se figure, a écrit Arago, l'œil d'un géant dont la prunelle aurait six pieds de diamètre ! » Ce n'est pas cependant celui qui donne les plus forts grossissements. Les télescopes construits depuis quelques années, bien que gigantesques encore, n'atteignent pas ces proportions colossales, et sont cependant beaucoup plus puissants. Voici le poids et les dimensions du télescope de Melbourne, le seul qui puisse être comparé aujourd'hui avec le télescope de Paris : Miroir et monture, 1,590 kilogrammes ; tube (portion pleine), 590 ; tube (portion treillagée) 620 ; axe polaire (4 mètres de long) 1,450 ; axe de déclinaison (3 mètres), 680 ; centre (poids) 2,130 ; accessoires divers, 1,180. Total, 8,240 kilogrammes.

Le télescope de Melbourne pèse beaucoup moins que le nôtre à cause de sa monture. Il est du système Cassegrain. L'œil se place à la culasse, et non à l'ouverture supérieure ; on n'a plus besoin de suspendre le tube par son milieu, par conséquent à une si grande hauteur. Les pièces de soutien sont moins fortes : on n'a plus à craindre autant les flexions ; on supprime aussi les contrepoids ; enfin le petit miroir réflecteur est placé hors du tube dans une gaine qui lui fait suite et qui n'est qu'un simple treillis de fer. Pour toutes ces raisons, on réduit le poids de l'ensemble.

Au point de vue mécanique, ce dispositif semble peut-être supérieur au nôtre ; seulement, au point de vue astronomique, il offre un inconvénient : on est obligé de limiter beaucoup le champ de vision, puisqu'il est réduit à l'espace conique qui s'appuie d'une part sur l'œilleton, où l'observateur place l'œil, et de l'autre sur le petit miroir installé dans le treillis qui n'a que $0^m,23$ de diamètre. Le télescope de Paris a plus de champ ; mais sa monture a nécessité de très grands soins de construction. C'est un tour de force qu'ont accompli MM. Eychens et Martin. On concevra toute la difficulté que présente la correction d'un pareil instrument, quand on saura qu'une erreur de 3 ou 4 millimètres sur la longueur focale du miroir, une erreur aussi petite dans la confection du grand tube en fer forgé, une flexion insignifiante dans des pièces aussi pesantes que le télescope et les axes d'appui, auraient rendu tant d'efforts inutiles ; il eût fallu tout recommencer, jusqu'au piédestal, jusqu'aux fondations qui ne devaient pas bouger. Ce télescope a coûté 200,000 francs. Heureusement tout a réussi à souhait, et l'Observatoire possède enfin un instrument digne de la France.

MM. Prosper et Paul Henry, astronomes à l'Observatoire de Paris, ont imaginé, pour observer au moyen du télescope une disposition toute nouvelle, qui assure une prééminence marquée à cet instrument sur les lunettes. L'infériorité des télescopes en pratique, leur manque de netteté ou plutôt l'instabilité des images produites, tient, selon ces astronomes, presque uniquement à ce que des masses d'air de densités inégales, provenant du dehors, s'introduisent dans l'intérieur du tube, où elles séjournent en tourbillonnant. En traversant ce milieu hétérogène, les rayons incidents et les rayons réfléchis sont fortement troublés, et il n'arrive à l'œil de l'observateur qu'une image confuse. Cette cause a déjà été soupçonnée, et différents moyens ont été proposés pour y remédier. On a pensé, par exemple, qu'en pratiquant des ouvertures vers la partie inférieure du tube du télescope, il se produirait un équilibre de température plus complet entre l'air renfermé dans ce tube et l'air extérieur. Mais, en fait, dans de telles conditions, les images se sont toujours montrées plus confuses qu'auparavant. Un autre procédé a été appliqué à différents instruments, notamment à celui de l'Observatoire de Melbourne. Ce procédé consiste à supprimer, pour ainsi dire, le tube, en ne laissant de ce dernier que ce qui est absolument nécessaire pour relier, d'une façon rigide, le miroir de l'objectif à l'oculaire. Cette disposition, néanmoins, n'est efficace qu'avec des temps très calmes ; par le vent le plus faible, les images paraissent agitées. Les télescopes ont un autre défaut grave, qui les rend assez incommodes et en restreint notablement l'emploi. Ce défaut provient de ce que la surface réfléchissante des miroirs, sous l'influence de l'air, de l'humidité, etc., se ternit rapidement. Il résulte de ces différentes causes d'altération une perte sensible de lumière, qui oblige à renouveler fréquemment le poli de la surface.

Pour remédier à ces divers inconvénients, on est amené à placer le télescope dans les mêmes conditions que la lunette, c'est-à-dire à fermer hermétiquement son tube par une lentille de verre, taillée de telle sorte qu'elle ne nuise en rien au pouvoir optique de l'instrument. MM. Prosper et Paul Henry ont réalisé cette expérience de la manière suivante : A l'ouverture d'un télescope newtonien à miroir de verre argenté, de $0^m,10$ de diamètre et $0^m,60$ de longueur focale, est placée une lentille de crown-glass de même grandeur que le miroir et très légèrement concave. Cette forme réunit plusieurs avantages : elle évite la double image, très faible, à la vérité, qui résulterait d'un verre plat ; de plus, elle détruit l'aberration de réfrangibilité du microscope oculaire, qui, dans l'instrument, n'est formé que de verres simples. Cette modification est absolument sans inconvénient. La perte de lumière qui résulte de l'addition de la lentille, qui peut être très mince, est tout à fait négligeable, et comme cette dernière est presque pleine, elle n'exige pas un centrage rigoureux. Cette lentille et le miroir ont d'ailleurs été retouchés de façon à constituer un système optique complètement exempt d'aberration de sphéricité.

Sir Henri Bessemer s'occupe également, en Angleterre, de la construction d'un télescope qui, par ses dimensions et sa portée, rivalisera avec les plus grandes lunettes astronomiques actuellement existantes. Le miroir, de $1^m,22$ de diamètre, ne sera pas en métal, mais bien en verre argenté. Avec cet instrument, on pourra observer tous les points du firmament sans attendre le mouvement de la terre. A tous les instants de la nuit, on pourra étudier les astres sans escalader de longues échelles, sans être obligé de se coucher ou de prendre une position incommode. La chambre d'observation, avec son plancher, ses fenêtres et son dôme, sera mobile et pourra évoluer automatiquement avec le télescope. Le miroir aura la forme parabolique, au moyen d'un travail très précis.

INSTRUMENTS DE PROJECTION : CHAMBRE NOIRE. — MÉGASCOPE. — CHAMBRE CLAIRE. — La *chambre obscure,* comme l'indique son nom, est une boîte entièrement fermée à la lumière, excepté par une ouverture très petite qui donne passage à un rayon. Les expériences relatives à la *propagation* et à la *dispersion* de la lumière se font au moyen de la *chambre noire* (pages 384 et 434). Nous avons donc vu déjà que les images s'y reproduisent avec leurs couleurs, dans des dimensions réduites et renversées.

Ce fut J.-B. Porta, dit M. Hoefer, qui paraît avoir eu le premier l'idée de disposer une chambre complètement obscure, de manière à servir à des expériences d'optique. Dans le xvii° chapitre de sa *Magie naturelle,* ce physicien raconte comment, sans autre préparation qu'une ouverture pratiquée à la fenêtre d'une *chambre obscure,* on voit se peindre au dedans les objets extérieurs avec leurs couleurs naturelles; puis il ajoute : « Mais je vais dévoiler un secret dont j'ai toujours fait un mystère avec raison. Si vous adaptez une lentille de verre à l'ouverture, vous verrez les objets beaucoup plus distinctement, et au point de pouvoir reconnaître les traits de ceux qui se promènent au dehors, comme si vous les voyiez de près. » Cependant un certain nombre d'historiens attribuent cette invention à un autre Italien, Capnutlo, ou à l'illustre Léonard de Vinci, lequel, on le sait, fut un grand physicien en même temps qu'un peintre admirable. Une lettre, récemment publiée par le *Cosmos,* fait honneur de cette découverte à Képler. Voici cette lettre, écrite à lord Bacon par sir Henri Voolton :

« J'ai passé une nuit à Lintz, la métropole de la haute Autriche... J'y ai trouvé Képler, un homme fameux dans les sciences, comme Votre Seigneurie le sait, à qui j'ai proposé d'adresser un de vos livres, afin qu'il voie que l'Angleterre possède des hommes capables d'honorer leur souverain, comme il honore le sien par son *Harmonices.* J'ai vu, dans son cabinet, un dessin de paysage sur papier qui m'a beaucoup intrigué, et qui était fait de main de maître; je lui ai demandé qui l'avait fait. Il m'a répondu par un sourire tel, que j'ai dû conclure que c'était lui, et il se hâta d'ajouter qu'en faisant ce dessin il n'avait pas agi en peintre, mais en mathématicien. Ceci me plaça sur le gril. Il m'apprit enfin qu'il avait une petite tente portative (de quelle matière? cela importe peu) qu'il peut établir spontanément en pleine campagne, où il lui plaît, qui tourne comme un moulin à vent, qui peut regarder tour à tour tous les points de l'horizon, exactement fermée et sombre, à l'exception d'un petit trou d'un pouce et demi de diamètre; à ce petit trou se trouve adapté un long tube perspectif, avec un verre convexe appliqué à celle de ses extrémités par laquelle il entre dans le trou, avec un verre concave à l'autre extrémité qui pénètre dans l'intérieur de la tente presque jusqu'à son milieu, et par lequel les radiations visibles de tous les objets extérieurs sont introduites et vont tomber sur une feuille de papier tendue pour les recevoir. Rien n'est plus simple alors que de suivre avec un crayon ou avec une plume tous les contours du dessin et de le reproduire dans sa vérité naturelle. Quand il est fixé, on fait tourner la tente doucement, on prend une nouvelle vue du paysage, et l'on peut ainsi

Expériences de projections au moyen du microscope photo-électrique (page 491).

dessiner tout l'horizon. J'ai cru devoir envoyer cette description à Votre Seigneurie, parce que je pense que cet appareil pourra rendre de bons services pour la choro-graphie. Il serait peu généreux de l'employer à faire des paysages, car aucun peintre ne pourrait alors lutter avec la nature. »

Les physiciens songèrent bientôt à réduire la *chambre obscure* à un petit espace, et à faire des instruments portatifs, de formes et de dimensions variables. La *chambre noire* de 'S Gravesande a la forme d'une chaise à porteurs; le dessus est arrondi en arrière, courbé en avant et saillant vers le milieu; mais son volume et sa lourdeur la rendaient incommode. L'abbé Nollet imagina une chambre noire beaucoup plus légère; elle a la forme d'une boîte de peu de volume et facile à transporter. C'est sur ce modèle qu'ont été faites depuis toutes les *chambres noires*, plus ou moins modifiées dans leurs détails, selon l'usage auquel on les destine. Celle dont on se sert pour dessiner, et qui est, à peu de chose près, semblable à celle des photographes, se

Fig. 209.

. CHAMBRE NOIRE DES DESSINATEURS.

compose d'une boîte rectangulaire en bois (*fig.* 209), dans laquelle pénètrent les rayons lumineux R, à travers une lentille B, tendant à aller former une image sur la paroi opposée O, placée à une distance de la lentille B égale à la distance focale. Mais comme les rayons rencontrent une plaque de verre dépoli M, inclinée à 45°, ils changent de direction et l'image se peint sur une autre plaque de verre dépoli N. En plaçant sur celle-ci une feuille de papier à calquer, on peut suivre avec un crayon les contours de l'image et la dessiner fidèlement. Une planchette A empêche que la lumière n'éclaire trop la plaque N et conséquemment n'efface l'image projetée. La boîte se compose de deux parties qui peuvent rentrer l'une dans l'autre, de sorte qu'en

Fig. 210.

CHAMBRE NOIRE PORTATIVE.

tirant plus ou moins la première l'image se reproduit, en vertu des lois de la réflexion, sur la plaque N, quelle que soit la distance de l'objet examiné.

Si l'on désire que la *chambre noire* soit portative, on emploie généralement celle de Ch. Chevalier (*fig.* 210), qui se compose d'une tente faite d'un tissu très épais, sous laquelle se place le dessinateur. Au milieu de la tente est une planchette B sur laquelle se projette l'image que l'on veut dessiner. Au haut de la tente, dans un tube de cuivre A, ouvert latéralement, est un prisme de verre qui produit l'effet d'un miroir incliné. En entrant dans le prisme, appelé, à cause de sa forme, *lentiprisme*, les rayons subissent la réflexion totale sur la grande face *d c*; d'abord convergents, ils sont renvoyés sur la face *c* concave d'où ils sortent avec la même convergence que s'ils avaient traversé une lentille, ce qui fait qu'ils vont reproduire en *a b*, sur la planchette, l'image de l'objet A B d'où ils sont partis. C'est ensuite cette image dont le dessinateur prend les contours sur une feuille de papier.

Le *mégascope*, imaginé par Charles en 1780, est une chambre noire destinée à donner des images réduites ou amplifiées d'une gravure, d'une statue ou d'un bas-relief ayant peu d'étendue, et pour cela, portant une lentille achromatique devant laquelle on place l'objet (*fig.* 211). Cet objet est éclairé fortement par un miroir plan, de sorte que son image se reproduit sur une glace dépolie au foyer conjugué de la lentille et permet au dessinateur de copier facilement les traits de l'objet.

Fig. 211. — MÉGASCOPE.

En 1804, Wollaston inventa la *chambre claire* dont l'idée paraît appartenir à Hooke. La construction de cet instrument, plus avantageux aux dessinateurs que la chambre noire, repose sur le fait suivant : si l'on regarde, à travers une lame de verre inclinée de 45° au-dessus de l'horizon, une feuille de papier placée sur une table, on pourra tracer avec la pointe d'un crayon l'image d'un paysage qui vient s'y peindre. C'est un petit prisme de verre à quatre faces, monté sur un pied vertical, et dont les angles sont combinés de manière à produire une double réfraction totale qui projette l'image sur un écran placé horizontalement. Lüdke, en 1812, et Amici, en 1816, apportèrent diverses modifications à la chambre claire de Wollaston, et en firent un instrument propre à être adapté aux télescopes et aux microscopes.

On peut donner aux *chambres claires* une disposition offrant des avantages bien supérieurs à ceux qu'on leur connaît. Cette disposition a été récemment imaginée par M. Pellerin. On sait que, parmi les chambres claires, les unes affaiblissent considérablement l'une des images, par une réflexion sur une lame transparente ; les autres exigent qu'on regarde l'objet et le dessin, chacun par une moitié de la pupille de l'œil de l'observateur, ce qui ne laisse pas d'être fort gênant. La chambre claire nouvelle donne deux images de même intensité, et qui sont visibles en même temps par toute la pupille. Elle se compose d'une chambre claire de Wollaston, faite d'un verre d'indice supérieur à l'indice extraordinaire du spath, qu'on accole à l'une des faces de l'angle de 135°; d'une lame de spath et d'un prisme de même matière que la chambre, ayant sa seconde face parallèle à la face de sortie des rayons. Ainsi, sous une inclinaison convenable, la moitié de la lumière venant de l'objet sera réfléchie totalement à l'état de rayons extraordinaires. Les fractions réfléchie et transmise seront chacune de moitié, s'il n'y a nulle réflexion des rayons ordinaires. Cette nouvelle disposition de la chambre claire est certainement appelée à rendre de grands services.

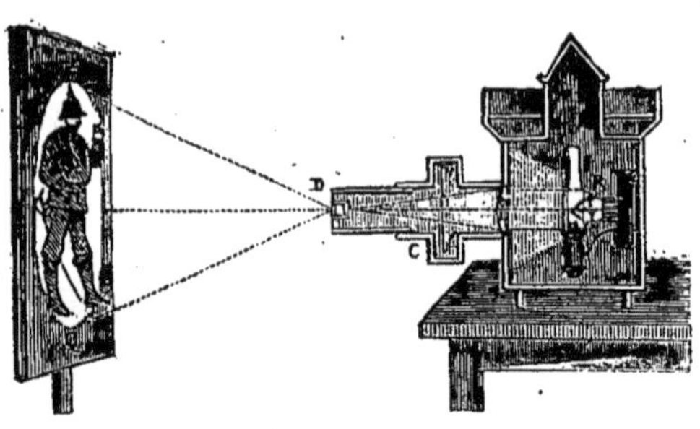

Fig. 212. — LANTERNE MAGIQUE.

LANTERNE MAGIQUE. — FANTASMAGORIE. — MICROSCOPE SOLAIRE. — MICROSCOPE PHOTO-ÉLECTRIQUE. — Le P. Kircher parle, dans la première édition de son *Ars magicæ lucis et umbræ* (1645), du moyen de faire apparaître sur le mur d'une chambre noire des images de tout genre, en éclairant d'une vive lumière ces images peintes sur un miroir concave. Il comptait beaucoup, rapporte M. Hoeffer, sur l'efficacité de ce procédé, qu'il ne décrit pas autrement, pour convertir les méchants en leur montrant le diable à temps. Ce n'est que dans la deuxième édition de ce même ouvrage (1671) qu'il a donné une description détaillée et le dessin de sa lanterne magique, *lanterna thaumaturga.*

Tout le monde connaît aujourd'hui la *lanterne magique*, qui, non seulement est un jouet d'enfant, mais sert encore quelquefois pour projeter sur un écran des images réduites ou amplifiées afin de les montrer à de nombreux spectateurs ou de les utiliser dans l'art du dessin. Une lampe (*fig.* 212) envoie ses rayons sur une lentille C, et les rayons dirigés en sens inverse sont ramenés sur la lentille par un réflecteur R. Il en résulte un très vif éclairement du dessin *ll* fait sur une lame de verre, avec des couleurs très transparentes ou des photographies sur verre. Deux lentil-

.les *d*, placées dans la bonnette D et agissant comme une seule lentille très
.convergente, projettent sur l'écran PQ l'image agrandie de *ll*. En enfonçant
plus ou moins.la bonnette, on fait varier la distance de la lentille *d* à l'objet, et l'on amène cet objet et l'écran à coïncider avec deux plans focaux
conjugués.

La *fantasmagorie* (du grec *phantasma*, fantôme, et *agoreuo*, parler) est
une application de la lanterne magique. Son nom indique que c'est l'art
de faire apparaître des spectres, des fantômes, des dieux. Dans l'antiquité,
paraît-il, c'est au moyen de la fantasmagorie que l'on effrayait ceux qu'on

initiait aux mystères d'Isis et de
Cérès, et que l'on faisait apparaître les divinités infernales ou
les morts que l'on évoquait (*fig.* à
la page 481). Aux temps modernes
mêmes, Cagliostro s'en servait
pour opérer des prodiges. En 1798,
le physicien Robertson ouvrit à
Paris un théâtre de fantasmagorie, dévoilant ainsi le secret de
ces faiseurs de miracles-là. Pour
produire les effets de fantasmagorie, on se sert d'une lanterne
magique très puissante, montée
sur des roulettes de bois recou-

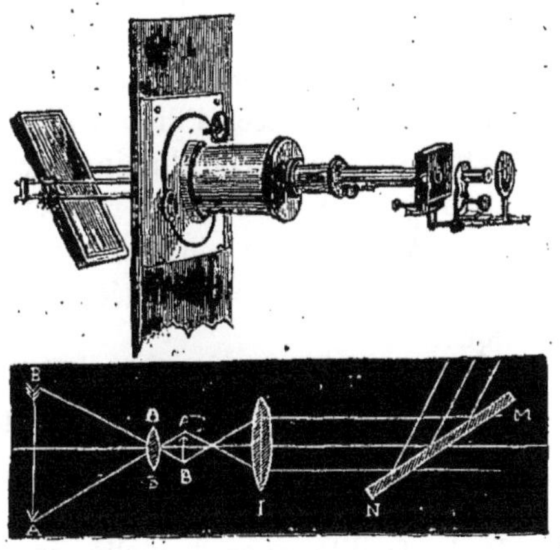

Fig. 213. — MICROSCOPE SOLAIRE.

vertes de drap pour rouler sans bruit sur le parquet. Un grand rideau
de percale séparé de l'opérateur les spectateurs, plongés dans une
obscurité profonde. Celui-ci a soin de tenir la lentille projetante éloignée
du verre sur lequel sont peints les objets qu'il veut montrer, de sorte
que l'image de ces objets se forme très petite sur la toile ; alors, rapprochant la lentille du verre peint et en même temps éloignant l'appareil, l'image projetée croît progressivement et finit par prendre des
proportions considérables. Les spectateurs trompés croient alors que
l'objet se rapproche d'eux en même temps que ses proportions augmentent.

On peut rattacher à la fantasmagorie les *ombres chinoises*, spectacle
qui est encore, et depuis un temps immémorial, le plaisir des Orientaux, et
surtout des Chinois, et qui consiste à faire agir derrière une surface transparente, comme du papier huilé, des images découpées. On se rappelle
que ce spectacle, qui fut jadis la joie des enfants, fut introduit en France,
en 1784, par le sieur Séraphin, établi au Palais-Royal, à Paris.

La lanterne magique conduisit en 1748 Lieberkuhn, physicien berlinois (1711-1756), à l'invention du *microscope solaire*. Successivement perfectionné par Æpinus, Adams et Euler, cet instrument (*fig.* 213) ne diffère de la lanterne magique qu'en ce qu'il est éclairé par les rayons solaires introduits dans une chambre obscure au moyen d'un miroir plan MN, et qui se trouvent ainsi réfléchis horizontalement. Le faisceau lumineux rencontre une lentille convergente I, appelée l'*illuminateur*. A peu de distance du foyer de cette lentille, on dispose l'objet transparent AB, qui se trouve ainsi très vivement éclairé. Une lentille O très convergente reçoit le faisceau lumineux, et projette sur un écran l'image A′B′. Une crémaillère, mue par une roue dentée, permet de déplacer la lentille O, de façon que l'objet et l'écran soient sur deux plans focaux conjugués. On peut aussi déplacer l'illuminateur pour produire un éclairement convenable. D'ailleurs, cet illuminateur est formé d'ordinaire de deux lentilles, et la lentille O est aussi remplacée par un système de plusieurs verres convergents. On a ainsi plus de concentration, et l'on évite l'emploi de lentilles à faces trop bombées. Le porte-objet est une simple pince métallique.

Le *microscope photo-électrique*, dont l'usage s'est tant répandu depuis quelques années (*fig.* à la page 489) n'est qu'un microscope solaire dans lequel la lumière électrique remplace celle du soleil. Cette lumière est bien préférable à cause de son intensité, de sa fixité, et surtout à cause de la facilité avec laquelle on peut la produire à n'importe quelle heure.

DAGUERRÉOTYPE. — PHOTOGRAPHIE. — Dès 1770, le célèbre chimiste Scheele avait remarqué que le chlorure d'argent, qui se conserve blanc dans l'obscurité, noircissait à la lumière, et que, grâce à cette propriété, on pouvait reproduire des images ; en plaçant, en effet, sur une feuille de papier enduite de cette substance, un dessin et en l'exposant à la lumière solaire, de sorte que les parties sombres soient interceptées, le papier préparé noircissait aux points correspondant aux points sombres du dessin, tandis que les autres demeuraient blancs. D'après cela, sur une seconde épreuve on obtenait les teintes inverses, c'est-à-dire semblables au dessin original; mais ces épreuves ne pouvaient persister que dans l'obscurité ; au soleil, les parties blanches noircissaient et le dessin était détruit.

Il fallait trouver un procédé pour obtenir les images directement, et pour les rendre fixes, une fois qu'elles avaient été obtenues. Charles, en France, Wedgwood et Davy, en Angleterre, cherchèrent vainement à résoudre le problème ; l'honneur d'y parvenir appartient à deux Français, Niepce (1) et Daguerre (2).

Ces deux hommes cherchaient chacun de son côté et sans se connaître, lorsque Ch. Chevalier, leur confident à tous les deux depuis plusieurs années, apprit à Daguerre qu'il avait un concurrent. Celui-ci, inquiet, écrivit à Niepce ; une correspondance s'établit entre eux ; en 1827, Daguerre n'avait encore rien trouvé, tandis que Niepce parvenait déjà à reproduire sur des écrans convenablement disposés des points de vue d'après nature ; seulement, il lui fallait dix ou douze heures pour y arriver. En 1829, les deux chercheurs s'associèrent enfin pour continuer ensemble leurs recherches.

Niepce fixait l'image au moyen du *bitume de Judée*, matière noire, qui, exposée à la lumière, se modifie et perd sa solubilité dans les alcools. Il appliquait une couche de cette matière sur une lame de cuivre recouverte d'argent et plaçait cette lame au foyer de la chambre obscure. Après une longue exposition, il retirait la plaque et la plongeait dans un mélange d'huile de pétrole et d'essence de lavande. Les parties influencées par la lumière demeuraient intactes, les autres se dissolvaient. Ainsi modifié, l'enduit de bitume représentait les clairs ; la plaque métallique dénudée représentait les ombres ; les parties de l'enduit partiellement dénudées répondaient aux demi-teintes. Malheureusement, à cause de la lenteur avec laquelle le bitume de Judée se modifiait, le soleil, poursuivant sa route, déplaçait les lumières et les ombres. Daguerre, ayant eu connaissance des procédés de Niepce, les perfectionna aussitôt. Il remplaça le bitume de Judée par l'*iode*, corps solide, qui répand constamment des vapeurs, même à la température ordinaire : en exposant les plaques argentées à ces vapeurs, il suffisait de deux minutes pour que l'iode s'unît à l'argent en une couche excessivement mince. La plaque est alors impressionnable à la lumière, de sorte que, placée dans la *chambre noire*, au foyer du verre lenticulaire par lequel entrent les rayons lumineux, elle reçoit leur action. Pour que l'image produite devînt visible, Daguerre exposait quelque temps la plaque à des vapeurs de mercure.

(1) Niepce (Joseph-Nicéphore), d'abord militaire, fit la campagne d'Italie, et, en 1794, fut nommé préfet du district de Nice. En 1802, il se retira à Châlon-sur-Saône, sa ville natale, et s'occupa d'industrie avec son frère Claude Niepce. Ce fut là qu'il mourut, après de longues recherches relatives au daguerréotype, quatre ans avant que Daguerre, son associé, eût enfin remporté la victoire due à leurs travaux communs (1765-1833).

(2) Daguerre (Louis-Jacques-Mandé), peintre (1784-1851), s'occupait surtout des *panoramas*, qu'il avait perfectionnés avec Bouton, et des *dioramas*, qu'il avait inventés. Il avait déjà une certaine notoriété, lorsqu'il s'associa avec Niepce. Il mourut à Petit-Bry (Seine). Le fond de l'église de ce village est embelli par une superbe peinture due à son pinceau, et représentant la continuation de la nef ; elle est parfaitement éclairée et produit l'illusion que savait faire naître l'illustre artiste.

En se déposant seulement sur les parties qui ont été éclairées, ces vapeurs formaient un amalgame d'argent qui donnait les blancs de l'épreuve, tandis que les autres restaient noires. On débarrassait ensuite la plaque de l'iodure d'argent qui l'imprégnait encore, car cet iodure d'argent aurait noirci sous l'influence de la lumière et fait ainsi disparaître le dessin : pour cela, on plongeait la plaque dans une dissolution d'*hyposulfite de soude*, sel qui a la propriété de dissoudre l'iodure d'argent non impressionné par la lumière.

Le 7 janvier 1839, Arago annonça publiquement à l'Académie des sciences la découverte de Niepce et Daguerre ; malheureusement, le premier inventeur, Niepce, était mort, pauvre et ignoré, laissant même son œuvre inachevée. Le 19 août de la même année, Daguerre rendait publics ses procédés, moyennant une rente viagère dont il porta lui-même le chiffre à 4,000 francs, et autant pour le fils de Niepce ; mais sa part fut portée à 6,000 francs, parce qu'il faisait en même temps connaître ses procédés de peinture pour le *diorama*. La découverte avait été accueillie avec un grand enthousiasme ; et, comme les manipulations qu'exige la pratique n'étaient ni trop difficiles ni trop coûteuses, un grand nombre d'amateurs, artistes, savants, industriels, se mirent à faire de l'*hélio-graphie* (c'était le nom que l'on avait donné au procédé de Niepce avant qu'on l'eût appelé *daguerréotype*). Il en résulta aussitôt une série de perfectionnements à la méthode primitive. D'abord on parvint bientôt à fixer l'image d'une façon durable, et à empêcher en grande partie ce miroitement qui était si désagréable. M. Fizeau, après avoir lavé avec grand soin, dans l'hyposulfite de soude, la plaque impressionnée, versait sur toute la surface une solution mixte de chlorure d'or et d'hyposulfite de soude ; puis il chauffait l'épreuve par-dessous avec une forte lampe ; peu à peu on voyait l'image s'éclaircir, et, au bout d'une minute ou deux, prendre une grande vigueur. La mince couche d'or qui recouvrait toute l'épreuve en renforçait les tons et empêchait les altérations. M. Fizeau trouva également que le brome, substance liquide qui a beaucoup de rapport avec l'iode, exaltait considérablement la sensibilité des plaques ; en effet, lorsque celles-ci ont été soumises successivement aux vapeurs d'iode et de brome, on obtient des épreuves en quelques secondes. C'était là un immense perfectionnement, car les premières plaques daguerriennes exigeaient au moins dix à douze minutes d'exposition à la lumière solaire, ce qui rendait l'opération inapplicable pour reproduire des portraits ou des objets mobiles. Bientôt on trouva un grand nombre de substances accélératrices, le chlorure d'iode, le bromure d'iode, et plusieurs solutions connues sous les noms de *liqueur allemande*, *liqueur hongroise*, etc.

Deux ans à peine s'étaient écoulés après la vulgarisation des procédés de Daguerre, lorsqu'un amateur anglais, M. Fox Talbot, communiqua à l'Académie des sciences de Paris un procédé qu'il avait trouvé pour

Cette invention, qui fixe le souvenir d'un jour heureux... (page 500).

reproduire directement sur papier les images de la chambre noire. Voici en quels termes la lettre de l'inventeur, lue par Biot, présentait le nouveau procédé :

« On lave, avec une solution de nitrate d'argent dans l'eau pure, un des côtés d'une feuille de papier qu'on marque pour pouvoir le reconnaître, et on la fait sécher doucement. On la plonge ensuite pendant deux minutes dans une dissolution d'iodure de potassium. On forme par le mélange d'une dissolution de nitrate d'argent avec une dissolution saturée d'acide gallique, auquel on ajoute un peu d'acide acétique, du gallo-nitrate d'argent avec lequel on lave le papier ioduré. On plonge le papier ainsi humecté dans l'eau, on le sèche avec du papier brouillard, et l'on a obtenu ainsi du papier *calotype*. On le met au foyer de la chambre obscure : une minute a suffi pour y imprimer l'image, invisible encore, mais qui apparaît dans tous ses détails, lorsque, après avoir lavé une fois le papier dans le gallo-nitrate d'argent, on le chauffe doucement devant le feu. Pour fixer le tableau, il faut l'humecter avec une dissolution de bromure de potassium, le laver encore et le sécher. Les dessins ainsi fixés restent transparents, et l'on peut en tirer des copies, en se servant d'une deuxième feuille de papier *calotype*, qu'on presse contre le tableau et qu'on expose ainsi à la lumière. »

Le procédé de M. Talbot ne commença à être vraiment connu que vers 1845, grâce surtout aux perfectionnements que lui apporta M. Blancquart-Évrard, de Lille; mais la photographie sur papier fut bientôt abandonnée, parce que l'irrégularité de la pâte empêche d'obtenir sur du papier des épreuves à contours nets et arrêtés. La découverte de la *photographie sur verre*, due à M. Niepce de Saint-Victor, ancien officier de dragons, neveu du célèbre associé de Daguerre, et surtout l'emploi du *collodion*, ont fait entrer la photographie dans la voie nouvelle qu'elle parcourt aujourd'hui. Voici quel est ce procédé.

Sur une lame de glace, on étale une couche légère d'un liquide composé d'albumine, obtenue en battant des blancs d'œufs jusqu'à leur réduction en neige ; d'*iodure de potassium*, 1 pour 100 : d'eau, 25 pour 100. La glace, recouverte d'une couche bien régulière, est mise à sécher dans l'obscurité, ce qui demande à peu près un jour. On l'immerge alors dans une solution d'*acéto-nitrate d'argent* et l'on a une plaque prête à recevoir l'action de la lumière. Une exposition de 15 à 30 secondes au foyer de la chambre noire suffit. Au sortir de la chambre noire, afin de faire apparaître l'image, on plonge l'épreuve dans une dissolution *d'acide gallique*, qui forme un sel noir, le *gallate d'argent*, dans tous les points que la lumière a frappés. On enlève l'excès du sel d'argent non influencé, on lave l'épreuve dans une dissolution *d'hyposulfite* de soude, et l'on obtient ainsi une *épreuve négative* sur verre, qui sert à tirer ensuite des *épreuves positives*. Pour cela, on place cette épreuve négative sur une feuille de papier imprégnée de chlorure d'argent; on l'expose au soleil pendant 15 ou 20 minutes, puis à la lumière diffuse pendant un temps qui varie entre une demi-heure et quatre heures, et l'épreuve positive est obtenue. On

voit donc que le verre n'est employé que pour obtenir l'épreuve négative,
le *cliché;* quant aux épreuves positives, elles sont toujours tirées sur
papier. Nous insistons sur ce point, afin que le mot de *photographie sur
verre* ne fasse pas supposer à tort que lés épreuves définitives sont
tirées sur verre.

Depuis 1851, M. Archer, en Angleterre, et M. Le Gray, à Paris, ont proposé de substituer le *collodion* à l'albumine dans la préparation des plaques de verre, et tous les photographes se servent aujourd'hui de cette
substance, qui, prodigieusement sensible, permet d'opérer avec une rapidité telle, qu'un portrait s'obtient, pour ainsi dire, d'une façon instantanée.
Les procédés de photographie au collodion sont très variés : il ne nous
appartient pas d'entrer dans le détail des manipulations qui constituent
un art particulier; il nous a suffi d'indiquer les principes généraux
de cet art aujourd'hui si répandu. Ajoutons que la grande question,
encore aujourd'hui objet de nombreuses études, est toujours la recherche
d'une *émulsion photographique.* On appelle émulsion photographique la
suspension dans un liquide approprié d'un sel d'argent insoluble très
divisé et sensible à l'impression de la lumière. En 1853, Gaudin disait
déjà : « Tout l'avenir de la photographie semble résider dans un collodion argentifère composant la matière impressionnable, qu'on pourra
mettre en bouteille, et étendre sur du verre, du papier ou une toile
cirée, etc., etc., pour obtenir immédiatement ou le lendemain des épreuves
positives ou négatives. » Après bien des tentatives pour rendre pratique
le *procédé par émulsion,* M. Chardon est parvenu à rendre cette méthode
à peu près certaine dans ses résultats. Son procédé a obtenu, en 1878,
le prix proposé par la *Société française de photographie,* et a reçu l'ap-
probation de la *Société d'encouragement.*

L'émulsion sèche de M. Chardon n'est autre chose que du bromure
d'argent pur, mélangé au collodion, c'est-à-dire du collodion contenant
dans ses pores du bromure d'argent. Cette substance sèche, étant mise
dans des flacons que l'on maintient dans l'obscurité, peut être conservée
un temps considérable. Pour donner une idée de la durée de sa conservation, nous dirons qu'on a expédié en Chine des flacons contenant cette
substance, et qu'au retour en France, après neuf mois de voyage, aucune
modification n'a été constatée dans la sensibilité. Pour faire des épreuves
photographiques avec cette *émulsion sèche,* on en dissout 4 grammes
dans 100 centimètres cubes d'un mélange d'éther et d'alcool absolu, fait à
parties égales. On agite, et au bout de vingt-quatre heures de contact,
on filtre le liquide, dont on recouvre les glaces, qu'on met ensuite à
sécher. Quand les glaces sont sèches, on peut les employer immédiate-

ment ou plusieurs mois après. On peut développer l'image tout de suite ou longtemps après qu'on la formée. Il est facile d'enlever cette image sur une pellicule de gélatine ou sur une feuille de papier ; ce qui fait éviter les chances de rupture. Le caractère principal de ce nouveau procédé, indépendamment de la facilité de manipulation, c'est de rendre extrêmement facile la création du cliché négatif sur verre, dans les circonstances les plus défavorables.

Les applications de la *photographie* sont aujourd'hui innombrables. Ne serait-ce que dans la simple reproduction des portraits, en permettant de conserver les traits de personnes chéries, bonheur autrefois réservé, pour ainsi dire, aux seuls riches, à cause du prix élevé de la peinture, l'art inventé par Niepce et Daguerre aurait droit à l'admiration reconnaissante des peuples. Qui de nous n'a cent fois béni cette invention, qui fixe le souvenir d'un jour heureux (*fig.* à la page 497), ou qui rappelle éternellement une heure de douleur. Que de mères conservent comme un pieux trésor le portrait d'un petit ange envolé ! Mais la science moderne, a utilisé de mille autres façons cette précieuse conquête du génie humain. Appliquée, par exemple, aux œuvres d'architecture, la photographie a un mérite tout particulier. Rien n'égale la beauté et l'effet imposant des grands monuments, exécutés avec toute la majesté de l'ensemble et tout le fini des détails. Citons ce fait curieux. En 1849, au début, en quelque sorte, du daguerréotype, M. Gros, ministre de France en Grèce, avait obtenu, au moyen du nouveau procédé, un point de vue de l'Acropole, ancienne citadelle d'Athènes. De retour à Paris, il eut l'idée d'examiner avec un microscope les détails de cette image. Or, à sa grande surprise, il y reconnut une particularité qu'il n'avait pu apercevoir sur place. Une pierre de l'édifice, située hors de la portée des regards de l'observateur, présentait l'esquisse, tracée en creux, d'un lion dévorant un serpent : le dessin de cette figure indiquait que la partie du monument où elle se trouvait était l'œuvre non des Grecs, mais des Égyptiens. A sept cent lieues de la Grèce, la photographie avait permis de découvrir un détail inaperçu sur les lieux, et qui fournissait le moyen de déterminer l'âge d'un édifice historique.

Arago, dans son rapport sur l'invention de Daguerre, formait le vœu que l'on obtînt les images fidèles des milliers d'hiéroglyphes dont sont recouverts les monuments de l'ancienne Égypte. Ce vœu est aujourd'hui réalisé, grâce aux procédés que l'on a imaginés pour agrandir à volonté les épreuves photographiques. On sait, en effet, la fidélité extrême de la photographie : dans un paysage, par exemple, elle reproduit une foule de détails qui échappent à la vue et qui existent dans la nature. C'est ce qui la rend si précieuse dans ses applications à l'anatomie et à la chirurgie. Dès 1858, le docteur Nélaton obtenait qu'à la clinique de l'École de médecine de Paris fût attaché un photographe chargé de la reproduction des sujets, avant et après les opérations. Ce que le dessin ne pouvait faire qu'approximativement et lentement, la photographie le reproduit instantanément et avec la plus scrupuleuse fidélité, de sorte qu'il est moins regrettable de voir disparaître aujourd'hui des préparations qui souvent ont exigé plusieurs mois de travail. L'étude des tissus végétaux et animaux, celle des êtres infiniment petits que révèle le miscroscope, reçoivent d'elle un secours immense. Citons, d'après M. Figuier, et entre mille autres, cette application nouvelle et utile de la photographie à la chimie :

Un propriétaire bourguignon, M. Vergnette-Lamotte, le premier, a eu l'idée de photographier les vins. Ce moyen d'investigation permet de reconnaître les qualités propres à chaque vin, la nature des sels qu'il contient, la variété et la force de sa couleur, etc. La photographie révèle les altérations du vin par des changements opérés dans les cristaux et dans sa couleur. Si un vin a été étendu d'eau, ou fortifié avec de l'alcool et du sucre, des cristaux ou des sels plus abondants le témoigneront. La photographie n'est pas seulement applicable aux vins malades ou altérés ; elle sert encore à contrôler les vins additionnés de fuschine ou d'autres matières colorantes ; elle indique leur âge, leur provenance et leur condition. Le vin est une matière végétale soumise à une sorte de mouvement interne de changement avec l'âge et la température. Il a comme une seconde vie dans la barrique et dans la bouteille. La photographie d'un vin, à diverses époques de sa vie végétale, révèle les états successifs par lesquels il a passé. Tous les ans, il subit une transformation que la photographie met en lumière. Cette méthode est donc appelée à rendre des services réels, et à compléter celle du dosage par l'extrait sec.

La géographie, l'ethnologie, l'anthropologie profitent de la photographie. La reproduction des sites, des montagnes, de leur profil, de leurs dispositions, celle des villes, des monuments, des habitants, des objets de toute sorte, ustensiles, armes, etc., seront à l'abri de l'infidélité des dessinateurs, et permettront aux anthropologistes d'avoir une confiance absolue dans les relations des voyageurs.

L'application de la photographie à l'astronomie est une méthode que l'on peut appeler toute française, puisqu'elle a été proposée aux astronomes par M. Faye en 1852. Avec la photographie, on conserve toujours trace du phénomène ; l'observation persiste et elle est automatique ; elle est indépendante du trouble et des illusions de l'astronome. Le phénomène se fixe, et on peut l'étudier à l'aise. Le P. Secchi, le premier, a pris, en 1857, plusieurs phases lunaires en images photographiques ; entre autres, une de $0^m,10$ prise au septième jour. C'est un commencement de recueil de matériaux pour une *sélénographie* ou géographie de la lune. Mais le but principal était d'étudier le pouvoir chimique de cet astre sur le papier ou le collodion sensible, dans ses diverses phases ; or, le résultat a été que la force lumineuse dé la pleine lune est à celle du quartier comme 3 est à 1. Il a pris aussi des images de Saturne et de Jupiter qui sont très bien venues ; et le résultat a été qu'en tenant compte de la grande distance de ce dernier astre au soleil, qui est cinq fois celle de la lune au même foyer, et de la diminution de la lumière en raison du carré des distances, on est obligé d'attribuer *proportionnellement* plus de force à la lumière réfléchie de Jupiter qu'à celle de la lune. « Si la lumière lunaire, ajoute le P. Secchi, exerce une action chimique sur le nitrate d'argent, pourquoi n'en exercerait-elle pas sur les végétaux, et le peuple ne finirait-il pas par avoir raison dans plusieurs de ses croyances à ce sujet? Il y en a qui pensent que certains légumes se développent trop vite quand ils sont semés à lune obscure ; si le fait est vrai, il se concevrait par cette raison que leur germination commencerait par là même à lune pleine, et que la lumière de l'astre nocturne activerait cette germination, au moins dans les atmosphères pures comme en Italie. »

Ce même savant présenta à l'Académie des sciences un atlas de photographies de la lune et de Mars. Le diamètre de chaque image est de $0^m,20$, et a permis de précieuses constatations. Cependant l'astronomie s'est réduite jusqu'à ces derniers temps à obtenir des images sans l'intervention de la main du dessinateur. Mais l'art photographique s'étend plus loin ; il peut prétendre aujourd'hui à la découverte de phénomènes intimes, moléculaires, que ne décèlent pas les yeux. On n'avait encore vu sur les photographies du soleil que les taches et les facules. Sur ces photographies, la surface de cet astre montrait seulement des marbrures, sans le moindre détail des *granulations* qu'on aperçoit quand on regarde le soleil dans les *lunettes* et les *télescopes*. On ne cherchait même pas à reproduire ces détails si délicats, entrevus dans les circonstances atmosphériques très favorables. M. Janssen a pensé que cette impuissance avait sa source dans le mode suivi jusqu'alors, et non dans l'essence de la méthode photographique. Il a même reconnu que la photographie devait avoir sur l'observation optique des avantages particuliers pour mettre en évidence des effets et des rapports de lumière que la vue ne saurait estimer. L'image du soleil est dans ce cas. Les vrais rapports d'intensité lumineuse de ses diverses parties ne peuvent être perçus, les apparences ne répondant pas à la réalité. De là les opinions si différentes qui ont été émises sur les formes et les dimensions des granulations et des parties constitutives de la surface solaire. Quand l'image photographique est obtenue dans des conditions bien réglées de l'action de la lumière, elle est affranchie de ces défauts; elle exprime alors très approximativement les vrais rapports d'intensité lumineuse des différentes parties de l'objet. Pour réaliser un résultat aussi précieux, il faut que, pendant l'action lumineuse, la couche sensible reste à très peu près semblable à elle-même, ce qui exige que la portion de la substance photographique influencée pendant toute la durée de la pose ne soit qu'une faible partie de la quantité qui se trouve sur la plaque. Il s'agit donc de *doser* rigoureusement le temps de l'action de la lumière, pour éviter la *surprise* pour les parties les plus brillantes du disque solaire. L'image présentera alors, non seulement les détails dans l'exactitude de leurs contours, mais elle nous instruira aussi sur les rapports très rapprochés de leurs véritables intensités lumineuses. C'est ce dosage exact que M. Janssen a obtenu dans ses appareils photographiques.

La photographie a été utilisée pour le passage de Vénus sur le soleil le 9 décembre 1874, et a donné de bons résultats. Des appareils photographiaient d'instant en instant Vénus sur le disque solaire. Les Américains avaient appliqué la méthode en grand; ils avaient fait construire des lunettes photographiques de 40 pieds de long, d'après un principe indiqué par un Français, le colonel Laussedat. Nos astronomes, entre autres, M. Mouchez, alors capitaine de vaisseau, dont la station était dans l'île Saint-Paul (*fig.* à la page 505), ont mis à l'essai un appareil combiné par M. Janssen, le *revolver photographique*, composé d'un plateau mobile et muni de fentes, qui tourne, entraîné par un mouvement d'horlogerie. Tous les dixièmes de seconde, la fente découvre une portion de plaque sensibilisée et laisse passer l'image solaire qui s'imprime sur la plaque.

C'est encore à un Français, M. Bersh, que l'on doit une branche nouvelle de l'art de Daguerre, la *photographie microscopique*, perfectionnée par MM. Dagron, Mostessier; Lackerbauer, Girard, etc. Tout le monde connaît ces merveilleuses et imperceptibles photographies, qui, enchâssées dans le chaton d'une bague, dans un bijou quelconque, se voient à la loupe avec les dimensions des épreuves ordinaires. Sans parler des reproductions utiles dans la micrographie zoologique et végétale, sans parler de l'application de la photographie microscopique à la chimie pour l'étude des cristaux, à la physiologie, etc., rappelons les immenses services qu'elle a rendus à la France, pendant le siège de Paris, en permettant des relations entre la province et la capitale, un échange de correspondances volumineuses qu'un pigeon emportait sous son aile. Ce furent M. Blaise, à Tours, d'abord, puis M. Dagron, à Paris, qui organisèrent cette précieuse poste microscopique.

M. Dagron partit de Paris dans le ballon *le Niepce*, le 12 novembre 1870, accompagné de M. Poinsot, artiste peintre, son gendre, de M. Gnocchi, préparateur, de M. Fernique, ingénieur des arts et manufactures, et de l'aéronaute Paganin, marin. *Le Daguerre* s'éleva en même temps avec le complément des appareils de M. Dagron. *Le Daguerre* fut atteint par les balles prussiennes et tomba à Ferrières. *Le Niepce* s'abattit près de Vitry, au milieu des lignes ennemies, mais on put sauver une partie du matériel (1). Malgré de nombreuses difficultés, on parvint néanmoins à suppléer aux appareils manquants et à organiser le service. Grâce aux procédés de l'habile artiste, on put reproduire à Tours, et ensuite à Bordeaux les dépêches privées ou publiques sur une grande feuille de papier à dessin. On y traçait jusqu'à 20,000 lettres ou chiffres. Cette feuille était réduite en un petit cliché qui avait à peu près le quart de la superficie d'une carte à jouer. L'épreuve était tirée sur une mince feuille de collodion qui ne pesait que quelques centigrammes et qui contenait un texte réduit assez considérable pour composer un journal entier. A Paris, la dépêche était agrandie par les procédés ordinaires de grossissement, toutes les lettres reproduites et les correspondances envoyées au public. Quatre cent soixante-dix pages typographiées ont été reproduites par les procédés de MM. Dagron et Fernique. Seize de ces pages tenaient sur une pellicule de 3 centimètres sur 5, ne pesant pas plus d'un demi-décigramme. La réduction était faite au huit-centième. Les seize pages in-folio d'imprimerie de chaque pellicule contenaient en moyenne 3,000 dépêches, et la légèreté de ces pellicules a permis d'en mettre sur chaque pigeon qui les apportait, jusqu'à 18 exemplaires, donnant un total de plus de 50,000 dépêches, pesant ensemble moins de $0^{gr},5$. Toute la série des dépêches officielles et privées transmises à Paris pesait en tout 1 gramme.

Aussitôt que le tube était reçu par l'administration des télégraphes, M. Mercadier procédait à l'ouverture en fendant le tube avec un canif. Les pellicules étaient délicatement placées dans une petite cuvette remplie d'eau, contenant quelques gouttes d'ammoniaque. Au sein de ce liquide, les dépêches se déroulaient; on les séchait, on les mettait entre deux verres. Il ne restait plus qu'à les placer sur le porte-objet des *microscopes photo-électriques* de M. Duboscq (*fig.* 214). Quand les dépêches étaient nombreuses, la lecture en était assez lente; mais la pellicule renfermant

____

(1) *Voyage du ballon le Niepce*, brochure par M. Dagron.

144 pages ou petits carrés, on pouvait la diviser et la lire en même temps avec plusieurs microscopes. Certaines dépêches chiffrées étaient séparées et lues à part par le directeur. Les autres étaient lues et copiées par des

La photographie a été utilisée pour le passage de Vénus (page 503).

employés, qui les envoyaient immédiatement aux divers bureaux de Paris. MM. Cornu et Mercadier perfectionnèrent ensuite le procédé de lecture des dépêches (*fig.* 214). La pellicule de collodion, intercalée entre deux verres, était reçue sur un porte-glace, auquel un mécanisme imprimait un double mouvement horizontal et vertical. Chaque partie de la dépêche passait lentement au foyer du microscope. Sur l'écran, les caractères se déroulaient suffisamment agrandis pour être lus et copiés. L'installation, la mise en train, duraient environ quatre heures. MM. Cornu et Mercadier tentèrent de photographier directement les caractères projetés sur l'écran. On en serait venu à bout ; mais, les froids rendant l'arrivée des pigeons de plus en plus rare, on ne poussa pas les essais davantage. .

Lorsque la commission anglaise vint à Paris apporter le « cadeau de

Fig. 214.

ravitaillement » de la population de Londres, on fit fonctionner devant elle les appareils de M. Dubosq ; elle resta émerveillée. On ne nous contestera pas de long-temps le don de l'invention !

M. Dagron a appliqué récemment son système de réduction aux cartes d'état-major, dans la création d'un appareil appelé *télémètre micrographique*, destiné à permettre à tout le monde de lire sur ces cartes et de se reconnaître dans un pays dont on ignore les routes et les principaux accidents de terrain. Cet appareil se compose d'une sorte de petite chambre noire, grosse comme un stéréoscope ; on applique l'œil sur l'objectif, et l'on voit se dessiner très grossis tous les détails de la portion de carte que l'on désire étudier. On remarque, en outre, une série de cercles formant échelle concentrique, et donnant immédiatement la distance. La carte, qui a $0^m,72$ de longueur sur $0^m,30$ de largeur, a été réduite au point de tenir sur un verre ou une pellicule de $0^m,07$ de longueur sur $0^m,05$ de largeur. On place ce verre sous un fort microscope, et la carte primitive apparaît notablement amplifiée. En faisant progresser le verre sous le microscope, on fait passer devant l'œil tous les détails du plan.

On connaît enfin les bons résultats que la justice et la police ont retirés de la photographie, soit en prenant le portrait de tout criminel dès son arrestation, de façon à avoir toujours de lui un signalement exact, soit en fixant l'image du cadavre d'une victime, au moment où il est découvert, de sorte que la corruption n'empêche pas de reconnaître ses traits ;

soit en ayant le dessin exact, jusque dans les plus petits détails, des lieux où un crime s'est commis, empreinte des pas sur la neige ou dans la boue, éraflures d'un mur, position d'un meuble hors de sa place ordinaire, etc.

PHOTOPHONE. — Nous devons dire ici un mot du *photophone* : après la fixation des lumières, celle des sons. Certes, l'auteur lui-même de cette importante découverte, Graham Bell, ne s'est point avisé de présenter ses étonnantes expériences comme susceptibles d'applications immédiates ; il s'agit seulement d'expériences théoriques susceptibles évidemment d'applications ultérieures, mais restant aujourd'hui encore dans le domaine des théories, ou, pour mieux dire, des expériences de laboratoire. Nous reproduisons donc seulement le compte rendu de M. Figuier, qui, en dépit de son lyrisme, est de tous ceux qui ont été publiés, le plus clair, et surtout le plus confiant dans les miracles à attendre de la science.

« M. Graham Bell a justifié avec éclat la haute récompense que la France lui a accordée, en 1880, en lui décernant le prix Volta (*Électricité*, page 336). C'est, en effet, peu après la proclamation du prix décerné à M. Graham Bell que le physicien américain a fait connaître sa prodigieuse découverte du *photophone*... Nous disons sa prodigieuse découverte. Il est impossible, en effet, de concevoir une plus brillante, une plus étonnante création que celle dont M. G. Bell a enrichi la science en 1880. M. Graham Bell a *fait parler la lumière !*

» Ces mots suffisent pour faire apprécier l'immense originalité, et en même temps la portée extraordinaire de cette découverte. Un rayon de lumière vient remplacer, comme transmetteur du son, les corps solides, liquides ou gazeux. Un rayon de soleil ou de lumière électrique fait l'office de conducteur métallique, pour transmettre les sons du téléphone. Est-il possible d'imaginer rien de plus nouveau ? Cela confond l'imagination !...

» Le mot *photophone* est formé de deux mots grecs (*phôs*, lumière, et *phonê*, voix). L'appareil auquel M. Graham Bell a donné ce nom, bien justifié, sert à transmettre les sons, et surtout ceux de la voix humaine, au moyen de la lumière. Les rayons lumineux sont la force en vertu de laquelle le son se transmet à distance. M. Graham Bell a trouvé le moyen de convertir les vibrations lumineuses en vibrations sonores. Il a mis en évidence ce grand fait, que les vibrations lumineuses produisent un son quand elles sont suffisamment rapides. Le principe général du *photophone*, dont la construction a été la conséquence de ce fait fondamental, peut donc se résumer comme il suit :

» Prenons un miroir sur lequel tombe un rayon lumineux et parlons derrière ce miroir ; la surface du miroir réfléchissant variera dans sa forme, sous l'influence des vibrations vocales, et le rayon incident variera d'intensité au point d'incidence, suivant que la courbure du miroir vibrant s'atténuera ou s'exagérera. Si maintenant on recueille à distance le rayon réfléchi, on y percevra la trace de ces variations d'intensité ; et, par des dispositions particulières de l'appareil récepteur, ces variations d'intensité pourront produire, à leur tour, des vibrations sonores, identiques aux vibrations vocales du départ. Les sons de la voix seront donc transmis à distance, sans aucun autre intermédiaire que le rayon lumineux.

» Ainsi, tandis que le *téléphone* nécessite des conducteurs métalliques pour joindre entre elles deux stations en correspondance, dans le *photophone*, le récepteur est tout à fait indépendant du transmetteur. Un faisceau de lumière traversant l'espace d'un poste à l'autre, sans rencontrer d'obstacle opaque, suffit pour produire l'effet cherché. Cette condition n'est même pas absolue ; car certaines substances qui forment écran n'empêchent pas toujours les communications verbales de s'établir par l'intermédiaire d'un rayon lumineux.

» Le principe sur lequel est basé le *photophone* était connu depuis un certain temps. En 1873, M. Willoughby-Smith avait reconnu que le corps simple connu sous le nom de *sélénium*, et qui appartient à la famille du soufre, présente une résistance bien plus faible au passage du courant électrique lorsqu'il est exposé à la lumière que lorsqu'il est dans l'obscurité. En d'autres termes, M. Willoughby-Smith avait découvert que le sélénium exposé au soleil est conducteur de l'électricité, et qu'il ne la conduit pas s'il est dans l'obscurité. Bien des essais furent tentés pour mettre à profit cette singulière propriété du sélénium ; mais tous furent à peu près vains.

» Pour rendre sensibles les propriétés du sélénium, M. Graham Bell dispose ainsi l'expérience :

» Un crayon de sélénium est placé dans le courant continu d'une pile voltaïque et introduit en même temps dans le circuit d'un *téléphone*, propre à transmettre les sons de la voix. On fait tomber sur le sélénium un faisceau lumineux, que l'on éclipse un grand nombre de fois en une seconde de temps. Ce sont donc des émissions lumineuses successives et très rapprochées. Chacune de ces émissions occasionne une variation dans la résistance électrique du sélénium, et, par suite, dans l'intensité du courant dont le circuit est le siège. Le téléphone, placé dans ce circuit, subit de cette manière des alternatives d'aimantations et de désaimantations correspondantes. Admettons qu'il se produise de la sorte 435 éclairs ; il en résultera un nombre égal de variations dans le courant, et la plaque du téléphone récepteur exécutera 435 vibrations, c'est-à-dire la note *la* du diapason normal (*Acoustique*, page 773). Pour transmettre de même la voix humaine, M. Bell dispose deux petites lames voisines et parallèles, percées de fentes étroites, en regard l'une de l'autre, permettant à un faisceau lumineux de les traverser librement. L'une de ces lames est solidaire d'un support fixe ; l'autre dépend d'une membrane téléphonique mince à laquelle elle est perpendiculaire. Lorsqu'on parle contre cette membrane, elle vibre et entraîne la lame dans tous ses mouvements. Alors les deux fentes cessent de se correspondre, et le faisceau de lumière est éclipsé à certains instants en entier ou partiellement. Ce faisceau subit de la sorte, constamment, des variations dans son intensité, lesquelles correspondent exactement aux diverses amplitudes des vibrations de la membrane. C'est ce que M. Bell appelle un rayon de lumière *ondulatoire*. L'appareil récepteur est disposé à l'autre station, séparée de la précédente par une distance quelconque: Cet appareil récepteur se compose du sélénium, de la pile et du téléphone articulant. Le rayon *ondulatoire*, dirigé sur le sélénium, l'impressionne à chaque instant, en raison de son intensité. Il en résulte des variations *ondulatoires* dans la résistance du sélénium et des vibrations correspondantes dans le téléphone. Ainsi, on entend avec ce téléphone les paroles prononcées vis-à-vis de la membrane de la première station.

» La meilleure disposition consiste à faire réfléchir le faisceau lumineux sur un miroir plan et flexible, tel qu'une feuille de mica argenté ou de verre mince. On parle alors contre ce miroir, et ce sont les propres vibrations qui modifient constamment la direction du rayon réfléchi. Quant à la source de lumière, on s'est servi du soleil, dont les rayons, concentrés sur le miroir à l'aide d'une lentille, étaient rendus parallèles par une autre lentille aussitôt après leur réflexion. On s'est également servi d'un foyer électrique, et même d'une lampe à gaz ou à pétrole.

» Dans les expériences qui ont été faites à Paris, à la fin du mois d'octobre 1880, dans les ateliers de M. Bréguet, les rayons du foyer électrique étaient reçus sur un réflecteur parabolique, qui les condensait tous en un même point : le foyer de ce miroir. C'est à ce foyer que se trouvait le fragment de sélénium à impressionner. Ce dernier faisait, comme précédemment, partie du circuit d'une pile et d'un téléphone ordinaire.....

» Parmi les conséquences théoriques qui découlent de la découverte du photophone, il faudra enregistrer les suivantes : En premier lieu, on assigne une durée notable à la propagation des sons (*Acoustique*, page 752). Cette proposition serait démentie, puisque la vitesse du son est égale, grâce aux nouvelles dispositions, à celle de la lumière. Le photophone semble mettre aussi en défaut un autre dogme scientifique beaucoup plus absolu. On enseigne, en effet, que les sons ne se propagent pas dans le vide (*Acoustique*, page 744); mais, puisque la lumière se transmet dans le vide aussi bien et même mieux que dans l'atmosphère, est-il possible de dire plus longtemps que le son ne se propage pas dans le vide? Il est de toute évidence que, sur les ailes du nouvel instrument, le son peut traverser l'espace, et aller aussi vite et aussi loin qu'un rayon de lumière.....

» Quel est l'avenir et quelles seront les applications du photophone? L'instrument est bien récent encore pour que l'on se permette des prévisions. Il est, en effet, bien évident que le photophone n'est encore que dans l'enfance, et que de grands et sérieux perfectionnements lui seront apportés. »

M. Bréguet a répété les expériences de Graham-Bell, et a rendu compte le premier, dans la *Revue scientifique* d'octobre 1880, des merveilleux résultats obtenus. Ces études sont aujourd'hui poursuivies avec ardeur par les savants ; mais rien encore n'est venu s'ajouter aux premiers faits acquis.

CHAPITRE VII

DOUBLE RÉFRACTION — INTERFÉRENCE
ET POLARISATION

DOUBLE RÉFRACTION. — On entend par ces mots la propriété que possèdent un certain nombre de cristaux de donner naissance, avec un seul rayon incident, à deux rayons réfractés, de sorte qu'un objet regardé à travers ces cristaux paraît double. Ce fut Bartholin (Érasme), professeur de géométrie et de médecine à Copenhague, qui, en 1647, observa le premier la *double réfraction ;* mais ce fut Huyghens qui eut la gloire d'en donner une théorie complète.

Les cristaux qui jouissent de cette propriété sont appelés *biréfringents ;* on l'observe à des degrés différents dans ceux qui n'appartiennent pas au système cubique. Les corps qui cristallisent dans ce système, et ceux qui ne cristallisent pas, comme le verre, ne la possèdent pas ; mais ils peuvent l'acquérir accidentellement, quand ils sont irrégulièrement comprimés, ou bien par la température, c'est-à-dire en les refroidissant brusquement après les avoir échauffés. Les liquides et les gaz ne sont jamais *biréfringents ;* et, de tous les cristaux, le spath d'Islande, qui n'est que du carbonate de chaux, est celui dans lequel cette propriété est au plus haut degré. Fresnel explique le phénomène de la double réfraction par une densité inégale de l'éther dans les cristaux biréfringents, d'où résultent des mouvements vibratoires plus rapides dans certaines directions, déterminées par l'état moléculaire du cristal.

Dans les cristaux doués de la double réfraction, il y a toujours une ou deux positions dans lesquelles on observe seulement la réfraction simple, c'est-à-dire que l'on ne voit qu'une image des objets. Ces directions s'appellent *axes optiques,* ou *axes de double réfraction,* expression impropre, puisqu'elle désigne précisément, au contraire, les directions dans lesquelles la double réfraction ne s'observe pas. Les *cristaux à un seul axe* sont ceux qui présentent deux directions. Les premiers sont surtout le spath d'Islande, le quartz et la tourmaline.

Des deux rayons réfractés dans les cristaux à un seul axe, l'un suit les lois de la réfraction simple, mais non l'autre. Le premier est appelé *rayon ordinaire*, l'autre *rayon extraordinaire*, et les images qui leur correspondent portent les mêmes désignations. Ces deux rayons ont des *indices* différents. Fresnel a nommé les premiers *cristaux négatifs*, et les seconds *positifs*. Le spath d'Islande, la tourmaline, le saphir, le rubis, l'émeraude, le mica, le phosphate de chaux, sont négatifs; le quartz, au contraire, est positif. La classe des cristaux négatifs est infiniment plus nombreuse que celle des cristaux positifs.

LOIS DE LA DOUBLE RÉFRACTION DANS LES CRISTAUX A UN SEUL AXE — 1° *Le rayon ordinaire, quel que soit le plan d'incidence, suit les lois générales de la réfraction simple* (page 410).

2° *Dans toute section perpendiculaire à l'axe, le rayon extraordinaire suit ces mêmes lois, comme le rayon ordinaire, mais son indice de réfraction n'est pas le même; de là, distinction entre l'indice ordinaire et l'indice extraordinaire.*

3° *Dans toute section principale, le rayon extraordinaire ne suit plus qu'une des deux lois de réfraction, c'est-à-dire que les plans d'incidence et de réfraction coïncident, mais que la relation des sinus des angles d'incidence et de réflexion n'est pas constante.*

4° *La vitesse de la lumière dans un cristal n'étant pas la même pour un rayon ordinaire que pour un rayon extraordinaire, la différence du carré de ces deux vitesses est proportionnelle au carré des sinus de l'angle que forme le rayon extraordinaire avec l'axe.*

LOI DE LA DOUBLE RÉFRACTION DANS LES CRISTAUX A DEUX AXES. — Il existe un grand nombre de cristaux de cette espèce, parmi lesquels on compte les sulfates de nickel, de magnésie, de baryte, de potasse et de fer, le sucre, le mica, la topaze du Brésil, etc. Dans ces différents cristaux l'angle des deux axes a des valeurs variant entre 3° et 90°. Fresnel a découvert par la théorie et démontré par l'expérience que, dans les cristaux à deux axes, aucun rayon réfracté ne suivait la loi de réfraction simple, mais, appelant *ligne médiane* et *ligne supplémentaire* les lignes qui partagent l'angle des deux axes et son supplément en deux parties égales, il a établi que : *En toute section perpendiculaire à la ligne médiane, un des rayons réfractés suit les lois ordinaires de la réfraction, et que, dans toute section perpendiculaire à la ligne supplémentaire, il en est de même pour l'autre rayon.*

DIFFRACTION ET FRANGES. — La *diffraction* (du mot latin *diffringere*, séparer en rompant) est une modification des rayons lumineux lorsqu'ils rasent les bords d'un corps opaque, ou lorsqu'ils passent par une petite ouverture, modification en vertu de laquelle ils paraissent s'infléchir, se doubler en pénétrant dans l'ombre, et aussi être bordés de diverses couleurs. Pour observer ce phénomène, soit un rayon de lumière solaire pénétrant par l'ouverture très petite de la paroi d'une chambre obscure et reçue sur une lentille convergente L d'un foyer très court (*fig.* 215). On place à l'ouverture de la paroi un verre coloré en rouge pour qu'il ne donne passage qu'à la lumière rouge ; un écran opaque *e*, à

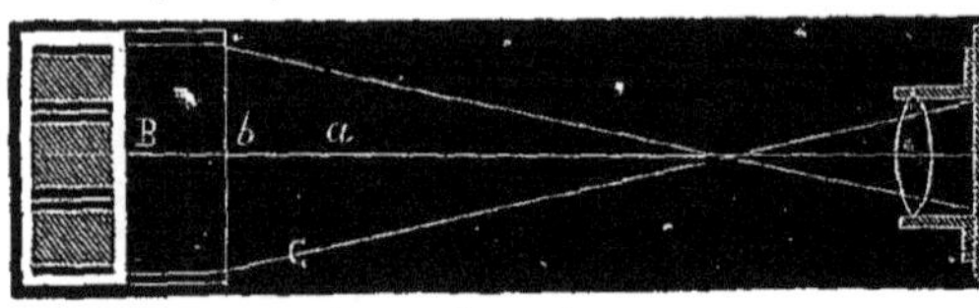

Fig. 215. — DIFFRACTION.

bords minces, est placé devant la lentille, au delà de son foyer, interceptant la moitié du corps lumineux, de sorte que l'autre moitié va projeter sur un autre écran *b*, représenté de face en B. Alors, si l'on observe à l'intérieur de l'ombre géométrique, limitée par la droite *ab*, une lumière jetant un éclat rouge assez vif, on remarque que cette lumière décroît en intensité, à proportion que les points de l'écran sont plus éloignés de la limite de l'ombre, et, dans la portion qui devrait être uniformément sombre, on voit une alternative de *franges* obscures et lumineuses qui vont s'affaiblissant par degrés jusqu'à disparaître tout à fait.

Les différentes couleurs du spectre produisent le même phénomène, avec cette différence que les franges sont d'autant plus étroites, que la lumière est moins réfrangible ; d'où il résulte cette dernière propriété que, lorsque l'expérience a lieu avec de la lumière blanche, comme les franges de chaque couleur simple se trouvent séparées à cause de leur inégale diffraction, celles qui apparaissent sur l'écran B sont irisées.

Si, au lieu d'interposer, entre la lentille L et l'écran *b*, les bords d'un corps opaque, on place un objet menu, comme un cheveu ou un fil très fin, non seulement il apparaît des franges alternativement obscures et lumineuses sur les deux côtés de la partie de l'écran qui correspondent à l'ombre géométrique du corps ; mais, dans cette ombre même, on aperçoit des alternatives égales de faces obscures et claires, c'est-à-dire qu'il se produit des franges extérieures et intérieures.

Ces phénomènes avaient été décrits pour la première fois par Grimaldi en 1553. Newton, Maraldi, Delisle les étudièrent aussi, et plus récemment Young, Fresnel et Arago. Cette étude, si difficile de la diffraction, sur laquelle la science est loin d'avoir dit le dernier mot, est très importante, particulièrement dans l'usage du micromètre pour les observations astronomiques.

LES BULLES DE SAVON
(d'après le tableau de Teniers de la collection du Louvre) [page 513].

INTERFÉRENCES. — La découverte des *interférences*, due à Young, lui fut suggérée par ces bulles d'eau savonneuse, si vivement colorées, qui, s'échappant d'un chalumeau, deviennent le jouet des plus imperceptibles courants d'air (*fig.* à la page 513). « Je supposerais, dit Arago, qu'un physicien eût choisi pour sujet de ses expériences l'eau distillée, c'est-à-dire ce liquide qui, dans son état de pureté, ne se revêt de quelques nuances de bleu et de vert, à peine sensibles, qu'à travers de grandes épaisseurs. Je demanderais ensuite ce qu'on penserait de sa véracité, s'il venait, sans autre explication, annoncer que cette eau si limpide, il peut à volonté lui communiquer les couleurs les plus resplendissantes ; qu'il sait la rendre violette, bleue, verte ; qu'il sait la rendre jaune comme l'écorce du citron, rouge comme l'écarlate, sans pour cela altérer sa pureté, sans la mêler à aucune substance étrangère, sans changer les proportions de ses éléments constitutifs. Le public ne regarderait-il pas notre physicien comme indigne de toute croyance, lorsqu'il ajouterait que, pour engendrer la couleur dans l'une, il suffit de l'amener à l'état d'une véritable pellicule, pellicule d'une bulle de savon ; que *mince* est, pour ainsi dire, synonyme de *coloré ;* que le passage de chaque teinte à la teinte la plus différente est la suite nécessaire d'une simple variation d'épaisseur de la lame liquide ; que cette variation, dans le passage du rouge au vert, par exemple, n'est pas la millième partie de l'épaisseur d'un cheveu ? »

Hooke avait montré que, pour chaque espèce de couleur simple, il existe dans les lames minces de toute nature une série d'épaisseurs croissantes où aucune lumière ne se réfléchit. Ce fait devait donner la clef de tous ces phénomènes. Young fit un pas décisif en assimilant les lames minces à des miroirs épais de même substance. Si, dans certains points (*taches obscures*), aucune lumière ne se voit, il n'en conclut pas que la réflexion y ait cessé : il suppose que, dans les directions spéciales de ces points, les rayons réfléchis par la seconde face, allant à l'encontre des rayons réfléchis par la première, les anéantissent *complètement*. C'est à ce conflit de rayons que Young donna le nom d'*interférence.*

Ainsi, d'après ce principe, la lumière ajoutée à la lumière peut, dans certains cas, produire l'obscurité. L'expérience a démontré qu'il en est ainsi quand deux faisceaux peu inclinés se rencontrent sous un angle très petit. Fresnel a exécuté cette expérience avec de la lumière réfléchie sur deux miroirs plans, inclinés de manière à faire entre eux un angle très obtus. Arago explique par les interférences la scintillation des étoiles.

Nous n'insisterons pas sur ce sujet où le calcul différentiel et intégral a trouvé le plus à s'exercer. Ajoutons que ces phénomènes s'accordent difficilement avec la théorie de l'*émission* de la lumière et qu'ils ont fourni de puissants arguments au système des *ondulations*. Nous indiquerons, d'après M. Cazin, quelques-uns des brillants phénomènes qui s'y rattachent.

Soufflez une bulle de savon à l'extrémité d'un tube à robinet (*fig* 216), au milieu d'un bocal de verre, afin de le soustraire à l'agitation de l'air et à l'évaporation, et fermez le robinet pour que la contractilité de la pellicule liquide ne chasse pas peu à peu l'air qu'elle emprisonne : vous pourrez conserver la bulle pendant très longtemps, afin de l'observer attentivement. Lorsque la bulle n'est pas très grosse, on aperçoit par réflexion, à son sommet, autour du bord du tube qui la soutient, une suite d'anneaux irisés concentriques. Les anneaux présentent le rouge en dedans; le premier est beaucoup plus éclatant que les autres, qui apparaissent comme de petites lignes circulaires, serrées les unes contre les autres. Au delà de ces anneaux, la pellicule est d'un rouge violacé; plus loin elle est verte. Quand on regarde à travers la bulle, les couleurs sont inverses; les parties qui paraissent rouges par réflexion paraissent vertes par transmission, et *vice versa*. Le bas de la bulle présente des zones horizontales alternativement rouges et vertes. Souvent, avant que tous ces effets soient devenus permanents, on voit ruisseler à

Fig. 216.

COULEURS D'UNE BULLE DE SAVON.

la surface de la bulle des filets rouges et verts, indiquant que le liquide s'écoule peu à peu vers le bas de la bulle, et on conclut de là que l'épaisseur de la pellicule décroît d'abord très rapidement à partir du tube, et qu'elle croît ensuite jusqu'au point le plus bas. C'est lorsque l'épaisseur cesse de varier que les couleurs sont fixes. La réflexion des couleurs d'un point à un autre de la pellicule produit une sorte de confusion au premier coup d'œil; mais, avec un peu d'habitude, on distingue les zones alternatives. Si l'on grossit la bulle convenablement, les anneaux du sommet s'élargissent, s'étalent, et l'on en voit de nouveaux se former au bas, qui sont moins éclatants. Les zones supérieures, vues par réflexion, sont alternativement, en partant du tube, vertes, bleues, violettes, rouges, orangées, et les nuances sont d'autant plus vives qu'elles sont plus voisines du sommet. Les effets de la transmission, se mêlant à ceux de la réflexion, produisent alors une splendide apparence. Il est évident que l'épaisseur de la pellicule a diminué par le gonflement de la bulle, et que cette diminution d'épaisseur est liée intimement à l'ordre et à l'intensité des couleurs.

Si l'on continue à gonfler la bulle, les zones alternatives s'éloignent encore du sommet, les couleurs vues précédemment occupent des régions plus basses, et à leur place on observe, à partir du tube, le rouge, l'orangé, le jaune, le vert, le bleu, le violet. En même temps, les anneaux du bas de la bulle sont plus larges, moins nombreux, aux nuances plus vives. C'est en ouvrant le robinet et regardant le sommet de la bulle par réflexion que l'on saisit le plus facilement la relation des épaisseurs et des couleurs. L'air de la bulle sort par la contractilité de la pellicule liquide; par conséquent, son épaisseur croît graduellement. On voit alors les couleurs suivantes se succéder vers le sommet avec une intensité décroissante : rouge, violet, bleu, vert, jaune, orangé, rouge, pourpre, bleu, vert, jaune, rouge bleuâtre, vert, rouge violacé, vert, etc. Le robinet étant de nouveau fermé, l'équilibre se rétablit, et les petits anneaux irisés apparaissent, comme au commencement, serrés les uns contre les autres.

Des couleurs analogues à celles des bulles de savon s'observent dans une foule de circonstances, soit lorsqu'on étend une goutte d'essence de térébenthine sur l'eau, soit lorsqu'on appuie une lentille de verre très peu convexe contre un plan de verre, soit lorsqu'une pellicule grasse très mince couvre une vitre, ou qu'une couche d'oxyde forme un vernis transparent à la surface d'un métal. Une condition essentielle est que la pellicule soit transparente et que son épaisseur soit inférieure à quelques millièmes de millimètre.

Newton a découvert les lois de ces phénomènes, en étudiant les effets produits par une lentille de verre posée sur un plan. C'est la pellicule d'air interposée qui se comporte comme la pellicule d'eau d'une bulle de savon. L'épaisseur de cet air croît très régulièrement à partir du point de contact, et les anneaux colorés s'observent soit par réflexion, soit par transmission. Le phénomène (*fig.* 217) est réduit à sa plus grande simplicité lorsqu'on regarde dans la lentille, par réflexion, la flamme de l'alcool, brûlant autour de quelques parcelles de sel marin. Au lieu d'anneaux irisés, on observe des anneaux jaunes, séparés par des anneaux noirs, et leur nombre peut être considérable. Il est alors évident que les rayons, réfléchis aux points qui semblent obscurs, se détruisent en arrivant à l'œil, ou, comme on dit, *interfèrent* entre eux. Considérons un rayon BA qui pénètre dans l'œil, après avoir subi une réflexion à l'extérieur de la couche d'air, et le rayon CA qui a subi une réflexion à l'intérieur de la même couche. Ces deux rayons apportent à l'œil des excitations contraires qui se neutralisent, lorsque l'épaisseur de la couche est convenable. Tel est le point de départ de la théorie de Newton.

L'épaisseur de la couche qui détermine l'interférence n'est pas la même pour tous les rayons simples. Par conséquent, lorsque les rayons solaires sont réfléchis, quelques-uns des rayons simples qui les composent se neutralisent; tandis que les autres, au contraire, ajoutent leurs effets ; de là une couleur composée, formée par l'assemblage de ces derniers. Supposons que le jaune et le bleu ne se neutralisent pas, et que les cinq autres couleurs spectrales se neutralisent, nous aurons une nuance verte, résultant de la superposition dans l'œil des rayons jaune et bleu. Ce raisonnement montre comment les phénomènes en question dépendent de la dispersion et des interférences de la lumière. Le principe des interférences sert encore à l'explication de la couleur des corps opaques vus par réflexion, comme l'ont démontré Fresnel et plus récemment M. Jamin ; celle des corps transparents s'explique plus simplement par l'absorption d'une partie des rayons incidents. On voit l'importance du principe des interférences. M. Desains a réussi, dans ces dernières années, à mettre en

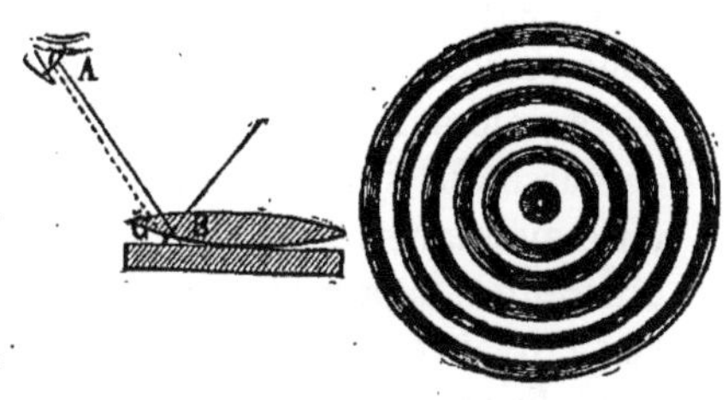

Fig. 217. — ANNEAUX DES LAMES MINCES.

évidence les interférences de la chaleur rayonnante, et a fourni, par ses expériences, de nouveaux arguments en faveur de l'identité de la lumière et de la chaleur.

POLARISATION. — On désigne sous ce nom un ensemble de propriétés que présentent les rayons de lumière, lesquels, une fois réfléchis et réfractés, deviennent incapables de se réfléchir ou de se réfracter de nouveau dans certaines directions.

L'Académie des sciences avait proposé, le 4 janvier 1808, pour sujet du prix de physique à décerner en 1810, la question suivante : « Donner de la double réfraction que subit la lumière, en traversant diverses substances cristallisées, une théorie mathématique vérifiée par l'expérience. » Malus (1) se mit sur les rangs. De crainte sans doute d'être devancé par un de ses concurrents dans les découvertes qu'il avait faites, il communiqua à l'Académie, dès le 12 décembre 1808, les parties les plus essentielles de son travail.

Une opinion, qui régna pendant plus d'un siècle parmi les physiciens,

---

(1) MALUS (Étienne-Louis), savant physicien (1775-1811). Entré à dix-sept ans à l'école du génie militaire, il fut un des premiers élèves de l'École polytechnique; servit, comme officier du génie, à l'armée de Sambre-et-Meuse et en Égypte, exécuta des fortifications importantes à Strasbourg et à Anvers, puis fut nommé examinateur à l'École polytechnique, et enfin élu à l'Académie des sciences. Sa mort précoce ne lui a pas permis de donner à ses découvertes tous les développements qu'elles comportaient.

était que la lumière naturelle se compose de parties susceptibles, les unes d'éprouver la réfraction ordinaire, les autres, en nombre égal, la réfraction extraordinaire. Cependant Huyghens avait déjà renversé cette opinion par une expérience très simple, qui consistait à recevoir les deux rayons, ordinaire et extraordinaire, obtenus par un premier cristal, sur un second tout pareil. En faisant faire au second cristal un quart de révolution sur lui-même, sans qu'il cessât de rester parallèle au premier, chacun pouvait s'assurer que le rayon ordinaire y devenait extraordinaire, tandis que le rayon extraordinaire n'éprouvait plus que la réfraction ordinaire. Il fut donc reconnu que le rayon extraordinaire a les propriétés du rayon ordinaire, alors seulement qu'on le fait tourner de 90° sur lui-même ou autour de la ligne de propagation. Ce remarquable résultat, qui devrait faire distinguer, dans les rayons lumineux, des côtés doués de propriétés différentes, fixa particulièrement l'attention de Malus, d'autant plus que l'on croyait encore qu'il ne pouvait être fourni que par le spath d'Islande. C'est en cherchant à approfondir ces phénomènes que Malus parvint à découvrir la *polarisation* de la lumière. Voici comment Arago, ami et collaborateur de Malus, raconte les circonstances de cette importante découverte :

« Malus, qui habitait à Paris une maison de la rue d'Enfer, se prit un jour à examiner avec un cristal doué de la double réfraction les rayons du soleil réfléchis par les carreaux de vitre du Luxembourg (*fig.* à la page 521). Au lieu de deux images intenses qu'il s'attendait à voir, il n'en aperçut qu'une seule, l'*image ordinaire* ou l'*image extraordinaire,* suivant la position qu'occupait le cristal devant son œil. Ce phénomène étrange frappa beaucoup notre ami ; il tenta de l'expliquer en supposant des modifications particulières que la lumière solaire aurait pu recevoir en traversant l'atmosphère. Mais, la nuit étant venue, il fit tomber la lumière d'une bougie sur la surface de l'eau sous un angle de 36°, et il constata, en se servant d'un cristal doué de la double réfraction, que la lumière réfléchie était *polarisée*, comme si elle provenait d'un cristal d'Islande. Une expérience, faite avec un miroir de verre sous un angle de 35°, lui donna le même résultat. Dès ce moment, il fut prouvé que la double réfraction n'était pas le seul moyen de polariser la lumière, ou de lui faire perdre la propriété de se partager constamment en deux faisceaux en traversant le cristal d'Islande. La réflexion de la lumière sur les corps diaphanes, phénomène de tous les instants et aussi ancien que le monde, avait la même propriété, sans qu'aucun homme l'eût jamais soupçonné. Malus ne s'arrêta pas là : il fit tomber simultanément un rayon ordinaire et un rayon extraordinaire provenant d'un cristal biréfringent sur la surface de l'eau, et remarqua que si l'inclinaison était de 36° ces deux rayons se comportaient très diversement. Quand le rayon ordinaire éprouvait une réflexion partielle, le rayon extraordinaire ne se réfléchissait pas du tout, c'est-à-dire qu'il traversait le liquide en totalité. Si la position du cristal était telle, relativement au plan dans lequel la réflexion s'opérait, que le rayon extraordinaire se réfléchit partiellement, c'était le rayon extraordinaire qui passait en totalité. Les phénomènes de réflexion devenaient ainsi un moyen de distinguer les uns des autres les rayons polarisés en divers sens. Dans cette nuit de la fin de l'année 1808, qui succéda à l'observation fortuite de la lumière solaire réfléchie par les fenêtres du Luxembourg, Malus créa une des branches les plus importantes de l'optique moderne. »

Pourquoi ce nom de *polarisation*, donné à l'ensemble de ces phénomènes ? ajoute M. Hoeffer. On dit d'un aimant qu'il a des pôles, entendant par là seulement que certains points de son contour sont doués de propriétés particulières que n'ont pas les autres points du même contour. Partant de là, on peut, avec autant de raison, dire que les rayons ordinaires et extraordinaires, provenant du dédoublement de la lumière naturelle dans le cristal de carbonate de chaux, ont des *pôles*, qu'ils sont *polarisés*. Seulement, pour ne pas outrer l'analogie, il ne faudra pas oublier que, sur chaque élément d'un rayon de lumière polarisée, les côtés ou les pôles diamétralement opposés (par exemple, les pôles nord et sud du rayon ordinaire provenant du cristal rhomboïde placé horizontalement et coïncidant, par sa section principale, verticale, avec le plan du méridien) paraissent avoir l'un et l'autre, contrairement à ce qui a lieu pour les pôles d'un aimant, exactement les mêmes propriétés ; que le rayon ordinaire de ce cristal, soumis à l'action d'un second rhomboïde, semblablement placé (c'est-à-dire dont la section principale soit aussi verticale et située dans le plan du méridien), traverse celui-ci sans se réfracter, mais qu'il acquerra des propriétés différentes, si l'on imprime au second cristal un quart de révolution (90°), ou si on le dirige de l'est à l'ouest, le premier cristal étant maintenu dans le plan du méridien (direction du nord au sud).

Trois propriétés de la *lumière polarisée* sont caractéristiques :

1° Un rayon polarisé donne une seule image en passant au travers d'un prisme biréfringent, quand la section principale de ce prisme est parallèle ou perpendiculaire au plan de polarisation, tandis qu'il donne deux images plus ou moins intenses dans toutes les autres positions ;

2° Un rayon polarisé n'éprouve aucune réflexion en tombant sur une lame de verre sous un angle de 54° 35', quand le plan d'incidence sur cette lame est perpendiculaire au plan de polarisation, tandis qu'il se réfléchit partiellement dans d'autres positions ;

3° Un rayon polarisé *s'éteint,* c'est-à-dire ne se transmet pas, en tombant perpendiculairement sur une plaque de tourmaline dont l'axe est parallèle au plan de polarisation, tandis qu'il se transmet avec une intensité croissante à mesure que l'axe de la tourmaline approche d'être perpendiculaire au plan de polarisation.

L'une quelconque de ces trois propriétés entraîne essentiellement les deux autres ; aussi pour reconnaître si un rayon de lumière est polarisé, peut-on se contenter de l'observer avec une plaque de tourmaline, suffisamment épaisse, taillée parallèlement à l'axe, qu'on fait tourner dans son plan et à travers laquelle on regarde. Quand le rayon incident est complètement polarisé, la lumière disparaît, dès que la section principale de la plaque est parallèle au plan de polarisation ; dans le cas où la polarisation n'est que partielle, on n'aperçoit que des changements d'intensité.

Les circonstances principales qui amènent la polarisation de la lumière sont : la *réflexion*, la *réfraction* et la *double réfraction*.

Par *réflexion* : un rayon de lumière qui tombe sur une plaque de verre noirci, en faisant avec la surface de celle-ci un angle d'incidence égal à 35° 25′ est polarisé. Les substances autres que le verre polarisent la lumière sous des angles différents. On appelle *angle de polarisation* l'angle que doit faire le rayon incident avec la surface réfléchissante, pour que le rayon réfléchi soit polarisé le plus complètement possible, et *plan de polarisation* le plan qui contient le rayon incident et le rayon réfléchi, lorsque la polarisation est complète.

La lumière se polarise par *réfraction*, en traversant une série de plaques de verre à faces parallèles, et son plan de polarisation est alors perpendiculaire au plan d'émergence. Les autres corps transparents et non cristallisés présentent un phénomène analogue ; mais, pour obtenir ce mouvement de polarisation, il faut que l'incidence varie avec la nature de la substance.

Les deux rayons qui, par *double réfraction*, ont traversé un cristal biréfringent sont l'un et l'autre polarisés, mais chacun dans des plans différents, savoir : le rayon ordinaire dans la section principale du cristal, et le rayon extraordinaire perpendiculairement à cette section.

POLARISEURS, POLARISCOPES OU ANALYSEURS, POLARIMÈTRES. — Tous ces instruments d'optique ont pour objet : les *polariseurs*, de polariser la lumière ; les *polariscopes*, de mettre en évidence les phénomènes de la polarisation ; les *polarimètres*, d'en mesurer l'intensité. Les plus simples de tous ces instruments, analogues d'ailleurs entre eux, et les plus employés, sont : le miroir de verre noirci, la plaque de tourmaline,

le prisme biréfringent, le prisme de Nicol et les piles de lames de
cristal. Nous avons déjà parlé de quelques-uns de ces appareils ; il nous
reste à décrire le *prisme de Nicol*, un des plus précieux *analyseurs*,

Malus... se prit à examiner... les rayons du soleil réfléchis par les carreaux de vitre
du Luxembourg (page 518).

parce qu'il est complètement incolore, polarise la lumière, et n'envoie
qu'un seul rayon polarisé dans la direction de son axe. Pour le construire, on prend un rhomboèdre de spath d'Islande de 20 à 30 millimètres
de haut sur 8 à 9 de large (*fig.* 218), et on le coupe en deux par un plan

passant par l'un des sommets obtus, et dont on a réuni ensuite les deux faces de la section en interposant entre elles une couche de *baume de Canada*. Sachant que l'indice du baume de Canada est moindre que l'indice ordinaire du spath et plus grand que l'indice extraordinaire, il s'ensuit qu'un rayon lumineux SC pénétrant dans le prisme, le rayon ordinaire supporte sur la surface *ab* la réflexion totale et prend la direction C*d*O, de sorte que le rayon extraordinaire C*e* est le seul qui traverse le prisme, c'est-à-dire que le prisme de Nicol, de même que la tourmaline, laisse passer seulement le rayon extraordinaire et peut ainsi, comme cette dernière substance, servir d'analyseur, et encore être utilisé comme le prisme biréfringent pour obtenir un rayon de lumière blanche polarisée.

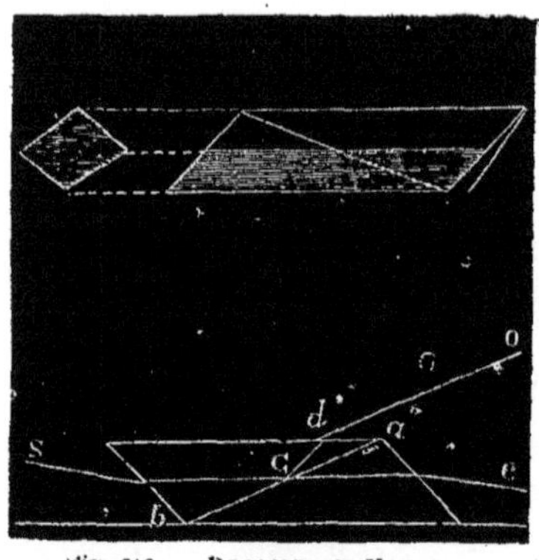

Fig. 218. — PRISME DE NICOL.

Le physicien Noremberg a imaginé un appareil au moyen duquel on peut répéter les expériences relatives à la lumière polarisée. Cet appareil (*fig.* 219) se compose de deux colonnes en cuivre, B et D, qui soutiennent un miroir sans tain N, mobile autour d'un axe horizontal, portant un cadran gradué C, qui indique l'angle formé par ce miroir avec la verticale.

Entre les pieds des deux colonnes est un autre miroir étamé P, fixe et horizontal, et au haut de l'appareil est un plateau gradué I, dans lequel peut tourner un disque circulaire O, au centre duquel est une ouverture quadrangulaire, avec un miroir de verre noirci M, qui forme avec la verticale un angle égal à l'angle de polarisation.

Enfin, on peut fixer à différentes hauteurs, le long des colonnes, un disque annulaire K, au moyen de vis de pression, et un autre anneau A, soutenu par le premier, peut prendre diverses inclinaisons autour d'un axe et supporter un écran noirci E, ayant une ouverture circulaire à son centre. Ceci posé, comme le miroir N forme avec la verticale un angle de 35° 25', c'est-à-dire égal à celui de polarisation du verre, les rayons lumineux SN, qui le rencontrent sous cet angle, se polarisent en se réfléchissant, dans la direction NP, vers le miroir P, qui les envoie dans le sens PNR, et, après avoir traversé le cristal N, le rayon polarisé tombe sur le miroir noirci M, sous un angle de 35° 25' ; ce miroir forme donc exactement le même angle avec la verticale. De sorte que, si l'on fait mouvoir horizontalement le disque O auquel est fixé le miroir M, il change de place en conservant toujours la même inclinaison, et l'on observe deux positions dans lesquelles le rayon incident ne se réfléchit pas, ce qui arrive quand le plan d'incidence sur ce miroir est perpendiculaire au plan d'incidence SNP sur le cristal N. En toute autre position que le rayon se réfléchit, il est polarisé par le miroir M en quantité variable, en observant que le maximum de la lumière réfléchie est lorsque les plans d'incidence sur les miroirs M et N sont parallèles entre eux. Si M forme avec la verticale un angle plus grand ou moindre que 35° 25', le rayon se réfléchit toujours polarisé en toutes les positions du plan d'incidence.

POLARISATION CIRCULAIRE OU ROTATIVE. — Découverte en 1817 par Fresnel et Arago, la *polarisation rotative* provient d'un genre particulier de double réfraction, comme la polarisation ordinaire est donnée par la double réfraction du spath d'Islande. Toute lame d'un cristal à un seul axe, taillée perpendiculairement à cet axe, et qui reçoit normalement un rayon de lumière polarisée, le transmet sans altération. Le

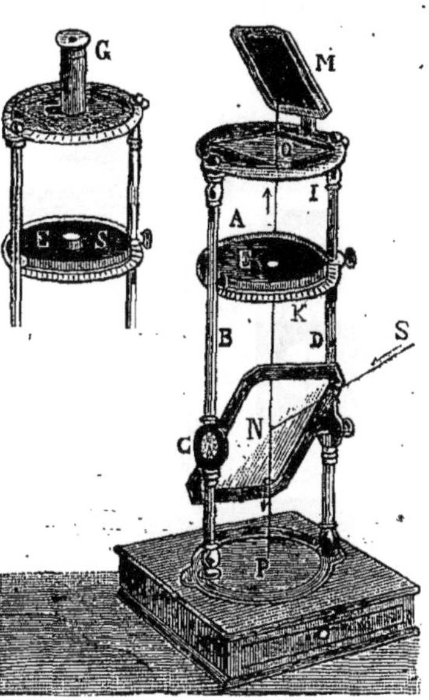

Fig. 219. — APPAREIL DE NOREMBERG.

quartz fait exception à cette règle · la lumière qui le traverse est encore polarisée, mais dans un autre plan, tourné vers la gauche ou vers la droite, suivant les échantillons. Les diverses couleurs du spectre éprouvent dans leur plan de polarisation des rotations d'autant plus grandes qu'elles sont plus réfrangibles. Biot a reconnu que d'autres corps que le quartz possèdent la propriété de dévier les rayons de la lumière polarisée: telles sont les solutions de sucre de canne, du sucre de raisin, de l'acide tartrique, l'essence de citron, celle de térébenthine, etc. On a utilisé ces phénomènes pour reconnaître les quantités de sucre contenues dans le jus de betteraves, sans avoir recours à l'analyse chimique. L'instrument généralement employé est le *saccharimètre de Soleil.*

On a si souvent à réaliser ce problème dans les sucreries et les raffineries, que les procédés ordinaires deviennent une cause de perte de temps considérable. Voici de quoi se compose l'appareil (*fig.* 220):

O est une ouverture par laquelle pénètre la lumière d'une lampe; G le *prisme de Nicol*, destiné à changer la lumière de la lampe en lumière polarisée, dont le plan de polarisation est connu ; ce prisme, dans la grande figure, est placé en p ; p' est une plaque de quartz, dite *plaque à double rotation*. Cette plaque est formée par deux demi-disques de quartz à facettes polyèdres ; l'un de ces disques dévie le plan de polarisation à gauche, l'autre à droite. Cette plaque est figurée en C'' ; p'' est une plaque de quartz de rotation quelconque, mais inverse de celles qui suivent. L'effet de cette plaque est complètement détruit par les plaques

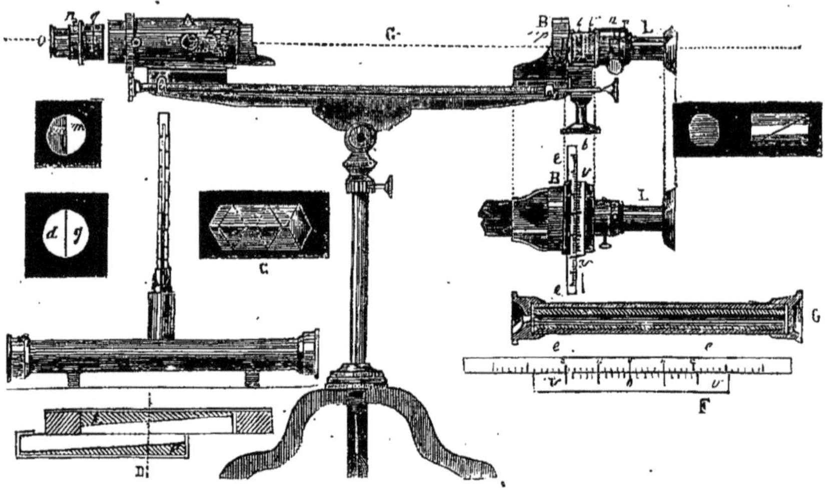

Fig. 220. — SACCHARIMÈTRE DE SOLEIL.

suivantes, lorsque l'échelle de l'instrument marque *zéro*. Sans elle, l'instrument n'aurait pu mesurer que la rotation à droite et à gauche, suivant le sens de rotation des autres plaques ; l et l' forment, par leur jonction, une *plaque de quartz à épaisseur variable*, suivant la quantité dont on les fait glisser l'une sur l'autre. La figure D permet de comprendre facilement cet effet. La rotation est inverse de la plaque p''. A chacun de ces prismes l et l'' est fixée une échelle, figurée en B et en F et qui permet de lire, à l'aide d'un vernier, quelle est l'épaisseur de la lame ll'' à chaque expérience ; a ou j est un prisme biréfringent, qui sert d'analyseur ; L une petite lunette avec laquelle on regarde la plaque à double rotation. A et H sont des tubes que l'on place en C et dans lesquels on introduit les liquides sucrés à analyser.

Si, l'échelle étant à 0°, on regarde dans l'instrument, les deux moitiés de la plaque à double rotation ont exactement la même teinte ;

mais si on vient à placer, sur le trajet des rayons lumineux, le tube G contenant une solution de sucre, la teinte change. En augmentant ou en diminuant l'épaisseur de la plaque D, on parvient à *compenser* l'effet produit par le tube G, c'est-à-dire à rétablir l'identité des teintes. On lit alors le chiffre indiqué par l'échelle F dans une table, dressée dans ce but, pour avoir immédiatement le titre de la solution.

POLARISATION CHROMATIQUE OU COLORÉE. — C'est encore à Arago que l'on doit la découverte de la polarisation colorée. Il l'exposa lui-même en ces termes dans un mémoire lu à l'Académie des sciences, le 11 août 1861 (1).

« En examinant, par un temps serein, une lame assez mince de mica, à l'aide d'un prisme de spath d'Islande, je vis que les deux images qui se projetaient sur l'atmosphère n'étaient pas teintes des mêmes couleurs : l'une d'elles était jaune verdâtre, la seconde rouge pourpre, tandis que la partie où les deux images se confondaient était de la couleur naturelle du mica vu à l'œil nu. Je reconnus en même temps qu'un léger changement dans l'inclinaison de la lame, par rapport aux rayons qui la traversent, faisait varier la couleur des deux images, et que si, en laissant cette inclinaison constante et le prisme dans la même position, on se contentait de faire tourner la lame de mica dans son propre plan, on trouvait quatre positions à angle droit où les deux images prismatiques sont du même éclat et parfaitement blanches. En laissant la lame immobile et en faisant tourner le prisme, on voyait de même chaque image acquérir successivement diverses couleurs, et passer par le blanc après chaque quart de révolution. Au reste, pour toutes ces positions du prisme et de la lame, quelle que fût la couleur d'un des faisceaux, le second présentait toujours la *couleur complémentaire*, c'est-à-dire celle qui, réunie à l'autre, forme du blanc, en sorte que, dans ces points où les deux images n'étaient pas séparées par la double réfraction du cristal, le mélange de ces deux couleurs formait du blanc. Il est bon cependant de remarquer que cette dernière condition n'est rigoureusement satisfaite que lorsque la lame est partout de la même épaisseur. C'est alors seulement, en effet, que chaque image est d'une teinte uniforme dans toute son étendue ; car, dans les autres cas, elles présentent l'une et l'autre dans des points, même contigus, des couleurs très différentes et disposées d'autant plus irrégulièrement que le mica qu'on emploie a des inégalités plus sensibles. Quoi qu'il en soit, les parties des images qui se correspondent sont toujours teintes de couleurs complémentaires...

» ...On peut donc encore donner aux rayons de lumière une telle modification qu'ils ne ressemblent plus ni à la lumière directe ni aux rayons polaires ordinaires : ces nouveaux rayons se distinguent, d'abord de la lumière polarisée en ce qu'ils

(1) Arago, *Mémoire sur la polarisation colorée.* (Mémoires seientifiques, t. Ier.)

fournissent constamment deux images en traversant un rhomboïde, et puis de la lumière ordinaire, par la propriété qu'ils ont de donner toujours deux faisceaux complémentaires, mais dont les couleurs varient avec la position de la section principale du cristal à travers lequel on les fait passer. Un rayon de lumière, en tombant sur un corps diaphane, abandonne à la réflexion partielle une partie de ses molécules. Un rayon polarisé est transmis en totalité, abstraction faite de l'absorption, lorsque le corps diaphane est situé d'une certaine manière par rapport aux côtés des rayons. Les diverses molécules colorées dont se compose un rayon blanc, lorsqu'il a éprouvé les modifications particulières dont il s'agit ici, ne se réfléchissent que successivement et les unes après les autres, dans l'ordre de leurs couleurs, pendant que le corps diaphane tourne autour du rayon en faisant toujours le même angle avec lui. Par conséquent, si l'on fait tourner un miroir de verre autour d'un faisceau de lumière directe, et si l'on n'altère pas leur inclinaison naturelle, la quantité des rayons transmis ou celle des rayons réfléchis sera la même dans toutes les positions ; mais si le faisceau est déjà polarisé, et si, de plus, l'angle d'incidence est de 35°, on trouvera deux positions diamétralement opposées, dans lesquelles le miroir ne réfléchira plus une seule molécule de lumière. Si nous supposons enfin que, toutes les autres circonstances restant les mêmes, le miroir soit éclairé par un faisceau de lumière blanche, déjà modifiée par une plaque de cristal de roche, il sera successivement teint, à chaque demi-révolution, de toute la série des couleurs prismatiques, tant par réflexion que par réfraction, avec cette particularité qu'au même instant ces deux classes de couleurs sont toujours complémentaires. »

Pour écarter toute idée de l'influence qu'aurait pu avoir, sur l'apparition des couleurs, la dispersion de la lumière dans les images prismatiques, Arago employait tantôt un rhomboïde de spath calcaire, tantôt un prisme de cette substance, auquel il avait adossé un prisme de verre ordinaire, afin de le rendre achromatique ; les résultats furent toujours les mêmes. Il se demanda ensuite si ses expériences n'étaient pas analogues à celles de Newton : deux lentilles de verre ordinaire ayant été superposées l'une sur l'autre, l'illustre savant ne voyait que cinq ou six anneaux colorés à l'œil nu, tandis qu'à l'aide d'un prisme, il lui arrivait d'en compter plus de quarante. Mais Arago ne tarda pas à reconnaître qu'il n'y a ici aucune identité de phénomènes. Les anneaux colorés de Newton existaient déjà dans la lame d'air comprise entre les deux verres, seulement ils y étaient trop enserrés pour qu'on pût les distinguer à l'œil nu : le prisme employé n'avait donc pour effet que de séparer les orbites des divers anneaux, en déviant inégalement les rayons différemment colorés. Rien de pareil n'a lieu dans la mémorable expérience d'Arago. Si les couleurs n'eussent été invisibles dans le mica, à l'œil nu, qu'à cause de leur mélange, on ne les aurait pas aperçues davantage en examinant le mica au travers des faces parallèles d'un rhomboïde de carbonate de chaux ou avec un prisme achromatisé ; car, dans ces deux circonstances, les rayons de diverses couleurs ayant été également réfractés, les teintes auraient été aussi mélangées dans les deux images du rhomboïde que dans la plaque de mica elle-même vue à l'œil nu (Hœffer).

L'instrument dont on se sert pour expérimenter la polarisation chromatique est la *lunette de Rochon*, instrument qui se compose simplement d'une lunette ordinaire à l'intérieur de laquelle est placé un prisme de cristal de roche ou de carbonate de chaux. Ce prisme est achromatique et mobile le long de l'axe, ce qui donne le moyen de séparer plus ou moins complètement les deux images de l'objet auquel on vise. En disposant l'axe optique de la lunette de manière à faire un angle de 35° environ avec la surface d'un miroir non étamé, on voit chaque image disparaître deux fois pendant une révolution complète de l'instrument. La lunette étant dans l'une de ces positions, où l'on ne voit qu'une seule image, si l'on interpose une plaque de mica, on en verra aussitôt deux, dont les couleurs complémentaires dépendront de l'inclinaison de la lame interposée et de son épaisseur.

POLARISATION DE LA CHALEUR. — La chaleur, de même que la lumière, peut polariser par réflexion et par réfraction ; mais les expériences sont plus difficiles. Bérard fit les premières en 1810 avec Malus, et les continua seul, après la mort de son collègue. Dans ces expériences, les rayons, réfléchis sur un premier miroir, étaient reçus sur un second, comme dans l'appareil de Noremberg, et tombaient ensuite sur un petit réflecteur de métal qui les concentrait sur la boule d'un thermomètre différentiel ; Bérard observa alors un minimum d'intensité quand le plan de réflexion sur le second miroir était perpendiculaire au plan de réflexion sur le premier. Ce phénomène étant le même que celui présenté par la lumière dans la même expérience, Bérard en tirait la conclusion que la chaleur se polarisait en se réfléchissant sur le premier miroir. Melloni appliqua son thermo-multiplicateur à l'étude de la polarisation de la chaleur, et, en faisant passer les rayons caloriques à travers deux tourmalines parallèles ou deux piles de mica, comme dans les expériences citées ci-dessus (*Chaleur*, page 454), il a démontré qu'ils se polarisaient par réfraction, et que l'angle de polarisation était sensiblement le même pour la lumière et pour la chaleur, ce qui démontre encore l'identité de ces deux fluides.

CONCLUSION. — En terminant cet exposé des principes et des applications les plus importantes de la *physique*, nous devons faire remarquer que bien souvent nous avons été arrêté dans nos explications par ce fameux mot de Montaigne : « Que sais-je ? » Pour éveiller la curiosité de l'homme, mis en présence de la création, il convient de lui faire connaître d'abord les vérités bien acquises que nous devons aux courageux efforts des générations passées, de lui révéler les harmonies bien connues de la nature, en lui laissant entrevoir ce qui est encore et qui sera probablement longtemps encore mystérieux. Mais, ajoute M. Cazin, que nous avons déjà plusieurs fois cité : « Ne faut-il pas éviter les luttes stériles de l'esprit, en face des problèmes imaginaires, craindre d'affaiblir le goût des sciences d'observation par le spectacle des illusions dont l'homme peut être le jouet, ou de laisser confondre le rêve avec la vérité ?... Non ! Que les hypothèses naissent, se développent et meurent dans le cerveau du penseur, lorsque son esprit a été d'abord sagement cultivé, et qu'il est devenu fort et vaillant devant l'erreur, cela doit arriver et peut être utile. Il sait ce que valent ces hypothèses, il s'en sert comme d'un instrument docile pour élargir son horizon, pour inventer de nouvelles expériences; mais il sait les abandonner dès qu'il s'agit de formuler le résultat de ses recherches. La loi d'un phénomène, telle qu'elle s'offre à la pensée après des observations précises, est une parcelle de la sagesse divine, c'est elle seule qui persiste, le jour où l'hypothèse s'évanouit ! »

TABLE DES MATIÈRES

CONTENUES DANS LE DEUXIÈME VOLUME

Comprenant les livraisons 103 à 168 (Physique).

LIVRE V. — ÉLECTRICITÉ STATIQUE.

LIVRE VI. — MAGNÉTISME.

LIVRE VII. — ÉLECTRICITÉ DYNAMIQUE.

LIVRE VIII. — OPTIQUE.

FIN DE LA TABLE DES MATIÈRES DU DEUXIÈME VOLUME.

Paris. — Imp. Vᵉ P. Larousse et Cⁱᵉ, 19, rue Montparnasse.